U0465342

内容简介

物理层安全正成为一种颇有应用前景的无线通信安全保障手段，其主要思想是利用无线信道的内生属性，如衰落或噪声，将信息安全地从发送机传输到合法接收机，防止被非法窃听者窃听。

本书涵盖的主题包括：衰落信道下的物理层安全性能指标，基于空间复用系统中的可信无线通信，方向调制赋能的无线物理层安全，5G 系统的安全波形，基于物理层安全的保密和节能通信，信道不确定条件下的安全网络，窃听信道下的天线选择策略，大规模 MIMO 系统、毫米波蜂窝网络、非正交多址接入系统、多用户中继网络、认知无线电网络、MIMOME - OFDM 系统、无线供能通信系统和 D2D 蜂窝网络中的物理层安全方案，以及物理层的安全解决方案和应用，包括无线信道密钥生成、通信节点和终端间密钥生成的案例研究。

著作权合同登记　图字：01 - 2025 - 0705 号

Trusted Communications with Physical Layer Security for 5G and Beyond by Trung Q. Duong
ISBN：9781785612350

图书在版编目（CIP）数据

面向 5G 及其演进的物理层安全可信通信 /（越）邓仲群，（澳）周翔云，（美）H. 文森特 · 珀尔著；杨炜伟等译. -- 北京：国防工业出版社，2025. 5. -- ISBN 978 - 7 - 118 - 13694 - 4

Ⅰ. TN915. 08

中国国家版本馆 CIP 数据核字第 2025KV2300 号

※

国防工業出版社 出版发行

（北京市海淀区紫竹院南路 23 号　邮政编码 100048）

雅迪云印（天津）科技有限公司印刷

新华书店经售

*

开本 710 × 1000　1/16　**印张** 32　**字数** 536 千字

2025 年 5 月第 1 版第 1 次印刷　**印数** 1—2000 册　**定价** 198. 00 元

（本书如有印装错误，我社负责调换）

国防书店：(010)88540777　　书店传真：(010)88540776

发行业务：(010)88540717　　发行传真：(010)88540762

面向5G及其演进的物理层安全可信通信

Trusted Communications with Physical Layer Security for 5G and Beyond

[越]邓仲群(Trung Q. Duong)
[澳]周翔云(Xiangyun Zhou)　　著
[美]H. 文森特·珀尔(H. Vincent Poor)
杨炜伟　管新荣　石　会　杨文东　吴　丹　译

国防工业出版社
·北京·

前　言

未来几年对移动数据容量的需求将持续增长，新兴的第五代（Fifth Generation，5G）无线通信技术和标准将满足不同应用场景中各种服务质量（Quality - of - Service，QoS）要求，5G 技术涵盖了从较低数据速率的机器到机器（Machine - to - Machine，M2M）类通信到超高数据速率的蜂窝通信等一系列无线通信技术标准。

随着日益增长的移动数据流量，无线信道的广播特性给无线通信安全带来了巨大挑战。据报道，每年有 78% 的大型组织和 63% 的小微企业受到安全攻击，且这些数据正持续增加。因此，确保未来无线通信的安全性和私密性显得尤为重要。然而，考虑到合法终端之间进行信息交换时可能存在窃听者，利用无线网络安全地传输私密信息仍然是一项艰巨的任务。传统上安全性通过上层的加密方法来保障，但是近来物理层（Physical Layer，PHY）安全逐步有望成为一种增强无线通信安全性的新兴途径。无线物理层安全的核心思想是：发送端将私密消息发送到合法接收端时，利用如衰落、噪声等无线信道特性使得该消息对主动和被动窃听者来说都是保密的。在过去的几年中，物理层安全已被认为是未来网络中无线安全通信的关键支撑技术。这是因为在物联网（Internet of Things，IoT）等新型网络中，传统安全方法可能力有不逮，而物理层安全却具备解决其通信安全问题的潜力。

针对上述需求，当前对新型无线网络的研究正受到广泛关注。随着无线通信和网络新技术的迅速发展，如毫米波通信、大规模 MIMO、终端到终端（Device - to -Device，D2D）通信，以及能量采集通信等，5G 网络也将在几年内部署，但 5G 网络仍面临巨大挑战，尤其是在 5G 安全方面。对安全性的高需求仍给 5G 网络带来了严重挑战，不仅阻碍了 5G 技术的实现，更对 5G 自身的生存能力形成了挑战。本书不仅针对 5G，而且还针对下一代无线网络中的安全问题展开讨论，汇集了来自学术界和工业界的从业者和研究人员对相关基本问题和实际困难的各种研讨。本书编写受到一系列物理层安全相关研讨会的启发，如 2013—2017 年 IEEE GLOBECOM 国际会议上，编者作为组织者的一系列基于物理层安全的可信通信研讨会。

本书主要目的是对物理层安全的理论、模型和技术及其在 5G 和其他新兴无线网络中的应用进行全面分析，各章介绍了其应对安全挑战的不同方式。第一部分前3章内容全面概述了物理层安全的基础知识。第1章深入讨论了如何评价无线网络中的安全性能，针对衰落信道物理层安全引入了几个新的性能指标，有助于无线系统工程师合理地设计安全通信系统。第2章考虑了信道不确定条件下的物理层安全性能，介绍了考虑非理想信道状态信息（Channel State Information，CSI）情况下的遍历安全容量。第3章讨论了无线安全通信的能效问题，以保证合法用户最小安全速率QoS约束，无线资源分配技术可以很方便应用到该类问题。此外，作为对第1章的补充，引入了一种新的安全性能指标，即安全能效，其定义为可达安全速率与消耗功率之比。

本书第4章~第16章重点介绍了多天线技术、新兴的5G技术和调制技术三个领域的物理层安全研究进展。

在第二部分中，第4章~第8章主要讨论了集中式和分布式MIMO（中继）系统的物理层安全。第4章研究了以低反馈开销为代价来增强物理层安全性能的天线选择方案，讨论了与天线选择相关的几个重要问题，包括Alamouti码、全双工传输、非完美反馈和信道相关性等。第5章介绍了大规模MIMO系统中的物理层安全概念。采用安全速率和安全中断概率指标，评估存在导频污染的多小区大规模MIMO系统中不同数据和人工噪声预编码器的安全性。另外，大规模MIMO系统中物理层安全的另一重要方面是抗干扰性能，第6章概述了潜在的抗干扰策略，这些策略可以增强大规模MIMO抵抗恶意节点的稳健性。由于无线传输的广播特性，蜂窝网络中多个活动用户可以充当窃听者窃听私密信息。因此，蜂窝网络中多用户方案很容易受到恶意攻击。为防止多用户网络中窃听者窃取私密信息，第7章提出三种多用户调度算法，通过利用主链路和窃听链路的信道状态信息差异来提高安全性能。第8章将多用户网络中物理层安全技术扩展到了更实际的场景，使用随机几何理论建模实际多用户网络拓扑，针对多用户MIMO系统设计了一种基于线性预编码的低复杂度物理层安全传输方案。

第三部分包括第9章~第12章，重点介绍了几种新兴5G技术。第9章研究了充电桩辅助无线供能通信系统的安全性能。假设在发送端处采用简单的最大比传输波束赋形方案下，分析了系统的可达安全中断性能，并进一步研究了最佳传输波束成型的设计方法。第10章重点讨论了有希望用于5G网络的D2D通信技术对小规模和大规模蜂窝通信安全性能的影响，并研究了利用D2D通信所产生的干扰来增强物理层安全的不同传输方案。第11章介绍了认知无线电网络中物理层安全传输设计和资源分配问题，提出了认知无线电网络中资源分配方法框架，并以示例验证了所提方法的有效性。第12

章采用随机几何理论研究了毫米波蜂窝网络中下行链路传输的物理层安全性能，得到了存在合作/非合作窃听者情况下单位区域内的安全连接概率和安全通信链路的平均数目。

第四部分总结了多种利用调制技术实现物理层安全的方法。第 13 章介绍了一种极具应用前景的无密钥增强物理层安全的方向性调制技术，概述了其发展现状、体系结构与未来方向，讨论了方向性调制技术在多波束通信和多径环境中的应用情况。第 14 章主要介绍了 5G 安全波形设计，研究了在并行窄带信道上进行密钥提取和安全传输的物理层安全性能，评估了 5G 系统中各种波形的安全性能，包括正交频分复用（Orthogonal Frequency Division Multiplexing，OFDM）、滤波器组调制（Filter Bank Modulation，FBMC）、单载波频分复用（Single Carrier Frequency Division Multiple Access，SC－FDMA）、通用滤波器多载波（Universal Filter Multicarrier，UFMC）和广义频分复用（Generalized Frequency Division Multiplexing，GFDM），并针对各种波形分别设计了相应的安全传输方案。非正交多址（Non－Orthogonal Multiple Access，NOMA）技术有望在 5G 系统中实现高效无线传输。第 15 章探讨了两种单输入单输出（Single－Input Single－Output，SISO）NOMA 系统的物理层安全问题，其目标分别是在每个合法用户 QoS 约束条件下最大化系统安全和速率，和优化功率分配和波束成形设计以确保每个合法用户的安全传输。第 16 章研究了一般化的多入多出多天线窃听（Multiple－Input Multiple－Output Multi－antenna Eavesdropper，MIMOME）OFDM 安全传输场景。该场景中采用混合时间和空间人工噪声（Artificial Noise，AN）辅助方案增强物理层安全，并与（非 OFDM 系统中）空间人工噪声辅助和时域人工噪声辅助的物理层安全传输方案比较了平均安全速率、实现可行性和复杂性。

第五部分是本书的特色，介绍了物理层安全技术工程实现中需要考虑的一些实际问题。本部分的各章遵循物理层应用中两个主要方向，即密钥生成（第 17 章～第 19 章）和安全编码（第 20 章）。尽管读者可能会在第 17 章～第 19 章中找到一些重复内容，但每章结构都具有连贯性，而且提供了更多的插图和示例以便读者理解。具体地，第 17 章简要讨论了物理层安全性能，将其作为处理实际系统中（如在 IoT 网络中）安全问题的基础。该章进一步关注了基于信道的密钥生成技术，特别是解决了从信道互易性、合适的体系结构、性能指标，以及如何在实际系统的约束下实现基于信道密钥生成等一系列基本问题。此外，第 17 章还建立了基于信道状态信息和接收信号强度指示（Received Signal Strength Indicator，RSSI）的两种密钥生成实现系统，并就它们的安全性能进行了比较。第 18 章是对第 17 章的补充，它重点研究了密钥生成技术原理（时间变化、信道互易性和空间去相关性）、评估指标（随机性、密钥生成速率和密钥一致率）、生成过程和应用，并在可编程门阵列（Field Programmable Gate Array，FPGA）硬件平台WARP上实现了基于接收信号强度的密钥生成系统，验证了密钥生成原理。第19章研究了密钥提取技术和生成算法，详细介绍了实用的密钥生成（Secret Key Generation，SKG）方案，该方案采用基于信道去相关技术的信道量化算法，适用于公共网络，如WIFI和LTE网络。此外，本章进一步分析了所提SKG方案的安全性能，探讨了未来能够嵌入现有或下一代无线通信标准的重要结论和前景。第20章着眼于安全编码，提出了实用的安全编码方案，该方案能够在合法用户之间提供安全可靠通信。同时，本章介绍了这些实用编码方案在WIFI和LTE测试平台中的实现，并使用误码率这一简单实用的度量标准对其安全性能进行评估。此外，本章还讨论了这些技术在涉及用户隐私和数据流安全性相关无线通信标准方面的前景，并讨论了这些技术在实现过程中的可行性。

我们编写本书的主要目的是利用物理层安全技术来保障5G及其后续研究系统中的可信通信。无论读者是无线通信领域的研究生、研究人员还是工程师，都可以从中有所收益，特别是有关物理层安全后续发展的一些至关重要的概念、框架和技术的讨论，有利于在未来先进网络中设计更安全的通信方案。

纵观物理层安全的研究历程，现代物理层安全技术在过去10～15年的发展结合了无线信道和无线多用户网络的特殊性，这与20世纪70年代在有线网络环境下建立的物理层安全开创性工作形成鲜明对比。本书各章中所描述的技术共同呈现了一个令人信服的愿景，表明物理层安全可以在未来无线网络中提供增强性安全防护。但必须认识到，这其中大多数技术仍处于理论发展的早期阶段，实际应用还很少。此外，安全是一个非常宽泛的概念，涉及许多不同方面。然而，大多数物理层安全技术仅旨在增强通信的机密性。因此，为了推动物理层安全向前发展并使其成为现实，需要在以下两个研究领域中做出巨大努力。

首先，只有通过采用加密技术进行跨层设计，物理层安全才可能受到业界欢迎并得以进行大规模实际开发。换而言之，由于几乎所有安全方案都是基于加密技术的，所以只有当物理层安全与加密技术联合考虑时，才能得到业界青睐。因此，该领域未来工作的一个重要方面是验证物理层安全技术如何改善现有加密方法的安全性能，如增加一些常见攻击方法的成功所需时间。

其次，需将物理层安全扩展到解决数据安全性以外的其他方面。例如，无线身份验证同样是一个重要的安全问题，物理层技术也可以在无线身份验证中得到应用。最新研究提出了利用无线网络中基于位置或基于信道身份信息来提供可靠身份验证的技术。在必须进行秘密通信的敏感场景中，保护通信行为与保护通信内容同等重要。作为另一个应用场景，物理层认证技术还可以被用来识别恶意通信或攻击。此外，跨层方法也将是未来的有力发展方向。

本书的编写离不开许多人的鼎力相助。首先，要感谢各章编者所做的贡献；其次，感谢所有审稿人为每一章校稿做出的贡献；最后，感谢 IET 工作人员在本书编写过程中提供的支持。

目　　录

第 1 章

衰落信道下的物理层安全性能指标

Biao He①, Vincent K. N. Lau②, Xiangyun Zhou③, A. Lee Swindlehurst①

衰落信道下的物理层安全在学术界引起了相当大的关注。对于无线物理层安全的研究，如何衡量安全性能是一个重要的基本问题。本章系统回顾了经典的安全性能指标，并介绍了衰落信道下物理层安全的几个新指标，这些指标使得人们能够从不同角度衡量安全性，进而设计安全通信系统。

1.1 引言

无线系统在衰落信道下的安全性能通常以遍历安全容量[1]或安全中断概率[2-3]来刻画。在经典的信息论安全约束下，遍历安全容量体现了系统的容量限制，其中，编码消息传输经历足够多的信道实现，满足衰落信道的遍历特性。安全中断概率给出了在准静态衰落信道中未达到经典信息论安全的概率。安全中断概率在评估安全性能方面有两个局限性。首先，安全中断概率无法揭示窃听者解码私密消息的能力。其次，它没有定量描述泄漏到窃听者的私密信息数量。安全中断概率的局限性促使人们引入了三个新的安全指标[4]，即广义的安全中断概率、平均分式模糊度，以及平均信息泄漏率。这三个新安全指标通过揭示窃听者解码能力和描述私密信息泄漏的数量或速度，使人们对衰落信道安全性能有更为全面和深入的理解。

本章首先回顾信息论安全的历史背景，然后介绍用于衰落信道的经典安全指标，即遍历安全容量和安全中断概率。进一步，给出了广义的安全中断概率、平均分式模糊度，以及平均信息泄漏率这三个新指标。最后，以一个

① 美国加州大学普适通信与计算中心。
② 香港科技大学电子及计算机工程系。
③ 澳大利亚国立大学工程研究学院。

采用固定速率窃听编码的无线系统为例进行分析，说明了新安全指标的适用性。

1.2 信息论安全

本节首先介绍了物理层安全的基本模型——窃听信道，然后介绍了经典信息论安全和部分安全的概念。

1.2.1 窃听信道模型

Wyner在其开创性工作中建模了窃听信道[5]：在存在窃听者Eve的情况下，发送方Alice将私密信息M发送给合法接收方Bob。

私密信息M被编码为n维向量$\boldsymbol{X}^n$，Bob和Eve收到的向量分别表示为$\boldsymbol{Y}^n$和$\boldsymbol{Z}^n$。源信息的熵和窃听者处信息剩余不确定性分别表示为$H(M)$和$H(M|\boldsymbol{Z}^n)$。

1.2.2 经典的信息论安全

本章使用“经典信息论安全”概念来统一概括香农完美安全、强安全和弱安全的概念，详细阐述如下。

经典信息论安全的要求是：泄漏到窃听者处的信息量为零，窃听者的最佳攻击方式是对消息进行随机猜测。根据香农的定义，完美安全要求原始信息和Eve的观察值在统计上是独立的，其数学描述如下：

$$H(M|\boldsymbol{Z}^n)=H(M)\text{，或等效于 }I(M|\boldsymbol{Z}^n)=0 \tag{1.1}$$

采用香农的“完美安全”定义不方便进行分析，因此当前的研究通常讨论强安全或弱安全。强安全要求：随着编码长度趋向无穷大，原始信息和Eve的观察在统计上是渐近独立的，其数学表示为

$$\lim_{n\to\infty} I(M;\boldsymbol{Z}^n)=0 \tag{1.2}$$

弱安全要求：随着编码长度趋向无穷大，泄漏到窃听者处的信息量为零，其数学表示为

$$\lim_{n\to\infty}\frac{1}{n}I(M;\boldsymbol{Z}^n)=0 \tag{1.3}$$

值得指出的是，弱安全条件不等于强安全条件。从密码学的角度来看，已经证明某些弱安全方案是不适用的[6]。为简单起见，本章其余部分没有再专门强调$n\to\infty$的假设。

实际上，没有信息泄漏到Eve的要求确保了Eve处最大的解码错误概

率。根据文献［6］中所述，最大似然解码可以最小化其解码错误概率 P_e。没有任何信息泄漏确保 Eve 不得不猜测原始信息。此时，最大似然解码下误码概率为 $P_e=(K-1)/K$。因此，从解码能力看，经典信息论安全确保了 $P_e \geqslant (K-1)/K$。当信息熵足够大，如 $K\to\infty$ 时，经典信息论安全条件实际上确保了 P_e 渐近地为 1，即

$$\lim_{K\to\infty} P_e \geqslant \lim_{K\to\infty}\frac{K-1}{K}=1 \tag{1.4}$$

关于窃听者误码概率与经典信息论安全之间关系的严谨分析可以参见文献［7］。

1.2.3　部分安全

可以采用模糊度的概念来定义部分安全，该概念量化了 Eve 处混淆的程度。Wyner 将模糊度定义为条件熵 $H(M\mid \boldsymbol{Z}^n)$[5]，然后 Leung - Yan - Cheong 和 Hellman 定义了如下分式的模糊度[8]：

$$\Delta=\frac{H(M\mid \boldsymbol{Z}^n)}{H(M)} \tag{1.5}$$

采用分式的模糊度进行分析更为便利，因为其仅取决于信道，而 Wyner 关于模糊度的原始定义同时取决于信源和信道。

基于（分式）模糊度的安全评估与 Eve 处消息译码能力需求有关[5]。尽管模糊度与错误概率之间没有一对一的关系式，但可以基于模糊度推导 Eve 处译码错误概率的上下界[9-10]。

为了确保系统安全性，特别要求窃听者的译码错误概率要大于某个阈值。因此，需要由模糊度或者分式模糊度给出 Eve 解码错误概率下界。考虑一般情况，消息来自于大小为 K 的集合$[1,2,\cdots,K]$，其在大小为 K 的码字集合上实现最大熵，消息熵可以表示为 $H(M)=\log_2(K)$。根据 Fano 不等式[9]，有

$$H(M\mid \boldsymbol{Z}^n)\leqslant h(P_e)+P_e\log_2(K) \tag{1.6}$$

其中，$h(x)=-x\log_2(x)-(1-x)\log_2(1-x), 0\leqslant x\leqslant 1$。可以将不等式（1.6）改写为

$$P_e\geqslant\frac{H(M\mid \boldsymbol{Z}^n)-1}{\log_2(K)}=\Delta-\frac{1}{\log_2(K)} \tag{1.7}$$

当消息熵足够大，如 $K\to\infty$ 时，可以将不等式（1.7）进一步表示如下：

$$\lim_{K\to\infty}P_e\geqslant\Delta-\lim_{K\to\infty}\frac{1}{\log_2(K)}=\Delta \tag{1.8}$$

从式（1.8）可知，Δ 是 P_e 渐近的下界。

1.3 衰落信道的经典安全指标

本节介绍衰落信道下无线系统的经典安全指标，即遍历安全容量和安全中断概率。

1.3.1 无线系统模型

考虑一个衰落信道下的窃听系统模型，Bob 和 Eve 的瞬时信道容量可以表示为

$$C_b = \log_2(1+\gamma_b) \tag{1.9}$$

$$C_e = \log_2(1+\gamma_e) \tag{1.10}$$

式中，下标 b 和 e 分别表示 Bob 和 Eve；$\gamma_b = P|h_b|^2/\sigma_b^2$ 和 $\gamma_e = P|h_e|^2/\sigma_e^2$ 表示瞬时接收信噪比（Signal-to-Noise Ratio，SNR）；P 表示发射功率；h_b 和 h_e 表示瞬时信道系数；σ_b^2 和 σ_e^2 表示接收噪声方差。

假设考虑瑞利衰落模型，发射功率固定，则 Bob 和 Eve 的瞬时接收信噪比将服从指数分布，其 PDF 可以表示为

$$f_{\gamma_b}(\gamma_b) = \frac{1}{\bar{\gamma}_b}\exp\left(-\frac{\gamma_b}{\bar{\gamma}_b}\right), \quad \gamma_b > 0 \tag{1.11}$$

$$f_{\gamma_e}(\gamma_e) = \frac{1}{\bar{\gamma}_e}\exp\left(-\frac{\gamma_e}{\bar{\gamma}_e}\right), \quad \gamma_e > 0 \tag{1.12}$$

式中，$\bar{\gamma}_b = \mathbb{E}\{\gamma_b\}$ 和 $\bar{\gamma}_e = \mathbb{E}\{\gamma_e\}$ 表示平均接收 SNR；$\mathbb{E}\{\cdot\}$ 表示取期望运算。

1.3.2 遍历安全容量

在系统中编码后的消息足够长、经历足够多信道实现、能够体现衰落信道遍历特性的情况下，遍历安全容量表征了经典信息论安全约束下的容量限制。

对于某个衰落信道实现，无线信道可以视为复杂的加性高斯白噪声（Additive White Gaussian Noise，AWGN）信道。AWGN 窃听信道的安全性能可以采用安全容量来衡量[8]，该容量可视为满足可靠性约束和经典信息论安全需求情况下的最大可达传输速率[5]。单个窃听衰落信道实现下的安全容量可以表示为

$$C_s = [\log_2(1+\gamma_b) - \log_2(1+\gamma_e)]^+ \tag{1.13}$$

式中，$[x]^+ = \max\{x, 0\}$。为了获得式（1.13）中的安全容量，Alice 需要已

知精确的 γ_b 和 γ_e。

在所有衰落信道上实现对式（1.13）取平均，可以得到 Alice 精确已知全部 CSI 情况下的遍历安全容量[1]：

$$\bar{C}_s^F = \int_0^{\infty}\int_{\gamma_e}^{\infty}(\log_2(1+\gamma_b) - \log_2(1+\gamma_e))f_{\gamma_e}(\gamma_e)f_{\gamma_b}(\gamma_b)\mathrm{d}\gamma_e\mathrm{d}\gamma_b \quad (1.14)$$

值得指出的是，文献［1］中考虑的信道模型并不是一般常用的快速衰落信道。而是假设每个相干间隔内信道使用的数量足够大，且具有遍历特性。由于 Alice 精确已知全部信道状态信息（Channel State Information，CSI)，则 Alice 可以确保仅在 $\gamma_b > \gamma_e$ 的情况下才进行信息传输。此外，不同于无安全约束的传统遍历衰落场景，这里需要采用变速率传输以实现遍历安全速率。详细的解释可以参见文献［1］。当 Alice 仅知道主信道信息（即 Bob 的 CSI）时，遍历安全容量可以表示为

$$\bar{C}_s^M = \int_0^{\infty}\int_0^{\infty}[\log_2(1+\gamma_b) - \log_2(1+\gamma_e)]^+ f_{\gamma_e}(\gamma_e)f_{\gamma_b}(\gamma_b)\mathrm{d}\gamma_e\mathrm{d}\gamma_b \quad (1.15)$$

在相同的平均发射功率约束情况下，已知全部 CSI 的系统比仅已知主信道 CSI 的系统具有更高的遍历安全容量。这是因为若 Alice 精确已知全部 CSI 情况，其可以在 $\gamma_b \leqslant \gamma_e$ 时中止信息传输。一般而言，接收端仅已知非完美 CSI 情况下的遍历安全容量计算仍然是一个开放问题。

在图 1.1 中绘制了遍历安全容量与平均发射功率约束之间的关系曲线图。如图 1.1 所示，对于相同的平均功率约束 $\bar{P}$，已知全部 CSI 情况下的遍

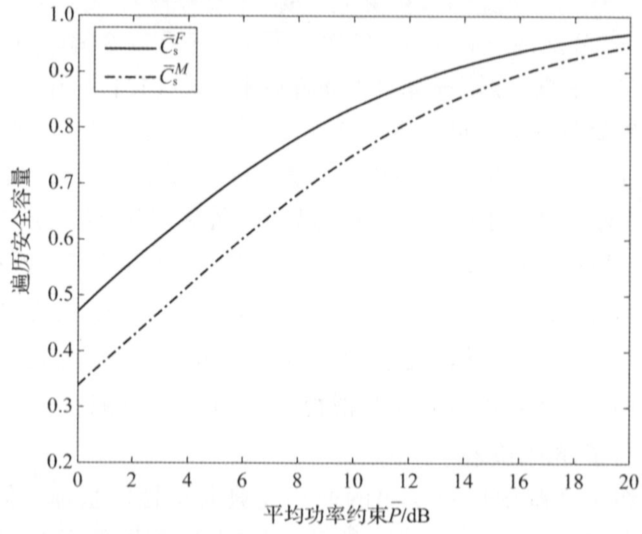

图 1.1　平均功率约束下遍历安全容量（参数设置为 $\mathbb{E}\{|h_b|^2/\sigma_b^2\} = \mathbb{E}\{|h_e|^2/\sigma_e^2\} = 1$）

历安全容量大于仅已知主信道CSI情况下的遍历安全容量。对于已知全部CSI的系统，当$\gamma_b \leq \gamma_e$时，Alice中止信息传输，这是一种简单的On - off方案。因此，已知全部CSI情况下，Alice以发射功率$\bar{P}/\mathbb{P}(|h_b|^2>|h_e|^2)$进行信息传输，其中，$\mathbb{P}(\cdot)$表示概率。对于仅已知主信道CSI的系统，由于缺乏Eve信道信息，Alice无法采用On - off方案，因此发射功率为$\bar{P}$。

1.3.3 安全中断概率

对于经历准静态衰落信道的系统而言，经典信息论安全并非总是可以实现的，安全中断概率衡量了无法实现经典信息论安全的概率。

Barros和Rodrigues详细描述了安全中断概率的定义如下[11]：

$$P_{\text{out}}^{D1}=\mathbb{P}(C_s<R_s)=\mathbb{P}(C_b-C_e<R_s) \tag{1.16}$$

式中：C_s是式（1.13）中给出的安全容量；$R_s>0$是目标安全速率。安全中断概率的这种定义表征了同时保障可靠且安全传输的概率。值得注意的是，可靠性和安全性并不是分离的，因为只要传输不可靠或不安全，就会发生中断。

从系统设计的角度来看，相较于可靠性和安全性的联合刻画指标，单独明确评价安全性能的指标更为方便。为此，文献［3］的作者给出了安全中断概率的另一种定义，即

$$P_{\text{out}}^{D2}=\mathbb{P}(C_e>R_b-R_s \mid \text{消息传输}) \tag{1.17}$$

式中：R_b和R_s分别是安全编码后发送的码字速率和安全编码中私密信息速率。中断概率是消息是否传输事件的条件概率。式（1.17）中安全中断概率直接衡量了传输消息不满足经典信息论安全需求的概率大小。此外，P_{out}^{D2}考虑了系统设计参数，如编码速率和消息被传输的条件。因此，由式（1.17）定义的安全中断概率对于设计满足安全需求的传输方案非常有用。

图1.2中显示了采用P_{out}^{D1}和P_{out}^{D2}刻画的无线系统安全性能。安全编码后发送的码字速率自适应地设置为$R_b=C_b$。如图1.2所示，P_{out}^{D1}始终大于P_{out}^{D2}。这是因为P_{out}^{D1}不仅将不安全传输视为中断事件，还将不可靠传输视为中断事件。相反，P_{out}^{D2}的定义仅将不安全传输情况视为唯一的中断事件。文献［3］中对P_{out}^{D1}和P_{out}^{D2}进行了详细比较。

本节介绍了文献中广泛采用的两个经典安全性能指标，值得一提的是，还有一些其他安全指标并未涉及，如安全自由度[12]和有效安全吞吐量[13]。

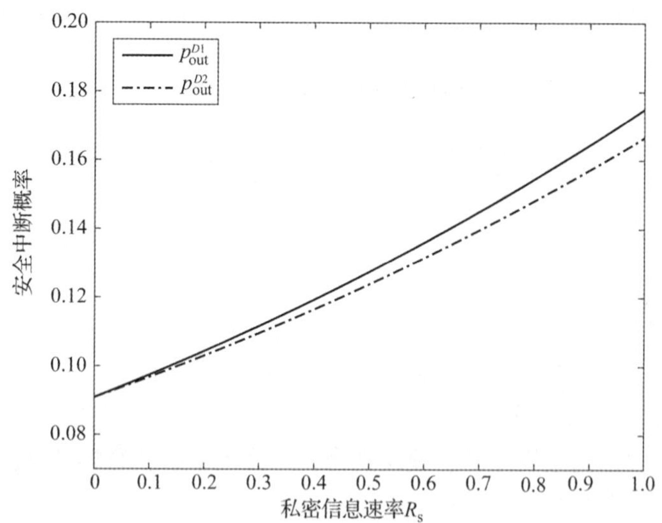

图 1.2　不同私密信息速率下安全中断概率（参数设置为 $\bar{\gamma}_b = 20$dB 和 $\bar{\gamma}_e = 10$dB）

1.4　准静态衰落信道中的新安全指标

正如在 1.3 节中所述，安全中断概率是准静态衰落信道中经典的系统安全指标，此时系统并非总是能够保证经典信息论安全。而且，安全中断概率在评估无线系统安全性能方面存在一些限制，因此在本节中引入用于准静态衰落信道的新安全指标。

1.4.1　安全中断概率的局限

安全中断概率在评估安全性能方面存在两个主要限制。

（1）安全中断概率无法揭示窃听者对于私密信息的解码能力。当经典信息理论安全不能保证时，窃听者的解码能力是现实情况下通信系统中安全性的直观度量，文献中基于错误概率的安全指标常常被用来评估安全性能[14-19]。一般对窃听者解码错误概率的安全需求可以表示为 $P_e \geqslant \varepsilon$，其中，$0 < \varepsilon \leqslant 1$ 表示 P_e 的最小可容忍值。相反，前面安全中断概率的定义仅反映了极其严格的要求 $\varepsilon \to 1$，而经典信息论安全则需要保证 $P_e \to 1$。

（2）无法定量刻画泄漏到窃听者处的信息量大小。当无法保证经典信息论安全时，某些信息将会被泄漏给窃听者。相同安全中断概率的不同安全传输设计实际上可能导致信息泄漏量明显不同。因此，为了对安全性能有更精细的了解，知道私密信息泄漏到窃听者处的数量或速率是非常重要的。但是，当发生安全中断时，基于安全中断的性能指标无法评估信息的泄漏数量。

1.4.2 新安全指标：一种部分安全视角

考虑到安全中断概率的限制，文献［4］给出了三种新的安全指标。

（1）扩展了安全中断的经典定义，给出了安全中断概率的广义公式。广义安全中断概率考虑了由模糊度衡量的安全性能，构建了安全中断和窃听者的信息解码能力之间的关系。

（2）引入了窃听者解码错误概率的渐近下限。该指标基于错误概率的安全性能指标，其通常用于评估无线系统现实中的安全性。

（3）定义了一种量化平均信息泄漏速率的指标。该安全性能指标刻画了不能保证经典信息论安全时，泄漏到窃听者处私密信息的数量或速率。

新的安全指标基于部分安全，即是基于分式模糊度，这与基于经典信息论安全的安全中断概率不同。

对于衰落信道无线传输，由于信道的衰落特性，分式模糊度 Δ 是一个随机量。一个给定的无线衰落信道实现等效于高斯窃听信道[20]，而高斯窃听信道的系统分式模糊度取决于编码和传输策略。因此，没有可以适用于所有场景的分式模糊度的一般性表达。分式模糊度 Δ 的上界可以依据文献［8］中定理1和文献［20］中推论2进行推导得到。对于给定的无线信道衰落实现，最大可达分式模糊度由下式给出：

$$\Delta=\begin{cases}1, & C_{\mathrm{e}}\leqslant C_{\mathrm{b}}-R_{\mathrm{s}}\\(C_{\mathrm{b}}-C_{\mathrm{e}})/R_{\mathrm{s}}, & C_{\mathrm{b}}-R_{\mathrm{s}}<C_{\mathrm{e}}<C_{\mathrm{b}}\\0, & C_{\mathrm{b}}\leqslant C_{\mathrm{e}}\end{cases} \tag{1.18}$$

式中：C_{b} 和 C_{e} 分别表示 Bob 和 Eve 的信道容量，$R_{\mathrm{s}}=H(M)/n$ 表示信息安全传输速率。

从式（1.10）可以看出，根据 γ_{e} 的分布可以得到分式模糊度 Δ 的分布。基于分式模糊度 Δ 的分布，新的安全指标具体表示如下。

（1）广义安全中断概率。通过扩展安全中断概率的经典定义，广义安全中断概率可以表示为

$$P_{\mathrm{out}}^{G}=\mathbb{P}(\Delta<\theta) \tag{1.19}$$

式中：$0<\theta\leqslant 1$ 表示分式模糊度的最小容忍值。

由于分式模糊度与解码错误概率有关，因此通过选择不同的 θ 值，广义安全中断概率适用于根据 Eve 解码能力来衡量具有不同安全要求的系统。安全中断概率的经典定义等效于 $\mathbb{P}(\Delta<1)$，因此是新的广义安全中断概率的一

种特例。

还可以从另一个角度理解广义安全中断概率。从式（1.5）可知，在 Eve 处的信息泄漏比例可以表示为 $I(M;\mathbf{Z}^n)/H(M)=1-\Delta$，该信息泄漏比例刻画了传输的私密信息泄漏到窃听者处的百分比。因此，广义安全中断概率 $P_{\text{out}}^{G}=\mathbb{P}(\Delta<\theta)=\mathbb{P}(1-\Delta>1-\theta)$ 实际上描述了信息泄漏比例大于某个门限 $1-\theta$ 的概率。

（2）平均分式模糊度。分式模糊度的长期平均值由下式给出：

$$\bar{\Delta}=\mathbb{E}\{\Delta\} \tag{1.20}$$

注意，平均分式模糊度 $\bar{\Delta}$ 的表达式是在所有衰落实现中对分式模糊度求平均。

（3）平均信息泄漏速率。平均信息泄漏率可以表示为

$$R_{\text{L}}=\mathbb{E}\left\{\frac{I(M;\mathbf{Z}^n)}{n}\right\}=\mathbb{E}\left\{\frac{I(M;\mathbf{Z}^n)}{H(M)}\cdot\frac{H(M)}{n}\right\}=\mathbb{E}\{(1-\Delta)R_{\text{s}}\} \tag{1.21}$$

式中：$R_{\text{s}}=H(M)/n$ 是私密信息速率。平均信息泄漏率反映了信息泄漏到窃听者的快慢。值得注意的是，不能将信息传输速率 R_{s} 移出式（1.21）中的求期望运算，这是因为 R_{s} 是自适应速率传输的可变参数，其分布可能与 Δ 的分布相关。对于固定速率传输方案，可以将式（1.21）进一步简化为

$$R_{\text{L}}=\mathbb{E}\{(1-\Delta)R_{\text{s}}\}=(1-\bar{\Delta})R_{\text{s}} \tag{1.22}$$

前面提到的新安全指标，如式（1.19）~式(1.21)，通常可用于评估不同系统的安全性能。在下一节中将以一个特定场景为例，在给定信息传输速率和信道统计信息的情况下，推导新安全指标表达式。

1.5　新安全指标的应用示例：以固定速率窃听编码为例

本节以固定速率窃听编码的无线系统为例，阐明如何使用 1.4 节中的新安全指标。结果表明，新安全指标能让人们对衰落信道安全性能有更为全面和深入的理解。此外，探讨了新安全指标对传输设计的影响，从中发现，与最小化经典安全中断概率的优化设计相比，在优化系统的安全性能时，新安全指标会导致不同的优化设计参数。如果实际系统要求保证窃听者处较低的解码能力或较低的信息泄漏速率，则仅应用最小化安全中断概率的优化设计可能会导致较大的安全性能损失。

1.5.1　系统模型

考虑一个经历准静态瑞利衰落信道的窃听信道模型，Bob 和 Eve 的瞬时

信道容量，记为 C_b 和 C_e，分别由式（1.9）和式（1.10）给出，且 Bob 和 Eve 的瞬时接收 SNR，记为 γ_b 和 γ_e，分别服从式（1.11）和式（1.12）给出的指数分布。

Alice 进行信息传输时采用文献［5］中介绍的窃听编码，其两个速率参数分别为码字传输速率 $R_b = H(\boldsymbol{X}^n)/n$ 和私密信息速率 $R_s = H(M)/n$。通过产生 2^{nR_b} 个码字 $x(w,v)$ 来构造长度为 n 的窃听码字，其中，$w = 1,2,\cdots,2^{nR_b}$，$v = 1,2,\cdots,2^{n(R_b-R_s)}$。对于每个消息索引 w，从 $1,2,\cdots,2^{n(R_b-R_s)}$ 中以均匀概率随机选择索引 v，并发送码字 $x^n(w,v)$。另外，考虑固定速率传输，其传输速率（即 R_b 和 R_s）在消息传输时间内是固定的。为了降低系统复杂度，通常可采用固定速率传输。实际上，如多媒体应用中视频流之类的应用通常需要采用固定速率传输。

假设 Bob 和 Eve 精确已知自己的信道状态信息，因此 Bob 和 Eve 已知对应的 C_b 和 C_e。Alice 已知 Bob 和 Eve 信道的统计信息，但不知道 Bob 和 Eve 的瞬时 CSI。进一步假设 Bob 以 1bit 反馈方式向 Alice 反馈其信道质量，以避免不必要的传输[3,21]。1 比特反馈可实现 On - off 传输方案，以确保仅在 $R_b \leqslant C_b$ 时才进行传输。因此，On - off 传输方案中发送概率为

$$p_{tx} = \mathbb{P}(R_b \leqslant C_b) = \mathbb{P}(R_b \leqslant \log_2(1+\gamma_b)) = \exp\left(-\frac{2^{R_b}-1}{\bar{\gamma}_b}\right) \tag{1.23}$$

1.5.2 安全性能评估

按照文献［20］中推论 2 和文献［8］中第三节所述，令 $H(\boldsymbol{X}^n)/n = R_b$，对于某个信道给定衰落实现，可以按如下步骤推导分式模糊度。对于某个信道给定衰落实现，满足 $R_b \leqslant C_b$ 和 $R_s \leqslant R_b$ 的窃听编码的最大可达分式模糊度可以表示为

$$\Delta = \begin{cases} 1, & C_e \leqslant R_b - R_s \\ (R_b - C_e)/R_s, & R_b - R_s < C_e < R_b \\ 0, & R_b \leqslant C_e \end{cases} \tag{1.24}$$

然后，可以根据 Δ 的分布来计算衰落信道上无线传输的安全性能。

（1）广义安全中断概率。

广义安全中断概率可以表示为

$$\begin{aligned} p_{out}^{G} &= \mathbb{P}(\Delta < \theta) \\ &= \mathbb{P}(2^{R_b} - 1 \leqslant \gamma_e) + \mathbb{P}(2^{R_b - R_s} - 1 < \gamma_e < 2^{R_b} - 1) \cdot \\ &\quad \mathbb{P}\left(\frac{R_b - \log_2(1+\gamma_e)}{R_s} < \theta \,\middle|\, 2^{R_b - R_s} - 1 < \gamma_e < 2^{R_b - 1}\right) \end{aligned}$$

$$= \exp\left(-\frac{2^{R_b-\theta R_s}-1}{\bar{\gamma}_e}\right) \tag{1.25}$$

式中：$0<\theta\leqslant 1$。

如果 $\theta=1$，则有

$$p_{out}^{G}(\theta=1)=\exp\left(-\frac{2^{R_b-\theta R_s}-1}{\bar{\gamma}_e}\right) \tag{1.26}$$

注意，式（1.26）与文献［3］中式（8）相同，即为经典安全中断概率的表达式。

（2）平均分式模糊度。平均分式模糊度由下式给出：

$$\begin{aligned}\bar{\Delta} &= \mathbb{E}\{\Delta\}\\ &= \int_0^{2^{R_b-R_s-1}} f_{\gamma_e}(\gamma_e)\mathrm{d}\gamma_e + \int_{2^{R_b-R_s-1}}^{2^{R_b-1}}\left(\frac{R_b-\log_2(1+\gamma_e)}{R_s}\right)f_{\gamma_e}(\gamma_e)\mathrm{d}\gamma_e\\ &= 1-\frac{1}{R_s\ln 2}\exp\left(\frac{1}{\bar{\gamma}_e}\right)\left(\mathrm{Ei}\left(-\frac{2^{R_b}}{\bar{\gamma}_e}\right)-\mathrm{Ei}\left(-\frac{2^{R_b-R_s}}{\bar{\gamma}_e}\right)\right)\end{aligned} \tag{1.27}$$

式中：$\mathrm{Ei}(x)=\int_{-\infty}^{x}\mathrm{e}^t/t\mathrm{d}t$ 表示指数积分函数。平均分式模糊度是窃听者解码错误概率的渐近下界。

（3）平均信息泄漏速率。

采用固定速率传输方案时，平均信息泄漏速率根据式（1.22）推导如下：

$$R_L=(1-\bar{\Delta})R_s=\frac{1}{\ln 2}\exp\left(\frac{1}{\bar{\gamma}_e}\right)\left(\mathrm{Ei}\left(-\frac{2^{R_b}}{\bar{\gamma}_e}\right)-\mathrm{Ei}\left(-\frac{2^{R_b-R_s}}{\bar{\gamma}_e}\right)\right) \tag{1.28}$$

值得指出的是，式（1.28）中 R_L 不依赖于传输概率 p_{tx}，R_L 仅刻画当消息传输时信息泄漏到窃听者的速度。

表 1.1 表明安全中断概率有时无法恰当地刻画安全性能，而新安全指标则可以对其进行较好地量化。考虑一种极端情况，即私密信息速率与总编码速率相同，即 $R_b=R_s$，这相当于使用普通编码代替窃听编码进行传输。如表 1.1所列，采用经典安全中断概率($\theta=1$)表征的安全性能与 Eve 的信道条件无关，始终为 1。但是，我们知道接收端译码能力是与信道状况有关的。显然，随着 Eve 信道质量的提高，Eve 译码错误的可能性降低，安全性能将变差。由此可以看出，经典安全中断概率无法正确地描述安全性能。相比之下，新安全指标可以恰当地刻画随 Eve 信道质量变化而变化的安全性能。随着 Eve 处平均 SNR 的增加，广义安全中断概率($\theta=0.8$)也随之增加。随着 Eve 处平均 SNR 的增加，平均分式模糊度降低。随着 Eve 处平均 SNR 的增

加，平均信息泄漏速率也随之增加。这个采用普通编码进行传输的简单示例表明，新安全指标能够揭示那些安全中断概率无法反映的关于安全性能的信息。

表1.1 Eve处不同信道质量情况下不同安全指标表征的安全性能
（传输参数设置为 $R_b = R_s = 1$）

$\bar{\gamma}_e$/dB	−10	−5	0	5	10	15
$p_{out}^{G}(\theta=1)$	1	1	1	1	1	1
$p_{out}^{G}(\theta=0.8)$	0.23	0.62	0.86	0.95	0.98	0.99
$\bar{\Delta}$	0.87	0.65	0.33	0.13	0.04	0.01
R_L	0.13	0.35	0.67	0.87	0.96	0.99

1.5.3 对系统设计的影响

接下来，从系统设计者的角度探讨1.4节中新安全指标的重要性。具体而言，首先讨论与最小化经典安全中断概率的优化设计参数相比，新安全指标是否会导致关于安全性能优化的不同设计。接着，考虑当实际系统需要保证窃听者处解码能力较低或信息泄漏速率较低时，采用安全中断概率进行优化传输设计将会造成多大的安全损失。

为此，研究了吞吐量约束 $\eta > \Gamma$ 下的安全性能优化问题，其中，η 表示吞吐量，Γ 表示最小吞吐量目标值。这里仍然考虑使用固定速率的窃听编码进行传输，设计参数是编码速率 R_b 和 R_s。考虑到式（1.23）中给出的传输概率，吞吐量可以表示为

$$\eta = p_{tx} R_s = \exp\left(-\frac{2^{R_b-\theta R_s}-1}{\bar{\gamma}_e}\right) R_s \tag{1.29}$$

针对系统采用不同安全性能指标时的3个优化问题可以分别表示为

问题1：最小化广义安全中断概率

$$\min_{R_b,R_s} p_{out}^{G} = \exp\left(-\frac{2^{R_b-\theta R_s}-1}{\bar{\gamma}_e}\right) \tag{1.30a}$$

$$\text{s.t.}\quad \eta \geqslant \Gamma, R_b \geqslant R_s > 0 \tag{1.30b}$$

问题2：最大化平均分式模糊度

$$\max_{R_b,R_s} \bar{\Delta} = 1 - \frac{1}{R_s \ln 2}\exp\left(\frac{1}{\bar{\gamma}_e}\right)\left(\mathrm{Ei}\left(-\frac{2^{R_b}}{\bar{\gamma}_e}\right) - \mathrm{Ei}\left(-\frac{2^{R_b-R_s}}{\bar{\gamma}_e}\right)\right) \tag{1.31a}$$

$$\text{s.t.}\quad \eta \geqslant \Gamma, R_b \geqslant R_s > 0 \tag{1.31b}$$

问题 3：平均信息泄漏速率最小化

$$\max_{R_b,R_s} R_L = \frac{1}{\ln 2}\exp\left(\frac{1}{\bar{\gamma}_e}\right)\left(\text{Ei}\left(-\frac{2^{R_b}}{\bar{\gamma}_e}\right)-\text{Ei}\left(-\frac{2^{R_b-R_s}}{\bar{\gamma}_e}\right)\right) \tag{1.32a}$$

$$\text{s.t.}\quad \eta \geqslant \Gamma, R_b \geqslant R_s > 0 \tag{1.32b}$$

以上三个优化问题很容易解决。为了简洁起见，省略了详细的分析和推导过程，具体过程可以参见文献［4］。数值比较了优化解，并通过图 1.3～图 1.5展示了新安全指标在系统设计上的优势。本节的数值仿真中，参数设置为 $\bar{\gamma}_b=\bar{\gamma}_e=15,\theta=1$。问题 1～3 中最优码字传输速率分别表示为 R_{b1}^*、R_{b2}^*和 R_{b3}^*，最优私密信息速率分别表示为 R_{s1}^*、R_{s2}^*和 R_{s3}^*。

图 1.3 绘制了最优私密信息速率 R_s^* 与吞吐量约束 Γ 的关系。对于以上 3 个优化问题，最优码字传输速率均为 $R_b^*=\log_2(1-\bar{\gamma}_b\ln(\Gamma/R_s^*))$，$R_{b1}^*$、$R_{b2}^*$和 R_{b3}^*的差别仅取决于 R_{s1}^*、R_{s2}^*和 R_{s3}^*的不同，因此图中并未标示 R_b^*。如图 1.3 所示，R_{s1}^*、R_{s2}^*和 R_{s3}^*的值明显不同，这表明采用不同的安全指标刻画安全性能时，最优传输设计是不同的。因此，新安全指标会导致与安全性能优化相应的不同系统设计。

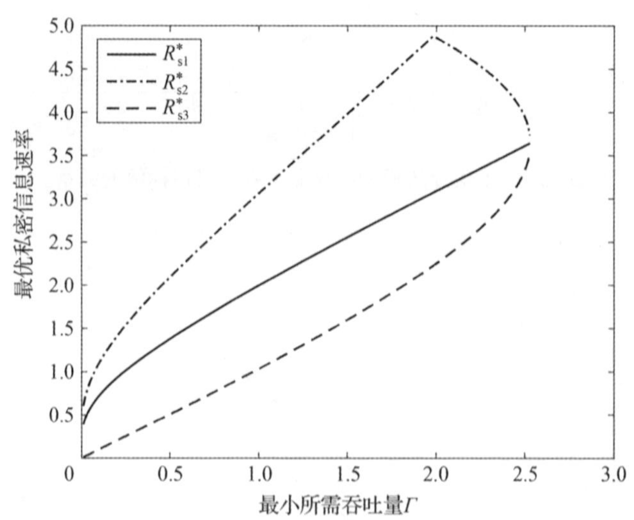

图 1.3　不同安全指标下最优私密信息速率与最小吞吐量目标值的关系

图 1.4 绘制了参数(R_{b1}^*,R_{s1}^*)和(R_{b2}^*,R_{s2}^*)情况下可达的平均分式模糊度 $\bar{\Delta}$ 曲线。图 1.5 绘制了参数(R_{b1}^*,R_{s1}^*)和(R_{b3}^*,R_{s3}^*)情况下可达的平均信息泄漏速率 R_L 曲线。这里，速率对(R_{b1}^*,R_{s1}^*)对于最小化安全中断概率问题是最优解，速率对(R_{b2}^*,R_{s2}^*)对于最大化平均分式模糊度问题是最优解，$(R_{b3}^*$,

R_{s3}^*)对于最小化平均信息泄漏速率问题是最优解。如图1.4所示，如果实际安全要求是确保窃听者处较低的解码能力，则按照安全中断概率进行优化设计将导致相当大的损失。如图1.5所示，如果实际安全要求是确保较低的信息泄漏速率，则按照安全中断概率进行优化设计也会导致相当大的损失。这些结果表明，采用恰当的性能指标设计系统非常重要。如果实际系统需要确保窃听者处解码能力较低或信息泄漏速率较低，则采用安全中断概率进行优化传输设计可能会导致较多的安全损失。

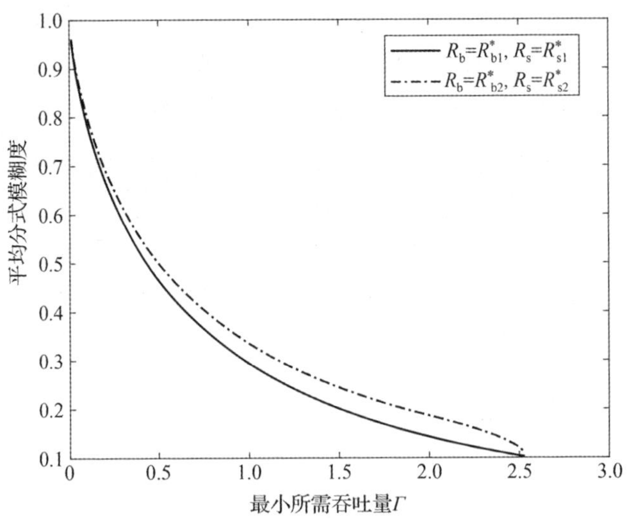

图1.4　平均分式模糊度与最小吞吐量目标值的关系

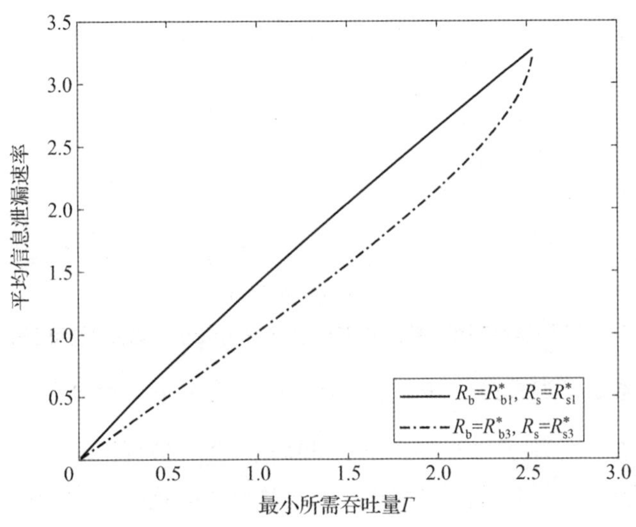

图1.5　平均信息泄漏速率与最小吞吐量目标值的关系

以上结果和讨论表明，从系统设计者的角度来看，新安全指标具有重要价值。系统设计者不应采用基于经典安全中断概率的优化设计来优化由新安全指标度量的安全性能，因为基于经典安全中断概率的最优设计在面对新安全指标度量的安全性能时将造成较大的安全损失。

1.6 小结

本章为衰落信道上物理层安全引入了新安全指标。经典安全指标包括遍历安全容量和安全中断概率。遍历安全容量刻画了编码后的消息经历足够多的信道实现，能够体现衰落信道遍历特性的情况下系统的容量极限。对于准静态衰落信道，安全中断概率衡量的是无法实现经典信息论安全的概率。本章还基于部分安全性为准静态衰落信道引入了三个新安全指标，它们解决了安全中断概率的局限性问题。广义安全中断概率建立了安全中断与窃听者处消息解码能力之间的关系。窃听者处解码错误概率的渐近下限提供了一种直接基于错误概率的安全指标。平均信息泄漏速率表征了无法确保经典信息论安全时，私密信息泄漏到窃听者处的速率。研究表明，新安全指标可以对衰落信道物理层安全提供更全面的描述。此外，新安全指标可以为不同安全要求的系统提供恰当的传输设计。

参考文献

[1] P. K. Gopala, L. Lai, and H. El Gamal, "On the secrecy capacity of fading channels," *IEEE Trans. Inf. Theory*, vol. 54, no. 10, pp. 4687–4698, 2008.

[2] M. Bloch, J. Barros, M. R. D. Rodrigues, and S. W. McLaughlin, "Wireless information-theoretic security," *IEEE Trans. Inf. Theory*, vol. 54, no. 6, pp. 2515–2534, 2008.

[3] X. Zhou, M. R. McKay, B. Maham, and A. Hjørungnes, "Rethinking the secrecy outage formulation: A secure transmission design perspective," *IEEE Commun. Lett.*, vol. 15, no. 3, pp. 302–304, 2011.

[4] B. He, X. Zhou, and A. L. Swindlehurst, "On secrecy metrics for physical layer security over quasi-static fading channels," *IEEE Trans. Wireless Commun.*, vol. 15, no. 10, pp. 6913–6924, 2016.

[5] A. D. Wyner, "The wire-tap channel," *Bell Syst. Tech. J.*, vol. 54, no. Oct. (8), pp. 1355–1387, 1975.

[6] M. Bloch and J. Barros, *Physical-Layer Security: From Information Theory to Security Engineering*. England: Cambridge University Press, 2011.

[7] I. B. H. Boche and J. Sommerfeld, "Capacity results for compound wiretap channels," in *Proc. IEEE ITW*, Paraty, Brazil, Oct. 2011, pp. 60–64.

[8] S. K. Leung-Yan-Cheong and M. E. Hellman, “The Gaussian wire-tap channel,” *IEEE Trans. Inf. Theory*, vol. 24, no. 4, pp. 451–456, 1978.

[9] T. M. Cover and J. A. Thomas, *Elements of Information Theory*, 2nd ed. Hoboken, NJ: Wiley, 2006.

[10] M. Feder and N. Merhav, “Relations between entropy and error probability,” *IEEE Trans. Inf. Theory*, vol. 40, no. 1, pp. 259–266, 1994.

[11] J. Barros and M. R. D. Rodrigues, “Secrecy capacity of wireless channels,” in *Proc. IEEE ISIT*, Seattle, WA, July 2006, pp. 356–360.

[12] X. He, A. Khisti, and A. Yener, “MIMO multiple access channel with an arbitrarily varying eavesdropper: Secrecy degrees of freedom,” *IEEE Trans. Inf. Theory*, vol. 59, no. 8, pp. 4733–4745, 2013.

[13] S. Yan, N. Yang, G. Geraci, R. Malaney, and J. Yuan, “Optimization of code rates in SISOME wiretap channels,” *IEEE Trans. Wireless Commun.*, vol. 14, no. 11, pp. 6377–6388, 2015.

[14] M. Baldi, G. Ricciutelli, N. Maturo, and F. Chiaraluce, “Performance assessment and design of finite length LDPC codes for the Gaussian wiretap channel,” in *Proc. IEEE ICC Workshops*, London, UK, Jun. 2015, pp. 446–451.

[15] D. Klinc, J. Ha, S. W. McLaughlin, J. Barros, and B. J. Kwak, “LDPC codes for the Gaussian wiretap channel,” *IEEE Trans. Inf. Forensics Security*, vol. 6, no. 3, pp. 532–540, 2011.

[16] M. Baldi, M. Bianchi, and F. Chiaraluce, “Coding with scrambling, concatenation, and HARQ for the AWGN wire-tap channel: A security gap analysis,” *IEEE Trans. Inf. Forensics Security*, vol. 7, no. 3, pp. 883–894, 2012.

[17] R. Soosahabi and M. Naraghi-Pour, “Scalable PHY-layer security for distributed detection in wireless sensor networks,” *IEEE Trans. Inf. Forensics Security*, vol. 7, no. 4, pp. 1118–1126, 2012.

[18] A. S. Khan, A. Tassi, and I. Chatzigeorgiou, “Rethinking the intercept probability of random linear network coding,” *IEEE Commun. Lett.*, vol. 19, no. 10, pp. 1762–1765, 2015.

[19] J. E. Barcelo-Llado, A. Morell, and G. Seco-Granados, “Amplify-and-forward compressed sensing as a physical-layer secrecy solution in wireless sensor networks,” *IEEE Trans. Inf. Forensics Security*, vol. 9, no. 5, pp. 839–850, 2014.

[20] Y. Liang, H. V. Poor, and S. Shamai, “Secure communication over fading channels,” *IEEE Trans. Inf. Theory*, vol. 54, no. 6, pp. 2470–2492, 2008.

[21] B. He and X. Zhou, “Secure on-off transmission design with channel estimation errors,” *IEEE Trans. Inf. Forensics Security*, vol. 8, no. 12, pp. 1923–1936, 2013.

第2章

信道不确定条件下的安全网络

Amal Hyadi①, Zouheir Rezki②, Mohamed - Slim Alouini

近年来，无线通信网络迅猛发展，无线应用日趋广泛。相应地，这种惊人的发展速度自然也引发了人们对用户隐私和信息安全的更多关注。多年来，信息安全主要是依靠应用层的加密技术来实现的。然而，随着自组网、去中心化网络的出现，以及5G和后5G无线通信系统的部署，人们对于低复杂度安全技术的需求变得越来越迫切。基于此，无线物理层安全受到了学术界的广泛关注。不同于高层的加密技术，信息论安全利用了无线信道的随机性和时变性，在显著降低计算复杂度的前提下保障信息安全。然而，这些技术的优点可能很大程度上依赖于能够获取理想信道状态信息（Channel State Information，CSI）的假设。在本章中，我们从信道不确定性的角度来研究物理层安全。特别地，本章讨论了在信道状态信息不完全情况下，发送者所能达到的遍历安全容量。

2.1 引言

信息论安全最早可以追溯到1949年，当时香农介绍了他在密码系统方面的开创性工作[1]，该工作研究了合法通信用户双方共享一个随机密钥且存在一个被动窃听者的情况下私密信息的安全传输问题。香农的研究指出，为了实现绝对的安全，共享密钥的熵应该超过所传输信息的熵，换言之，密钥长度至少要达到私密信息本身的长度。多年后，维纳提出了一种更为宽松的信息论安全约束，即在码字长度足够大的情况下保证信息泄漏

① 沙特阿拉伯，阿卜杜拉国王科学技术大学计算机、电气、数学科学与工程（CEMSE）部门。
② 美国，爱达荷大学电子与计算机工程系。

率趋于零[2]。该约束条件也称维纳弱安全约束。维纳窃听模型考虑窃听者接收信号是合法接收者接收信号的退化版本，利用信道的特殊性实现与合法接收者进行可靠通信的同时，使窃听者能获取到的信息量趋于零。随后的一些研究将维纳的研究推广到非退化信道[3]、高斯信道[4]和衰落信道[5-7]等场景中。

特别地，随着无线通信应用和设备的空前增长，如何在衰落信道条件下确保不受潜在的窃听攻击至关重要。因此，衰落信道下的窃听模型成为信息论安全的新兴研究方向。衰落信道的特殊性在于能够利用信道增益波动的随机性，来抵抗窃听实现物理层安全传输。因此，即使窃听者的平均信噪比（Signal-to-Noise Ratio，SNR）比合法接收者更高，在不需要共享密钥的情况下，在衰落信道中仍然可以实现物理层安全传输。为了能最大限度地利用信道的衰落特性，发送者的CSI（CSI at the Transmitter，CSIT）的完全已知至关重要。

现有的物理层安全研究大都假设发送者能够精确已知其到合法接收者的CSI，即主信道CSI，甚至假设能够同时精确已知主信道CSI和窃听信道CSI。尽管这种假设降低了分析复杂度并能够充分利用衰落窃听模型中的潜在安全特性，但这种假设与实际的通信模型并不一致。在无线通信系统中，若要获取CSIT，需要接收者持续不断地向发送者反馈CSI，这个反馈过程通常伴随着不确定性的引入。具体而言，这种不确定性可能是由于发送者信道估计误差导致获得的是受噪声恶化的CSI，也可能是由于反馈链路的信道容量有限导致只能传输量化后的CSI，还可能是由于反馈时延导致过时的CSIT。文献[8]概述了对主信道CSIT的获知程度的不同对通信系统安全性能的影响，文献[9]则详细介绍了主信道CSIT不确定情况下物理层安全研究的最新进展。

本章概述了部分CSIT对窃听信道遍历安全容量的影响。这里主要考虑两类导致CSIT不确定的情况：一是发送者出现估计误差，导致发送者仅能根据含噪声的CSI进行编码和传输；二是CSI反馈链路容量受限，导致合法接收者仅能反馈量化的CSI。本章同时考虑了单用户传输和多用户传输场景，在多用户传输场景中还分别讨论了共同消息传输和多个不同消息传输，即发送者将相同消息广播给所有的合法接收者和将多个不同消息发送给相应的合法接收者两种情况。此外，本章还讨论了传递私密消息的广播信道（BCC），即发送者将一个共同消息发送给两个用户，而将一个私密信息只发送给其中一个用户。

值得指出的是，本章是从弱安全约束的角度研究衰落窃听信道的信息论安全，与香农沙特阿拉伯，阿卜杜拉国王科学技术大学计算机、电气、数学科学与工程（CEMSE）部门定义的完美安全是不同的，完美安全需要泄漏的信息量绝对为零，即 $I(W;\boldsymbol{Y}_{\mathrm{E}}^{n})=0$，其中，$W$ 为私密信息，$\boldsymbol{Y}_{\mathrm{E}}^{n}$ 为窃听者接收到的码字长度为 n 的信号。弱安全约束仅需要实现在码字长度 n 足够大的情况下窃听速率趋于0，即 $\lim\limits_{n\to\infty}\frac{1}{n}I(W;\boldsymbol{Y}_{\mathrm{E}}^{n})=0$，其中，$n$ 为传输的码字长度。当码字长度 n 足够大的情况下窃听者获取的信息量趋于零，即 $\lim\limits_{n\to\infty}I(W;\boldsymbol{Y}_{\mathrm{E}}^{n})=0$，此时弱安全约束可以转化为强安全约束。然而，一般来说，实现弱安全约束的安全编码不一定能够实现强安全[10-11]，但弱安全约束和强安全约束下能够获得的安全容量是相同的[12-13]。此外，另一种有趣的安全条件是语义安全约束，其首先应用在密码学中，随后被扩展到窃听信道[14]。语义安全约束更加适用于实际场景，因为它放宽了对被传输的私密消息的假设，即无须假设消息是随机均匀分布的。这是信息论安全研究的一个具有挑战和广阔前景的新研究方向。

本章其余部分安排如下：2.2 节研究了 CSIT 不确定情况下的单用户窃听信道。首先介绍了系统模型，然后介绍两种场景下的遍历安全容量，即发送者仅已知受噪声恶化的主信道 CSI 场景和 CSI 反馈链路容量受限场景。类似地，2.3 节研究 CSIT 非精确情况下多用户窃听信道的遍历安全容量。最后，2.4 节进行了小结，并简要讨论了未来可能的研究方向。

注：本章中采用的数学符号含义如下：$\mathbb{E}[\cdot]$表示期望运算，$|x|$表示标量 x 的模，定义$\{\nu\}^{+}=\max(0,\nu)$，函数 $P(\cdot)$表征了发送者的发射功率，其变量可以为标量或向量，$H(X)$表示离散随机变量 X 的信息熵，$I(X;Y)$表示随机变量 X 和 Y 的互信息量，$\boldsymbol{X}^{n}$ 表示长度为 n 的序列，即$\boldsymbol{X}^{n}=\{X(1),X(2),\cdots,X(n)\}$，$f_X(\cdot)$和 $F_X(\cdot)$分别表示随机变量 X 的概率密度函数（Probability Density Function，PDF））和累积分布函数（Cumulative Distribution Function，CDF），$X\sim\mathcal{CN}(0,\sigma^2)$表示 X 是均值为0、方差为 σ^2 的循环对称复高斯随机变量。

2.2 信道不确定情况下的单用户安全传输

首先考虑单用户传输的情况，即在存在单个窃听者的情况下仅向单个合法接收者发送私密信息。本节重点关注发送者部分已知主信道 CSI 时系统的遍历安全容量。

2.2.1 系统模型

考虑一个离散时间无记忆单用户窃听信道，包含一个发送者、一个合法接收者和一个窃听者，假设各节点均配备单天线。合法接收者和窃听者在时隙 t，$t \in \{1,2,\cdots,n\}$ 的输出信号分别表示为

$$\begin{cases} Y_{\mathrm{R}}(t) = h_{\mathrm{R}}(t)X(t) + z_{\mathrm{R}}(t) \\ Y_{\mathrm{E}}(t) = h_{\mathrm{E}}(t)X(t) + z_{\mathrm{E}}(t) \end{cases} \tag{2.1}$$

式中：$X(t)$是发送信号；$h_{\mathrm{R}}(t)$和 $h_{\mathrm{E}}(t)$分别是零均值、单位方差的复信道增益系数，表示主信道和窃听信道；$z_{\mathrm{R}}(t)$和 $z_{\mathrm{E}}(t)$分别表示合法接收者和窃听者处的零均值、单位方差的循环对称加性高斯白噪声。考虑发送者处受到平均发射功率约束，即 $\frac{1}{n}\sum_{t=1}^{n}E[\,|X(t)|^2\,] \leqslant P_{\mathrm{avg}}$，式（2.1）是在输入信号分布上求期望。

假设信道系数 h_{R} 和 h_{E} 是独立同分布的平稳遍历随机变量，考虑合法接收者能够精确估计其信道状态信息，并在发送数据之前将 CSI 反馈给发送者。由于估计误差或反馈链路容量有限，发送者收到的反馈的信道状态信息是不精确的。下一小节中将详细介绍发送者对 CSI 已知和不确定的不同情况。对于窃听者，假设其能完整地获取自己的信道增益，并能跟踪合法接收者与发送者间的反馈链路。因此，CSI 不能用作生成密钥的随机源。假设系统中所有终端都已知 h_{R} 和 h_{E} 的统计特性，主要分析 $n\to\infty$ 时信道的安全容量。

发送者希望将私密信息 W 发送给合法接收者，采用$(2^{nR_{\mathrm{s}}},n)$编码方案：消息集合为 $\omega = \{1,2,\cdots,2^{nR_{\mathrm{s}}}\}$，消息 $W\in\omega$ 在 ω 上是独立均匀分布的；随机编码器f：$\omega\to X^n$ 将每个消息 W 映射为码字 $x^n \in X^n$；解码器$g: Y^n\to\omega$ 将接收信号序列 $y_{\mathrm{R}}^n \in Y^n$映射为消息 $\hat{w}\in\omega$。

如果存在一个编码方案$(2^{nR_{\mathrm{s}}},n)$，当 n 趋向于无穷时使得平均差错概率 $P_{\mathrm{e}} = \frac{1}{2^{nR_{\mathrm{s}}}}\sum_{w=1}^{2^{nR_{\mathrm{s}}}}\Pr[W \neq \hat{W} \mid W = w]$ 和窃听者处信息泄露速率$\frac{1}{n}I(W;Y_{\mathrm{E}}^n,h_{\mathrm{E}}^n,h_{\mathrm{R}}^n)$趋向于零，则 R_{s} 为可达安全速率。安全容量 C_{s} 定义为可达安全速率的最大值，即 $C_{\mathrm{s}} \triangleq \sup R_{\mathrm{s}}$。

2.2.2 CSIT 受噪声恶化情况下的窃听信道

本小节中假设合法接收者在容量不受限的链路中反馈信道状态信息，因此发送者处的信道不确定性仅来源于估计误差。主信道增益的估计模型可以

表示为

$$h_{\mathrm{R}}(t)=\sqrt{1-\alpha}\hat{h}_{\mathrm{R}}(t)+\sqrt{\alpha}\tilde{h}_{\mathrm{R}}(t) \tag{2.2}$$

式中：$\hat{h}_{\mathrm{R}}(t)$表示发送者在时隙 t 收到的受噪声恶化的 CSI，$\tilde{h}_{\mathrm{R}}(t)$表示信道估计误差，表示估计误差的方差。可以看出，当 $\alpha=0$ 时对应于精确已知主信道 CSI 的情况，当 $\alpha=1$ 时对应于完全未知主信道 CSI 的情况。

2.2.2.1　安全容量分析

文献[15－16]研究了发送者仅已知非完美主信道 CSI 情况下快衰落信道的遍历安全容量，其研究结果如下。

定理 2.1　CSIT 受噪声恶化情况下，单用户单天线衰落窃听信道的遍历安全容量为

$$C_{\mathrm{s}}^{-}\leqslant C_{\mathrm{s}}\leqslant C_{\mathrm{s}}^{+} \tag{2.3}$$

其中，C_{s}^{-} 和 C_{s}^{+} 由下式给出

$$C_{\mathrm{s}}^{-}=\max_{P(\tau)}\underset{|h_{\mathrm{E}}|^2,\ |h_{\mathrm{R}}|^2,\ |\hat{h}_{\mathrm{R}}|^2\geqslant\tau}{\mathbb{E}}\left[\log\left(\frac{1+|h_{\mathrm{R}}|^2P(\tau)}{1+|h_{\mathrm{E}}|^2P(\tau)}\right)\right] \tag{2.4}$$

$$C_{\mathrm{s}}^{+}=\max_{P(\hat{h}_{\mathrm{R}})}\underset{\hat{h}_{\mathrm{R}},\ \tilde{h}_{\mathrm{R}}}{\mathbb{E}}\left[\left\{\log\left(\frac{1+|\sqrt{1-\alpha}\hat{h}_{\mathrm{R}}+\sqrt{\alpha}\tilde{h}_{\mathrm{R}}|^2P(\hat{h}_{\mathrm{R}})}{1+|\tilde{h}_{\mathrm{R}}|^2P(\hat{h}_{\mathrm{R}})}\right)\right\}^{+}\right] \tag{2.5}$$

式中：$P(\tau)=\dfrac{P_{\mathrm{avg}}}{1-F_{|\hat{h}_{\mathrm{R}}|^2}(\tau)}$；$\mathbb{E}[P(\hat{h}_{\mathrm{R}})]\leqslant P_{\mathrm{avg}}$。

证明：遍历安全容量下界 C_{s}^{-} 的推导与发送者采用高斯输入的窃听编码，并根据估计的信道增益 $\hat{h}_{\mathrm{R}}$调整发射功率的 On－off 功率方案情况下的安全容量推导类似。最优发送阈值 τ 的选择满足下式

$$\begin{aligned}&\underset{|h_{\mathrm{R}}|^2,\ |\hat{h}_{\mathrm{R}}|^2\geqslant\tau}{\mathbb{E}}\left[\frac{|h_{\mathrm{R}}|^2P'(\tau)}{1+|h_{\mathrm{R}}|^2P(\tau)}\right]-\underset{|h_{\mathrm{E}}|^2}{\mathbb{E}}\left[\frac{|h_{\mathrm{E}}|^2P'(\tau)}{1+|h_{\mathrm{E}}|^2P(\tau)}\right][1-F_{|\hat{h}_{\mathrm{R}}|^2}(\tau)]\\&=f_{|\hat{h}_{\mathrm{R}}|^2}(\tau)\left(\begin{array}{c}\underset{|h_{\mathrm{R}}|^2\,||\hat{h}_{\mathrm{R}}|^2}{\mathbb{E}}[\log(1+|h_{\mathrm{R}}|^2P(\tau))\,|\,|\hat{h}_{\mathrm{R}}|^2=\tau]-\\\underset{|h_{\mathrm{E}}|^2}{\mathbb{E}}[\log(1+|h_{\mathrm{E}}|^2P(\tau))]\end{array}\right)\end{aligned} \tag{2.6}$$

式中：$P'(\tau)$表示 $P(\tau)$关于 τ 的导数。显然可以通过对所有满足平均功率约束的功率进行优化来改善可达安全容量。然而，该优化过程十分复杂且耗时，且难以获得显著的性能增益。

遍历安全容量上界 C_{s}^{+} 可以通过将主信道增益和窃听信道增益适当关联

推导得到。具体地，由于估计误差 $\tilde{h}_R$与 h_E 具有相同分布，而发送者只能获得 $\hat{h}_R$，这意味着 $\tilde{h}_R$与发送信号 X 独立，因此用 $\tilde{h}_R$代替 h_E 是一个获取遍历安全容量上界的有效方法。该上界可以进行如下解释。为了窃听到更多的信息，窃听者可能在发送者未知的情况下接入主信道。在这种情况下，该优化问题是凹的，最优的发送功率 $P(\hat{h}_R)$是下述优化条件的解：

$$\underset{\tilde{h}_R \in D_{\hat{h}_R}}{\mathbb{E}}\left[\frac{|\sqrt{1-\alpha}\hat{h}_R+\sqrt{\alpha}\tilde{h}_R|^2}{1+|\sqrt{1-\alpha}\hat{h}_R+\sqrt{\alpha}\tilde{h}_R|^2 P(\hat{h}_R)}-\frac{|\tilde{h}_R|^2}{1+|\tilde{h}_R|^2 P(\hat{h}_R)}\right]-\lambda=0 \quad (2.7)$$

式中：λ 表示对应于平均功率约束的拉格朗日乘子；$D_{\hat{h}_R}=\{\tilde{h}_R: |\sqrt{1-\alpha}\hat{h}_R+\sqrt{\alpha}\tilde{h}_R|^2 \geqslant |\tilde{h}_R|^2\}$。

评注：

- 虽然定理2.1所给出的安全容量的上界和下界通常不一致，但它们给出了发送者仅已知非完美CSI情况下，衰落信道遍历安全容量的最佳表征。
- CSIT精确已知的情况下，该安全容量的上下界能够退化到文献［17］所推导的上下界。同时，在这种情况下，上界与文献［7］定理2中推导的渐近长相干时间假设下的衰落窃听信道安全容量一致。在发送者完全未知CSI的特例中，安全容量的上界和下界也是重合的，且趋近于零。
- 即使发送者信道估计能力较差，仍然可以实现安全通信。尽管研究场景略有不同，但文献［18］的研究也有类似结论。此外，研究表明采用简单的固定速率On－off功率方案就可以实现正安全容量传输。
- 前面提到的上界依赖于窃听者信道与主信道估计误差具有相同的统计特性这一假设。因此，寻找更加一般的上界仍然是一个开放性问题。

图2.1给出了独立同分布瑞利衰落信道下，信道估计误差的方差 α 的变化对安全容量上下界的影响。图中考虑了平均功率约束为 $P_{avg}=10$dB 和 $P_{avg}=30$dB 两种情况。可以看出，随着估计方差 α 的增大，安全容量逐渐减小。然而，只要发送者能够获取部分主信道CSI，就能实现正的安全容量。相反地，若发送者完全未知主信道CSI，即 $\alpha=1$ 时，安全容量为零。

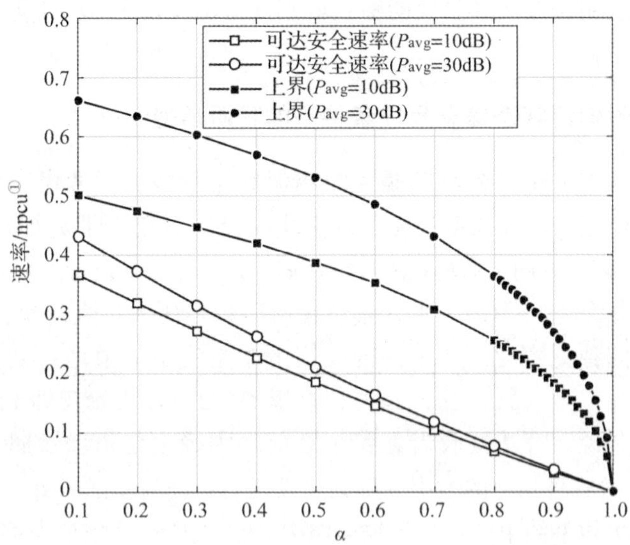

图 2.1　CSIT 受噪声恶化情况下独立同分布瑞利衰落信道的安全容量上下界随信道估计误差的方差 α 的变化曲线

2.2.2.2　渐近结果

下述推论是在高信噪比情况下根据定理 2.1 推导得出的。

推论 2.1　高信噪比条件下，当 CSIT 受噪声恶化时，单用户衰落窃听信道的遍历安全容量边界为

$$C_{s-HSNR}^{-} \leqslant C_{s-HSNR} \leqslant C_{s-HSNR}^{+} \tag{2.8}$$

式中：C_{s-HSNR}^{-}和 C_{s-HSNR}^{+}由下式给出

$$C_{s-HSNR}^{-} = \underset{|h_E|^2,\ |h_R|^2,\ |\hat{h}_R|^2 \geqslant \tau}{\mathbb{E}} \left[\log\left(\left| \frac{h_R}{h_E} \right|^2 \right) \right] \tag{2.9}$$

$$C_{s-HSNR}^{+} = \underset{\hat{h}_R,\ \tilde{h}_R}{\mathbb{E}} \left[\left\{ \log\left(\frac{|\sqrt{1-\alpha}\hat{h}_R + \sqrt{\alpha}\tilde{h}_R|^2}{|\tilde{h}_R|^2} \right) \right\}^{+} \right] \tag{2.10}$$

式中：τ 是使 C_{s-HSNR}^{-}最大的最优值。

显然推论 2.1 说明遍历安全容量在高信噪比时是有界的，从而证明了无论主信道状态信息估计的精度如何，安全容量的多路复用增益为零。

低信噪比区间：虽然对高信噪比区间的分析结果在一定意义上是不乐观的，即无论 P_{avg}怎么增加，安全容量始终都是有界的。但是，在低信噪比条件下，当无安全约束时的遍历安全容量渐近等于主信道容量。因此，低信噪

① npcu 是 n bit per channel uses 的简写，即每个信道使用上传输的比特数。

比情况分析表明，发送者只要能够获取到部分 CSIT，即 $\alpha \neq 1$ 时，也可以获得安全容量增益。

2.2.3 有限信道状态信息反馈条件下的窃听信道

本小节考虑 CSI 反馈链路是无差错但容量受限的。考虑一个块衰落信道，其中，信道增益在长度为 κ 的衰落块内保持不变，即 $h_{\mathrm{R}}(\kappa l)=h_{\mathrm{R}}(\kappa l-1)=\cdots=h_{\mathrm{R}}(\kappa l-\kappa+1)$ 和 $h_{\mathrm{E}}(\kappa l)=h_{\mathrm{E}}(\kappa l-1)=\cdots=h_{\mathrm{E}}(\kappa l-\kappa+1)$，其中，$L$ 表示衰落块数量，$n=\kappa L$。假定信道编解码帧经历大量衰落块，即 L 很大，且衰落块之间独立变化。所采用的反馈策略是将主信道增益划分为个区间 $[\tau_1,\tau_2),\cdots,[\tau_q,\tau_{q+1}),\cdots,[\tau_Q,\infty)$，这里 $Q=2^b$，b 表示反馈 CSI 的可用比特数。也就是说，合法接收者在每个衰落块内确定信道增益属于哪个区间 $[\tau_q,\tau_{q+1})$，然后将相应的索引 q 反馈给发送者。而在发送者处，每个 q 对应一个满足平均功率约束的功率传输策略 P_q。假设所有通信节点都知道主信道增益划分区间和相应的功率传输策略。

2.2.3.1 安全容量分析

文献[19－20]研究了有限 CSI 反馈情况下块衰落窃听信道的安全容量，相关结论总结如下。

定理 2.2 合法接收者在每个衰落块开始前无差错反馈 b 比特 CSI 的情况下，单用户窃听信道的遍历安全容量可以描述为

$$C_{\mathrm{s}}^{-} \leqslant C_{\mathrm{s}} \leqslant C_{\mathrm{s}}^{+} \tag{2.11}$$

其中，C_{s}^{-} 和 C_{s}^{+} 由下式给出

$$C_{\mathrm{s}}^{-} = \max_{\{\tau_q;P_q\}_{q=1}^{Q}} \sum_{q=1}^{Q} \Pr[\,|h_{\mathrm{R}}|^2 \in A_q]\ \mathop{\mathbb{E}}_{|h_{\mathrm{E}}|^2}\left[\left\{\log\left(\frac{1+\tau_q P_q}{1+|h_{\mathrm{E}}|^2 P_q}\right)\right\}^{+}\right] \tag{2.12}$$

$$C_{\mathrm{s}}^{+} = \max_{\{\tau_q;P_q\}_{q=0}^{Q}} \sum_{q=0}^{Q} \Pr[\,|h_{\mathrm{R}}|^2 \in A_q]\ \mathop{\mathbb{E}}_{|h_{\mathrm{R}}|^2,\ |h_{\mathrm{E}}|^2} \left[\left\{\log\left(\frac{1+|h_{\mathrm{R}}|^2 P_q}{1+|h_{\mathrm{E}}|^2 P_q}\right)\right\}^{+} \,\Big|\, |h_{\mathrm{R}}|^2 \in A_q\right] \tag{2.13}$$

式中：$\{P_q\}_{q=1}^{Q}$ 为满足平均功率约束的功率传输策略，$\{\tau_q \mid 0=\tau_0<\tau_1<\cdots<\tau_Q\}_{q=1}^{Q}$ 表示平方主信道范数 $|h_{\mathrm{R}}|^2$ 支持的重构点，其中，$\tau_{Q+1}=\infty$，$A_q=\{\,|h_{\mathrm{R}}|^2:\tau_q \leqslant |h_{\mathrm{R}}|^2 \leqslant \tau_{q+1}\}$，$q\in\{1,2,\cdots,Q\}$。

证明： 证明下界 C_{s}^{-} 可行性的关键在于固定每个衰落块的传输速率。由于传输受到反馈信息控制，这里考虑在每个衰落块上，如果信道增益在区间 $[\tau_q,\tau_{q+1})$ 内，$q\in\{1,2,\cdots,Q\}$，则发送者以速率 $R_q=\log(1+\tau_q P_q)$ 传送码

字。速率 R_q 仅定期改变，在一个衰落块的持续时间内保持不变。这一设定保证了当 $|h_{\mathrm{E}}|^2 > \tau_q$ 时，发送者和窃听者间的互信息值存在上界 R_q，否则这一互信息值等于 $\log(1+|h_{\mathrm{E}}|^2 P_q)$。文献［20］中给出了具体的码本生成、编码、解码、安全分析过程以及遍历安全容量上界 C_s^+ 的证明。

图2.2描绘了CSI反馈链路容量受限时，独立同分布瑞利衰落信道安全容量的上下界。显然地，随着反馈链路容量增大，即反馈比特数 b 增加，可达安全容量也增加。此外，可以发现CSI反馈比特数达到4比特时能够实现安全容量90%速率的安全传输。

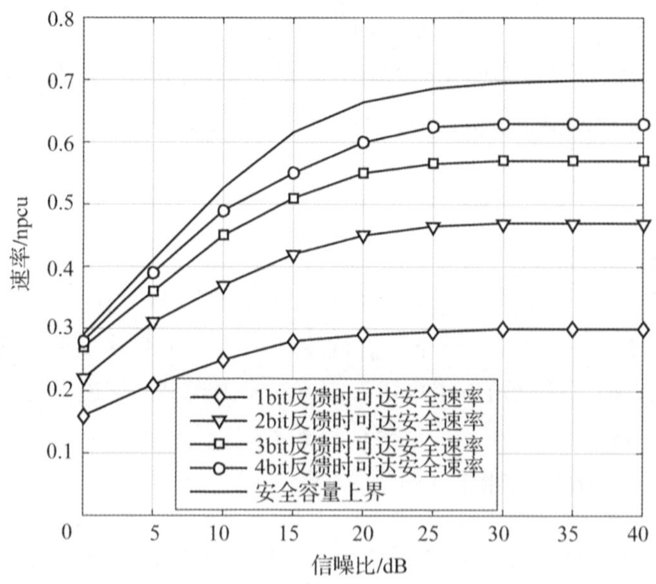

图2.2　不同CSI反馈比特数 b 下独立同分布瑞利衰落信道安全容量的上下界（$b=1, 2, 3, 4$）

评注：

- 定理2.2中的可达安全容量是关于 Q 的单调递增函数。同时，当 Q 趋向于无穷时，上下界也趋于一致，此时上下界能完全表征安全容量。Q 趋向无穷可以解释为存在一个无噪声且无限容量的公共（反馈）链路。
- 当在瑞利衰落信道中传输时，4比特CSI反馈可以获得的可达安全容量为完美获知CSI条件下可达安全容量的90%。

在每个衰落块的末尾发送反馈，也有可能实现正安全容量。具体地，假定合法接收者在每个衰落块的末尾向发送者反馈一个1比特的自动重复请求（Automatic Repeat Request，ARQ），用来告诉发送者信息帧是已经正确解码

(Acknowledgement Character, ACK) 还是没有正确解码 (Negative ACK, NACK)。发送者一直重传相同的块信息直到接收到ACK，随后进行下一帧的信息传输。显然地，这一方案下有的帧被多次发送，这样会导致信息泄漏给窃听者。最终，我们可以假设最坏情况下，NACK完全被窃听者获取，导致何时重传信息被窃听者获知。幸运的是，由下面的定理可知，即使是采用如此保守的一个方案仍能实现正的安全容量。

定理2.3 在每个衰落块末尾发送1比特无差错ARQ时，块衰落单用户窃听信道的遍历安全容量下界可由下式给出

$$C_{\mathrm{S}}^{-}=\max_{\{\tau;P\}}\theta^{2}\underset{|h_{\mathrm{E}}|^{2}}{\mathbb{E}}\left[\left\{\log\left(\frac{1+\tau P}{1+|h_{\mathrm{E}}|^{2}P}\right)\right\}^{+}\right] \tag{2.14}$$

式中：θ表示信息被成功发送的概率，可定义为$\theta=\Pr\left[|h_{\mathrm{R}}|^{2}\geqslant\tau\right]$。

定理2.3表明通过ARQ能够有效提高安全容量[20]。但是应当注意，当发送者进行重传时，窃听者也可能利用两个独立的相干衰落块获取相同的私密信息。

2.2.3.2 渐近结果

下述推论是在高信噪比情况下根据定理2.2推导得出的。

推论2.2 高信噪比条件下，合法接收者在每个衰落块前发送b比特无差错CSI反馈时，块衰落单用户窃听信道的遍历安全容量边界为

$$C_{\mathrm{s-HSNR}}^{-}\leqslant C_{\mathrm{s-HSNR}}\leqslant C_{\mathrm{s-HSNR}}^{+} \tag{2.15}$$

其中，$C_{\mathrm{s-HSNR}}^{-}$和$C_{\mathrm{s-HSNR}}^{+}$由下式给出

$$C_{\mathrm{s-HSNR}}^{-}=\max_{0\leqslant\tau_{1}<\cdots<\tau_{Q}}\sum_{q=1}^{Q}\Pr\left[|h_{\mathrm{R}}|^{2}\in A_{q}\right]\underset{|h_{\mathrm{E}}|^{2}}{\mathbb{E}}\left[\left\{\log\left(\frac{\tau_{q}}{|h_{\mathrm{E}}|^{2}}\right)\right\}^{+}\right] \tag{2.16}$$

$$C_{\mathrm{s-HSNR}}^{+}=\underset{|h_{\mathrm{R}}|^{2},\,|h_{\mathrm{E}}|^{2}}{\mathbb{E}}\left[\left\{\log\left(\left|\frac{h_{\mathrm{R}}}{h_{\mathrm{E}}}\right|^{2}\right)\right\}^{+}\right] \tag{2.17}$$

式中，$A_{q}=\{|h_{\mathrm{R}}|^{2}:\tau_{q}\leqslant|h_{\mathrm{R}}|^{2}\leqslant\tau_{q+1}\},q\in\{1,2,\cdots,Q\}$。

显然不论CSI反馈的可用比特数是多少，高信噪比条件下安全容量是有界的。

2.3 信道不确定条件下的多用户安全传输

本节研究了CSIT不确定性对广播窃听信道安全吞吐量的影响。具体地，本节分别考虑了广播一个共同私密消息和多个独立私密消息发送给多个合法接收者两种场景，分析了CSIT不确定情况下系统的安全性能。

2.3.1　系统模型

考虑一个广播窃听信道，存在一个窃听者的情况下，一个发送者与 K 个合法接收者通信。在每个相干间隔内，每个合法接收者的接收信号可以表示为

$$Y_k(t) = h_k(t)X(t) + z_k(t), k \in \{1, 2, \cdots, K\} \tag{2.18}$$

式中：$X(t)$是发送信号；$h_k(t) \in \mathbb{C}$ 是每个合法接收信道的零均值、单位方差复高斯信道系数；$z_k(t) \in \mathbb{C}$ 表示加性高斯白噪声，其服从零均值、单位方差的循环对称复高斯分布。窃听者的接收信号表示和式（2.1）类似。这里发送者的平均发送功率约束可以表示为

$$\frac{1}{n}\sum_{t=1}^{n} \mathbb{E}[\,|X(t)|^2] \leqslant P_{\text{avg}}$$

本节中关于信道系数 h_k 和 h_{E} 的假设与上一节单用户传输的信道系数 h_{R} 和 h_{E} 相同。

2.3.2　CSIT 受噪声恶化情况下安全广播通信

假设发送者仅获知到一个受噪声恶化的 $h_k(t)$，记为 $\hat{h}_k(t)$，则主信道估计模型可写为

$$h_k(t) = \sqrt{1-\alpha}\hat{h}_k(t) + \sqrt{\alpha}\tilde{h}_k(t)$$

式中：$\alpha \in [0,1]$为估计误差系数；$\tilde{h}_k(i)$为服从零均值、单位方差复高斯分布的信道估计误差。

文献[21－22]研究了发送者非完美主信道估计下广播窃听信道模型的遍历安全容量，结果如下。

2.3.2.1　公共消息的传输

此情形下发送者对所有的合法接收者广播一个共同消息，同时避免被窃听者窃取到信息内容。

定理 2.4　CSIT 受噪声恶化情况下，发送者给多个用户传输共同消息时衰落广播信道的遍历安全容量边界为

$$C_{\text{s}}^{-} \leqslant C_{\text{s}} \leqslant C_{\text{s}}^{+} \tag{2.19}$$

其中，C_{s}^{-} 和 C_{s}^{+} 由下式给出

$$C_{\text{s}}^{-} = \max_{P(\tau)} \min_{1 \leqslant k \leqslant K} \mathop{\mathbb{E}}_{|h_{\text{E}}|^2,\,|h_k|^2,\,|\hat{h}_k|^2 \geqslant \tau} \left[\log\left(\frac{1+|h_k|^2 P(\tau)}{1+|h_{\text{E}}|^2 P(\tau)}\right)\right] \tag{2.20}$$

$$C_s^+ = \min_{1\leqslant k\leqslant K}\max_{P(\hat{h}_k)}\mathbb{E}_{\hat{h}_k,\tilde{h}_k}\left[\left\{\log\left(\frac{1+|\sqrt{1-\alpha}\hat{h}_k+\sqrt{\alpha}\tilde{h}_k|^2P(\hat{h}_k)}{1+|\tilde{h}_k|^2P(\hat{h}_k)}\right)\right\}^+\right] \tag{2.21}$$

式中：$P(\tau)=\dfrac{P_{\text{avg}}}{1-F_{|\hat{h}_k|^2}(\tau)}$；$\mathbb{E}[P(\tilde{h}_k)]\leqslant P_{\text{avg}}$。

证明： 证明下界 ζ_S^- 可行性的两个关键是构建 K 个独立高斯窃听码本和采用受合法信道质量约束的概率传输模型。传输方案需保证所有的合法接收者能够解码加密信息，同时不存在信息泄漏给窃听者，证明详见文献［22］。而上界的推导则与 CSIT 受噪声恶化时单用户情况时的推导类似。

评注：

• 当传输一个共同消息给所有合法接收者时，安全容量通常受到具有最差主信道链路的合法接收者的限制。但是，从所得结果可以看出，尽管 CSIT 受噪声恶化，仍然可以实现正的安全容量。

• 当发送者完全获得合法接受者 CSI 时，即 $\alpha=0$，定理 2.4 中的边界和文献［23］相一致，而当发送者无法获取主信道 CSI 时，安全容量等于零。

2.3.2.2 独立消息的传输

接下来考虑发送独立消息的情况，即发送多个加密消息发送给多个合法接收者，并避免被窃听者窃取到信息内容。

定理 2.5 CSIT 受噪声恶化情况下，发送者给多个用户传输独立的私密消息时衰落广播信道的遍历安全和容量边界为

$$C_s^- \leqslant C_s \leqslant C_s^+ \tag{2.22}$$

其中，C_s^- 和 C_s^+ 由下式给出

$$C_s^- = \max_{P(\tau)}\mathbb{E}_{|h_E|^2,\ |h_{\max}^{\text{est}}|^2,\ |\hat{h}_{\max}|^2\geqslant\tau}\left[\log\left(\frac{1+|h_{\max}^{\text{est}}|^2P(\tau)}{1+|h_E|^2P(\tau)}\right)\right] \tag{2.23}$$

$$\begin{aligned}C_s^+ = \min\Bigg\{&\max_{P(\hat{h}_1,\hat{h}_2,\cdots,\hat{h}_K)}\mathbb{E}_{|h_{\max}|^2,\ |\hat{h}_1|^2,\ |\hat{h}_2|^2,\cdots,\ |\hat{h}_K|^2,\ |\tilde{h}_R|^2}\left[\left\{\log\left(\frac{1+|h_{\max}|^2P(\hat{h}_1,\hat{h}_2,\cdots,\hat{h}_K)}{1+|\tilde{h}_R|^2P(\hat{h}_1,\hat{h}_2,\cdots,\hat{h}_K)}\right)\right\}^+\right]\\&K\max_{P(\hat{h}_R)}\mathbb{E}_{|h_R|^2,\ |\hat{h}_R|^2,\ |\tilde{h}_R|^2}\left[\left\{\log\left(\frac{1+|h_R|^2P(\hat{h}_R)}{1+|\tilde{h}_R|^2P(\hat{h}_R)}\right)\right\}^+\right]\Bigg\}\end{aligned} \tag{2.24}$$

式中：$h_{\max}^{\text{est}}=\sqrt{1-\alpha}\hat{h}_{\max}+\sqrt{\alpha}\tilde{h}$；$|\hat{h}_{\max}|^2=\max_{1\leqslant k\leqslant K}|\hat{h}_k|^2$；$P(\tau)=\dfrac{P_{\text{avg}}}{1-F_{|\hat{h}_{\max}|^2}(\tau)}$；

$\mathbb{E}[P(\hat{h}_{\max}))]\leqslant P_{\text{avg}}$；$|h_{\max}|^2=\max_{1\leqslant k\leqslant K}|h_k|^2$。

证明：下界的实现是基于时分复用方案，该方案实时选择接收者发送信息，在每一个时隙，发送者只向具有最佳估计信道系数 $\hat{h}_{\max}$ 的用户发送消息。由于一个时隙只发送给一个用户，该编码方案是由多个独立标准的单用户窃听码本组成的。

和安全容量的上界 C_S^+ 在两个上界中取的最小值。第二个上界证明相对比较容易，第一个上界则需要引入一个虚拟的辅助信道，它的容量上界是 CSIT 受噪声恶化情况下 K 个接收者的信道容量。接收者在这个新信道上实时地获取最佳信道的传输信号，发送者能够获取 K 个接收者的 K 个信道增益估计。事实上，如果我们在每个时隙只考虑给信道最佳的接收者传输信号，且发送者只知道最佳接收者的 CSI，那么便无法证明该上界是 K 个接收者信道容量的上界。也就是说新信道的引入需要获知所有用户的信道增益并实时判断出每个时隙质量最佳的信道。这就是为什么我们引入一个新的辅助信道，其相当于一个配备 K 个天线的接收者进行选择合并接收时的信道，并实时选择质量最佳的信号进行译码。证明详见文献［22］。

评注：

定理 2.5 中的和安全容量上界是取了两个上界的最小值，其目的是选择对于所有不同的误差系数 α 的最紧的上界。具体地，对于大多数的 α，当用户数 K 很大时，第二个和安全容量上界更松散；而当 $\alpha\to 1$ 时，CSIT 进一步被噪声恶化，这时第二个和安全容量上界会更紧。

推论 2.3 高信噪比条件下，衰落广播信道模型中主信道 CSI 受噪声恶化的遍历和安全容量边界为

$$C_{s-\text{HSNR}}^- \leqslant C_{s-\text{HSNR}} \leqslant C_{s-\text{HSNR}}^+ \tag{2.25}$$

其中，$C_{s-\text{HSNR}}^-$和 $C_{s-\text{HSNR}}^+$由下式给出

$$C_{s-\text{HSNR}}^- = \mathop{\mathbb{E}}_{|h_E|^2,\ |h_{\max}^{\text{est}}|^2,\ |\hat{h}_{\max}|^2 \geqslant \tau}\left[\log\left(\left|\frac{h_{\max}^{\text{est}}}{h_E}\right|^2\right)\right] \tag{2.26}$$

$$C_{s-\text{HSNR}}^+ = \min\left\{\mathop{\mathbb{E}}_{|h_{\max}|^2,\ |\tilde{h}_R|^2}\left[\left\{\log\left(\frac{|h_{\max}|^2}{|\tilde{h}_R|^2}\right)\right\}^+\right], K\mathop{\mathbb{E}}_{|h_R|^2,\ |\tilde{h}_R|^2}\left[\left\{\log\left(\frac{|h_R|^2}{|\tilde{h}_R|^2}\right)\right\}^+\right]\right\} \tag{2.27}$$

式中：τ 是使 $C_{s-\text{HSNR}}^-$最大的最优值。

高信噪比条件下的渐近表达式可以直接由定理 2.5 推导得来。由推论 2.3 可知，渐近的边界取决于合法接收者的数量 K。接下来，令 K 趋向于无穷，可以推导得到系统安全性能。

推论 2.4 发送者将多个独立消息发送给多个合法接收者时，即 $K\to\infty$

时，且主CSIT有噪时，其渐近的高信噪比和安全容量边界为

$$\log((1-\alpha)\log(K)) \leqslant C_s \leqslant \log(\log K), \alpha \neq 1 \tag{2.28}$$

图2.3描绘了误差系数 $\alpha=0.5$、功率约束为10dB、30dB时，发送者向 K 个合法接收者发送独立私密消息时，独立同分布瑞利衰落信道和安全容量的上下界。从图中可以看出，可达和安全容量以及和安全容量的上界都随用户数量 K 的增加而增加。换言之，通过多用户分集，所提出的可行方案随着合法接收者数量的增加渐近于最优。该图还表明，随着用户数量的增多，上下界的差值趋向于 $\log(1-\alpha)$。

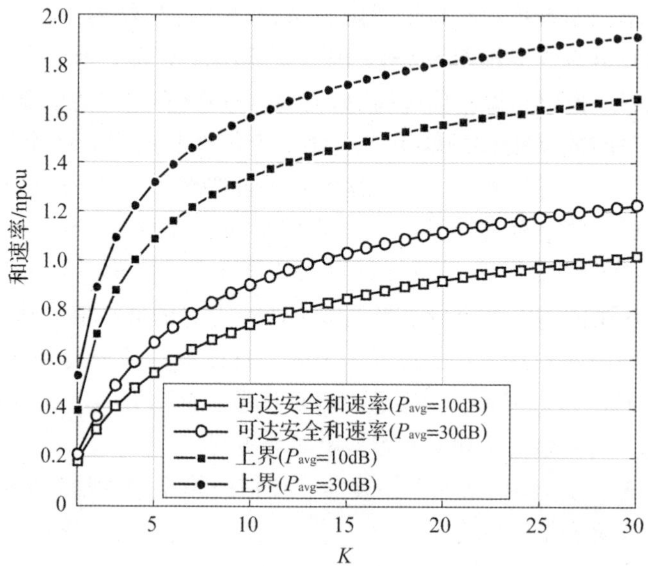

图2.3 误差系数 $\alpha=0.5$，功率约束 P_{avg} 为10dB、30dB时，独立同分布瑞利衰落信道和安全容量的上下界

2.3.3 有限CSI反馈条件下的安全广播

该情况下，每个合法接收者通过正交信道无差错地向发送者提供 b 比特CSI反馈，反馈信息在每个衰落块之前进行发送。同样地，这些信息能够被其他合法接收者接收到，也就是说每个通信节点都能获取自己的和其他节点的反馈信息。由于窃听者也能跟踪这些反馈信息，因此其能够知道发送者何时进行私密信息的传输。这种情况下的反馈策略同2.2.3节类似。

反馈受限时块衰落窃听信道的安全性能分析详见文献[24-25]，主要结论如下。

2.3.3.1　公共消息的传输

定理 2.6　合法接收者在每个衰落块开始前无差错反馈 b 比特 CSI 的情况下，发送者给多个用户发送公共消息时遍历安全容量边界为

$$C_s^- \leqslant C_s \leqslant C_s^+ \tag{2.29}$$

其中，C_s^- 和 C_s^+ 由下式给出

$$C_s^- = \min_{1\leqslant k\leqslant K} \max_{\{\tau_q;P_q\}_{q=1}^{Q}} \sum_{q=1}^{Q} \Pr[\,|h_k|^2 \in A_q]\, \mathbb{E}_{|h_E|^2}\left[\left\{\log\left(\frac{1+\tau_q P_q}{1+|h_E|^2 P_q}\right)\right\}^+\right] \tag{2.30}$$

$$C_s^+ = \min_{1\leqslant k\leqslant K} \max_{\{\tau_q;P_q\}_{q=0}^{Q}} \sum_{q=0}^{Q} \Pr[\,|h_k|^2 \in A_q]\, \mathbb{E}_{|h_k|^2,\,|h_E|^2} \left[\left\{\log\left(\frac{1+|h_k|^2 P_q}{1+|h_E|^2 P_q}\right)\right\}^+ \Big|\, |h_k|^2 \in A_q\right] \tag{2.31}$$

式中：$\{P_q\}_{q=1}^{Q}$ 为满足平均功率约束的功率传输策略；$\{\tau_q \mid 0=\tau_0<\tau_1<\cdots<\tau_Q\}_{q=1}^{Q}$ 为用来描述平方主信道范数 $|h_k|^2$ 支持的重构点。其中，$\tau_{Q+1}=\infty$，$A_q=\{\,|h_R|^2: \tau_q\leqslant|h_R|^2\leqslant\tau_{q+1}\}$，$q\in\{1,2,\cdots,Q\}$，$k\in\{1,2,\cdots,K\}$。

值得一提的是，定理 2.6 中的下界和上界的主要区别在于发送策略的不同，即每次利用反馈信息调整发送功率和每个衰落块的传输速率的策略不同。此外，当时，上下边界将重合，可以得到如下推论。

推论 2.5　多用户块衰落窃听信道在完美获取主信道 CSI 的条件下，公共消息遍历安全容量为

$$C_s = \min_{1\leqslant k\leqslant K} \max_{P(h_k)} \mathbb{E}_{|h_k|^2,\,|h_E|^2}\left[\left\{\log\left(\frac{1+|h_k|^2 P(h_k)}{1+|h_E|^2 P(h_k)}\right)\right\}^+\right] \tag{2.32}$$

式中：$\mathbb{E}[P(h_k)]\leqslant P_{avg}$。

特别地，当时，重构点集 $\{\tau_1,\tau_2,\cdots,\tau_Q\}$ 无限长并且每个合法接收者都将其信道增益反馈给发送者。

2.3.3.2　独立消息的传输

定理 2.7　多用户块衰落窃听信道下，每个合法接收者在每个衰落块前端发送 b 比特无差错信道状态反馈信息时的遍历安全和容量边界为

$$C_s^- \leqslant C_s \leqslant C_s^+ \tag{2.33}$$

其中，C_s^- 和 C_s^+ 为

$$C_s^- = \max_{\{\tau_q;P_q\}_{q=1}^{Q}} \sum_{q=1}^{Q} \Pr[\,|h_{max}|^2 \in A_q]\, \mathbb{E}_{|h_E|^2}\left[\left\{\log\left(\frac{1+\tau_q P_q}{1+|h_E|^2 P_q}\right)\right\}^+\right] \tag{2.34}$$

$$C_s^+ = \max_{\{\tau_q;P_q\}_{q=0}^{Q}} \sum_{q=0}^{Q} \Pr[\,|h_{\max}|^2 \in A_q] \underset{|h_{\max}|^2,\ |h_E|^2}{\mathbb{E}} \left[\left\{\log\left(\frac{1+|h_{\max}|^2 P_q}{1+|h_E|^2 P_q}\right)\right\}^+ \,\Big|\, |h_{\max}|^2 \in A_q\right] \tag{2.35}$$

式中：$\{P_q\}_{q=1}^{Q}$为满足平均功率约束的功率传输策略，$\{\tau_q \mid 0=\tau_0<\tau_1<\cdots<\tau_Q\}_{q=1}^{Q}$为用来描述平方主信道范数 $|h_{\max}|^2$ 支持的重构点，其中，$\tau_{Q+1}=\infty$，$|h_{\max}|^2=\max_{1\leqslant k\leqslant K}|h_k|^2$，$A_q=\{\,|h_{\max}|^2:\tau_q\leqslant|h_{\max}|^2\leqslant\tau_{q+1}\}$，$q\in\{1,2,\cdots,Q\}$。

所提出的可行方案可以从时间共享的角度理解，即使结果是依据和安全容量给出的，每个合法接收者 $k\in\{1,2,\cdots,K\}$ 的安全速率 R_k 也都可以被表征为 $R_k\leqslant C_s^- \times \text{Prob}$［用户 k 最佳］。此外，当时，上下边界重合，可以得到如下推论。

推论 2.6 CSIT 完全获知情况下，多用户衰落窃听信道的遍历和安全容量为

$$C_s = \max_{P(h_{\max})} \underset{|h_{\max}|^2,\ |h_E|^2}{\mathbb{E}} \left[\left\{\log\left(\frac{1+|h_{\max}|^2 P(h_{\max})}{1+|h_E|^2 P(h_{\max})}\right)\right\}^+\right] \tag{2.36}$$

式中：$|h_{\max}|^2=\max_{1\leqslant k\leqslant K}|h_k|^2$，$\mathbb{E}[P(h_{\max})]\leqslant P_{\text{avg}}$。

评注：

- 无论是公共消息的传输还是独立消息的传输，这里的结果对于有多个非合作窃听者的情况都是成立的。对于多个窃听者合作的情况，只需要把窃听者信道系数 h_E 扩展为多个合作窃听者的信道系数矢量即可。
- 在上述分析中，我们假设所有接收节点处都有单位方差高斯噪声，其所得的结果也可以扩展到其他不同噪声方差设定的情况。

2.3.3.3 传递私密消息的广播信道

下面研究发送者同时发送公共消息和独立消息的情形。在广播信道下，发送者与接收者 R_1 和 R_2 进行通信，相应的信道系数为 h_1 和 h_2。发送者欲发送公共消息 W_0 给两个接收者，并发送私密消息 W_1 给 R_1，其中，W_1 对 R_2 是来说是保密的。假设两个接收者能够获得瞬时 CSI，而发送者不知道实时的 CSI。因此接收者在每个衰落块前发送 1 比特 CSI 反馈给发送者。这 1 比特反馈要么由每个接收者发送给发送者，要么在接收者共享 CSI 的情况下，由一个已知 CSI 的中心控制器发送给发送者。后者适用的场景是两个接收者都对公共消息感兴趣，所以他们属于同一个通信网络，因此他们的 CSI 可被控制中心获知。

定理 2.8　每个衰落块前无差错链路发送 1 比特 CSI 反馈时，块衰落广播信道的遍历安全容量区间为

$$C_s = \bigcup_{(p_{01},p_{02},p_1)\in P} \begin{cases} (R_0,R_1): \\ R_0 \leqslant \min\left\{ \mathbb{E}_{\bar{\gamma}}\left[\log\left(1+\frac{p_{01}|h_1|^2}{1+p_1|h_1|^2}\right) \mid \bar{\gamma}\in A\right]\Pr[\bar{\gamma}\in A] \right. \\ \quad + \mathbb{E}_{\bar{\gamma}}[\log(1+p_{02}|h_1|^2) \mid \bar{\gamma}\in A^c]\Pr[\bar{\gamma}\in A^c] \\ \quad \mathbb{E}_{\bar{\gamma}}\left[\log\left(1+\frac{p_{01}|h_2|^2}{1+p_1|h_2|^2}\right) \mid \bar{\gamma}\in A\right]\Pr[\bar{\gamma}\in A] \\ \quad + \mathbb{E}_{\bar{\gamma}}[\log(1+p_{02}|h_2|^2) \mid \bar{\gamma}\in A^c]\Pr[\bar{\gamma}\in A^c] \\ R_1 \leqslant \mathbb{E}_{\bar{\gamma}}[\log(1+p_1|h_1|^2) - \log(1+p_1|h_2|^2) \mid \bar{\gamma}\in A]\Pr[\bar{\gamma}\in A] \end{cases} \tag{2.37}$$

式中：$P = \{(p_{01},p_{02},p_1):(p_{01}+p_1)\Pr[\bar{\gamma}\in A] + p_{02}\Pr[\bar{\gamma}\in A^c] \leqslant P_{avg}\}$；$\bar{\gamma} = [|h_1|^2; |h_2|^2]$；$A = \{\bar{\gamma}: |h_1|^2 > |h_2|^2\}$。

从定理 2.8 可以看出，公共消息 W_0 在所有的衰落块上发送，私密消息 W_1 只在接收者 R_1 的信道状态比接收者 R_2 更好的衰落块上发送，即解码公共消息而将加密信息视为噪声；当时，由于不发送私密消息，公共消息以单用户的速率解码。从定理 2.8 还可以看出，即使是在每个衰落块前仅发送1 比特CSI 反馈，只要 A 不是零概率事件，系统就仍能实现正的安全容量。

与 CSIT 完全获知的情况不同[26]，当仅知道部分 CSI 时发送功率不能实时地与信道状态匹配，发送者只能根据接收到的 1 比特 CSI 反馈来映射到量化的信道估计值。值得一提的是，定理 2.8 中的 p_{01} 和 p_{02} 对应于 A 和 A^c 上分配给公共消息的传输功率，相应地，p_1 是分配给机密消息的功率。当反馈链路具有较大的容量，即能发送更多比特数的反馈时，其中，1 比特反馈可用作指示位，用来指示哪个信道更好，其余比特数可用于调整发送功率。

图 2.4 表示通过无差错链路发送 1 比特 CSI 反馈时，瑞利衰落广播信道的安全容量区域，该链路中 $h_1 \sim \mathcal{CN}(0,1)$，$h_2 \sim \mathcal{CN}(0,\sigma_2^2)$，$P_{avg} = 5\text{dB}$。图中给出了发送者完全获知 CSI 时安全容量区域的边界作为对照。从图中可以看出，当发送者到 R_1 的平均信道质量优于其到 R_2 平均信道质量的情况下，即当 $\sigma_2^2 = 0.5$ 时，安全速率 R_1 增大，而共同速率 R_0 降低。

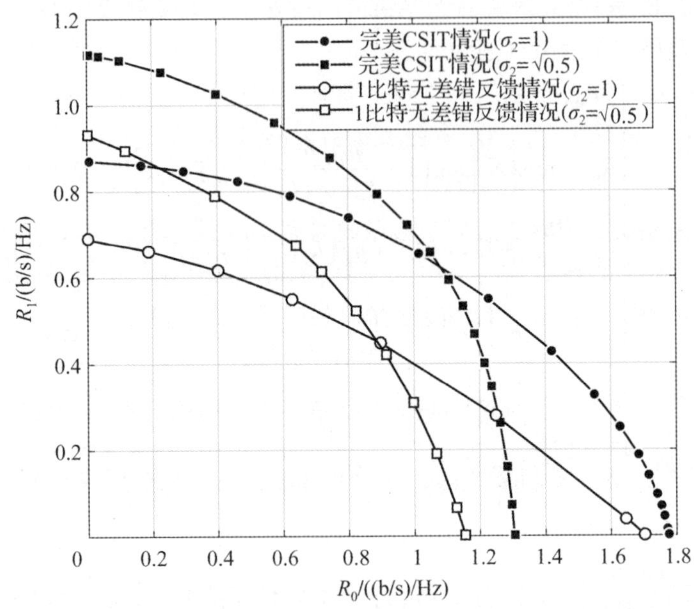

图 2.4　无差错链路发送 1bit CSI 反馈时，瑞利衰落广播信道的安全容量区域

2.4　小结

本章讨论了 CSIT 不确定性对衰落窃听信道模型遍历安全容量的影响。尽管与发送者完全已知 CSI 相比，系统的安全容量有所下降，但只要能够获取部分 CSI，仍然能够获得正安全容量。通常有两个原因导致发送信道状态信息不完整：一是发送者 CSI 估计误差；二是 CSI 反馈链路容量受限。可以证明，在这两种情况下，发送者获得的主信道 CSI 越多，安全性能越好。

需要注意的是，在有噪 CSIT 时，上述安全容量的上界不具有一般性，且假设主信道估计误差和窃听信道增益具有相同的统计特性。此外，遍历安全容量的上下界通常不一致，使得主信道 CSI 非完美情况下安全容量的表征成为一个开放问题。另一个可行的研究方向是多天线通信，当发送者仅部分已知主信道 CSI 时，多天线系统的安全容量和安全自由度（高信噪比条件下）尚不明晰。此外，在仍需解决的公开问题中，去除窃听信道 CSI 方面的假设，而考虑更为实际的窃听信道模型同样是一个十分重要的研究方向。此时，可以在任意变化的窃听者信道的框架中找到一种更具吸引力的处理方法，但相关文献的研究较少。

参考文献

[1] Shannon CE. Communication theory of secrecy systems. Bell Systems Technical Journal. 1949 Oct;28:656–719.

[2] Wyner AD. The wiretap channel. Bell System Technical Journal. 1975;54(8):1355–1387.

[3] Csiszár I, and Körner J. Broadcast channels with confidential messages. IEEE Transactions on Information Theory. 1978;24(3):339–348.

[4] Leung-Yan-Cheong SK, and Hellman ME. The Gaussian wiretap channel. IEEE Transactions on Information Theory. 1978 Jul;24(4):451–456.

[5] Barros J, and Rodrigues MRD. Secrecy capacity of wireless channels. In: Proc. International Symposium on Information Theory (ISIT'2006). Seattle, WA, US; 2006. p. 356–360.

[6] Bloch M, Barros J, Rodrigues M, and McLaughlin S. Wireless information theoretic security. IEEE Transactions on Information Theory. 2008 Jun;54(6):2515–2534.

[7] Gopala PK, Lai L, and Gamal HE. On the secrecy capacity of fading channels. IEEE Transactions on Information Theory. 2008 Oct;54(10):4687–4698.

[8] Liu TY, Lin PH, Hong YWP, and Jorswieck E. To avoid or not to avoid CSI leakage in physical layer secret communication systems. IEEE Communications Magazine. 2015 Dec;53(12):19–25.

[9] Hyadi A, Rezki Z, and Alouini MS. An overview of physical layer security in wireless communication systems with CSIT uncertainty. IEEE Access. 2016 Sep;4:6121–6132.

[10] Hayashi M. General nonasymptotic and asymptotic formulas in channel resolvability and identification capacity and their application to the wiretap channels. IEEE Transactions on Information Theory. 2006 Apr;52(4):1562–1575.

[11] Bloch M, and Laneman J. Strong secrecy from channel resolvability. IEEE Transactions on Information Theory. 2013 Dec;59(12):8077–8098.

[12] Maurer UM, and Wolf S. Information-Theoretic Key Agreement: From Weak to Strong Secrecy for Free. In: Advances in Cryptology – Eurocrypt 2000, Lecture Notes in Computer Science. B. Preneel; 2000. p. 351.

[13] Csiszar I. Almost independence and secrecy capacity. Problems of Information Transmission. 1996 Jan;32(1):40–47.

[14] Bellare M, Tessaro S, and Vardy A. A cryptographic treatment of the wiretap channel. In: Advances in Cryptology – (CRYPTO 2012). Santa Barbara, CA, US; 2012. p. 351.

[15] Rezki Z, Khisti A, and Alouini MS. On the ergodic secrecy capacity of the wiretap channel under imperfect main channel estimation. In: Proc. Forty Fifth Asilomar Conference on Signals, Systems and Computers (ASILOMAR'2011). Pacific Grove, CA, US; 2011. p. 952–957.

[16] Rezki Z, Khisti A, and Alouini MS. On the secrecy capacity of the wiretap channel under imperfect main channel estimation. IEEE Transactions on

Communications. 2014 Sep;62(10):3652–3664.

[17] Khisti A, and Womell G. Secure transmission with multiple antennas. Part I: The MISOME wiretap channel. IEEE Transactions on Information Theory. 2010 Jul;56(7):3088–3104.

[18] Bloch M, and Laneman J. Exploiting partial channel state information for secrecy over wireless channels. IEEE Journal on Selected Areas of Communication. 2013 Sep;31(9):1840–1849.

[19] Rezki Z, Khisti A, and Alouini MS. On the ergodic secret message capacity of the wiretap channel with finite-rate feedback. In: Proc. IEEE International Symposium on Information Theory (ISIT'2012). Cambridge, MA, US; 2012. p. 239–243.

[20] Rezki Z, Khisti A, and Alouini MS. Ergodic secret message capacity of the wiretap channel with finite-rate feedback. IEEE Transactions on Wireless Communications. 2014 Jun;13(6):3364–3379.

[21] Hyadi A, Rezki Z, Khisti A, and Alouini MS. On the secrecy capacity of the broadcast wiretap channel with imperfect channel state information. In: IEEE Global Communications Conference (GLOBECOM'2014). Austin, TX, US; 2014. p. 1608–1613.

[22] Hyadi A, Rezki Z, Khisti A, and Alouini MS. Secure broadcasting with imperfect channel state information at the transmitter. IEEE Transactions on Wireless Communications. 2016 Mar;15(3):2215–2230.

[23] Khisti A, Tchamkerten A, and Wornell GW. Secure broadcasting over fading channels. IEEE Transactions on Information Theory. 2008 Jun;54(6): 2453–2469.

[24] Hyadi A, Rezki Z, and Alouini MS. On the secrecy capacity of the broadcast wiretap channel with limited CSI feedback. In: Proc. IEEE Information Theory Workshop (ITW'2016). Cambridge, UK; 2016. p. 36–40.

[25] Hyadi A, Rezki Z, and Alouini MS. On the secrecy capacity region of the block-fading BCC with limited CSI feedback. In: Proc. IEEE Global Communications Conference (Globecom'2016). Washington, DC, US; 2016.

[26] Liang Y, Poor H, and Shamai S. Secure communication over fading channels. IEEE Transactions on Information Theory. 2008 Jun;54(6):2470–2492.

第3章

基于物理层安全的保密与节能通信

Alessio Zappone①，Pin-Hsun Lin①，Eduard A. Jorswieck①

3.1 引言

传统上，数据传输的安全性是基于密钥加密技术来保证的。但是，这种应用层加密方法需要增加额外的复杂度和资源来执行加密/解密任务，这会增加通信延迟。此外，还需要一个集中的网络基础设施来分发加密密钥（私钥加密机制）或验证公钥和数字签名（公钥加密机制）。最后，密钥分发或验证会导致不必要的通信和反馈开销。这些缺点使得传统加密技术不适用于未来的蜂窝网络[1-2]，到2020年，蜂窝网络已为超过500亿个节点提供服务，而自组网、高数据速率、低延迟和低能耗将成为关键的设计目标。

克服这些问题并保证未来网络安全的一个可行方法是将安全模块直接放在物理层中，即物理层安全[3-4]，该方法无须使用任何加密密钥，也无须集中控制机制，有可能替代和补充传统应用层加密。物理层安全不是通过加密密钥来保护通信，而是利用无线通信信道的不可预测性和随机性来防止窃听。

物理层安全理论的基本组成框架可表示为一个窃听信道模型，该窃听信道模型定义为一个三节点系统，其中，合法发送者（Alice）希望与合法接收者（Bob）通信，而恶意节点（Eve）将窃听该通信。文献［3］刻画了离散无记忆的退化窃听信道，确定了当无Eve窃听信息时Alice与Bob间最大信息速率，该基本极限性能定义为信道安全容量，并定义了存在窃听者的情况

① 德国德累斯顿理工大学通信技术研究所。

下，两节点间能够可靠安全传输的最大信息量。文献［4］将文献［3］中的模型进一步扩展到非退化的窃听信道。

最近，随着多天线技术的出现，物理层安全也开始研究多天线通信系统。文献［5］刻画了一个 2×2 合法信道和一个单天线窃听节点高斯信道的安全容量，文献[6－10]将这个结果扩展到合法节点和窃听者具有任意数量天线的情况，这一场景通常被称为高斯多输入－多输出－多天线窃听信道（Multiple－Input Multiple－Output Multiple－Antenna－Eavesdropper，MIMOME）。上述工作都基于一个共同假设，已知 Bob 和 Eve 信道的完美信道状态信息（Channel State Information，CSI），该假设对推导出容量结果至关重要。在实际系统中，这个假设可能无法实现，尤其是无法获取窃听者的信道状态信息。不可避免的信道估计误差和有限的反馈信道容量会导致对合法信道的不完美估计，窃听者甚至可能是一个不愿意向合法发送者发送任何反馈信号的隐藏节点。此外，在快衰落情况下，跟踪瞬时信道是不可实现的。因此，上述文献中需要完美 CSIT 的结果代表了实际系统设计时的性能上界。

另一方面，当缺乏完美的 CSI 时，安全容量的推导通常是一个悬而未决的问题。只有少数工作部分地解决了这个问题，这将在后面讨论。在非完美 CSI 的背景下，已经提出了几种 CSI 模型[11]：统计 CSIT 模型[12－20]假设已知信道的统计信息，而不是实际的信道信息；量化 CSIT 模型[21]假设已知每个信道的量化误差；具有不确定性范围的 CSIT 模型[22－23]，受限于一个给定范围误差。本章的重点将放在统计 CSIT 模型上，这是快衰落场景下的典型模型。此外，在一些室内和室外的地方，离线或从之前的传输中收集统计 CSIT 是切实可行的，而且假定窃听者在特定区域时，Alice 也可以确保传输的安全性。

基于 CSIT 的场景，人工噪声（Artificial Noise，AN）技术是近年来发展势头迅猛的一种很有前途的方法，这种方法将干扰信号叠加到有用消息上，以干扰窃听者接收[12－13]。早期工作是利用波束赋形技术，将人工噪声限制在与合法接收者通信正交的空间补码中，这种方法很简单而且合法接收者可抑制该人工噪声。然而，该方法通常被证明是次优方法[24]，因为在两个正交的子空间中限制消息承载信号和人工噪声信号会降低合法传输的自由度。

正如本节开头简要提到的，未来蜂窝通信的一个关键要求是确保高数据速率的同时降低能耗。更具体地说，可持续增长和生态问题提出了能量效率问题，并作为通信网络的一个关键性能指标。到 2020 年，连接的节点数量达到500亿，相应的能源需求不久将变得难以控制[25]。此外，由此产生的温室气体排放和电磁污染将超过安全阈值。人们普遍认为，未来5G网络需提供1000倍的数据速率增长，但能耗只有今天的一半。这就要求每焦耳比特能量效率（即消耗每焦耳能量能可靠传输的比特数）提高2000倍[26-27]。在没有安全性约束的通信网络中，该性能指标得到了广泛的关注[28]；但在安全通信网络中，该性能指标仍然是一个开放研究问题，而且之前的研究工作很少综合考虑节能和保密问题。文献［29］从实际通信速率和能量消耗两个方面，研究了单天线－单载波高斯窃听信道中保密与能量的折中问题，而文献［30］则从信息论角度对每次传输成本的保密通信进行了分析。文献［31］对下行链路正交频分复用接入（Orthogonal Frequency Division Multiple Access,OFDMA）网络的系统中断容量与消耗能量之比进行了优化，而文献［32－33］考虑了多天线系统的安全中断容量与消耗能量的比值。

当将保密性约束添加到通信中时，节能概念的一个自然延伸就是考虑每焦耳消耗的能量能可靠并保密地传输的比特数，因此，将每焦耳安全比特的能量效率定义为安全能效（Secrecy Energy Efficiency，SEE），即系统安全容量（或可达速率）与消耗能量之比。鉴于其分数性质，能效指标自然是采用分数规划理论进行优化，分数规划理论是优化理论的一个分支，涉及比率特性与优化[28]。除了安全能效，实际上本章将说明在使用统计CSI模型的MIMOME信道并充分考虑最一般形式的人工噪声时，如何使用分数规划来进行无线资源分配以实现安全能效最大化。

本章其余部分安排如下：3.2节提供了关于安全容量和分数规划的预备知识，3.3节描述了问题的构建和优化方法，最后，在3.4节中评估了数值性能，3.5节进行小结。

3.2 预备知识

3.2.1 物理层安全及安全评估

安全容量概念已经提过，在这里我们正式介绍这个概念，并对关于这一基本性能指标的主要结论进行综述。

安全容量概念可正式定义如下：考虑一个码本$(2^{nR},n)$，该编码器是将信息$W\in W_n(1,2,\cdots,2^{nR})$映射到一个长度为$n$的码字上，在Bob处的解码器将Bob信道上接收到的y_r^n序列（在码长n上的y_r^n集合）映射到一个估计消息$\hat{W}\in W_n$上，Eve处接收到的信号为y_e^n。

通常，考虑以下四种安全措施：

（1）语义安全。

$$\$_1:\max_{f,P_W}\left(\sum_{y_e^n}P_{Y_e^n}(y_e^n)\max_{f_i\in\mathrm{supp}(f)}P(f(W)=f_i\mid y_e^n)-\max_{f_i\in\mathrm{supp}(f)}P(f(W)=f_i)\right)=0$$

（2）强安全。

$$\$_2:\lim_{n\to\infty}I(W;Y_e^n)=0$$

（3）变距离下的安全。

$$\$_3:\sup_{A\subseteq x}\left|P_{WY_e^n}[A]-P_W[A]P_{Y_e^n}[A]\right|=0$$

（4）弱安全。

$$\$_4:\lim_{n\to\infty}\frac{1}{n}I(W;Y_e^n)=0$$

文献[34－35]指出 $\$_1$ 包含 $\$_2$、$\$_2$ 包含 $\$_3$、$\$_3$ 包含 $\$_4$。在这四类安全中，$\$_4$ 是使用最广泛的指标，因为它在数学上可处理。因此，有如下定义：

定义3.1（安全容量） 通信速率 R 可通过弱安全约束实现，对于任何 $\varepsilon>0$，存在一个码本序列 $(2^{nR},n)$ 和一个整数 n_0，对于任何 $n>n_0$ 时，$\$_4$ 和 $\Pr(\hat{w}\neq w)\leqslant\varepsilon$ 均有效，安全容量 C_s 是所有可达安全速率的最大值。

也就是说，安全容量是指能够实现可靠通信的最大速率，同时满足弱安全特性。本章将重点关注定义3.1中的安全容量和安全可达速率。

有必要回顾一下以下定义，其中，X 表示信道输入，Y_r 与 Y_e 分别表示Bob与Eve的信道输出，U 表示辅助随机变量。

定义3.2（退化） 如果转移分布满足 $P_{Y_rY_e|X}(\cdot|\cdot)=P_{Y_r|X}(\cdot|\cdot)P_{Y_e|Y_r}(\cdot|\cdot)$，即 X、Y_r 和 Y_e 形成马尔可夫链 $X\to Y_r\to Y_e$，则窃听信道就可被物理退化。如果信道的条件边际分布与物理退化信道的条件边际分布相同，即存在一个分布 $\tilde{P}_{Y_e|Y_r}(\cdot|\cdot)$，有 $P_{Y_e|X}(y_e|x)=\sum_{y_r}P_{Y_r|X}(y_r|x)\tilde{P}_{Y_e|Y_r}(y_e|y_r)$，该信道就被随机退化。

定义3.3（低噪声） 如果 $I(U;Y_r)\geqslant I(U;Y_e)$，该窃听信道就是低噪声信道。

注意 U 的分布是一个需要优化的自由度，这将在下面的定理3.1中阐明。而且需要指出的是，除非信道没有退化，否则找到最优 U 是一个非常困难的问题。

定义3.4（强容量） 如果 $I(X;Y_r)\geqslant I(X;Y_e)$，窃听信道是一个较强容量的信道。

鉴于上述定义，可以得到以下关于窃听信道安全容量的结果。

定理 3.1[4] 在弱安全约束 $\$_4$下，非退化离散无记忆窃听信道的安全容量可表示为

$$C_s = \max_{p(x|u),p(u)} I(U;Y_r) - I(U;Y_e) \tag{3.1}$$

式中：$p(x \mid u)$是信道前缀。

当窃听信道可退化时，式（3.1）可以简化为

$$C_s = \max_{p(x)} I(X;Y_r) - I(X;Y_e) \tag{3.2}$$

上式表明 $U = X$ 是最优的。此外，当信道噪声较低或容量较强时，$U = X$ 也是最优的。

此外，如果 Alice 完全已知 Bob 的信道信息，但仅知道 Eve 信道的统计信息，且 Bob 完全知道其信道信息，Eve 完全知道 Bob 与 Eve 的信道信息，则式（3.1）可重写为

$$C_s = \max_{p(x|u,h_r),p(u|h_r)} I(U;Y_r \mid H_r) - I(U;Y_e \mid H_r,H_e) \tag{3.3}$$

从前面的讨论中可以知道，识别信道能否退化是很重要的，因为信道退化时可变成一个更简单的优化问题。然而，本章考虑的主要场景是具有统计 CSIT 的窃听信道，通过定义很难直接看到退化性。特别地，Bob 和 Eve 信道增益的平方间的顺序关系在每个符号时刻都可能发生变化，这意味着信道并没有退化。在这种情况下，就需要解决一个更复杂的优化问题。然而，如果两个随机信道的分布满足一定条件，则可以构造等价的 Bob 和 Eve 信道，使其满足退化定义，同时具有与原信道相同的安全容量，使其成为可能的条件之一。下面是随机顺序的定义。

定义 3.5[36] 对于随机变量 X 和 Y，对于所有 x 当且仅当 $\bar{F}_X(x) \leqslant \bar{F}_Y(x)$ 时有 $X \leqslant Y$，其中，$\bar{F}$ 是互补累积分布函数。

该方法更详细的描述可以参见文献［37］，其中，利用文献［38］的耦合定理来说明几乎确定存在等效退化信道。

3.2.2 分数规划理论

这里回顾了分数规划理论的基础知识，文献［28］更详细地回顾了无线通信的应用。

定义 3.6（（严格）伪凹性） 设 $\ell \in \mathbb{R}^n$是一个凸集，则 $r:\ell \in \mathbb{R}$ 是伪凹的，对于所有 $\boldsymbol{x}_1$，$\boldsymbol{x}_2 \in \ell$，当且仅当它是可导的，则

$$r(\boldsymbol{x}_2) < r(\boldsymbol{x}_1) \Rightarrow \nabla(r(\boldsymbol{x}_2))^{\mathrm{T}}(\boldsymbol{x}_2 - \boldsymbol{x}_1) > 0 \tag{3.4}$$

对于所有 $\boldsymbol{x}_1 \neq \boldsymbol{x}_2 \in \ell$，严格伪凹性成立：

$$r(\boldsymbol{x}_2) \leqslant r(\boldsymbol{x}_1) \Rightarrow \nabla(r(\boldsymbol{x}_2))^{\mathrm{T}}(\boldsymbol{x}_2 - \boldsymbol{x}_1) > 0 \tag{3.5}$$

对伪凹函数的研究起源于下面的结论。

命题 3.1 设 $r: \ell \in \mathbb{R}$ 是一个伪凹函数。

（1）如果 $\boldsymbol{x}^*$ 是 r 的一个驻点，那么它能实现 r 的全局最大；

（2）凸约束条件下 r 最大化问题的 Karush Kuhn Tucker（KKT）条件是最优解的充要条件；

（3）如果 r 是严格伪凹的，则存在唯一的最大化 r 的 $\boldsymbol{x}^*$。

根据下面的结论，伪凹性在分数函数的优化中起着关键的作用。

命题 3.2 设 $r(\boldsymbol{x}) = \dfrac{f(\boldsymbol{x})}{g(\boldsymbol{x})}$，$f: \ell \subseteq \mathbb{R}^n \to \mathbb{R}$ 和 $g: \ell \subseteq \mathbb{R}^n \to \mathbb{R}_+$。如果 f 是一个非负的、可导的、凹的函数，而 g 是一个可导的、凸的函数，那么 r 是伪凹的函数。如果 g 是仿射的，则 f 的非负性可松弛。如果 f 是严格凹的，或者 g 是严格凸的，则 r 是严格伪凹的成立。

最后，介绍分数规划的定义。

定义 3.7（分数规划） 设 $\mathcal{X} \in \mathbb{R}^n$，并考虑函数 $f: \mathcal{X} \to \mathbb{R}_0^+$ 和 $g: \mathcal{X} \to \mathbb{R}^+$。分数规划就是下面的优化问题：

$$\max_{x \in \mathcal{X}} \frac{f(\boldsymbol{x})}{g(\boldsymbol{x})} \tag{3.6}$$

下面的结果将式（3.6）的解与辅助函数 $F(\beta) = \max_{x \in \mathcal{X}} \{f(\boldsymbol{x}) - \beta g(\boldsymbol{x})\}$ 联系起来了。

定理 3.2[39] $x^* \in \mathcal{X}$ 求解式（3.6），当且仅当 $\boldsymbol{x}^* = \arg\max_{x \in \mathcal{X}} \{f(\boldsymbol{x}) - \beta^* g(\boldsymbol{x})\}$，其中，$\beta^*$ 是 $F(\beta)$ 的唯一零点，而且 β^* 应与式（3.6）中全局最大值一致，故对于所有 $\beta < \beta^*$，$F(\beta) > 0$；对于所有 $\beta > \beta^*$，$F(\beta) < 0$。

该结果使得可以通过找 $F(\beta)$ 的零点来求解式（3.6）。一个行之有效的算法是 Dinkelbach 算法，该算法在算法 1 中进行描述。

算法 1　Dinkelbach 算法

1：设 $\varepsilon > 0$，$\beta = 0$，$F > \varepsilon$；

2：重复；

3：$\boldsymbol{x}^* = \arg\max_{x \in \mathcal{X}} \{f(\boldsymbol{x}) - \beta^* g(\boldsymbol{x})\}$；

4：$F = f(\boldsymbol{x}^*) - \beta g(\boldsymbol{x}^*)$；

5：$\beta = f(\boldsymbol{x}^*) / g(\boldsymbol{x}^*)$；

6：直至 $F \geqslant \varepsilon$。

如果$f(\boldsymbol{x})$和$g(\boldsymbol{x})$分别是凹函数和凸函数，且$\mathcal{X}$是凸集，那么，Dinkelbach 算法在每次迭代中需要解决一个凸问题。如果有一个假设不满足，在每次迭代中要解决的辅助问题是非凸的，这通常需要解决一个指数复杂度的问题。需要强调的是，在这种情况下，Dinkelbach 算法仍然能保证收敛到全局解，但是需要假设在每次迭代中辅助问题都是全局求解的。更一般地说，在这种情况下，尚未发现有计算效率高的算法可以找到式（3.6）的全局解。

对于算法 1 收敛所需的迭代次数 I，Dinkelbach 算法具有超线性收敛速度[40]。但是，尚未得到可获得给定容差 ε 所需迭代次数的闭式表达式。相反，这可以通过对算法 1 进行简单修改而获得，该算法是利用二分法确定辅助函数的零点。用 U 和 L 表示 $F(\beta)$的初始正值与负值，可以考虑类似于算法 1 的一个算法，唯一的区别是β在每次迭代中需要根据二分法规则进行更新。那么，获得允许容差 ε 所需的迭代次数可表示为

$$I = \left\lceil \log_2 \frac{U-L}{\varepsilon} \right\rceil \tag{3.7}$$

3.3　最大化安全能效的无线资源分配

3.3.1　MIMOME 系统模型

考虑一个 MIMOME 窃听信道，N_{A}、N_{B} 和 N_{E} 分别表示 Alice、Bob 和 Eve 的天线数量，在 Bob 和 Eve 处接收到的信号可表示为

$$\boldsymbol{y}_{\mathrm{r}} = \boldsymbol{H}_{\mathrm{r}} x + \boldsymbol{z}_{\mathrm{r}}$$
$$\boldsymbol{y}_{\mathrm{e}} = \boldsymbol{H}_{\mathrm{e}} x + \boldsymbol{z}_{\mathrm{e}}$$

式中：$\boldsymbol{H}_{\mathrm{r}} \in \mathbb{C}^{N_{\mathrm{B}} \times N_{\mathrm{A}}}$，$\boldsymbol{H}_{\mathrm{e}} \in \mathbb{C}^{N_{\mathrm{E}} \times N_{\mathrm{A}}}$，$\boldsymbol{z}_{\mathrm{r}} \in \mathcal{CN}(\boldsymbol{0}, \boldsymbol{I}_{N_{\mathrm{B}}})$和$\boldsymbol{z}_{\mathrm{e}} \in \mathcal{CN}(\boldsymbol{0}, \boldsymbol{I}_{N_{\mathrm{E}}})$分别是 Bob 和 Eve 处的高斯噪声向量，假设它们相互独立。系统的安全可达速率和遍历安全可达速率分别表示为

$$R_{\mathrm{s}} = \log_2 |\boldsymbol{I}_{N_{\mathrm{B}}} + \boldsymbol{H}_{\mathrm{r}} \boldsymbol{Q} \boldsymbol{H}_{\mathrm{r}}^{\mathrm{H}}| - \log_2 |\boldsymbol{I}_{N_{\mathrm{E}}} + \boldsymbol{H}_{\mathrm{e}} \boldsymbol{Q} \boldsymbol{H}_{\mathrm{e}}^{\mathrm{H}}| \tag{3.8}$$

$$R_{\mathrm{s,erg}} = \boldsymbol{E}_{\boldsymbol{H}_{\mathrm{r}}}[\log_2 |\boldsymbol{I}_{N_{\mathrm{B}}} + \boldsymbol{H}_{\mathrm{r}} \boldsymbol{Q} \boldsymbol{H}_{\mathrm{r}}^{\mathrm{H}}|] - \boldsymbol{E}_{\boldsymbol{H}_{\mathrm{e}}}[\log_2 |\boldsymbol{I}_{N_{\mathrm{E}}} + \boldsymbol{H}_{\mathrm{e}} \boldsymbol{Q} \boldsymbol{H}_{\mathrm{e}}^{\mathrm{H}}|] \tag{3.9}$$

式中：$\boldsymbol{Q}$ 是 Alice 的协方差矩阵。Alice 获悉完美 CSI 的场景中，式（3.8）可用于资源分配的目的；而在快衰落信道中，或者一般情况下，当发送端只有统计 CSI 可用时，式（3.9）只能在 Alice 处进行优化。如前所述，后一种场景将是本章讨论的重点。尽管如此，本节还是简要总结了式（3.8）中获悉完美 CSI 场景的相关研究结果。在文献［13］中，假设 Alice 和 Eve 处有

多根天线，Bob处只有一根天线，可证明高斯输入是最优的，最优发射方向是安全容量表达式对数中两项的广义特征向量。当每个节点有多根天线时，可证明高斯输入是最优的[6-8]。具体而言，文献[6-7]采用了矩阵代数和最优化理论来解决这个问题，而文献［8］使用了信道增强这样一种重要的信息论工具，来证明高斯MIMO广播信道的容量范围，进而得到了结果。

当只有统计CSI时，判断信道能否退化并不是一件容易的事情，而用于完美CSI场景如信道增强的方法，一般都不起作用①。在一般情况下，人工噪声是统计CSI场景中最有效的技术。

在发射信号中注入人工噪声，就是将信道输入x分成两部分，即

$$\boldsymbol{x}=\boldsymbol{u}+\boldsymbol{v} \tag{3.10}$$

式中：$\boldsymbol{u}\in\mathbb{C}^{N_{\mathrm{A}}}$是承载信息的信号向量，它服从一个零均值、协方差矩阵为$\boldsymbol{Q}_U$的高斯分布；而$\boldsymbol{v}\in\mathbb{C}^{N_{\mathrm{A}}}$是人工噪声向量，独立于$\boldsymbol{u}$，且服从一个零均值、协方差矩阵为$\boldsymbol{Q}_V$的高斯分布，因此，$\boldsymbol{Q}=\boldsymbol{Q}_U+\boldsymbol{Q}_V$②。第一类人工噪声将$\boldsymbol{v}$约束在合法信道$\boldsymbol{H}_{\mathrm{r}}$的正交子空间，目的是抑制Bob处的干扰，从而提出仅在可以进行波束赋形的多天线系统中使用人工噪声。然而，文献［15］表明，在单天线场景中，当Eve的衰落方差相对于Bob的信道增益足够大时，人工噪声也可以是有益的。另外，文献［15］提出使用离散信号代替高斯信号，并通过数值仿真证明，当Bob的信道增益相对于Eve的信道方差足够小时，M-QAM优于高斯信号。最后，文献［24］表明，在所有方向上而不是仅在正交互补的合法信道方向上发射人工噪声，可以提高安全速率。该结论隐含的知识是安全速率为两个对数函数的差值，即使向所有方向注入人工噪声会降低Bob处的安全速率，但它也同时降低了Eve处的安全速率。这种形式的人工噪声在文献［24］中标记为广义人工噪声（Generalized AN，GAN）。考虑这一人工噪声的更一般形式，式（3.9）变为

$$R_{\mathrm{s,erg}}=E_{\boldsymbol{H}_{\mathrm{r}}}\left[\log_2\frac{|\boldsymbol{I}_{N_{\mathrm{B}}}+\boldsymbol{H}_{\mathrm{r}}(\boldsymbol{Q}_U+\boldsymbol{Q}_V)\boldsymbol{H}_{\mathrm{r}}^{\mathrm{H}}|}{|\boldsymbol{I}_{N_{\mathrm{B}}}+\boldsymbol{H}_{\mathrm{r}}\boldsymbol{Q}_V\boldsymbol{H}_{\mathrm{r}}^{\mathrm{H}}|}\right]-E_{\boldsymbol{H}_{\mathrm{e}}}\left[\log_2\frac{|\boldsymbol{I}_{N_{\mathrm{E}}}+\boldsymbol{H}_{\mathrm{e}}(\boldsymbol{Q}_U+\boldsymbol{Q}_V)\boldsymbol{H}_{\mathrm{e}}^{\mathrm{H}}|}{|\boldsymbol{I}_{N_{\mathrm{E}}}+\boldsymbol{H}_{\mathrm{e}}\boldsymbol{Q}_V\boldsymbol{H}_{\mathrm{e}}^{\mathrm{H}}|}\right] \tag{3.11}$$

另外，实现式（3.9）需要消耗的能量可表示为

$$P_{\mathrm{T}}=\mu\mathrm{tr}(\boldsymbol{Q}_U+\boldsymbol{Q}_V)+P_{\mathrm{c}} \tag{3.12}$$

式中：$\mathrm{tr}(\boldsymbol{Q}_U+\boldsymbol{Q}_V)$为辐射功率，与发射放大器效率的倒数$\mu>1$成正比；$P_{\mathrm{c}}$

① 在少数案例中可以使用信道增强技术以获得等效的退化信道，参见文献［41］。

② 在信息携带和人工噪声信号中使用高斯信号通常可能不是最优的，但由于其数学上的易处理性，它是文献中最常见的选择[12-13,15,24,42,43]。

为运行合法系统所有其他硬件模块的电路功耗。应该强调的是式（3.12）包括多个收发链路，因为 P_c 是一个全局静态功耗项，其中，包括与部署天线数量成比例的部分硬件功率，以及其他不取决于 $\boldsymbol{Q}_U$、$\boldsymbol{Q}_V$ 的固定功率项。

最后，根据式（3.11）和式（3.12），系统的安全能效 SEE 可写为

$$\text{SEE} = W\frac{R_{\text{s,erg}}(\boldsymbol{Q}_U,\boldsymbol{Q}_V)}{P_{\text{T}}(\boldsymbol{Q}_U,\boldsymbol{Q}_V)}[\text{bit/J}] \tag{3.13}$$

式中：W 为通信带宽。可以看出，式（3.13）以比特/焦耳为单位，表示消耗每焦耳的能量能可靠并保密地传输给接收方的信息量。需要特别强调，最大化安全能效 SEE 与更传统的分子部分的安全速率最大化是完全不同的。主要区别在于，不同于安全速率，安全能效 SEE 并不随着发射功率单调递增，是随着发射功率的增加而趋于零。实际上，尽管分子最多是以对数方式随发射功率增长，但分母却是线性增长的。这意味着，当安全速率最大化时通常要使用所有可用的发射功率，SEE 函数通过有限的功率实现最大化。当最大可用功率大于这个有限功率时，就最大化安全能效而言，使用全功率是次优选择。另外，对于较小的最大可用功率，使用全功率也可能是使安全能效 SEE 最大化的最优方法，在这种情况下，优化 SEE 等价于优化分子上的安全速率。

因此，无线资源分配问题可表示为如下最大化问题：

$$\max_{\boldsymbol{Q}_U,\boldsymbol{Q}_V} = \frac{R_{\text{s,erg}}(\boldsymbol{Q}_U,\boldsymbol{Q}_V)}{\mu\text{tr}(Q_U+\boldsymbol{Q}_V)+P_c} \tag{3.14a}$$

$$\text{s. t. tr}(\boldsymbol{Q}_U+\boldsymbol{Q}_V)\leqslant P_{\max} \tag{3.14b}$$

$$\boldsymbol{Q}_U\geq 0,\boldsymbol{Q}_V\geq 0 \tag{3.14c}$$

本节其他部分将阐述如何解决问题式（3.14a）~式（3.14c），首先考虑这里描述的一般情况，然后考虑 Bob 和 Eve 配备单天线的特殊情况。

3.3.2　MIMOME 系统的无线资源分配

问题（3.14）的主要挑战在于其分子是一个非凹的分数规划问题。因此，3.2 节中描述的分数规划框架因不可承受的复杂度而无法直接使用。为了规避该问题，将采用序列优化的结构对分数规划进行补充[44-46]，以设计一种能够权衡最优性和复杂度的优化方法，能产生强最优属性的资源分配，同时能够承受相应的复杂性。无论是速率优化还是能量效率优化[47-50]，序列优化已被用于通信网络资源分配的一些工作中。

这些序列优化工具背后的思想是通过解决一系列更简单的最大化问题来解决一个难解的最大化问题。具体而言，考虑一个最大化问题 P，它具有可

导目标函数f_0和约束函数$\{f_i\}_{i=1}^{I}$。然后，对于可导目标函数$\{f_{0,\ell}\}_\ell$和约束函数$\{f_{\ell,i}\}_\ell, i=1,2,\cdots,I$，我们来考虑一系列的近似问题$\{P_\ell\}_\ell$，对于所有的$\ell$，满足下列三个属性：

（1）$f_{i,\ell}(x) \leqslant f_i(x)$，对于所有的$x, i=0,1,\cdots,I$；

（2）$f_{i,\ell}(x^{(\ell-1)}) \leqslant f_i(x^{(\ell-1)})$，$x^{(\ell-1)}$是$f_{\ell-1}, i=0,1,\cdots,I$的最大值；

（3）$\nabla f_{i,\ell}(x^{(\ell-1)}) = \nabla f_i(x^{(\ell-1)}), i=0,1,\cdots,I$。

如果满足属性（1）、（2）和（3），那么序列$\{f(x^{(\ell)})\}_\ell$是单调递增且收敛的。此外，在序列$\{f(x^{(\ell)})\}_\ell$收敛性的基础上，结果点x^*满足原问题P的KKT条件[44]。

最近对于上述结果的一些改进在相关文献中也可以找到。如果原问题的可行集不做修改，那么序列$\{x^{(\ell)}\}_\ell$的每个极限点就是原问题P的KKT点[46]。文献［45］的另一个结果表明，如果原目标是严格凹的①，那么序列$\{x^{(\ell)}\}_\ell$的每个极限点是原问题P的KKT点，当每次迭代都逼近原可行集时也成立。

这种方法看起来非常有用，但关键是要找到合适的函数$\{f_\ell\}_\ell$满足属性（1）、（2）和（3），并且可以在有限的复杂度下实现最大化。后一项约束与该方法的理论性质没有直接关系，事实上，在上面的描述中也没有提到该项限制条件，但为了使该方法具有实际意义，显然这一项是必须满足的实际要求。对于问题式（3.14），所有这些需求都可以满足，如下所述。

首先，式（3.14）的分子部分可表示为

$$
\begin{aligned}
R_{\mathrm{s,erg}} = & \underbrace{E_{\boldsymbol{H}_\mathrm{r}}[\log_2|\boldsymbol{I}_{N_\mathrm{B}} + \boldsymbol{H}_\mathrm{r}(\boldsymbol{Q}_U + \boldsymbol{Q}_V)\boldsymbol{H}_\mathrm{r}^\mathrm{H}|] + E_{\boldsymbol{H}_\mathrm{e}}[\log_2|\boldsymbol{I}_{N_\mathrm{E}} + \boldsymbol{H}_\mathrm{e}\boldsymbol{Q}_V\boldsymbol{H}_\mathrm{e}^\mathrm{H}|]}_{R^+(Q_U,Q_V)} \\
& - \underbrace{\{E_{\mathbf{H}_\mathrm{r}}[\log_2|\boldsymbol{I}_{N_\mathrm{E}} + \boldsymbol{H}_\mathrm{e}(\boldsymbol{Q}_U + \boldsymbol{Q}_V)\boldsymbol{H}_\mathrm{e}^\mathrm{H}|] + E_{\boldsymbol{H}_\mathrm{r}}[\log_2|\boldsymbol{I}_{N_\mathrm{B}} + \boldsymbol{H}_\mathrm{r}\boldsymbol{Q}_V\boldsymbol{H}_\mathrm{r}^\mathrm{H}|]\}}_{R^-(Q_U,Q_V)}
\end{aligned}
\tag{3.15}
$$

式（3.15）是两个凹函数$R^+(\boldsymbol{Q}_U,\boldsymbol{Q}_V)$和$R^-(\boldsymbol{Q}_U,\boldsymbol{Q}_V)$之差。对于任意给定的点$(\boldsymbol{Q}_{U,0},\boldsymbol{Q}_{V,0})$，将$R^-(\boldsymbol{Q}_U,\boldsymbol{Q}_V)$替换为其泰勒展开式$R^-(\boldsymbol{Q}_{U,0},\boldsymbol{Q}_{V,0})$，可得式（3.14）的下界，即得到

$$
\begin{aligned}
R_{\mathrm{s,erg}} &= R^+(\boldsymbol{Q}_U,\boldsymbol{Q}_V) - R^-(\boldsymbol{Q}_U,\boldsymbol{Q}_V) \\
&\geqslant R^+(\boldsymbol{Q}_U,\boldsymbol{Q}_V) - R^-(\boldsymbol{Q}_{U,0},\boldsymbol{Q}_{V,0}) \\
&\quad + 2R\{\mathrm{tr}(\nabla_{Q_U}^{\boldsymbol{H}} R^-|_{Q_{V,0}}^{Q_{U,0}}(\boldsymbol{Q}_U - \boldsymbol{Q}_{U,0}) + \nabla_{Q_v}^{\boldsymbol{H}} R^-|_{Q_{V,0}}^{Q_{U,0}}(\boldsymbol{Q}_V - \boldsymbol{Q}_{V,0}))\} \\
&= \tilde{R}_{\mathrm{s,erg}}
\end{aligned}
\tag{3.16}
$$

① 文献［45］假设严格凸性，因为讨论的是最小化问题而不是最大化问题。

可以看出，$\tilde{R}_{s,erg}$是 $R_{s,erg}$ 的一个凹下界。此外，这两个函数及其梯度在 $(\boldsymbol{Q}_{U,0},\boldsymbol{Q}_{V,0})$处重合。因此，将式（3.14a）的分子替换为 $\tilde{R}_{s,erg}$，就能满足序列框架的所有要求，从而得到一般的近似问题：

$$\max = \frac{\tilde{R}_{s,erg}(\boldsymbol{Q}_U,\boldsymbol{Q}_V)}{\mu \mathrm{tr}(\boldsymbol{Q}_U+\boldsymbol{Q}_V)+P_c} \tag{3.17a}$$

$$\text{s. t. } \mathrm{tr}(\boldsymbol{Q}_U+\boldsymbol{Q}_V) \leqslant P_{\max} \tag{3.17b}$$

$$\boldsymbol{Q}_U \succeq 0,\boldsymbol{Q}_V \succeq 0 \tag{3.17c}$$

问题式（3.17）仍然是一个分数规划问题，但不同于问题式（3.14），其目标是有一个凹的分子。这样，正如前面 3.2 节所述，我们能够利用标准分数规划方法对问题式（3.17）的多项式复杂度进行全局求解。更具体地说，整个资源分配过程可以表述为算法 2。

算法 2　MIMOME 窃听频道安全能效最大化

$\ell=0$；选择一个可行点$(\boldsymbol{Q}_{U,0}^{(\ell)},\boldsymbol{Q}_{V,0}^{(\ell)})$；

重复：

　用分数规划和集合$(\boldsymbol{Q}_U^{(\ell)},\boldsymbol{Q}_V^{(\ell)})$求解问题式（3.17），作为解决方案。

　$(\boldsymbol{Q}_{U,0},\boldsymbol{Q}_{V,0})=(\boldsymbol{Q}_U^{(\ell)},\boldsymbol{Q}_V^{(\ell)})$；

　$\ell=\ell+1$；

　直至收敛。

以下结果是根据所描述的序列优化和分数规划而得到的。

命题 3.3　算法 2 是单调递增式（3.14）中的安全能效值，直到收敛。此外，序列$\{(\boldsymbol{Q}_U^{(\ell)},\boldsymbol{Q}_V^{(\ell)})\}_\ell$的每个极限点是问题式（3.14）的一个 KKT 点。最后，当目标收敛后，算法的输出满足问题式（3.14）中 KKT 最优条件。

3.3.3　QoS 约束下安全能效最大化

上述方法可以进行扩展，包括以保证合法用户的最低安全速率的服务质量（QoS）的约束。在这种情况下，问题式（3.14）变成

$$\max_{\boldsymbol{Q}_U,\boldsymbol{Q}_V} = \frac{R_{s,erg}(\boldsymbol{Q}_U,\boldsymbol{Q}_V)}{\mu \mathrm{tr}(\boldsymbol{Q}_U+\boldsymbol{Q}_V)+P_c} \tag{3.18a}$$

$$\text{s. t. } \mathrm{tr}(\boldsymbol{Q}_U+\boldsymbol{Q}_V) \leqslant P_{\max} \tag{3.18b}$$

$$\boldsymbol{Q}_U \succeq 0,\boldsymbol{Q}_V \succeq 0 \tag{3.18c}$$

$$R_{s,erg}(\boldsymbol{Q}_U,\boldsymbol{Q}_V)\geqslant R_{min} \tag{3.18d}$$

附加的非凸约束条件式（3.18d）可使用与安全能效分子上安全速率相同的近似来处理。实际上，按照算法2的方法，可以考虑如下近似问题：

$$\max=\frac{\tilde{R}_{s,erg}(\boldsymbol{Q}_U,\boldsymbol{Q}_V)}{\mu\mathrm{tr}(\boldsymbol{Q}_U+\boldsymbol{Q}_V)+P_c} \tag{3.19a}$$

$$\mathrm{s.t.}\ \mathrm{tr}(\boldsymbol{Q}_U+\boldsymbol{Q}_V)\leqslant P_{max} \tag{3.19b}$$

$$\boldsymbol{Q}_U\succeq 0,\boldsymbol{Q}_V\succeq 0 \tag{3.19c}$$

$$\tilde{R}_{s,erg}(\boldsymbol{Q}_U,\boldsymbol{Q}_V)\geqslant R_{min} \tag{3.19d}$$

这也是一个具有凹分子、凸分母和凸约束的分数问题，因此可用分数规划理论的多项式复杂度进行全局求解。此外，问题式（3.19）满足了问题式（3.18）所要求序列方法的所有理论性质，这意味着可以开发与算法2类似的算法。在结束本节之前，将按顺序依次说明。

评注3.1 本节结果可专门用于几个方面进行扩展。首先，可以考虑不同的CSI场景，即两个信道中仅已知一个信道的统计CSI，另一个信道可获得完美CSI。其次，由于没有对这两个信道矩阵作特别假设，可以考虑信道矩阵$\boldsymbol{H}_r$和$\boldsymbol{H}_e$是任意分布的。

评注3.2 尽管本章重点是最大化安全能效，所提出的框架也可以很容易地专门用于最大化安全速率，通过设定问题式（3.14）中$\mu=0$和$P_c=1$从而使分母等于1，运行算法2即可。显然，在这种特殊情况下，每个近似问题式（3.17）将不再是一个分数问题，而是一个可用标准方法解决更简单的凸问题。

本节考虑的另一个扩展场景就是所谓的MISOSE系统，其中，Bob和Eve都配置一根天线（Alice上仍有多根天线）。虽然简单，但该场景需要在下一节中进行专门处理，因为不同于一般MIMOME，它可以推导矩阵$\boldsymbol{Q}_U$和$\boldsymbol{Q}_V$的最优发射方向闭式表达式，从而将无线资源分配问题简化为更简单的功率控制规划问题。下一节将详细介绍这一点。

3.3.4 MISOSE系统中无线资源分配

假设Bob可获得合法信道$\boldsymbol{h}$的完美信道状态信息，而只获悉窃听信道$\boldsymbol{g}$的统计CSI。如果Bob和Eve均配备了一根天线，问题式（3.14）简化为

$$\max\frac{\log\left(1+\frac{\boldsymbol{h}^{\mathrm{H}}\boldsymbol{Q}_U\boldsymbol{h}}{1+\boldsymbol{h}^{\mathrm{H}}\boldsymbol{Q}_V\boldsymbol{h}}\right)-\mathbb{E}_g\left[\log\left(1+\frac{\boldsymbol{g}^{\mathrm{H}}\boldsymbol{Q}_U\boldsymbol{g}}{1+\boldsymbol{g}^{\mathrm{H}}\boldsymbol{Q}_V\boldsymbol{g}}\right)\right]}{\mu\mathrm{tr}(\boldsymbol{Q}_U+\boldsymbol{Q}_V)+P_c} \tag{3.20a}$$

$$\text{s.t.}\quad \mathrm{tr}(\boldsymbol{Q}_U+\boldsymbol{Q}_V)\leqslant P_{\max} \tag{3.20b}$$

$$\boldsymbol{Q}_U\succeq 0,\boldsymbol{Q}_V\succeq 0 \tag{3.20c}$$

式中：$\boldsymbol{h}$ 和 $\boldsymbol{g}$ 分别是到 Bob 和 Eve 的 $N_{\mathrm{A}}\times 1$ 信道向量。显然，利用更一般的 MIMOME 案例中所描述的方法可解决问题式（3.20）。但是，还需要假设信道向量 $\boldsymbol{h}$ 和 $\boldsymbol{g}$ 服从相互独立的高斯分布，则可以确定 $\boldsymbol{Q}$ 特征向量的闭式表达式，结果如下定理。

定理 3.3 假设 $\boldsymbol{h}$ 和 $\boldsymbol{g}$ 是相同协方差矩阵的复高斯随机向量（或是成比例的），那么，最优的$(\boldsymbol{Q}_U^*,\boldsymbol{Q}_V^*)$表示如下：

$$\boldsymbol{Q}_U^*=\boldsymbol{P}_U\boldsymbol{u}_1\boldsymbol{u}_1^{\mathrm{H}} \tag{3.21}$$

式中，$\boldsymbol{u}_1=\boldsymbol{h}/\|\boldsymbol{h}\|$，且

$$\boldsymbol{Q}_V^*=\boldsymbol{V}_V\boldsymbol{\Lambda}_V\boldsymbol{V}_V^{\mathrm{H}} \tag{3.22}$$

其中，$\boldsymbol{V}_V=[\boldsymbol{u}_1,\boldsymbol{u}_1^{\perp}]$，当变量 $P_{V_{\mathrm{s}}}$ 和 $P_{V_{\mathrm{r}}}$ 确定时，$\boldsymbol{\Lambda}_V=\mathrm{diag}(P_{V_{\mathrm{s}}},\cdots,P_{V_{\mathrm{r}}})$ 是一个 $N_{\mathrm{A}}\times N_{\mathrm{A}}$ 的对角矩阵。此外，当 $\tilde{G}_i=|\boldsymbol{g}^{\mathrm{H}}\boldsymbol{u}_i|^2\ (i=1,2,\cdots,N_{\mathrm{A}})$，问题式（3.20）可重写为

$$\max_{(P_U,P_{V_{\mathrm{s}}},P_{V_{\mathrm{r}}})}\frac{\log\left(1+\dfrac{\|\boldsymbol{h}\|^2P_U}{1+\|\boldsymbol{h}\|^2P_{V_{\mathrm{s}}}}\right)-\mathbb{E}\left[\log\left(1+\dfrac{\tilde{G}_1P_U}{1+\tilde{G}_1P_{V_{\mathrm{s}}}+\left(\sum_{i=2}^{N_{\mathrm{A}}}\tilde{G}_i\right)P_{V_{\mathrm{r}}}}\right)\right]}{\mu(P_U+P_{V_{\mathrm{s}}}+(N_{\mathrm{A}}-1)P_{V_{\mathrm{r}}})+P_{\mathrm{c}}} \tag{3.23a}$$

$$\text{s.t.}\quad P_U+P_{V_{\mathrm{s}}}+(N_{\mathrm{A}}-1)P_{V_{\mathrm{r}}}\leqslant P_{\max} \tag{3.23b}$$

$$P_{V_{\mathrm{s}}}\geqslant 0,P_{V_{\mathrm{r}}}\geqslant 0,P_U\geqslant 0 \tag{3.23c}$$

证明：参见文献[24,51]。

根据定理3.3，原来矩阵变量优化问题式（3.20）可等价转化为向量变量问题。而且，优化变量的数量恒定为3，并且不随 Alice 的天线数 N_{A} 变化而变化。因此，问题式（3.23）的复杂度明显低于问题式（3.20）。

尽管如此，问题式（3.23）提出一个形式上类似于 MIMOME 情况中一般问题式（3.14）的挑战，从某种意义上讲，式（3.23a）的分子也是优化变量的一个非凸函数。然而，可采取类似于 MIMOME 情况的方法，即将顺序优化与分数规划相结合。在这种情况下，不同于问题①式（3.17）中 $N_{\mathrm{A}}(N_{\mathrm{A}}-1)$的优化变量，因为每个近似问题只有三个标量优化变量，结果的复杂度甚至更低。对于问题式（3.23a）中具有类似的最优性要求，按照3.3.2

---

① 一个 $N_{\mathrm{A}}\times N_{\mathrm{A}}$ 厄米特矩阵有 $N_{\mathrm{A}}(N_{\mathrm{A}}-1)$个自由变量。

节中的方法可以开发与算法2类似的算法。

3.4 数值仿真

对 $N_A=3$ 的MISOSE窃听信道进行了数值仿真。主信道和窃听信道 $\boldsymbol{h}$ 和 $\boldsymbol{g}$ 模拟为协方差矩阵为 $\sigma_h^2\boldsymbol{I}_{N_A}$ 和 $\sigma_g^2\boldsymbol{I}_{N_A}$、零均值的高斯随机向量，其中，$\sigma_h^2$ 和 σ_g^2 表示接收噪声功率归一化的信道功率路径损耗系数，路径损耗采用文献[52]中的模型，功率衰减因子 $\eta=3.5$，而噪声功率计算公式为 $F\mathcal{N}_0W$，接收噪声系数 $F=3\text{dB}$，噪声功率谱密度 $\mathcal{N}_0=-174\text{dBm/Hz}$，$W=180\text{kHz}$，功耗参数 $P_c=10\text{dBm}$，$\mu=1$。所有结果均通过1000多个独立信道取平均获得。

图3.1描述SEE平均值与 P_{max} 之间关系曲线。

- 上述算法中带有人工噪声下SEE最大化。
- 无人工噪声下SEE最大化，此时，$P_{V_s}=P_{V_r}=0$，只对 P_U 是最优化的。
- 设Alice可获得 $\boldsymbol{G}$ 的完美CSI时最大化SEE，该场景作为基准场景。当Alice可获得 $\boldsymbol{G}$ 的完美CSI时，$\boldsymbol{Q}_V=0$，因为安全容量最大化无须人工噪声来实现安全，从每1000个 $\boldsymbol{G}$ 中确定最优 $\boldsymbol{Q}_U$，然后计算1000个最优SEE值的平均值。
- 修改评注3.2中所述算法，利用统计信道状态信息和人工噪声实现安全速率最大化。

由图3.1可知，仅获悉 $\boldsymbol{G}$ 的统计CSI，使用人工噪声比不使用人工噪声时，能获得显著的性能提升。有趣的是，由于SEE饱和，随着 P_{max} 的增加，

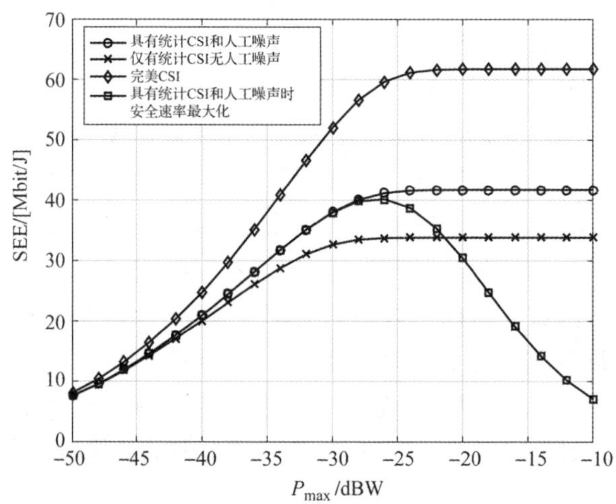

图3.1 $N_A=3$，$P_c=10\text{dBm}$，SEE与 P_{max} 之间关系曲线

对应于 SEE 最大化的曲线之间所有间隙保持不变。产生这种行为的原因是，对于高 P_{max}，SEE 最大化资源分配策略不是以最大功率传输。因此，对于较大的 P_{max}，实际发射功率不会变大，而是保持恒等于 SEE 的有限最大值。在仿真场景中设 $P_{max}=-28$dBW。如果 P_{max} 进一步增加，多余的功率将不会被使用，因为它将导致 SEE 降低；无论有无人工噪声，无论是完美 CSI 还是统计 CSI，都是如此。相反，可以看到安全速率最大化过程中 SEE 是逐渐增加的，且当 $P_{max}=-28$dBW 时 SEE 达到最大值，然后开始下降。因与 SEE 不同，安全速率最大化使用了多余的功率，但这会降低 SEE 值。对于低 P_{max}，全功率传输是实现 SEE 和安全速率最大化的最优策略。

类似情况如图 3.2 所示，不同之处在于所提的性能指标是可达 SEE 而不是 SEE。根据图 3.1，无论是在完美 CSI 还是统计 CSI 下，通过 SEE 最大化获得的安全速率随 P_{max} 增加而达到饱和。而在图 3.2 中，通过安全速率最大化得到的可达安全速率随 P_{max} 增加而增加，表明安全速率随 P_{max} 单调增加。

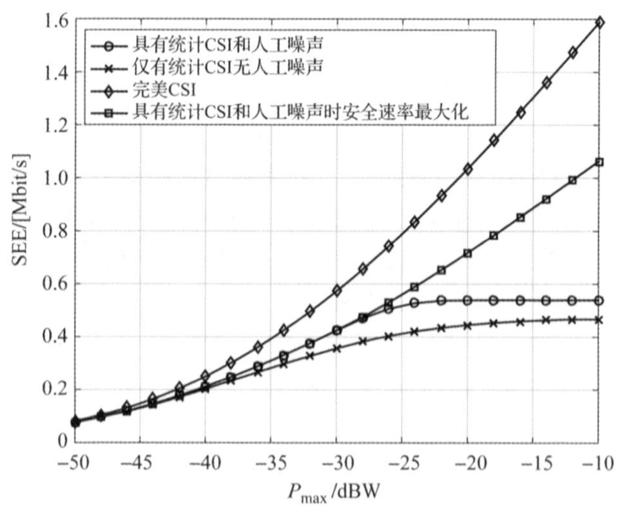

图 3.2　$N_A=3$，$P_c=10$dBm，可达 SEE 与 P_{max} 之间关系

最后，表 3.1 中给出了优化算法收敛所需的平均迭代次数与 P_{max} 的关系，即在达到收敛前需要解决近似分数规划问题的次数。根据 SEE 值确认收敛性，并将容差设置为 $\varepsilon=10^{-3}$。结果表明只需要几次迭代，在实际系统中支持使用所描述的框架。还可以看到，迭代次数随着 P_{max} 的增加而略有增加，因为 P_{max} 越大，意味着搜索的可行集合就越大。P_{max} 的值最高可达 $P_{max}=-20$dBW，根据图 3.1，由于较大的 P_{max} 落在 SEE 饱和区域，因此不应将其视为系统工作点。

表3.1 $N_A=3$，$P_c=10\text{dBm}$，算法2收敛时所需的迭代次数

P_{max}/dBW	平均迭代次数
-50	2.186
-45	2.346
-40	2.694
-35	3.121
-30	3.509
-25	4.721
-20	7.339

3.5 小结

在回顾物理层安全领域的主要性能指标和方法之后，本章重点讨论了系统中利用物理层安全技术的无线资源分配问题。与之前大多数的工作不同，本章描述了一个无线资源分配框架，以优化通信系统的保密性能和能量效率，而之前的工作侧重于传统和非节能的性能指标，如安全容量和安全可达速率。为此，关键的一步是引入了新的性能度量指标SEE，其定义为系统安全容量（或可达速率）与消耗功率（包括辐射功率和硬件功率）之间的比值。

SEE指标衡量每焦耳消耗的能量能可靠并安全地传输的信息量，因此它是对通信保密性和能量效率的自然衡量标准。预计在未来的通信网络中将特别关注这两方面的性能，因为未来通信网络将由数量空前的设备组成，这将同时带来保密性和能量的问题。

SEE的最大化是在合法发送者处能获得统计信道状态信息，并考虑MIMOME系统的一般场景，即所有节点都配备多根天线的假设下进行的。此外，考虑使用最一般的人工噪声传输形式，由此产生的分数和NP-hard优化问题可结合分数规划和序列优化理论来解决。所描述的迭代算法虽然不能从理论上证明是全局最优的，但每次迭代后都能使SEE值单调递增，同时兼具一阶KKT最优性和复杂度有限的优点。

所提优化框架既具有一般性也包含许多相关的特殊情况。具体而言，尽管它是为SEE最大化而设计的，但通过简单地固定功耗参数，就可以很容易地变为只对安全速率进行优化的问题。此外，并没有对信道分布做任何假设，这样，优化框架就可不受信道矩阵分布的影响。最后，该框架可以很容易扩展为保证合法用户的最低安全速率服务质量约束。

本章还重点介绍了所提框架在 MISOSE 系统特殊场景中的应用，即合法接收者和窃听者仅配置单根天线，尽管不像 MIMOME 那么普遍，但是该场景有趣之处在于，它允许对发送方向进行闭式优化，从而大大降低了无线资源分配过程的复杂度。

参考文献

[1] Y. Liang and H. V. Poor, "Multiple access channels with confidential messages," *IEEE Trans. Inf. Theory*, vol. 54, pp. 976–1002, Mar. 2008.

[2] X. Zhou, R. K. Ganti, and J. G. Andews, "Secure wireless network connectivity with multi-antenna transmission," *IEEE Transactions on Wireless Communications*, vol. 10, no. 2, pp. 425–430, Feb. 2011.

[3] A. D. Wyner, "The wiretap channel," *Bell Syst. Tech. J.*, vol. 54, pp. 1355–1387, 1975.

[4] I. Csiszár and J. Korner, "Broadcast channels with confidential messages," *IEEE Trans. Inf. Theory*, vol. 24, no. 3, pp. 339–348, 1978.

[5] S. Shafiee and S. Ulukus, "Towards the secrecy capacity of the Gaussian MIMO wire-tap channel: the 2-2-1 channel," *IEEE Trans. Inf. Theory*, vol. 55, no. 9, pp. 4033–4039, Sept. 2009.

[6] A. Khisti and G. W. Wornell, "Secure transmission with multiple antennas-II: The MIMOME wiretap channel," *IEEE Trans. Inf. Theory*, vol. 56, no. 11, pp. 5515–5532, Nov. 2010.

[7] F. Oggier and B. Hassibi, "The secrecy capacity of the MIMO wiretap channel," *IEEE Trans. Inf. Theory*, vol. 57, no. 8, pp. 4961–4972, Aug. 2011.

[8] T. Liu and S. Shamai (Shitz), "A note on the secrecy capacity of the multi-antenna wiretap channel," *IEEE Trans. Inf. Theory*, vol. 55, no. 6, pp. 2547–2553, Jun. 2009.

[9] Y. Liang, V. Poor, and S. Shamai (Shitz), "Secure communication over fading channels," *IEEE Trans. Inf. Theory*, vol. 54, no. 6, pp. 2470–2492, Jun. 2008.

[10] S. Bashar, Z. Ding, and C. Xiao, "On secrecy rate analysis of MIMO wiretap channels driven by finite-alphabet input," *IEEE Trans. Commun.*, vol. 60, no. 12, pp. 3816–3825, Dec. 2012.

[11] E. A. Jorswieck, S. Tomasin, and A. Sezgin, "Broadcasting into the uncertainty: Authentication and confidentiality by physical-layer processing," in *Proceedings of the IEEE*, vol. 103, no. 10, pp. 1702–1724, Oct. 2015.

[12] S. Goel and R. Negi, "Guaranteeing secrecy using artificial noise," *IEEE Trans. Wireless Commun.*, vol. 7, no. 6, pp. 2180–2189, Jun. 2008.

[13] A. Khisti and G. W. Wornell, "Secure transmission with multiple antennas-

I: The MISOME wiretap channel," *IEEE Trans. Inf. Theory*, vol. 56, no. 7, pp. 3088–3104, Jul. 2010.

[14] J. Li and A. Petropulu, "On ergodic secrecy rate for Gaussian MISO wiretap channels," *IEEE Trans. Wireless Commun.*, vol. 10, no. 4, pp. 1176–1187, Apr. 2011.

[15] Z. Li, R. Yates, and W. Trappe, "Achieving secret communication for fast Rayleigh fading channels," *IEEE Trans. Wireless Commun.*, vol. 9, no. 9, pp. 2792 – 2799, Sep. 2010.

[16] P. Gopala, L. Lai, and H. El Gamal, "On the secrecy capacity of fading channels," *IEEE Trans. Inf. Theory*, vol. 54, no. 10, pp. 4687–4698, Oct. 2008.

[17] S.-C. Lin and P.-H. Lin, "On ergodic secrecy capacity of multiple input wiretap channel with statistical CSIT," *IEEE Trans. Inf. Forensics Security*, vol. 8, no. 2, pp. 414–419, Feb. 2013.

[18] X. Zhou and M. R. McKay, "Secure transmission with artificial noise over fading channels: achievable rate and optimal power allocation," *IEEE Trans. Veh. Technol.*, vol. 59, no. 8, pp. 3831–3842, Oct. 2010.

[19] T. Nguyen and H. Shin, "Power allocation and achievable secrecy rates in MISOME wiretap channels," *IEEE Commun. Lett.*, vol. 15, no. 11, pp. 1196–1198, Nov. 2011.

[20] S. Gerbracht, A. Wolf, and E. Jorswieck, "Beamforming for Fading Wiretap Channels with Partial Channel Information," in *Proc. of International ITG Workshop on Smart Antennas (WSA)*, Bremen, Germany, Feb. 2010.

[21] S.-C. Lin, T. H. Chang, Y. L. Liang, Y. W. P. Hong, and C. Y. Chi, "On the impact of quantized channel feedback in guaranteeing secrecy with artificial noise: The noise leakage problem," *IEEE Trans. Wireless Commun.*, vol. 10, no. 3, pp. 901–915, Mar. 2011.

[22] A. Wolf, E. A. Jorswieck, and C. R. Janda, "Worst-case secrecy rates in MIMOME systems under input and state constraints," in *Proc. of IEEE International Workshop on Information Forensics and Security (WIFS) Rome, Italy*, Nov. 2015.

[23] A. Wolf and E. A. Jorswieck, "Maximization of worst-case secrecy rates in MIMO wiretap channels," in *Proc. of the Asilomar Conference on Signals, Systems, and Computers Pacific Grove, USA*, Nov. 2010.

[24] P.-H. Lin, S.-H. Lai, S.-C. Lin, and H.-J. Su, "On optimal artificial-noise assisted secure beamforming for the fading eavesdropper channel," *IEEE J. Sel. Areas Commun.*, vol. 31, no. 9, pp. 1728–1740, Sept. 2013.

[25] G. Auer, V. Giannini, C. Desset, *et al.*, "How much energy is needed to run a wireless network?" *IEEE Wireless Commun.*, vol. 18, no. 5, pp. 40–49, Oct. 2011.

[26] *NGMN 5G White Paper*, NGMN Alliance, March 2015.

[27] S. Buzzi, C.-L. I, T. E. Klein, H. V. Poor, C. Yang, and A. Zappone, "A survey of energy-efficient techniques for 5G networks and challenges ahead," *IEEE J. Sel. Areas Commun.*, vol. 34, no. 4, pp. 697–709, 2016.

[28] A. Zappone and E. Jorswieck, "Energy efficiency in wireless networks via

fractional programming theory," *Found. Trends Commun. Inf. Theory*, vol. 11, no. 3–4, pp. 185–396, 2015.
[29] C. Comaniciu and H. V. Poor, "On energy-secrecy trade-offs for Gaussian wiretap channels," *IEEE Trans. Inf. Forensics Security*, vol. 8, no. 2, pp. 314–323, Feb. 2013.
[30] M. El-Halabi, T. Liu, and C. N. Georghiades, "Secrecy capacity per unit cost," *IEEE J. Sel. Areas Commun.*, vol. 31, no. 9, pp. 1909–1920, Sept. 2013.
[31] D. W. K. Ng, E. S. Lo, and R. Schober, "Energy-efficient resource allocation for secure OFDMA systems," *IEEE Trans. Veh. Technol.*, vol. 61, no. 6, pp. 2572–2585, Jul. 2012.
[32] X. Chen and L. Lei, "Energy-efficient optimization for physical layer security in multi-antenna downlink networks with QoS guarantee," *IEEE Commun. Lett.*, vol. 17, no. 4, pp. 637–640, Apr. 2013.
[33] X. Chen, C. Zhonga, C. Yuen, and H.-H. Chen, "Multi-antenna relay aided wireless physical layer security," *IEEE Commun. Mag.*, vol. 53, no. 12, pp. 40–46, Dec. 2015.
[34] M. R. Bloch and J. N. Laneman, "Strong secrecy from channel resolvability," *IEEE Trans. Inf. Theory*, vol. 59, no. 12, pp. 8077–8098, Dec. 2013.
[35] M. R. Bloch, M. Hayashi, and A. Thangaraj, "Error-control coding for physical-layer secrecy," in *Proc. IEEE*, vol. 103, no. 10, pp. 1725–1746, Oct. 2015.
[36] M. Shaked and J. G. Shanthikumar, *Stochastic Orders*. Springer, 2007.
[37] P.-H. Lin and E. Jorswieck, "On the fading Gaussian wiretap channel with statistical channel state information at transmitter," *IEEE Trans. Inf. Forensics Security*, vol. 11, no. 1, pp. 46–58, Jan. 2016.
[38] H. Thorisson, *Coupling, Stationarity, and Regeneration*. Springer-Verlag New York, 2000.
[39] W. Dinkelbach, "On nonlinear fractional programming," *Manage. Sci.*, vol. 13, no. 7, pp. 492–498, Mar. 1967.
[40] J. P. Crouzeix, J. A. Ferland, and S. Schaible, "An algorithm for generalized fractional programs," *J. Optim. Theory Appl.*, vol. 47, no. 1, pp. 35–49, 1985.
[41] P.-H. Lin, E. A. Jorswieck, R. F. Schaefer, and M. Mittelbach, "On the degradedness of fast fading Gaussian multiple-antenna wiretap channels with statistical channel state information at the transmitter," in *Proceedings of IEEE Globecom Workshop on Trusted Communications with Physical Layer Security*, 2015.
[42] N. Yang, S. Yan, J. Yuan, R. Malaney, R. Subramanian, and I. Land, "Artificial noise: Transmission optimization in multi-input single-output wiretap channels," *IEEE Trans. Commun.*, vol. 63, no. 5, pp. 1771–1783, May 2015.
[43] N. Yang, M. Elkashlan, T. Q. Duong, J. Yuan, and R. Malaney, "Optimal transmission with artificial noise in MISOME wiretap channels," *IEEE Trans. Veh. Technol.*, vol. 65, no. 4, pp. 2170–2181, April 2016.
[44] B. R. Marks and G. P. Wright, "A general inner approximation algorithm for non-convex mathematical programs," *Oper. Res.*, vol. 26, no. 4, pp. 681–683, 1978.
[45] A. Beck, A. Ben-Tal, and L. Tetruashvili, "A sequential parametric convex

approximation method with applications to non-convex truss topology design problems," *J. Global Optim.*, vol. 47, no. 1, 2010.

[46] M. Razaviyayn, M. Hong, and Z.-Q. Luo, "A unified convergence analysis of block successive minimization methods for nonsmooth optimization," *SIAM J. Optim.*, vol. 23, no. 2, 2013.

[47] M. Chiang, C. Wei, D. P. Palomar, D. O'Neill, and D. Julian, "Power control by geometric programming," *IEEE Trans. Wireless Commun.*, vol. 6, no. 7, pp. 2640–2651, Jul. 2007.

[48] L. Venturino, N. Prasad, and X. Wang, "Coordinated scheduling and power allocation in downlink multicell OFDMA networks," *IEEE Trans. Veh. Technol.*, vol. 58, no. 6, pp. 2835–2848, Jul. 2009.

[49] L. Venturino, A. Zappone, C. Risi, and S. Buzzi, "Energy-efficient scheduling and power allocation in downlink OFDMA networks with base station coordination," *IEEE Trans. Wireless Commun.*, vol. 14, no. 1, pp. 1–14, Jan. 2015.

[50] A. Zappone, E. A. Jorswieck, and S. Buzzi, "Energy efficiency and interference neutralization in two-hop MIMO interference channels," *IEEE Trans. Signal Proc.*, vol. 62, no. 24, pp. 6481–6495, Dec. 2014.

[51] A. Zappone, P.-H. Lin, and E. A. Jorswieck, "Energy efficiency of confidential multi-antenna systems with artificial noise and statistical CSI," *IEEE J. Sel. Topics Signal Proc.*, vol. 10, no. 8, pp. 1462–1477, Dec 2016.

[52] G. Calcev, D. Chizhik, B. Goransson, *et al.*, "A wideband spatial channel model for system-wide simulations," *IEEE Trans. Veh. Technol.*, vol. 56, no. 2, March 2007.

第4章

窃听信道下天线选择策略

Shihao Yan①, Nan Yang①, Robert Malaney②, Jinhong Yuan②

天线选择是提高多输入多输出窃听信道物理层安全性的一项重要技术，它仅需要较低的反馈开销和较低的硬件复杂度。为了阐述天线选择在增强安全传输上的优势，本章回顾了不同窃听信道应用场景下的天线选择策略，首先详细介绍了发射天线选择（Transmit Antenna Selection，TAS）的基本思想，然后给出了采用Alamouti编码的TAS，提出了全双工窃听信道的天线选择策略，然后讨论了非完美反馈和相关性对TAS安全性能的影响。

4.1 引言

由于无线应用中多天线终端日趋普及，多输入多输出（MIMO）窃听信道的物理层安全问题越来越受到人们的关注[1-11]。在之前的工作中，接收者方向上的发送波束赋形被研究证明可以作为一种实现安全传输的实用方法[12-14]。文献［12］中提出采用波束赋形方法在满足接收者预设信干噪比（SINR）约束下实现发射功率最小化。文献［13］通过在波束赋形权值中加入人工噪声来限制窃听者的最大信噪比。在文献［14］中，作者在发送者应用线性预编码中，采用博弈论方法来折中性能和公平性。然而，这些波束赋形方法要求发送者已知精确的信道状态信息（CSI）。一般来说，这样的要求会导致很高的反馈开销和巨大的信号处理计算成本，尤其是当节点配备大量发射天线时[15]。与此不同，多天线发送者采用天线选择，可以降低反馈开销和硬件复杂度并能提高安全性[16-17]。

① 澳大利亚新南维尔大学电气工程与通信学院。

② 澳大利亚国立大学工程研究学院。

4.2 单个发射天线选择

本节将重点讨论MIMO窃听信道中传统的/基本的TAS策略，在这种策略中，只有一根天线被选中作为发送者的发射天线，将这种天线选择策略称为单个发射天线选择。我们考虑一个通用的MIMO窃听信道，如图4.1所示，其中，发送者（Alice）配备了N_A根天线，目标接收者（Bob）配备了N_B根天线，窃听者（Eve）配备了N_E根天线。在这个MIMO窃听信道中，考虑了被动窃听场景，其中，从Eve到Alice没有CSI（信道状态信息）反馈。因此，窃听信道（即从Alice到Eve的信道）的CSI在Alice处是未知的。Alice对消息进行编码，并将产生的码字传输给Bob。Eve窃听Alice向Bob传递的信息，而没有在Alice和Bob之间的信道（即主信道）中产生任何干扰[18-19]。假设主信道和窃听信道都经历了独立的、缓慢的块衰落，在一个衰落块（等效于信道的相干时间）中衰落系数是不变的。还假设块长度足够长，以允许在每个块中能进行可达容量编码。此外，假设主信道和窃听信道具有相同的衰落块长度。

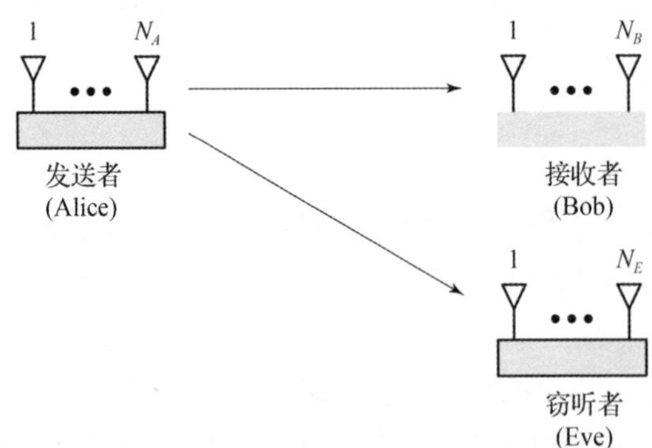

图4.1 MIMO窃听信道场景模型图

4.2.1 被选天线的索引

在被动窃听场景中，由于Eve与Alice之间没有协作，Eve不会将CSI反馈给Alice。因此，在单TAS中选择的发送天线就是使得Alice和Bob之间的瞬时信噪比（SNR）最大的那根天线。由于Bob有多根天线，不同的分集合并技术会导致在Bob处有不同的信噪比。因此，所选天线的索引取决于在Bob处采用的分集合并技术。接下来详细介绍了如何为以下三种实用的分集合并技术来确定这一索引：最大比值合并（MRC）、选择合并（SC）和广义选择合并（GSC）。

当部署的射频（RF）链的数目与天线数目相同时，用 MRC 对收到的信号进行合并接收。当 Bob 处采用 MRC 时，所选天线的索引为[20-21]

$$n_{\mathrm{MRC}}^{*}=\underset{1\leqslant n\leqslant N_{\mathrm{A}}}{\operatorname{argmax}}\ \|\boldsymbol{h}_{n,\mathrm{B}}\| \tag{4.1}$$

式中：$\boldsymbol{h}_{n,\mathrm{B}}$为 Alice 处的第 n 根发射天线与 Bob 处的 N_{B} 根天线之间的信道向量，表示为$\boldsymbol{h}_{n,\mathrm{B}}=[h_{n,1},h_{n,2},\cdots,h_{n,N_{\mathrm{B}}}]^{\mathrm{T}}$，这里，$[\cdot]^{\mathrm{T}}$ 表示转置运算，$\|\cdot\|$ 表示欧几里得范数。

当只有一条 RF 链时（由于尺寸和复杂度的限制），SC 用于选择具有最大瞬时信噪比的接收信号。因此，当 Bob 处采用 SC 时，所选天线的索引为[20-21]

$$n_{\mathrm{SC}}^{*}=\underset{1\leqslant n\leqslant N_{\mathrm{A}},1\leqslant m\leqslant N_{\mathrm{B}}}{\operatorname{argmax}}\ |\boldsymbol{h}_{n,m}| \tag{4.2}$$

式中：m 为 Bob 处的天线索引。

当使用的 RF 链数为 $L_{\mathrm{B}}(1\leqslant L_{\mathrm{B}}\leqslant N_{\mathrm{B}})$时，GSC 用于从可用的天线中选择和合并 L_{B} 根最强的天线信号。当 Bob 处采用 GSC 时，将 L_{B} 根最强天线（N_{B} 根可用天线）接收到的信号进行合并。根据 GSC 的规则，将 $|h_{n,1}|^2\geqslant|h_{n,2}|^2\geqslant\cdots\geqslant|h_{n,N_{\mathrm{B}}}|^2$ 按递减的顺序进行排序，考虑前 L_{B} 个变量，Bob 处可以得到 $\theta=\sum_{m=1}^{L_B}|h_{n,m}|^2$ 。这样，当 Bob 采用 GSC 时，所选天线的索引可以表示为[21-22]

$$n_{\mathrm{GSC}}^{*}=\underset{1\leqslant n\leqslant N_{\mathrm{A}}}{\operatorname{argmax}}\{\theta_n\} \tag{4.3}$$

在上述三种分集合并技术中，MRC 在最大化 Bob 处的信噪比方面是最优的，而其复杂度也是最高的（即要求 Bob 处有 N_{B} 个 RF 链）。相比之下，SC 虽然性能最差，但其复杂度也是最低的。GSC 是一种广义的分集合并技术，其特殊场景包括 MRC$(L_{\mathrm{B}}=N_{\mathrm{B}})$和 SC$(L_{\mathrm{B}}=1)$两种情况。注意到在 Eve 处使用的分集合并技术取决于在 Eve 的 RF 链的数量。MRC 对于 Eve 来说是最优的，因为多天线的优势可以被充分利用，这种情况下 Eve 成功窃听的概率也是最大的。

4.2.2　安全性能指标

窃听信道中的可达安全速率 C_{s} 表示为[4]

$$C_{\mathrm{s}}=\begin{cases}C_{\mathrm{B}}-C_{\mathrm{E}}, & \gamma_{\mathrm{B}}>\gamma_{\mathrm{E}}\\ 0, & \gamma_{\mathrm{B}}\leqslant\gamma_{\mathrm{E}}\end{cases} \tag{4.4}$$

式中：$C_B = \log_2(1+\gamma_B)$为主信道的容量；$C_E = \log_2(1+\gamma_E)$为窃听信道的容量；γ_B和γ_E分别表示主信道和窃听信道的瞬时信噪比。

在采用TAS的窃听信道中，因为Bob只将最强的天线索引反馈给了Alice，Alice无法获知主信道的CSI。对于被动窃听，Alice和Bob无法获知窃听信道的CSI。于是，Alice采用一个恒定的安全速率R_s发送私密信息给Bob。因此，在有TAS的物理层安全研究中，采用安全中断概率作为主要性能衡量指标[17,23-27]，表示如下：

$$P_{out}(R_s) = \Pr(C_s < R_s) \tag{4.5}$$

具体来说，安全中断概率包括Alice和Bob之间发生中断的概率（即信息在Bob处无法正常译码的传统中断概率），或者Eve可以窃听数据从而破坏完美安全的概率。注意到，为了使Alice能够采用不同的编码方案（如文献［26］），Bob可能还必须反馈与最强天线对应的主信道容量。

为了便于分析，在高信噪比区间$\bar{\gamma}_B \to \infty$的渐近安全中断概率，被广泛用于揭示TAS在MIMO窃听信道中的优势（$\bar{\gamma}_B$是主信道的平均信噪比）。渐近安全中断概率$P_{out}^{\infty}(R_s)$可以表示为[20]

$$P_{out}^{\infty}(R_s) = (\Psi \bar{\gamma}_B)^{-\Phi} + o(\bar{\gamma}_B^{-\Phi}) \tag{4.6}$$

式中：$o(\cdot)$表示高阶项。渐近中断概率通过安全分集阶数Φ（决定了渐近中断概率随$\bar{\gamma}_B$变化曲线的斜率）与安全阵列增益Ψ（描述了渐近中断概率相对于参考曲线$\bar{\gamma}_B^{-\Phi}$的的信噪比优势）可以提供有价值的结论。

除了安全中断概率，非零安全容量和ε-中断安全容量的概率也可用来评估TAS的安全性能。定义非零安全容量为安全容量大于零的概率，即

$$P_{non} = \Pr(C_s > 0) = \Pr(\gamma_B > \gamma_E) \tag{4.7}$$

注意到非零安全容量的概率是安全中断概率的一个特例，即$P_{non} = P_{out}(0)$。ε-中断安全容量定义为安全中断概率不大于ε下的最大安全速率，表示如下：

$$C_{out}(\varepsilon) = \underset{P_{out}(R_s) \leqslant \varepsilon}{\arg\max} R_s \tag{4.8}$$

4.2.3 单个发射天线选择的安全性能

本小节首先列出了推导安全中断概率的主要步骤，然后读者可以查阅相关文献以获得详细的推导过程。还总结了在不同分集合并技术和不同衰落信道下单个发射天线选择安全性能的主要研究结果。

根据式（4.5），安全中断概率可被表示如下：

$$P_{out}(R_s) = \underbrace{\Pr(C_s < R_s \mid \gamma_B > \gamma_E)\Pr(\gamma_B > \gamma_E)}_{V_1} + \underbrace{\Pr(C_s < R_s \mid \gamma_B < \gamma_E)}_{V_2}\underbrace{\Pr(\gamma_B < \gamma_E)}_{V_3} \tag{4.9}$$

其中

$$\begin{aligned} V_1 &= \int_0^{\infty}\int_{\gamma_E}^{2^{R_s}(1+\gamma_E)-1} f_{\gamma_E}(\gamma_E) f_{\gamma_B}(\gamma_B)\,\mathrm{d}\gamma_B \mathrm{d}\gamma_E \\ &= \underbrace{\int_0^{\infty} f_{\gamma_E}(\gamma_E)\left[\int_0^{2^{R_s}(1+\gamma_E)-1} f_{\gamma_B}(\gamma_B)\,\mathrm{d}\gamma_B\right]\mathrm{d}\gamma_E}_{U_1} - \\ &\quad \underbrace{\int_0^{\infty} f_{\gamma_E}(\gamma_E)\left[\int_0^{\gamma_E} f_{\gamma_B}(\gamma_B)\,\mathrm{d}\gamma_B\right]\mathrm{d}\gamma_E}_{U_2} \end{aligned} \tag{4.10}$$

我们注意到，当 $\gamma_B < \gamma_E$ 时，$C_s = 0$，所以 $V_2 = 1$，并且我们也可以得到

$$V_3 = \int_0^{\infty}\int_0^{\gamma_E} f_{\gamma_E}(\gamma_E) f_{\gamma_B}(\gamma_B)\,\mathrm{d}\gamma_B \mathrm{d}\gamma_E = U_2 \tag{4.11}$$

因此，$P_{out}(R_s) = U_1$，这就使得

$$P_{out}(R_s) = \int_0^{\infty} f_{\gamma_E}(\gamma_E)\left[\int_0^{2^{R_s}(1+\gamma_E)-1} f_{\gamma_B}(\gamma_B)\,\mathrm{d}\gamma_B\right]\mathrm{d}\gamma_E \tag{4.12}$$

在式（4-10）~式（4-12）中，$f_{\gamma_B}(\cdot)$ 和 $f_{\gamma_E}(\cdot)$ 分别表示 γ_B 和 γ_E 的概率密度函数。因此，我们可以通过首先确定 γ_B 和 γ_E 的概率密度函数，然后将概率密度函数代入式（4.12）来推导出安全中断概率。

为了避免重复推导安全中断概率，建议读者参考以下有关不同应用场景下单个 TAS 的详细安全中断概率的相关著作。单个 TAS 的安全中断概率最初是在多输入单输出瑞利衰落窃听信道中推导出来的，其中，Alice 和 Eve 配备多天线，Bob 配备单根天线，所有信道均服从准静态瑞利衰落[16-17]。随后，一些学者将安全中断概率推广到 MIMO Nakagami 衰落的窃听信道中，所有终端都配备多根天线，所有信道都服从 Nakagami 衰落[20]。在文献［20］中，首次引入了安全分集阶数和安全阵列增益来评估单个 TAS 的安全性能，Bob 和 Eve 分别考虑了 SC 和 MRC 两种不同的分集合并技术)。文献［22］中单个 TAS 采用广义分集合并技术（即 GSC），推导出瑞利衰落信道下安全中断概率。此外，文献［28］考虑 Bob 处采用 GSC 的单个 TAS 的安全中断概率，并推广到 Nakagami 衰落窃听信道。最后，文献［29］研究了大尺度衰落下 MIMO 窃听信道中单个 TAS 的安全性能。我们注意到，其他文献（如文献[30-31]）研究了协同（中继）网络中单个 TAS 的安全性能。

接下来，介绍单个 TAS 安全性能的一些主要研究结果。图 4.2 给出了瑞

利衰落窃听信道下，Bob和Eve处均采用GSC（即最强的L_E根天线接收到的信号在Eve处合并）的单个TAS安全中断概率随$\bar{\gamma}_B$的仿真曲线。在该图中，我们首先观察到无论L_B取何值，安全中断分集增益都是$N_AN_B=8$。这意味着采用不同分集合并技术（即MRC、SC、GSC）的单个TAS可以实现满安全分集阶数（即瑞利衰落窃听信道中的N_AN_B）。我们还观察到安全中断概率随L_B的增加而增加，这也意味着MRC($L_B=4$)的性能优于SC($L_B=1$)。这可以用文献［22］中的分析来解释，具体如下：假设窃听者采用了GSC，则在主信道中TAS/GSC（Bob处采用GSC的单个TAS）和TAS/SC（Bob处采用SC的单个TAS）之间主信道的信噪比差距是$\Delta_1=(10/N_B)\log(L_B^{N_B-L_B}L_B!)$ dB。我们证实了$\Delta_1>0$并且信噪比差距随着L_B的增大而增大。我们还指出了TAS/GSC和TAS/MRC（Bob处采用MRC的单个TAS）之间的信噪比差距为$\Delta_2=(10/N_B)\log(L_B^{N_B-L_B}L_B!/N_B!)$。可以证实信噪比差距随着$L_B$的增大而减小。需要强调的是，与TAS/SC相比，TAS/GSC具有显著的信噪比优势，同时TAS/GSC提供的安全中断与TAS/MRC相当。由于GSC的复杂度比MRC低、比SC高，因此该图证实了TAS/GSC在物理层安全增强中提供了一种性能和代价的折中。

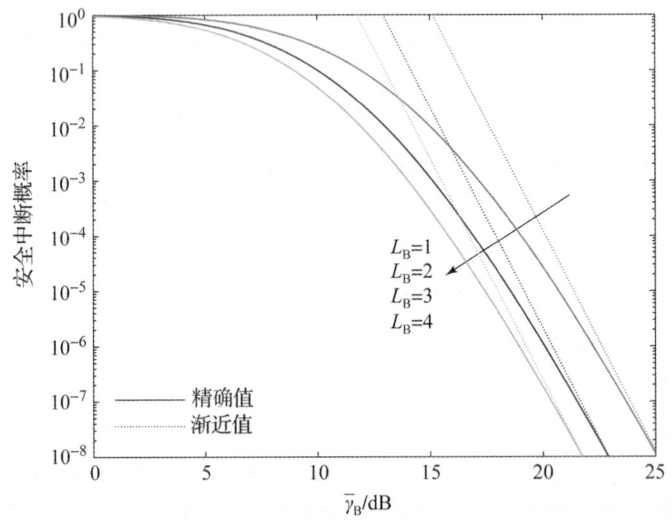

图4.2 单个TAS下安全中断概率随$\bar{\gamma}_B$变化示意图

($N_A=2, N_B=4, \bar{\gamma}_E=5dB, N_E=3, L_E=2$)

综上所述，我们对单个TAS安全性能的主要结果重复如下：

(1) 无论Bob采用何种分集合并技术，单个TAS都能达到最大的安全分集阶数。

（2）窃听信道的最大安全分集阶数完全由主信道决定并独立于窃听信道，在瑞利衰落窃听信道中是 $N_A N_B$，而在 Nakagami 衰落窃听信道中是 $N_A N_B m_B$，其中，m_B 是主信道中 Nakagami 衰落的参数。

（3）当 Bob 采用 GSC 时，单个 TAS 的安全中断概率随着 L_B 的增大而减小。这意味着 TAS/MRC 在最小化安全中断概率方面是最好的。

接下来，在图 4.3 中对单个 TAS 和发射波束赋形（TBF）进行了比较。正如预期的那样，在这个图中，我们观察到对于单个 TAS 和 TBF 来说，ε - 中断的安全容量都随 N_A 的增加而增加。值得注意的是，我们观察到当 N_A 很小时，单个 TAS 的 ε - 中断安全容量与 TBF 的非常接近。我们也观察到 TBF 相比于单个 TAS 的速率优势随着 N_A 的增加而增加。我们注意到单个 TAS 只需要 $\lceil \log_2 N_A \rceil$ 位比特就可以将 Bob 所选天线的索引反馈给 Alice（$\lceil \cdot \rceil$ 表示向上取整函数），而 TBF 要求 Bob 准确地将 $N_A N_B$ 个复数准确地反馈给 Alice，这比单个 TAS 的反馈比特数要多得多。TBF 所需的额外反馈比特随着 N_A 或 N_B 的增加而增加。因此，我们可以得出结论，相对于单个 TAS，TBF 的安全性能增益是以更高的反馈开销和信号处理复杂度为代价的（例如，在单个 TAS 中只有一根天线是激活的，而在 TBF 中所有的 N_A 根天线都是激活的）。重要的是，TBF 的反馈开销随着 N_B 的增加而增加，而 TAS 的反馈开销保持不变。

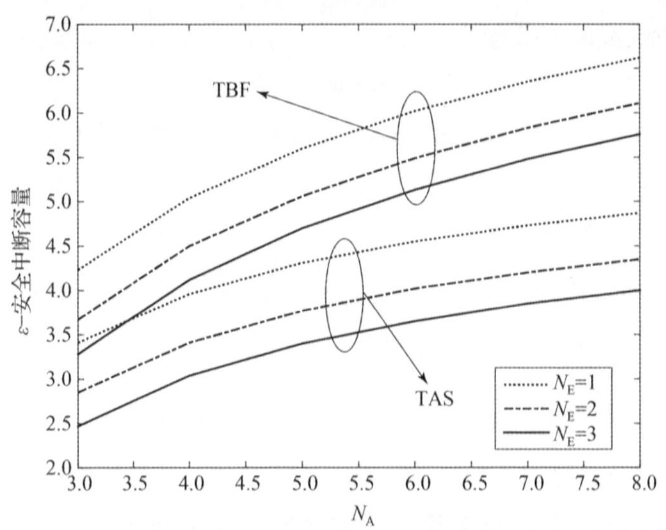

图 4.3 TAS 和 TFB 下 ε - 中断安全容量随 N_A 变化示意图

（$\bar{\gamma}_B = 20\text{dB}, N_B = 1, \bar{\gamma}_E = 0, \varepsilon = 0.01$）

4.3 采用 Alamouti 编码的发射天线选择

考虑与4.2节相同的 MIMO 窃听信道，我们将重点放在一个新的 TAS 方案上，该方案研究了反馈开销和安全性能之间的折中关系。新的 TAS 方案分两步实施。首先，发送者选择前两个最好的天线，以最大化主信道的瞬时信噪比。其次，在选定的两根天线上采用 Alamouti 编码，以实现安全的数据传输。当两个选定天线的功率相等时，我们将新方案称为 TAS - Alamouti。我们还提出了新的方案 TAS - Alamouti - OPA，给出了在 Alice 的两个选定天线之间的最优功率分配（OPA），它的性能要优于单个 TAS 和 TAS - Alamouti。

4.3.1 两个选定天线的索引

正如4.2节所述，在不同的分集合并技术中，MRC 在最小化安全中断概率方面是最好的。因此，在本节中，我们将同时考虑在 Bob 处 MRC 下的 TAS - Alamouti 和 TAS - Alamouti - OPA。假设 Bob 采用 MRC 对接收到的信号进行合并，则第一强天线的索引为[32-33]

$$n_1^* = \underset{0 \leqslant n \leqslant N_A}{\operatorname{argmax}} \| \boldsymbol{h}_{n,B} \| \tag{4.13}$$

第二强天线的索引为[32-33]

$$n_2^* = \underset{0 \leqslant n \leqslant N_A, n \neq n_1^*}{\operatorname{argmax}} \| \boldsymbol{h}_{n,B} \| \tag{4.14}$$

为了进行发射天线的选择，Alice 在数据传输之前向 Bob 发送导频符号。通过这些导频符号，Bob 确定主信道的 CSI，以及根据式（4.13）、式（4.14）确定 n_1^* 和 n_2^*。然后，Bob 将 n_1^* 和 n_2^* 的信息通过低速率反馈信道反馈给 Alice。因为只需要反馈 $\left\lceil \log_2 \frac{N_A(N_A-1)}{2} \right\rceil$ 比特的天线索引信息，所以与 TBF 相比，TAS - Alamouti 减少了反馈开销。与单个 TAS 相比，TAS - Alamouti 需要额外的 $\left(\left\lceil \log_2 \frac{N_A(N_A-1)}{2} \right\rceil - \lceil \log_2 N_A \rceil \right)$ 比特来反馈天线索引信息。例如，当 $N_A=3$ 时，TAS - Alamouti 不需要额外的反馈信息比特；当 $4 \leqslant N_A \leqslant 6$ 时，TAS - Alamouti 只需要 1 个额外的反馈信息比特。我们注意到，天线索引 n_1^* 和 n_2^* 完全取决于主信道。由于主信道和窃听信道的独立性，因此相对于窃听信道，TAS - Alamouti 方案提高了主信道的质量，从而增强了 MIMO 窃听信道的安全性。

4.3.2 采用 Alamouti 编码的传输

在选择两个最强的天线后，Alice 采用 Alamouti 编码进行安全传输。在传输期间，Alice 将总传输功率的百分比 α 分配给第一个最强天线、总传输功率的百分比 β 分配给第二个最强的天线。由于总功率约束，所以 $\beta = 1 - \alpha$。

根据 Alamouti 编码规则，第一时隙和第二时隙 Bob 处接收到的 $N_{\mathrm{B}} \times 1$ 信号向量分别表示为[32-33]

$$\boldsymbol{y}_{\mathrm{B}}(1) = [\sqrt{\alpha}\boldsymbol{h}_{n_1^*,\mathrm{B}}, \sqrt{\beta}\boldsymbol{h}_{n_2^*,\mathrm{B}}]\begin{bmatrix} x_1 \\ x_2 \end{bmatrix} + \boldsymbol{w}(1) \tag{4.15}$$

$$\boldsymbol{y}_{\mathrm{B}}(2) = [\sqrt{\alpha}\boldsymbol{h}_{n_1^*,\mathrm{B}}, \sqrt{\beta}\boldsymbol{h}_{n_2^*,B}]\begin{bmatrix} -x_2^{\dagger} \\ x_1^{\dagger} \end{bmatrix} + \boldsymbol{w}(2) \tag{4.16}$$

式中：$[\boldsymbol{h}_{n_1^*,\mathrm{B}}, \boldsymbol{h}_{n_2^*,\mathrm{B}}]$ 是 $N_{\mathrm{B}} \times 2$ 的经过 TAS 之后的主信道矩阵，$[x_1, x_2]^{\mathrm{T}}$ 是第一时隙的发射信号向量，$[-x_2^{\dagger}, x_1^{\dagger}]^{\mathrm{T}}$ 为第二时隙的发射信号向量。$\boldsymbol{w}$ 是满足 $\mathbb{E}[\boldsymbol{w}\boldsymbol{w}^{\dagger}] = \boldsymbol{I}_{N_{\mathrm{B}}}\sigma_{\mathrm{AB}}^2$ 的零均值循环对称的复高斯噪声向量，其中，σ_{AB}^2 是 Bob 处每个接收天线的噪声方差，$\mathbb{E}[\cdot]$ 表示均值。在功率约束下，我们有 $\mathbb{E}[|x_1|^2] = \mathbb{E}[|x_2|^2] = P_{\mathrm{A}}$，其中，$P_{\mathrm{A}}$ 为 Alice 的总发射功率。

通过进行 MRC 和空时信号处理，在 Bob 处包含 x_1 和 x_2 的接收信号可以表示为[32-33]

$$y_{\mathrm{B}}(x_1) = (\alpha\boldsymbol{h}_{n_1^*,\mathrm{B}}^{\dagger}\boldsymbol{h}_{n_1^*,\mathrm{B}} + \beta\boldsymbol{h}_{n_2^*,\mathrm{B}}^{\dagger}\boldsymbol{h}_{n_2^*,\mathrm{B}})x_1 + \sqrt{\alpha}\boldsymbol{h}_{n_1^*,\mathrm{B}}^{\dagger}\boldsymbol{w}(1) + \sqrt{\beta}\boldsymbol{w}(2)^{\dagger}\boldsymbol{h}_{n_2^*,\mathrm{B}} \tag{4.17}$$

$$y_{\mathrm{B}}(x_2) = (\alpha\boldsymbol{h}_{n_1^*,\mathrm{B}}^{\dagger}\boldsymbol{h}_{n_1^*,\mathrm{B}} + \beta\boldsymbol{h}_{n_2^*,\mathrm{B}}^{\dagger}\boldsymbol{h}_{n_2^*,\mathrm{B}})x_2 + \sqrt{\alpha}\boldsymbol{h}_{n_2^*,\mathrm{B}}^{\dagger}\boldsymbol{w}(1) - \sqrt{\beta}\boldsymbol{w}(2)^{\dagger}\boldsymbol{h}_{n_1^*,\mathrm{B}} \tag{4.18}$$

Bob 处的瞬时信噪比为

$$\gamma_{\mathrm{B}} = \frac{(\alpha\|\boldsymbol{h}_{n_1^*,\mathrm{B}}\|^2 + \beta\|\boldsymbol{h}_{n_2^*,\mathrm{B}}\|^2)P_{\mathrm{A}}}{\sigma_{\mathrm{AB}}^2} \tag{4.19}$$

同理，Eve 的瞬时信噪比为

$$\gamma_{\mathrm{E}} = \frac{(\alpha\|\boldsymbol{g}_{n_1^*,\mathrm{E}}\|^2 + \beta\|\boldsymbol{g}_{n_2^*,\mathrm{E}}\|^2)P_{\mathrm{A}}}{\sigma_{\mathrm{AE}}^2} \tag{4.20}$$

式中：$[\boldsymbol{g}_{n_1^*,\mathrm{E}}, \boldsymbol{g}_{n_2^*,\mathrm{E}}]$ 是经过 TAS 之后 $N_{\mathrm{E}} \times 2$ 的窃听信道矩阵，σ_{AE}^2 是 Eve 处每个接收天线的噪声方差。

4.3.3 TAS - Alamouti 和 TAS - Alamouti - OPA 的安全性能

在 TAS - Alamouti 中，对所选两根天线进行等功率分配，即 $\alpha = \beta = 0.5$。

文献[32－33]中推导了TAS－Alamouti的安全中断概率。为了确定TAS－Alamouti的最优功率分配，文献［33］给出了一般性功率分配下安全中断概率的闭式表达式，即$0.5\leqslant\alpha\leqslant1$。在此基础上，确定了TAS－Alamouti的最优功率分配，实现了TAS－Alamouti－OPA的安全性能。在TAS－Alamouti－OPA中，在已知$\bar{\gamma}_B$和$\bar{\gamma}_E$的情况下，给出了Alice处最小化安全中断概率的最优α。为了确定最优α，Alice需要知道她信号最强和第二强的天线。这与TAS－Alamouti不同，在TAS－Alamouti中，Alice只需要知道其两个最强的天线，而不需要知道这两根天线中哪一个最强。因此，相对于TAS－Alamouti，TAS－Alamouti－OPA需要一个额外的反馈比特。

下面给出了关于TAS－Alamouti和TAS－Alamouti－OPA安全性能的一些数值结果。图4.4绘制了不同的N_E时，安全中断概率随$\bar{\gamma}_B$变化示意图，其中，$P_{out}(R_s)$和$P_{out}^{\infty}(R_s)$分别表示精确的与渐近的安全中断概率。在图4.4中，首先发现，单个TAS与TAS－Alamouti的渐近安全中断曲线是平行的，这说明TAS－Alamouti的安全分集阶数与单个TAS相同（即满安全分集N_AN_B）。我们还观察到，在相同的安全中断概率下，TAS－Alamouti相比于单个TAS有一个信噪比增益。这种信噪比增益是由于TAS－Alamouti的安全阵列增益高于单个TAS。值得注意的是，这种信噪比增益随着N_A的增加而增加。进一步观察到，随着N_E的增加，TAS－Alamouti和单个TAS实现相同安

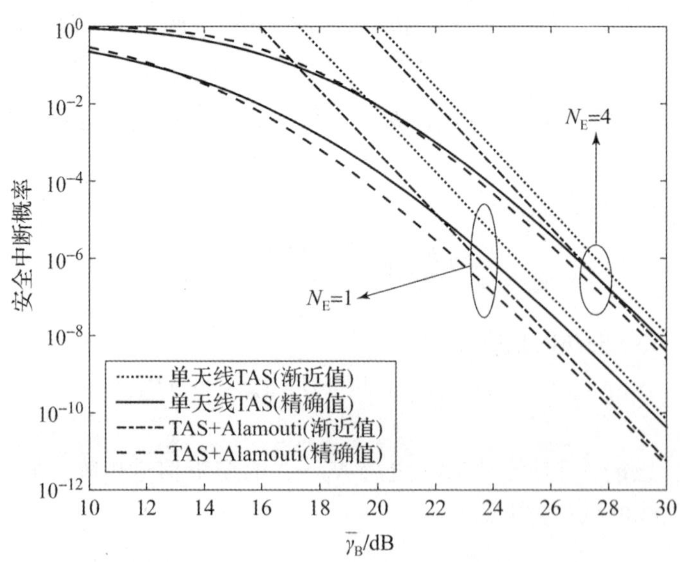

图4.4　安全中断概率随$\bar{\gamma}_B$变化示意图($R_s=1$，$\bar{\gamma}_E=10$dB，$N_A=4$，$N_B=2$)

全中断概率的交叉点向更高的 $\bar{\gamma}_B$ 移动。最后，我们发现，虽然 $P_{out}(R_s)$ 随着 N_E 的增大而增大，但是不同 N_E 值下 TAS - Alamouti 的渐近曲线是平行的，这证实了安全分集阶数不受 N_E 的影响。上述的观察结果证明了 TAS - Alamouti 比单个 TAS 更有优势。

图 4.5 绘制了单个 TAS、TAS - Alamouti 和 TAS - Alamouti - OPA 的安全中断概率。在该图中，我们首先观察到 TAS - Alamouti - OPA 总是比 TAS - Alamouti 获得更低的安全中断概率。还发现，不管 $\bar{\gamma}_B$ 取何值，相比于单个 TAS，TAS - Alamouti - OPA 总是能获得更好的安全性能。我们注意到，当 $\bar{\gamma}_B \to 0$ 时，TAS - Alamouti - OPA 与单个 TAS 的安全性能相同。这意味着当 $\bar{\gamma}_B \to 0$ 时，Alice 所有传输功率都分配给最强的那根天线。此外，我们注意到，随着 $\bar{\gamma}_B$ 的增加，TAS - Alamouti 和 TAS - Alamouti - OPA 的安全性能差距逐渐消失了。这表明在 $\bar{\gamma}_B$ 的高阶域中，Alice 传输功率平均地分配给所选的两个最强的天线。最后，在 $\bar{\gamma}_B$ 的高阶域中，三条曲线互相平行，这表明它们都实现了满安全分集。

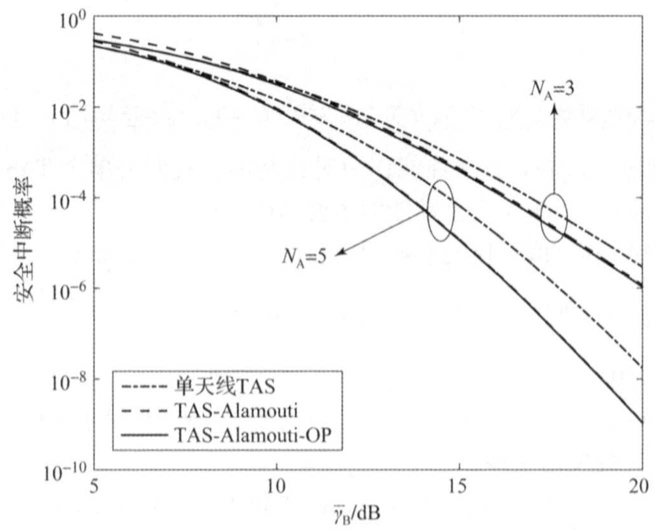

图 4.5　安全中断概率随 $\bar{\gamma}_B$ 变化示意图($R_s=1$, $\bar{\gamma}_E=5$dB, $N_B=2$)

为了研究 N_A 和 N_B 对安全性能的联合影响，图 4.6 给出了单个 TAS 和 TAS - Alamouti - OPA 安全中断概率的三维图。图中，$P_{out}^{s}(R_s)$ 是单个 TAS 的安全中断概率，$P_{out}^{*}(R_s)$ 是 TAS - Alamouti - OPA 的安全中断概率。首先，我们观察到当 $N_B=1$，$N_A<6$ 或 $N_B=2$，$N_A<3$ 时，与单个 TAS 相比，

TAS - Alamouti - OPA 的安全中断概率没有显著降低。但是，当 $N_A=3$ 时，只要 $N_B>2$，TAS - Alamouti - OPA 比单个 TAS 就会有明显的优势。我们注意到，当 $N_A=3$ 时，相对于单个 TAS，TAS - Alamouti - OPA 只需要一个额外的反馈比特。我们还观察到，随着 N_A 或 N_B 的增加，单个 TAS 和 TAS - Alamouti - OPA 之间的差距也在增大。我们还注意到，TAS - Alamouti 或 TAS - Alamouti - OPA 所需的额外反馈开销并不是 N_B 的函数。

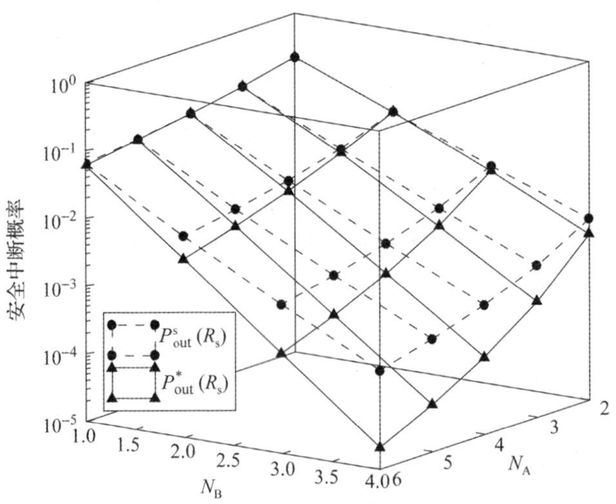

图4.6 安全中断概率随 N_A 和 N_B 的变化示意图($R_s=1$, $\bar{\gamma}_B=15$dB, $\bar{\gamma}_E=10$dB, $N_E=1$)

综上所述，以单个 TAS 性能作为对比基准，我们将单个 TAS - Alamouti 和 TAS - Alamouti - OPA 安全性能的主要结论重述如下：

(1) 当主信道的信噪比大于某一特定值时，TAS - Alamouti 的性能优于传统的单个 TAS。额外需要的反馈信息比特的表达式为 $\left(\left\lceil \log_2 \frac{N_A(N_A-1)}{2} \right\rceil - \lceil \log_2 N_A \rceil\right)$，当 $N_A=3$ 时为0。

(2) TAS - Alamouti - OPA 总是优于单个 TAS，相对于 TAS - Alamouti，需要一个额外的反馈比特。

(3) 和单个 TAS 一样，TAS - Alamouti 和 TAS - Alamouti - OPA 都实现了满安全分集。TAS - Alamouti - OPA 与单个 TAS 之间的安全性能差距随着 N_A 或 N_B 的增大而增大，随着 N_E 的增大而减小。TAS - Alamouti 或 TAS - Alamouti - OPA 所需的额外反馈开销与 N_B 无关。

需要注意的是，Alamouti 码是唯一能用线性接收者算法实现满速率和满分集的时空块码（STBC）。选择两个以上的天线和一个适当的 STBC 可以以降低速率（或增加译码复杂度）为代价获得较低的安全中断概率。这是我们重点研究两根发射天线的 TAS - Alamouti 方案的主要原因。另外，注意到在文献［34］中，空时传输的安全性能（没有天线选择）要比 TAS 的安全性能差。除了 STBC 外，文献[35-36]还研究了使用 TAS 进行空时网络编码的安全性能。

未来可以进一步探讨反馈开销与安全性能之间的折中。例如，可以研究采用多天线的其他编码方案，但会增加反馈开销的成本，在这方面可以考虑的潜在编码方案包括文献[37-38]中讨论的编码方案。另一个潜在的研究方向是考虑 Bob 使用预先确定的比特数来量化它的 CSI 反馈的系统。这种对 CSI 的估计可以建模为基于主信道真实 CSI 的量化误差，今后在这方面的研究不妨考虑这些可能性。

4.4 全双工窃听信道中天线选择

本节考虑全双工窃听信道中的天线选择，在该信道中，Bob 以全双工模式工作，在接收 Alice 信号的同时发送干扰信号来迷惑 Eve。Bob 的天线必须分成两组：发射组和接收组。我们将讨论如何确定每个组的大小，以及如何进行发射天线和接收天线的划分。

4.4.1 发射和接收天线切换

本小节将重点讨论如图 4.7 所示的全双工窃听信道，其中，Alice 和 Eve 均配备单天线，而 Bob 配备两根天线。我们假设 Bob 工作在全双工模式下，这样 Bob 使用一根天线接收来自 Alice 的信号，并使用另一根天线来发送干扰信号以混淆 Eve。进一步假设 Bob 的两根天线的功能不是预先固定的。具体而言，Bob 从两根天线中选择接收天线，并使用剩下的天线作为发射天线。

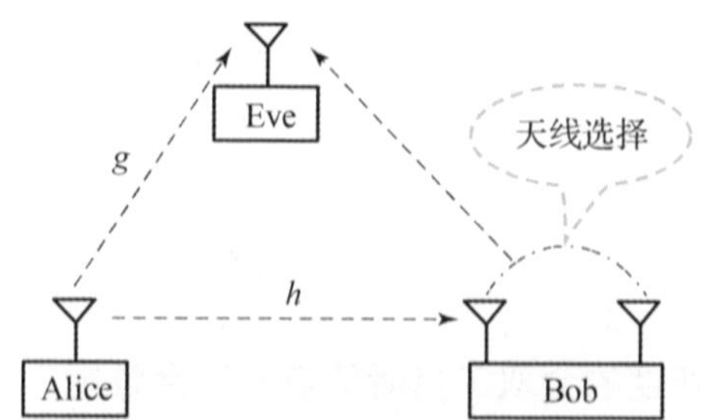

图 4.7 全双工窃听信道场景模型图
（Bob 工作于全双工模式且采用天线切换模式）

在被动窃听场景中，在Bob处无法获知干扰信道（即从Bob到Eve的信道）的瞬时CSI，因此Bob根据主信道的瞬时CSI信息来选择接收天线和发射天线。具体来说，Bob选择主信道增益最大化的天线作为接收天线，剩余的天线则作为发射天线。因此，Bob处接收天线的索引如下：

$$n^* = \underset{n \in \{1,2\}}{\operatorname{argmax}} |h_{1,n}| \tag{4.21}$$

由于考虑的是块衰落信道，所以Bob只需要按照由主信道相干时间决定的频率切换其天线。在Bob处接收到的信号表示如下：

$$y_B = h_{1,n^*}x + \sqrt{\varphi}f_s u + w \tag{4.22}$$

式中：x 为满足Alice发射功率约束的发射信号，$\mathbb{E}[|x|^2] = P_A$（P_A 是Alice的发射功率），f_s 为自干扰信道（即从Bob的发射天线到其接收天线的信道）的复信道增益，φ 表示剩余自干扰除消参数[39-40]，u 表示Bob处满足发射功率约束的零均值复高斯干扰信号，$\mathbb{E}[|u|^2] = P_B$（P_B 是Bob的发送功率），w 是在Bob处的均值为0、方差为 σ_{AB}^2 的加性高斯白噪声。

在上述定义下，我们注意到 $\sqrt{\varphi}f_s u$ 是进行自干扰消除后，自干扰的有效复信道增益。于是，Bob处的信干噪比表示如下：

$$\gamma_B = \frac{|h_{1,n^*}|^2 P_A}{\varphi\ |f_s|^2 P_B + b_{AB}^2} \tag{4.23}$$

同样地，Eve处的信干噪比表示如下：

$$\gamma_E = \frac{|g_{1,1}|^2 P_A}{|f_j|^2 P_B + \sigma_{AE}^2} \tag{4.24}$$

式中：f_j 表示干扰信道。

文献［41］推导了给定 P_B 下采用天线切换的全双工窃听信道的安全中断概率。在全双工窃听信道中，Bob的发射天线和接收天线之间的自干扰不能完全消除，即 $\varphi \neq 0$。这导致了如果Bob以更高的功率发射干扰信号，则会降低主信道的信干噪比。然而，如此高的功率会降低主信道的信噪比。因此，当Bob调整 P_B 的值时，将会存在一个降低 γ_E 同时降低 γ_B 的折中关系。我们定义最优的 P_B 是给定 $\bar{\gamma}_E$ 和 $\bar{\gamma}_B$ 的情况下，最小化安全中断概率时的 P_B 值。数学上，表示如下：

$$P_B^* = \underset{P_B \geq 0}{\operatorname{argmin}} P_{out}(R_s) \tag{4.25}$$

4.4.2 采用天线切换的全双工窃听信道的安全性能

本小节给出了采用和不采用天线切换的半双工和全双工窃听信道之间的数值比较。

图 4.8 给出了安全中断概率随 φ 变化的示意图。注意到文献［41］中也推导出了没有天线切换的全双工窃听信道的安全中断概率，半双工窃听信道的安全中断概率由文献［24］中式（6）给出。在文献［24］考虑的半双工窃听信道中，Bob 的两根天线均用于接收信号，并采用 MRC 技术将接收到的信号进行合并。在图 4.8 中，我们首先观察到采用或不采用天线切换的全双工窃听信道的安全中断概率随着 φ 增加而增加（在图 4.8 中，Bob 处的发送功率已经得到了优化）。这可以解释为：φ 越小，Bob 处自干扰就越少。也观察到采用天线切换的全双工窃听信道优于不采用天线切换的全双工窃听信道，这证明了在全双工窃听信道中引入天线选择的好处。此外，我们观察到当 φ 小于某个特定值时，采用天线切换的全双工窃听信道的安全中断概率是低于半双工窃听信道的。这一观察结果表明，相对于半双工信道，全双工窃听信道可以实现更低的安全中断概率。同时，这一观察结果表明，只有当自干扰消除满足特定要求时，采用天线切换和不采用天线切换的全双工窃听信道才能够实现较低的安全中断概率。

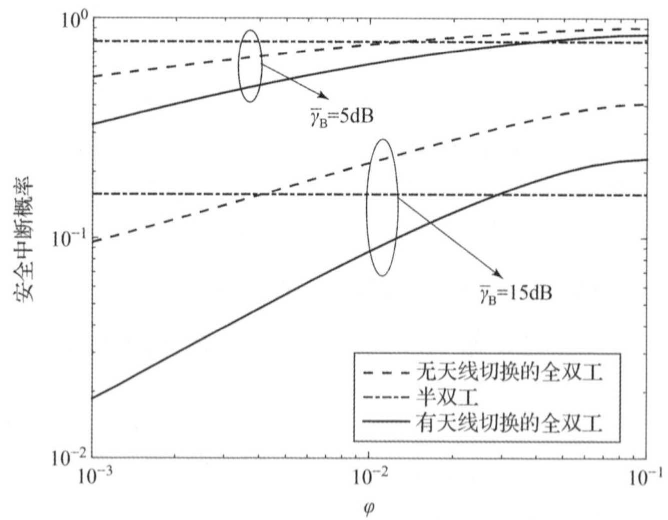

图 4.8　安全中断概率随 φ 变化示意图（$\bar{\gamma}_E=15$dB，$\bar{\gamma}_S/\bar{\gamma}_J=10$dB，$R_s=1$ 比特/信道）

在图 4.9 中，给出了安全中断概率随 $\bar{\gamma}_B$ 变化示意图。其中，$\bar{\gamma}_S$ 和 $\bar{\gamma}_J$ 分别是自干扰信道和干扰信道的平均信噪比。正如预期的那样，我们观察到半双工窃听信道、有天线切换，以及没有天线切换的全双工窃听信道的安全中断概率均随着 $\bar{\gamma}_B$ 增加而减少。图 4.9 中安全中断概率曲线的斜率称为安全分集阶数，具体定义见 4.2 节。在图 4.9 中，我们观察到采用天线切换的全双工窃听信道的安全分集阶数为2，与半双工窃听信道的安全分集阶数相同。值得注意的是，该分集阶数比没有天线切换的全双工窃听信道要高。我们还观察到采用天线切换的全双工窃听信道与和半双工窃听信道之间的安全性能的差距随着 $\bar{\gamma}_B$ 减少而增加。这是因为主信道中缺少了一根接收天线，导致信噪比的降低会随着 $\bar{\gamma}_B$ 的减少而减少。我们进一步观察到相对于不采用天线切换的全双工窃听信道，采用天线切换的全双工窃听信道的安全性能增益随着 $\bar{\gamma}_E$ 的增大而更为明显。

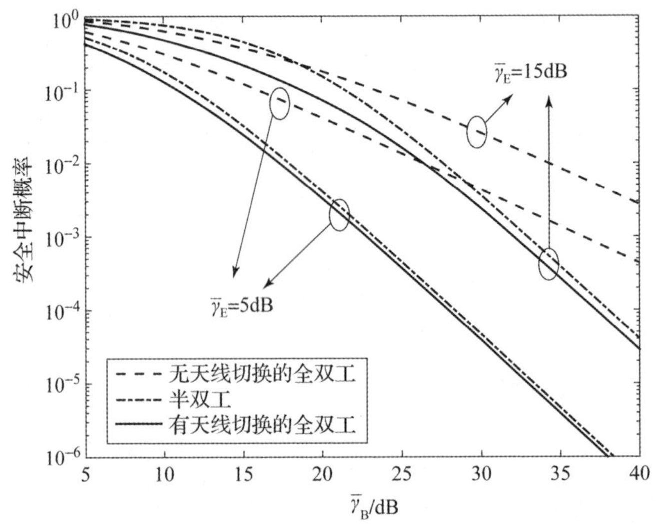

图4.9　安全中断概率随 $\bar{\gamma}_B$ 变化示意图（$\bar{\gamma}_S/\bar{\gamma}_J=10\text{dB},\varphi=0.01,R_s=1$ 比特/信道）

综上所述，对采用天线切换的全双工窃听信道的安全性能的主要结果重述如下：

（1）采用天线切换的全双工窃听信道在实现较低的安全中断概率方面要优于不采用天线切换的全双工窃听信道。

（2）采用天线切换的全双工窃听信道性能优于半双工窃听信道，即使全双工窃听信道不采用天线切换。

（3）采用天线切换的全双工窃听信道的满安全分集阶数为2，与半双工窃听信道的满安全分集阶数相同。值得注意的是，这种分集阶数高于不采用天线切换的全双工窃听信道。

4.4.3　全双工窃听信道中天线选择的其他问题

本小节回顾并讨论了全双工窃听信道中天线选择的其他问题。

在文献［42］中，考虑Alice、Bob和Eve的多天线场景，研究当Bob收发天线总数固定时，在Bob处的天线分配问题。作者们关注高信噪比的情况，并采用最大可达安全自由度（SDF）作为性能指标。因此，文献［42］考虑的天线分配不依赖于任何CSI，因此只需要确定接收或发射天线的数量就行。在文献［42］中推导出使安全自由度最大化时，Bob处所分配的用于接收天线的最优数目为

$$N_r = \min\left\{\left\lfloor\frac{N_A + N_B - N_E}{2}\right\rfloor^+, N_B, N_A\right\} \tag{4.26}$$

文献［42］的分析表明，在以下两种情况下，全双工窃听信道的SDF高于相应的半双工窃听信道：①$N_A \leqslant N_E$；②$N_A > N_E$，以及$N_B > N_A - N_E$。在这两种情况下，$N_r < N_B$，即Bob工作在全双工模式。③$N_A > N_E$且$N_B \leqslant N_A - N_E$，全双工与半双工窃听信道的SDF相同。在③情况下，$N_r = N_B$，即Bob工作在半双工模式，并且Bob的所有天线都用于接收。

文献［43］中，考虑了安全认知无线电网络中，全双工次用户的天线选择问题。在本文工作中，作者假设接收天线的数目和发射天线的数目是预先确定和固定的。然后，确定了次用户源节点到次用户目的节点容量最大化的最佳天线。此外，还提出了确定用于传输AN的最佳天线的两种策略。文献［43］中的分析表明在次网络中，天线选择可以为安全数据传输带来分集增益。

在全双工窃听信道中，Bob的收发天线之间的自干扰对安全性能有重要影响。文献中已经研究了许多抑制自干扰的技术[44-46]。一些自干扰消除技术需要自干扰信道的CSI，即信道感知自干扰消除技术。考虑信道估计影响，全双工窃听信道中的天线选择问题可能需要重新研究。例如，当Bob利用有限的资源（如发射功率、符号周期）进行信道估计和AN传输时，采用Bob所有可用的天线来接收信号和传输AN可能并不是最优的。因此，在全双工窃听信道中，考虑信道估计和自干扰消除的影响下重新审视天线选择是一个值得研究的方向。

4.5 具有不完美反馈与相关性时的单个发射天线选择

如前几节所述，在窃听信道中，TAS的过程需要Bob向Alice反馈信息，而且我们假设这个过程没有任何延迟或错误。然而，在实际应用中，由于存在较高概率的信道不确定性和信道估计误差等原因，该反馈并不完美[47-48]。因此，在本节中，我们将首先回顾并讨论在窃听信道环境下不完美反馈的单TAS。除了存在不完美反馈外，天线或信道间的相关性也会影响单TAS的安

全性能，因此在本节中我们还将讨论天线或信道中具有相关性的单TAS。

4.5.1 具有不完美反馈的单TAS

在被动窃听的窃听信道中，只有Bob将信息反馈给Alice。因此，我们只考虑主信道的非完美反馈，它可能会影响单个TAS的天线选择（从而影响其安全性能）。在非完美反馈的情况下，天线选择主信道的CSI与数据传输主信道的CSI不同。具体来说，采用了目前广泛使用的非完美反馈模型[49]：

$$\tilde{\boldsymbol{h}}_{n,\mathrm{B}} = \sqrt{\rho}\boldsymbol{h}_{n,\mathrm{B}} + \sqrt{1-\rho}\boldsymbol{e} \tag{4.27}$$

式中：$\tilde{\boldsymbol{h}}_{n,\mathrm{B}}$是数据传输时的CSI；$\boldsymbol{h}_{n,\mathrm{B}}$是天线选择时的CSI。$\boldsymbol{e}$表示一个与$\boldsymbol{h}_{n,\mathrm{B}}$独立且同分布的随机向量（i. i. d）。

如果不完美反馈是由天线选择引起的传输时延造成的，则ρ可以表示为

$$\rho = [\mathrm{J}_0(2\pi q_{\mathrm{d}}\tau_{\mathrm{d}})]^2 \tag{4.28}$$

式中：$\mathrm{J}_0(\cdot)$表示第一类零阶贝塞尔函数；q_{d}是最大多普勒频率；τ_{d}是时延。如果非完美反馈是由于信道估计误差造成的，那么ρ可以通过基于特定的信道估计算法确定。我们注意到$\rho \in [0,1]$，$\rho=0$表示$\tilde{\boldsymbol{h}}_{n,\mathrm{B}}$与$\boldsymbol{h}_{n,\mathrm{B}}$相互独立的场景（即$\tilde{\boldsymbol{h}}_{n,\mathrm{B}}$是完全过时的或者天线选择中没有进行信道估计的），$\rho=1$表示$\tilde{\boldsymbol{h}}_{n,\mathrm{B}}$与$\boldsymbol{h}_{n,\mathrm{B}}$一致时的情况（即没有时延或者不存在信道估计误差）。

为了检验非完美反馈对单个TAS的影响，文献[49－52]在不同的信道模型中对非完美反馈的单个TAS的安全性能进行了分析。针对MISO瑞利衰落窃听信道，文献［49］首先研究了过时的CSI对单个TAS安全性能的影响，得到了准确的与渐近的安全中断概率。文献［50］的作者将文献［49］中提出的分析扩展到MIMO瑞利衰落窃听信道，在该信道中Bob和Eve都采用了MRC技术。然后，文献［51］的作者在考虑多个窃听者的情况下，进一步将这一分析推广到Nakagami MIMO窃听信道，其中，当Alice获得窃听信道的CSI时，推导得到了平均安全容量。除了安全中断外，非完美反馈可能会导致单个TAS的数据传输连接中断（即Alice传输但Bob不能正确解码消息）。为了避免连接中断，在文献［52］中作者提出了一种新的、存在非完美反馈和天线相关性情况下的安全传输方案。

接下来，给出了一些数值结果来说明非完美反馈对单个TAS安全性能的影响。图4.10给出了不同ρ的条件下，非完美反馈的单个TAS的安全中断概率。正如预期的那样，首先我们观察到安全中断概率随ρ减少而增大，这表明非完美反馈导致单个TAS的性能急剧下降。通过观察渐近曲线，可以发现当$\rho<1$（即存在非完美反馈）时，无法实现满安全分集。有趣的是，观

察到$\rho=0$和$\rho=0.8$时的安全分集阶数是一样的（满安全分集阶数是 2 而不是 6）。这一结果在文献［52］中得到了证实，表明了存在非完美反馈的单个 TAS 的安全分集阶数是 N_B，而非 N_AN_B。

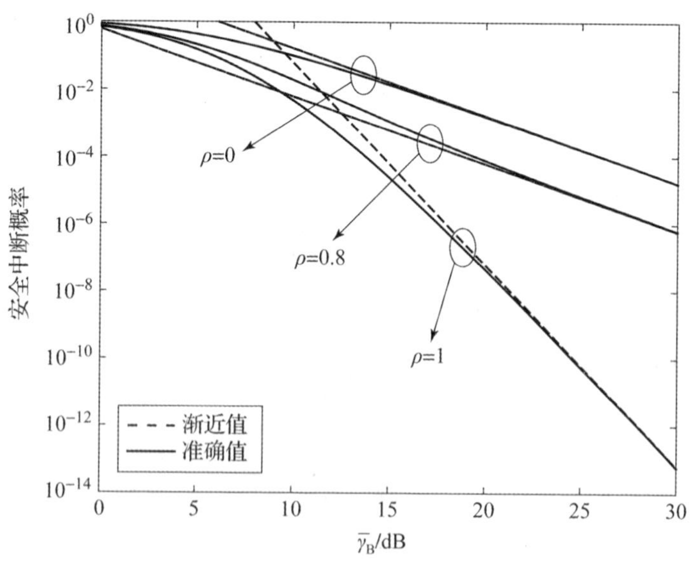

图 4.10　安全中断概率随 $\bar{\gamma}_B$ 变化示意图（$R_s=1$ 比特/信道，$N_A=3$，$N_B=N_E=2$，$\bar{\gamma}_E=0$）

在图 4.11 中进一步证明了非完美反馈带来的影响。首先我们观察到当ρ和 N_A 增大时可以使安全性能增强，但是当$\rho=0$时，由 N_A 的增大带来的

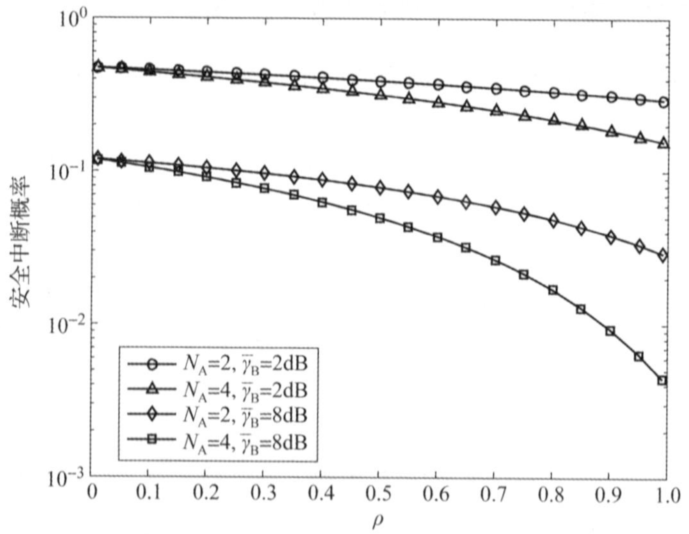

图 4.11　安全中断概率随ρ变化示意图（$R_s=1$ 比特/信道，$N_B=N_E=3$，$\bar{\gamma}_E=0$dB）

安全性能增益完全消失。这个观察表明，较低的ρ（即更非完美反馈）减少了TAS带来的提高安全性的好处。我们注意到$\rho=0$对应于选择随机天线进行安全传输而且TAS不能提供安全性能增益的特殊情况。根据这一观察，可以得出结论，当N_A越高时，TAS在安全性能的改善方面对反馈的准确性越敏感。

综上所述，我们将关于非完美反馈对单个TAS影响的主要结果重述如下：

（1）非完美反馈（如时延反馈、信道估计误差反馈）会导致单个TAS的安全性能急剧下降。这种性能的下降随着非完美反馈参数ρ的增加而增加。

（2）任何非完美反馈情况下，单个TAS的安全分集阶数若为瑞利衰落是N_B、Nakagami衰落是m_BN_B，即不能实现发射分集。

（3）增加N_A带来的安全性能改进随着反馈变得更不完美而减少（即ρ减小），当$\rho=0$时，它完全消失（即当$\rho=0$，TAS不能带来任何好处）。

正如文献［52］中所讨论的，通过选择Alice上的天线子集，可以进一步提高非完美反馈的窃听信道的安全性能[53]。寻求这一改进所需要的具体设计是一项潜在的未来工作。在此基础上，在非完美反馈的窃听信道中，TAS-Alamouti和TAS-Alamouti-OPA是否会比单个TAS具有更高的安全分集阶数，这仍是一个值得探讨的问题。

4.5.2 存在天线相关性/信道相关性的单个TAS

本节回顾并讨论了接收天线相关性和信道相关性对单个TAS安全性能的影响。

首先文献［54］研究了天线相关性对单个TAS安全性能的影响，其中，在Bob和Eve都采用了MRC。在天线相关的场景中，$\boldsymbol{h}_{n,B}$变为$\boldsymbol{\Phi}_B^{1/2}\boldsymbol{h}_{n,B}$，其中，$\boldsymbol{\Phi}_B^{1/2}$是Bob处的$N_B\times N_B$天线相关矩阵。$\boldsymbol{g}_{n,E}$变为$\boldsymbol{\Phi}_E^{1/2}\boldsymbol{g}_{n,E}$，其中，$\boldsymbol{\Phi}_E^{1/2}$是Eve处的$N_E\times N_E$天线相关矩阵。在此基础上，文献［54］推导了具有任意相关性情况下单个TAS的准确安全中断概率和渐近安全中断概率的闭式表达式。接下来，我们将根据文献［54］中的分析给出一张图来说明天线相关性对单个TAS的影响。

图4.12给出了安全中断概率随$\bar{\gamma}_B$变化示意图，其中，在Bob和Eve处都采用了指数相关，即$\boldsymbol{\Phi}_B^{1/2}$和$\boldsymbol{\Phi}_E^{1/2}$中的第$(i,j)$个元素是由$\xi_B^{|i-j|}$和$\xi_E^{|i-j|}$分别给出。在指数相关中，$\xi_B\in[0,1]$和$\xi_E\in[0,1]$分别为Bob和Eve的系

统设置所确定的相关参数，其中，$|i-j|$ 是第 i 根天线和第 j 根天线之间的距离。在该图中，首先我们观察到渐近曲线是平行的，这表明安全中断分集阶数不受 ξ_{B} 和 ξ_{E} 的影响。这张图也表明了当 $\bar{\gamma}_{\mathrm{B}}$ 处在中、高区域时，相关性对安全性能是不利的。在这些值中(即 $\bar{\gamma}_{\mathrm{B}}>-1, \bar{\gamma}_{\mathrm{E}}=-5; \bar{\gamma}_{\mathrm{B}}>9, \bar{\gamma}_{\mathrm{E}}=5$)，安全中断概率随着 ξ_{B} 或 ξ_{E} 的增大而增大。一方面，较高的 ξ_{B} 表明主信道的信道质量退化，导致更差的安全性能。另一方面，相比于 ξ_{B}，ξ_{E} 相对较低。此外，我们观察到通过增大 ξ_{B} 导致的性能退化比增大 ξ_{E} 明显。

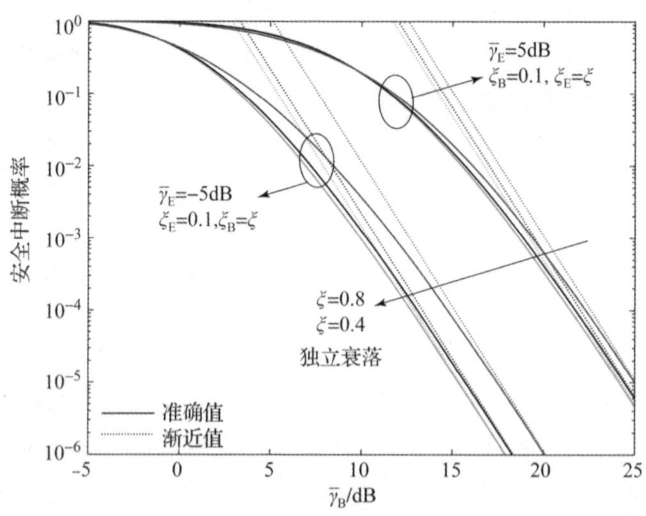

图 4.12　安全中断概率随 $\bar{\gamma}_{\mathrm{B}}$ 变化示意图

注意到，在文献［52］中也研究了天线相关性和非完美反馈的影响，并得出了类似的结论。综上所述，我们将天线相关性对单个 TAS 影响的主要结果重述如下：

（1）天线相关性不影响单个 TAS 的安全分集阶数。

（2）对于低平均信噪比的主信道，Eve 处的高相关性比 Bob 处的高相关性能带来更大的性能提升。

（3）对于中、高平均信噪比的主信道，Eve 处的高相关性比 Bob 处的高相关性对性能恶化的影响小。

在 MISO 窃听信道中，文献［55］研究了主信道和窃听信道之间的相关性对单个 TAS 安全性能的影响，其中，窃听信道建模为

$$g_{n,1}=\eta h_{n,1}+\sqrt{1-\eta^2}e \tag{4.29}$$

式中：e 表示一个与 $h_{n,1}$ 独立同分布的随机变量（i. i. d）。$0\leqslant\eta\leqslant1$ 是主信道和窃听信道间的相关系数，其中，$\eta=0$ 表示相互独立，$\eta=1$ 表示完全相关。

文献［55］中的分析给出了以下关于主信道和窃听信道之间的相关性对单个TAS影响的结论：

（1）主信道和窃听信道之间的相关性不影响单个TAS的安全分集阶数。

（2）在主信道平均信噪比较低的情况下，这种相关性会降低单个TAS的安全性能。

（3）在主信道中、高平均信噪比的情况下，这种相关性可以提高单TAS的安全性能。

从以上讨论可以看出，天线相关性以及主信道与窃听信道之间的相关性对单个TAS的安全性能产生了完全相反的影响。我们注意到这两种相关性对单个TAS的安全分集阶数没有影响。

4.6 小结

本章对MIMO窃听信道中的天线选择进行了综述和讨论。具体来说，在不同的衰落信道下，对单个TAS的安全性能进行了全面的评估和研究。我们的研究表明，只要天线选择所要求的反馈不存在任何误差，单个TAS就能实现满安全分集阶数。TAS－Alamouti和TAS－Alamouti－OPA以较少的额外反馈开销为代价，从而表现优于单个TAS。此外，我们还讨论了如何利用天线选择来提高全双工窃听信道的安全性能。最后，讨论了非完美反馈和信道相关性对TAS安全性能的影响。

参考文献

[1] T. Liu and S. Shamai (Shitz), "A note on the secrecy capacity of the multiple-antenna wiretap channel," *IEEE Trans. Inf. Theory*, vol. 55, no. 6, pp. 2547–2553, Jun. 2009.

[2] A. Khisti and G. W. Wornell, "Secure transmission with multiple antennas Part I: The MISOME wiretap channel," *IEEE Trans. Inf. Theory*, vol. 56, no. 7, pp. 3088–3104, Jul. 2010.

[3] A. Khisti and G. W. Wornell, "Secure transmission with multiple antennas—Part II: The MIMOME wiretap channel," *IEEE Trans. Inf. Theory*, vol. 56, no. 11, pp. 5515–5532, Nov. 2010.

[4] F. Oggier and B. Hassibi, "The secrecy capacity of the MIMO wiretap channel," *IEEE Trans. Inf. Theory*, vol. 57, no. 8, pp. 4961–4972, Aug. 2011.

[5] T. F. Wong, M. Bloch, and J. M. Shea, "Secret sharing over fast fading MIMO wiretap channels," *EURASIP J. Wireless Commun. Netw.*, vol. 2009, pp. 506973/1–17, Dec. 2009.

[6] M. Kobayashi, P. Piantanida, S. Yang, and S. Shamai (Shitz), "On the secrecy degrees of freedom of the multi-antenna block fading wiretap channels," *IEEE Trans. Inf. Forensics Security*, vol. 6, no. 3, pp. 703–711, Sep. 2011.

[7] Y.-W. Hong, P.-C. Lan, and C.-C. Kuo, "Enhancing physical-layer secrecy in multiantenna wireless systems: an overview of signal processing approaches," *IEEE Signal Proc. Mag.*, vol. 30, no. 5, pp. 29–40, Sep. 2013.

[8] X. Zhou, L. Song, and Y. Zhang, *Physical Layer Security in Wireless Communications*, CRC Press, 2013.

[9] N. Yang, L. Wang, G. Geraci, M. Elkashlan, J. Yuan, and M. Di Renzo, "Safeguarding 5G wireless communication networks using physical layer security," *IEEE Commun. Mag.*, vol. 53, no. 4, pp. 20–27, Apr. 2015.

[10] S. Yan, X. Zhou, N. Yang, B. He, and T. D. Abhayapala, "Artificial-noise-aided secure transmission in wiretap channels with transmitter-side correlation," *IEEE Trans. Wireless Commun.*, vol. 15, no. 12, pp. 8286–8297, Dec. 2016.

[11] B. He, N. Yang, S. Yan, and X. Zhou, "Linear precoding for simultaneous confidential broadcasting and power transfer," *IEEE J. Sel. Topics Signal Process.*, vol. 10, no. 8, pp. 1404–1416, Dec. 2016.

[12] A. Mukherjee and A. L. Swindlehurst, "Robust beamforming for security in MIMO wiretap channels with imperfect CSI," *IEEE Trans. Signal Process.*, vol. 59, no. 1, pp. 351–361, Jan. 2011.

[13] W.-C. Liao, T.-H. Chang, W.-K. Ma, and C.-Y. Chi, "QoS-based transmit beamforming in the presence of eavesdroppers: An optimized artificial-noise-aided approach," *IEEE Trans. Signal Process.*, vol. 59, no. 3, pp. 1202–1216, Mar. 2011.

[14] S. A. A. Fakoorian and A. L. Swindlehurst, "MIMO interference channel with confidential messages: Achievable secrecy rates and precoder design," *IEEE Trans. Inf. Forensics Security*, vol. 6, no. 3, pp. 640–649, Sep. 2011.

[15] T. Gucluoglu and T. M. Duman, "Performance analysis of transmit and receive antenna selection over flat fading channels," *IEEE Trans Wireless Commun.*, vol. 7, no. 8, pp. 3056–3065, Aug. 2008.

[16] H. Alves, R. D. Souza, and M. Debbah, "Enhanced physical layer security through transmit antenna selection", in *IEEE GlobeCOM 2011 Workshops*, pp. 879–883, Dec. 2011.

[17] H. Alves, R. D. Souza, M. Debbah, and M. Bennis, "Performance of transmit antenna selection physical layer security schemes," *IEEE Signal Process. Lett.*, vol. 19, no. 6, pp. 372–375, Jun. 2012.

[18] D. W. K. Ng, E. S. Lo, and R. Schober, "Secure resource allocation and scheduling for OFDMA decode-and-forward relay networks," *IEEE Trans. Wireless Commun.*, vol. 10, no. 10, pp. 3528–3540, Oct. 2011.

[19] N. Romero-Zurita, M. Ghogho, and D. McLernon, "Outage probability based power distribution between data and artificial noise for physical layer security," *IEEE Signal Process. Lett.*, vol. 19, no. 2, pp. 71–74, Feb. 2012.

[20] N. Yang, P. L. Yeoh, M. Elkashlan, R. Schober, and I. B. Collings, "Transmit antenna selection for security enhancement in MIMO wiretap channels," *IEEE Trans. Commun.*, vol. 61, no. 1, pp. 144–154, Jan. 2013.

[21] N. Yang, M. Elkashlan, P. L. Yeoh, and J. Yuan, "An introduction to transmit antenna selection in MIMO wiretap channels," *ZTE Communications*, vol. 11, no. 3, pp. 26–32, Sep. 2013 (Invited Paper).

[22] N. Yang, P. L. Yeoh, M. Elkashlan, R. Schober, and J. Yuan, "MIMO wiretap channels: Secure transmission using transmit antenna selection and receive generalized selection combining," *IEEE Commun. Lett.*, vol. 17, no. 9, pp. 1754–1757, Sep. 2013.

[23] M. Bloch, J. Barros, M. Rodrigues, and S. McLaughlin, "Wireless information-theoretic security," *IEEE Trans. Inf. Theory*, vol. 54, no. 6, pp. 2515–2534, Jun. 2008.

[24] F. He, H. Man, and W. Wang, "Maximal ratio diversity combining enhanced security," *IEEE Comm. Lett.*, vol. 15, no. 5, pp. 509–511, May 2011.

[25] V. U. Prabhu and M. R. D. Rodrigues, "On wireless channels with M-antenna eavesdroppers: Characterization of the outage probability and ε-outage secrecy capacity," *IEEE Trans. Inf. Forensics Security*, vol. 6, no. 3, pp. 853–860, Sep. 2011.

[26] S. Yan, N. Yang, G. Geraci, R. Malaney, and J. Yuan, "Optimization of code rates in SISOME wiretap channels," *IEEE Trans. Wireless Commun.*, vol. 14, no. 11, pp. 6377–6388, Nov. 2015.

[27] S. Yan and R. Malaney, "Location-based beamforming for enhancing secrecy in Rician wiretap channels," *IEEE Trans. Wireless Commun.*, vol. 15, no. 4, pp. 2780–2791, Apr. 2016.

[28] L. Wang, M. Elkashlan, J. Huang, R. Schober, and R. K. Mallik, "Secure transmission with antenna selection in MIMO Nakagami-m channels," *IEEE Trans. Wireless Commun.*, vol. 13, no. 11, pp. 6054–6067, Nov. 2014.

[29] S. Hessien, F. S. Al-Qahtani, R. M. Radaydeh, C. Zhong, and H. Alnuweiri, "On the secrecy enhancement with low-complexity largescale transmit selection in MIMO generalized composite fading," *IEEE Wireless Commun. Lett.*, vol. 4, no. 4, pp. 429–432, Aug. 2015.

[30] Z. Ding, Z. Ma, and P. Fan, "Asymptotic studies for the impact of antenna selection on secure two-way relaying communications with artificial noise," *IEEE Trans. Wireless Commun.*, vol. 13, no. 4, pp. 2189–2203, Apr. 2014.

[31] G. Brante, H. Alves, R. Souza, and M. Latva-aho, "Secrecy analysis of transmit antenna selection cooperative schemes with no channel state information at the transmitter," *IEEE Trans. on Commun.*, vol. 63, no. 4, pp. 1330–1342, Apr. 2015.

[32] S. Yan, N. Yang, R. Malaney, and J. Yuan, "Transmit antenna selection with Alamouti scheme in MIMO wiretap channels," in *Proc. IEEE GlobeCOM*, pp. 687–692, Dec. 2013.

[33] S. Yan, N. Yang, R. Malaney, and J. Yuan, "Transmit antenna selection with Alamouti coding and power allocation in MIMO wiretap channels," *IEEE Trans. Wireless Commun.*, vol. 13, no. 3, pp. 1656–1667, Mar. 2014.

[34] J. Zhu, Y. Zou, G. Wang, Y.-D. Yao, and G. K. Karagiannidis, "On secrecy performance of antenna selection aided MIMO systems against eavesdropping," *IEEE Trans. Veh. Technol.*, vol. 65, no. 1, pp. 214–225, Jan. 2016.

[35] K. Yang, N. Yang, C. Xing, J. Wu, and Z. Zhang, "Space-time network coding with transmit antenna selection and maximal-ratio combining," *IEEE Trans. Wireless Commun.*, vol. 14, no. 4, pp. 2106–2117, Apr. 2015.

[36] K. Yang, N. Yang, C. Xing, J. Wu, and J. An, "Space-time network coding with antenna selection," *IEEE Trans. Wireless Commun.*, vol. 65, no. 7, pp. 5264–5274, Jul. 2016.

[37] V. Tarokh, H. Jafarkhani, and A. R. Calderbank, "Space-time block coding for wireless communications: performance results," *IEEE J. Sel. Areas Commun.*, vol. 17, no. 3, pp. 451–460, Mar. 1999.

[38] V. Tarokh, H. Jafarkhani, and A. R. Calderbank, "Space-time block codes from orthogonal designs," *IEEE Trans. Inf. Theory*, vol. 45, no. 5, pp. 1456–1467, Jul. 1999.

[39] A. Mukherjee and A. L. Swindlehurst, "A full-duplex active eavesdropper in MIMO wiretap channels: Construction and countermeasures," in *Proc. Asilomar Conf. Sign. Syst. Comput.*, pp. 265–269, Nov. 2011.

[40] G. Zheng, I. Krikidis, J. Li, A. P. Petropulu, and B. Ottersten, "Improving physical layer secrecy using full-duplex jamming receivers," *IEEE Trans. Signal Process.*, vol. 61, no. 20, pp. 4962–4974, Oct. 2013.

[41] S. Yan, N. Yang, R. Malaney, and J. Yuan, "Full-duplex wiretap channels: security enhancement via antenna switching," in *Proc. IEEE GlobeCOM TCPLS Workshop*, pp. 1412–1417, Dec. 2014.

[42] L. Li, Z. Chen, and J. Fang, "A full-duplex Bob in the MIMO Gaussian wiretap channel: Scheme and performance," *IEEE Signal Process. Lett.*, vol. 21, no. 1, pp. 107–111, Jan. 2016.

[43] G. Chen, Y. Gong, P. Xiao, and J. Chambers, "Dual antenna selection in secure cognitive radio networks," *IEEE Trans. Veh. Technol.*, vol. 65, no. 10, pp. 7993–8002, Oct. 2016.

[44] M. Duarte, C. Dick, and A. Sabharwal, "Experiment-driven characterization of full-duplex wireless systems," *IEEE Trans. Wireless Commun.*, vol. 11, no. 12, pp. 4296–4307, Dec. 2012.

[45] D. Bharadia, E. McMilin, and S. Katti, "Full duplex radios," in *Proc. SIGCOMM*, pp. 375–386, Aug. 2013.

[46] A. Sabharwal, P. Schniter, D. Guo, D. Bliss, S. Rangarajan, and R. Wichman, "In-band full-duplex wireless: Challenges and opportunities," *IEEE J. Sel. Areas Commun.*, vol. 32, no. 9, pp. 1637–1652, Sep. 2014.

[47] T. R. Ramya and S. Bhashyam, "Using delayed feedback for antenna selection in MIMO systems," *IEEE Trans. Wireless Commun.*, vol. 8, no. 12, pp. 6059–6067, Dec. 2009.

[48] R. M. Radaydeh, "Impact of delayed arbitrary transmit antenna selection on the performance of rectangular QAM with receive MRC in fading channels," *IEEE Commun. Lett.*, vol. 13, no. 6, pp. 390–392, Jun. 2009.

[49] N. S. Ferdinand, D. Benevides da Costa, and M. Latva-Aho, "Effects of outdated CSI on the secrecy performance of MISO wiretap channels with transmit antenna selection," *IEEE Commun. Lett.*, vol. 17, no. 5, pp. 864–867, May 2013.

[50] J. Xiong, Y. Tang, D. Ma, P. Xiao, and K. K. Wong, "Secrecy performance analysis for TAS-MRC system with imperfect feedback," *IEEE Trans. Inf. Forensics Security*, vol. 10, no. 8, pp. 1617–1629, Aug. 2015.

[51] Y. Huang, F. S. Al-Qahtani, T. Q. Duong, and J. Wang, "Secure transmission in MIMO wiretap channels using general-order transmit antenna selection with outdated CSI," *IEEE Trans. Commun.*, vol. 63, no. 8, pp. 2959–2971, Aug. 2015.

[52] J. Hu, Y. Cai, N. Yang, and W. Yang, "A new secure transmission scheme with outdated antenna selection," *IEEE Trans. Inf. Forensics Security*, vol. 10, no. 11, pp. 2435–2446, Nov. 2015.

[53] H. Cui, R. Zhang, L. Song, and B. Jiao, "Relay selection for bidirectional AF relay network with outdated CSI," *IEEE Trans. Veh. Technol.*, vol. 62, no. 9, pp. 4357–4365, Nov. 2013.

[54] N. Yang, H. A. Suraweera, I. B. Collings, and C. Yuen, "Physical layer security of TAS/MRC with antenna correlation," *IEEE Trans. Inf. Forensics Security*, vol. 8, no. 1, pp. 254–259, Jan. 2013.

[55] N. S. Ferdinand, D. B. da Costa, A. L. F. de Almeida, and M. Latvaaho, "Physical layer secrecy performance of TAS wiretap channels with correlated main and eavesdropper channels," *IEEE Wireless Commun. Lett.*, vol. 3, no. 1, pp. 86–89, Feb. 2014.

第5章

大规模 MIMO 系统的物理层安全

Jun Zhu①，Robert Schober②，Vijay K. Bhargava③

与当前 LTE/LTE – Advanced 系统相比，第五代（5G）无线系统有望带来范式转变，以满足未来无线应用中诸如巨流量、大连接等前所未有的需求。大规模多输入多输出（Multiple Input Multiple Output，MIMO）是一种使用数百乃至数千个天线的阵列，同时服务于数十或数百个移动用户的多用户 MIMO 处理架构[1-8]。它被认为是一种很有前景的接口技术，有望解决目前无线通信面临的诸多掣肘问题。此外，由于无线信道的广播特性，安全性是无线网络中的一个重要问题[9]。尽管学术界和工业界在大规模 MIMO 技术上都做出了巨大的努力，但其无线通信的安全性问题却鲜有提及。本章的目的是探索大规模 MIMO 系统的物理层安全。

本章的结构安排如下：在 5.1 节和 5.2 节中，我们分别简要回顾了大规模 MIMO 和物理层安全的基本原理。5.3 节说明为什么要考虑大规模 MIMO 系统的物理层安全性。5.4 节和 5.5 节分别介绍了安全大规模 MIMO 系统的概念模型和性能评估指标。5.6 节研究了用于大规模 MIMO 下行安全传输的线性预编码。5.7 节对本章进行总结。

5.1 大规模 MIMO 基本原理

大规模多输入多输出（MIMO）系统，也称为大规模天线或超大型MIMO系统，是指具有比当前系统中基站（BS）部署的更大数量级天线的系统，即数百个或更多天线，并同时为低复杂度的单天线移动终端（MT）服

① 美国圣地亚哥高通公司。

② 德国埃尔兰根大学数字通信研究所。

③ 加拿大不列颠哥伦比亚大学电气与计算机工程系。

务[1-8]。大规模MIMO享有传统多用户MIMO的诸多优势，例如，提高了数据速率和可靠性，并减少了干扰，其规模更大且采用更简单的线性预编码/检测方案[1-3]。通过非常大的天线阵列将功率集中到MT上，可以显著提升频谱效率和能量效率[6]。在天线数量趋于无穷时，由于噪声和干扰的影响完全消失，大规模MIMO能够在低信干噪比（SINR）情况下实现较强的性能[5]。此外，大规模MIMO的其他优势还包括可以普遍使用廉价的低功耗组件、减少延迟、简化媒体访问控制层（MAC），以及对主动干扰的稳健性[1-3]等。

5.1.1 时分双工和上行导频训练

众所周知，信道状态信息（Channel State Information，CSI）的获取对于基站处的信号处理是必不可少的。当前大多数蜂窝系统都工作在频分双工（FDD）模式下，主要是利用（完全或有限）反馈来获取CSI[10]。但是，通常情况下对于大规模MIMO系统来说，基站配备的天线数量比终端数量大得多，此时时分双工（TDD）模式更便于获取CSI。这是因为TDD系统中上行链路导频开销与移动终端的数量成正比，与BS天线的数量无关，而FDD系统中下行链路导频开销与BS天线的数量成正比[5]。FDD系统严格限制了在BS处部署的天线数量。通过利用TDD系统的上行链路和下行链路信道之间的互易性，BS能够避免对反馈的需求，并且上行链路导频训练就能提供需要的上行链路和下行链路CSI。

5.1.2 下行预编码

利用TDD系统的信道互易性，BS可以通过上行链路训练来获得需要的下行链路CSI，并进行预编码，以便同时服务于多个单天线MT。除了规模更大外，大多数预编码技术与传统多用户MIMO机制所采用的技术是一致的。理论上总容量最优的脏纸编码（Dirty Paper Coding，DPC）技术[11]太过复杂，即使在传统MIMO系统中也无法实际运用，因此这里不予考虑。相反，大规模MIMO系统中通常使用线性预编码。由于处理简单，最常用的方案是匹配滤波器（Matched-Filter，MF）预编码[2,5,8]。但是，随着MT信道数量增加，MT信道之间的近正交性变弱，多用户干扰增大，因此MF预编码性能随着服务MT数量的增加而下降。在这种情况下，最好使用迫零(ZF)/正则化信道反转（RCI）预编码[12-14]。与传统MIMO系统类似，前者抑制多用户干扰，而后者则在MF和ZF预编码之间取得平衡，但不幸的是，它们都需要高维矩阵求逆，从而会导致较高的计算复杂度，尤其是当BS天线和MT

的数量都很大的时候。

5.1.3　多蜂窝部署和导频污染

在大规模MIMO系统中，理想情况下给每个终端分配正交的上行链路导频。但是，正交导频序列的最大数目受到相干块长的限制。在多小区网络中，可用的正交导频序列数量会很快耗尽，因此必须在不同小区中复用导频序列。由导频复用引起的负面影响通常称为导频污染[1,8]。更确切地说，当BS估计特定MT的信道时，它将接收的导频信号与该MT的导频序列做相关运算。在小区之间进行导频复用的情况下，它实际上获取的信道估计值受到与其共享相同导频序列的其他MT信道的线性组合的污染。基于受污染信道估计的下行链路预编码会引入指向共享相同导频序列的其他小区中MT的干扰，随着BS天线数量的增加，干扰以所需信号相同的速度增长。类似的干扰也存在于上行数据传输链路中。

5.2　物理层安全基本原理

由于无线信道的广播特性，安全性是无线网络中的一个至关重要的问题。传统上，安全性是通过在应用层实施加密来实现的，这需要在合法实体之间共享某种形式的信息（如密钥）[9,15]。此方法忽略了通信信道的影响，并依赖于合法实体之间的无差错通信的理论假设。更重要的是，所有加密策略都假设密钥未知时进行解密是计算不可行的，但这在数学上尚无定论。由于算力的不断提升，过去被认为不可破解的密码不断被破译。此外，对于不确定无线信道，难以一直保证无差错通信[9]。Wyner在文献［16］中提出了一种利用物理信道特性的无线安全新方法，该方法被称为物理层安全。这个概念最初是针对经典的搭线窃听信道提出的[16]，如图5.1（a）所示。Wyner的研究表明，如果所需的接收者比窃听者（Eve）拥有更好的信道条件，则源节点（Alice）和目的节点（Bob）可以以正速率安全传递消息。但是，这种情况在实际中并不总是成立，尤其是在无线衰落信道中。更糟糕的是，只要窃听者比Bob更靠近Alice，窃听者就拥有比Bob更好的平均信道增益。因此，绝对安全的通信似乎是不可能的，需要在降低Eve信道质量的同时增强Bob的信道质量。一种选择是利用人工噪声（AN）扰乱窃听者的接收信号[17]，如图5.1（b）所示。通常窃听者是被动的，因此Alice无法获得其CSI。在这种情况下，可以利用多发射天线同时发送信息承载信号和AN来增强安全性。具体来说，采用预编码在降低Eves解码性能的同时，使得AN不影响 Bob[17-18]。在文献［19］中，作者研究了仅 Alice 配置多个天线的 AN 辅助安全通信系统的安全中断概率。当 Eve 配置了多个天线时，文献［20］提出了一种 AN 预编码方案，可以在高信噪比（SNR）情况下实现最佳性能，文献［21］将该方法拓展到所有节点都配置多个天线的安全系统。

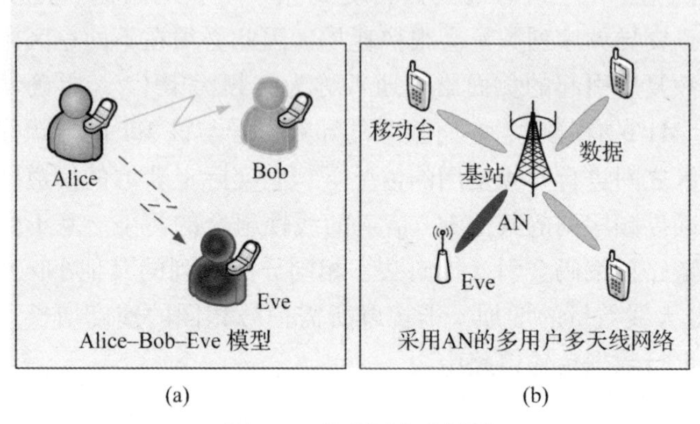

图 5.1　物理层安全模型

最近的研究已经开始考虑多用户网络中物理层安全[22-29]。尽管多用户网络的安全容量域仍然是开放问题，但对于某些具体传输策略，其可达安全速率仍然值得研究。上述所有工作通常都假设 Alice 可以获取 Bob 的完美 CSI，但这一假设过于理想。文献［30－34］研究了仅有估计 CSI 情况下的稳健性波束赋形设计。

5.3　研究动机

通过在大型天线阵列上进行简单的相干处理，新兴的大规模 MIMO 技术在网络吞吐量和能量效率方面提供了巨大的性能增益。然而，很少有人关注大规模 MIMO 系统中的安全性问题。为了回应这一关切，我们首先需要考虑两个基本问题：①大规模 MIMO 安全吗？②如果不安全，那么我们如何提高大规模 MIMO 系统的安全性？在本节中，我们通过对这两个问题进行简要和一般性的回答，说明本章的主要动机。

5.3.1　大规模 MIMO 安全吗？

与传统 MIMO 相比，大规模 MIMO 本质上更安全，因为部署在 Alice 上的大规模天线阵列可以将狭窄的波束准确地聚焦在 Bob 上，这样 Bob 处的接收信号功率比任一非相干被动窃听者 Eve 处的接收信号功率都要高几个数量级[35]。不幸的是，如果Eve也采用大规模天线阵列进行窃听，则这种优势可能会消失。此外，以下情形进一步降低了大规模MIMO系统的安全性：

(1) 因为Eve是被动的，所以它可以任意移动到Alice附近，而不会被Alice或Bob检测到。在这种情况下，Eve收到的信号可能很强。

(2) 在超密集多小区网络中，Bob遭受了严重的多用户干扰（既包括导频污染引入的多用户干扰，也有非导频污染时的多用户干扰），而Eve可能可以窃听所有其他MT的信息，例如，当其余MT也是恶意节点时，Eve与他们合作可以消除解码信息时的干扰。

在上述情况下，除非Alice采取其他措施保护通信安全，否则即使是单天线被动Eve也能够窃听发给Bob的信号[36]。此外，我们注意到，Eve可能会发出自己的导频符号，恶化Alice处获得的信道估计，提高下行链路传输时解码Bob信号的能力[37]。当然这也增加了Alice检测到窃听者存在的可能性[38]，因此本章均假设窃听者处于被动窃听状态。

5.3.2 如何提高大规模MIMO的安全性

大规模MIMO系统可提供大量的BS天线，而多发射天线可用于提高安全性，例如发送人工噪声。因此，联合大规模MIMO和人工噪声是自然而有前景的，但也存在一些传统MIMO系统没有的挑战和开放问题。我们将其总结如下：

(1) 在传统不考虑安全性的大规模MIMO系统中，导频污染限制了数据吞吐量性能[5]。但是，尚未考虑其对AN设计，以及无线安全性的影响。

(2) 在传统的MIMO系统中，在信道矩阵的零空间（NS）中传输AN[17]。而在大规模MIMO系统中，计算NS的复杂度太高，因此需要考虑更加简单的AN预编码方法。

本章将为上述挑战和问题提供详细而有见地的解决方案。随着大规模MIMO成为新兴5G无线网络必不可少的技术，从物理层安全的角度来进行设计有望开辟一个崭新且有前景的研究方向。相关贡献将在5.3.3节中介绍。

5.3.3 研究现状

本节总结了大规模MIMO系统物理层安全的相关工作。文献［39］概述了大规模MIMO系统中物理层安全设计的可能研究方向。文献[40－42]研究了基于RCI预编码的MIMO系统安全性问题。在文献［43］中，作者利用Alice和Bob之间的信道作为密钥，研究表明Eve对Alice的消息进行解码所需的复杂度至少与最坏情况的格点问题相同。文献［36］首次研究了存在导频污染情况下多小区大规模 MIMO 系统中 AN 辅助安全传输问题。文献［36］采用简单的 MF 预编码器，而文献［44］进一步研究了不同数据对和 AN 预编码器的安全传输问题。文献［45］研究了硬件损伤对安全大规模 MIMO 传输的影响。文献［46］研究了 Rician 衰落大规模 MIMO 信道中 AN 辅助干扰，分别针对均匀干扰和定向干扰情况优化了信息和 AN 之间功率分配。文献［47］的作者研究了没有 AN 辅助下安全大规模 MIMO 系统的性能规律。在文献［48-49］中，针对射频（RF）链数量有限和恒定包络约束的大规模 MIMO 系统，作者设计了新的数据和 AN 预编码架构以增强系统安全性。考虑大规模 MIMO 中继场景，文献［50-51］比较了大规模 MIMO 中继处仅有非完美 CSI 情况下两种经典的中继方案，即放大转发（AF）和解码转发（DF）。文献［52］中作者分析了能量与信息同传（SWIPT）MIMO 窃听信道的安全速率。尽管文献［46-52］和本章的内容均假设 Eve 是被动的，但其他文献中也考虑了导频污染攻击[37]，这是主动窃听的一种形式。特别是，在文献［35］中提出了几种检测导频污染攻击的技术，包括基于随机导频的检测方案和协作检测方案。此外，文献［53］中作者设计了导频污染攻击下的密钥协商协议，文献［54］中作者提出了对导频序列进行加密的方法，以便实现对攻击者的隐匿，这种加密使 MT 能够获得与没有受到攻击时相同的性能。文献［55］研究了在多小区网络中对抗导频污染攻击的方法，该方法利用了大规模 MIMO 信道发射相关矩阵的低秩特性。

5.4 安全大规模 MIMO 系统模型

本节将简要介绍所研究的安全大规模 MIMO 系统模型。如图 5.2 所示，考虑由 M 个小区组成的平坦衰落多小区系统，且每个小区有一个 N_{T} 根天线的基站和 K 个单天线用户 MTs①，一个多天线窃听者且天线数为 N_{E}（相当于 N_{E} 个单天线的窃听者协作），位于小区 n 中。窃听者工作于被动模式，试图窃听传输到小区 n 中第 k 个 MT 的信息。假设 BS 和 MT 都不知道窃听者试图窃听哪个 MT。定义 $\boldsymbol{G}_{mn}=\boldsymbol{D}_{mn}^{1/2}\boldsymbol{H}_{mn}=[(\boldsymbol{g}_{nn}^{1})^{\mathrm{T}},\cdots,(\boldsymbol{g}_{mn}^{K})^{\mathrm{T}}]^{\mathrm{T}}\in\mathbb{C}^{K\times N_{\mathrm{T}}}$和

① 注意到本章得到的结果可以很容易拓展到多天线 MT 的情况，如 BS 向 MT 的每根接收天线发送一个独立的数据流，并且不进行接收合并 MTs。在这种情况下，MT 的每根接收天线都可以被视为一个（虚拟）MT，本章得到的结果都是适用的。例如，多天线 MT 的安全速率可以通过对其全部接收天线的安全速率求和得到。

$\boldsymbol{G}_{mE}=\sqrt{\beta_{m\mathrm{E}}}\boldsymbol{H}_{mE}\in\mathbb{C}^{N_{\mathrm{E}}\times N_{\mathrm{T}}}$分别代表基站 m 到第 k 个 MT 的信道矩阵以及基站 m 到第 n 个小区中的窃听者的信道矩阵，其中，$\boldsymbol{D}_{mn}=\mathrm{diag}\{\beta_{mn}^{1},\beta_{mn}^{2},\cdots,\beta_{mn}^{K}\}$ 和 $\beta_{m\mathrm{E}}$分别代表基站 m 到第 k 个 MT 的信道矩阵，以及基站 m 到第 n 个小区中的窃听者的路径损耗，矩阵 $\boldsymbol{H}_{mn}\in\mathbb{C}^{K\times N_{\mathrm{T}}}$（其中，第 k 列为 $\boldsymbol{h}_{mn}^{k}\in\mathbb{C}^{1\times N_{\mathrm{T}}}$）和矩阵 $\boldsymbol{H}_{m\mathrm{E}}\in\mathbb{C}^{N_{\mathrm{E}}\times N_{\mathrm{T}}}$分别代表相应的小尺度衰落分量，建模为均值为零，单位方差为 1 的独立同分布的复高斯随机变量（R. V. S）①。

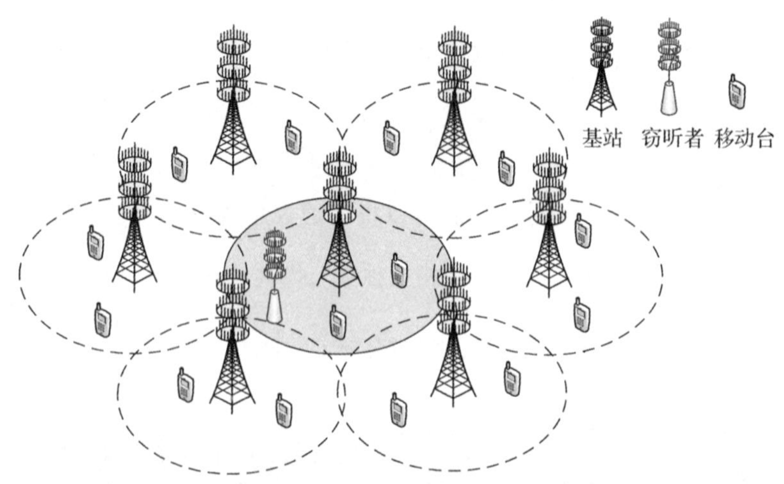

图 5.2　多天线窃听者存在的多小区大规模 MIMO 系统

5.4.1　信道估计和导频污染

假设系统完全同步，并工作在 TDD 模式下，采用全频率复用。此外，假设 BS n 处已知系统中所有 MTs 与 BS n 之间的路径损耗 β_{nm}^{k}，$m=1,2,\cdots,M,k=1,2,\cdots,K$，但小尺度衰落向量 $\boldsymbol{h}_{nm}^{k},m=1,2,\cdots,M,k=1,2,\cdots,K$，是未知的且 BS n 仅估计小区 n 内 MTs 的小尺度衰落向量。这些假设的合理性在于，在时间尺度上路径损耗比小尺度衰落向量变化慢得多，因此它们的估计开销较小。BS n 通过利用 TDD 过程中反向训练和信道互易性来估计所有 MTs 的下行链路 CSIs，即 $\boldsymbol{h}_{nm}^{k},k=1,2,\cdots,K$[1-8]。同一个小区中使用的 K 个导频序列是正交的，但是所有小区都复用相同的导频序列。设$\sqrt{\tau}\boldsymbol{\omega}_{k}\in\mathbb{C}^{\tau\times1}$为训练阶段 MT k 在每个小区中传输的长度 τ 的导频序列，其中，$\boldsymbol{\omega}_{k}^{\mathrm{H}}\boldsymbol{\omega}_{k}=1$ 和 $\boldsymbol{\omega}_{k}^{\mathrm{H}}\boldsymbol{\omega}_{j}=0,\forall j,k=1,\cdots,K,k\neq j$。在第 n 个 BS 处接收到的训练序列信号 $\boldsymbol{Y}_{n}^{\mathrm{pilot}}\in\mathbb{C}^{\tau\times N_{\mathrm{T}}}$可以表示为

---

① 这里没有考虑对数正态阴影，因为它除了使分析复杂化外，不会得到其他新的技术见解。

$$\boldsymbol{Y}_n^{\text{pilot}} = \sum_{m=1}^{M}\sum_{k=1}^{K}\sqrt{p_\tau \tau \beta_{nn}^k}\boldsymbol{\omega}_k \boldsymbol{h}_{nm}^k + N_n \tag{5.1}$$

式中：p_τ 表示导频功率；$N_n \in \mathbb{C}^{\tau \times N_t}$是具有零均值、单位方差的高斯噪声矩阵。

假设采用最小均方误差（MMSE）信道估计[7-8]，对于给定的 $\boldsymbol{Y}_n^{\text{pilot}}$ 和 $\boldsymbol{h}_{nn}^k$的估计为

$$\hat{\boldsymbol{h}}_{nn}^k = \sqrt{p_\tau \tau \beta_{nn}^k}\omega_k^{\mathrm{H}}\left(\boldsymbol{I}_\tau + \omega_k\left(p_\tau \tau \sum_{m=1}^{M}\beta_{nn}^k\right)\omega_k^{\mathrm{H}}\right)^{-1}\boldsymbol{Y}_n^{\text{pilot}} = \frac{\sqrt{p_\tau \tau \beta_{nn}^k}}{1 + p_\tau \tau \sum_{m=1}^{M}\beta_{nn}^k}\boldsymbol{\omega}_k^{\mathrm{H}}\boldsymbol{Y}_n^{\text{pilot}} \tag{5.2}$$

对于最小均方误差估计，我们可以将信道表示为 $\boldsymbol{h}_{nn}^k = \hat{\boldsymbol{h}}_{nn}^k + \tilde{\boldsymbol{h}}_{nn}^k$，其中，估计值$\hat{\boldsymbol{h}}_{nn}^k$和估计误差 $\tilde{\boldsymbol{h}}_{nn}^k \in \mathbb{C}^{1\times N_{\mathrm{T}}}$是相互独立。因此，基于式（5.2），可以在统计意义上将$\hat{\boldsymbol{h}}_{nn}^k$ 和 $\tilde{\boldsymbol{h}}_{nn}^k$分别描述为 $\hat{\boldsymbol{h}}_{nn}^k \sim \mathcal{CN}\left(\boldsymbol{0}_{N_{\mathrm{T}}}^{\mathrm{T}}, \dfrac{\rho_\tau \tau \beta_{nn}^k}{1 + \rho_\tau \tau \sum_{m=1}^{M}\beta_{nm}^k}\boldsymbol{I}_{N_{\mathrm{T}}}\right)$ 和 $\tilde{\boldsymbol{h}}_{nn}^k \sim \mathcal{CN}\left(\boldsymbol{0}_{N_{\mathrm{T}}}^{\mathrm{T}}, \dfrac{1 + \rho_\tau \tau \sum_{m\neq n}\beta_{nn}^k}{1 + \rho_\tau \tau \sum_{m=1}^{M}\beta_{nm}^k}\boldsymbol{I}_{N_{\mathrm{T}}}\right)$。从式（5.2）中我们还观察到，对于任意 m，$\boldsymbol{\omega}_k^{\mathrm{H}}\boldsymbol{Y}_n^{\text{pilot}}$ 与 $\boldsymbol{h}_{nm}^k$的 MMSE 估计成正比，即

$$\frac{\hat{\boldsymbol{h}}_{nm}^k}{\|\hat{\boldsymbol{h}}_{nm}^k\|} = \frac{\boldsymbol{\omega}_k^{\mathrm{H}}\boldsymbol{Y}_n^{\text{pilot}}}{\|\boldsymbol{\omega}_k^{\mathrm{H}}\boldsymbol{Y}_n^{\text{pilot}}\|}, \forall m \tag{5.3}$$

式（5.3）表明，每个小区中 MT k 的估计只是同一向量 $\boldsymbol{\omega}_k^{\mathrm{H}}\boldsymbol{Y}_n^{\text{pilot}}$ 的缩放版本。因此，BS 无法区分出自己小区 MT k 和其他小区中 MT k 的信道[8]。以同样的方式，我们还可以表示信道 $\boldsymbol{h}_{mn}^k = \hat{\boldsymbol{h}}_{mn}^k + \tilde{\boldsymbol{h}}_{mn}^k$①，其中，$\hat{\boldsymbol{h}}_{nn}^k$ 和$\tilde{\boldsymbol{h}}_{mn}^k$是相互独立的，$\hat{\boldsymbol{h}}_{mn}^k \sim \mathcal{CN}\left(\boldsymbol{0}_{N_{\mathrm{T}}}^{\mathrm{T}}, \dfrac{\rho_\tau \tau \beta_{mn}^k}{1 + \rho_\tau \tau \sum_{m=1}^{M}\beta_{ml}^k}I_{N_{\mathrm{T}}}\right)$和 $\tilde{\boldsymbol{h}}_{mn}^k \sim \mathcal{CN}\left(\boldsymbol{0}_{N_{\mathrm{T}}}^{\mathrm{T}}, \dfrac{1 + \rho_\tau \tau \sum_{l\neq n}\beta_{ml}^k}{1 + \rho_\tau \tau \sum_{m=1}^{M}\beta_{ml}^k}\boldsymbol{I}_{N_{\mathrm{T}}}\right)$。为了表述方便，我们将 BS n①处与小区 m 中所有 MTs 对应的信道估计和估计误差分别表示为$\hat{\boldsymbol{H}}_{nm} = [(\hat{\boldsymbol{h}}_{nm}^1)^{\mathrm{T}}, \cdots, (\hat{\boldsymbol{h}}_{nm}^K)^{\mathrm{T}}] \in \mathbb{C}^{K\times N_{\mathrm{T}}}$和$\tilde{\boldsymbol{H}}_{nm} = [(\tilde{\boldsymbol{h}}_{nm}^1)^{\mathrm{T}}, \cdots, (\tilde{\boldsymbol{h}}_{nm}^K)^{\mathrm{T}}] \in \mathbb{C}^{K\times N_{\mathrm{T}}}$。

---

① 在本章中，BS n 只需要估计 $\boldsymbol{h}_{nn}^k$。该扩展的作用是简化 5.5 部分可达速率的数学推导，在所需 MT 的信道估计时，将小区中泄漏的小区内部干扰/人工噪声分别分解为相关项 $\hat{\boldsymbol{h}}_{nn}^k$ 和不相关项 $\tilde{\boldsymbol{h}}_{nn}^k$。

5.4.2　下行数据和人工噪声传输

在小区 n 中，BS 试图向 MT k 发送私密信号 s_{nk}。K 个 MTs 的信号矢量由 $\boldsymbol{s}_n=[s_{n1},s_{n2},\cdots,s_{nk}]\in\mathbb{C}^{K\times 1}$表示，其中，$\mathbb{E}[\boldsymbol{s}_n\boldsymbol{s}_n^{\mathrm{H}}]=\boldsymbol{I}_k$。每个信号向量 $\boldsymbol{s}_n$ 在发送前乘以发送波束赋形矩阵 $\boldsymbol{F}_n=[\boldsymbol{f}_{n1},\cdots,\boldsymbol{f}_{nk},\cdots,\boldsymbol{f}_K]\in\mathbb{C}^{N_{\mathrm{T}}\times K}$。此外，我们假设在 BS$n$ 处未知窃听者的 CSI。因此，假设存在 $K<N_{\mathrm{T}}$ 个 MTs，BS 可以利用 N_{T} 发射天线提供的 $N_{\mathrm{T}}-K$ 个剩余自由度发射 AN，以降低窃听者解码发送给 MTs 数据的能力[17][30-31]。AN 向量，$\boldsymbol{z}_n=[z_{n1},z_{n2},\cdots,z_{n(N_{\mathrm{T}}-K)}]^{\mathrm{T}}\sim\mathcal{CN}(0_{N_{\mathrm{T}}-K},\boldsymbol{I}_{N_{\mathrm{T}}-K})$，乘以一个预编码矩阵 $\boldsymbol{A}_n=[\boldsymbol{a}_{n1},\cdots,\boldsymbol{a}_{ni},\cdots,\boldsymbol{a}_{n(N_{\mathrm{T}}-K)}]\in\mathbb{C}^{N_{\mathrm{T}}\times(N_{\mathrm{T}}-K)}$，其中，$\|\boldsymbol{a}_{ni}\|=1,i=1,2,\cdots,N_{\mathrm{T}}-K$，其作用是引入额外的噪声以混淆窃听者。预编码矩阵的选择将在5.6.2 节中讨论。由 BS n 发送的信号矢量由式（5.4）给出：

$$x_n=\sqrt{p}\boldsymbol{F}_n s_n+\sqrt{q}\boldsymbol{A}_n\boldsymbol{z}_n=\sum_{k=1}^{K}\sqrt{p}\boldsymbol{f}_{nk}s_{nk}+\sum_{i=1}^{N_{\mathrm{T}}-K}\sqrt{q}\boldsymbol{a}_{ni}z_{ni}\tag{5.4}$$

式中：p 和 q 分别表示分配给每个 MT 和每个 AN 信号的发射功率。为了简单起见，假设在用户和信号之间分别进行均匀功率分配。总发射功率用 P_{T} 表示，那么 $p=\dfrac{\phi P_{\mathrm{T}}}{K}$和 $q=\dfrac{(1-\phi)\ P_{\mathrm{T}}}{N_{\mathrm{T}}-K}$，其中，$0<\phi\leqslant 1$ 为功率分配参数，以在信息承载信号和 AN 之间实现功率平衡。

与小区 n 相邻的 $M-1$ 小区发送自己的信号和 AN。本章中，为了能够获得一些一般性的结论，假设所有的小区对 p 和 q，以及 ϕ 采用相同的值。因此，在小区 n 中的 MTk 处的接收信号 y_{nk}和窃听者 $\boldsymbol{y}_{\mathrm{E}}$ 处的接收信号 $\boldsymbol{y}_{\mathrm{E}}$ 表示如下：

$$y_{nk}=\sqrt{p}g_{nn}^{k}\boldsymbol{f}_{nk}s_{nk}+\sum_{\{m,l\}\neq\{n,k\}}\sqrt{p}g_{mn}^{k}\boldsymbol{f}_{ml}s_{ml}+\sum_{m=1}^{M}\sqrt{q}g_{mn}^{k}\boldsymbol{A}_m\boldsymbol{z}_m+n_{nk}\tag{5.5}$$

$$\boldsymbol{y}_{\mathrm{E}}=\sqrt{p}\sum_{m=1}^{M}\boldsymbol{G}_{m\mathrm{E}}\boldsymbol{F}_m\boldsymbol{s}_m+\sqrt{q}\sum_{m=1}^{M}\boldsymbol{G}_{m\mathrm{E}}\boldsymbol{A}_m\boldsymbol{z}_m+\boldsymbol{n}_{\mathrm{E}}\tag{5.6}$$

式中：$n_{nk}\sim\mathcal{CN}(0,\sigma_{nk}^2)$和 $\boldsymbol{n}_{\mathrm{E}}\sim\mathcal{CN}(0_{N_{\mathrm{E}}},\sigma_{\mathrm{E}}^2\boldsymbol{I}_{N_{\mathrm{E}}})$分别是 MT k 和窃听者处的高斯噪声。

式（5.5）右侧的第一项表示发送给小区 n 中 MT k 的信号，其有效信道增益为$\sqrt{p}\boldsymbol{g}_{nn}^{k}\boldsymbol{f}_{nk}$。式（5.5）右侧的第二项和第三项分别表示小区内/小区间干扰和泄漏。另外，窃听者从 $MN_{\mathrm{T}}\times N_{\mathrm{E}}$MIMO 信道接收到的信号包括：$K$ 个初始用户信号，$(M-1)K$ 个小区外用户信号，$N_{\mathrm{T}}-K$ 个小区内的 AN 信号和 $(N_{\mathrm{T}}-K)(M-1)$个小区外 AN 信号。为了得到可达安全速率的一个下界，假设窃听者能够获得所有 MTs 等效信道的完美信道状态信息，即 $\boldsymbol{H}_{mE}\boldsymbol{f}_{mk}$，$\forall m$，$k$。然而，我们注意到这是一个相当极端的假设，因为在大规模 MIMO 中执行上行链路训练使得窃听者难以获得准确的信道估计[8]。

5.5 安全大规模 MIMO 系统的遍历安全速率和安全中断概率

本节首先证明了小区 n 中 MT k 的可达遍历安全速率可以表示为 MT 可达遍历速率与窃听者遍历容量之差。然后，给出了 MT 可达遍历容量的一个简单下界，窃听者遍历容量的闭式表达式，以及窃听者遍历容量的一个简单而严格的上界。最后，定义了第 n 个小区中 MT k 的安全中断概率，为方便起见，将窃听天线数与基站天线数之比定义为 $\alpha = N_{\mathrm{E}}/N_{\mathrm{T}}$，用户数与基站天线数之比定义为 $\beta = K/N_{\mathrm{T}}$。在下面，主要讨论 α 和 β 固定时 $NT\to\infty$ 的渐近情况。

5.5.1 可达遍历安全速率

如果可以容忍延迟，并且可以在很多个独立信道样本上（即在多个相干间隔上）编码，那么遍历安全速率是一个很好的性能指标[18]。考虑小区 n 中 MT k，其信道可以建模成多输入单输出多窃听者（MISOME）窃听信道[20]。在下面的引理中，给出了小区 n 中 MT k 的可达遍历安全速率表达式。

引理 5.1 小区 n 中 MT k 的可达遍历安全速率由下式给出：

$$R_{nk}^{\mathrm{sec}} = [R_{nk} - C_{nk}^{\mathrm{eve}}]^{+} \tag{5.7}$$

式中：$[x]^{+} = \max\{0,x\}$，R_{nk}是小区 n 中 MT k 的可达遍历速率，C_{nk}^{eve}是 BS n 和窃听者之间链路的遍历容量，窃听者试图解码小区 n 中 MT k 的信息。因此，假定窃听者能够去除感兴趣 MT 的信号之外的所有小区内和小区外 MT 的接收信号，即

$$C_{nk}^{\mathrm{eve}} = \mathbb{E}[\log_2(1 + p\boldsymbol{f}_{nk}^{\mathrm{H}}\boldsymbol{G}_{nE}^{\mathrm{H}}\boldsymbol{X}^{-1}\boldsymbol{G}_{nE}\boldsymbol{f}_{nk})] \tag{5.8}$$

式中：$\boldsymbol{X} = q\sum_{m=1}^{M}\boldsymbol{A}_m^{\mathrm{H}}\boldsymbol{G}_m^{\mathrm{H}}\boldsymbol{G}_{mE}\boldsymbol{A}_m$ 表示在接收机噪声可忽略的最坏情况下，即 $\sigma_{\mathrm{E}}^2\to 0$ 时，窃听者处的噪声相关矩阵。

证明：请参阅附录 A.1.1。

式（5.7）表明，对许多窃听信道来说，小区 n 中 MT k 的可达遍历安全速率具有典型减法形式[9,16,20-31]，即感兴趣用户的可达遍历速率与窃听者容量之差。

5.5.1.1 可达用户速率下界

基于式（5.5），小区 n 中 MT k 的可达遍历速率可表示为

$$R_{nk} = \mathbb{E}\left[\log_2\left(1 + \frac{|\sqrt{p}\boldsymbol{g}_{nn}^{k}\boldsymbol{f}_{nk}|^2}{\sum_{m=1}^{M}\sum_{i=1}^{N_T-K}|\sqrt{q}\boldsymbol{g}_{mn}^{k}\boldsymbol{a}_{mi}|^2 + \sum_{\{m,l\}\neq\{n,k\}}|\sqrt{p}\boldsymbol{g}_{mn}^{k}\boldsymbol{f}_{ml}|^2 + \sigma_{nk}^2}\right)\right] \tag{5.9}$$

然而，用解析的方法计算式（5.9）中的期望值是非常麻烦的。因此，采用与文献［8］相同的方法得到小区 n 中 MT k 的可达遍历速率的下界。特别地，将小区 n 中 MT k 处的接收信号重写为

$$y_{nk} = \mathbb{E}[\sqrt{p}\boldsymbol{g}_{nn}^{k}\boldsymbol{f}_{nk}]s_{nk} + n'_{nk} \tag{5.10}$$

式中：n'_{nk}表示有效噪声，即

$$n'_{nk} = (\sqrt{p}\boldsymbol{g}_{nn}^{k}\boldsymbol{f}_{nk} - \mathbb{E}[\sqrt{p}\boldsymbol{g}_{nn}^{k}\boldsymbol{f}_{nk}])s_{nk} + \sum_{m=1}^{M}\boldsymbol{g}_{mn}^{k}\sqrt{q}\boldsymbol{A}_m\boldsymbol{z}_m + \sum_{\{m,l\}\neq\{n,k\}}\sqrt{p}\boldsymbol{g}_{mn}^{k}\boldsymbol{f}_{ml}s_{ml} + n_{nk} \tag{5.11}$$

式（5.10）可以解释为具有常数增益$\mathbb{E}[\sqrt{p}\boldsymbol{g}_{nn}^{k}\boldsymbol{f}_{nk}]$和 AWGN$n'_{nk}$的等效单输入单输出信道。因此，采用文献［8］中的定理 1，得到小区 n 中 MT k 的可达速率下界，即 $\underline{R}_{nk} = (1+\gamma_{nk}) \leqslant R_{nk}$，其中，$\gamma_{nk}$表示接收到的信干噪比（SINR），即

$$\gamma_{nk} = \frac{\overbrace{|\mathbb{E}[\sqrt{p}\boldsymbol{g}_{nn}^{k}\boldsymbol{f}_{nk}]|^2}^{\text{所需信号}}}{\underbrace{\mathrm{var}[\sqrt{p}\boldsymbol{g}_{nn}^{k}\boldsymbol{f}_{nk}]}_{\text{信号泄漏}} + \underbrace{\sum_{m=1}^{M}\sum_{i=1}^{N_T-K}\mathbb{E}[|\sqrt{q}\boldsymbol{g}_{mn}^{k}\boldsymbol{a}_{mi}|^2]}_{\text{AN泄漏}} + \underbrace{\sum_{\{m,l\}\neq\{n,k\}}\mathbb{E}[|\sqrt{p}\boldsymbol{g}_{mn}^{k}\boldsymbol{f}_{ml}|^2]}_{\text{小区内和小区间干扰}} + \sigma_{nk}^2} \tag{5.12}$$

式中：$\mathrm{var}[\sqrt{p}\boldsymbol{g}_{nn}^{k}\boldsymbol{f}_{nk}] = \mathbb{E}[|\sqrt{p}\boldsymbol{g}_{nn}^{k}\boldsymbol{f}_{nk} - \mathbb{E}[\sqrt{p}\boldsymbol{g}_{nn}^{k}\boldsymbol{f}_{nk}]|^2]$。假设只在 BS 处进行信道估计，而 MTs 仅知道等效信道增益的平均值$\mathbb{E}[\sqrt{p}\boldsymbol{g}_{nn}^{k}\boldsymbol{f}_{nk}]$并用于信号检测，则式（5.12）中的 SINR 会被低估。此外，平均等效信道增益的偏差可以看成方差为 $\mathrm{var}[\sqrt{p}\boldsymbol{g}_{nn}^{k}\boldsymbol{f}_{nk}]$的高斯噪声[8]。表 5.1 给出了不同数据和 AN 预编码组合下 γ_{nk} 的闭式表达式。在 5.6.5 节中通过仿真结果验证下界的紧致性。

5.5.1.2　窃听者遍历容量

本节给出了窃听者遍历容量的闭式表达式，如下述定理所示。

定理 5.1　对于 $NT\to\infty$，式（5.8）中窃听者遍历容量可以写成

$$C_{nk}^{\mathrm{eve}} = \frac{1}{\ln 2}\sum_{i=0}^{N_E-1}\lambda_i \times \frac{1}{\mu_0}\sum_{j=1}^{2}\sum_{l=2}^{b_j}\omega_{jl}I(1/\mu_j, l) \tag{5.13}$$

式中

$$\lambda_i = \binom{M(N_{\mathrm{T}} - K)}{i}, \mu_0 = \prod_{2}^{j=1} \mu_j^{b_j}$$

$$(\mu_j, b_j) = \begin{cases} (\eta, N_{\mathrm{T}} - K), & j=1 \\ (\beta_{m\mathrm{E}}/\beta_{n\mathrm{E}}\eta, (M-1)(N_{\mathrm{T}} - K)), & j=2 \end{cases}$$

$$\eta = q/p \tag{5.14}$$

$$\omega_{jl} = \frac{1}{(b_j - l)!} \frac{d^{b_j-l}}{dx^{b_j-l}} \frac{x^i}{\prod\limits_{s \neq j} \left(x + \frac{1}{\mu_s}\right)^{b_s}} \Bigg|_{x=-\frac{1}{\mu_j}} \tag{5.15}$$

$I(a,n) = \int_0^{\infty} \frac{1}{(x+1)(x+a)^n} \mathrm{d}x, a, n > 0, I(\cdot, \cdot)$ 的闭式表达式在文献[56]引理3中给出。

证明：请参阅附录A.1.2。

联合式（5.7）、式（5.12）和式（5.13），可以得到小区 n 中MT k 的可达遍历安全速率的下界。然而，在式（5.13）中，窃听者遍历容量的表达式非常复杂，很难揭示各种系统参数的影响。因此，在下一小节中推导得到 C_{nk}^{eve} 的一个简单而严格的上界。

5.5.1.3 窃听者遍历容量的严格上界

在下面的定理中，给出了窃听者遍历容量的一个严格上界。

定理5.2 对于 $NT \to \infty$，当 $\beta < 1 - c\alpha/a^2$，式（5.8）中窃听者遍历容量的上界为①

$$C_{nk}^{\mathrm{eve}} < \bar{C}_{nk}^{\mathrm{eve}} \approx \log_2\left(1 + \frac{\alpha}{\eta a(1-\beta) - c\eta\alpha/a}\right) = \log_2\left(\frac{(1-\zeta)\phi + \zeta}{-\zeta\phi + \zeta}\right) \tag{5.16}$$

式中：$a = 1 + \sum\limits_{m \neq n}^{M} \beta_{m\mathrm{E}}/\beta_{n\mathrm{E}}$；$c = 1 + \sum\limits_{m \neq n}^{M} (\beta_{m\mathrm{E}}/\beta_{n\mathrm{E}})^2$；$\zeta = \frac{a\beta}{\alpha} - \frac{\beta c}{a(1-\beta)}$

证明：请参阅附录A.1.3①。

评注5.1 注意到，只有当式（5.8）中的矩阵 $\boldsymbol{X}$ 是可逆时，才能得到有限的窃听者容量。由于 $\boldsymbol{G}_{m\mathrm{E}}, m = 1,2,\cdots,M$，是由独立同分布元素构成的独立矩阵，如果有 $M(N_{\mathrm{T}} - K) \leqslant N_{\mathrm{E}}$ 或等效地 $\beta \leqslant 1 - \alpha/M$，那么 $\boldsymbol{X}$ 是可逆的。无论 M 和 ρ 取值如何，都存在

$$1 - \alpha/c \leqslant 1 - c\alpha/a^2 \leqslant 1 - \alpha/M \tag{5.17}$$

---

① 注意到，严格地说，还没有证明式（5.16）是一个界，因为在附录A.1.3使用了近似来进行推导。然而，这种近似是非常准确的[57]。对各种系统参数下式（5.16）的仿真结果进行比较，表明式（5.16）确实是一个上界。

当 $M=1$ 或 $\rho=1$ 时，式（5.17）中等式成立。对于 $M>1$ 和 $\rho>1$，定理 5.2 中 β 的条件通常比 $\boldsymbol{X}$ 的可逆条件更严格。然而，大规模 MIMO 系统的典型工作区域是 $\beta \ll 1$[2,5]，因此定理 5.2 中的上界是适用的。

式（5.16）表明 $\bar{C}_{nk}^{\text{eve}}$ 随 α 单调增加的，即正如预期那样，窃听者可以通过部署更多天线来增强其窃听能力。此外，在相关参数范围内，$0<\beta<1-c\alpha/a^2$，$\bar{C}_{nk}^{\text{eve}}$ 关于 β 不是单调的，但当 $\beta \in (0,1-c\alpha/a)$ 时，$\bar{C}_{nk}^{\text{eve}}$ 是递减函数，而当 $\beta \in (1-c\alpha/a,1-c\alpha/a^2)$ 时，$\bar{C}_{nk}^{\text{eve}}$ 是递增函数。因此，$\bar{C}_{nk}^{\text{eve}}$ 在 $\beta=1-c\alpha/a$ 处取得最小值。假设 N_{T} 和 N_{E} 是固定的，上述行为可以解释如下：若 K 取值较小（对应于 β 取值较小时），窃听者的容量很大，这是因为分配给被窃听 MT 的功率 $\phi P_{\text{T}}/K$ 很大。当 K 增大时，分配给 MT 的功率减小，从而导致容量减小。然而，如果 K 增加到超过某一点，$\boldsymbol{X}$ 就会变得越来越病态，从而导致窃听者容量增加。

联合式（5.7）、式（5.12）和式（5.16），可以给出小区 n 中 MT k 遍历安全速率的一个严格下界，这将使我们能够进一步简化小区 n 中 MT k 的 SINR 表达式和由此产生的遍历安全速率表达式。

可达遍历安全速率的下界：联合式（5.7），即 $\underline{R}_{nk}=\log_2(1+\gamma_{nk})$，其中，$\gamma_{nk}$ 由公式（5.12）给出，式（5.13）（对于 C_{nk}^{eve}）和式（5.16）（对于 $\bar{C}_{nk}^{\text{eve}}$）给出了小区 n 中 MT k 可达遍历安全速率的两个紧下界，即

$$\underline{R}_{nk}^{\text{sec}}=[\underline{R}_{nk}-C_{nk}^{\text{eve}}]^{+} \text{和} \underline{\underline{R}}_{nk}^{\text{sec}}=[\underline{R}_{nk}-\bar{C}_{nk}^{\text{eve}}]^{+} \tag{5.18}$$

5.5.2 安全中断概率分析

在时延受限场景中，一个码字只能在一个信道样本传输，中断不可避免的。因为 Alice 未知窃听者信道的 CSI，故必须使用安全中断概率而不是遍历速率来表征系统性能。对于所考虑的多小区大规模 MIMO 系统，当 $N_{\text{T}}\to\infty$ 时用户的速率 R_{nk} 变成确定量，但窃听信道的瞬时容量仍然是一个随机变量。当目标安全速率 R_0 超过实际瞬时安全速率时，就会发生安全中断。因此，小区 n 中 MT k 的安全中断概率由下式给出：

$$\varepsilon_{\text{out}}=\Pr\{R_{nk}-\log_2(1+\gamma_{\text{E}})\leqslant R_0\}=\Pr\{\gamma_{\text{E}}\geqslant 2^{R_{nk}-R_0}-1\}=1-F_{\gamma_{\Sigma}}(2^{R_{nk}-R_0}-1) \tag{5.19}$$

式中：$\gamma_{\text{E}}=p\boldsymbol{f}_{nk}^{H}\boldsymbol{G}_{n\text{E}}^{H}\boldsymbol{X}^{-1}\boldsymbol{G}_{n\text{E}}\boldsymbol{f}_{nk}$ 和 $F_{\gamma_{\text{E}}}$ 在附录 A.1.2 中给出。最后得到了安全中断概率的闭式上界。

5.6 大规模MIMO系统中数据和AN的线性预编码

5.6.1 安全大规模MIMO中线性数据预编码器

本节将分析采用MF/ZF/RCI数据预编码时的可达速率。与大规模MIMO中数据预编码现有的分析和设计相比（如文献[13－14]），本节给出的结果考虑了AN泄漏的影响，这种AN泄漏仅在BS引入AN以增强安全性时才会出现。这里主要研究$\beta = K/N_{\mathrm{T}}$和$\alpha = N_{\mathrm{E}}/N_{\mathrm{T}}$有限情况下，$K$，$N_{\mathrm{T}}\to\infty$时的渐近情况。

对于$N_{\mathrm{T}}\to\infty$，分析可达速率等同于分析式（5.12）中的SINR。因此，预编码器影响可以表示如下：

$$Q = \sum_{m=1}^{M}\sum_{t=1}^{N_{\mathrm{T}}-K}\mathbb{E}\left[\left|\sqrt{\beta_{mn}^{k}}\boldsymbol{h}_{mn}^{k}\boldsymbol{a}_{ml}\right|^{2}\right] = \sum_{m=1}^{M}\beta_{mn}^{k}E\left[\boldsymbol{h}_{mn}^{k}\boldsymbol{A}_{m}\boldsymbol{A}_{m}^{\mathrm{H}}\left(\boldsymbol{h}_{mn}^{k}\right)^{\mathrm{H}}\right] \tag{5.20}$$

式（5.12）的分母代表小区内和小区间AN泄漏。本节中给出该项表达式，并在5.6节针对不同AN预编码器进行详细分析。

5.6.1.1 RCI数据预编码

对于小区n而言，RCI数据预编码器可以表示为

$$\boldsymbol{F}_{n} = \gamma\boldsymbol{L}_{nn}\hat{\boldsymbol{H}}_{nn}^{\mathrm{H}} \tag{5.21}$$

式中：$L_{nn} = (\hat{\boldsymbol{H}}_{nn}^{\mathrm{H}}\hat{\boldsymbol{H}}_{nn} + \kappa\boldsymbol{I}_{N})^{-1}$，$\gamma$是一个归一化标量常数，$\kappa$是正则化常数。在下面的命题中，我们给出了小区$n$中MT k的SINR。

命题5.1 对于RCI数据预编码，小区n中MT k的接收SINR为

$$\gamma_{nk}^{\mathrm{RCI}} = \frac{1}{\dfrac{\sum_{M}^{m-1}\hat{\Gamma}_{\mathrm{RCI}}^{m} + (1 + \mathcal{G}(\beta,\kappa))^{2}}{\mathcal{G}(\beta,\boldsymbol{k})\left(\hat{r}_{\mathrm{RCI}}^{\mathrm{NCI}} + \dfrac{r_{\mathrm{RCI}}^{R}}{\beta}(1 + \mathcal{G}(\beta,\kappa_{1}))^{2}\right)} + \sum_{m\neq n}\lambda_{mk}/\lambda_{nk}} \tag{5.22}$$

$$\mathcal{G}(\beta,\kappa) = \frac{1}{2}\left[\sqrt{\frac{(1-\beta)^{2}}{\kappa^{2}} + \frac{2(1+\beta)}{\kappa^{2}} + 1} + \frac{1-\beta}{\kappa} - 1\right] \tag{5.23}$$

$$\Gamma_{\mathrm{RCI}} = \frac{K}{\eta Q + \dfrac{K}{\phi P_{\mathrm{T}}}} \tag{5.24}$$

式中：$\hat{\Gamma}_{\mathrm{RCI}}^{m} = \dfrac{\Gamma_{\mathrm{RCI}}\lambda_{mk}}{\Gamma_{\mathrm{RCI}}\sum_{m=1}^{M}\mu_{mk} + 1}$、$\lambda_{mk} = \beta_{mn}^{k}\dfrac{p_{\tau}\tau\beta_{mn}^{k}}{\theta_{mn}^{k} + p_{\tau}\tau\beta_{mn}^{k}}$、$\mu_{mk} = \beta_{mn}^{k}\dfrac{\theta_{mn}^{k}}{\theta_{mn}^{k} + p_{\tau}\tau\beta_{mn}^{k}}$。

证明：请参阅附录 A. 1. 4。

通过优化正则化常数 κ，最大化式（5. 18）中安全速率下界，这相当于最大化式（5. 22）中的 SINR。在附录 A. 1. 5 中，将 $\gamma_{nk}^{\mathrm{RCI}}$ 对 κ 的导数设为 0，可以得到了最优的正则化参数为 $\kappa_{\mathrm{opt}}=\beta/\sum_{m=1}^{M}\hat{\Gamma}_{\mathrm{RCI}}^{m}$，相应的最大 SINR 由下式给出：

$$\gamma_{nk}^{\mathrm{RCI}}=\frac{1}{\Gamma_{\mathrm{RCI}}^{n}/\sum_{M}^{m-1}\hat{\Gamma}_{\mathrm{RCI}}^{m}+\mathcal{G}(\beta,\kappa_{1,\mathrm{opt}})+\sum_{m\neq n}\lambda_{mk}/\lambda_{nk}} \tag{5.25}$$

另一方面，对于 $\kappa\to0$ 和 $\kappa\to\infty$ 两种情况，式（5. 21）中的 RCI 数据预编码器分别退化为 ZF 和 MF 数据预编码器。相应的接收 SINR 将由以下两个推论分别给出。

推论 5. 1 假设 $\beta<1$，采用 ZF 数据预编码时小区 n 中 MTk 处的接收 SINR 由下式给出：

$$\gamma_{nk}^{\mathrm{ZF}}=\lim_{k=0}\gamma_{nk}^{\mathrm{RCI}}=\frac{1}{\dfrac{\beta}{(1-\beta)\hat{\Gamma}_{\mathrm{RCI}}^{n}}+\sum_{m\neq n}\lambda_{mk}/\lambda_{nk}} \tag{5.26}$$

推论 5. 2 假设 $\beta<1$，采用 MF 数据预编码时小区 n 中 MT k 处的接收 SINR 由下式给出：

$$\gamma_{nk}^{\mathrm{ZF}}=\lim_{k=0}\gamma_{nk}^{\mathrm{RCI}}=\frac{1}{\beta\left(1+\dfrac{1}{\hat{\Gamma}_{\mathrm{RCI}}^{n}}\right)+\sum_{m\neq n}\lambda_{mk}/\lambda_{nk}} \tag{5.27}$$

5. 6. 1. 2 数据预编码的计算复杂度

以浮点运算（FLOPs）的数量来衡量所考虑数据预编码器的计算复杂度[58]，每个浮点运算代表一个标量复数加法或乘法。假设信道的相干时间为 T 个符号间隔，其中，τ 用于训练，$T-\tau$ 用于数据传输。因此，在一个相干间隔中预编码所需的复杂度包括生成一个预编码矩阵和 $T-\tau$ 个预编码向量所需的复杂度。文献［59］的第 4 节考虑 BS 处没有注入 AN 的情况下，对各种数据预编码器进行了类似的复杂度分析。由于 AN 注入不影响数据预编码的结构，因此我们可以直接将文献［59］第 4 节中的结果应用于当前的情况，即在每个相干时间内，MF 和 ZF/RCI 分别需要 $(2K-1)(T-\tau)N_{\mathrm{T}}$ 和 $0.5(K^2+K)(2N_{\mathrm{T}}-1)+K^3+K^2+K+N_{\mathrm{T}}K(2K-1)+(2K-1)N_{\mathrm{T}}(T-\tau)$ 个浮点运算[59]。

5. 6. 2 安全大规模 MIMO 中人工噪声预编码器

本节将研究 NS AN 预编码器和随机 AN 预编码器的性能。

5.6.2.1 线性人工噪声预编码器的分析

对于给定维数为 $N_{\mathrm{T}}-K$ 的 AN 预编码器，AN 预编码器对安全速率的影响仅来自于 AN 泄漏，即式（5.20）中给定的 Q，它影响了 MT 的 SINR。本小节将给出 $N_{\mathrm{T}}\to\infty$ 时 NS AN 预编码器和随机 AN 预编码器中 Q 的闭式表达式。

文献［17］给出了 BS n 的 NS AN 预编码器，即

$$\boldsymbol{A}_n=\boldsymbol{I}_{N_{\mathrm{T}}}-\hat{\boldsymbol{H}}_{nn}^{\mathrm{H}}(\hat{\boldsymbol{H}}_{nn}\hat{\boldsymbol{H}}_{nn}^{\mathrm{H}})^{-1}\hat{\boldsymbol{H}}_{nn} \tag{5.28}$$

它的秩为 $N_{\mathrm{T}}-K$，且仅当 $\beta<1$ 时存在。对于 NS AN 预编码器，Q_{NS} 可表示为

$$Q_{NS}=\sum_{m=1}^{M}\beta_{mn}^{k}\,\mathbb{E}\left[h_{mn}^{k}\boldsymbol{A}_m\boldsymbol{A}_m^{\mathrm{H}}(\boldsymbol{h}_{mn}^{k})^{\mathrm{H}}\right]=(N_{\mathrm{T}}-K)\sum_{m=1}^{M}\mu_{mk} \tag{5.29}$$

这里利用了文献［60］中的引理11，以及 $\boldsymbol{A}_m$ 和 $\tilde{\boldsymbol{h}}_{mn}^{k}$ 的独立性。对于随机预编码器，$\boldsymbol{A}_n$ 的所有元素都是独立于信道的 i. i. d. r. v. s[36]。因此，$\boldsymbol{h}_{mn}^{k}$ 和 $\boldsymbol{A}_m$ 是相互独立的，从而有

$$Q_{\mathrm{random}}=\sum_{m=1}^{M}\beta_{mn}^{k}\mathbb{E}\left[\boldsymbol{h}_{mn}^{k}\boldsymbol{A}_m\boldsymbol{A}_m^{\mathrm{H}}(\boldsymbol{h}_{mn}^{k})^{\mathrm{H}}\right]=(N_{\mathrm{T}}-K)\sum_{m=1}^{M}\beta_{mn}^{k} \tag{5.30}$$

5.6.2.2 人工噪声预编码的计算复杂度

与数据预编码器类似，AN 预编码器的复杂度也是根据每个相干间隔 T 内所需的浮点运算数目来衡量的。对于 NS AN 预编码器，计算式（5.28）中的 $\boldsymbol{A}_{\mathrm{n}}$ 需要对 $K\times K$ 正定矩阵求逆，涉及 $0.5(K^2+K)(2N_{\mathrm{T}}-1)+K^3+K^2+K$ 次浮点运算，以及需要 $N_{\mathrm{T}}\times K$ 矩阵，$K\times K$ 矩阵和 $K\times N_{\mathrm{T}}$ 矩阵的乘积，涉及 $N_{\mathrm{T}}(N_{\mathrm{T}}+K)(2K-1)$ 次浮点运算[58]。此外，AN 预编码所需的 $T-\tau$ 个向量与矩阵的乘积，涉及的复杂度为 $(2N_{\mathrm{T}}-1)N_{\mathrm{T}}$。因此，总复杂度是 $0.5(K^2+K)(2N_{\mathrm{T}}-1)+K^3+K^2+K+N_{\mathrm{T}}(2K-1)(N_{\mathrm{T}}+K)+(2N_{\mathrm{T}}-1)N_{\mathrm{T}}(T-\tau)$ 次浮点运算。然而，由于只需要计算 AN 向量与矩阵的相乘，因此随机 AN 预编码器的复杂度为 $(2N_{\mathrm{T}}-1)N_{\mathrm{T}}(T-\tau)$ 次浮点运算。

5.6.3 线性数据与人工噪声预编码器的比较

本小节比较了数据和 AN 预编码的安全性能。为了获得易于处理的结果，重点研究了 ZF 和 MF 数据预编码器，以及 NS 和随机 AN 预编码器的相关性能。RCI 预编码器的性能将在 5.6.5 节中通过数值仿真结果进行研究。

为了能给系统的设计和分析提供一些参考，采用了简化的路径损耗模型。特别地，我们假设路径损耗为

$$\beta_{mn}^{k}=\begin{cases}1, & m=n\\ \rho, & \text{其他}\end{cases} \tag{5.31}$$

式中：$\rho \in [0,1]$表示小区间干扰因子。

对于这个简化模型，定理5.2中a和c简化为$a=1+(M-1)\rho$和$c=1+(M-1)\rho^2$。此外，5.3.1节中考虑的线性数据预编码的SINR表达式可以大大简化，如表5.1中所列。基于该模型，$\hat{\Gamma}^n_{\mathrm{RCI}}$可以简化成$\hat{\Gamma}^n_{\mathrm{RCI}}=\dfrac{\Gamma_{\mathrm{RCI}}\lambda}{\Gamma_{\mathrm{RCI}}au+1}$，其中，$\Gamma_{\mathrm{RCI}}=\dfrac{\beta\phi}{(1-\phi)BQ/(N_{\mathrm{T}}-K)+\beta/P_{\mathrm{T}}}$，$\lambda=\dfrac{p_{\tau}\tau}{1+ap_{\tau}\tau}$，$u=\dfrac{1+(a-1)p_{\tau}\tau}{1+ap_{\tau}\tau}$。另外，在表5.1中，对于NS AN预编码器，$Q$简化为$a(1-\lambda)(N_{\mathrm{T}}-K)$，而对于随机预编码器，$Q$简化为$a(N_{\mathrm{T}}-K)$。

表5.1　式（5.31）中小区n中MT k的线性数据预编码SINR和简化路径损失模型

数据预编码 γ_{nk}	
RCI	$\dfrac{1}{1/c\mathcal{G}(\beta,\beta/c\hat{\Gamma}_{\mathrm{SRCI}})+c-1}$
ZF	$\dfrac{\lambda\phi(1-\beta)}{(1-\phi)\beta Q/(N_{\mathrm{T}}-K)+\beta\phi(a-c\lambda)+(c-1)\lambda\phi(1-\beta)+\beta/P_{\mathrm{T}}}$
MF	$\dfrac{\lambda\phi}{(1-\phi)\beta Q/(N_{\mathrm{T}}-K)+\beta\phi a+(c-1)\lambda\phi+\beta/P_{\mathrm{T}}}$

5.6.3.1　ZF和MF数据预编码器的比较

给定AN，即Q是固定的情况下，我们比较了ZF和MF数据编码器的性能。因为窃听者信道容量的上限与采用的数据预编码器无关，参考5.3.1节，可以根据其SINR比较了数据预编码器的性能。利用表5.1中的结果，得到$\gamma^{\mathrm{ZF}}_{nk}$和$\gamma^{\mathrm{MF}}_{nk}$之间的关系如下：

$$\frac{\gamma^{\mathrm{ZF}}_{nk}}{\gamma^{\mathrm{MF}}_{nk}}=1+\beta(c\gamma^{\mathrm{ZF}}_{nk}-1) \tag{5.32}$$

因此，当$\gamma^{\mathrm{ZF}}_{nk}>\gamma^{\mathrm{MF}}_{nk}$时，我们要求$\gamma^{\mathrm{ZF}}_{nk}>1/c=1/(1+\rho^2(M-1))$。正如所料，式（5.32）表明对于轻负载系统，即$\beta\to 0$，两个预编码器具有类似的性能，即$\gamma^{\mathrm{ZF}}_{nk}\approx\gamma^{\mathrm{MF}}_{nk}$。另外，基于5.5节分析，与MF预编码相比，ZF预编码需要更高的计算复杂度，特别是当N_{T}和K较大时，这一点更为明显。

5.6.3.2　NS AN预编码与随机AN预编码的比较

分析了AN预编码器对安全速率的影响。AN预编码器通过泄露因子Q影响MT的可达速率。我们观察到$Q_{\mathrm{random}}>Q_{\mathrm{NS}}$。根据表5.1，所有数据预编

码的SINR都是关于Q的递减函数，因此对于给定的数据预编码，得到了小区n中MT k遍历速率的下界，即$R_{nk}|_{\text{random}} \leqslant R_{nk}|_{\text{NS}}$。考虑到窃听者的遍历容量与AN预编码的选择之间的独立性，以及遍历安全速率的表达式为$R_{nk}^{\text{sec}} = [R_{nk} - C_{nk}^{\text{eve}}]^{+}$，可以得到$R_{nk}^{\text{sec}}|_{\text{random}} \leqslant R_{nk}^{\text{sec}}|_{\text{NS}}$。基于5.5节分析，随机AN预编码器需要比NS预编码器小得多的计算复杂度，尤其是当N_{T}和K较大时。

5.6.4 最优功率分配

另一个感兴趣的方面是寻找数据传输和AN发射之间的最佳功率分配，以最大化可达安全速率。通过求解$\frac{\partial \underline{\underline{R}}_{nk}^{\text{sec}}}{\partial \phi}=0$，其中，$\phi \in (0,1)$，可以证明式(5.18)中的$\underline{\underline{R}}_{nk}^{\text{sec}}$是$\phi$的函数，且有两个驻点，其中，一个小于零，另一个大于零。当$\lim_{\phi \to 0} \underline{\underline{R}}_{nk}^{\text{sec}}=0$和$\lim_{\phi \to 1} \underline{\underline{R}}_{nk}^{\text{sec}}=0$，只要存在$\varepsilon \in (0,1)$，使得$\underline{\underline{R}}_{nk}^{\text{sec}}(\varepsilon)>0$，那么就可以证明$\underline{\underline{R}}_{nk}^{\text{sec}}(\phi)$的第二个驻点落在$(0,1)$内。如此一来，函数$\underline{\underline{R}}_{nk}^{\text{sec}}$在$(0,1)$具有单峰特性，则在这个区间内的驻点是使$\underline{\underline{R}}_{nk}^{\text{sec}}$最大化的最优功率分配因子$\phi^{*}$。

5.6.5 数值仿真

本节对所考虑的安全多小区大规模MIMO系统的性能进行评价。考虑有$M=7$个六边形小区的蜂窝系统，为了便于系统设计，采用了5.6.3节中介绍的简化路径损耗模型，即小区干扰的影响仅由参数$\rho \in (0,1]$来表征。基于式(5.7)~式(5.9)，小区n中MT k的遍历安全速率的仿真结果是在5000个随机信道实现上进行平均得到的。在本章中，考虑了一个特定MT的遍历安全速率，即小区n中MT k，由于对于所考虑的信道模型，n小区中所有MT都达到相同的安全速率，因此将MT k的安全速率乘以MTs的个数K就可以得到小区安全和速率。所有相关系统参数的值在图进行了标注。为了对比的公平性，在比较不同数据预编码时，采用了NS AN预编码；在比较不同AN预编码时，我们采用了ZF数据预编码。

在图5.3中，将RCI、ZF和MF数据预编码的可达安全速率和所需的计算复杂度绘制为BS天线数N_{T}的函数。图5.3揭示了推导得到的遍历安全速率边界是精确的。如前所述，遍历安全速率的下界Ⅰ比下界Ⅱ要紧致一些。此外，增加BS天线的数目N_{T}可以提高遍历安全速率。此外，RCI数据预编码器优于ZF数据预编码器，当BS天线的数目足够大时，ZF数据预编码器优于MF数据预编码器。另外，从右边子图可知，在三个数据预编码器中，

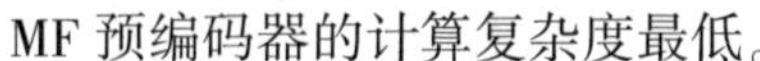

MF 预编码器的计算复杂度最低。

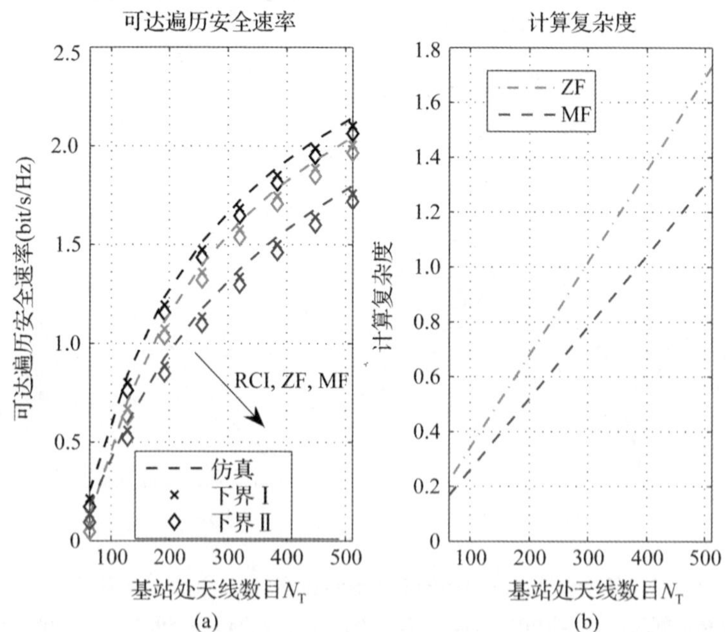

图 5.3　$P_T = 10$dB，$N_T = 128$（b），$p_\tau = P_T/\tau$，$\rho = 0.1$，$T = 500$，$\tau = K$，最优 ϕ^* 和 NS AN 预编码器的网络，各种线性数据预编码器的遍历安全速率（a）和计算复杂度（b）对比，下界 I 从式（5.18）中的 $\underline{R}_{nk}^{sec}$ 获得，下界 II 从式（5.18）中的 $\underline{\underline{R}}_{nk}^{sec}$ 获得

类似地，图 5.4 描述了 NS 和随机 AN 预编码的可达安全速率和所需计算复杂度随 BS 天线数量 N_T 的变化情况。NS、AN 预编码虽然性能优于随机预编码，但这是以较高计算复杂度为代价获得的。

5.7　小结和未来展望

本章介绍了新兴大规模 MIMO 系统的物理层安全。具体而言，针对存在导频污染的多小区大规模 MIMO 系统，采用可达遍历安全速率和安全中断概率为性能指标，研究了不同的线性数据（RCI、ZF 和 MF）和 AN（NS 和随机）组合预编码的安全性能。预编码的选择取决于系统性能和所需计算复杂度的折中。借助随机矩阵理论，得到了可达遍历安全速率的闭式表达式，这为实际安全大规模 MIMO 系统设计提供了有益的参考。

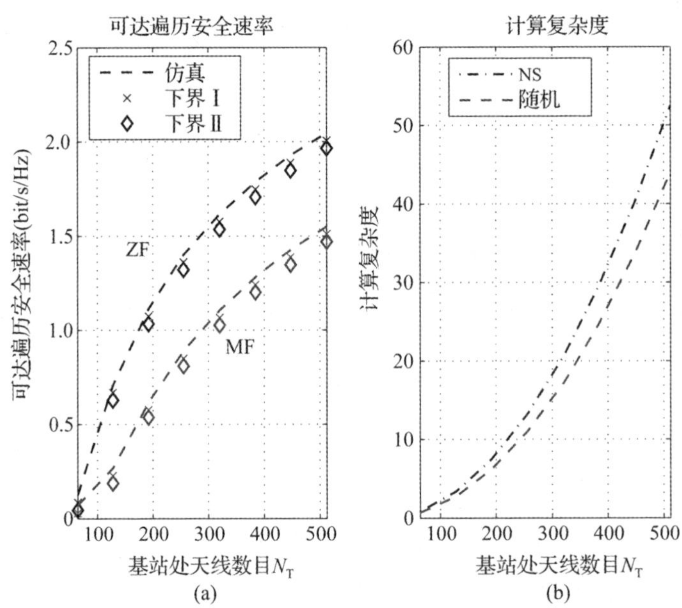

图5.4　各种线性预编码器的遍历安全速率（a）和计算复杂度（b）
（网络参数配置：$P_T=10$dB，$N_T=128$（b），$p_\tau=P_T/\tau$，$\rho=0.1$，$T=500$，$\tau=K$，最优ϕ^*和ZF数据预编码器；下界Ⅰ从式（5.18）中的$\underline{R}_{nk}^{sec}$获得，下界Ⅱ从式（5.18）中的$\underline{\underline{R}}_{nk}^{sec}$获得）

在未来工作中，鉴于硬件成本随着天线数量线性增加，需要考虑更多实际中安全大规模MIMO系统设计中的问题，包括非理想的收发器，减少射频（RF）链数，低分辨率的模/数转换器（ADC），以及恒包络传输。随着大规模MIMO技术被确定为5G无线网络的关键技术，以及新兴5G标准中关于物理层安全研究，到2020年5G正式投入使用时，安全大规模MIMO系统的研究引起学术界和工业界的更多关注。

附录　A.1

A.1.1　引理5.1的证明

证明过程与文献［29］类似，首先推导给定$\boldsymbol{h}_{mk}$和$\boldsymbol{H}_m^{eve}$实现样本时的安全速率表达式，其中，$k=1,2,\cdots,K, m=1,2,\cdots,M$。由于式（5.5）和（5.6）中的MISOME信道是一个非退化广播信道[20]，因此安全容量可以表示为[29]

$$C_{nk}^{\sec}(\boldsymbol{h}) = \max_{s_{nk}\to w_{nk}s_{nk}\to y_{nk},\boldsymbol{y}_{\text{eve}}} I(s_{nk};y_{nk}|h) - I(s_{nk};\boldsymbol{y}_{\text{eve}}|h) \tag{A.1}$$

式中：向量 $\boldsymbol{h}$ 包含所有用户和窃听者信道的 CSI，$I(x;y|\boldsymbol{h})$ 是给定 CSI 向量条件下两个随机变量 x 和 y 的互信息。$C_{nk}^{\sec}(\boldsymbol{h})$ 是在马尔科夫链 $s_{nk}\to\boldsymbol{w}_{nk}s_{nk}\to y_{nk}$，$\boldsymbol{y}_{\text{eve}}$ 结果的所有联合分布上最大化获得，其中，s_{nk} 是一个任意输入变量[29]。具体来说，对于 $s_{nk}\sim\mathcal{CN}(0,1)$，小区 n 中 MT k 的可达安全速率 $R_{nk}^{\sec}(h)$ 可以表示为

$$\begin{aligned} R_{nk}^{\sec}(\boldsymbol{h}) &= [I(s_{nk};y_{nk}|\boldsymbol{h}) - I(s_{nk};\boldsymbol{y}_{\text{eve}}|h)]^{+} \\ &\overset{(a)}{=} [I(w_{nk}s_{nk};y_{nk}|h) - I(w_{nk}s_{nk};y_{\text{eve}}|h)]^{+} \\ &\overset{(b)}{\geqslant} [R_{nk}(h) - C_{nk}^{\text{eve}}(\boldsymbol{h})]^{+} \end{aligned} \tag{A.2}$$

其中，步骤（a）是因为 $\boldsymbol{w}_{nk}s_{nk}$ 是 s_{nk} 的确定性函数。此外，$R_{nk}(\boldsymbol{h})\leqslant\max I(\boldsymbol{w}_{nk}s_{nk};y_{nk}|\boldsymbol{h})$ 是小区 n 中 MT k 的可达安全速率，$C_{nk}^{\sec}(\boldsymbol{h}) = \log_2(1+p\boldsymbol{w}_{nk}^{\text{H}}\boldsymbol{H}_n^{\text{eve}H}\boldsymbol{X}^{-1}\boldsymbol{H}_n^{\text{eve}}\boldsymbol{w}_{nk})\geqslant I(\boldsymbol{w}_{nk}s_{nk};\boldsymbol{y}_{\text{eve}}|\boldsymbol{h})$ 是互信息 $\boldsymbol{I}(\boldsymbol{w}_{nk}s_{nk};\boldsymbol{y}_{\text{eve}}|\boldsymbol{h})$ 的上界，因此步骤（b）成立。为了计算 $C_{nk}^{\sec}(\boldsymbol{h})$，我们考虑最坏情况，即窃听者可以解码和消除除了它感兴趣的信号以外的其他所有信号[61]。

为了实现遍历安全速率，我们在所有信道实现上对 $R_{nk}^{\sec}(\boldsymbol{h})$ 取平均可得[18]

$$\mathbb{E}[R_{nk}^{\sec}(\boldsymbol{h})] = \mathbb{E}[[R_{nk}(\boldsymbol{h}) - C_{nk}^{\text{eve}}(\boldsymbol{h})]^{+}] \geqslant [\mathbb{E}[R_{nk}(\boldsymbol{h})] - \mathbb{E}[C_{nk}^{\text{eve}}(\boldsymbol{h})]]^{+} = R_{nk}^{\sec} \tag{A.3}$$

式中：$R_{nk}=\mathbb{E}[R_{nk}(\boldsymbol{h})]$ 为用户可达遍历速率，$C_{nk}^{\text{eve}}=\mathbb{E}[C_{nk}^{\text{eve}}(\boldsymbol{h})]$ 为遍历窃听容量，根据可达遍历安全速率的定义就，引理得证。

A.1.2 定理 5.1 的证明

注意到 $\boldsymbol{H}_m^{\text{eve}}$，$m=1,2,\cdots,M$，中的所有元素是相互独立的复高斯随机变量。当 $NT\to\infty$ 时，对于两种 AN 成形矩阵设计来说，矢量 $\boldsymbol{v}_{ml}$，$l=1,2,\cdots,N_{\text{T}}-K$，形成一组标准正交基。因此，$\boldsymbol{H}_m^{\text{eve}}\boldsymbol{V}_m$ 的元素也是独立的复高斯随机变量，$m=1,2,\cdots,M$，且独立于 $\boldsymbol{H}_m^{\text{eve}}\boldsymbol{w}_{nk}$ 的复高斯元素。因此，式（5.8）中，$\gamma_{\text{eve}}=p\boldsymbol{w}_{nk}^{\text{H}}\boldsymbol{H}_n^{\text{eveH}}\boldsymbol{X}^{-1}\boldsymbol{H}_n^{\text{eve}}\boldsymbol{w}_{nk}$ 等价于存在 $M(NT-K)$ 个干扰情况下的 N_{E}－支路 MMSE 分集合并器的 SINR[18,62]。此时，基于考虑简化的路径损耗模型，窃听者的接收 SINRγ_{eve} 的累积密度函数（CDF）为[62]

$$F_{\gamma_{\text{eve}}}(x) = \frac{\sum_{i=0}^{N_{\text{E}}-1}\lambda_i x^i}{\prod_{j=1}^{2}(1+\mu_j x)^{b_j}} \tag{A.4}$$

式中：λ_i、μ_j、b_j 在定理5.1中定义。

利用式（A.4），我们可以将式（5.8）改写为

$$\begin{aligned}
C_{\mathrm{eve}} &\overset{(a)}{=} \frac{1}{\ln 2}\int_0^{\infty}(1+x)^{-1}F_{\gamma_{\mathrm{eve}}}(x)\,\mathrm{d}x \\
&= \frac{1}{\ln 2}\sum_{i=0}^{N_{\mathrm{E}}-1}\lambda_i \times \int_0^{\infty}\frac{x^i}{(1+x)\prod_{j=1}^{2}(1+\mu_j x)^{b_j}}\mathrm{d}x \\
&\overset{(b)}{=} \frac{1}{\ln 2}\sum_{i=0}^{N_{\mathrm{E}}-1}\lambda_i \times \frac{1}{\mu_0}\sum_{j=1}^{2}\sum_{l=1}^{b_j}\int_0^{\infty}\frac{\omega_{j1}}{(x+1)\left(x+\frac{1}{\mu_j}\right)^l}\mathrm{d}x \\
&\overset{(c)}{=} \frac{1}{\ln 2}\sum_{i=0}^{N_{\mathrm{E}}-1}\lambda_i \times \frac{1}{\mu_0}\sum_{j=1}^{2}\sum_{l=2}^{b_j}\omega_{j1}I(1/\mu_j, l)
\end{aligned} \tag{A.5}$$

式中：μ_0、ω_{j1}和$I(\cdot,\cdot)$在定理5.1中定义。步骤（a）利用了分部积分。步骤（b）能够成立是因为，若式（A.4）的分母中 x 的阶数不小于在分子中的阶数，即 $NT-K \geqslant NE/M$ 或相当于 $1-\beta \geqslant \alpha/M$，则确保式（5.8）中 $\boldsymbol{X}$ 是可逆的。步骤（c）利用了定理5.1中关于$I(\cdot,\cdot)$的定义。

A.1.3 定理5.2的证明

利用Jensen不等式和$\tilde{\boldsymbol{f}}_{nk}=\boldsymbol{H}_n^{\mathrm{eve}}\boldsymbol{f}_{nk}$与$\boldsymbol{H}_m^{\mathrm{eve}}\boldsymbol{A}_m$，$m=1,2,\cdots,M$，相互独立的性质，式（5.8）中$C_{nk}^{\mathrm{eve}}$的上界可以表示为

$$C_{nk}^{\mathrm{eve}} \leqslant \log_2\left(1+\mathbb{E}_{\tilde{\boldsymbol{f}}_{nk}}\left[p\tilde{\boldsymbol{f}}_{nk}^{\mathrm{H}}\mathbb{E}\left[\boldsymbol{X}^{-1}\right]\tilde{\boldsymbol{f}}_{nk}\right]\right) \tag{A.6}$$

首先关注式（A.6）中$\mathbb{E}[X^{-1}]$，其中，在统计上 $\boldsymbol{X}$ 等同于两个Wishart矩阵的加权和，即，$\boldsymbol{X}=q\boldsymbol{X}_1+\rho q\boldsymbol{X}_2$，其中，$\boldsymbol{X}_1\sim\mathcal{W}_{N_{\mathrm{E}}}(N_{\mathrm{T}}-K,\boldsymbol{I}_{N_{\mathrm{E}}})$，$\boldsymbol{X}_2\sim W_{N_{\mathrm{E}}}((M-1)(N_{\mathrm{T}}-K),\boldsymbol{I}_{N_{\mathrm{E}}})$，这里$\mathcal{W}_{\mathrm{A}}(B,\boldsymbol{I}_{\mathrm{A}})$表示自由度为 B 的 $A\times A$ Wishart矩阵。严格来说，$\boldsymbol{X}$ 不是一个Wishart矩阵，且 $\boldsymbol{X}$ 的精确分布似乎难以得到。然而，$\boldsymbol{X}$ 可以精确地近似为单个Wishart矩阵，即 $\boldsymbol{X}\sim\mathcal{W}_{N_{\mathrm{E}}}(\varphi,\xi\boldsymbol{I}_{N_{\mathrm{E}}})$，其中，参数 ξ 和 φ 的选择使得 $\boldsymbol{X}$ 和 $q\boldsymbol{X}_1+\rho q\boldsymbol{X}_2$ 的前二阶矩是相同的[57,64]。令这些矩阵轨迹的前二阶矩相等，可得[64]

$$\xi\varphi=q(N_{\mathrm{T}}-K)+\rho q(M-1)(N_{\mathrm{T}}-K) \tag{A.7}$$

$$\xi^2\varphi=q^2(N_{\mathrm{T}}-K)+\rho^2q^2(M-1)(N_{\mathrm{T}}-K) \tag{A.8}$$

利用文献［64］中式（12）给出的逆Wishart矩阵的期望表达式，可以得到 $\mathbb{E}[\boldsymbol{X}^{-1}]=\frac{1}{\xi(\varphi-N_{\mathrm{E}}-1)}\boldsymbol{I}_{N_{\mathrm{E}}}$，其中，当 $\varphi-N_{\mathrm{E}}>1$ 时，$\xi=cq/a$；当 $N_{\mathrm{T}}\to\infty$

时，$\beta<1-c\alpha/a^2$。将该结果与$\mathbb{E}[\tilde{\boldsymbol{w}}_{nk}^{\mathrm{H}}\tilde{\boldsymbol{w}}_{nk}]=N_{\mathrm{E}}$代入式（A.6）中，最终得到式（5.16）中的结果。

A.1.4　命题5.1的证明

根据$\boldsymbol{h}_{mn}^{k}=\hat{\boldsymbol{h}}_{mn}^{k}+\tilde{\boldsymbol{h}}_{mn}^{k}$和式（5.21），有效信号功率，即式（5.12）中的分子，可表示为[14]

$$\mathbb{E}^2[\boldsymbol{h}_m^k\boldsymbol{f}_{nk}]=\gamma^2\mathbb{E}^2[\boldsymbol{h}_{nn}^k\boldsymbol{L}_{nn}(\hat{\boldsymbol{h}}_{nn}^k)^{\mathrm{H}}]=\gamma^2\mathbb{E}^2\left[\frac{\boldsymbol{h}_{mn}^k\boldsymbol{L}_{n,k}(\hat{\boldsymbol{h}}_{nn}^k)^{\mathrm{H}}}{1+\hat{\boldsymbol{h}}_{nn}^k\boldsymbol{L}_{n,k}(\hat{\boldsymbol{h}}_{nn}^k)^{\mathrm{H}}}\right]=\frac{\gamma^2\lambda_{nk}(X_{nk}+A_{nk})^2}{\beta_{nn}^k(1+X_{nk})^2} \tag{A.9}$$

其中，$\boldsymbol{L}_{n,k}=(\hat{\boldsymbol{H}}_{nn}\hat{\boldsymbol{H}}_{nn}^{\mathrm{H}}-(\hat{\boldsymbol{h}}_{nn}^k)^{\mathrm{H}}\hat{\boldsymbol{h}}_{nn}^k+\kappa\boldsymbol{I}_{N_{\mathrm{T}}})^{-1}$，$X_{nk}=\mathbb{E}[\hat{\boldsymbol{h}}_{nn}^k\boldsymbol{L}_{n,k}(\hat{\boldsymbol{h}}_{nn}^k)^{\mathrm{H}}]$，$A_{nk}=\mathbb{E}[\tilde{h}_{nn}^k\boldsymbol{L}_{n,k}(\hat{\boldsymbol{h}}_{nn}^k)^{\mathrm{H}}]$。另一方面，式（5.12）分母中的小区间干扰项可以表示为

$$\mathbb{E}\left[\sum_{l\neq k}|\boldsymbol{h}_{nn}^k\boldsymbol{f}_{nl}|^2\right]=\gamma^2\mathbb{E}\left[\frac{\boldsymbol{h}_{nn}^k\boldsymbol{L}_{n,k}\hat{\boldsymbol{H}}_{n,k}^{\mathrm{H}}\hat{\boldsymbol{H}}_{n,k}\boldsymbol{L}_{n,k}(\boldsymbol{h}_{nn}^k)^{\mathrm{H}}}{(1+\hat{\boldsymbol{h}}_{nn}^k\boldsymbol{L}_{n,k}(\hat{\boldsymbol{h}}_{nn}^k)^{\mathrm{H}})^2}\right]=\frac{\gamma^2\lambda_{nk}(Y_{nk}+B_{nk})}{\beta_{nn}^k(1+X)^2} \tag{A.10}$$

其中，$\hat{\boldsymbol{H}}_{n,k}$是将$\hat{\boldsymbol{H}}_{nn}$除去第$k$行后的矩阵，且有

$$Y_{nk}=\mathbb{E}[\hat{\boldsymbol{h}}_{nn}^k\boldsymbol{L}_{n,k}\hat{\boldsymbol{H}}_{n,k}^{\mathrm{H}}\hat{\boldsymbol{H}}_{n,k}\boldsymbol{L}_{n,k}(\hat{\boldsymbol{h}}_{mn}^k)^{\mathrm{H}}],B_{nk}=\mathbb{E}[\tilde{\boldsymbol{h}}_{nn}^k\boldsymbol{L}_{n,k}\hat{\boldsymbol{H}}_{n,k}^{\mathrm{H}}\hat{\boldsymbol{H}}_{n,k}\boldsymbol{L}_{n,k}(\tilde{\boldsymbol{h}}_{nn}^k)^{\mathrm{H}}] \tag{A.11}$$

由于导频污染，BS m 的数据预编码矩阵是具有重复导频的所有单元中 BS m 和 MTs 之间信道向量的函数。因此，邻近小区内来自 BS s 的小区内干扰分别为

$$\mathbb{E}[|\boldsymbol{h}_{mn}^k\boldsymbol{f}_{mk}|^2]=\frac{\gamma^2\lambda_{mk}(X_{mk}+A_{mk})^2}{\beta_{mn}^k(1+X_{mk})^2}+\frac{1+p_\tau\tau\sum\limits_{l\neq n}\beta_{ml}^k}{1+p_\tau\tau\sum\limits_{l=1}^{M}\beta_{ml}^k} \tag{A.12}$$

$$\mathbb{E}\left[\sum_{l\neq k}|\boldsymbol{h}_{mn}^k\boldsymbol{f}_{ml}|^2\right]=\gamma^2\mathbb{E}\left[\frac{\boldsymbol{h}_{mn}^k\boldsymbol{L}_{m,k}\hat{\boldsymbol{H}}_{m,k}^{\mathrm{H}}\hat{\boldsymbol{H}}_{m,k}\boldsymbol{L}_{m,k}(\boldsymbol{h}_{mn}^k)^{\mathrm{H}}}{(1+\hat{\boldsymbol{h}}_{mm}^k\boldsymbol{L}_{m,k}(\hat{\boldsymbol{h}}_{mm}^k)^{\mathrm{H}})^2}\right]=\frac{\gamma^2\lambda_{mk}(Y_{mk}+B_{mk})}{\beta_{mn}^k(1+X_{mk})^2} \tag{A.13}$$

同时，利用式（A.9）、式（A.12）和方差的定义式，即 $\mathrm{var}[x]=\mathbb{E}[x^2]-\mathbb{E}^2[x]$，可得式（5.12）中分母的第一项：

$$\operatorname{var}[\boldsymbol{h}_{nn}^{k}\boldsymbol{f}_{nk}] = \frac{1 + p_{\tau}\tau\sum_{l\neq n}\beta_{nl}^{k}}{1 + p_{\tau}\tau\sum_{l=1}^{M}\beta_{nl}^{k}} \tag{A.14}$$

根据［14］中式（16），当 $NT\to\infty$ 且 β 固定时，X_{mk} 收敛于 $\mathcal{G}(\beta,\kappa)$ 且 $A_{mk}\to 0$，$\mathcal{G}(\beta,\kappa)$ 在式（5.23）中给出。类似地，Y_{mk} 和 B_{mk} 可分别渐进得到

$$Y_{mk} \overset{N_{\mathrm{T}}\to\infty}{=} \mathcal{G}(\beta,\kappa) + \kappa\frac{\partial}{\partial\kappa}G(\beta,\kappa) \tag{A.15}$$

$$B_{mk} \overset{N_{\mathrm{T}}\to\infty}{=} \frac{\mu_{mk}}{\lambda_{mk}}(1+\mathcal{G}(\beta,\kappa))^{2}\left(\mathcal{G}(\beta,\kappa) + \kappa\frac{\partial}{\partial\kappa}\mathcal{G}(\beta,\kappa)\right) \tag{A.16}$$

其中，$\frac{\partial}{\partial\kappa}\mathcal{G}(\beta,\kappa) = -\frac{\mathcal{G}(\beta,\kappa)(1+\mathcal{G}(\beta,\kappa))^{2}}{\beta+\kappa(1+\mathcal{G}(\beta,k))^{2}}$。

此外，文献［14］中式（22）给出了RCI预编码的常数比例因子 γ：

$$\gamma^{2} = \frac{\phi P}{\mathcal{G}(\beta,\kappa) + \kappa\frac{\partial}{\partial x}\mathcal{G}(\beta,\kappa)} \tag{A.17}$$

因此，利用式（5.12）中的式（A.9）~式（A.17），则式（5.22）中接收SINR可以表示为

$$\begin{aligned}
\gamma_{nk}^{\mathrm{RCI}} &= \frac{\dfrac{\gamma^{2}\lambda_{nk}X_{nk}^{2}}{(1+X_{nk})^{2}}}{\dfrac{\gamma^{2}\sum_{m=1}^{M}\lambda_{mk}(Y_{mk}+B_{mk})}{(1+X_{mk})^{2}} + \sum_{m\neq n}\dfrac{\gamma^{2}\lambda_{mk}X_{mk}^{2}}{(1+X_{mk})^{2}} + qQ + 1} \\
&= \frac{\dfrac{K\lambda_{nk}}{g+\kappa\frac{\partial g}{\partial x}}\dfrac{g^{2}}{(1+g)^{2}}}{K\sum_{m=1}^{M}\lambda_{mk}\left(\dfrac{1+\frac{\mu_{m}}{\lambda_{mk}}(1+g)^{2}}{(1+g)^{2}}\right) + \sum_{m\neq n}\dfrac{\gamma^{2}\lambda_{mk}g^{2}}{(1+g)^{2}p} + \sigma^{2}} \\
&= \frac{1}{\dfrac{\sum_{m=1}^{M}\hat{\Gamma}_{\mathrm{RCI}}^{m} + (1+g)^{2}}{g\left(\hat{\Gamma}_{\mathrm{RCI}}^{n} + \frac{\hat{\Gamma}_{\mathrm{RG}}^{n}}{\beta}(1+g)^{2}\right)} + \sum_{m\neq n}\lambda_{mk}/\lambda_{nk}}
\end{aligned} \tag{A.18}$$

这里为简便起见，记 $g=\mathcal{G}(\beta,\kappa)$，$\sigma^{2}=\eta Q+\frac{K}{\phi P_{\mathrm{T}}}$，$\hat{\Gamma}_{\mathrm{RCI}}^{m}$ 的定义见命题5.1。

A.1.5　κ_{opt}的推导

在式（5.22）中，首先定义 $\gamma_{nk}^{RCI}=\dfrac{1}{1/\Gamma+\sum_{m\neq n}\lambda_{mk}/\lambda_{nk}}$，其中

$$\Gamma=\frac{\hat{\Gamma}_{RCI}^{n}}{\beta}\cdot\mathcal{G}(\beta,\kappa)\cdot\frac{\beta+\kappa(1+\mathcal{G}(\beta,\kappa))^2}{Y+(1+\mathcal{G}(\beta,\kappa))^2} \tag{A.19}$$

且 $Y=\sum_{m=1}^{M}\hat{\Gamma}_{RCI}^{m}$。由式（A.19）可知，最大化 γ_{nk}^{RCI}时的最优 κ 等价于最大化 Γ 时的最优 κ。为了得到最优 κ_{opt}，进行以下步骤：

$$\begin{aligned}\frac{\partial\Gamma}{\partial\kappa}&=\frac{\hat{\Gamma}_{RCI}^{n}}{\beta}\left(\frac{\partial g}{\partial\kappa}\cdot\frac{\beta+(1+g)^2}{Y+(1+g)^2}+g\cdot\frac{\partial}{\partial\kappa}\left(\frac{\beta+(1+g)^2}{Y+(1+g)^2}\right)\right)\\&=\frac{\hat{\Gamma}_{RCI}^{n}g}{\beta}\cdot\frac{\beta+(1+g)^2}{Y+(1+g)^2}\left(\frac{2\kappa(1+g)\partial g/\partial\kappa}{\beta+\kappa(1+g)^2}+\frac{2(1+g)\partial g/\partial\kappa}{Y+(1+g)^2}\right)\\&=\frac{2Y^2g(1+g)^2}{\beta(Y+(1+g)^2)^2}\frac{\partial g}{\partial\kappa}\left(\kappa-\frac{\beta}{Y}\right)=0\end{aligned} \tag{A.20}$$

其中，$g=\mathcal{G}(\beta,\kappa)$。最后得到 $\kappa_{opt}=\beta/Y$。

参考文献

[1] E. G. Larsson, F. Tufvesson, O. Edfors, and T. L. Marzetta, "Massive MIMO for next generation wireless systems," *IEEE Commun. Mag.*, vol. 52, no. 2, pp. 186–195, Feb. 2014.

[2] F. Rusek, D. Persson, B. K. Lau, *et al.*, "Scaling up MIMO: Opportunities and challenges with very large arrays," *IEEE Sig. Proc. Mag.*, vol. 30, no. 1, pp. 40–46, Jan. 2013.

[3] E. G. Larsson, and F. Tufvesson, *ICC 2013 tutorial on Massive MIMO*, part I and part II, Jun. 2013.

[4] E. Björnson, E. G. Larsson, and T. L. Marzetta, "Massive MIMO: Ten myths and one critical question," *IEEE Commun. Mag.*, vol. 54, no. 2, pp. 114–123, Feb. 2016.

[5] T. L. Marzetta, "Noncooperative cellular wireless with unlimited numbers of BS antennas," *IEEE Trans. Wireless Commun.*, vol. 9, no. 11, pp. 3590–3600, Nov. 2010.

[6] H. Q. Ngo, E. G. Larsson, and T. L. Marzetta, "Energy and spectral efficiency of very large multiuser MIMO systems," *IEEE Trans. Commun.*, vol. 61, no. 4, pp. 1436–1449, Apr. 2013.

[7] J. Hoydis, S. ten Brink, and M. Debbah, "Massive MIMO in UL/DL cellular systems: How many antennas do we need," *IEEE J. Sel. Areas Commun.*,

vol. 31, no. 2, pp. 160–171, Feb. 2013.

[8] J. Jose, A. Ashikhmin, T. L. Marzetta, and S. Vishwanath, “Pilot contamination and precoding in multi-cell TDD systems,” *IEEE Trans. Wireless Commun.*, vol. 10, no. 8, pp. 2640–2651, Aug. 2011.

[9] A. Mukherjee, S. A. A. Fakoorian, J. Huang, and A. L. Swindlehurst, “Principles of physical-layer security in multiuser wireless networks: A survey,” *IEEE Commun. Surv. Tutorials*, vol. 16, no. 3, pp. 1550–1573, Aug. 2014.

[10] D. J. Love, R. W. Heath Jr., V. K. N. Lau, D. Gesbert, B. D. Rao, and M. Andrews, “An overview of limited feedback in wireless communication systems,” *IEEE J. Sel. Areas Commun.*, vol. 26, no. 8, pp. 1341–1365, Oct. 2008.

[11] M. Costa, “Writing on dirty paper,” *IEEE Trans. Inform. Theory*, vol. 39, no. 3, pp. 439–441, May 1983.

[12] X. Gao, F. Tufvesson, O. Edfors, and F. Rusek, “Measured propagation characteristics for very-large MIMO at 2.6 GHz,” in *Proc. 46th Annual Asilomar Conference on Signals, Systems, and Computers*, Pacific Grove, CA, US, pp. 295–299, Nov. 2012.

[13] H. Yang and T. L. Marzetta, “Performance of conjugate and zero-forcing beamforming in large-scale antenna systems,” *IEEE J. Sel. Areas Commun.*, vol. 31, no. 2, pp. 172–179, Feb. 2013.

[14] V. K. Nguyen and J. S. Evans, “Multiuser transmit beamforming via regularized channel inversion: A large system analysis,” in *Proc. IEEE Global Communications Conference*, New Orleans, LO, US, pp. 1–4, Dec. 2008.

[15] J. L. Massey, “An introduction to contemporary cryptology,” *Proc. IEEE*, vol. 76, no. 5, pp. 533–549, May 1988.

[16] A. D. Wyner, “The wire-tap channel,” *Bell Syst. Tech. J.*, vol. 54, no. 8, pp. 1355–1387, Oct. 1975.

[17] S. Goel and R. Negi, “Guaranteeing secrecy using artificial noise,” *IEEE Trans. Wireless Commun.*, vol. 7, no. 6, pp. 2180–2189, Jun. 2008.

[18] X. Zhou and M. R. McKay, “Secure transmission with artificial noise over fading channels: achievable rate and optimal power allocation,” *IEEE Trans. Veh. Tech.*, vol. 59, pp. 3831–3842, Jul. 2010.

[19] S. Gerbracht, C. Scheunert, and E. A. Jorswieck, “Secrecy outage in MISO systems with partial channel information,” *IEEE Trans. Inform. Forensics Sec.*, vol. 7, no. 2, pp. 704–716, Apr. 2012.

[20] A. Khisti and G. Wornell, “Secure transmission with multiple antennas I: The MISOME wiretap channel,” *IEEE Trans. Inform. Theory*, vol. 56, no. 7, pp. 3088–3104, Jul. 2010.

[21] A. Khisti and G. Wornell, “Secure transmission with multiple antennas II: The MIMOME wiretap channel,” *IEEE Trans. Inform. Theory*, vol. 56, no. 11, pp. 5515–5532, Nov. 2010.

[22] E. Ekrem and S. Ulukus, “The secrecy capacity region of the Gaussian MIMO multi-receiver wiretap channel”, *IEEE Trans. Inform. Theory*, vol. 57, no. 4, pp. 2083–2114, Apr. 2011.

[23] F. Oggier and B. Hassibi, “The secrecy capacity of the MIMO wiretap channel,” *IEEE Trans. Inform. Theory.*, vol. 57, no. 8, pp. 4961–4972, Aug. 2011.

[24] D. W. K. Ng, E. S. Lo, and R. Schober, "Multi-objective resource allocation for secure communication in cognitive radio networks with wireless information and power transfer," *IEEE Trans. Veh. Tech.*, vol. 65, no. 5, pp. 3166–3184, May 2016.

[25] D. W. K. Ng and R. Schober, "Secure and green SWIPT in distributed antenna networks with limited backhaul capacity," *IEEE Trans. Wireless Commun.*, vol. 14, no. 9, pp. 5082–5097, Sept. 2015.

[26] H. Wang, C. Wang, D. W. K. Ng, M. H. Lee, and J. Xiao, "Artificial noise assisted secure transmission under training and feedback," *IEEE Trans. Sig. Proc.*, vol. 63, no. 23, pp. 6285–6298, Dec. 2015.

[27] C. Wang, H. Wang, D. W. K. Ng, X.-G. Xia, and C. Liu, "Joint beamforming and power allocation for security in peer-to-peer relay networks," *IEEE Trans. Wireless Commun.*, vol. 14, no. 6, pp. 3280–3293, Jun. 2015.

[28] N. Zhao, F. R. Yu, M. Li, Q. Yan, and V. C. M. Leung, "Physical layer security issues in interference alignment (IA)-based wireless networks," *IEEE Commun. Mag.*, to appear, Jun. 2016.

[29] G. Geraci, M. Egan, J. Yuan, A. Razi, and I. Collings, "Secrecy sum-rates for multi-user MIMO regularized channel inversion precoding," *IEEE Trans. Commun.*, vol. 60, no. 11, pp. 3472–3482, Nov. 2012.

[30] M. Pei, J. Wei, K.-K. Wong, and X. Wang, "Masked beamforming for multiuser MIMO wiretap channels with imperfect CSI," *IEEE Trans. Wireless Commun.*, vol. 11, no. 2, pp. 544–549, Feb. 2012.

[31] A. Mukherjee, and A. L. Swindlehurst, "Robust beamforming for security in MIMO wiretap channels with imperfect CSI," *IEEE Trans. Sig. Proc.*, vol. 59, no. 1, pp. 351–361, Jan. 2011.

[32] Z. Peng, W. Xu, J. Zhu, H. Zhang, and C. Zhao, "On performance and feedback strategy of secure multiuser communications with MMSE channel estimate," *IEEE Trans. Wireless Commun.*, vol. 15, no. 2, pp. 1602–1616, Feb. 2016.

[33] Y. Sun, D. W. K. Ng, J. Zhu, and R. Schober, "Multi-objective optimization for robust power efficiency and secure full-duplex wireless communications systems," *IEEE Trans. Wireless Commun.*, vol. 15, no. 8, pp. 5511–5526, Aug. 2016.

[34] J. Zhu, W. Xu, and V. K. Bhargava, "Relay precoding in multi-user MIMO channels for physical layer security," in *Proc. IEEE/CIC International Communications Conference in China (ICCC 2014)*, Shanghai, P.R. China, Oct. 2014.

[35] D. Kapetanovic, G. Zheng, and F. Rusek, "Physical layer security for massive MIMO: An overview on passive eavesdropping and active attacks," *IEEE Commun. Mag.*, vol. 53, no. 6, pp. 21–27, Jun. 2015.

[36] J. Zhu, R. Schober, and V. K. Bhargava, "Secure transmission in multicell massive MIMO systems, " *IEEE Trans. Wireless Commun.*, vol. 13, no. 9, pp. 4766–4781, Sept. 2014.

[37] X. Zhou, B. Maham, and A. Hjorungnes, "Pilot contamination for active evesdropping," *IEEE Trans. Wireless Commun.*, vol. 11, no. 3, pp. 903–907, Mar. 2012.

[38] D. Kapetanovic, G. Zheng, K.-K. Wong, and B. Ottersten, "Detection of pilot contamination attack using random training in massive MIMO," in *Proc. IEEE Intern. Symp. Personal, Indoor and Mobile Radio Commun. (PIMRC)*, pp. 13–18, London, UK, Sept. 2013.

[39] N. Yang, L. Wang, G. Geraci, M. Elkashlan, J. Yuan, and M. D. Renzo, "Safeguarding 5G wireless communication networks using physical layer security," *IEEE Commun. Mag.*, vol. 53, no. 4, pp. 20–27, Apr. 2015.

[40] G. Geraci, M. Egan, J. Yuan, A. Razi, and I. B. Collings, "Secrecy sum-rates for multi-user MIMO regularized channel inversion precoding," *IEEE Trans. Commun.*, vol. 60, no. 11, pp. 3472–3482, Nov. 2012.

[41] G. Geraci, H. S. Dhillon, J. G. Andrews, J. Yuan, and I. B. Collings, "Physical layer security in downlink multi-antenna cellular networks," *IEEE Trans. Commun.*, vol. 62, no. 6, pp. 2006–2021, Jun. 2014.

[42] G. Geraci, J. Yuan, and I. B. Collings, "Large system analysis of linear precoding in MISO broadcast channels with confidential messages," *IEEE J. Sel. Areas Commun.*, vol. 31, no. 9, pp. 1660–1671, Sept. 2013.

[43] T. Dean and A. Goldsmith, "Physical layer cryptography through massive MIMO," *Proc. IEEE Inform. Theory Workshop*, Sevilla, pp. 1–5, Sept. 2013.

[44] J. Zhu, R. Schober, and V. K. Bhargava, "Linear precoding of data and artificial noise in secure massive MIMO systems," *IEEE Trans. Wireless Commun.*, vol. 15, no. 3, pp. 2245–2261, Mar. 2016.

[45] J. Zhu, D. W. K. Ng, N. Wang, R. Schober, and V. K. Bhargava, "Analysis and design of secure massive MIMO systems in the presence of hardware impairments," *IEEE Trans. Wireless Commun.*, vol. 16, no. 3, pp. 2001–2016, Mar. 2017.

[46] J. Wang, J. Lee, F. Wang, and T. Q. S. Quek, "Jamming-aided secure communication in massive MIMO Rician channels," *IEEE Trans. Wireless Commun.*, vol. 14, no. 12, pp. 6854–6868, Dec. 2015.

[47] J. Zhu and W. Xu, "Securing massive MIMO via power scaling," *IEEE Commun. Lett.*, vol. 20, no. 5, pp. 1014–1017, May 2016.

[48] J. Zhu, W. Xu, and N. Wang, "Secure massive MIMO systems with limited RF chains," to appear in *IEEE Trans. Veh. Tech.*, Oct. 2016. DOI: 10.1109/TVT.2016.2615885.

[49] J. Zhu, N. Wang, and V. K. Bhargava, "Per-antenna constant envelope precoding for secure transmission in large-scale MISO systems," in *Proc. IEEE/CIC International Communications Conference in China (ICCC 2015)*, Shenzhen, P.R. China, Nov. 2015.

[50] X. Chen, L. Lei, H. Zhang, and C. Yuen, "Large-scale MIMO relaying techniques for physical layer security: AF or DF?" *IEEE Trans. Wireless Commun.*, vol. 14, no. 9, pp. 5135–5146, Sept. 2015.

[51] J. Chen, X. Chen, W. Gerstacker, and D. W. K. Ng, "Resource allocation for a massive MIMO relay aided secure communication," *IEEE Trans. Inform. Forensics Sec.*, vol. 11, no. 8, pp. 1700–1711, Aug. 2016.

[52] J. Zhang, C. Yuen, C.-K. Wen, S. Jin, K.-K. Wong, and H. Zhu, "Large system secrecy rate analysis for SWIPT MIMO wiretap channels," *IEEE Trans. Inform.*

Forensics Sec., vol. 11, no. 1, pp. 74–85, Jan. 2016.

[53] S. Im, H. Jeon, J. Choi, and J. Ha, "Secret key agreement with large antenna arrays under the pilot contamination attack," *IEEE Trans. Wireless Commun.*, vol. 14, no. 12, pp. 6579–6594, Dec. 2015.

[54] Y. Basciftci, C. Koksal, and A. Ashikhmin, "Securing massive MIMO at the physical layer," *Proc. IEEE CNS*, Florence, Italy, Sep. 2015.

[55] Y. Wu, R. Schober, D. W. K. Ng, C. Xiao, and G. Caire, "Secure massive MIMO transmission with an active eavesdropper," *IEEE Trans. Inform. Theory*, vol. 62, no. 7, pp. 3880–3900, Jul. 2016.

[56] J. Zhang, R. W. Heath Jr., M. Koutouris, and J. G. Andrews, "Mode switching for MIMO broadcast channel based on delay and channel quantization," *EURASIP J. Adv. Sig. Proc.*, vol. 2009, Feb. 2009 doi:10.1155/2009/802548.

[57] Q. T. Zhang and D. P. Liu, "A simple capacity formula for correlated diversity Rician channels," *IEEE Commun. Lett.*, vol. 6, no. 11, pp. 481–483, Nov. 2002.

[58] R. Hunger, "Floating point operations in matrix-vector calculus," Technische Universität München, Associate Institute for Signal Processing, Tech. Rep., 2007.

[59] S. Zarei, W. Gerstacker, R. R. Muller, and R. Schober, "Low-complexity linear precoding for downlink large-scale MIMO systems," in *Proc. IEEE Int. Symp. Personal, Indoor and Mobile Radio Commun. (PIMRC)*, London, UK, Sept. 2013.

[60] A. Müller, A. Kammoun, E. Björnson, and M. Debbah, "Linear precoding based on polynomial expansion: Reducing complexity in massive MIMO," *EURASIP J. Wireless Commun. Networking*, 2016:63, Feb. 2016. DOI: 10.1186/s13638-016-0546-z.

[61] D. Tse and P. Viswanath, "Fundamentals of wireless communications," *Cambridge University Press*, 2005.

[62] H. Gao, P. J. Smith, and M. V. Clark, "Theoretical reliability of MMSE linear diversity combining in Rayleigh-fading additive interference channels," *IEEE Trans. Commun.*, vol. 46, no. 5, pp. 666–672, May 1998.

[63] A. M. Tulino and S. Verdu, "Random matrix theory and wireless communications," *Found. Trends Commun. Inf. Theory*, vol. 1, no. 1, pp. 1–182, Jun. 2004.

[64] S. W. Nydick, "The Wishart and Inverse Wishart Distributions," May 2012, [online] http://www.tc.umn.edu/nydic001/docs/unpubs/Wishart_Distribution.pdf.

第6章

具有抗干扰能力的大规模MIMO物理层安全

Tan Tai Do①, Hien Quoc Ngo②, Trung Q. Duong②

大规模多输入多输出（MIMO）是下一代无线系统中最有前景的技术之一。虽然大规模MIMO已经被广泛研究，但大规模MIMO中物理层安全并没有引起太多关注。在为数不多的大规模MIMO物理层安全研究中，由于干扰是可靠通信的一个关键挑战，有一些研究只侧重于考虑干扰问题。大规模MIMO系统对信道估计误差和导频污染非常敏感，因此了解干扰攻击的影响对于大规模MIMO尤其重要。本章介绍了一些大规模MIMO物理层安全和干扰攻击的基本概念，分析了干扰攻击对导频污染的影响，还介绍了增强大规模MIMO抗干扰能力的策略。

6.1 引言

本节简要介绍大规模MIMO系统、物理层安全和干扰攻击。

6.1.1 大规模MIMO

众所周知，无线通信对数据吞吐量的需求一直在增长。根据思科数据，全球移动数据吞吐量在过去10年中增长了4000倍，到2020年增至每月32EB，约为2015年的8倍[1]。随着具备实时应用功能的无线设备数量不断增加，未来对数据吞吐量的需求将会更大。设R(bit/s)为数据吞吐量，W(Hz)为可用带宽，S((bit/s)/Hz)为频谱效率。将数据吞吐量定义为

$$R = W \cdot S(\text{bit/s}) \tag{6.1}$$

① 瑞典Linköping大学电气工程系（ISY）。

② 英国贝尔法斯特女王大学电子电气与计算机科学学院。

为了提高吞吐量，应该采用各种提高带宽或/和频谱效率的新技术和解决方案。据此，大规模 MIMO 作为可以显著提高频谱效率的新兴技术应运而生[2-5]。在大规模 MIMO 系统中，具有多个天线（数百个或数千个天线）的基站可以配置在紧凑的区域[2]，也可以分布在较大的区域[6]，以便在同一时频资源中同时服务多达数十个或数百个用户。系统具有如下优点：

（1）信道正交：根据大数定律和中心极限定理，在大多数传播环境中，当基站的天线数较大时，从基站到用户的信道向量（几乎）是两两正交的。这种称为信道正交的特性显著降低了不相关的干扰和噪声。更重要的是，简化了处理系统，仅使用线性处理，如最大比或迫零处理，就可以获得近乎最优的性能。

（2）信道硬化：信道硬化是指信道向量的范数波动很小（即非常接近其平均值）的现象。由于大数定律和信道随机性，大规模 MIMO 中会出现这种现象。由于具有信道硬化特性，系统性能仅依赖于大尺度衰落。因此，包括调度、功率控制和干扰管理在内的系统设计可以在大尺度衰落时间尺度上进行，显著降低了相应的开销。

（3）阵列增益和复用增益：大规模用户和大量天线的使用使得大规模 MIMO系统可以获得很大的阵列增益和复用增益，从而带来巨大的能量效率增益和巨大的频谱效率增益。如文献［4］中定量分析所述，与单输入单输出系统相比，具有 100 个天线基站和简单最大比处理的大规模 MIMO 系统可以同时提高 100 倍的频谱效率和 100 倍的能量效率。

（4）低时延：除了数据吞吐量，低时延是未来无线通信系统的另一个主要目标。衰落是造成无线通信时延的主要原因。如果接收者经历恶劣（深度衰落）信道，它需要等待，直到信道质量改善，从而导致延迟。大规模 MIMO 依靠大量的天线可以克服这种衰落下降（从而减少衰落波动），以提供低时延通信。

（5）所有复杂度都在基站处：大规模 MIMO 的设计涉及大量的天线和射频链路。然而，由于所有的复杂度都可以在基站处执行，因此大规模 MIMO 易于部署，便于与现有系统和用户设备兼容。

大规模 MIMO 技术日趋成熟，人们已经对大规模 MIMO 设计中许多实际问题进行了深入的研究。信道估计和导频污染是大规模 MIMO 的主要限制因素，传输安全也是大规模 MIMO 设计中需要解决的一个重要问题。

6.1.2 大规模 MIMO 系统的物理层安全

尽管大规模 MIMO 最近受到了广泛的关注，但是有关大规模 MIMO 中物理层安全的工作很少[7-13]，这主要是由于人们普遍认为常规 MIMO 系统中的物理层安全技术已经得到了深入的研究，可以直接拓展到大规模 MIMO 网络。但是，正如文献[10-11]中所述，从根本上有别于传统的 MIMO 系统，大规模 MIMO 给物理层安全研究带来了挑战和机遇。

例如，让我们考虑如图 6.1 所示的 MIMO 高斯窃听信道，合法用户（Bob）与基站（Alice）通信，且此时还存在想要窃听合法链路信息的窃听者（Eve）。

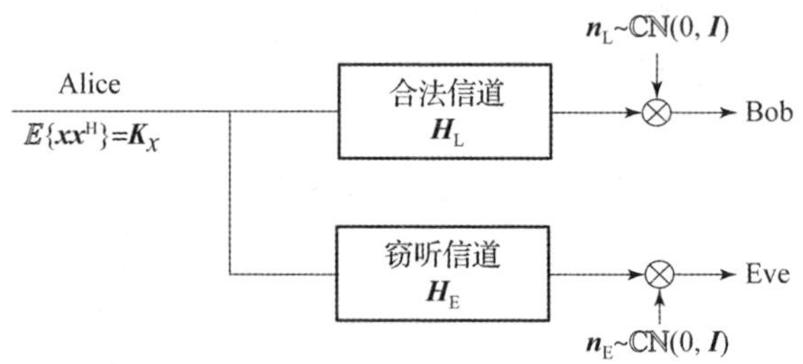

图 6.1　MIMO 高斯窃听信道

将窃听信道的安全容量定义为使得在合法接收者处能可靠解码信息，但窃听者无法以任何正速率推断出该信息时的最大传输速率。MIMO 高斯窃听通道的安全容量 C_{s} 可以表示为[14]

$$C_{\mathrm{s}}=\max\{0,\max_{K_x\geqslant 0}[\operatorname{logdet}(\boldsymbol{I}+\boldsymbol{H}_{\mathrm{L}}\boldsymbol{K}_x\boldsymbol{H}_{\mathrm{L}}^{\mathrm{H}})-\operatorname{logdet}(\boldsymbol{I}+\boldsymbol{H}_{\mathrm{E}}\boldsymbol{K}_x\boldsymbol{H}_{\mathrm{E}}^{\mathrm{H}})]\} \tag{6.2}$$

式中：$\boldsymbol{K}_x$ 是发送信号的协方差矩阵；$\boldsymbol{H}_{\mathrm{L}}$ 和 $\boldsymbol{H}_{\mathrm{E}}$ 分别是从基站到合法用户和窃听者的信道矩阵。安全容量可以理解为合法信道的容量和窃听信道的容量之间的差值。在传统的 MIMO 系统中，这些容量是同阶大小的，导致相对较小的安全容量。然而，在大规模 MIMO 系统中，由于阵列增益和信道硬化效应，发送者可以设计 $\boldsymbol{K}_x$ 使得合法链路的容量远远高于窃听链路的容量。因此，无须额外代价，就可以在大规模 MIMO 中获得非常好的安全容量。换言之，大规模 MIMO 天然有利于抵御被动攻击者（窃听者），实现物理层安全。

虽然被动窃听很容易对抗，但对抗主动攻击（干扰）是大规模 MIMO 系统设计中的瓶颈难题。当大规模 MIMO 系统受到干扰者攻击时，特别是在训练阶段，由此产生的干扰导频污染会导致系统性能显著降低[11]。本章将重点解决大规模 MIMO 中物理层安全的干扰问题。

6.1.3　大规模 MIMO 系统中的干扰攻击

根据干扰者掌握大规模 MIMO 系统信息多少的不同，它可以采用各种方式攻击该系统。下面列出了一些常见攻击：

(1) 仅针对数据传输阶段攻击：在这种情况下，系统中导频信号能得到很好的保护（如使用特殊的传输频带或导频加密），干扰者仅攻击数据传输阶段。

(2) 训练和数据传输阶段同时攻击：在这种情况下，只要合法系统内有通信，干扰者就会攻击系统。

(3) 随机信号攻击：如果干扰者不知道合法系统使用的导频信号，它将发送随机信号来攻击合法系统。最常见的选择是具有高斯分布的随机信号，因为它通常是最有害的噪声。

(4) 利用确定性信号进行攻击：例如，当干扰者部分了解合法链路使用的导频信号（如长度和导频序列码本）时，它可以尝试将这些导频序列的确定性函数（如线性组合）作为信号来进行攻击。

当为信道估计而发送的导频信号受到其他传输的干扰时，就会出现导频污染。基站将无法利用估计的信道从混有干扰的接收信号中提取所需信号。在大规模 MIMO 中，系统内用户之间的导频污染已经是一个巨大的挑战。干扰导频的污染问题更加棘手，因为它是由干扰者的攻击引起的，干扰者的目的是最大化而不是最小化导频的污染。而且，与干扰攻击有关的信息，例如干扰信道和信号，对系统而言都是未知的。因此，传统的干扰抑制技术不能应用于消除主动干扰攻击信号的影响。

从系统设计角度看，当大规模 MIMO 系统受到干扰者攻击时，自然出现如下问题：

(1) 干扰造成的导频污染有多严重？

(2) 应该使用哪种信号处理技术来减轻由于干扰攻击引起的导频污染的影响？

(3) 如何利用大规模 MIMO 的优势来应对干扰攻击？

我们将在本章中回答这些问题。

6.2　干扰影响下的上行大规模 MIMO

考虑存在一个干扰者时的单用户大规模 MIMO 上行链路，如图 6.2 所示。该干扰者旨在干扰从合法用户到基站的上行链路传输。假设基站配备了 M 根天线，而合法用户和干扰者只配备一根天线。尽管本章关注单用户场景，但所提的抗干扰方法在某种程度上对于多用户系统仍然适用。原因是，如果考虑多个用户，当 M 很大时，用户间干扰对系统的影响可以忽略不计[2]。

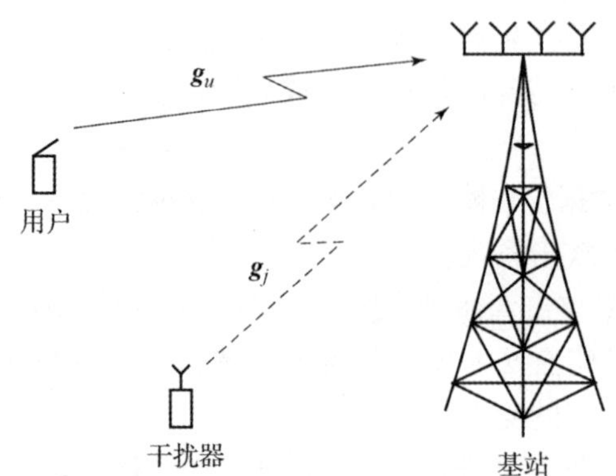

图6.2　带有干扰攻击的大规模MIMO上行链路

将 $\boldsymbol{g}_u \in \mathbb{C}^{M\times 1}$ 和 $\boldsymbol{g}_j \in \mathbb{C}^{M\times 1}$ 分别表示为从用户和干扰者到基站的信道向量，信道模型包括小尺度衰落和大尺度衰落（路径损耗和阴影）的影响。考虑块衰落模型，其中，小尺度衰落在 T 符号长的相干块期间保持不变，并且在一个相干块到下一个相干块之间独立变化。大尺度衰落的变化要慢得多，并且在几十个相干间隔内保持不变。更准确地说，$\boldsymbol{g}_u$ 和 $\boldsymbol{g}_j$ 建模可表示为

$$\boldsymbol{g}_u = \sqrt{\beta_u}\boldsymbol{h}_u \tag{6.3}$$

$$\boldsymbol{g}_j = \sqrt{\beta_j}\boldsymbol{h}_j \tag{6.4}$$

式中，$\boldsymbol{h}_u$ 和 $\boldsymbol{h}_j$ 代表小尺度衰落，而 β_u 和 β_j 代表大尺度衰落。假设 $\boldsymbol{h}_u$ 和 $\boldsymbol{h}_j$ 的元素是独立且同分布的零均值循环对称复高斯（ZMCSCG）随机变量。

合法用户和基站之间的通信工作在时分双工（TDD）模式，在每个相干间隔内包含三个阶段。

（1）上行链路训练：用户向基站发送导频序列以进行信道估计。

（2）上行载荷数据传输：用户向基站发送数据，基站使用在上行链路训练阶段期间获取的信道来检测期望的数据。

（3）下行载荷数据传输：基站利用信道估计值来处理拟发送给用户的数据，然后将处理后的信号发送给用户。假设硬件链路的校准是完美的，因此信道具有互易性，即上行链路和下行链路的信道增益是相同的。

由于我们关注的是上行链路，下行数据传输阶段可以不考虑。上行链路的两阶段TDD传输协议如图6.3所示。

这里假设干扰者在训练和数据载荷传输阶段都攻击上行链路传输。

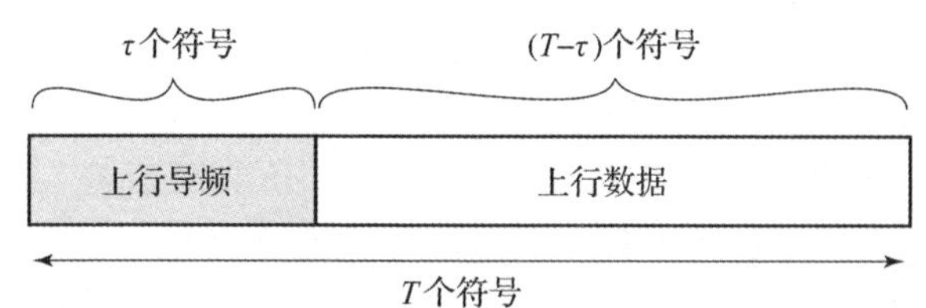

图 6.3　在相干间隔中分配用于上行链路导频和上行链路净荷数据传输的码元

6.2.1　训练阶段

对于每个相干间隔，在基站处进行一次信道估计。在前 τ 个符号($\tau < T$)，用户向基站发送导频序列 $\sqrt{\tau p_t}\boldsymbol{s}_u$，其中，$p_t$ 是发射导频功率，并且 $\boldsymbol{s}_u \in \mathbb{C}^{\tau\times 1}$ 源自于导频码本 $\mathfrak{S}$，该码本包含 τ 个单位功率的正交向量。同时，干扰者发送 $\sqrt{\tau q_t}\boldsymbol{s}_j$ 干扰信道估计，其中，$\boldsymbol{s}_j \in \mathbb{C}^{\tau\times 1}$ 且满足 $E\{\|\boldsymbol{s}_j\|^2\}=1$，$q_t$ 是干扰者在训练阶段的发射功率。因此，基站处接收的导频信号可以表示为

$$\boldsymbol{Y}_t = \sqrt{\tau p_t}\boldsymbol{g}_u\boldsymbol{s}_u^{\mathrm{T}} + \sqrt{\tau q_t}\boldsymbol{g}_j\boldsymbol{s}_j^{\mathrm{T}} + \boldsymbol{N}_t \tag{6.5}$$

式中：$\boldsymbol{N}_t \in \mathbb{C}^{M\times\tau}$ 是元素为单位功率、独立同分布的加性噪声矩阵，即 $\mathrm{Vec}(\boldsymbol{N}_t) \sim \mathcal{CN}(0, \boldsymbol{I}_{M\tau})$。

基站知道导频序列 $\boldsymbol{s}_u$，它使用此信息从其接收的导频信号 $\boldsymbol{Y}_t$ 中估计信道 $\boldsymbol{g}_u$。信道估计通过两个步骤完成：

（1）基站首先执行解扩操作：

$$\boldsymbol{y}_t = \boldsymbol{Y}_t\boldsymbol{s}_u^* = \sqrt{\tau p_t}\boldsymbol{g}_u + \sqrt{\tau q_t}\boldsymbol{g}_j\boldsymbol{s}_j^{\mathrm{T}}\boldsymbol{s}_u^* + \tilde{\boldsymbol{n}}_t \tag{6.6}$$

式中：$\tilde{\boldsymbol{n}}_t = \boldsymbol{N}_t\boldsymbol{s}_u^*$，因为 $\|\boldsymbol{s}_u\|^2=1$，所以 $\tilde{\boldsymbol{n}}_t \sim \mathcal{CN}(0, \boldsymbol{I}_M)$

（2）然后基站使用最小均方误差（MMSE）信道估计技术来估计 $\boldsymbol{g}_u$。基于 MMSE 准则，基站估计得到均方误差最小化的信道：

$$\hat{\boldsymbol{g}}_u = \arg\min_{\theta\in\mathbb{C}^{M\times 1}} \mathbb{E}\{\|\theta - \boldsymbol{g}_u\|^2\} = \mathbb{E}\{\boldsymbol{g}_u \mid \boldsymbol{y}_t\} \tag{6.7}$$

由于 $\boldsymbol{g}_u$ 和 $\boldsymbol{y}_t$ 服从联合高斯分布，MMSE 估计器是线性 MMSE 估计器。因此，给定 $\boldsymbol{y}_t$ 条件下 $\boldsymbol{g}_u$ 的 MMSE 估计为[15]

$$\hat{\boldsymbol{g}}_u = (\mathbb{E}\{\boldsymbol{g}_u\boldsymbol{y}_t^{\mathrm{H}}\}\mathbb{E}\{\boldsymbol{y}_t\boldsymbol{y}_t^{\mathrm{H}}\})^{-1}\boldsymbol{y}_t$$

式中：$\mathbb{E}\{\boldsymbol{g}_u\boldsymbol{y}_t^{\mathrm{H}}\} = \sqrt{\tau p_t}\beta_u, \mathbb{E}\{\boldsymbol{y}_t\boldsymbol{y}_t^{\mathrm{H}}\} = \tau p_t\beta_u + \tau q_t\beta_j|\boldsymbol{s}_j^{\mathrm{T}}\boldsymbol{s}_u^*|^2 + 1$。

因此，有

$$\hat{\boldsymbol{g}}_u = \frac{\sqrt{\tau p_t}\beta_u}{\tau p_t\beta_u + \tau q_t\beta_j|\boldsymbol{s}_j^{\mathrm{T}}\boldsymbol{s}_u^*|^2 + 1}\boldsymbol{y}_t = c_u\sqrt{\tau p_t}\boldsymbol{g}_u + c_u\sqrt{\tau q_t}\boldsymbol{g}_j\boldsymbol{s}_j^{\mathrm{T}}\boldsymbol{s}_u^* + c_u\tilde{\boldsymbol{n}}_t \tag{6.8}$$

其中

$$c_u = \frac{\sqrt{\tau p_t}\beta_u}{\tau p_t\beta_u + \tau q_t\beta_j|\boldsymbol{s}_j^{\mathrm{T}}\boldsymbol{s}_u^*|^2 + 1} \tag{6.9}$$

为了公式（6.8）中的 MMSE 估计，基站必须知道 β_u、β_j 和 $|\boldsymbol{s}_j^{\mathrm{T}}\boldsymbol{s}_u^*|^2$。由于 β_u 和 β_j 是大尺度衰落系数，随时间变化非常缓慢（比小尺度的衰落系数约慢40倍），因此在基站处容易估计得到[16]，$|\boldsymbol{s}_j^{\mathrm{T}}\boldsymbol{s}_u^*|^2$ 的大小包括基站处未知的干扰序列 $\boldsymbol{s}_j$。但是，利用大规模 MIMO 的渐近特性，基站可以从接收到的导频信号 $\boldsymbol{Y}_t$ 中估计 $|\boldsymbol{s}_j^{\mathrm{T}}\boldsymbol{s}_u^*|^2$。关于 $|\boldsymbol{s}_j^{\mathrm{T}}\boldsymbol{s}_u^*|^2$ 估计的详细过程将在6.5节中讨论。

假设 $\boldsymbol{e}_u$ 为估计信道误差，即

$$\boldsymbol{e}_u = \boldsymbol{g}_u - \hat{\boldsymbol{g}}_u \tag{6.10}$$

根据 MMSE 估计的性质，$\hat{\boldsymbol{g}}_u$ 和 $\boldsymbol{e}_u$ 是不相关的。因为 $\hat{\boldsymbol{g}}_u$ 和 $\boldsymbol{e}_u$ 是联合高斯的，所以它们是独立的。从式（6.8）开始，我们有

$$\hat{\boldsymbol{g}}_u \sim \mathcal{CN}(0, \gamma_u \boldsymbol{I}_M) \tag{6.11}$$

$$\boldsymbol{e}_u \sim \mathcal{CN}(0, (\beta_u - \gamma_u)\boldsymbol{I}_M) \tag{6.12}$$

其中

$$\gamma_u = \frac{\tau p_t \beta_u{}^2}{\tau p_t\beta_u + \tau q_t\beta_j|\boldsymbol{s}_j^{\mathrm{T}}\boldsymbol{s}_u^*|^2 + 1} \tag{6.13}$$

6.2.2 数据传输阶段

在相干间隔的剩余部分期间，用户将载荷数据发送到基站，干扰者继续发射干扰信号干扰合法链路。设 x_u（其中，$\mathbb{E}\{|x_u|^2\}=1$）和 x_j（其中，$\mathbb{E}\{|x_j|^2\}=1$）分别是从用户和干扰者发送的信号，则基站处的接收信号可以表示为

$$\boldsymbol{y}_{\mathrm{d}} = \sqrt{p_d}\boldsymbol{g}_u x_u + \sqrt{q_d}\boldsymbol{g}_j x_j + \boldsymbol{n}_d \tag{6.14}$$

式中：噪声向量 $\boldsymbol{n}_d$ 服从 $\mathcal{CN}(0,1)$ 的独立同分布；p_d 和 q_d 分别是在数据传输阶段来自用户和干扰的传输功率。假设用户和干扰的发射功率满足

$$\tau p_t + (T-\tau)p_d \leqslant TP, \tau q_t + (T-\tau)q_d \leqslant TQ$$

式中：P 和 Q 分别是合法用户和干扰者的平均功率约束。

为了检测 x_u，基站利用信道估计值 $\hat{\boldsymbol{g}}_u$ 执行最大比合并（MRC）

$$y = \hat{\boldsymbol{g}}_u^{\mathrm{H}}\boldsymbol{y}_d = \sqrt{p_d}\hat{\boldsymbol{g}}_u^{\mathrm{H}}\boldsymbol{g}_u x_u + \sqrt{q_d}\hat{\boldsymbol{g}}_u^{\mathrm{H}}\boldsymbol{g}_j x_j + \hat{\boldsymbol{g}}_u^{\mathrm{H}}\boldsymbol{n}_d \tag{6.15}$$

注意，在具有完美信道状态信息（CSI）且干扰时，MRC 在最大化信噪比（SNR）的意义上是最优的。

6.3　干扰导频污染

从式（6.8）中可知，信道估计值中包括了被干扰信道 $\boldsymbol{g}_j$ 污染的真实信道 $\boldsymbol{g}_u$，这导致合法链路的系统性能下降，这种效应称为干扰导频污染。在本节中，我们将表明干扰导频污染导致系统性能限制。

利用式（6.8），式（6.15）可以重写为

$$y=(c_u\sqrt{\tau p_t}\boldsymbol{g}_u+c_u\sqrt{\tau q_t}\boldsymbol{g}_j\boldsymbol{s}_j^{\mathrm{T}}\boldsymbol{s}_u^*+c_u\tilde{\boldsymbol{n}}_t)^{\mathrm{H}}(\sqrt{p_d}\boldsymbol{g}_u x_u+\sqrt{q_{\mathrm{d}}}\boldsymbol{g}_j x_j+\boldsymbol{n}_d) \tag{6.16}$$

将 y 除以 M 可得

$$\begin{aligned}\frac{y}{M}=&c_u\sqrt{\tau p_t p_d}\frac{\|\boldsymbol{g}_u\|^2}{M}x_u+c_u\sqrt{\tau q_t q_d}\boldsymbol{s}_j^{\mathrm{T}}\boldsymbol{s}_u^*\frac{\|\boldsymbol{g}_j\|^2}{M}x_j+c_u\sqrt{\tau p_t p_d}\frac{\boldsymbol{g}_u^{\mathrm{H}}(\sqrt{q_d}\boldsymbol{g}_j x_j+\boldsymbol{n}_d)}{M}\\&+c_u\sqrt{\tau q_t q_d}\boldsymbol{s}_u^{\mathrm{T}}\boldsymbol{s}_j^*\frac{\boldsymbol{g}_j^{\mathrm{H}}(\sqrt{p_d}\boldsymbol{g}_u x_u+\boldsymbol{n}_d)}{M}+c_u\frac{\tilde{\boldsymbol{n}}_t^{\mathrm{H}}(\sqrt{p_d}\boldsymbol{g}_u x_u+\sqrt{q_d}\boldsymbol{g}_j x_j+\boldsymbol{n}_d)}{M}\end{aligned} \tag{6.17}$$

基于大数定律，令 $M\to\infty$，则

$$\begin{cases}\dfrac{\|\boldsymbol{g}_u\|^2}{M}\xrightarrow{\text{a. s.}}\beta_u\\[2mm]\dfrac{\|\boldsymbol{g}_j\|^2}{M}\xrightarrow{\text{a. s.}}\beta_j\\[2mm]\dfrac{\boldsymbol{g}_u^{\mathrm{H}}(\sqrt{q_d}\boldsymbol{g}_j x_j+\boldsymbol{n}_d)}{M}\xrightarrow{\text{a. s.}}0\\[2mm]\dfrac{\boldsymbol{g}_j^{\mathrm{H}}(\sqrt{p_d}\boldsymbol{g}_u x_u+\boldsymbol{n}_d)}{M}\xrightarrow{\text{a. s.}}0\\[2mm]\dfrac{\tilde{\boldsymbol{n}}_t^{\mathrm{H}}(\sqrt{p_d}\boldsymbol{g}_u x_u+\sqrt{q_d}\boldsymbol{g}_j x_j+\boldsymbol{n}_d)}{M}\xrightarrow{\text{a. s.}}0\end{cases} \tag{6.18}$$

因此，当 $M\to\infty$ 时，有

$$\frac{y}{M}\xrightarrow{\text{a. s.}}c_u\sqrt{\tau p_t p_d}\beta_u x_u+c_u\sqrt{\tau q_t q_d}\boldsymbol{s}_u^{\mathrm{T}}\boldsymbol{s}_j^*\beta_j x_j \tag{6.19}$$

其中，$\xrightarrow{\text{a. s.}}$表示几乎必然收敛。从而得到两个重要结论：

（1）如果干扰者在训练阶段（$q_t=0$）没有发动攻击或者被攻击的信号 $\boldsymbol{s}_j$ 与导频序列 $\boldsymbol{s}_u$ 正交（即 $\boldsymbol{s}_j^{\mathrm{T}}\boldsymbol{s}_u^*=0$），则式（6.19）变为

$$当\ M\to\infty\ 时,\ \frac{y}{M}\xrightarrow{\text{a. s.}}c_u\sqrt{\tau p_t p_d}\beta_u x_u \tag{6.20}$$

即使系统在数据传输阶段受到攻击，基站接收到的信号（被 M 归一化

后）也仅包含所需信号，而没有干扰和噪声影响，这归功于大规模 MIMO 信道的信道正交性。事实上，当基站的天线数量较大时，合法信道向量与干扰信道向量几乎正交。因此，如果训练阶段没有受到攻击，并且合法信道估计足够好，则接收滤波器可以在不会混合干扰信号情况下放大需要的信号。

（2）如果干扰者在训练阶段进行攻击，且 $\boldsymbol{s}_j^{\mathrm{T}}\boldsymbol{s}_u^* \neq 0$，则有

$$\text{当 } M\to\infty \text{ 时}, \frac{y}{M} \xrightarrow{\text{a.s.}} c_u\sqrt{\tau p_t p_d}\beta_u x_u + c_u\sqrt{\tau q_t q_d}\boldsymbol{s}_j^{\mathrm{T}}\boldsymbol{s}_u^*\beta_j x_j \tag{6.21}$$

相应的信干噪比（SINR）收敛于：

$$\mathrm{SINR} \to \frac{p_t p_d \beta_u^2}{q_t q_d \beta_j^2 \left|\boldsymbol{s}_u^{\mathrm{T}}\boldsymbol{s}_j^*\right|^2} \tag{6.22}$$

当训练阶段受到攻击，随着基站天线数目的无限增长，小尺度衰落和非相关噪声的影响消失。但干扰—导频污染的影响仍然存在，这决定了合法链路的系统性能瓶颈。

6.4 可达速率

接下来，我们将利用可达速率评估干扰攻击对基站天线数量有限时系统性能产生的影响。

将 $\boldsymbol{g}_u = \hat{\boldsymbol{g}}_u + \boldsymbol{e}_u$ 代入式（6.15）中，可得

$$y = \sqrt{p_d}\,\|\hat{\boldsymbol{g}}_u\|^2 x_u + \sqrt{p_d}\hat{\boldsymbol{g}}_u^{\mathrm{H}}\boldsymbol{e}_u x_u + \sqrt{q_d}\hat{\boldsymbol{g}}_u^{\mathrm{H}}\boldsymbol{g}_j x_j + \hat{\boldsymbol{g}}_u^{\mathrm{H}}\boldsymbol{n}_d \tag{6.23}$$

考虑 M 较大的大规模 MIMO 系统，有效信道增益会硬化，即 $\|\hat{\boldsymbol{g}}_u\|^2$ 非常接近其均值 $\mathbb{E}\{\|\hat{\boldsymbol{g}}_u\|^2\}$。因此，应用文献［17］的边界技术来得出容量下界（可达速率）。这种边界技术的优点是：①它能产生一个简单的闭式表达式，可用于进一步的分析和系统设计；②由于大规模 MIMO 信道的硬化特性，得到的边界非常紧致。为此，我们将式（6.23）中的接收信号分解为

$$\begin{aligned} y = {} & \sqrt{p_d}\,\mathbb{E}\{\|\hat{\boldsymbol{g}}_u\|^2\}x_u + \\ & \sqrt{p_d}(\|\hat{\boldsymbol{g}}_u\|^2 - \mathbb{E}\{\|\hat{\boldsymbol{g}}_u\|^2\})x_u + \sqrt{p_d}\hat{\boldsymbol{g}}_u^{\mathrm{H}}\boldsymbol{e}_u x_u + \sqrt{q_d}\hat{\boldsymbol{g}}_u^{\mathrm{H}}\boldsymbol{g}_j x_j + \hat{\boldsymbol{g}}_u^{\mathrm{H}}\boldsymbol{n}_d \end{aligned} \tag{6.24}$$

由于 x_u 与 $\hat{\boldsymbol{g}}_u$、$\boldsymbol{e}_u$、$\boldsymbol{g}_j$、x_j 相互独立，且 $\hat{\boldsymbol{g}}_u$ 也独立于 $\boldsymbol{e}_u$，则有

$$\mathbb{E}\{x_u^*(\|\hat{\boldsymbol{g}}_u\|^2 - \mathbb{E}\{\|\hat{\boldsymbol{g}}_u\|^2\})x_u\} = 0 \tag{6.25}$$

$$\mathbb{E}\{x_u^*\hat{\boldsymbol{g}}_u^{\mathrm{H}}\boldsymbol{e}_u x_u\} = 0 \tag{6.26}$$

$$\mathbb{E}\{x_u^*\hat{\boldsymbol{g}}_u^{\mathrm{H}}\boldsymbol{g}_j x_j\} = 0 \tag{6.27}$$

$$\mathbb{E}\{x_u^*\hat{\boldsymbol{g}}_u^{\mathrm{H}}\boldsymbol{n}_d\} = 0 \tag{6.28}$$

因此，需要的信号和有效噪声是不相关的。当采用高斯信号集时，如果

噪声与需要的信号不相关，则高斯噪声是最坏的噪声。基于此，可以得到以下可达速率：

$$R=\left(1-\frac{\tau}{T}\right)\log_2\left(1+\frac{p_d\ |\mathbb{E}\{\|\hat{\boldsymbol{g}}_u\|^2\}|^2}{\mathbb{E}\{|\mathrm{neff}|^2\}}\right) \tag{6.29}$$

对数函数之前的因子$\left(1-\frac{\tau}{T}\right)$考虑了信道估计开销，即对于长度为 T 个码元的相干间隔，将 τ 个码元用于上行链路训练，并将剩余的 $T-\tau$ 个码元用于有效载荷数据传输。

利用等式 $E\{\|\hat{\boldsymbol{g}}_u\|^2\}=M\gamma_u$，式（6.29）可以重写为

$$R=\left(1-\frac{\tau}{T}\right)\log_2\left(1+\frac{p_d M^2\gamma_u^2}{E_1+E_2+E_3+E_4}\right) \tag{6.30}$$

式中：E_1、E_2、E_3 和 E_4 分别表示信道不确定性、信道估计误差、干扰和噪声的影响，分别为 $E_1=p_d\mathbb{E}\{|\|\hat{\boldsymbol{g}}_u\|^2-\mathbb{E}\{\|\hat{\boldsymbol{g}}_u\|^2\}|^2\}$，$E_2=p_dE\{|\hat{\boldsymbol{g}}_u^{\mathrm{H}}\boldsymbol{e}_u|^2\}$，$E_3=q_d\mathbb{E}\{|\hat{\boldsymbol{g}}_u^{\mathrm{H}}\boldsymbol{g}_j|^2\}$和 $E_4=\mathbb{E}\{|\hat{\boldsymbol{g}}_u^{\mathrm{H}}\boldsymbol{n}_d|^2\}$。

利用等式$\mathbb{E}\{\|\hat{\boldsymbol{g}}_u\|^4\}=M(M+1)\gamma_u^2$，可得

$$\begin{aligned}\mathbb{E}_1&=p_d\mathbb{E}\{\|\hat{\boldsymbol{g}}_u\|^4\}-p_d(\mathbb{E}\{\|\hat{\boldsymbol{g}}_u\|^2\})^2\\&=M(M+1)p_d\gamma_u^2-M^2p_d\gamma_u^2\\&=Mp_d\gamma_u^2\end{aligned} \tag{6.31}$$

为了计算$\mathbb{E}_2$，利用 $\hat{\boldsymbol{g}}_u$ 和 $\boldsymbol{e}_u$ 的独立性，则

$$\begin{aligned}\mathbb{E}_2&=p_d\mathbb{E}\{\hat{\boldsymbol{g}}_u^{\mathrm{H}}\boldsymbol{e}_u\boldsymbol{e}_u^{\mathrm{H}}\hat{\boldsymbol{g}}_u\}\\&=p_d(\beta_u-\gamma_u)\mathbb{E}\{\|\hat{\boldsymbol{g}}_u\|^2\}\\&=Mp_d\gamma_u(\beta_u-\gamma_u)\end{aligned} \tag{6.32}$$

基于式（6.8），且 $\boldsymbol{g}_u$、$\boldsymbol{g}_j$、$\tilde{\boldsymbol{n}}_t$是独立且零均值随机向量，我们有

$$\begin{aligned}\mathbb{E}_3&=q_dc_u^2\mathbb{E}\{|\sqrt{\tau p_t}\boldsymbol{g}_u^{\mathrm{H}}\boldsymbol{g}_j+\sqrt{\tau q_t}\|\boldsymbol{g}_j\|^2\boldsymbol{s}_u^{\mathrm{T}}\boldsymbol{s}_j^*+\tilde{\boldsymbol{n}}_t^{\mathrm{H}}\boldsymbol{g}_j|^2\}\\&=q_dc_u^2(\tau p_t\mathbb{E}\{|\boldsymbol{g}_u^{\mathrm{H}}\boldsymbol{g}_j|^2\}+\tau q_t|\boldsymbol{s}_u^{\mathrm{T}}\boldsymbol{s}_j^*|^2E\{\|\boldsymbol{g}_j\|^4\}+\mathbb{E}\{|\tilde{\boldsymbol{n}}_t^{\mathrm{H}}\boldsymbol{g}_j|^2\})\\&=q_dc_u{}^2(\tau p_tM\beta_u\beta_j+\tau q_tM(M+1)\beta_j{}^2)|\boldsymbol{s}_u^{\mathrm{T}}\boldsymbol{s}_j^*|^2+M\beta_j\end{aligned}$$

然后联合式（6.13），则

$$E_3=Mq_d\gamma_u\left(\beta_j+M\gamma_u\frac{q_t\beta_j{}^2}{p_t\beta_u{}^2}|\boldsymbol{s}_j^{\mathrm{T}}\boldsymbol{s}_u^*|^2\right) \tag{6.33}$$

同理，有

$$\mathbb{E}_4=\mathbb{E}\{|\hat{\boldsymbol{g}}_u^{\mathrm{H}}\boldsymbol{n}_d|^2\}=M\gamma_u \tag{6.34}$$

将式（6.31）~式（6.34）代入式（6.30），可得

$$R=\left(1-\frac{\tau}{T}\right)\log_2\left(1+\frac{Mp_d\gamma_u}{p_d\beta_u+q_d\beta_j+M\dfrac{q_dq_t}{p_t}\left(\dfrac{\beta_j}{\beta_u}\right)^2\ |\boldsymbol{s}_j^{\mathrm{T}}\boldsymbol{s}_u^*|^2\gamma_u+1}\right)\tag{6.35}$$

如前所述，如果干扰者在训练阶段没有发动攻击，则有

$$M\frac{q_dq_t}{p_t}\left(\frac{\beta_j}{\beta_u}\right)^2\ |\boldsymbol{s}_j^{\mathrm{T}}\boldsymbol{s}_u^*|^2\gamma_u=0$$

所以

$$\text{当 } M\to\infty \text{ 时},R=\left(1-\frac{\tau}{T}\right)\log_2\left(1+\frac{Mp_d\gamma_u}{p_d\beta_u+q_d\beta_j+1}\right)\to\infty\tag{6.36}$$

当$M\to\infty$时，即使干扰者在数据传输阶段进行攻击，可达速率也会无限地增加。相比之下，如果在训练阶段干扰者实施干扰且$\boldsymbol{s}_j^{\mathrm{T}}\boldsymbol{s}_u^*\neq0$，则系统会受到干扰导频污染，当$M$达到无穷大时，可达速率会迅速饱和：

$$\text{当 } M\to\infty \text{ 时},R=\left(1-\frac{\tau}{T}\right)\log_2\left(1+\frac{p_dp_t\beta_u^2}{q_dq_t\beta_j^2\ |\boldsymbol{s}_j^{\mathrm{T}}\boldsymbol{s}_u^*|^2}\right)\tag{6.37}$$

因此，有效SINR为$\dfrac{p_dp_t\beta_u^2}{q_dq_t\beta_j^2\ |\boldsymbol{s}_j^{\mathrm{T}}\boldsymbol{s}_u^*|^2}$，与式（6.22）相同。

为了定量分析干扰导频污染对合法链路性能的影响，我们用数值仿真方式评估了$|\boldsymbol{s}_j^{\mathrm{T}}\boldsymbol{s}_u^*|^2$取值不同时可达速率随天线数量$M$的变化情况，结果如图6.4所示。可以看到$|\boldsymbol{s}_j^{\mathrm{T}}\boldsymbol{s}_u^*|^2$（代表干扰—导频污染效应）对系统性能有显著影响。当$|\boldsymbol{s}_j^{\mathrm{T}}\boldsymbol{s}_u^*|^2=0$时，可达速率随着$M$的增加而增加。然而，当$|\boldsymbol{s}_j^{\mathrm{T}}\boldsymbol{s}_u^*|^2=0.2$或1时，随着$M$的增加，可达速率收敛到有限值。

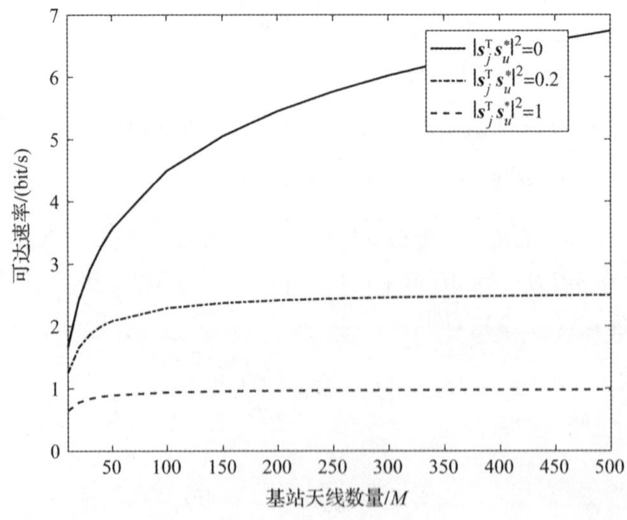

图6.4　可达速率与基站天线数的关系（其中，$p_t=q_t=p_d=p_d=0$，$T=200$，$\tau=2$，$\beta_u=\beta_j=1$）

6.5 抗干扰导频重传

正如6.4节所讨论的，训练阶段的干扰攻击极大地影响了系统性能。为了减轻这种影响，可在训练阶段设计能抵抗干扰导频污染攻击的应对策略。从式（6.35）中给出的可达速率可以看出 R 是关于 $|\boldsymbol{s}_j^{\mathrm{T}}\boldsymbol{s}_u^*|^2$ 的递减函数。干扰者的目的是攻击系统，它将选择干扰导频序列 $\boldsymbol{s}_j$，使 $|\boldsymbol{s}_j^{\mathrm{T}}\boldsymbol{s}_u^*|^2$ 较大。另外，大规模 MIMO 系统希望最小化干扰的影响，它将选择导频序列 $\boldsymbol{s}_u$ 使 $|\boldsymbol{s}_j^{\mathrm{T}}\boldsymbol{s}_u^*|^2$ 尽可能小。

一般来说，合法系统并不知道干扰导频序列 $\boldsymbol{s}_j$，然而通过利用大规模 MIMO 系统的信道正交特性和信道硬化特性，基站可以在传输之前估计干扰导频信号相关的信息。根据该信息，用户可以选择适当的导频序列 $\boldsymbol{s}_u$，使 $|\boldsymbol{s}_j^{\mathrm{T}}\boldsymbol{s}_u^*|^2$ 尽可能小。下面首先估计 $|\boldsymbol{s}_j^{\mathrm{T}}\boldsymbol{s}_u^*|^2$ 和 $\boldsymbol{s}_j^*\boldsymbol{s}_j^{\mathrm{T}}$，然后提出两种导频重传方案，当估计的干扰—导频污染较高时，即 $|\boldsymbol{s}_j^{\mathrm{T}}\boldsymbol{s}_u^*|^2$ 大于某个阈值，将重发导频。

6.5.1 估计 $|\boldsymbol{s}_j^{\mathrm{T}}\boldsymbol{s}_u^*|^2$ 和 $\boldsymbol{s}_j^*\boldsymbol{s}_j^{\mathrm{T}}$

研究表明，利用大规模 MIMO 系统的渐近性质，基站可以估计 $|\boldsymbol{s}_j^{\mathrm{T}}\boldsymbol{s}_u^*|^2$ 和 $\boldsymbol{s}_j^*\boldsymbol{s}_j^{\mathrm{T}}$。这些估计结果将用于6.5.2节和6.5.3节中详细讨论的导频重传方案。本章中基于接收到的导频信号 $\boldsymbol{y}_t$ 和 $\boldsymbol{Y}_t$ 估计进行。

6.5.1.1 估计 $|\boldsymbol{s}_j^{\mathrm{T}}\boldsymbol{s}_u^*|^2$

将接收到的导频信号功率对天线数归一化，可以表示为

$$\frac{1}{M}\|\boldsymbol{y}_t\|^2=\tau p_t\frac{\|\boldsymbol{g}_u\|^2}{M}+\tau q_t|\boldsymbol{s}_j^{\mathrm{T}}\boldsymbol{s}_u^*|^2\frac{\|\boldsymbol{g}_j\|^2}{M}+\frac{\|\tilde{\boldsymbol{n}}_t\|^2}{M}+\sqrt{\tau p_t}\frac{\boldsymbol{g}_u^{\mathrm{H}}(\sqrt{\tau q_t}\boldsymbol{g}_j\boldsymbol{s}_j^{\mathrm{T}}\boldsymbol{s}_u^*+\tilde{\boldsymbol{n}}_t)}{M}+$$
$$\sqrt{\tau q_t}\boldsymbol{s}_j^{\mathrm{T}}\boldsymbol{s}_u^*\frac{\boldsymbol{g}_j^{\mathrm{H}}(\sqrt{\tau p_t}\boldsymbol{g}_u+\tilde{\boldsymbol{n}}_t)}{M}+\frac{\tilde{\boldsymbol{n}}_t^{\mathrm{H}}(\sqrt{\tau p_t}\boldsymbol{g}_u+\sqrt{\tau q_t}\boldsymbol{g}_j\boldsymbol{s}_j^{\mathrm{T}}\boldsymbol{s}_u^*)}{M} \tag{6.38}$$

根据大数定律，当 $M\to\infty$ 时，有

$$\frac{\|\tilde{\boldsymbol{n}}_t\|^2}{M}\xrightarrow{\text{a.s.}}1$$

$$\sqrt{\tau p_t}\frac{\boldsymbol{g}_u^{\mathrm{H}}(\sqrt{\tau q_t}\boldsymbol{g}_j\boldsymbol{s}_j^{\mathrm{T}}\boldsymbol{s}_u^*+\tilde{\boldsymbol{n}}_t)}{M}\xrightarrow{\text{a.s.}}0$$

$$\sqrt{\tau q_t}\boldsymbol{s}_j^{\mathrm{T}}\boldsymbol{s}_u^*\frac{\boldsymbol{g}_j^{\mathrm{H}}(\sqrt{\tau p_t}\boldsymbol{g}_u+\tilde{\boldsymbol{n}}_t)}{M}\xrightarrow{\text{a.s.}}0$$

$$\frac{\tilde{\boldsymbol{n}}_t^{\mathrm{H}}(\sqrt{\tau p_t}\boldsymbol{g}_u+\sqrt{\tau q_t}\boldsymbol{g}_j\boldsymbol{s}_j^{\mathrm{T}}\boldsymbol{s}_u^*)}{M}\xrightarrow{\text{a. s.}}0$$

将式（6.18）和式（6.39）代入式（6.38）中，可得

$$\text{当}\ M\to\infty\ \text{时},\frac{1}{M}\|\boldsymbol{y}_t\|^2\xrightarrow{\text{a. s.}}\tau p_t\beta_u+\tau q_t|\boldsymbol{s}_j^{\mathrm{T}}\boldsymbol{s}_u^*|^2\beta_j+1\tag{6.40}$$

式（6.40）表明，当 M 较大时，有

$$|\boldsymbol{s}_j^{\mathrm{T}}\boldsymbol{s}_u^*|^2\approx\frac{1}{\tau q_t M\beta_j}\|\boldsymbol{y}_t\|^2-\frac{p_t\beta_u}{q_t\beta_j}-\frac{1}{\tau q_t\beta_j}\tag{6.41}$$

因为基站知道 M、τ、p_t、β_u、q_t、β_j 和 $\boldsymbol{y}_t$，它可以计算式（6.41）的右侧部分。我们还注意到，如果 $\boldsymbol{y}_t$ 是随机向量，则可能使得式（6.41）的右侧部分为负，即使出现的可能性几乎为零。因此，可以从式（6.41）获得 $|\boldsymbol{s}_j^{\mathrm{T}}\boldsymbol{s}_u^*|^2$ 的估计值如下：

$$|\boldsymbol{s}_j^{\mathrm{T}}\boldsymbol{s}_u^*|^2=\max\left\{0,\frac{1}{\tau q_t M\beta_j}\|\boldsymbol{y}_t\|^2-\frac{p_t\beta_u}{q_t\beta_j}-\frac{1}{\tau q_t\beta_j}\right\}\tag{6.42}$$

6.5.1.2 估计 $\boldsymbol{s}_j^*\boldsymbol{s}_j^{\mathrm{T}}$

根据式（6.5）的接收信号 $\boldsymbol{Y}_t$，可得

$$\begin{aligned}\frac{1}{M}\boldsymbol{Y}_t^{\mathrm{H}}\boldsymbol{Y}_t=&\tau p_t\frac{\|\boldsymbol{g}_u\|^2}{M}\boldsymbol{s}_u^*\boldsymbol{s}_u^{\mathrm{T}}+\tau q_t\frac{\|\boldsymbol{g}_j\|^2}{M}\boldsymbol{s}_j^*\boldsymbol{s}_j^{\mathrm{T}}+\boldsymbol{N}_t^{\mathrm{H}}\boldsymbol{N}_t+\frac{\sqrt{\tau p_t}\boldsymbol{s}_u^*\boldsymbol{g}_u^{\mathrm{H}}(\sqrt{\tau q_t}\boldsymbol{g}_j\boldsymbol{s}_j^{\mathrm{T}}+\boldsymbol{N}_t)}{M}\\&+\frac{\sqrt{\tau q_t}\boldsymbol{s}_j^*\boldsymbol{g}_j^{\mathrm{H}}(\sqrt{\tau p_t}\boldsymbol{g}_u\boldsymbol{s}_u^{\mathrm{T}}+\boldsymbol{N}_t)}{M}+\frac{\boldsymbol{N}_t(\sqrt{\tau p_t}\boldsymbol{g}_u\boldsymbol{s}_u^{\mathrm{T}}+\sqrt{\tau q_t}\boldsymbol{g}_j\boldsymbol{s}_j^{\mathrm{T}})}{M}\end{aligned}\tag{6.43}$$

根据大数定律，当 $M\to\infty$ 时，有

$$\frac{1}{M}\boldsymbol{Y}_t^{\mathrm{H}}\boldsymbol{Y}_t\xrightarrow{\text{a. s.}}\tau p_t\beta_u\boldsymbol{s}_u^*\boldsymbol{s}_u^{\mathrm{T}}+\tau q_t\beta_j\boldsymbol{s}_j^*\boldsymbol{s}_j^{\mathrm{T}}+\boldsymbol{I}_t\tag{6.44}$$

因此，基站可以估计得到 $\boldsymbol{s}_j^*\boldsymbol{s}_j^{\mathrm{T}}$：

$$\boldsymbol{s}_j^*\hat{\boldsymbol{s}}_u^{\mathrm{T}}=\frac{1}{\tau q_t\beta_j M}\boldsymbol{Y}_t^{\mathrm{H}}\boldsymbol{Y}_t-\frac{p_t\beta_u}{q_t\beta_j}\boldsymbol{s}_u^*\boldsymbol{s}_u^{\mathrm{T}}-\frac{1}{\tau q_t\beta_j}\boldsymbol{I}_t\tag{6.45}$$

当天线的数量 M 很大时，例如大规模 MIMO 系统，式（6.42）和式（6.45）中估计值非常接近 $|\boldsymbol{s}_j^{\mathrm{T}}\boldsymbol{s}_u^*|^2$ 和 $\boldsymbol{s}_j^*\boldsymbol{s}_j^{\mathrm{T}}$ 的真实值。根据 $|\boldsymbol{s}_j^{\mathrm{T}}\boldsymbol{s}_u^*|^2$ 和 $\boldsymbol{s}_j^*\boldsymbol{s}_j^{\mathrm{T}}$ 的估计，这里设计了两种导频重传方案来对抗随机干扰和确定性干扰这两种常见的干扰情况。

6.5.2 随机干扰下的导频重传

当干扰者没有合法用户使用的导频序列的先验知识时，它将使用随机干扰序列攻击系统。在训练阶段，用户发送导频序列 $\boldsymbol{s}_u$，而干扰者发送随机干

扰序列 $\boldsymbol{s}_j$。对于这种情况，基站可以通过估计 $|\boldsymbol{s}_j^{\mathrm{T}}\boldsymbol{s}_u^*|^2$ 来减轻干扰导频污染。更准确地说，基站首先利用接收的导频信号 $\boldsymbol{y}_t$ 和公式（6.42）估计 $|\boldsymbol{s}_j^{\mathrm{T}}\boldsymbol{s}_u^*|^2$，然后将 $|\boldsymbol{s}_j^{\mathrm{T}}\boldsymbol{s}_u^*|^2$ 的估计值与阈值 ε 进行比较。如果 $|\boldsymbol{s}_j^{\mathrm{T}}\boldsymbol{s}_u^*|^2>\varepsilon$，则基站请求用户重传新的导频序列，直到 $|\boldsymbol{s}_j^{\mathrm{T}}\boldsymbol{s}_u^*|^2\leqslant\varepsilon$ 或导频传输的数目超过最大数目 $N_{\max}$。

导频重传方案可以总结如算法 6.1 所示。

算法 6.1　（在随机干扰下）

---

1. 初始化：设置 $N=1$，选择导频长度 τ、阈值 ε、$N_{\max}(N_{\max}\tau<T)$。
2. 用户发送随机 $\tau\times1$ 导频序列 $\boldsymbol{s}_u\in\Im$。
3. 基站使用式（6.42）来估计 $|\boldsymbol{s}_j^{\mathrm{T}}\boldsymbol{s}_u^*|^2$。如果 $|\boldsymbol{s}_j^{\mathrm{T}}\boldsymbol{s}_u^*|^2\leqslant\varepsilon$ 或 $N=N_{\max}$ 则停止。否则，设置 $N=N+1$ 并转到步骤 2。

为了有效利用导频重传方案的优势，基站缓存接收到的导频信号，然后用最佳的导频信号来进行处理，即具有最小 $|\boldsymbol{s}_j(n)^{\mathrm{T}}\boldsymbol{s}_u(n)^*|$ 的导频，而不是使用最后一次传输。在 N 较大的情况下，通过在每次重传之后更新最佳发送候选并丢弃其他候选，而不是保存所有 N 次发送的接收导频信号，可以有效利用缓冲存储器。

设 $\boldsymbol{s}_u(n)$ 和 $\boldsymbol{s}_j(n)$ 分别是第 n 次重传的导频序列和干扰序列，$n=1, 2, \cdots, N$，按照 6.4 节中类似的步骤，随机干扰情况下采用导频重传方案后大规模 MIMO 上行链路的可达速率由下式给出：

$$R_{rj}=\left(1-\frac{N\tau}{T}\right)\log_2\left(1+\frac{Mp_d\gamma_u}{p_d\beta_u+q_d\beta_j+\alpha_{rj}+1}\right)\tag{6.46}$$

其中

$$\alpha_{rj}=M\frac{q_dq_t}{p_t}\frac{\beta_j^2}{\beta_u^2}\min_n|\boldsymbol{s}_j(n)^{\mathrm{T}}\boldsymbol{s}_u(n)^*|^2\gamma_u\tag{6.47}$$

式（6.46）中可达速率 R_{rj} 与式（6.35）中没有使用导频重传方案的速率相似，但对数函数之前的因子和有效信干噪比存在差异。由于重传，R_{rj} 中对数函数之前的因子较小，降低了可达速率，然而导频重传方案产生的有效 SINR 增益将补偿这种损失。而且，信干噪比增益较对数函数之前因子的影响更大，从而提高系统的整体性能。

6.5.3　确定性干扰下的导频重传

假设在训练阶段发送确定性的干扰序列，即 $\boldsymbol{s}_j(1)=\boldsymbol{s}_j(2)=\cdots=\boldsymbol{s}_j(N)$。

例如，当干扰者具有导频长度和导频序列码本的先验知识时，可能会发生这种情况。为了最大化干扰导频污染，干扰者尝试发送与用户的导频序列尽可能相似的干扰序列。然而，由于干扰者只知道导频码本而不知道使用哪个导频序列，它将使用所有可能导频序列的确定性函数作为干扰序列进行攻击[11]。在这种情况下，大规模 MIMO 系统可以通过利用从最后一个导频传输中获得的信息来调整训练序列，而不是像前 6.5.2 节中随机地重传干扰序列。$|\boldsymbol{s}_j^{\mathrm{T}}\boldsymbol{s}_u^*|^2$ 可以分解表示为

$$|\boldsymbol{s}_j^{\mathrm{T}}\boldsymbol{s}_u^*|^2=\boldsymbol{s}_u^{\mathrm{T}}\boldsymbol{s}_j^*\boldsymbol{s}_j^{\mathrm{T}}\boldsymbol{s}_u^* \tag{6.48}$$

因此，如果基站知道 $\boldsymbol{s}_j^*\boldsymbol{s}_j^{\mathrm{T}}$，则它可以选择 $\boldsymbol{s}_u$ 用于下一传输，使得 $|\boldsymbol{s}_j^{\mathrm{T}}\boldsymbol{s}_u^*|^2$ 是最小的。6.5.1.2 节证明了基站可以从 $\boldsymbol{Y}_t$ 中估计 $\boldsymbol{s}_j^*\boldsymbol{s}_j^{\mathrm{T}}$，基于此，考虑以下导频重传方案。

算法 6.2　（确定性干扰下）

---

1. 初始化：选择导频长度 τ 和阈值 ε 的值。
2. 用户发送 a 个 $\tau\times 1$ 导频序列 $\boldsymbol{s}_u\in\Im$
3. 基站使用式（6.42）估计 $|\boldsymbol{s}_j^{\mathrm{T}}\boldsymbol{s}_u^*|^2$。如果 $|\boldsymbol{s}_j^{\mathrm{T}}\boldsymbol{s}_u^*|^2\leqslant\varepsilon$ 则停止。否则转到步骤 4。
4. 基站使用式（6.45）估计 $\boldsymbol{s}_j^*\boldsymbol{s}_j^{\mathrm{T}}$。然后，基站找到 $\boldsymbol{s}_u^{\mathrm{opt}}$ 使 $\boldsymbol{s}_u^{\mathrm{opt\,T}}\ |\boldsymbol{s}_j^{\mathrm{T}}\boldsymbol{s}_u^*|^2\boldsymbol{s}_u^{\mathrm{opt}\,*}$ 最小。用户将重新发送这个新的导频。

在该导频重传方案中，仅当第一次传输的 $|\boldsymbol{s}_j^{\mathrm{T}}\boldsymbol{s}_u^*|^2$ 超过阈值 ε 时，基站才请求用户重传其导频。与算法 6.1 中的重传方案不同，即使 $|\boldsymbol{s}_j^{\mathrm{T}}\boldsymbol{s}_u^*|^2$ 仍然大于阈值 ε，也仅在一次重传之后结束重传过程。这是因为可以利用式（6.45）中的估计在第一次传输之后选择最佳导频序列 $\boldsymbol{s}_u^{\mathrm{opt}}$。在这种情况下，最大重传次数为 1。给定导频码本 $\Im$ 情况下，任何额外的重传并不能改善性能。

同样地，按照 6.4 节中类似的步骤，确定性干扰下采用导频重传方案后大规模 MIMO 上行链路的可达速率如下：

$$R_{rj}=\left(1-\frac{N\tau}{T}\right)\log_2\left(1+\frac{Mp_d\gamma_u}{p_d\beta_u+q_d\beta_j+\alpha_{dj}+1}\right) \tag{6.49}$$

其中

$$\begin{cases}\alpha_{dj}=M\dfrac{q_dq_t}{p_t}\dfrac{\beta_j^2}{\beta_u^2}|\boldsymbol{s}_j^{\mathrm{T}}\boldsymbol{s}_u^*|^2\gamma_u,N=1,\ |\boldsymbol{s}_j^{\mathrm{T}}\boldsymbol{s}_u^*|\leqslant\varepsilon\\[2ex]\alpha_{dj}=M\dfrac{q_dq_t}{p_t}\dfrac{\beta_j^2}{\beta_u^2}|\boldsymbol{s}_j^{\mathrm{T}}\boldsymbol{s}_u^{\mathrm{opt}\,*}|^2\gamma_u,N=2,\text{其他}\end{cases}$$

重传时，接收信干噪比取决于 $|\boldsymbol{s}_j^{\mathrm{T}}\boldsymbol{s}_u^{\mathrm{opt}*}|$。干扰导频污染将随着导频码本 $\Im$ 空间的增加而减小，这是由于从 $\Im$ 中选择 $\boldsymbol{s}_u$ 的可能范围变大了。然而，假设使用正交导频序列，则导频长度 τ 随着 $\Im$ 空间的增加而增加。随着 τ 的增加，对数函数之前的因子减小。因此，为了提高系统性能，需要得到合适的 τ 来平衡式（6.49）中对数函数之前的因子和接收信干噪比。

6.5.4　仿真结果

为了评估上述导频重传协议的性能，我们给出了式（6.46）和式（6.49）中可达速率的一些数值结果，仿真中设置 $T=200$ 符号和最大传输次数 $N_{\max}=2$。

图 6.5 中显示了不同导频重传方案的可达速率随训练开销（τ/T）变化情况。为便于比较，还给出了没有导频重传的传统方案的可达速率。结果表明，为了获得最佳性能，训练开销的选择应在信道估计质量（τ 足够大）和分配给数据传输的资源（τ 不能太大）之间取得平衡。如前所述，导频重传方案的性能优于传统方案。当导频序列很长时，即 τ/T 较大时，导频重传方案的性能接近于传统方案。这是由于：当导频序列较长时，在第一次导频传输之后信道估计质量通常足够好，所以要求导频重传的概率非常小。

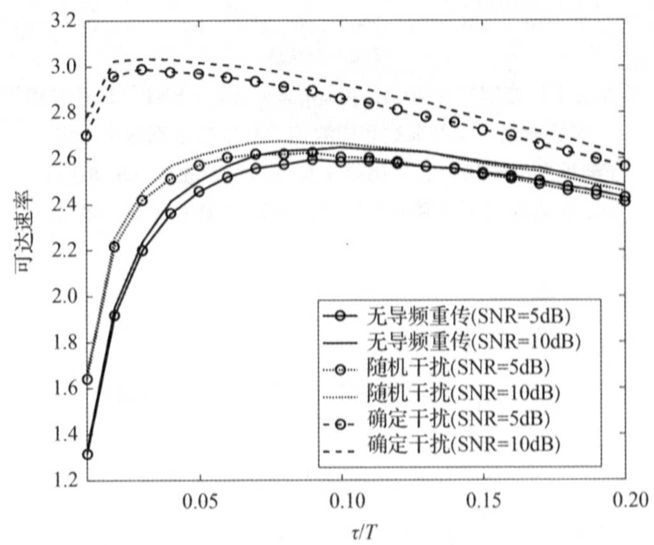

图 6.5　不同抗干扰方案在 $\varepsilon=0.1$、$p_t=q_t=p_d=q_d=\mathrm{SNR}$，且 $M=50$ 时的可达速率（实曲线、点状曲线和虚线曲线分别表示在无导频重传（参见式（6.35））、抗随机干扰策略（参见式（6.46）），以及抗确定性干扰的策略（参见式（6.49））下的可达速率）

图6.6显示了基站的可达速率与天线数量的关系。在没有导频重传的情况下，干扰导频污染严重损害系统性能，可达速率不随M明显增加，这与6.4节中的分析一致。正如预期地，所提出的导频重传方案，尤其是在确定性干扰的情况下，显著提高了可达速率。特别地，对于确定性干扰的情况，如果导频码本中存在与$\boldsymbol{s}_j$正交的导频序列$\boldsymbol{s}_u^{\text{opt}}$，则导频重传方案可以克服干扰导频污染瓶颈，并且允许可达速率随$\log_2(M)$成比例增加。

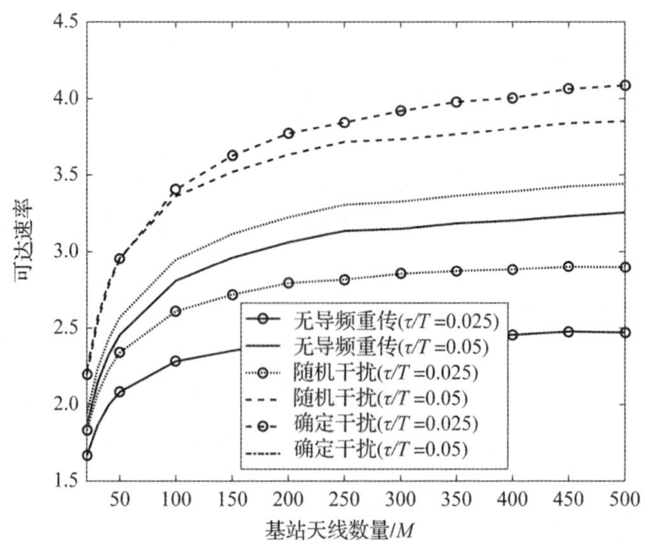

图6.6　不同抗干扰方案在$\varepsilon=0.1$、$p_t=q_t=p_d=q_d=\text{SNR}=5\text{dB}$时的可达速率（实线曲线、点状曲线和虚线曲线分别表示无导频重传（参见式（6.35））、抗随机干扰策略（参见式（6.46）），以及抗确定性干扰策略下的可达速率（参见式（6.49）））

6.6　小结

本章讨论了大规模MIMO中物理层安全问题。特别是，重点研究了干扰问题，结果表明在训练阶段的干扰攻击会造成干扰导频污染。这种干扰导频污染会严重降低系统性能，甚至在基站天线数量无限增加的情况下也会持续存在。

利用大型天线阵列的渐近特性，可以设计导频重传方案以减小干扰导频污染的影响。在所设计的导频重传方案中，可以灵活地调整导频序列和训练开销，以增强系统的抗干扰能力。

虽然本章重点考虑单用户场景，但该抗干扰方法也可以应用于多用户网络。只需要回答两方面的问题：①应该选择哪些用户用于重传导频；②用户间干扰如何影响重传方案的性能。前者可以通过最大－最小公平准则来加以解决，例如，可以基于可达速率最小的最差用户设计导频重传方案。后者在大规模 MIMO 系统中是很容易解决的。这是由于：当考虑多个用户时，用户间干扰会对系统性能有影响，但是当天线数量很大时，用户间干扰可以忽略不计。

参考文献

[1] Cisco. Cisco Visual Networking Index: Global Mobile Data Traffic Forecast Update, 2015–2020. Cisco Systems, Inc.; Feb. 2016.

[2] Marzetta TL. Noncooperative cellular wireless with unlimited numbers of base station antennas. IEEE Trans Wireless Commun. 2010 Nov;9(11):3590–3600.

[3] Rusek F, Persson D, Lau BK, *et al.* Scaling up MIMO: Opportunities and challenges with very large arrays. IEEE Signal Process Mag. 2013 Jan;30(1):40–60.

[4] Ngo HQ, Larsson EG, and Marzetta TL. Energy and spectral efficiency of very large multiuser MIMO systems. IEEE Trans Commun. 2013 Apr;61(4): 1436–1449.

[5] Larsson EG, Edfors O, Tufvesson F, and Marzetta TL. Massive MIMO for next generation wireless systems. IEEE Commun Mag. 2014 Feb;52(2):186–195.

[6] Ngo HQ, Ashikhmin A, Yang H, Larsson EG, and Marzetta TL. Cell-Free Massive MIMO versus Small Cells. IEEE Trans Wireless Commun. 2017 Mar;16(3):1834–1850.

[7] Zhu J, Schober R, and Bhargava VK. Secure Transmission in Multicell Massive MIMO Systems. IEEE Trans Wireless Commun. 2014 Sep;13(9):4766–4781.

[8] Zhu J, and Xu W. Securing massive MIMO via power scaling. IEEE Commun Lett. 2016 May;20(5):1014–1017.

[9] Zhu J, Schober R, and Bhargava VK. Linear precoding of data and artificial noise in secure massive MIMO systems. IEEE Trans Wireless Commun. 2016 Mar;15(3):2245–2261.

[10] Kapetanovic D, Zheng G, and Rusek F. Physical layer security for massive MIMO: An overview on passive eavesdropping and active attacks. IEEE Commun Mag. 2015 Jun;53(6):21–27.

[11] Basciftci YO, Koksal CE, and Ashikhmin A. Securing massive MIMO at the physical layer. In: IEEE Conf. on Commun. and Net. Sec. (CNS) 2015. Florence, Italy; 2015. p. 272–280.

[12] Pirzadeh H, Razavizadeh SM, and Björnson E. Subverting massive MIMO by smart jamming. IEEE Wireless Commun Lett. 2016 Feb;5(1):20–23.

[13] Wang J, Lee J, Wang F, and Quek TQS. Jamming-aided secure communication in massive MIMO Rician channels. IEEE Trans Wireless Commun. 2015 Dec;14(12):6854–6868.

[14] Oggier F, and Hassibi B. The secrecy capacity of the MIMO wiretap channel. IEEE Trans Inf Theory. 2011 Aug;57(8):4961–4972.

[15] Kay SM. Fundamentals of statistical signal processing: Estimation theory. NJ, USA: Prentice-Hall; 1993.

[16] Ashikhmin A, Marzetta TL, and Li L. Interference reduction in multi-cell massive MIMO systems I: Large-scale fading precoding and decoding; 2014. Available from https://arxiv.org/abs/1411.4182.

[17] Jose J, Ashikhmin A, Marzetta TL, and Vishwanath S. Pilot contamination and precoding in multi-cell TDD systems. IEEE Trans Wireless Commun. 2011 Aug;10(8):2640–2651.

第7章

多用户中继网络中的物理层安全

Lisheng Fan①, Trung Q. Duong②

多用户通信网络是无线通信系统的主要场景之一，其典型应用是蜂窝网络中多用户与基站之间进行通信。由于无线信道的广播特性，网络中的窃听者可以窃听用户信息，导致严重的信息泄漏问题。基于此，学者们研究了很多物理层安全方法来防止多用户通信网络中信息泄漏。例如，文献［1］中，作者在发送天线选择系统中利用多用户分集来增强物理层安全，结果表明基于吞吐量策略的安全中断概率随用户数量的增加而得到改善。文献［2］研究了多用户下行传输链路的通信安全问题，通过采用基于非完美信道估计的正则化迫零预编码来改善系统的遍历安全和速率。文献［3］研究了多用户上行传输链路的通信安全问题，在不同的窃听信道状态信息假设条件下，提出了两种低复杂度的用户选择方案，实现了多用户增益。文献［4］利用用户选择和干扰技术来增强多用户通信网络的安全性能，并研究了安全自由度和干扰对通信安全性能的影响规律。

中继技术可以在不需要额外增大发射功率的情况下，提高通信容量和网络覆盖范围，被认为是下一代通信系统中极具前景的技术之一。在多用户通信系统中，中继可协助用户和基站之间的数据传输，形成多用户-多中继网络。本章将提出用户选择和中继选择的方案以增强多用户-多中继网络的物理层安全性能。文献［5］针对存在多个放大转发（AF）中继的多用户通信网络，提出了三种准则来选择最优中继和用户对。具体地，准则Ⅰ和Ⅱ研究接收者处的接收信噪比（SNR），并通过最大化用户和窃听者的信噪比来进行选择。不仅如此，准则Ⅰ同时考虑了主（合法）链路和窃听链路，而准则

---

① 广州大学计算机科学与教育软件学院。

② 英国贝尔法斯特皇后大学电子电气工程和计算机科学学院。

Ⅱ仅考虑了主链路。准则Ⅲ则是基于标准的最大-最小准则，通过最大化主链路的两跳中较小一跳的信道增益来进行选择。针对这三种选择准则，文献推导了安全中断概率的表达式并分析其安全性能。此外，还分析了高主用户/窃听者比率（MER）条件下的安全中断概率。通过渐近分析可以观察到：三种选择准则下的系统分集阶数均等于中继的数量，而与合法用户和窃听者数量无关。对于存在多个译码转发（DF）中继的多用户通信网络，文献［6］提出了两种用户-中继选择方案，并分析了两种方案下的安全性能。具体地，准则Ⅰ联合用户和中继进行选择，而准则Ⅱ在同一时间单独选择用户或中继，实现复杂度较低。我们分别推导了准则Ⅰ下安全中断概率的紧下界和准则Ⅱ安全中断概率的闭式表达式，并进一步分析了两种准则在高主/窃听者比率（MER）和高发送信噪比情况下的渐进安全中断概率。

7.1 放大转发中继

图7.1给出了一个存在多个窃听者情况下采用放大转发的两跳多用户-多中继协作网络。该网络由一个基站、m个可信AF中继、n个用户和k个窃听者组成。基站发送的数据只能通过中继向用户进行传输，同时周围存在着多个窃听者企图窃取中继节点发送的信息。假设窃听者间能够进行合作，采用最大比合并（MRC）方式来增大窃听能力。此时，选择最佳中继和用户对(R_{m^*},D_{n^*})可提升传输安全性，而其他中继和用户均保持沉默。假设受限于节点大小，所有节点均配备单天线，且工作模式为时分半双工。

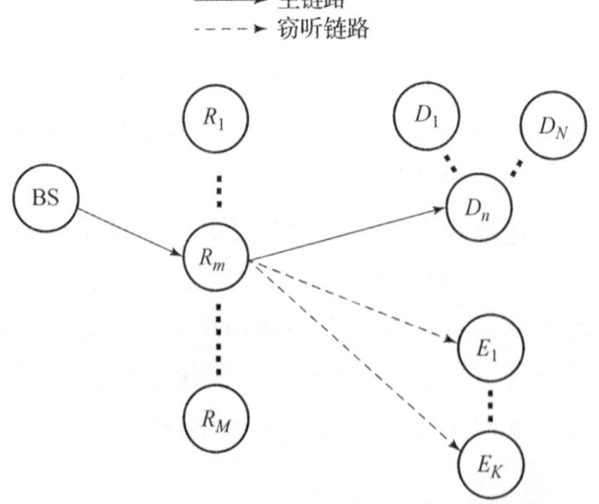

图7.1 多窃听者下的两跳多用户-多中继系统网络

假设选择了第 m 个中继和第 n 个用户进行数据传输。在第一阶段，基站向 R_m 发送归一化的信号 s，R_m 的接收信号为

$$y_m^{\mathrm{R}}=\sqrt{P_{\mathrm{S}}}h_{\mathrm{BS},R_m}s+n_{\mathrm{R}} \tag{7.1}$$

式中：P 表示基站的发送功率；$h_{\mathrm{BS},R_m}\sim\mathcal{CN}(0,\alpha)$ 表示基站到中继 R_m 的信道系数；$n_{\mathrm{R}}\sim\mathcal{CN}(0,1)$ 表示中继处的加性高斯白噪声（AWGN）。

中继 R_m 以发射功率 P_{R} 放大转发接收到的信号 y_m^{R}，放大系数用 κ 表示：

$$\kappa=\sqrt{\frac{P_{\mathrm{R}}}{P_{\mathrm{S}}\ |h_{\mathrm{BS},\mathrm{R}_m}|^2+1}} \tag{7.2}$$

在第二阶段，用户 D_n 和窃听者 E_k 接收到的信号分别为

$$y_{m,n}^{\mathrm{D}}=h_{R_m,D_n}\kappa y_m^{\mathrm{R}}+n_{\mathrm{D}} \tag{7.3}$$

$$y_{m,k}^{\mathrm{E}}=h_{R_m,E_k}\kappa y_m^{\mathrm{R}}+n_{\mathrm{E}} \tag{7.4}$$

式中：$h_{R_m,D_n}\sim\mathcal{CN}(0,\beta)$、$h_{R_m,E_k}\sim\mathcal{CN}(0,\varepsilon)$ 分别为 R_m 到 D_n 链路、R_m 到 E_k 链路的信道系数；$n_{\mathrm{D}}\sim\mathcal{CN}(0,1)$、$n_{\mathrm{E}}\sim\mathcal{CN}(0,1)$ 分别为用户 D_n 和窃听者 E_k 处的 AWGN。

根据式（7.1）~式（7.3），D_n 处的 SNR 可表示为

$$\mathrm{SNR}_{m,n}^{\mathrm{D}}=\frac{P_{\mathrm{S}}P_{\mathrm{R}}u_m v_{m,n}}{P_{\mathrm{S}}u_m+P_{\mathrm{R}}v_{m,n}+1} \tag{7.5}$$

式中：$u_m=|h_{\mathrm{BS},R_m}|^2$、$v_{m,n}=|h_{R_m,D_n}|^2$ 分别代表 BS 到 R_m 链路、R_m 到 D_n 链路的信道增益。

为增加窃听能力，窃听节点间相互合作并采用最大比合并方式合并接收信号 $y_{m,k}^{\mathrm{E}}$，合并后信号可表示为[7]

$$y_n^{\mathrm{E}}=\sum_{k=1}^{K}h_{R_m,E_k}^{\dagger}y_{m,k}^{\mathrm{E}}=\sum_{k=1}^{K}|h_{R_m,E_k}|^2\kappa y_m^{\mathrm{R}}+h_{R_m,E_k}^{\dagger}n_{\mathrm{E}} \tag{7.6}$$

式中：† 表示共轭转置。

根据式（7.6），最大比合并后 K 个窃听节点的接收 SNR 可表示为

$$\mathrm{SNR}_m^{\mathrm{E}}=\frac{P_{\mathrm{S}}P_{\mathrm{R}}u_m w_m}{P_{\mathrm{S}}u_m+P_{\mathrm{R}}w_m+1} \tag{7.7}$$

式中：$w_m=\sum_{k=1}^{K}|h_{R_m,E_k}|^2$ 表示 K 个窃听链路的总信道增益。

给定系统的目标安全数据速率为 R_{s}，第 m 个中继和第 n 个用户间的安全中断概率可表示为

$$P_{\mathrm{out},m,n}=\Pr\left[\frac{1}{2}\log_2(1+\mathrm{SNR}_{m,n}^{\mathrm{D}})-\frac{1}{2}\log_2(1+\mathrm{SNR}_m^{\mathrm{E}})<R_{\mathrm{s}}\right] \tag{7.8}$$

$$P_{\mathrm{out},m,n}=\Pr\left(\frac{1+\mathrm{SNR}_{m,n}^{\mathrm{D}}}{1+\mathrm{SNR}_m^{\mathrm{E}}}<\gamma_{\mathrm{th}}\right) \tag{7.9}$$

式中：$\gamma_{\text{th}}=2^{2R_{\text{s}}}$表示安全SNR阈值。

7.1.1 中继和用户选择

从系统角度考虑，通过选择最优中继和用户对(R_{m^*},D_{n^*})来最小化安全中断概率，即

$$(m^*,n^*)=\arg\min_{m=1,2,\cdots,M}\min_{n=1,2,\cdots,N}P_{\text{out},m,n} \tag{7.10}$$

$$(m^*,n^*)=\arg\min_{m=1,2,\cdots,M}\min_{n=1,2,\cdots,N}\Pr\left(\frac{1+\text{SNR}_{m,n}^{\text{D}}}{1+\text{SNR}_m^{\text{E}}}<\gamma_{\text{th}}\right) \tag{7.11}$$

可认为

$$\frac{1+\text{SNR}_{m,n}^{\text{D}}}{1+\text{SNR}_m^{\text{E}}}\simeq\frac{\text{SNR}_{m,n}^{\text{D}}}{\text{SNR}_m^{\text{E}}} \tag{7.12}$$

$$\frac{1+\text{SNR}_{m,n}^{\text{D}}}{1+\text{SNR}_m^{\text{E}}}=\frac{P_{\text{S}}P_{\text{R}}u_m v_{m,n}/(P_{\text{S}}u_m+P_{\text{R}}v_{m,n}+1)}{P_{\text{S}}P_{\text{R}}u_m w_m/(P_{\text{S}}u_m+P_{\text{R}}w_m+1)} \tag{7.13}$$

$$\frac{1+\text{SNR}_{m,n}^{\text{D}}}{1+\text{SNR}_m^{\text{E}}}\simeq\frac{P_{\text{S}}P_{\text{R}}u_m v_{m,n}/(P_{\text{S}}u_m+P_{\text{R}}v_{m,n})}{P_{\text{S}}P_{\text{R}}u_m w_m/(P_{\text{S}}u_m+P_{\text{R}}w_m)} \tag{7.14}$$

式（7.12）中利用了近似关系$(1+x)/(1+y)\simeq x/y$。令$\eta=\dfrac{P_{\text{R}}}{P_{\text{S}}}$表示中继和基站的发射功率比，可得

$$\frac{1+\text{SNR}_{m,n}^{\text{D}}}{1+\text{SNR}_m^{\text{E}}}\simeq\frac{(u_m+\eta w_m)v_{m,n}}{(u_m+\eta v_{m,n})w_m} \tag{7.15}$$

因此，基于式（7.15）可以近似得到$P_{\text{out},m,n}$，即

$$P_{\text{out},m,n}\simeq\Pr\left[\frac{(u_m+\eta w_m)v_{m,n}}{(u_m+\eta v_{m,n})w_m}<\gamma_{\text{th}}\right] \tag{7.16}$$

$$P_{\text{out},m,n}=\Pr\left[\frac{u_m v_{m,n}}{\gamma_{\text{th}}u_m+(\gamma_{\text{th}}-1)\eta v_{m,n}}<w_m\right] \tag{7.17}$$

这样，最优中继和用户对的选择准则可表示为

$$(m^*,n^*)=\arg\max_{m=1,2,\cdots,M}\max_{n=1,2,\cdots,N}\left(\frac{u_m v_{m,n}/(\gamma_{\text{th}}u_m+(\gamma_{\text{th}}-1)\eta v_{m,n})}{w_m}\right) \tag{7.18}$$

不难发现，式（7.18）中的准则等价于基于主链路和窃听者链路来最大化用户与窃听者的接收SNR值，从而可以实现近似最优的安全中断概率。

值得注意的是，式（7.18）中的近似最优选择，需要知道主链路和窃听链路的信道参数信息。然而在某些场景中，往往很难甚至根本无法获取窃听链路的信道参数。在这种情况下，中继和用户对选择只能依靠主链路的信道参数。将下式

$$u_m v_{m,n}/(\gamma_{\text{th}} u_m + (\gamma_{\text{th}}-1)\eta v_{m,n}) \leqslant \min\left(\frac{u_m}{(\gamma_{\text{th}}-1)\eta}, \frac{v_{m,n}}{\gamma_{\text{th}}}\right) \tag{7.19}$$

代入式（7.18）中，可得到次优的中继和用户选择方案，即

$$(m^*, n^*) = \arg \max_{m=1,2,\cdots,M} \max_{n=1,2,\cdots,N} \min\left(\frac{u_m}{(\gamma_{\text{th}}-1)\eta}, \frac{v_{m,n}}{\gamma_{\text{th}}}\right) \tag{7.20}$$

该方案仅依靠主链路信息最大化用户与窃听者之间的 SNR 比值。

此外，根据标准的最大－最小准则，通过最大化主链路两跳信道增益的最小值来选择中继和用户对，即

$$(m^*, n^*) = \arg \max_{m=1,2,\cdots,M} \max_{n=1,2,\cdots,N} \min(u_m, v_{m,n}) \tag{7.21}$$

方便起见，将式（7.18）、式（7.20）和式（7.21）对应的选择准则分别命名为准则Ⅰ、Ⅱ和Ⅲ。

7.1.2 下界

本节将给出准则Ⅰ、Ⅱ和Ⅲ的安全中断概率解析表达式。根据式(7.17)，在高发射功率情况下，选择了最佳中继和用户对(R_{m^*}, D_{n^*})后网络安全中断概率可表示为

$$P_{\text{out},m^*,n^*} \simeq \Pr(Z_{m^*,n^*} < w_{m^*}). \tag{7.22}$$

式中：$Z_{m,n} = \dfrac{u_m v_{m,n}}{\gamma_{\text{th}} u_m + (\gamma_{\text{th}}-1)\eta}$。

7.1.2.1 准则Ⅰ

$Z_{m,n}$随$v_{m,n}$单调递增，在选定中继R_m的情况下，最优的用户选择应当使得$v_{m,n}$最大，即

$$n_m^* = \arg \max_{n=1,2,\cdots,N} v_{m,n} \tag{7.23}$$

v_{m,n_m^*}的概率密度函数（PDF）为文献［8］中式（9E.2），即

$$f_{v_{m,n_m^*}}(v) = \sum_{n=1}^{N} (-1)^{n-1} \binom{N}{n} \frac{n}{\beta} \mathrm{e}^{-\frac{nv}{\beta}} \tag{7.24}$$

Z_{m,n_m^*}的累积密度函数（CDF）可表示为

$$F_{Z_{m,n_m^*}}(z) = \Pr\left(\frac{u_m v_{m,n_m^*}}{\gamma_{\text{th}} u_m + (\gamma_{\text{th}}-1)\eta v_{m,n_m^*}} < z\right) \tag{7.25}$$

$$F_{Z_{m,n_m^*}}(z) = \Pr[u_m(v_{m,n_m^*} - \gamma_{\text{th}} z) < (\gamma_{\text{th}}-1)\eta v_{m,n_m^*} z] \tag{7.26}$$

将式（7.24）中v_{m,n_m^*}的 PDF 和$f_{u_m}(u) = \dfrac{1}{\alpha}\mathrm{e}^{-\frac{u}{\alpha}}$应用到上述公式中，进而

求解积分，从而得到 Z_{m,n_m^*} 的 CDF 为

$$F_{Z_{m,n_m^*}}(z) = 1 - \sum_{n=1}^{N} (-1)^{n-1} \binom{N}{n} b_n \mathrm{e}^{-\left(\frac{n_{2/h}}{\beta}+\frac{\eta(r_h-1)}{\alpha}\right)^z} z\,\mathbb{K}_1(b_n z) \quad (7.27)$$

其中，我们利用了文献［9］中式（3.324）和 $b_n = \sqrt{\dfrac{4n\eta\gamma_{\mathrm{th}}(\gamma_{\mathrm{th}}-1)}{\alpha\beta}}$。根据式（7.22）~式（7.27），可得到发射功率较大情况下第 m 个中继的安全中断概率的闭式表达式为

$$P_{\mathrm{out},m,n_m^*} \simeq \Pr(Z_{m,n_m^*} < w_m) \quad (7.28)$$

$$P_{\mathrm{out},m,n_m^*} = \int_0^{\infty} f_{w_m}(w) F_{Z_{m,n_m^*}}(w)\,\mathrm{d}w \quad (7.29)$$

其中，式（7.28）中的近似符号是由于在式（7.15）中所使用的发射功率较大的假设条件。

值得注意的是，$f_{w_m}(w) = \dfrac{w^{K-1}}{\Gamma(K)\varepsilon^K}\mathrm{e}^{-\frac{w}{\varepsilon}}$ 是 w_m 的 PDF[8]，从而我们可运用文献［9］中式（6.621.3）获得第 m 个中继的安全中断概率为

$$P_{\mathrm{out},m,n_m^*} \simeq 1 - \sum_{n=1}^{N} (-1)^{n-1} \binom{N}{n} \frac{2\sqrt{\pi} b_n^2 \Gamma(K+2)}{\varepsilon^K (b_n + c_n)^{K+2} \Gamma\left(K + \frac{3}{2}\right)} \times {}_2F_1\left(K+2, \frac{3}{2}, K + \frac{3}{2}; \frac{c_n - b_n}{c_n + b_n}\right) \quad (7.30)$$

式中：$c_n = \dfrac{1}{\varepsilon} + \dfrac{n\gamma_{\mathrm{th}}}{\beta} + \dfrac{\eta(\gamma_{\mathrm{th}}-1)}{\alpha}$；${}_2F_1(\cdot)$ 表示高斯超几何函数[9]。

由于 $Z_{m^*,n^*}/w_{m^*}$ 是 M 个独立变量 $\{Z_{m,n^*}/w_m\}$ 中的最大值，因此在发射功率较大情况下准则Ⅰ的安全中断概率可表示为

$$P_{\mathrm{out},m^*,n^*} \simeq \left[1 - \sum_{n=1}^{N} \binom{N}{n} \frac{2(-1)^{n-1}\sqrt{\pi} b_n^2 \Gamma(K+2)}{\varepsilon^K (b_n + c_n)^{K+2} \Gamma\left(K + \frac{3}{2}\right)} \times {}_2F_1\left(K+2, \frac{3}{2}, K + \frac{3}{2}; \frac{c_n - b_n}{c_n + b_n}\right)\right]^M \quad (7.31)$$

7.1.2.2 准则Ⅱ和Ⅲ

本节将以统一的方式推导准则Ⅱ和Ⅲ的安全中断概率。注意到式（7.20）与式（7.21）中的准则Ⅱ和Ⅲ可统一表示为

$$(m^*, n^*) = \arg \max_{m=1,2,\cdots,M} \max_{n=1,2,\cdots,N} \min(u_m, \rho v_{m,n}) \quad (7.32)$$

式中：$\rho = \rho_{\mathrm{II}}$ 和 $\rho = \rho_{\mathrm{III}}$ 分别对应准则Ⅱ和Ⅲ，$\rho_{\mathrm{II}} = \dfrac{(\gamma_{\mathrm{th}}-1)\eta}{\gamma_{\mathrm{th}}}$ 和 $\rho_{\mathrm{III}} = 1$。根据式（7.32），u_{m^*} 和 v_{m^*,n^*} 的 CDF 可由如下定理给出。

定理 7.1 u_{m^*}和v_{m^*,n^*}的 CDF 可推导为

$$\begin{cases} F_{u_{m^*}}(x) = 1 - \sum_{n=1}^{N}\tilde{\sum_{i}}\left(q_{1i}\mathrm{e}^{-q_{2i}x} + q_{3i}\mathrm{e}^{-\frac{x}{\alpha}}\right) \\ F_{v_{m^*,n^*}}(x) = 1 - \sum_{n=1}^{N}\tilde{\sum_{i}}\left(\frac{q_{4i}}{q_{2i}\rho}\mathrm{e}^{-q_{2i}\rho x} + \frac{q_{5i}\beta}{n}\mathrm{e}^{-\frac{n}{\beta}x}\right) \end{cases} \tag{7.33}$$

其中，q_{1i}、q_{2i}、q_{3i}、q_{4i}和q_{5i}分别为

$$\begin{cases} q_{1i} = M(-1)^{n-1}\binom{N}{n}\frac{d_i\mathrm{e}_i}{\alpha\left(\mathrm{e}_i + \frac{n}{\rho\beta}\right)\left(\mathrm{e}_i + \frac{1}{\alpha} + \frac{n}{\rho\beta}\right)} \\ q_{2i} = \mathrm{e}_i + \frac{1}{\alpha} + \frac{n}{\rho\beta},\ q_{3i} = M(-1)^{n-1}\binom{N}{n}\frac{nd_i}{n + \mathrm{e}_i\rho\beta} \\ q_{4i} = M(-1)^{n-1}\binom{N}{n}\frac{nd_i\mathrm{e}_i}{\beta\left(\mathrm{e}_i + \frac{1}{\alpha}\right)}, q_{5i} = M(-1)^{n-1}\binom{N}{n}\frac{nd_i}{\beta(1 + \alpha\mathrm{e}_i)} \end{cases} \tag{7.34}$$

$$\begin{cases} \sum_{i} = \sum_{i_1=0}^{M-1}\sum_{i_2=0}^{i_1}\sum_{i_3=0}^{i_2}\cdots\sum_{i_N=0}^{i_{N-1}} \\ d_i = (-1)^{i_1+i_2+\cdots+i_N}\binom{M-1}{i_1}\binom{i_1}{i_2}\cdots\binom{i_{N-1}}{i_N}\binom{N}{N-1}\Big)^{i_{N-1}-i_N} \\ e_i = \frac{i_1}{\alpha} + \frac{i_1 + i_2 + \cdots + i_N}{\rho\beta} \end{cases} \tag{7.35}$$

证明：请参阅附录 A。

根据定理 7.1，我们进一步计算 $Z_{m^*,n^*} = \frac{u_m{}^* v_{m^*,n^*}}{\gamma_{\mathrm{th}}u_m{}^* + (\gamma_{\mathrm{th}} - 1)\eta v_{m^*,n^*}}$的 CDF 为

$$F_{Z_{m^*,n^*}}(z) = \Pr\left[\frac{u_{m^*}v_{m^*,n^*}}{\gamma_{\mathrm{th}}u_{m^*} + (\gamma_{\mathrm{th}} - 1)\eta v_{m^*,n^*}} < z\right] \tag{7.36}$$

$$F_{Z_{m^*,n^*}}(z) = \Pr[u_{m^*}(v_{m^*,n^*} - \gamma_{\mathrm{th}}z) < (\gamma_{\mathrm{th}} - 1)\eta v_{m^*,n^*}z] \tag{7.37}$$

将定理 7.1 的结果应用到式（7.37）中，可得到 Z_{m^*,n^*}的 CDF 为

$$F_{Z_{m^*,n^*}}(z) = 1 - \sum_{n_1}^{N}\sum_{n_2=1}^{N}\tilde{\sum_{i}}\tilde{\sum_{j}}\left\{\frac{q_{5i}q_{1j}\beta\psi_1}{n_1}z\mathrm{e}^{-\left[\frac{n_1\gamma_{\mathrm{th}}}{\beta}+q_{2j}\eta(\gamma_{\mathrm{th}}-1)\right]z}\mathbb{K}_1(\psi_1 z)\right.$$

$$+ \frac{q_{5i}q_{3j}\beta\psi_2}{n_1}z\mathrm{e}^{-\left[\frac{n_1\gamma_{\mathrm{th}}}{\beta}+\frac{(\gamma_{\mathrm{th}}-1)\eta}{\alpha}\right]z}\mathbb{K}_1(\psi_2 z)$$

$$+\frac{q_{4i}q_{1j}\psi_3}{\rho q_{2i}}z\mathrm{e}^{-[q_{2i}\rho\gamma_{\mathrm{th}}+q_{2j}\eta(\gamma_{\mathrm{th}}-1)]z}\mathbb{K}_1(\psi_3 z)$$
$$+\frac{q_{4i}q_{3j}\psi_4}{\rho q_{2i}}z\mathrm{e}^{-\left[\rho q_{2i}\gamma_{\mathrm{th}}+\frac{(\gamma_{\mathrm{th}}-1)\eta}{\alpha}\right]z}\mathbb{K}_1(\psi_4 z)\Bigg\}\tag{7.38}$$

其中

$$\begin{cases}\psi_1=\sqrt{\dfrac{4n_1q_{2j}\eta\gamma_{\mathrm{th}}(\gamma_{\mathrm{th}}-1)}{\beta}},\psi_2=\sqrt{\dfrac{4n_1\eta\gamma_{\mathrm{th}}(\gamma_{\mathrm{th}}-1)}{\alpha\beta}}\\ \psi_3=\sqrt{4q_{2i}q_{2j}\rho\eta\gamma_{\mathrm{th}}(\gamma_{\mathrm{th}}-1)},\psi_4=\sqrt{\dfrac{4\rho q_{2i}\eta\gamma_{\mathrm{th}}(\gamma_{\mathrm{th}}-1)}{\alpha}}\end{cases}\tag{7.39}$$

则系统的安全中断概率可推导为

$$P_{\mathrm{out},m^*,n^*}\simeq\Pr(Z_{m^*,n^*}<w_{m^*})\tag{7.40}$$

$$P_{\mathrm{out},m^*,n^*}=\int_0^{\infty}f_{w_{m^*}}(w)F_{Z_{m^*,n^*}}(w)\mathrm{d}w\tag{7.41}$$

在准则Ⅱ和Ⅲ中，中继和用户的选择不涉及窃听链路信息。因此，我们得到$f_{w_{m^*}}(w)=\dfrac{w^{K-1}}{\Gamma(K)\varepsilon^K}\mathrm{e}^{-\frac{w}{\varepsilon}}$[8]。将$f_{w_{m^*}}(w)$代入式（7.41）中，可得

$$\begin{aligned}P_{\mathrm{out},m^*,n^*}(z)\simeq 1-\sum_{n_1}^{N}\sum_{n_2=1}^{N}\sum_{i}^{\tilde{}}\sum_{j}^{\tilde{}}\frac{2\sqrt{\pi}\Gamma(K+2)}{\Gamma\left(K+\frac{3}{2}\right)\varepsilon^K}\Bigg[&\frac{q_{5i}q_{1j}\beta\psi_1^2}{n_1(\psi_1+\tau_1)^{K+2}}{}_2F_1\times\\&\left(K+2,\frac{3}{2},K+\frac{3}{2};\frac{\tau_1-\psi_1}{\tau_1+\psi_1}\right)+\frac{q_{5i}q_{3j}\beta\psi_2^2}{n_1(\psi_2+\tau_2)^{K+2}}{}_2F_1\times\\&\left(K+2,\frac{3}{2},K+\frac{3}{2};\frac{\tau_2-\psi_2}{\tau_2+\psi_2}\right)+\frac{q_{4i}q_{1j}\psi_3^2}{\rho q_{2i}(\psi_3+\tau_3)^{K+2}}{}_2F_1\times\\&\left(K+2,\frac{3}{2},K+\frac{3}{2};\frac{\tau_3-\psi_3}{\tau_3+\psi_3}\right)+\frac{q_{4i}q_{3j}\psi_4^2}{\rho q_{2i}(\psi_4+\tau_4)^{K+2}}{}_2F_1\times\\&\left(K+2,\frac{3}{2},K+\frac{3}{2};\frac{\tau_4-\psi_4}{\tau_4+\psi_4}\right)\Bigg]\end{aligned}\tag{7.42}$$

其中

$$\begin{cases}\tau_1=\dfrac{1}{\varepsilon}+\dfrac{n_1\gamma_{\mathrm{th}}}{\beta}+q_{2j}\eta(\gamma_{\mathrm{th}}-1),\tau_2=\dfrac{1}{\varepsilon}+\dfrac{n_1\gamma_{\mathrm{th}}}{\beta}+\dfrac{(\gamma_{\mathrm{th}}-1)\eta}{\alpha}\\ \tau_3=\dfrac{1}{\varepsilon}+q_{2i}\rho\gamma_{\mathrm{th}}+q_{2j}\eta(\gamma_{\mathrm{th}}-1),\tau_4=\dfrac{1}{\varepsilon}+q_{2i}\rho\gamma_{\mathrm{th}}+\dfrac{(\gamma_{\mathrm{th}}-1)\eta}{\alpha}\end{cases}\tag{7.43}$$

将$\rho=\rho_{\mathrm{II}}$和$\rho=\rho_{\mathrm{III}}$分别代入式（7.42），可分别得到准则Ⅱ和Ⅲ情况下安全中断概率的解析表达式。

7.1.3 渐近分析

本节将讨论高 MER 情况下三种选择准则的渐近安全中断概率。根据渐近表达式，我们将进一步得到三种准则的系统分集度性能。

7.1.3.1 准则 I

为了分析准则 I 的分集增益，我们首先考虑 Z_{m,n_m^*} 的上界为

$$Z_{m,n_m^*}^{b} \leqslant \min\left(\frac{u_m}{(\gamma_{\text{th}}-1)\eta}, \frac{v_{m,n_m^*}}{\gamma_{\text{th}}}\right) \tag{7.44}$$

通过应用近似关系$(1+x)^{-1} \simeq 1-x$[9]，可得到高 MER 情况下 P_{out,m,n_m^*} 的渐近表达式为

$$P_{\text{out},m,n_m^*}^{\text{asy}} = \begin{cases} \dfrac{K}{\lambda}\left[\dfrac{(\gamma_{\text{th}}-1)\eta\beta}{\alpha}+\dfrac{\gamma_{\text{th}}}{\alpha}\right], & N=1 \\ \dfrac{K}{\lambda}\dfrac{(\gamma_{\text{th}}-1)\eta\beta}{\alpha}, & N\geqslant 2 \end{cases} \tag{7.45}$$

式中，$\lambda=\dfrac{\beta}{\varepsilon}$表示 MER[10]，定义为从中继到用户的平均信道增益与从中继到窃听者的平均信道增益的比值。

根据式（7.45），可推导高 MER 情况下准则 I 的渐近安全中断概率为

$$P_{\text{out},m^*,n^*}^{\text{asy}} = \begin{cases} \dfrac{K^M}{\lambda^M}\left[\dfrac{(\gamma_{\text{th}}-1)\eta\beta}{\alpha}+\dfrac{\gamma_{\text{th}}}{\alpha}\right]^M, & N=1 \\ \dfrac{K^M}{\lambda^M}\left(\dfrac{(\gamma_{\text{th}}-1)\eta\beta}{\alpha}\right)^M, & N\geqslant 2 \end{cases} \tag{7.46}$$

受近似表达式启发，我们发现，无论用户与窃听者的数量是多少，准则 I 的分集增益等于 M。此外，在 $N\geqslant 2$ 时，渐进安全中断概率与用户数量无关，表明在高 MER 情况下增大用户数量无法取得更高的增益。这是因为当 $N\geqslant 2$ 时，基站到中继站的第一跳链路成为双跳数据传输性能的瓶颈。

7.1.3.2 准则 II 和 III

为了得到准则 II 和 III 下的渐近安全中断概率，首先计算 u_{m^*}、v_{m^*,n^*} 的 CDF 渐近表达式：

$$F_{u_{m^*}}(x) \simeq \begin{cases} \left(1+\dfrac{\rho\beta}{\alpha}\right)^{M-1}\dfrac{\rho\beta}{\alpha}\dfrac{x^M}{(\rho\beta)^M}, & N=1 \\ \dfrac{x^M}{\alpha^M}, & N\geqslant 2 \end{cases} \tag{7.47}$$

$$F_{v_{m^*,n^*}}(x) \simeq \begin{cases} \left(1+\dfrac{\rho\beta}{\alpha}\right)^{M-1}\dfrac{x^M}{\beta^M}, & N=1 \\ \dfrac{MN}{M+N-1}\dfrac{\rho^{M-1}x^{M+N-1}}{\alpha^{M-1}\beta^N}, & N\geqslant 2 \end{cases} \tag{7.48}$$

根据文献 [9]，当$|x|$值较小时，有近似 $e^{-x}\simeq\sum_{m=0}^{M}(-1)^m x^m$。那么，可以得到 $Z^b_{m^*,n^*}$ 的 CDF 为

$$F_{Z^b_{m^*,n^*}}(z)=\Pr\left[\min\left(\frac{u_{m^*}}{(\gamma_{\text{th}}-1)\eta},\frac{v_{m^*,n^*}}{\gamma_{\text{th}}}\right)<z\right] \tag{7.49}$$

$$\simeq\begin{cases}\mu_1\left(\dfrac{z}{\beta}\right)^M, & N=1\\ \mu_{21}\left(\dfrac{z}{\beta}\right)^M+\mu_{22}\left(\dfrac{z}{\beta}\right)^{M+N-1}, & N\geqslant 2\end{cases} \tag{7.50}$$

其中

$$\begin{cases}\mu_1=\left(1+\dfrac{\rho\beta}{\alpha}\right)^{M-1}\left[\dfrac{\rho\beta}{\alpha}\left(\dfrac{(\gamma_{\text{th}}-1)\eta}{\rho}\right)^M+\gamma_{\text{th}}^M\right]\\ \mu_{21}=\dfrac{\beta^M}{\alpha^M}((\gamma_{\text{th}}-1)\eta)^M,\ \mu_{22}=\dfrac{MN}{M+N-1}\left(\dfrac{\rho\beta}{\alpha}\right)^{M-1}\gamma_{\text{th}}^{M+N-1}\end{cases} \tag{7.51}$$

将 $Z^b_{m^*,n^*}$ 的渐进 CDF 带入式（7.41），然后求解可以得到高 MER 情况下准则Ⅱ和Ⅲ的渐近安全中断概率为

$$P^{asy}_{\text{out},m^*,n^*}\simeq\begin{cases}\dfrac{\mu_1\Gamma(M+K)}{\Gamma(K)}\dfrac{1}{(\lambda)^M}, & N=1\\ \dfrac{\mu_{21}\Gamma(M+K)}{\Gamma(K)}\dfrac{1}{(\lambda)^M}+\dfrac{\mu_{22}\Gamma(M+N+K-1)}{\Gamma(K)}\\ \times\dfrac{1}{(\lambda)^{M+N-1}}, & N\geqslant 2\end{cases} \tag{7.52}$$

式中：$\rho=\rho_{\text{Ⅱ}}$和$\rho=\rho_{\text{Ⅲ}}$分别对应于准则Ⅱ和Ⅲ的渐进安全中断概率。值得注意的是，当 $N\geqslant 2$ 时，式（7.52）中右侧（RHS）第一项，在高 MER 情况下占据主要影响，而第二项则变得次要。因此，对于准则Ⅱ和Ⅲ，可得到如下结论：不论用户和窃听节点的数量如何，系统分集阶数都等于 M。此外，当 $N\geqslant 2$ 时，式（7.52）中右侧（RHS）第一项与用户数量无关，表明高 MER 情况下，无法通过增加用户数量获得增益。这同样是因为当 $N\geqslant 2$ 时，从基站到中继的第一跳链路质量成为两跳链路传输的瓶颈。

7.1.4 仿真分析

本节通过仿真验证所提出的理论分析。假设系统中的所有链路都经历平坦瑞利衰落，并使用损耗因子为 4 的路径损耗模型来计算平均信道增益。基站与目的用户之间的距离为单位长度，中继位于基站与目的用户之间，基站与中继间距离用 D 表示，即 $\alpha=D^{-4}$、$\beta=(1-D)^{-4}$。此外，由于我们关注

的是 MER 对系统安全中断概率的影响，故在基站处设置了一个较高的发射功率，即 $P_S = 30\text{dB}$。

图 7.2 显示了不同中继数量情况下，准则Ⅰ、Ⅱ和Ⅲ的安全中断概率随 MER 的变化曲线，其中，$D = 0.5$、$R_s = 0.2\text{bit/Hz}$、$N = 2$、$K = 2$，M 取值从 1～3。为了便于比较，我们画出了三种选择准则的仿真结果，以及式 (7.11) 对应的最优选择。从图中可知，对于不同的 MER 和 M 值，准则Ⅰ～Ⅲ的理论分析结果与仿真结果相吻合，验证了式（7.31）和式（7.42）中安全中断概率解析表达式的正确性。此外，在高 MER 时，渐近结果收敛于精确解，验证了所得渐近表达式的正确性。安全中断概率曲线的斜率与 M 平行，这验证了三个准则下系统分集阶数均为 M。此外，准则Ⅰ达到了与最优选择相当的性能，并且优于准则Ⅱ和Ⅲ。这是因为准则Ⅰ联合主链路和窃听链路来进行选择。此外，准则Ⅱ的性能优于准则Ⅲ，这是因为前者联合考虑了两跳链路对系统安全性的影响。另外，还可以发现，三个准则之间的安全性能差距随着中继数目的增加而增加。

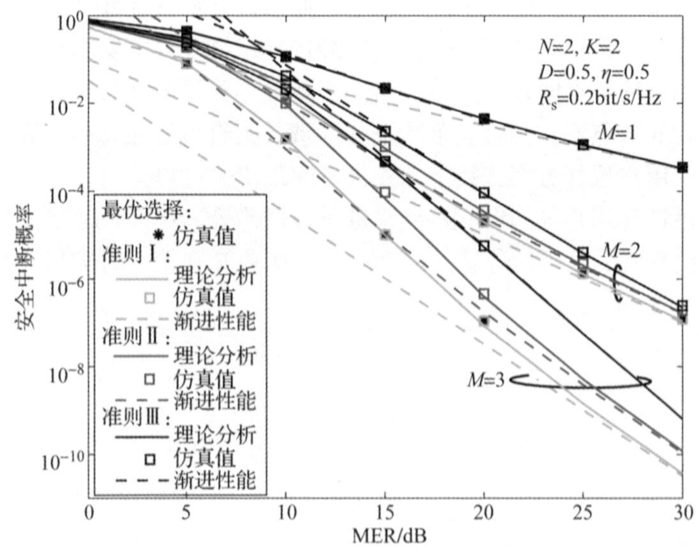

图 7.2　不同中继数量下安全中断概率随 MER 的变化示意图[5]（© IEEE 2016）

7.2　译码转发中继

对于采用 DF 中继的多用户－多中继网络，其安全系统模型如图 7.3 所示，其中，包含 M 个用户 $S_m(m \in \{1,2,\cdots,M\})$，$N$ 个 DF 中继 $R_n(n \in \{1,$

$2,\cdots,N\}$)，辅助基站 D 与用户 S_m 之间通信。假设网络中存在一个窃听者 E，同时监听两跳链路传输的信息。与 AF 中继场景设定相同，假设网络中所有节点都配备单天线且工作在时分半双工模式。

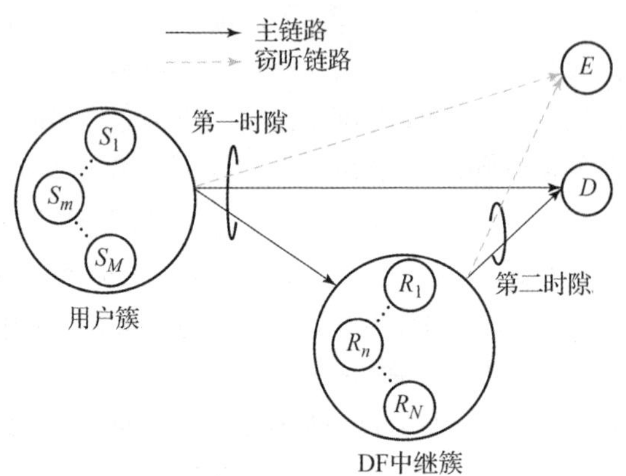

图 7.3　两跳多用户－多中继及带有直传链路的安全传输系统模型图

从 M 个用户中选择最优用户 S_m 与 D 通信，并从 N 个中继中选择 R_{n^*} 来进行辅助传输，系统联合用户选择和中继选择来增强通信安全性能。我们假设源节点和目的节点间存在直传链路。实际上，若源节点与目的节点相距不远，或者目的节点不在阴影衰落严重的区域，则直传链路总是存在的。为了介绍中继和用户选择方案，接下来先讨论两跳传输过程。

假设已选择用户 S_m 和中继 R_n 来进行数据传输。在第一时隙，S_m 以功率 P 发送单位方差的编码信号 x_s。那么，R_n、D 和 E 在第一时隙接收到的信号分别为

$$y_{R_n} = h_{S_m,R_n}\sqrt{P}x_s + n_{\mathrm{R}} \tag{7.53}$$

$$y_{\mathrm{D}}^{(1)} = h_{S_m,D}\sqrt{P}x_s + n_{\mathrm{D}}^{(1)} \tag{7.54}$$

$$y_{\mathrm{E}}^{(1)} = h_{S_m,E}\sqrt{P}x_s + n_{\mathrm{E}}^{(1)} \tag{7.55}$$

式中：$h_{S_m,R_n} \sim \mathcal{CN}(0,\alpha)$、$h_{S_m,D} \sim \mathcal{CN}(0,\varepsilon_1)$ 和 $h_{S_m,E} \sim \mathcal{CN}(0,\varepsilon_2)$ 分别表示 S_m-R_n 链路、S_m-D 链路和 S_m-E 链路的信道系数。$n_{\mathrm{R}} \sim \mathcal{CN}(0,\sigma^2)$、$n_{\mathrm{D}}^{(1)} \sim \mathcal{CN}(0,\sigma^2)$ 和 $n_{\mathrm{E}}^{(1)} \sim \mathcal{CN}(0,\sigma^2)$ 分别表示第一时隙中 R_n、D 和 E 处的加性高斯白噪声 AWGN。若 R_n 成功解码第一时隙的接收信号，则使用与 S_m 相同的码本再次编码信号并在第二时隙转发给 D。

第二时隙中，D 和 E 接收的信号分别为

$$y_{\mathrm{D}}^{(2)} = h_{R_n,D}\sqrt{P}x_s + n_{\mathrm{D}}^{(2)} \tag{7.56}$$

$$y_{\mathrm{E}}^{(2)} = h_{R_n,E}\sqrt{P}x_s + n_{\mathrm{E}}^{(2)} \tag{7.57}$$

式中：$h_{R_n,D} \sim \mathcal{CN}(0,\beta_1)$ 和 $h_{R_n,E} \sim \mathcal{CN}(0,\beta_2)$ 分别表示 $R_n - D$ 链路和 $R_n - E$ 链路的信道系数。$n_{\mathrm{D}}^{(2)} \sim \mathcal{CN}(0,\sigma^2)$ 和 $n_{\mathrm{E}}^{(2)} \sim \mathcal{CN}(0,\sigma^2)$ 分别表示第二时隙 D 和 E 处的 AWGN。记 $u_{mn} = |h_{S_m,R_n}|^2$、$v_{1n} = |h_{R_n,D}|^2$、$v_{2n} = |h_{R_n,E}|^2$、$w_{1m} = |h_{S_m,D}|^2$ 和 $w_{2m} = |h_{S_m,E}|^2$ 分别为 $S_m - R_n$ 链路、$R_n - D$ 链路、$R_n - E$ 链路、链路 $S_m - D$ 和 $S_m - E$ 链路的信道增益。

根据文献［11］中式（15），对于重复编码的固定 DF 中继而言，D 处的端到端 SNR 可表示为

$$\mathrm{SNR_D} = \bar{\gamma}\min(u_{mn}, v_{1n} + w_{1m}) \tag{7.58}$$

式中：$\bar{\gamma} = P/\sigma^2$ 代表传输 SNR。根据文献［12－13］，当系统可达安全速率小于预先设定的安全速率 R_s 时，安全中断将发生，即

$$\frac{1}{2}\log_2(1 + \bar{\gamma}\min(u_{mn}, v_{1n} + w_{1m})) - \frac{1}{2}\log_2(1 + \bar{\gamma}(v_{2n} + w_{2m})) < R_s \tag{7.59}$$

经过一些代数运算后，式（7.59）可以重写为

$$\frac{1 + \bar{\gamma}\min(u_{mn}, v_{1n} + w_{1m})}{1 + \bar{\gamma}(v_{2n} + w_{2m})} < \gamma_s \tag{7.60}$$

式中：$\gamma_s = 2^{2R_s}$ 为安全 SNR 门限。

7.2.1 用户和中继选择策略

考虑实际被动窃听场景，即仅知道窃听信道的统计信息，而窃听信道的瞬时信息是未知的。此时，用户、中继和基站无法获知窃听者的准确信道系数 $h_{S_m,E}$ 和 $h_{R_n,E}$。基于此，我们提出了双用户和中继选择准则来选择最佳用户和中继对，以实现网络中的安全传输，具体介绍如下。

7.2.1.1 准则 I

本节采用联合用户和中继选择方案来最大化主链路的可达速率，被选中的用户和中继的索引可以数学表示如下：

$$(m^*, n^*) = \arg\max_{1\leqslant m\leqslant M}\max_{1\leqslant n\leqslant N}\min(u_{mn}, v_{1n} + w_{1m}) \tag{7.61}$$

该准则在被动窃听场景下可实现最优安全性能。

在准则 I 中，直传链路信道增益 w_{1m} 被融合到中继链路信道增益 $\min(u_{mn}, v_{1n})$ 中，此时这两项无法单独讨论。因此，准则 I 是一种用户和中继联合选择的机制，其中，用户选择和中继选择相互影响。

7.2.1.2 准则 II

不同于准则 I，准则 II 将分别进行用户选择和中继选择。具体地，首先

基于直传链路质量确定最优用户[14]，再基于两跳中继链路选择最优中继[15]。被选中的用户和中继的索引可分别表示为

$$m^{*}=\arg\max_{1\leqslant m\leqslant M} w_{1m} \tag{7.62}$$

和

$$n^{*}=\arg\max_{1\leqslant n\leqslant N}\min(u_{m^{*}n},v_{1n}) \tag{7.63}$$

从式（7.62）和式（7.63）中可以看出，准则Ⅱ中用户选择和中继选择是分别进行的。不同于准则Ⅰ需要一个加法器和一个比较器进行联合选择，准则Ⅱ只需要一个简单的比较器就可以单独进行用户选择或中继选择，计算复杂度较低。

基于式（7.60），选中最优用户 $S_{m^{*}}$ 和最优中继 $R_{n^{*}}$ 后的安全中断概率可表示为

$$\begin{aligned}P_{\text{out}}&=\Pr\left[\frac{1+\bar{\gamma}\min(u_{m^{*}n^{*}},v_{1n^{*}}+w_{1m^{*}})}{1+\bar{\gamma}(v_{2n^{*}}+w_{2m^{*}})}<\gamma_{\text{s}}\right]\\&=\Pr[Z<\gamma_{\text{s}}(v_{2n^{*}}+w_{2m^{*}})+\gamma_{\text{s}}']\end{aligned} \tag{7.64}$$

式中：$\gamma_{\text{s}}'=(\gamma_{\text{s}}-1)/\bar{\gamma}$ 和 $Z\triangleq\min(u_{m^{*}n^{*}},v_{1n^{*}}+w_{1m^{*}})$。显然，$Z$ 的统计特性是评估 P_{out} 的关键。

7.2.2 闭式分析

本节将推导两种准则下安全中断概率的精确和渐近表达式。

7.2.2.1 准则Ⅰ的严格下界

对于准则Ⅰ，Z 可重写为

$$Z=\max\nolimits_{1\leqslant m\leqslant M}\max\nolimits_{1\leqslant n\leqslant N}\min(u_{mn},v_{1n}+w_{1m}) \tag{7.65}$$

由于多个用户具有公共的变量 v_{1n}，而多个中继具有公用的变量 w_{1m}，故很难直接推导系统安全中断概率的精确表达式。因此，通过交换最大和最小运算的顺序，我们转而获得 Z 的两个上界。第一个上界表示为

$$\begin{aligned}Z_1&=\max_{1\leqslant m\leqslant M}\min\left(\max_{1\leqslant n\leqslant N}(u_{mn},v_{1n}+w_{1m})\right)\\&=\max_{1\leqslant m\leqslant M}\min\left(\max_{1\leqslant n\leqslant N}u_{mn},\left(\max_{1\leqslant n\leqslant N}v_{1n}\right)+w_{1m}\right)\end{aligned} \tag{7.66}$$

第二个上界表示为

$$\begin{aligned}Z_2&=\max_{1\leqslant n\leqslant N}\min\left(\max_{1\leqslant m\leqslant M}(u_{mn},v_{1n}+w_{1m})\right)\\&=\max_{1\leqslant n\leqslant N}\min\left(\max_{1\leqslant m\leqslant M}u_{mn},v_{1n}+\max_{1\leqslant m\leqslant M}w_{1m}\right)\end{aligned} \tag{7.67}$$

基于式（7.66）中 Z_1 和式（7.67）中 Z_2，可得出安全中断概率的下界，即 $P_{1,\text{out}}^{\text{LB}}$ 和 $P_{2,\text{out}}^{\text{LB}}$。首先根据 Z_1 推导 $P_{1,\text{out}}^{\text{LB}}$。令 $v_1 = \max_{1\leqslant n\leqslant N} v_{1n}$ 和 $u_m = \max_{1\leqslant n\leqslant N} u_{mn}$，则可将 Z_1 重写为

$$Z_1 = \max_{1\leqslant m\leqslant M} \underbrace{\min(u_m, v_1 + w_{1m})}_{Z_{1m}} \tag{7.68}$$

从式（7.68）可以看出，由于公共变量 v_1 的存在，各个 Z_{1m} 之间是相关的。为了解决这个问题：首先推导出给定 v_1 情况下 Z_{1m} 的条件 CDF，即 $F_{Z_{1m}}(z|v_1)$；然后通过求取关于 v_1 的 $F_{Z_{1m}}(z|v_1)$ 统计平均，获得了 Z_1 的解析 CDF，即 $F_{Z_1}(z)$。进而，通过求关于 v_{2n^*} 和 w_{2m^*} 的 $F_{Z_1}(\gamma_s(v_{2n^*} + w_{2m^*}) + \gamma_s')$ 统计平均，获得 $P_{1,\text{out}}^{\text{LB}}$。$Z_1$ 的 CDF 推导结果由下述定理给出。

定理 7.2　Z_1 的 CDF 可表示为

$$F_{Z_1}(z) = \sum_{n_1=1}^{N} \sum_{n_2=0}^{MN} b_{1,n_1,n_2} \mathrm{e}^{-c_{1,n_1,n_2}z} + \sum_{m=0}^{M} \sum_{n=1}^{N} \tilde{\sum_{\{i\}}} q_{1i} b_{2,m,n} (\mathrm{e}^{-q_{2i}z} - \mathrm{e}^{-(q_{2i}+c_{2,m,n})z}), \tag{7.69}$$

其中

$$b_{1,n_1,n_2} = (-1)^{n_1+n_2+1} \binom{N}{n_1} \binom{MN}{n_2}, \quad c_{1,n_1,n_2} = \frac{n_1}{\beta_1} + \frac{n_2}{\alpha}$$

$$\tilde{\sum_{\{i\}}} = \sum_{i_1=0}^{m} \sum_{i_2=0}^{i_1} \cdots \sum_{i_{N-1}=0}^{i_{N-2}}$$

$$q_{1i} = \binom{m}{i_1}\binom{i_1}{i_2} \cdots \binom{i_{N-2}}{i_{N-1}} b_{3,1}^{m-i_1} b_{3,2}^{i_1-i_2} \cdots b_{3,N-1}^{i_{N-2}-i_{N-1}} b_{3,N}^{i_{N-1}}$$

$$b_{2,m,n} = (-1)^{m+n-1} \binom{N}{n}\binom{M}{m} \frac{n\varepsilon_1}{n\varepsilon_1 - m\beta_1}, \quad b_{3,n} = \binom{N}{n}(-1)^{n-1}$$

$$q_{2i} = c_{3,1}(m - i_1) + c_{3,2}(i_1 - i_2) + \cdots + c_{3,N-1}(i_{N-2} - i_{N-1}) + c_{3,N} i_{N-1}$$

$$c_{2,m,n} = \frac{n}{\beta_1} - \frac{m}{\varepsilon_1}, \quad c_{3,n} = \frac{n}{\alpha} + \frac{1}{\varepsilon_1}$$

证明：参阅附录 B。

根据定理 7.2 和式（7.64），可得到 P_{out} 的第一个下限为

$$P_{1,\text{out}}^{\text{LB}} = \int_0^{\infty}\int_0^{\infty} F_{Z_1}(\gamma_s(v_{2n^*} + w_{2m^*}) + \gamma_s') f_{v_{2n^*}}(v_{2n^*}) f_{w_{2m^*}}(w_{2m^*}) \mathrm{d}v_{2n^*} \mathrm{d}w_{2m^*} \tag{7.70}$$

$$P_{1,\text{out}}^{\text{LB}} = \sum_{n_1=1}^{N} \sum_{n_2=0}^{MN} b_{1,n_1,n_2} \mathbb{L}(c_{1,n_1,n_2}) + \sum_{m=0}^{M} \sum_{n=1}^{N} \tilde{\sum_{\{i\}}} q_{1i} b_{2,m,n} (\mathbb{L}(q_{2i}) - \mathbb{L}(q_{2i} + c_{2,m,n})) \tag{7.71}$$

式中：拉普拉斯变换$\mathbb{L}(x)=\dfrac{e^{-\gamma_s' x}}{(1+\beta_2\gamma_s x)(1+\varepsilon_s\gamma_s x)}$；$v_{2n^*}$和$w_{2m^*}$的PDF分别为$f_{v_{2n^*}}(x)=\dfrac{1}{\beta_2}e^{-\frac{x}{\beta_2}}$和$f_{w_{2m^*}}(x)=\dfrac{1}{\varepsilon_2}e^{-\frac{x}{\varepsilon_2}}$。

P_{out}的第二个下限$P_{2,out}^{LB}$和式（7.71）中$P_{1,out}^{LB}$类似，只需要将M替换为N、β_1替换为ε_1即可。这是由于式（7.66）和式（7.67）是对称的。最后，准则Ⅰ下安全中断概率的严格下界可表示为

$$P_{out}^{LB}=\max(P_{1,out}^{LB},P_{2,out}^{LB}) \tag{7.72}$$

由于式（7.72）仅包含初等函数，因此很容易分析。

7.2.2.2 准则Ⅱ的精确表达式

为了获得准则Ⅱ的安全中断概率，首先根据式（7.62）和式（7.63）中给出的选择方案计算w_{1m^*}、$u_{m^*n^*}$和v_{1n^*}的CDF，进一步可以推导Z的CDF $F_Z(z)$。然后求$F_Z(z)$关于w_{2m^*}和v_{2n^*}的统计平均，可得到P_{out}的精确表达式。

定理7.3 Z的CDF可推导为

$$\begin{aligned}F_Z(z)=1-\sum_{m=1}^{M}\sum_{n_1=0}^{N-1}\sum_{n_2=0}^{N-1}\Big(&t_{1,n_1}t_{3,m,n_2}e^{-\frac{z}{\zeta}}+t_{2,n_1}t_{3,m,n_2}e^{-\left(\frac{n_1+1}{\zeta}+\frac{1}{\beta_1}\right)z}+\\&t_{1,n_1}t_{4,m,n_2}e^{-\left(\frac{1}{\alpha}+\frac{m}{\varepsilon_1}\right)z}+t_{1,n_1}t_{5,m,n_2}e^{-\left(\frac{1}{\alpha}+\frac{n_2+1}{\zeta}\right)z}+t_{2,n_1}t_{4,m,n_2}\times\\&e^{-\left(\frac{n_1+1}{\zeta}+\frac{m}{\varepsilon_1}\right)z}+t_{2,n_1}t_{5,m,n_2}e^{-\left(\frac{n_1+n_2+2}{\zeta}\right)z}\Big]\end{aligned} \tag{7.73}$$

其中

$$\zeta=\frac{\alpha\beta_1}{\alpha+\beta_1}$$

$$t_{1,n}=\frac{b_{4,n}\zeta}{\zeta+n\beta_1},t_{2,n}=b_{4,n}\left(\frac{1}{n+1}-\frac{\zeta}{\zeta+n\beta_1}\right)$$

$$t_{3,m,n}=(-1)^{m-1}\binom{M}{m}\frac{b_{4,n}\zeta m\beta_1}{(\zeta+n\alpha)(m\beta_1-\varepsilon_1)}$$

$$\begin{aligned}t_{4,m,n}=(-1)^{m-1}\binom{M}{m}\Big[&\frac{1}{N}-\frac{b_{4,n}\zeta m\beta_1}{(\zeta+n\alpha)(m\beta_1-\varepsilon_1)}-\\&b_{4,n}\left(\frac{1}{n+1}-\frac{\zeta}{\zeta+n\alpha}\right)\frac{m\zeta}{m\zeta-(n+1)\varepsilon_1}\Big]\end{aligned}$$

$$t_{5,m,n}=(-1)^{m-1}\binom{M}{m}\left(\frac{1}{n+1}-\frac{\zeta}{\zeta+n\alpha}\right)\frac{b_{4,n}m\zeta}{m\zeta-(n+1)\varepsilon_1}$$

$$b_{4,n}=N(-1)^n\binom{N-1}{n}$$

证明：参阅附录 C。

根据定理 7.3 和式（7.64），可推导 P_{out} 的精确表达式为

$$P_{\text{out}} = \int_0^{\infty}\int_0^{\infty} F_Z(\gamma_s(v_{2n^*} + w_{2m^*}) + \gamma'_s) f_{v_{2n^*}}(v_{2n^*}) f_{w_{2m^*}}(w_{2m^*}) \mathrm{d}v_{2n^*}\mathrm{d}w_{2m^*} \tag{7.74}$$

$$\begin{aligned} P_{\text{out}} = 1 - \sum_{m=1}^{M}\sum_{n_1=0}^{N-1}\sum_{n_2=0}^{N-1}\Bigg[& t_{1,n_1}t_{3,m,n_2\cdots}\left(\frac{1}{\zeta}\right) + t_{2,n_1}t_{3,m,n_2\cdots}\left(\frac{n_1+1}{\zeta} + \frac{1}{\beta_1}\right) + \\ & t_{1,n_1}t_{4,m,n_2\cdots}\left(\frac{1}{\alpha} + \frac{m}{\varepsilon_1}\right) + t_{1,n_1}t_{5,m,n_2\cdots}\left(\frac{1}{\alpha} + \frac{n_2+1}{\zeta}\right) + \\ & t_{2,n_1}t_{4,m,n_2\cdots}\left(\frac{n_1+1}{\zeta} + \frac{m}{\varepsilon_1}\right) + t_{2,n_1}t_{5,m,n_2\cdots}\left(\frac{n_1+n_2+2}{\zeta}\right)\Bigg] \end{aligned} \tag{7.75}$$

类似地，式（7.75）仅包含初等函数，易于分析。

7.2.3　渐近分析

7.2.3.1　准则 I 中 P_{out} 的渐近分析

接下来推导高发送 SNR 和 MER 条件下，准则 I 的渐近安全中断概率。当 $|x|$ 值较小时，有近似 $\mathrm{e}^{-x} \simeq 1 - x$，则 Z_1 的渐近 CDF 可推导为

$$F_{Z_1}(z) \simeq \frac{\rho_{M,N} z^{M+N}}{\varepsilon_1^M \beta_1^N} + \left(\frac{z}{\alpha}\right)^{MN} \tag{7.76}$$

其中

$$\rho_{M,N} = \begin{cases} \displaystyle\sum_{m=0}^{M}\binom{M}{m}\frac{1}{m+1}\left(\frac{z}{\alpha}\right)^{M-m}, & N = 1 \\ \displaystyle\sum_{m=0}^{M}\frac{(-1)^m N}{m+N}\binom{M}{m}, & N \geqslant 2 \end{cases} \tag{7.77}$$

根据 $F_{Z_1}(z)$ 的渐近表达式，可得到对应于 Z_1 的渐近安全中断概率：

$$\begin{aligned} P_{1,\text{out}} & \simeq \int_0^{\infty}\int_0^{\infty} F_{Z_1}(\gamma_s(v_{2n^*} + w_{2m^*}) + \gamma'_s) f_{v_{2n^*}}(v_{2n^*}) f_{w_{2m^*}}(w_{2m^*}) \mathrm{d}v_{2n^*}\mathrm{d}w_{2m^*} \\ & \simeq \int_0^{\infty}\int_0^{\infty} F_{Z_1}(\gamma_s(v_{2n^*} + w_{2m^*})) f_{v_{2n^*}}(v_{2n^*}) f_{w_{2m^*}}(w_{2m^*}) \mathrm{d}v_{2n^*}\mathrm{d}w_{2m^*} \\ & \simeq \frac{\gamma_s^{M+N}(M+N)!\rho_{M,N}}{\lambda_1^M \lambda_2^N}\sum_{k=0}^{M+N}\left(\frac{\beta_2}{\varepsilon_2}\right)^{M-k} + \\ & \quad \frac{\gamma_s^{MN}(MN)!}{\lambda_2^{MN}}\left(\frac{\beta_1}{\alpha}\right)^{MN}\sum_{k=0}^{MN}\left(\frac{\varepsilon_2}{\beta_2}\right)^{MN-k} \end{aligned} \tag{7.78}$$

式中：$\lambda_1 = \dfrac{\varepsilon_1}{\varepsilon_2}$ 和 $\lambda_2 = \dfrac{\beta_1}{\beta_2}$ 分别表示直传链路和中继链路的 MER。由于 Z_1 和 Z_2

的对称性，我们可以很容易地获得与对应于 Z_2 的渐近安全中断概率，其表达式与式（7.78）的形式一致，只需要将 M 替换为 N、β_1 替换为 ε_1 即可。

根据这两个近似表达式，可发现准则Ⅰ的分集阶数为 $\min\{MN, M+N\}$，这表明系统的安全性能可通过增大用户或中继的数目得到显著改善。此外，下面评注给出了一些有价值的分析结论。

评注 7.1 对于单用户或单中继通信系统，安全性能的分集阶数是 MN。特别地，当 $N=1$ 时，系统安全性能的分集阶数是 M，只利用多用户分集改善安全性能。另外，对于单用户系统，当 $M=1$ 时，系统安全性能的分集阶数为 N，只利用多中继分集改善安全性能。

评注 7.2 对于 $M\geqslant 2$ 和 $N\geqslant 2$ 的多用户-多中继通信系统，系统安全性能的分集阶数等于 $M+N$。这表明可以充分利用多用户分集和多中继分集来实现安全通信。

7.2.3.2 准则Ⅱ中 P_{out} 的渐近分析

利用泰勒级数展开 $\mathrm{e}^{-x}\simeq 1-x+\dfrac{x^2}{2}+\cdots+\dfrac{(-x)^N}{N!}$[9]，可得到 Z 的渐近 CDF 为

$$F_Z(z)\simeq\left(\frac{\beta_1}{\alpha+\beta_1}\right)\frac{z^N}{\zeta^N} \tag{7.79}$$

基于上述渐近 CDF 表达式，准则Ⅱ的渐近安全中断概率可推导为

$$\begin{aligned} P_{\text{out}} &\simeq \int_0^\infty\int_0^\infty F_Z(\gamma_s(v_{2n^*}+w_{2m^*})+\gamma_s')f_{v_{2n^*}}(v_{2n^*})f_{w_{2m}^*}(w_{2m^*})\,\mathrm{d}v_{2n^*}\mathrm{d}w_{2m^*} \\ &\simeq \int_0^\infty\int_0^\infty F_Z(\gamma_s(v_{2n^*}+w_{2m^*}))f_{v_{2n^*}}(v_{2n^*})f_{w_{2m^*}}(w_{2m^*})\,\mathrm{d}v_{2n^*}\mathrm{d}w_{2m^*} \\ &\simeq \frac{\gamma_s^N N!}{\lambda_2^N}\left(1+\frac{\alpha}{\beta_1}\right)^{N-1}\sum_{n=0}^{N}\left(\frac{\varepsilon_2}{\beta_2}\right)^n \end{aligned} \tag{7.80}$$

基于式（7.80）中的渐近安全中断概率，以下两个评注给出了一些有价值的分析结论。

评注 7.3 准则Ⅱ中利用多中继分集增益获得的安全分集阶数为 N。这表明准则Ⅱ并未有效利用多用户分集增益。特别地，渐近安全中断概率与 M 无关，这一事实表明增加用户数量并不影响准则Ⅱ的安全分集阶数和安全编码增益。

评注 7.4 通过增加中继数量能显著提高网络的安全性能，这是因为准则Ⅱ的安全传输性能主要取决于中继链路质量。

7.2.4 仿真结果分析

本节通过仿真结果验证了上文的理论推导，并分析网络参数对安全中断概率的影响。假设网络中的所有链路均经历平坦瑞利衰落。不失一般性，用户与基站之间的距离设置为单位距离，中继位于用户与基站之间，D 表示从用户到中继的距离。主链路的平均信道增益设置为 $\alpha = D^{-4}$，$\beta_1 = (1-D)^{-4}$ 和 $\varepsilon_1 = 1$，这里采用损耗因子为4的路径损耗模型。安全通信速率 R_s 设置为0.2bits/Hz，安全SNR阈值 γ_s 设为1.32。

图7.4和图7.5给出了 $D=0.5$，$\bar{\gamma}=30\text{dB}$，$\lambda_1=\lambda_2$ 条件下，准则Ⅰ和Ⅱ中安全中断概率随MERλ_1 的变化曲线。从两个图中可以看出，对于准则Ⅰ和Ⅱ中不同 M 和 N 取值下，仿真曲线与高MER条件下的理论曲线相拟合，验证了准则Ⅰ和Ⅱ渐近分析结果的正确性。此外，两个准则的安全分集阶数都随着 N 的增加而增加。这意味着在中、高MER条件下，通过增加中继数量可以显著降低传输的安全中断概率。比较来看，准则Ⅰ的安全分集阶数会随着 M 的增加而增加，而准则Ⅱ的安全分集阶数随 M 的增加而保持不变。因此，对于准则Ⅰ，增加用户数量会导致安全中断概率显著下降，但对于准则Ⅱ，增加用户数量对安全中断概率性能改善不明显。

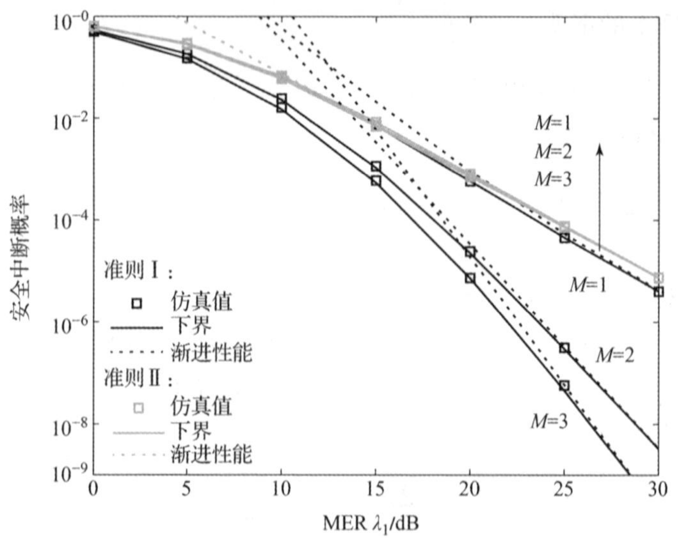

图7.4 安全中断概率随MER变化曲线[6]

($N=2$、$D=0.5$、$\bar{\gamma}=30\text{dB}$、$\lambda_1=\lambda_2$)

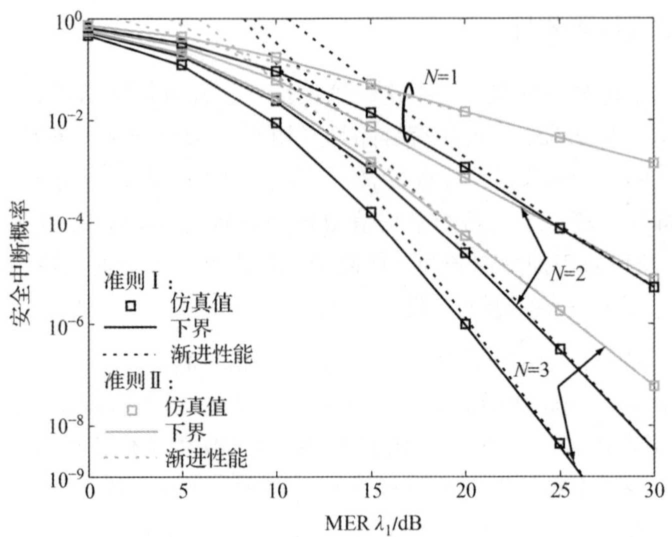

图7.5 安全中断概率随MER变化曲线[6]（$M=2$、$D=0.5$、$\bar{\gamma}=30\text{dB}$、$\lambda_1=\lambda_2$）

附录A

A.1 定理1的证明

随机变量u_{m*}的CDF定义为

$$F_{u_{m*}}(x)=\Pr(u_{m*}<x) \tag{A.1}$$

$$F_{u_{m*}}(x)=\sum_{m=1}^{M}\Pr[u_m<x,\min(u_m,\rho v_{m,n_m^*})>\max_{m_1=1,2,\cdots,M,m_1\neq m}\min(u_{m_1},\rho v_{m_1,n_{m_1}^*})] \tag{A.2}$$

根据对称性，$F_{u_{m*}}(x)$可重写为

$$F_{u_{m*}}(x)=M\Pr[u_1<x,\min(u_1,\rho v_{1,n_1^*})>\theta] \tag{A.3}$$

其中，$\theta=\max_{m=2,3,\cdots,M}\min(u_m,\rho v_{m,n_m^*})$，其CDF等于$\min(u_m,\rho v_{m,n_m^*})$的CDF的$M-1$次幂，即

$$F_\theta(\theta)=\left[1-\sum_{n=1}^{N}(-1)^{n-1}\binom{N}{n}\mathrm{e}^{-\left(\frac{1}{\alpha}+\frac{n}{\rho\beta}\right)\theta}\right]^{M-1} \tag{A.4}$$

$$F_\theta(\theta)=\tilde{\sum_i}\mathrm{e}d_i^{-e_i\theta} \tag{A.5}$$

其中，$\tilde{\sum_i}$、d_i和e_i由式（7.35）给出。对$F_\theta(\theta)$求导，可以得到θ的PDF为

$$f_\theta(\theta) = -\sum_i^{\tilde{}} d_i e_i e^{-e_i\theta} \tag{A.6}$$

然后，根据式（A.3）可进一步推导 $F_{u_{m^*}}(x)$ 为

$$F_{u_{m^*}}(x) = M\Pr\left(\theta < u_1 < x, v_{1,n_1^*} > \frac{\theta}{\rho}, 0 < \theta < x\right) \tag{A.7}$$

$$F_{u_{m^*}}(x) = M\int_0^x f_\theta(\theta)\left[\int_\theta^x f_{u_1}(u_1)\mathrm{d}u_1 \int_{\frac{\theta}{\rho}}^\infty f_{v_{1,n_1^*}(v_1)}\mathrm{d}v_1\right]\mathrm{d}\theta \tag{A.8}$$

进一步将 θ、u_1 和 v_{1,n_1^*} 的 PDF 代入上式，可以得到 u_{m^*} 的 CDF，如定理 7.1 中式（7.33）所示。

类似地，v_{m^*,n^*} 的 PDF 可推导为

$$F_{v_{m^*,n^*}}(x) = \Pr(v_{m^*,n^*} < x) \tag{A.9}$$

$$F_{u_{m^*,n^*}}(x) = \sum_{m=1}^M \Pr\left[v_{m,n_m^*} < x, \min(u_m, \rho v_{m,n_m^*}) > \max_{m_1=1,2,\cdots,M, m_1\neq m} \min(u_{m_1}, \rho v_{m_1,n_{m_1}^*})\right] \tag{A.10}$$

$$F_{v_{m^*,n^*}}(x) = M\Pr[v_{1,n_1^*} < x, \min(u_1, \rho v_{1,n_1^*}) > \theta] \tag{A.11}$$

可以发现：条件 $v_{1,n_1^*} < x$ 和 $\min(u_1, \rho v_{1,n_1^*}) > \theta$ 可写为 $u_1 > \theta$、$v_{1,n_1^*} > \frac{\theta}{\rho}$ 和 $v_{1,n_1^*} < x$。这些条件又等价于 $u_1 > \theta$、$\frac{\theta}{\rho} < v_{1,n_1^*} < x$ 和 $0 < \theta < \rho x$，那么可以推导得到 $F_{v_{m^*,n^*}}(x)$ 的 CDF 为

$$F_{v_{m^*,n^*}}(x) = M\Pr\left(u_1 > \theta, \frac{\theta}{\rho} < v_{1,n_1^*} < x, 0 < \theta < \rho x\right) \tag{A.12}$$

$$F_{u_{m^*,n^*}}(x) = M\int_0^{\rho x} f_\theta(\theta)\left[\int_\theta^\infty f_{u_1}(u_1)\mathrm{d}u_1 \int_{\frac{\theta}{\rho}}^x f_{v_{1,n_1^*}}(v_1)\mathrm{d}v_1\right]\mathrm{d}\theta \tag{A.13}$$

将 θ、u_1 和 v_{1,n_1^*} 的 PDF 代入上式，可以得到 v_{m^*,n^*} 的 CDF，如定理 7.1 中式（7.33）所示。

附录 B

B.1　定理 2 的证明

为了推导 Z_1 的 CDF，首先推导给定 v_1 条件下 Z_{1m} 的条件 CDF

$$\begin{aligned} F_{Z_{1m}}(z \mid v_1) &= \Pr[\min(u_m, v_1 + w_{1m}) < z] \\ &= 1 - \Pr(u_m \geqslant z) \cdot \Pr(v_1 + w_{1m} \geqslant z) \end{aligned} \tag{B.1}$$

由于 $u_m = \max_{1\leqslant n\leqslant N} u_{mn}$，那么 u_m 的 CDF 可表示为[8]

$$F_{u_m}(x)=\left(1-\mathrm{e}^{-\frac{x}{\alpha}}\right)^N \tag{B.2}$$

相应地，$\Pr[u_m \geqslant z]$可推导为

$$\Pr[u_m \geqslant z]=1-\left(1-\mathrm{e}^{-\frac{z}{\alpha}}\right)^N \tag{B.3}$$

为了推导$F_{Z_{1m}}(z \mid v_1)$，在$z<v_1$和$z \geqslant v_1$两种情况下讨论$\Pr(v_1+w_{1m} \geqslant z)$。当$z<v_1$时，$v_1+w_{1m}$总是大于$z$。因此，可以得到

$$F_{Z_{1m}}(z \mid v_1)=\left(1-\mathrm{e}^{-\frac{z}{\alpha}}\right)^N \tag{B.4}$$

另外，当$z \geqslant v_1$时，可以得到

$$\Pr(v_1+w_{1m} \geqslant z)=\Pr(w_{1m} \geqslant z-v_1) \tag{B.5}$$

$$=\mathrm{e}^{-\frac{z-v_1}{\varepsilon_1}} \tag{B.6}$$

相应地，有

$$\begin{aligned} F_{Z_{1m}}(z \mid v_1) &= 1-\left(1-\mathrm{e}^{-\frac{z}{\alpha}}\right)^N \mathrm{e}^{-\frac{z-v_1}{\varepsilon_1}} \\ &= 1-\mathrm{e}^{\frac{v_1}{\varepsilon_1}} \sum_{n=0}^{N} \binom{N}{n} (-1)^{n-1} \mathrm{e}^{-\left(\frac{n}{\alpha}+\frac{1}{\varepsilon_1}\right)z} \end{aligned} \tag{B.7}$$

根据式（B.4）和式（B.7），Z_1的CDF可写为

$$\begin{aligned} F_{Z_1}(z) &= \int_0^{\infty} F_{Z_{1m}}^M(z \mid v_1) f_{v_1}(v_1)\,\mathrm{d}v_1 \\ &= \int_0^{z} F_{Z_{1m}}^M(z \mid v_1) f_{v_1}(v_1)\,\mathrm{d}v_1 + \int_z^{\infty} F_{Z_{1m}}^M(z \mid v_1) f_{v_1}(v_1)\,\mathrm{d}v_1 \end{aligned} \tag{B.8}$$

利用v_1的PDF，即$f_{v_1}(x)=\sum\limits_{n=1}^{N}(-1)^{n-1}\binom{N}{n}\frac{n}{\beta_1}\mathrm{e}^{-\frac{nx_1}{\beta_1}}$，并将式（B.8）进行二项式展开，可以推导得到$Z_1$的CDF，如定理7.2中式（7.69）所示。

附录C

C.1 定理3的证明

由于w_{1m^*}是M个随机变量$\{w_{1m} \mid 1 \leqslant m \leqslant M\}$中的最大值，根据式（7.62）所示的选择准则，其分布可表示为[8]

$$f_{w_{1m^*}}(x)=\sum_{m=1}^{M}(-1)^{m-1}\binom{M}{m}\frac{m}{\varepsilon_1}\mathrm{e}^{-\frac{mx}{\varepsilon_1}} \tag{C.1}$$

然后根据式（7.63）所示的选择准则推导$u_{m^*n^*}$和v_{1n^*}的CDF。首先可

以得到 $u_{m^*n^*}$ 的 CDF 为

$$F_{u_{m^*n^*}}(x) = \Pr[u_{m^*n^*} < x] = \sum_{n=1}^{N} \Pr[u_{m^*n} < x, \min(u_{m^*n}, v_{1n}) > \theta_n] \tag{C.2}$$

其中，θ_n 可表示为

$$\theta_n = \max_{n_1=1,2,\cdots,N, n_1 \neq n} \min(u_{m^*n_1}, v_{1n_1}) \tag{C.3}$$

由于 N 条路径之间是对称的，式（C.2）中 $F_{u_{m^*n^*}}(x)$ 可以写为

$$\begin{aligned} F_{u_{m^*n^*}}(x) &= N\Pr[u_{m^*1} < x, u_{m^*1} > \theta_1, v_{11} > \theta_1] \\ &= N\int_0^x \int_{\theta_1}^x \int_{\theta_1}^{\infty} f_{\theta_1}(\theta_1) f_{u_{m^*1}}(u_{m^*}) f_{v_{11}}(v_{11}) \mathrm{d}v_{11} \mathrm{d}u_{m^*1} \mathrm{d}\theta_1 \end{aligned} \tag{C.4}$$

可以发现，u_{m^*1} 和 v_{11} 分别服从均值为 α 和 β_1 的指数分布。那么，θ_1 的 CDF 可以推导为

$$\begin{aligned} F_{\theta_1}(x) &= \Pr[\theta_1 < x] \\ &= (\Pr[\min(u_{m^*2}, v_{12}) < x])^{N-1} \\ &= \sum_{n=0}^{N-1} (-1)^n \binom{N-1}{n} \mathrm{e}^{-\frac{nx}{\zeta}} \end{aligned} \tag{C.5}$$

式中：$\zeta = \alpha\beta_1/(\alpha+\beta_1)$。利用以上这些结果求解式（C.4）中的积分，$F_{u_{m^*n^*}}(x)$ 可以表示为

$$F_{u_{m^*n^*}}(x) = 1 - \sum_{n=0}^{N-1} b_{4,n}\left[\frac{\zeta}{\zeta+n\beta_1}\mathrm{e}^{-\frac{x}{\alpha}} + \left(\frac{1}{n+1} - \frac{\zeta}{\zeta+n\beta_1}\right)\mathrm{e}^{-\frac{(n+1)x}{\zeta}}\right] \tag{C.6}$$

其中，$b_{4,n} = N(-1)^n\binom{N-1}{n}$。

类似地，v_{1n^*} 的 CDF 可推导为

$$F_{v_{1n^*}}(x) = 1 - \sum_{n=0}^{N-1} b_{4,n}\left[\frac{\zeta}{\zeta+n\alpha}\mathrm{e}^{-\frac{x}{\beta_1}} + \left(\frac{1}{n+1} - \frac{\zeta}{\zeta+n\alpha}\right)\mathrm{e}^{-\frac{(n+1)x}{\zeta}}\right] \tag{C.7}$$

利用式（C.1）、式（C.6）和式（C.7），Z 的 CDF 可推导为

$$\begin{aligned} F_Z(z) &= \Pr(\min(u_{m^*n^*}, v_{1n^*} + w_{1m^*}) < z) \\ &= 1 - \Pr(u_{m^*n^*} \geqslant z) \cdot \Pr(v_{1n^*} + w_{1m^*} \geqslant z) \end{aligned} \tag{C.8}$$

由式（C.6）可知 $\Pr(u_{m^*n^*} \geqslant z) = 1 - F_{u_{m^*n^*}}(z)$。那么，$\Pr(v_{1n^*} + w_{1m^*} \geqslant z)$ 可推导为

$$\begin{aligned} \Pr(v_{1n^*} + w_{1m^*} \geqslant z) &= 1 - \Pr(v_{1n^*} + w_{1m^*} < z) \\ &= 1 - \int_0^z F_{v_{1n^*}}(z - w_{1m^*}) f_{w_{1m^*}}(w_{1m^*}) \mathrm{d}w_{1m^*} \end{aligned} \tag{C.9}$$

将式（C.1）和式（C.7）代入式（C.9），可以得到 $\Pr(v_{1_{n^*}}+w_{1_{m^*}}\geqslant z)$。进一步，可以得到 Z 的解析 CDF，其表达式如定理 7.3 中式（7.73）所示。

参考文献

[1] Y. Hu and X. Tao, "Secrecy outage analysis of multiuser diversity with unequal average SNR in transmit antenna selection systems," *IEEE Commun. Lett.*, vol. 19, no. 3, pp. 411–414, Mar. 2015.

[2] J. Zhang, C. Yuen, C.-K. Wen, S. Jin, and X. Gao, "Ergodic secrecy sum-rate for multiuser downlink transmission via regularized channel inversion: Large system analysis," *IEEE Commun. Lett.*, vol. 18, no. 9, pp. 1627–1630, Sep. 2014.

[3] H. Deng, H.-M. Wang, J. Yuan, W. Wang, and Q. Yin, "Secure communication in uplink transmissions: User selection and multiuser secrecy gain," *IEEE Trans. Commun.*, vol. 64, no. 8, pp. 3492–3506, Aug. 2016.

[4] J. H. Lee and W. Choi, "Multiuser diversity for secrecy communications using opportunistic jammer selection: Secure DoF and jammer scaling law," *IEEE Trans. Sig. Proc.*, vol. 62, no. 4, pp. 828–839, Feb. 2014.

[5] L. Fan, X. Lei, T. Q. Duong, M. Elkashlan, and G. K. Karagiannidis, "Secure multiuser communications in multiple amplify-and-forward relay networks," *IEEE Trans. Commun.*, vol. 62, no. 9, pp. 3299–3310, Sep. 2014.

[6] L. Fan, N. Yang, T. Q. Duong, M. Elkashlan, and G. K. Karagiannidis, "Exploiting direct links for physical layer security in multi-user multi-relay networks," *IEEE Trans. Commun.*, vol. 15, no. 6, pp. 3856–3867, Jun. 2016.

[7] P. L. Yeoh, M. Elkashlan, and I. B. Collings, "Exact and asymptotic SER of distributed TAS/MRC in MIMO relay networks," *IEEE Trans. Wireless Commun.*, vol. 10, no. 3, pp. 751–756, Mar. 2011.

[8] M. K. Simon and M. S. Alouini, *Digital Communication over Fading Channels*, 2nd ed. Hoboken, NJ, USA: John Wiley, 2005.

[9] I. S. Gradshteyn and I. M. Ryzhik, *Table of Integrals, Series, and Products*, 7th ed. San Diego, CA: Academic, 2007.

[10] Y. Zou, X. Wang, and W. Shen, "Optimal relay selection for physical-layer security in cooperative wireless networks," *IEEE J. Select. Areas Commun.*, vol. 31, no. 10, pp. 2099–2111, Oct. 2013.

[11] J. N. Laneman, D. N. C. Tse, and G. W. Wornell, "Cooperative diversity in wireless networks: Efficient protocols and outage behavior," *IEEE Trans. Inf. Theory*, vol. 50, no. 12, pp. 3062–3080, Dec. 2004.

[12] C. Jeong and I.-M. Kim, "Optimal power allocation for secure multicarrier relay systems," *IEEE Trans. Sig. Proc.*, vol. 59, no. 11, pp. 5428–5442, Nov. 2011.

[13] C. Wang, H.-M. Wang, and X.-G. Xia, "Hybrid opportunistic relaying and jamming with power allocation for secure cooperative networks," *IEEE Trans. Wireless Commun.*, vol. 14, no. 12, pp. 589–605, Feb. 2015.

[14] H. Ding, J. Ge, D. B. da Costa, and Z. Jiang, "Two birds with one stone: Exploiting direct links for multiuser two-way relaying systems," *IEEE Trans. Wireless Commun.*, vol. 11, no. 1, pp. 54–59, Jan. 2012.

[15] M. Ju, H.-K. Song, and I.-M. Kim, "Joint relay-and-antenna selection in multi-antenna relay networks," *IEEE Trans. Commun.*, vol. 58, no. 12, pp. 3417–3422, Dec. 2010.

第8章

基于空间复用系统中的可信无线通信

Giovanni Geraci①, JinhongYuan②

本章将介绍基于空间复用的多用户多输入多输出（Multiple - Input Multiple - Output，MIMO）无线系统中的可信通信。首先，将考虑瑞利衰落下多输入单输出的携带私密消息的广播信道（Broadcast Channel with Confidential，BCC），其中，多天线基站（Base Station，BS）同时向几个空间分散的恶意用户发送独立的私密消息，这些恶意用户可以互相窃听。然后，考虑带有私密消息和额外窃听者的广播信道（Broadcast Channel with Confidential Messages and External Eavesdroppers，BCCE），其中，多天线基站同时与多个恶意用户通信，且存在具有泊松点进程（Poisson Point Process，PPP）的额外窃听者。与BCC不同，在BCCE中，不仅存在恶意用户，而且处于随机位置的外部节点也可以充当窃听者。最后，研究蜂窝网络，不同于孤立的多个蜂窝，多个基站会产生蜂窝间干扰，而且相邻蜂窝间恶意用户可以合作窃听。对于上述涉及的场景，本章将提出基于线性预编码的低复杂度传输方案，该方案可以在物理层实现安全，然后讨论传输方案的安全性能，并量化因安全要求带来的性能损失。

8.1 多用户MIMO系统简介

支持不断增长的无线吞吐量需求是推动业界和学术界转向第五代（The Tifth - Generation，5G）无线系统演进的主要因素，5G系统必须提供比当前4G网络大得多的总容量[1,3,20]。多用户MIMO无线技术作为一种通过空间复

① 爱尔兰诺基亚贝尔实验室。

② 澳大利亚新南威尔士大学。

用实现高频谱效率的方法受到了广泛关注[15,19]。在多用户 MIMO 无线系统中，一个中央多天线基站 BS 在同一时间/频率资源上同时与多个用户通信。虽然通过使用脏纸编码可实现多用户 MIMO 系统的和容量[2]，但后者对编码方案的复杂度要求很高，这使其难以实现[14]。

另外，次优预编码方案已被证明在控制多用户 MIMO 网络下行链路用户间干扰方面是实用且有效的方案。其中，对于多用户 MIMO 下行链路实现方案，线性预编码已被广泛认为是 DPC 的低复杂度替代方案[12,23]。一种常用且实用的、可控制用户间干扰的线性预编码方案是信道反转（Channel Inversion，CI）预编码，有时也称为迫零预编码[28,31]。为了提高 CI 预编码器的和速率性能，提出了正则化信道反转（Regularized Channel Inversion，RCI）预编码器，通过正则化参数可在用户间干扰和期望信号之间实现折中[21,26]。

与频谱效率一样，安全性被视为无线多用户网络中的一个关键问题，因为用户依赖这些网络来传输敏感数据[30]。由于物理媒介的广播性质，无线多用户通信很容易被窃听，甚至一些目标用户本身也可以充当恶意窃听者[17]。因此，物理层安全研究，即利用无线信道特性无须加密密钥来保证可信通信，最近已扩展到多用户系统。

本章其余部分，将对多用户 MIMO 通信物理层安全领域的研究进行综述，特别是基于线性预编码的低复杂度下行链路传输方案。在分析更复杂的蜂窝网络之前，首先研究单个蜂窝网络的简化模型，然后考虑存在随机位置外部窃听节点。本章中大多数的数学推导都利用了随机矩阵论和随机几何工具，为简便起见，我们省略了这些推导过程。8.2～8.4 节中定理和推论的详细证明过程可参见文献 [5－8]。

8.2　单个小区中的物理层安全

本节介绍多输入单输出（Multiple－Input Single－Output，MISO）传输私密消息的广播信道，其中，一个多天线基站同时向多个单天线用户发送独立的私密消息。虽然早期的研究，例如文献[16,18]中研究了两用户 BCC 的理论性能极限，本节考虑了一个有任意数量用户的通用 MISO BCC。推导出 RCI 预编码的可达安全速率表达式，并量化了因安全要求而导致速率的降低。

8.2.1　传输私密消息的广播信道

考虑一个窄带多用户 MISO 系统的下行链路，该系统包含一个 N 根天线的基站，且该基站同时向 K 个空间分散的单天线用户发送 K 个独立的私密信息，如图8.1所示。该模型表示为MISO BCC，且传输发生在一个块衰落信道上，所传输的信号记为 $\boldsymbol{x}=[x_1,x_2,\cdots,x_N]^{\mathrm{T}}\in\mathbb{C}^{N\times1}$。假设用户同质，即每个用户的平均接收信号功率相同，因此该模型假设它们到发送者的距离是相同且归一化的，该情况近似于用户位于与基站距离相等的位置或者基站采用功率控制以保证相同的平均接收信号功率。不失一般性，这种功率可以假设为归一化的。本章结论可以推广到多天线的移动用户以及与服务基站不同距离的场景中[29]。

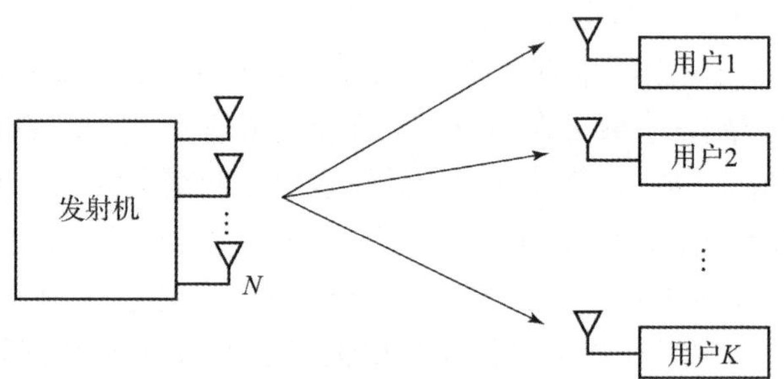

图8.1　传输私密消息的MISO广播频道（BCC）

用户 k 处接收到的信号表示为

$$y_k=\sum_{j=1}^{N}h_{k,j}x_j+n_k \tag{8.1}$$

式中：$h_{k,j}\sim\mathcal{CN}(0,1)$ 是第 j 个发射天线单元和第 k 个用户之间的独立同分布（Independent and Identically Distributed，i. i. d.）的瑞利衰落信道，$n_k\sim\mathcal{CN}(0,\sigma^2)$ 是第 k 个接收者处观察到的噪声。相应的向量式为

$$\boldsymbol{y}=\boldsymbol{Hx}+\boldsymbol{n} \tag{8.2}$$

式中：$\boldsymbol{H}=[\boldsymbol{h}_1,\boldsymbol{h}_2,\cdots,\boldsymbol{h}_K]^{\dagger}$ 是 $K\times N$ 阶信道矩阵。我们假设 $\mathbb{E}=[\boldsymbol{nn}^{\dagger}]=\sigma^2\boldsymbol{I}_K$，其中，$\boldsymbol{I}_K$ 是 $K\times K$ 阶单位矩阵，定义传输信噪比（Signal - to - Noise Ratio，SNR）为 $\rho\triangleq1/\sigma^2$，其长期功率约束为 $\mathbb{E}=[\|\boldsymbol{x}\|^2]=1$。

在传输私密消息的广播信道中，要求基站安全地发送每条私密消息，以确保非目标用户不会收到任何信息。它的安全速率 R 定义如下：设 $\mathbb{P}(\varepsilon_n)$ 为目标用户的错误概率，m 为私密消息，$\boldsymbol{y}_{\mathrm{e}}^n$ 为非目标用户的所有接收信号向量，$H(m|\boldsymbol{y}_{\mathrm{e}}^n)$ 为相应的信息量。那么，如果存在一个 $(2^{nR},n)$ 编码序列，随着 $n\to\infty$，ε_n 趋于0，使得 $\mathbb{P}(\varepsilon_n)\to0$ 且 $\frac{1}{n}H(m|\boldsymbol{y}_{\mathrm{e}}^n)\leqslant\frac{1}{n}H(m)-\varepsilon_n$[13]，那么，目标用户就可以实现一个（弱）安全速率 R。

对于每个用户 k，$\mathfrak{M}_k=\{1,\cdots,k-1,k+1,\cdots K\}$ 表示其余用户集合。一般

来说，基站不能决定用户行为。最坏情况下，假设对于每个用户 k，$\mathfrak{M}_k$ 中所有用户可以合作窃听第 k 条消息。这个假设反映了这样一个事实，即在所有情况下（包括最坏情况）都必须确保消息的秘密性。由于恶意用户集 $\mathfrak{M}_k$ 可以进行合作窃听，因此可将其等效地视为具有 $K-1$ 个接收天线的单个恶意用户 M_k。由于假设恶意用户间可以合作窃听，因此，在 M_k 处进行干扰消除后，M_k 除接收到的噪声外，没有任何非期望的信号项。它表明，尽管存在上述保守假设，线性预编码器仍可以实现每个用户的安全速率，该安全速率接近于在无安全性要求下的可达速率。

8.2.2　BCC 方案的可达安全速率

现在，通过使用线性预编码器推导 MISO BCC 的可达安全速率。虽然是次优方案，但因其实现复杂度低和可以控制用户之间的串扰数量，线性预编码方案仍受到广泛关注[11,21]。然后，专门得到 RCI 预编码器的可达安全速率。RCI 是在 MISO 广播信道（Broadcast Channel，BC）中为多用户服务而提出的一种线性预编码方案，尤其在低信噪比时 RCI 预编码性能优于普通信道反转[21]。

8.2.2.1　线性预编码

在线性预编码中，通过一个确定性的线性变换（预编码），从包含私密消息 $\boldsymbol{u}=[u_1,u_2,\cdots,u_k]^{\mathrm{T}}$ 向量中可以推导出传输向量 $\boldsymbol{X}$[24,31]。满足 $E[|u_k|^2]=1,\forall k$ 时，我们假设 $\boldsymbol{u}$ 中元素是独立选择的。

设 $\boldsymbol{W}=[\boldsymbol{w}_1,\boldsymbol{w}_2,\cdots,\boldsymbol{w}_k]$ 是 $N\times K$ 预编码矩阵，其中 $\boldsymbol{w}_k$ 是 $\boldsymbol{W}$ 中的第 k 列，那么发送信号和功率约束分别如下：

$$\boldsymbol{x}=\boldsymbol{W}\boldsymbol{u}=\sum_{k=1}^{K}\boldsymbol{w}_k u_k \tag{8.3}$$

$$E[\|\boldsymbol{x}\|^2]=E[\|\boldsymbol{W}\boldsymbol{u}\|^2]=\sum_{k=1}^{K}\|\boldsymbol{w}_k\|^2=1 \tag{8.4}$$

采用式（8.3）中线性预编码，在合法用户 k 和等效恶意用户 M_k 处观察到的信号分别为

$$\begin{cases}y_k=\boldsymbol{h}_k^{\dagger}\boldsymbol{w}_k u_k+\sum_{j\neq k}\boldsymbol{h}_k^{\dagger}\boldsymbol{w}_j u_j+n_k\\ \mathbf{y}_{M,k}=\sum_{j}\boldsymbol{H}_k\boldsymbol{w}_j u_j+\boldsymbol{n}_k\end{cases} \tag{8.5}$$

式中：$\boldsymbol{n}_k=[n_1,\cdots,n_{k-1},n_{k+1},\cdots,n_K]^{\mathrm{T}}$，$\boldsymbol{h}_k^{\dagger}$ 是 $\boldsymbol{H}$ 的第 k 行，$\boldsymbol{H}_k$ 是 $\boldsymbol{H}$ 中消去第 k 行后得到的矩阵。式（8.5）中信道是一个多输入、单输出、多窃听（Multi - Input，Single - Output，Multi - Eavesdropper，MISOME）的信道[13]，

该窃听信道中的发送方、合法接收方，以及窃听者分别配置 N 根、单根和 $K-1$ 根虚拟天线。由于同时传输 K 条消息，用户 k 受到来自所有用户 u_j，$j \neq k$ 的噪声和干扰。

现在考虑 MISO BCC 的 RCI 预编码。对于每个消息 u_k，RCI 预编码在第 k 个合法用户的信号功率与其余（$K-1$）个非法用户处的串扰之间实现了折中。串扰会对非法用户造成干扰。在非法用户的恶意窃听下，串扰也会导致信息泄漏。因此，RCI 实现了信号功率、干扰和信息泄漏之间的折中。

利用 RCI 预编码，利用正则化对消息向量 $\boldsymbol{u}$ 进行线性处理[21]，RCI 预编码矩阵为

$$\boldsymbol{W} = \frac{1}{\sqrt{\zeta}}\boldsymbol{H}^{\dagger}(\boldsymbol{H}\boldsymbol{H}^{\dagger} + N\xi\boldsymbol{I}_K)^{-1} \tag{8.6}$$

其中

$$\zeta = \mathrm{tr}\{\boldsymbol{H}^{\dagger}\boldsymbol{H}(\boldsymbol{H}^{\dagger}\boldsymbol{H} + N\xi\boldsymbol{I}_K)^{-2}\} \tag{8.7}$$

是功率归一化常数。RCI 预编码后的发射信号 $\boldsymbol{X}$ 可以写成

$$\boldsymbol{x} = \boldsymbol{W}\boldsymbol{u} = \frac{1}{\sqrt{\zeta}}\boldsymbol{H}^{\dagger}(\boldsymbol{H}\boldsymbol{H}^{\dagger} + N\xi\boldsymbol{I}_K)^{-1}\boldsymbol{u} \tag{8.8}$$

式（8.8）中信号通过信道，产生接收信号的向量为

$$\boldsymbol{y} = \frac{1}{\sqrt{\zeta}}\boldsymbol{H}(\boldsymbol{H}^{\dagger}\boldsymbol{H} + N\xi\boldsymbol{I}_K)^{-1}\boldsymbol{H}^{\dagger}\boldsymbol{u} + \boldsymbol{n} \tag{8.9}$$

尽管非负正则化参数 ξ 也会在式（8.9）中产生非零的串扰项，但其作用是改善信道反转行为。在本章中假设在基站处是有信道矩阵 $\boldsymbol{H}$ 的完备知识，但本章结果可以推广到不完全的信道状态信息场景，如文献［5］中所述。

8.2.2.2 线性预编码的可达安全速率

通过使用一种基于独立码本和线性预编码的码结构，MISO BCC 的可达安全速率 S_{BCC} 由下式给出：

$$S_{\mathrm{BCC}} \triangleq \sum_{k=1}^{K} R_{\mathrm{BCC},k} \tag{8.10}$$

式中：$R_{\mathrm{BCC},k}$ 为式（8.5）中第 $k(k=1,2,\cdots,K)$ 个 MISOME 窃听信道的可达安全速率，表达式如下：

$$R_{\mathrm{BCC},k} = [\log_2(1+\gamma_k) - \log_2(1+\gamma_{M,k})]^{+} \tag{8.11}$$

式中：γ_k 和 $\gamma_{M,k}$ 分别是在合法接收方 k 和等效恶意用户 M_k 处消息 u_k 的信干噪比（Signal-to-Interference-plus-Noise Ratios，SINR），定义为 $[x]^{+} \triangleq \max(x,0)$。

从式（8.11）中可以清楚地观察到，高性能线性预编码器的设计需要在最大 γ_k 和最小 $\gamma_{M,k}$ 间进行有效折中。

通过 RCI 预编码，式（8.11）中合法用户 k 和等效恶意用户 M_k 处的 SINRs 分别为

$$\gamma_k = \frac{|\boldsymbol{h}_k^{\dagger}(\boldsymbol{H}^{\dagger}\boldsymbol{H} + N\xi \boldsymbol{I}_K)^{-1}\boldsymbol{h}_k|^2}{\zeta\sigma^2 + \sum_{j\neq k}|\boldsymbol{h}_k^{\dagger}(\boldsymbol{H}^{\dagger}\boldsymbol{H} + N\xi \boldsymbol{I}_K)^{-1}\boldsymbol{h}_j|^2} \tag{8.12}$$

$$\gamma_{M,k} = \frac{\|\boldsymbol{H}_k(\boldsymbol{H}^{\dagger}\boldsymbol{H} + N\xi \boldsymbol{I}_K)^{-1}\boldsymbol{h}_k\|^2}{\zeta\sigma^2} \tag{8.13}$$

因此，在 MISO BCC 中，通过线性预编码的可达安全和速率为

$$S_{\mathrm{BCC}} = \sum_{k=1}^{K}\left[\log_2 \frac{1 + \dfrac{|\boldsymbol{h}_k^{\dagger}\boldsymbol{w}_k|^2}{\sigma^2 + \sum_{j\neq k}|\boldsymbol{h}_k^{\dagger}\boldsymbol{w}_j|^2}}{1 + \dfrac{\|\boldsymbol{H}_k\boldsymbol{w}_k\|^2}{\sigma^2}}\right] \tag{8.14}$$

在本章其余部分，将式（8.14）作为 BCC 中的安全和速率。我们注意到，安全和速率取决于预编码矩阵 $\boldsymbol{W}$ 的选择，以及信道 $\boldsymbol{H}$ 和噪声方差 σ^2。

下面我们提供了安全速率 $R_{\mathrm{BCC},k}$ 的确定性近似值，即当 $N\to\infty$ 时，该值几乎是确定的。

定理 8.1　令 $\rho>0$，$\beta \triangleq K/N>0$。设 $R_{\mathrm{BCC},k}$ 是用户 k 在 BCC 中的可达安全速率，RCI 预编码定义见式（8.11），则

$$|R_{\mathrm{BCC},k} - R_{\mathrm{BCC}}^{\circ}| \xrightarrow{\text{a.s.}} 0,\ N\to\infty,\ \forall k \tag{8.15}$$

式中：R_{BCC}° 表示大规模系统体制中的安全速率，可表示为

$$R_{\mathrm{BCC}}^{\circ} = \left[\log_2\frac{1+\gamma^{\circ}}{1+\gamma_M^{\circ}}\right]^{+} \tag{8.16}$$

其中，γ°、γ_M°，以及 $g(\beta,\xi)$ 表达式分别如下：

$$\gamma^{\circ} = g(\beta,\xi)\frac{\rho + \dfrac{\rho\xi}{\beta}[1+g(\beta,\xi)]^2}{\rho + [1+g(\beta,\xi)]^2} \tag{8.17}$$

$$\gamma_M^{\circ} = \frac{\rho}{[1+g(\beta,\xi)]^2} \tag{8.18}$$

$$g(\beta,\xi) = \frac{1}{2}\left[\sqrt{\frac{(1-\beta)^2}{\xi^2} + \frac{2(1+\beta)}{\xi} + 1} + \frac{(1-\beta)}{\xi} - 1\right] \tag{8.19}$$

因此，安全和速率 S_{BCC} 可近似为大规模系统的安全和速率 S_{BCC}°，即

$$S_{\mathrm{BCC}}^{\circ} = KR_{\mathrm{BCC}}^{\circ} \tag{8.20}$$

需要注意的是，近似安全速率与安全和速率都是闭式表达式，都是信噪

比ρ、网络负载β和正则化参数ξ这几个变量的函数。尽管ξ值可能对安全和速率S°_{BCC}有很大的影响，但此处省略了安全速率最大值ξ的推导过程，可参见文献［5］。

当$\beta=1$时，可以看出S°_{BCC}随信噪比ρ单调增加；结果表明，当$\beta<1$时同样成立。然而，当$\beta>1$时，安全和速率不随ρ值单调增加，而是存在一个最优信噪比，超过该值后，可达安全和速率S°_{BCC}开始降低，对大信噪比来说该值可降为0。当$\beta\geqslant 2$时，完全不能实现正的安全和速率。

这些结论可以解释如下：在最坏情况下，恶意用户间合作联盟可以消除干扰，其接收信干噪比SINR为信号泄漏与热噪声的比值，在大信噪比的限制下，热噪声消失，发送者限制恶意用户SINR的唯一方法是通过反转信道矩阵将信号泄漏降至零，这只能在发射天线的数量大于或等于用户数量时实现，即$\beta\leqslant 1$，而当$\beta>1$是不可能的，并且无法实现正的安全和速率。当$\beta\geqslant 2$时，窃听者能迫使安全和速率为零，而与ρ无关。这个结果是符合预期的，并且与文献［13］中单用户系统的结果一致。

图8.2比较了不同β值时，RCI预编码器的大规模系统安全和速率S°_{BCC}与有限用户数的遍历安全和速率仿真值S_{BCC}，S°_{BCC}的值由式（8.20）求得。在这两种情况下，都使用正则化参数使平均安全和率最大化。可观察到，随着N的增加，对于所有信噪比值，大规模系统结果都变得更加准确。

下面定理提供了高信噪比下S°_{BCC}的近似值。注意，对于$\beta>1$的情况，发射功率被限制为产生最大信噪比的值。

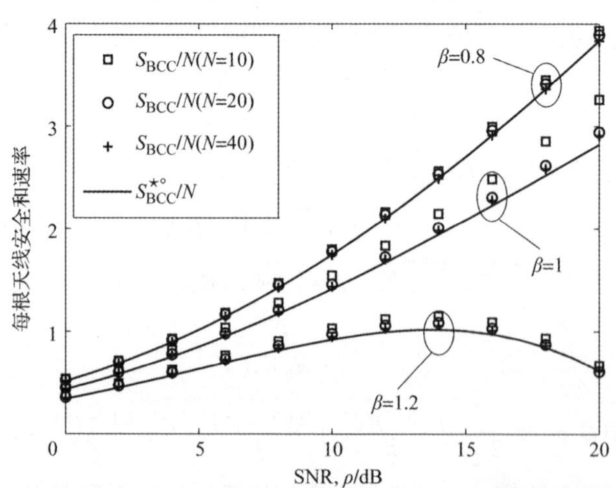

图8.2　在大规模系统式（8.20）条件下，比较了RCI预编码的安全和速率与有限N的遍历安全和速率仿真值（三组曲线分别对应不同的β值）

定理 8.2　在高信噪比区域，有 $\lim_{\rho\to 0}\frac{S_{\mathrm{BCC}}^{\circ}-S_{\mathrm{BCC}}^{\circ\infty}}{S_{\mathrm{BCC}}^{\circ}}=0$，通过 RCI 预编码器可实现 $S_{\mathrm{BCC}}^{\circ\infty}$ 近似于大规模系统的安全和速率 S_{BCC}°，即

$$S_{\mathrm{BCC}}^{\circ\infty}=\begin{cases}K\log_2\dfrac{1-\beta}{\beta}+K\log_2\rho, & \beta<1\\ \dfrac{K}{2}\log_2\dfrac{27}{64}+\dfrac{K}{2}\log_2\rho, & \beta=1\\ K\log_2\dfrac{\beta^2}{4(\beta-1)}, & 1<\beta<2\\ 0, & \beta\geqslant 2\end{cases}\tag{8.21}$$

由式（8.21）可以得出以下结论，BCC 中 RCI 预编码器在高信噪比范围内可分为四个区域。当 $\beta<1$ 时，只要发送者有足够的可用功率，并且安全和率与因子 K 呈线性比例关系，那可实现任意的安全和速率；当 $\beta=1$ 时，线性比例因子降为 $K/2$；当 $1<\beta<2$ 时，合作窃听者的天线比发送者多，因此无论发送者的可用功率如何，合作窃听者都可以限制可达安全和速率；当 $\beta\geqslant 2$ 时，窃听者能够阻止安全通信，即使有无限大的功率，安全和速率也为零。

8.2.3　安全的代价

现在将 BCC 中 RCI 预编码器实现的大规模系统安全和速率 S_{BCC}° 与 BC 中无安全要求下实现的大规模系统安全和速率 S_{BC}° 进行比较。S_{BCC}° 与 S_{BC}° 之间的差值代表了安全损失，即实现可达和速率时因安全要求所付出的代价。

文献［10，26］给出了无安全要求下，MISO BC 中最佳和速率 S_{BC}° 表达式

$$S_{\mathrm{BC}}^{\circ}=K\log_2[1+g(\beta,\xi_{\mathrm{BC}}^{\circ})]\tag{8.22}$$

式中：$\xi_{\mathrm{BC}}^{\circ}=\beta/\rho$。很容易看出，对于所有的 β 和 ρ，$S_{\mathrm{BC}}^{\circ}\geqslant 0$，只有 $\rho=0$ 时 $S_{\mathrm{BC}}^{\circ}=0$。因此，对于每个发射天线 β 的用户数量没有限制，系统可以用非零和速率来描述。然而，如果强加安全要求，当 $\beta\geqslant 2$ 时安全和速率 S_{BCC}° 为零。因此，引入安全需求后，当用户数量限制为发射天线数量 2 倍时可实现非零和速率。

在大信噪比的限制下，比较了安全和速率 S_{BCC}° 与和速率 S_{BC}°，进而通过下式，能得到 $\lim_{\rho\to\infty}\frac{S_{\mathrm{BC}}^{\circ}-S_{\mathrm{BC}}^{\circ\infty}}{S_{\mathrm{BC}}^{\circ}}=0$：

$$S_{\mathrm{BC}}^{\circ\infty}=\begin{cases}K\log_2\dfrac{1-\beta}{\beta}+K\log_2\rho, & \beta<1\\ \dfrac{K}{2}\log_2\rho, & \beta=1\\ K\log_2\dfrac{\beta}{\beta-1}, & \beta>2\end{cases} \tag{8.23}$$

通过将式（8.23）与式（8.21）进行比较，可以在高信噪比区域下得出如下结论。如果发射天线数 N 大于用户数 K，那么 $S_{\mathrm{BCC}}^{\circ\infty}=S_{\mathrm{BC}}^{\circ\infty}$，且安全要求不会降低网络和速率。因此，通过使用RCI预编码，可以在保持相同和速率的同时实现安全传输，即没有安全损失。如果 $N=K$，则每个用户的安全损失为 $0.5\log_2(64/27)\approx 0.62$bit，但线性比例系数 $K/2$ 不变。或者，通过将发射功率增加 $64/27\approx 3.75$dB，可以在保持相同和速率的同时实现安全传输。如果 $N<K<2N$，则每个用户的安全损失为 $(2-\log_2\beta)$ bit。最后，如果 $K\geqslant 2N$，那么安全要求迫使和速率为零，而和速率 S_{BC}° 仍然是正的，尽管当 β 较大时，S_{BC}° 也趋于零。

在图8.3中，仿真比较了MISO BCC中RCI－PR预编码器每个用户的遍历安全速率 S_{BCC}/K 与MISO BC中无安全要求时速率 S_{BC}/K。对于 $\beta<1$，在高信噪比情况下，S_{BCC}/K 和 S_{BC}/K 之间的差异可以忽略不计，即无须额外代价的情况下实现安全。当 $\beta=1$ 时，在高信噪比时两条曲线斜率趋于一致，

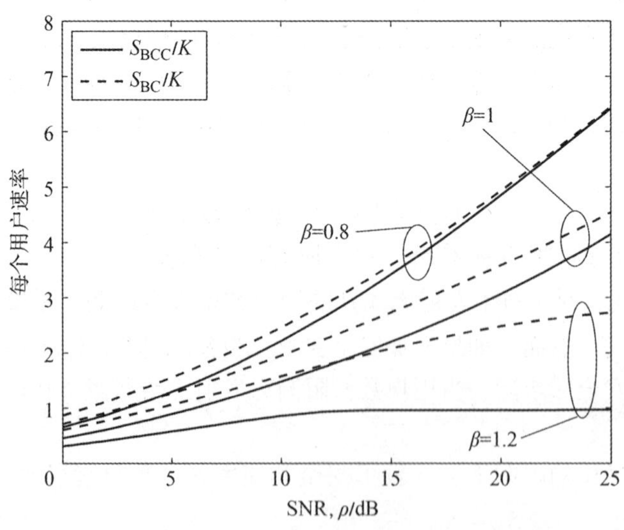

图8.3　$K=12$ 个用户，仿真比较RCI的每个用户遍历安全速率（实线）与无安全要求时的速率（虚线）（β 为0.8、1和1.2时分别对应于 $N=15,12,10$ 根天线）

但两者之间存在间隙。因此，在低速率时可实现安全。我们注意到，为了不降低速率实现安全性，所有信噪比下所需的额外功率都小于4dB。对于$1<\beta<2$，和速率S_{BC}在高信噪比下趋于饱和，安全和速率S_{BCC}在高信噪比下也趋于饱和。在仿真中，当$\beta=1.2$和$\rho=25$dB时，两条曲线的间隙约为1.79bit，接近$2-\log_2\beta\approx1.74$bit，所有这些数值结果都与大规模系统的数值结果一致。

8.3　窃听者随机分布情况下的物理层安全

在本节中，将介绍带有私密消息和存在额外窃听者的MISO广播信道(Broadcast Channel with Confidential Messages and External Eavesdroppers, BCCE)，其中，额外窃听者的位置随机分布，一个多天线基站同时与多个恶意用户通信。本书研究BCCE中RCI预编码的性能，并在节点空间分布和信道随机衰落情况下，推导了大规模系统的安全中断概率和平均安全速率的闭式表达式。注意到，RCI预编码和一般的线性预编码可以与人工噪声（AN）传输相结合，以降低额外窃听者窃听信号的信噪比。虽然本章不会考虑这种传输技术，但我们建议感兴趣的读者参阅文献[9,27,32]以及其中的参考文献。

8.3.1　存在额外窃听者时传输私密消息的广播信道模型

在MISO BCCE中，恶意用户与网络外部节点都可以充当窃听者。在实际系统中可能存在这种情况，即外部节点随机地分散在空间中，这些节点必须视为潜在的窃听者，否则系统将容易出现安全中断。类似于BCC，这里假设用户同质，即每个用户平均接收信号功率相同。

通过在系统中加入外部单天线窃听者，BCC可变为BCCE。为了便于处理，这里假设额外窃听者位置按照泊松点过程（Poisson Point Process, PPP）分布在二维平面上，泊松点过程Φ_e密度为λ_e[25]。图8.4给出了一个BCCE示例，其中基站位于原点，用户位于半径为1的圆盘上。在最坏情况下，假设每个窃听者都可以消除其余$K-1$条消息造成的干扰。假设基站位于原点，则位于e的一个普通窃听者处第k条消息的信干噪比$\gamma_{e,k}$由下式给出：

$$\gamma_{e,k}=\frac{|\boldsymbol{h}_e^{\dagger}\boldsymbol{w}_k|^2}{\|e\|^{\eta}\sigma^2}\tag{8.24}$$

式中：$\boldsymbol{w}_k$是用户k的预编码向量；$\boldsymbol{h}_e^{\dagger}$为$e$中基站与窃听者之间的信道向量；考虑瑞利衰落，以及路径损耗指数η。下面给出的结果中，假设路径损耗指

数 $\eta=4$，该特殊情况是 η 在城市阴影区域中的一个合理取值[22]，而对于感兴趣的指标可以获得更紧凑的表达式，例如安全中断概率和平均安全速率。然而，可以以牺牲紧凑性为代价来一般化 η 的取值。

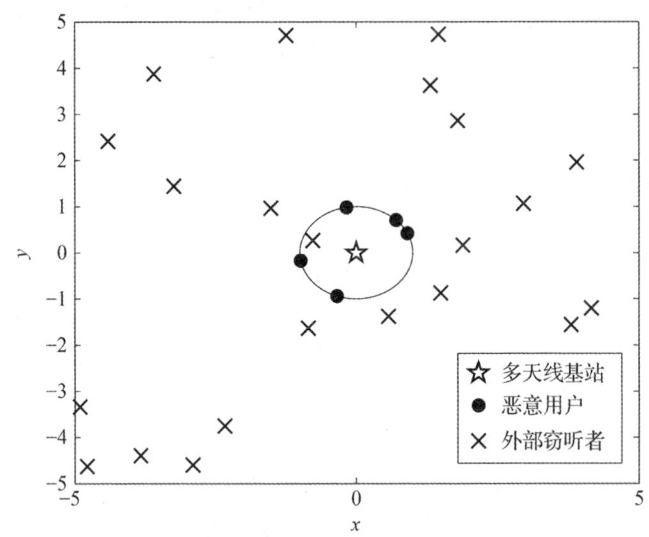

图 8.4　BCCE 的恶意用户数为 $K=5$，额外窃听者密度 $\lambda_e=0.2$
（@IEEE 2016 经参考文献［8］许可转载）

预编码向量 $\boldsymbol{w}_k$ 是独立于 $\boldsymbol{h}_e^{\dagger}$ 计算的，因此，它们是独立的各向同性随机向量。信道 $\boldsymbol{h}_e^{\dagger}$ 有单位范数，在归一化 $\|\boldsymbol{W}\|^2=\sum_{k=1}^{K}\|\boldsymbol{w}_k\|^2=1$ 后预编码向量 $\boldsymbol{w}_k$ 得到范数 $1/\sqrt{K}$。内积 $\boldsymbol{h}_e^{\dagger}\boldsymbol{w}_k$ 是 N 个复正态随机变量的线性组合，因此 $|\boldsymbol{h}_e^{\dagger}\boldsymbol{w}_k|^2\sim\exp(1/K)$。

下面考虑两种类型的额外窃听者，即非合作窃听者和合作窃听者。在不合作的情况下，窃听者单独监听通信而不进行集中处理。在合作窃听者的情况下，所有窃听者都能够在一个中央数据处理单元上共同处理他们接收到的消息。BCCE 中第 k 个用户的可达安全速率 $R_{\mathrm{BCCE},k}$ 为

$$R_{\mathrm{BCCE},k}=[\log_2(1+\gamma_k)-\log_2(1+\max(\gamma_{\mathrm{M},k},\gamma_{\mathrm{E},k}))]^{+} \tag{8.25}$$

式中：$\gamma_{\mathrm{E},k}$ 是服从泊松点过程分布的额外窃听者第 k 条消息的信干噪比。因此，安全速率 $R_{\mathrm{BCCE},k}$ 受到恶意用户联盟处的信干噪比 $\gamma_{\mathrm{M},k}$ 与额外窃听者处的信干噪比 $\gamma_{\mathrm{E},k}$ 最大值的影响。在非合作窃听情况下，$\gamma_{\mathrm{E},k}$ 是最强窃听者的信干噪比。在合作窃听者的情况下，所有窃听者都可以进行联合处理，因此可以将其视为一个多天线窃听者。在干扰消除后，每个窃听者都能接收到嵌入噪声中的有用信号，而合作窃听者的最佳接收策略是最大比合并（Maximal

Ratio Combining, MRC)，它产生的信干噪比为 $\gamma_{E,k}=\sum_{e\in\Phi_e}\gamma_{e,k}$，是 PPP 过程 Φ_e 所有窃听者的信干噪比 $\gamma_{e,k}$之和。

可达安全和速率用 S_{BCCE}表示，可定义为

$$S_{BCCE}=\sum_{k=1}^{K}R_{BCCE,k} \tag{8.26}$$

8.3.2 安全中断概率

用户 k 的安全中断概率定义为

$$\wp_{BCCE,k}\triangleq\mathbb{P}(R_{BCCE,k}=0)=\begin{cases}1, & \gamma_k\leqslant\gamma_{M,k}\\ \mathbb{P}(\gamma_{E,k}\geqslant\gamma_k\,|\,\gamma_k), & \text{其他}\end{cases} \tag{8.27}$$

正如 8.2 节所述，只要 $\beta<1$，在大多数情况下，RCI 预编码能确保 $\gamma_k>\gamma_{M,k}$。因此，安全中断概率通常定义为存在额外窃听者时迫使 $R_{BCCE,k}$为 0 的概率。本章给出的结果可以用于推导可达安全速率 $R_{BCCE,k}$小于目标速率 R_T 的概率，此时中断概率变成了 R_T 的函数。

在非合作窃听者情况下，$\gamma_{E,k}$是最强窃听者 E 的信干噪比，可定义为

$$\gamma_{E,k}=\max_{e\in\Phi_e}\gamma_{e,k}=\max_{e\in\Phi_e}\frac{|\boldsymbol{h}_e^{\dagger}\boldsymbol{w}_k|^2}{\|e\|^{\eta}\sigma^2} \tag{8.28}$$

$\wp_{BCCE,k}$为任意窃听者的信干噪比大于或等于合法用户 k 的信干噪比的概率。我们得到如下结果。

定理 8.3　在非合作额外窃听者的情况下，BCCE 中的安全中断概率满足

$$\left|\wp_{BCCE,k}-\wp_{BCCE}^{\circ}\right|\xrightarrow{\text{a.s.}}0,\ N\to\infty,\ \forall k \tag{8.29}$$

其中，$\wp_{BCCE}^{\circ}$可表示如下：

$$\wp_{BCCE}^{\circ}=\begin{cases}1, & \gamma^{\circ}\leqslant\gamma_M^{\circ}\\ 1-\exp\left[-\dfrac{2\pi\lambda_e\Gamma\left(\dfrac{2}{\eta}\right)}{\eta(N\beta\delta^2\gamma^{\circ})^{\frac{2}{\eta}}}\right], & \text{其他}\end{cases} \tag{8.30}$$

而 γ°与 γ_M° 分别由式（8.17）、式（8.18）给出。

推论 8.1　如果 $\gamma^{\circ}>\gamma_M^{\circ}$，且 $\eta=4$，那么，①在存在非合作窃听者的情况下，为保证大规模系统安全中断概率 $\wp_{BCCE}^{\circ}<\varepsilon$，所需发射天线数为 $N>[(\mu\lambda_e)/(\varepsilon\sqrt{\gamma^{\circ}})]^2$；②大规模系统的安全中断概率 $\wp_{BCCE}^{\circ}$衰减为 $1/\sqrt{N}$。

在存在合作窃听者的情况下，所有窃听者可以进行联合处理，因此可将他们视为一个多天线窃听者。在合作窃听者处产生的信干噪比 $\gamma_{E,k}$为

$$\gamma_{\mathrm{E},k} = \frac{1}{\sigma^2}\sum_{e\in\Phi_e} \| e \|^{-\eta} \, |\boldsymbol{h}_e^{\dagger}\boldsymbol{w}_k|^2 \tag{8.31}$$

在存在合作窃听者的情况下，得到以下关于安全中断概率$\wp^{\circ}_{\mathrm{BCCE}}$的结果。

定理 8.4　在路径损耗指数 $\eta=4$，且存在外部合作窃听者的条件下，BCCE 中的安全中断概率满足

$$\left| \wp_{\mathrm{BCCE},k} - \wp^{\circ}_{\mathrm{BCCE}} \right| \xrightarrow{\text{a. s.}} 0,\ N\to\infty,\ \forall k \tag{8.32}$$

其中

$$\wp^{\circ}_{\mathrm{BCCE}} = \begin{cases} 1, & \gamma^{\circ} \leqslant \gamma^{\circ}_M \\ 1-2\mathrm{Q}\left(\mu\lambda_e\sqrt{\dfrac{\pi}{2N\gamma^{\circ}}}\right), & 其他 \end{cases} \tag{8.33}$$

且γ°与γ°_M分别见式（8.17）与式（8.18）。

推论 8.2　令$\gamma^{\circ}>\gamma^{\circ}_M$，且$\eta=4$，则有：①在存在合作窃听者的情况下，为保证大规模系统安全中断概率$\wp^{\circ}_{\mathrm{BCCE}}<\varepsilon$，所需发射天线数为$N>[(\mu\lambda_{\mathrm{e}})/(\varepsilon\sqrt{\gamma^{\circ}})]^2$；②大规模系统的中断概率$\wp^{\circ}_{\mathrm{BCCE}}$退化为$1/\sqrt{N}$。

通过比较推论 8.1 和 8.2，我们可得出如下结论：①为满足大规模系统体制中给定的安全中断概率，窃听者之间的合作窃听不会显著影响所需发射天线的数量；②为满足给定的安全中断概率，窃听者密度λ_e增加 n 倍则 N 需要增加n^2倍。

在图 8.5 中，在窃听者不合作与合作的情况下，通过仿真将中断概率$\wp_{\mathrm{BCCE},k}$分别与定理 8.3 和定理 8.4 中大规模系统结果$\wp^{\circ}_{\mathrm{BCCE}}$进行比较。可以观察到，对于$\lambda_e=0.1$和小的安全中断概率：①$N>[(\mu\lambda_e)/(0.1\sqrt{\gamma^{\circ}})]^2=34$时，得到的安全中断概率小于 0.1；②安全中断概率衰减为$1/\sqrt{N}$；③窃听者合作不会显著影响安全中断概率。所有这些观察结果都与推论 8.1 和 8.2 一致。

8.3.3　平均安全速率

在 BCCE 中通过 RCI 预编码可实现额外窃听者位置均匀分布，我们现在分析合作窃听者、非合作窃听者两种情况下的平均安全速率。

定理 8.5　在 BCCE 中，通过 RCI 预编码，用户 k 的可达平均安全速率满足

$$\left| \mathbb{E}_{\Phi_e}[R_{\mathrm{BCCE},k}] - R^{\circ}_{\mathrm{BCCE}} \right| \xrightarrow{\text{a. s.}} 0,\ N\to\infty,\ \forall k \tag{8.34}$$

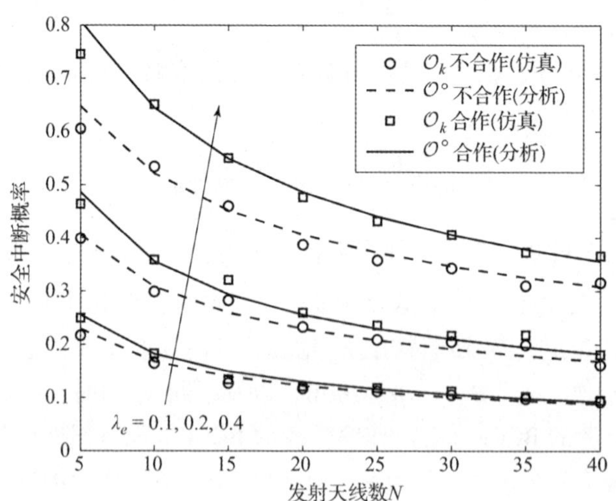

图 8.5　当网络负载 $\beta=1$、信噪比 $\rho=10$dB，以及不同 λ_e 时，仿真比较中断概率 $\wp_{\mathrm{BCCE},k}$ 与定理 8.3 和 8.4 中大规模系统结果 $\wp^{\circ}_{\mathrm{BCCE}}$（© IEEE 2016，经参考文献［8］许可转载）

其中，$R^{\circ}_{\mathrm{BCCE}}$表示大规模系统下的平均安全速率，可定义为

$$R^{\circ}_{\mathrm{BCCE}} = \begin{cases} 0, & \gamma^{\circ} \leqslant \gamma^{\circ}_M \\ \log_2 \dfrac{(1+\gamma^{\circ})^{1-\wp^{\circ}_{\mathrm{BCCE}}}}{(1+\gamma^{\circ}_M)^{1-\mathscr{P}^{\circ}_{\mathrm{BCCE}}}} - \displaystyle\int_{\gamma^{\circ}_M}^{\gamma^{\circ}} \log_2(1+y) f_{\gamma_{\mathrm{E},k}}(y)\mathrm{d}y, & \text{其他} \end{cases} \tag{8.35}$$

在式（8.35）中，$\mathscr{P}^{\circ}_{\mathrm{BCCE}}$是额外窃听者处信干噪比 $\gamma_{\mathrm{E},k}$大于或等于恶意用户处大规模系统信干噪比 $\gamma^{\circ}_{\mathrm{M}}$ 的概率，对于 $\eta=4$，可由下式给出：

$$\mathscr{P}^{\circ}_{\mathrm{BCCE}} \triangleq \mathbb{P}(\gamma_{\mathrm{E,k}} \geqslant \gamma^{\circ}_{\mathrm{M}}) = \begin{cases} 1-\exp\left(-\dfrac{\mu\lambda_e}{\sqrt{N\gamma^{\circ}_M}}\right), & \text{n. c. e.} \\ 1-2\mathrm{Q}\left(\mu\lambda_e\sqrt{\dfrac{\pi}{2N\gamma^{\circ}_M}}\right), & \text{c. e.} \end{cases} \tag{8.36}$$

式中：n. c. e. 与 c. e. 分别表示非合作窃听者和合作窃听者。

通过将式（8.35）中 MISO BCC 的大规模系统平均安全速率与式（8.16）中无额外窃听者的大规模系统安全速率进行比较，我们可以评估因存在额外窃听者而导致的安全速率损失 Δ_{e}，定义为

$$\Delta_{\mathrm{e}} \triangleq R^{\circ}_{\mathrm{BCC}} - R^{\circ}_{\mathrm{BCCE}} \tag{8.37}$$

特别地，可以得到安全速率损失 Δ_{e} 的一个上界。

推论 8.3　因存在额外窃听者，安全速率损失 Δ_{e} 满足

$$\Delta_e \leqslant \Delta_e^{UB} \triangleq \frac{C_\mu \lambda_e}{\sqrt{N}} \tag{8.38}$$

式中：C_μ 是一个与 N、λ_e，以及窃听者的合作策略（即他们是否合作）无关的常数，为

$$C_\mu = \mu\left[\frac{R_{BCC}^{\circ}}{\sqrt{\gamma^{\circ}}} + \left(\sqrt{\gamma^{\circ}} - \sqrt{\gamma_M^{\circ}}\right)^+\right] \tag{8.39}$$

由推论8.3可知，无论额外窃听者采用何种合作策略：①随着发射天线数量 N 增加，安全中断概率退化为 $1/\sqrt{N}$，故而安全速率损失 Δ_e 趋于零；②为满足给定值 Δ_e^{UB}，窃听者密度 λ_e 增加 n 倍时需要将 N 增加 n^2 倍。

在图8.6中，对于 $\beta=1$、$\rho=10$dB，以及不同 λ_e 值时，我们仿真比较了①非合作窃听者的BCCE②有合作窃听者的BCCE③没有额外窃听者BCC时，每个用户的遍历安全速率。注意到，在BCC中，对于固定的网络负载 β，当 N 增加时每个用户的安全速率几乎是常数。另外，BCCE的每个用户安全速率随着 N 的增加而增加。同样，这是因为每个额外窃听者的平均接收功率比例为 $1/(\beta N)$。因此，具有更多的发射天线会使系统对额外窃听更具稳健性。还注意到，对于具有更高密度 λ_e 的窃听者，需要更大的 N 值来实现BCCE中给定的各用户安全速率。更准确地说，λ_e 增加2倍则 N 需要增加4倍。此外，额外窃听者的合作窃听并不影响平均速率的变换规律，这些观察结果与推论8.3一致。

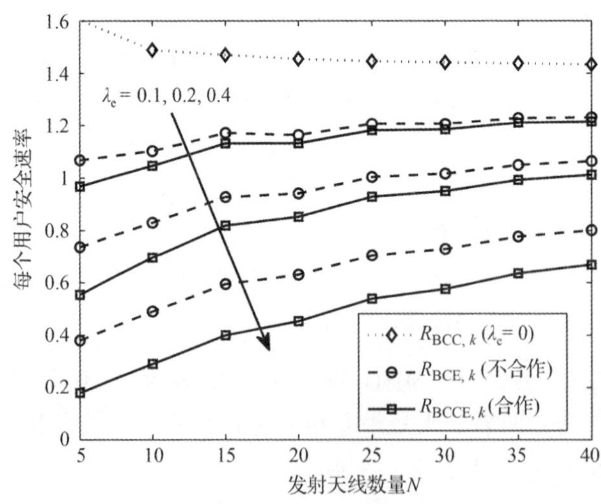

图8.6　对于网络负载 $\beta=1$、信噪比 $\rho=10$dB、不同 λ_e 值时，仿真比较：①非合作窃听者的BCCE；②有合作窃听者的BCCE；③没有额外窃听者BCC中，每个用户的遍历安全速率

8.4　多小区系统中物理层安全

本节考虑蜂窝网络下行链路中的物理层安全，其中，每个基站同时向多个用户发送私密消息，并且发送给每个用户的私密消息可以被同一小区中的其他用户和其他小区中的用户窃听到。

8.4.1　存在恶意用户的蜂窝网络

考虑蜂窝网络的下行链路，如图 8.7 所示。每个基站的发射功率为 P，并配备有 N 根天线。为了易于处理，假设基站位置分布服从密度为 $\boldsymbol{\lambda}_{\mathrm{b}}$ 的均匀泊松点过程 $\boldsymbol{\Phi}_{\mathrm{b}}$。考虑单天线用户，假设每个用户都连接到最近基站，用户的位置服从点过程 $\boldsymbol{\Phi}_{\mathrm{u}}$ 密度为 $\boldsymbol{\lambda}_{\mathrm{u}}$ 独立泊松点过程。分别用 $\mathscr{K}_b$ 和 $K_b=|\mathscr{K}_{\mathrm{b}}|$表示连接到基站 b 的用户集和用户数量，则

$$\boldsymbol{H}_b=[\ \|b-b_1\|^{-\eta}\boldsymbol{h}_{b,1},\|b-b_2\|^{-\eta},\cdots,\|b-b_{K_b}\|^{-\eta}\boldsymbol{h}_{b,K_b}]^{\dagger} \tag{8.40}$$

式中：基站 b 的 $K_b\times N$ 信道矩阵；$\boldsymbol{h}_{b,j}\sim\mathcal{CN}(\boldsymbol{0},\boldsymbol{I})$是归一化的信道向量，仅考虑基站 b 和用户 $j\in\mathscr{K}_b$ 之间的衰落。

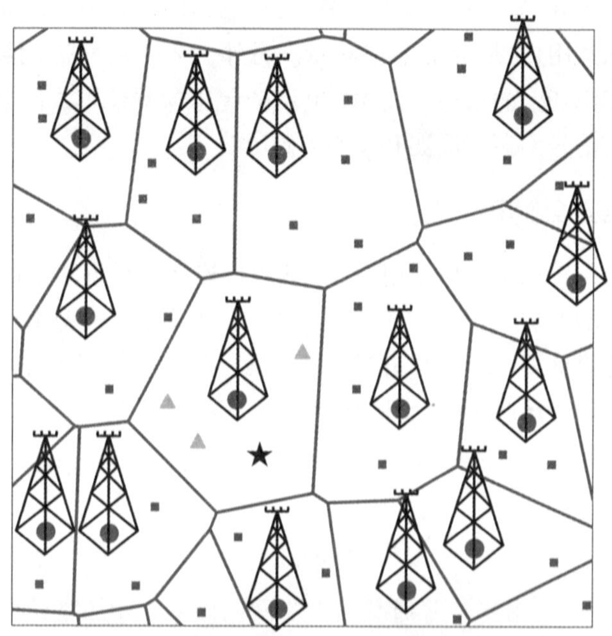

图 8.7　蜂窝网络示意图（星形表示典型用户，圆圈、正方形和三角形分别表示基站、小区外用户和小区内用户）

类似于BCC，信息在块衰落信道上传输，通用基站 b 发送的信号是 $\boldsymbol{x}_b=[x_{b,1},x_{b,2},\cdots,x_{b,N}]^{\mathrm{T}}\in\mathbb{C}^{N\times1}$。向量 $\boldsymbol{x}_b$ 是通过RCI预编码从私密消息向量 $\boldsymbol{m}_b=[m_{b,1},m_{b,2},\cdots,m_{b,K_b}]^{\mathrm{T}}$ 中得到的，其各元素之间是独立选择的，满足 $\mathbb{E}[|m_{b,j}|^2]=1,\forall j$。RCI预编码后传输信号 $\boldsymbol{x}_b$ 可以写成 $\boldsymbol{x}_b=\sqrt{P}\boldsymbol{W}_b\boldsymbol{m}_b$，其中，$\boldsymbol{W}_b=[\boldsymbol{w}_{b,1},\boldsymbol{w}_{b,2},\cdots,\boldsymbol{w}_{b,K_b}]$ 是RCI预编码矩阵 $N\times K_b$，在文献［21］中已经给出：

$$\boldsymbol{W}_b=\frac{1}{\sqrt{\zeta_b}}\boldsymbol{H}_b^{\dagger}(\boldsymbol{H}_b\boldsymbol{H}_b^{\dagger}+N\xi\boldsymbol{I}_{K_b})^{-1} \tag{8.41}$$

式中：$\zeta_b=\mathrm{tr}\{\boldsymbol{H}_b^{\dagger}\boldsymbol{H}_b(\boldsymbol{H}_b^{\dagger}\boldsymbol{H}_b+N\xi\boldsymbol{I}_{K_b})^{-2}\}$ 是一个长期功率归一化常数。

对于连接到基站 b 的用户 o，同一小区内 K_b-1 个恶意用户集合记为 $\mathfrak{M}_o^{\mathrm{I}}=\mathscr{K}_b\backslash o$，网络中其他恶意用户集合记为 $\mathfrak{M}_o^{\mathrm{E}}=\boldsymbol{\Phi}_{\mathrm{u}}\backslash\mathscr{K}_b$。在图8.7中，合法用户 o、(小区内) 恶意用户 $\mathfrak{M}_o^{\mathrm{I}}$ 集合和 (小区外) 恶意用户 $\mathfrak{M}_o^{\mathrm{E}}$ 的集合分别用星形、三角形和正方形表示。对于合法接收者 o，恶意用户总集合为 $\mathfrak{M}_o=\mathfrak{M}_o^{\mathrm{I}}\cup\mathfrak{M}_o^{\mathrm{E}}=\boldsymbol{\Phi}_{\mathrm{u}}\backslash o$。区分小区内恶意用户 $\mathfrak{M}_o^{\mathrm{I}}$ 和外部恶意用户 $\mathfrak{M}_o^{\mathrm{E}}$ 非常重要。事实上，基站 b 可以估计小区内恶意用户 $\mathfrak{M}_o^{\mathrm{I}}\subset\mathscr{K}_b$ 的信道，并通过选择RCI预编码矩阵 $\boldsymbol{W}_b$ 来利用该信息，$\boldsymbol{W}_b$ 是这些信道的函数。因此，RCI预编码可以控制恶意用户 $\mathfrak{M}_o^{\mathrm{I}}$ 的信息泄漏量。另外，基站 b 通常不能估计所有其他外部恶意用户 $\mathfrak{M}_o^{\mathrm{E}}$ 的信道，而 $\boldsymbol{W}_b$ 也不依赖于这些信道。因此，$\mathfrak{M}_o^{\mathrm{E}}$ 中恶意用户接收的信号不会直接被RCI预编码影响。

8.4.2 可达安全速率

考虑一个位于原点的典型用户 o，该用户连接到最近的基站，位置记为 $c\in\boldsymbol{\Phi}_b$。典型用户与最近基站之间的距离由 $\|c\|$ 给出。典型用户接收到由基站 c 发送其他消息 $m_{c,u}$，$u\neq0$ 引起的自干扰，以及由其他所有基站 $b\in\boldsymbol{\Phi}_{\mathrm{b}}\backslash c$ 发送信号引起的小区间干扰。典型用户接收到的信号为

$$y_o=\sqrt{P\|c\|^{-\eta}}\boldsymbol{h}_{c,o}^{\dagger}\boldsymbol{w}_{c,o}m_{c,o}+\sqrt{P\|c\|^{-\eta}}\sum_{u\in\mathscr{K}_c\backslash o}\boldsymbol{h}_{c,o}^{\dagger}\boldsymbol{w}_{c,u}m_{c,u}+\sum_{b\in\boldsymbol{\Phi}_b\backslash c}\sqrt{P\|b\|^{-\eta}}\sum_{j=1}^{K_b}\boldsymbol{h}_{b,o}^{\dagger}\boldsymbol{w}_{b,j}m_{b,j}+n_o \tag{8.42}$$

式中：$\|b\|$ 是典型用户和普通基站 b 之间的距离；η 是路径损耗指数。式(8.42) 中四项分别代表了在典型用户处的有用信号、串扰（或自扰）、小区间干扰和热噪声，热噪声 $n_o\sim\mathcal{CN}(0,\sigma^2)$，定义发射信噪比为 $\rho\triangleq P/\sigma^2$。

假设 o 处合法接收者将干扰功率视为噪声，合法接收者 o 处的信干噪比

γ_o 由下式给出：

$$\gamma_o = \frac{\rho \| c \|^{-\eta} |\boldsymbol{h}_{c,o}^{\dagger}\boldsymbol{w}_{c,o}|^2}{\rho \| c \|^{-\eta} \left| \sum_{u \in \mathcal{K}_c \backslash o} \boldsymbol{h}_{c,o}^{\dagger}\boldsymbol{w}_{c,u} \right|^2 + \rho \sum_{b \in \Phi_b \backslash c} \frac{g_{b,o}}{K_b} \| b \|^{-\eta} + 1} \tag{8.43}$$

其中，$\tilde{\boldsymbol{w}}_{b,j} \triangleq \sqrt{K_b}\boldsymbol{w}_{b,j}, g_{b,o}$如下：

$$g_{b,o} \triangleq \sum_{j=1}^{K_b} |\boldsymbol{h}_{b,o}^{\dagger} \tilde{\boldsymbol{w}}_{b,j}|^2 \tag{8.44}$$

典型用户 o 所在的小区被称为标记小区，对于典型用户 o，恶意用户集合用 $\mathfrak{M}_o = \mathfrak{M}_o^{\mathrm{I}} \cup \mathfrak{M}_o^{\mathrm{E}}$ 表示，其中，$\mathfrak{M}_o^{\mathrm{I}} = \mathfrak{M}_c \backslash o$ 表示标记小区中除典型用户外的剩余用户集合，$\mathfrak{M}_o^{\mathrm{E}} = \Phi_{\mathrm{u}} \backslash \mathfrak{M}_c$ 是其他小区所有用户集合。

在下文中，我们考虑了最坏场景，即 $\mathfrak{M}_o$ 中所有恶意用户可以合作窃听典型用户 o 的消息。由于每个恶意用户都可能译码自己的消息，因此它可以间接将该信息传递给所有其他恶意用户。在最坏场景下，$\mathfrak{M}_o$ 内所有恶意用户可以消除所有消息 $m_j, j \neq o$ 产生的干扰。

干扰消除后，标记小区中恶意用户 $i \in \mathfrak{M}_o^{\mathrm{I}}$ 处接收到的信号表示为

$$y_i = \sqrt{P \| i - c \|^{-\eta}} \boldsymbol{h}_{c,i}^{\dagger} \boldsymbol{w}_{c,o} m_{c,o} + n_i \tag{8.45}$$

式中：$\| i - c \|$ 是基站 c 和恶意用户 $i \in \mathfrak{M}_o^{\mathrm{I}}$ 之间的距离。标记小区外的恶意用户 $e \in \mathfrak{M}_o^{\mathrm{E}}$ 接收到的信号表示为

$$y_e = \sqrt{P \| e - c \|^{-\eta}} \boldsymbol{h}_{c,e}^{\dagger} \boldsymbol{w}_{c,o} m_{c,o} + n_e \tag{8.46}$$

由于 $\mathfrak{M}_o = \mathfrak{M}_o^{\mathrm{I}} \cup \mathfrak{M}_o^{\mathrm{E}}$ 中所有恶意用户之间存在合作关系，集合 $\mathfrak{M}_o$ 可以等价为一个多天线的恶意用户，用 M_o 表示。干扰消除后，M_o 知悉嵌入在噪声中的有用信号，因此可采用最大比合并（是最优的），得到信干噪比如下所示：

$$\gamma_{M,o} = \sum_{i \in \mathfrak{M}_o^{\mathrm{I}}} \gamma_i + \sum_{e \in \mathfrak{M}_o^{\mathrm{E}}} \gamma_e \tag{8.47}$$

$$= \rho \sum_{i \in \mathfrak{M}_o^{\mathrm{I}}} \| i - c \|^{-\eta} |\boldsymbol{h}_{c,i}^{\dagger} \boldsymbol{w}_{c,o}|^2 + \frac{\rho}{K_c} \sum_{e \in \mathfrak{M}_o^{\mathrm{E}}} g_{c,e} \| e - c \|^{-\eta} \tag{8.48}$$

其中 γ_i 和 γ_e 分别表示恶意用户 $i \in \mathfrak{M}_o^{\mathrm{I}}$ 和 $e \in \mathfrak{M}_o^{\mathrm{E}}$ 的信干噪比。

$$g_{c,e} = |\boldsymbol{h}_{c,e}^{\dagger} \tilde{\boldsymbol{w}}_{c,o}|^2$$

且 $\tilde{\boldsymbol{w}}_{c,o} \triangleq \sqrt{K_c} \boldsymbol{w}_{c,o}, n_i, n_e \sim \mathcal{CN}(0, \sigma^2)$。

因此，对于下行链路蜂窝网络的典型用户 o，通过 RCI 预编码的可达安全速率 R_{CELL} 为

$$R_{\mathrm{CELL}} \triangleq \left\{\log_2\left(1+\frac{\rho \|c\|^{-\eta} |\boldsymbol{h}_{c,o}^{\dagger}\boldsymbol{w}_{c,o}|^2}{\rho \|c\|^{-\eta}\sum_{i\in\mathfrak{M}_o^{\mathrm{I}}}|\boldsymbol{h}_{c,o}^{\dagger}\boldsymbol{w}_{c,i}|^2+\rho I+1}\right)-\log_2\left(1+\rho\sum_{i\in\mathfrak{M}_o^{\mathrm{I}}}\|i-c\|^{-\eta}|\boldsymbol{h}_{c,i}^{\dagger}\boldsymbol{w}_{c,o}|^2+\rho L\right)\right\}^{+} \tag{8.50}$$

式中：I 和 L 表示干扰项和泄漏项，表达式分别为

$$I=\sum_{b\in\Phi_b\backslash c}\frac{g_{b,o}}{K_b}\|b\|^{-\eta}$$

$$L=\frac{1}{K_c}\sum_{e\in\mathfrak{M}_o^{\mathrm{E}}}g_{c,e}\|e-c\|^{-\eta} \tag{8.51}$$

8.4.3 安全中断概率和平均安全速率

蜂窝网络典型用户 o 的安全中断概率定义为

$$\mathscr{O}_{\mathrm{CELL}}\triangleq\mathbb{P}\left(R_{\mathrm{CELL}}\leqslant 0\right) \tag{8.52}$$

它还表示基站不能以非零安全速率向典型用户传输的时间比例。现在得到了 RCI 预编码安全中断概率的近似值。

定理 8.6 采用 RCI 预编码的安全中断概率可近似为

$$\mathscr{O}_{\mathrm{CELL}}\approx\hat{\mathscr{O}}_{\mathrm{CELL}}=\int_0^{\infty}\int_{-\infty}^{\infty}\int_{-\infty}^{\infty}\mathbb{I}_{(z\geqslant\tau(x,y))}f_{\hat{L}}(z)\,\mathrm{d}z f_{\hat{I}}(x,y)\,\mathrm{d}x\,2\lambda_b\pi y\mathrm{e}^{-\lambda_b\pi y^2}\mathrm{d}y \tag{8.53}$$

式中，$\mathbb{I}$ 是指示函数，$f_{\hat{I}}(x,y)$ 是 $\|c\|=y$ 时干扰信息 $\hat{I}$ 的概率密度函数，$f_{\hat{L}}(z)$ 是泄漏信息 $\hat{L}$ 的概率密度函数，我们已经定义

$$\tau(x,y)\triangleq\frac{\alpha y^{-\eta}}{\rho\chi y^{-\eta}+\rho x+1}-\chi y^{-\eta} \tag{8.54}$$

为简洁起见，这里省略 $f_{\hat{I}}(x,y)$ 和 $f_{\hat{L}}(z)$ 的表达式，具体表达式可以在文献［6］中找到。

在上一节中，研究了窃听者位置随机分布的孤立小区，即在 BCCE 中，足够数量的发射天线允许基站消除小区内干扰和泄漏，迫使安全中断概率为零。然而，在蜂窝网络中，安全中断也是由蜂窝间干扰和泄漏引起的，这是基站无法控制的。很容易证明 $\lim_{\rho\to\infty}\tau(x,y)\leqslant 0$，由定理 8.6 得出 $\lim_{\rho\to\infty}\hat{\mathscr{O}}_{\mathrm{CELL}}=1$。因此，我们可以得出以下结论。

在蜂窝网络中，RCI 预编码可以在安全中断概率 $\hat{\mathscr{O}}_{\mathrm{CELL}}<1$ 的情况下实现安全通信。然而，与孤立小区不同的是，在本节假设下，如果发射功率无限

增长，无论发射天线数量如何，蜂窝网络的安全中断概率都趋于1。

图8.8仿真了三种不同发射天线数 N 情况下，安全中断概率与发射信噪比的关系图，每个基站拥有 $K=10$ 个用户，并考虑了基站密度 λ_b 取0.01和0.1的两种情况，而用户密度是 $\lambda_u=K\lambda_b$。从图8.8可以看出，RCI预编码在 $\hat{\mathcal{O}}_{\text{CELL}}<1$ 的蜂窝网络中实现了安全通信，更多的发射天线能降低安全中断概率。然而，图8.8也表明，无论 N 取多大，$\lim_{\rho\to\infty}\hat{\mathcal{O}}_{\text{CELL}}=1$ 这些观察结果与分析结果一致。

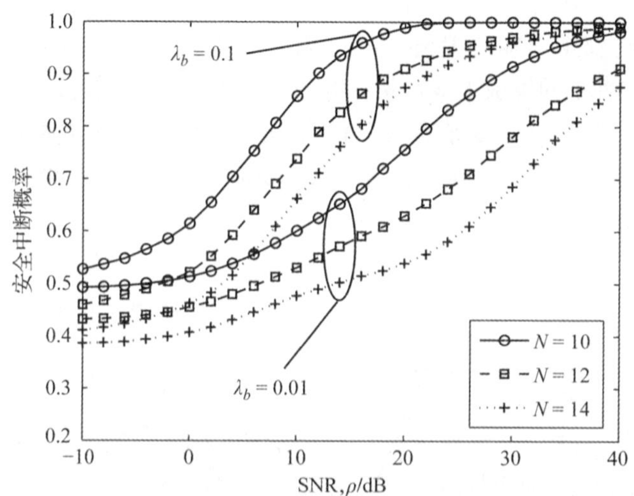

图8.8　不同发射天线数 N 与不同基站密度 λ_b 下，安全中断概率与发射信噪比的关系图（每个基站有 $K=10$ 个用户）

典型用户 o 的平均安全速率定义为

$$R_{\text{CELL}}^{\circ}\triangleq\mathbb{E}(R_{\text{CELL}})\tag{8.55}$$

它可以用下面定理进行近似。

定理8.7　在蜂窝网络中，经RCI预编码的平均可达安全速率近似为 $R_{\text{CELL}}^{\circ}\approx\hat{R}_{\text{CELL}}^{\circ}$，且 $\hat{R}_{\text{CELL}}^{\circ}$ 表达式如下：

$$\hat{R}_{\text{CELL}}^{\circ}=\int_0^{\infty}\int_{-\infty}^{\frac{\alpha}{\rho\chi}-\frac{1}{\rho}-\chi y^{-\eta}}\left\{\log_2\left(1+\frac{\rho\alpha y^{-\eta}}{\rho\chi y^{-\eta}+\rho x+1}\right)\int_{-\infty}^{\tau(x,y)}f_{\hat{L}}(z)-\right.$$
$$\left.\int_{-\infty}^{\tau(x,y)}\log_2(1+\rho\chi y^{-\eta}+\rho z)f_{\hat{L}}(z)\,\mathrm{d}z\right\}f_{\hat{I}}(x,y)\,\mathrm{d}x2\lambda_{\mathrm{b}}\pi y\mathrm{e}^{-\lambda_b\pi y^2}\mathrm{d}y\tag{8.56}$$

式（8.56）中用到的近似可详见文献［6］。

在本章的前几节中，我们证明了在孤立小区中，即使存在随机出现的窃听者，足够数量的发射天线能让基站消除小区内的干扰和泄漏，并且安全速率随着信噪比单调增加。在蜂窝网络中，安全速率也受到蜂窝网络间干扰和泄漏的影响，而这些影响是基站无法控制的。很容易证明$\lim_{\rho\to\infty}\frac{\alpha}{\rho\chi}-\frac{1}{\rho}-\chi y^{-\eta}\leqslant 0$，从定理8.7中$\lim_{\rho\to\infty}\hat{R}_{\mathrm{CELL}}^{\circ}=0$可以得到。因此，可以得出以下结论。

在蜂窝网络中，RCI预编码可以实现非零安全速率$\hat{R}_{\mathrm{CELL}}^{\circ}$。然而，不同于孤立小区，蜂窝网络的安全速率受到干扰和泄漏的限制，并且无论发射天线数量如何，它都不会随着发射信噪比无限增长，图8.9证实了这一点。图8.9描述了三种不同发射天线数量N情况下，每个用户的遍历安全速率与发射信噪比的关系，每个基站有$K=10$个用户。该图考虑了基站密度λ_b为0.01和0.1两种情况，而用户密度是$\lambda_u=K\lambda_b$。与图8.8类似，图8.9验证了本节中的分析结果。

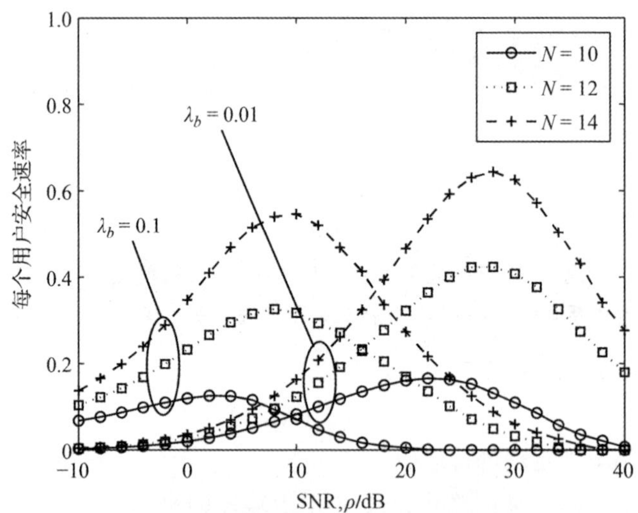

图8.9　不同发射天线数量N与不同基站密度λ_b下，遍历安全速率与发射信噪比的关系图（每个基站有$K=10$个用户）

8.5　小结

本章研究了多用户多输入多输出无线系统利用空间复用实现的可信通信。

我们首先考虑瑞利衰落下的MISO BCC，其中，多天线基站同时向空间分散的几个恶意用户发送独立的私密消息，这些恶意用户可以相互窃听。对于这种系统设置，证明了虽然安全要求会导致速率损失，但 RCI 预编码器实现了与无安全要求 MISO – BC 相同的高信噪比比例因子的安全速率。

然后我们引入了 BCCE，额外窃听者位置具有泊松点过程的情况下，多天线基站同时与多个恶意用户通信。与 BCC 不同，在 BCCE 中，恶意用户和随机位置的额外节点都可以充当窃听者。证明了，不管额外窃听者的合作窃听策略如何，多数量的发射天线 N 都使安全中断概率和由于额外窃听者存在而导致的速率损失为零。将窃听者密度 $\boldsymbol{\lambda}_e$ 增加 n 倍，需要增加 n^2 倍天线数量以满足给定的安全中断概率和给定的平均安全速率。

最后，研究不同于孤立小区的蜂窝网络，在蜂窝网络中，多个基站会产生小区间干扰，相邻小区的恶意用户可以合作窃听。在此假设下，发现 RCI 预编码可以在中断概率小于 1 的情况下实现非零安全速率。然而也发现，与孤立小区不同，蜂窝网络的安全速率并不随信噪比单调增长，如果发射功率无限增长时，网络往往处于安全中断状态。

为了便于处理，本章重点讨论移动用户配备单根接收天线并具有相似路径损耗的场景。文献［29］提供了适用于不同路径损耗下多天线接收者的更具一般性的结果。此外，虽然这里假设用户之间进行等功率分配，但是文献［7］中设计了一种能够提高 RCI 预编码安全速率性能的功率分配算法。同时，在文献［4 – 5］中给出了实际信道的一般化建模，该一般化模型分别考虑了基站处的不完美信道状态信息和发射天线相关性。

参考文献

[1] J. G. Andrews, S. Buzzi, W. Choi, *et al.*, “What will 5G be?” *IEEE J. Sel. Areas Commun.*, vol. 32, no. 6, pp. 1065–1082, Jun. 2014.

[2] G. Caire and S. Shamai, “On the achievable throughput of a multiantenna Gaussian broadcast channel,” *IEEE Trans. Inf. Theory*, vol. 49, no. 7, pp. 1691–1706, Jul. 2003.

[3] Ericsson, “5G radio access – Capabilities and technologies,” *White paper*, Apr. 2016.

[4] G. Geraci, A. Y. Al-nahari, J. Yuan, and I. B. Collings, “Linear precoding for broadcast channels with confidential messages under transmit-side channel correlation,” *IEEE Commun. Lett.*, vol. 17, no. 6, pp. 1164–1167, Jun. 2013.

[5] G. Geraci, R. Couillet, J. Yuan, M. Debbah, and I. B. Collings, “Large system analysis of linear precoding in MISO broadcast channels with confidential messages,” *IEEE J. Sel. Areas Commun.*, vol. 31, no. 9, pp. 1660–1671, Sept. 2013.

[6] G. Geraci, H. S. Dhillon, J. G. Andrews, J. Yuan, and I. B. Collings, "Physical layer security in downlink multi-antenna cellular networks," *IEEE Trans. Commun.*, vol. 62, no. 6, pp. 2006–2021, Jun. 2014.

[7] G. Geraci, M. Egan, J. Yuan, A. Razi, and I. B. Collings, "Secrecy sum-rates for multi-user MIMO regularized channel inversion precoding," *IEEE Trans. Commun.*, vol. 60, no. 11, pp. 3472–3482, Nov. 2012.

[8] G. Geraci, S. Singh, J. G. Andrews, J. Yuan, and I. B. Collings, "Secrecy rates in the broadcast channel with confidential messages and external eavesdroppers," *IEEE Trans. Wireless Commun.*, vol. 13, no. 5, pp. 2931–2943, May 2014.

[9] S. Goel and R. Negi, "Guaranteeing secrecy using artificial noise," *IEEE Trans. Wireless Commun.*, vol. 7, no. 6, pp. 2180–2189, Jun. 2008.

[10] B. Hochwald and S. Vishwanath, "Space-time multiple access: Linear growth in the sum rate," in *Proc. Allerton Conf. on Commun., Control, and Computing*, Monticello, IL, Oct. 2002.

[11] M. Joham, W. Utschick, and J. Nossek, "Linear transmit processing in MIMO communications systems," *IEEE Trans. Signal Process.*, vol. 53, no. 8, pp. 2700–2712, Aug. 2005.

[12] A. Kammoun, A. Müller, E. Björnson, and M. Debbah, "Linear precoding based on polynomial expansion: Large-scale multi-cell MIMO systems," *IEEE J. Sel. Topics Signal Process.*, vol. 8, no. 5, pp. 861–875, Oct. 2014.

[13] A. Khisti and G. Wornell, "Secure transmission with multiple antennas I: The MISOME wiretap channel," *IEEE Trans. Inf. Theory*, vol. 56, no. 7, pp. 3088–3104, Jul. 2010.

[14] Q. Li, G. Li, W. Lee, *et al.*, "MIMO techniques in WiMAX and LTE: a feature overview," *IEEE Comms. Mag.*, vol. 48, no. 5, pp. 86–92, May 2010.

[15] C. Lim, T. Yoo, B. Clerckx, B. Lee, and B. Shim, "Recent trend of multiuser MIMO in LTE-advanced," *IEEE Comms. Mag.*, vol. 51, no. 3, pp. 127–135, Mar. 2013.

[16] R. Liu, I. Maric, P. Spasojevic, and R. D. Yates, "Discrete memoryless interference and broadcast channels with confidential messages: Secrecy rate regions," *IEEE Trans. Inf. Theory*, vol. 54, no. 6, pp. 2493–2507, Jun. 2008.

[17] R. Liu, T. Liu, H. V. Poor, and S. Shamai (Shitz), "Multiple-input multiple-output Gaussian broadcast channels with confidential messages," *IEEE Trans. Inf. Theory*, vol. 56, no. 9, pp. 4215–4227, Sept. 2010.

[18] R. Liu and H. Poor, "Secrecy capacity region of a multiple-antenna Gaussian broadcast channel with confidential messages," *IEEE Trans. Inf. Theory*, vol. 55, no. 3, pp. 1235–1249, Mar. 2009.

[19] T. L. Marzetta, "Noncooperative cellular wireless with unlimited numbers of base station antennas," *IEEE Trans. Wireless Commun.*, vol. 9, no. 11, pp. 3590–3600, Nov. 2010.

[20] Nokia Networks, "Ten key rules of 5G deployment – Enabling 1 Tbit/s/km^2 in 2030," *White paper*, Apr. 2015.

[21] C. B. Peel, B. M. Hochwald, and A. L. Swindlehurst, "A vector-perturbation technique for near-capacity multiantenna multiuser communication – Part I: Channel inversion and regularization," *IEEE Trans. Commun.*, vol. 53, no. 1, pp. 195–202, Jan. 2005.

[22] T. S. Rappaport, *Wireless Communications: Principles and Practice*, 1st ed. IEEE Press, 1996.

[23] Q. H. Spencer, C. B. Peel, A. L. Swindlehurst, and M. Haardt, “An introduction to the multi-user MIMO downlink,” *IEEE Comms. Mag.*, vol. 42, no. 10, pp. 60–67, Oct. 2004.

[24] Q. H. Spencer, A. L. Swindlehurst, and M. Haardt, “Zero-forcing methods for downlink spatial multiplexing in multiuser MIMO channels,” *IEEE Trans. Signal Process.*, vol. 52, no. 2, pp. 461–471, Feb. 2004.

[25] D. Stoyan, W. Kendall, and J. Mecke, *Stochastic geometry and its applications*, 2nd ed. New York, NY: John Wiley & Sons Ltd., 1996.

[26] S. Wagner, R. Couillet, M. Debbah, and D. T. M. Slock, “Large system analysis of linear precoding in correlated MISO broadcast channels under limited feedback,” *IEEE Trans. Inf. Theory*, vol. 58, no. 7, pp. 4509–4537, Jul. 2012.

[27] N. Yang, M. Elkashlan, T. Q. Duong, J. Yuan, and R. Malaney, “Optimal transmission with artificial noise in MISOME wiretap channels,” *IEEE Trans. Veh. Technol.*, vol. 65, no. 4, pp. 2170–2181, Apr. 2016.

[28] H. H. Yang, G. Geraci, T. Q. S. Quek, and J. G. Andrews, “Cell-edge-aware precoding for downlink massive MIMO cellular networks,” *IEEE Trans. Signal Process.*, vol. 65, no. 13, pp. 3344–3358, Jul. 2017.

[29] N. Yang, G. Geraci, J. Yuan, and R. Malaney, “Confidential broadcasting via linear precoding in non-homogeneous MIMO multiuser networks,” *IEEE Trans. Commun.*, vol. 62, no. 7, pp. 2515–2530, Jul. 2014.

[30] N. Yang, L. Wang, G. Geraci, M. Elkashlan, J. Yuan, and M. D. Renzo, “Safeguarding 5G wireless communication networks using physical layer security,” *IEEE Comms. Mag.*, vol. 53, no. 4, pp. 20–27, Apr. 2015.

[31] T. Yoo and A. Goldsmith, “On the optimality of multiantenna broadcast scheduling using zero-forcing beamforming,” *IEEE J. Sel. Areas Commun.*, vol. 24, no. 3, pp. 528–541, Mar. 2006.

[32] X. Zhou and M. McKay, “Secure transmission with artificial noise over fading channels: Achievable rate and optimal power allocation,” *IEEE Trans. Veh. Technol.*, vol. 59, no. 8, pp. 3831–3842, Oct. 2010.

第9章

无线供能通信系统中的物理层安全

Caijun Zhong, Xiaoming Chen

9.1 引言

9.1.1 背景

随着便携式移动设备（如手机和平板电脑）的激增，以及第四代移动通信系统的商业化，促进了移动互联网的快速发展，催生了许多新型移动服务，例如移动社交网络、移动支付、在线游戏和移动视频。移动互联网以前所未有的速度渗透到人们的日常生活中，如何延长移动终端的使用时间，改善用户体验，已成为亟待解决的关键问题之一。传统的解决方法是增加电池容量。不幸的是，过去几十年来，提高电池容量的技术进展一直很缓慢。因此，寻求新颖有效的电源解决方案已成为信息技术领域的主要任务之一。

解决能量瓶颈问题极具前景的候选技术之一是能量采集。移动终端可以从周围环境中获取能量，如太阳能、风能、水力发电或压电。但是，从这些资源中获取能量的主要限制是由天气、位置和许多其他因素导致的不可预测性。因此，如何保证稳定的能量输出是一项挑战。为了应对这一挑战，近年来学者们提出了通过基于射频（RF）的无线能量传输向无线设备进行供电。基于 RF 信号的无线供能通信有两方面的优点。首先，由于可以完全控制 RF 信号，因此可以通过适当地调整能量信号的一些关键参数（如功率、方向和持续时间）来提供可靠的能量供给。其次，由于 RF 信号可以同时携带能量和信息，因此可以对无线能量和信息传输进行联合设计，从而优化无线供能通信的性能。

由于无线信道的广播特性，无线通信信号极易受到窃听。保证无线安全传输的常规方法是在上层采用加密技术，但这种方法会带来很高的复杂度，并且能量效率很低。另外，能量是无线供能通信系统中的关键资源。特别地，由于路径损耗，无线设备采集能量的数量通常是有限的，复杂的密码技术对于无线供能通信系统并不友好。基于此，更节能的物理层安全技术成为实现无线供能通信系统信息安全传输的理想选择。

9.1.2 研究现状

物理层安全旨在利用无线信道的物理特性（如衰落、噪声和干扰）来防止窃听者正确译码出发送给合法接收者的消息。与没有安全要求的无线供能通信系统相比，设计无线供能安全通信系统的复杂性要高得多。这是由于它涉及两个不协调甚至冲突的目标，即最大化能量传输效率和增强信息传输安全性[1-3]。一方面，能量传输和信息传输争夺相同的无线资源；另一方面，可以通过适当地协作来同时改善能效与安全性能。例如，可以调整能量信号干扰窃听者，而信息信号可能被用作额外的能量源。

为了用有限的资源实现这两个目标，一种有效的方法是采用多天线技术[4-5]。具体来说，通过利用空间自由度，将能量信号对准能量接收者的方向，同时减少信息向窃听者方向的泄漏[6]。直观地讲，在无线供能通信中，多天线技术的安全性能在很大程度上取决于发送者获取信道状态信息（CSI）的准确性。借助完全的 CSI，文献［7］解决了在多用户多输入单输出系统中最佳波束赋形器设计的问题。在该系统中，发送者配备了多个天线，而合法信息能量接收者和窃听者都配备了单天线。后来，文献［8］考虑了更一般的多天线合法接收者和窃听者的情况。但是，由于以下原因，在无线供能安全通信系统中获得全部 CSI 很难实现。首先，窃听信道和能量传输信道的 CSI 很难获知，因为窃听者和能量接收者可能保持静默[9-10]。其次，由于信道估计误差或反馈延迟，信息接收者的 CSI 可能存在误差[11]。因此，有必要研究非理想 CSI 条件下的多天线无线供能通信系统的安全性能。基于此，已有研究通过建立有界的信道不确定性模型，设计了基于多天线的无线供能通信的鲁棒波束赋形，最大化最坏情况下的安全速率。文献［12－14］则针对存在一个额外窃听节点作为能量采集器，设计了一种稳健波束赋形方案。无线供能安全通信的一个优点是，能量信号可以用作人工噪声来混淆窃听节点[15]。因此，在提高能量接收者的能量收集效率、最小化信息接收者的干扰和最大化窃听者的干扰之间保持良好的平衡十分重要。文献［16－17］分别研究了具有理想和非理想 CSI 的发射波束赋形向量和人工噪声的联合设计问题。考虑人工噪声源于外部干扰的场景，文献［18－19］利用更多的空间自由度来提高安全性能。

9.1.3 章节安排

本章的主要目的是介绍能量站（PB）辅助的无线供能通信系统可实现的安全性能。本章首先介绍 PB 辅助的窃听信道模型，然后在假设源节点采用最大比发送（MRT）波束赋形的情况下，对可实现的安全中断性能进行分析研究。其次，研究了发射波束赋形的最佳设计。最后，PB 被用作友好的干扰节点，以进一步增强系统的安全性能。在本章结束时进行了总结，并提出了该领域潜在的研究方向。

9.2 无线能量窃听信道的安全性能

9.2.1 系统模型

考虑由一个能量站（PB）、一个信源（Alice）、一个合法用户（Bob）和一个窃听者（Eve）组成的四节点无线供能通信系统，如图 9.1 所示。假设信源配备了 N_S 根天线，而其他三个节点则分别配备了单根天线。考虑准静态衰落信道，即信道系数在每个传输块期间保持不变，但是在不同块之间独立变化。

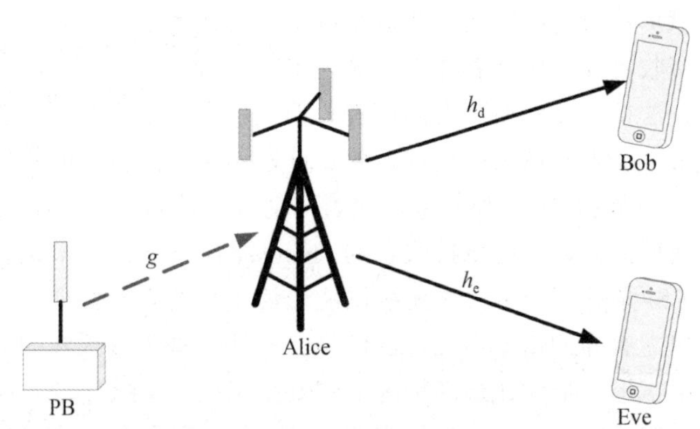

图 9.1 系统模型图（由一个能量站（PB）、一个信源（Alice）、一个合法接收者（Bob）、一个窃听者（Eve）组成）

该系统采用文献［20］中提出的时分协议，即一个持续时间为 T 的完整传输时隙被分为两个长度不相等的正交子时隙：第一个时隙用于能量传输，持续时间为 θT，其中，$\theta(0<\theta<1)$是时间切换比；第二个时隙用于信息传

输，持续时间为$(1-\theta)T$。

在每个时间块的开始，PB 都会向 Alice 发送能量信号，因此，在 Alice 处接收到的能量信号可以表示为

$$\boldsymbol{y}_{\mathrm{S}}=\sqrt{P}\boldsymbol{g}x_{\mathrm{S}}+\boldsymbol{n}_{\mathrm{S}} \tag{9.1}$$

式中：P 表示 PB 的发射功率；x_{S} 是具有单位功率的能量信号；$\boldsymbol{n}_{\mathrm{S}}$ 是 N 维加性高斯白噪声（AWGN）向量且 $E\{\boldsymbol{n}_{\mathrm{S}}\boldsymbol{n}_{\mathrm{S}}^{\dagger}\}=\sigma_{\mathrm{S}}^2\boldsymbol{I}$。$N_{\mathrm{S}}\times 1$ 向量 $\boldsymbol{g}$ 表示从 PB 到 Alice 的能量传输信道。

在第一时隙结束时，收集的总能量为

$$E=\eta P\|\boldsymbol{g}\|^2\theta T \tag{9.2}$$

式中：$0<\eta\leqslant 1$ 表示能量转换效率。

然后，在持续时间为$(1-\theta)T$ 的第二时隙中，Alice 利用所收集的能量进行安全通信。因此，发射功率可以计算为

$$P_{\mathrm{a}}=\frac{E}{(1-\theta)T}=\eta P\|\boldsymbol{g}\|^2\frac{\theta}{1-\theta} \tag{9.3}$$

为了在 Alice 处利用多天线增益，可以使用波束赋形方案。因此，Bob 和 Eve 的接收信号可以分别表示为

$$y_{\mathrm{b}}=\sqrt{P_{\mathrm{a}}}\boldsymbol{h}_{\mathrm{d}}\boldsymbol{w}x+n_{\mathrm{d}} \tag{9.4}$$

和

$$y_{\mathrm{e}}=\sqrt{P_{\mathrm{a}}}\boldsymbol{h}_{\mathrm{e}}\boldsymbol{w}x+n_{\mathrm{e}} \tag{9.5}$$

式中：x 是具有单位功率且服从高斯分布的发射信号；向量 $\boldsymbol{h}_{\mathrm{d}}$ 和 $\boldsymbol{h}_{\mathrm{e}}$ 分别表示从 Alice 到 Bob 的合法信道、Alice 到 Eve 的窃听信道；$\boldsymbol{w}$ 是归一化的发射波束赋形向量；n_{d} 和 n_{e} 分别是在 Bob 和 Eve 处、方差为 σ_{d}^2 和 σ_{e}^2 的 AWGN。

为简单起见，假设 $\sigma_{\mathrm{d}}^2=\sigma_{\mathrm{e}}^2=N_0$。因此，Bob 和 Eve 处的瞬时信噪比（SNR）可以分别表示为

$$\gamma_{\mathrm{b}}=\frac{\eta P\|\boldsymbol{g}\|^2\,|\boldsymbol{h}_{\mathrm{d}}\boldsymbol{w}|^2}{N_0}\frac{\theta}{1-\theta} \tag{9.6}$$

和

$$\gamma_{\mathrm{e}}=\frac{\eta P\|\boldsymbol{g}\|^2\,|\boldsymbol{h}_{\mathrm{e}}\boldsymbol{w}|^2}{N_0}\frac{\theta}{1-\theta} \tag{9.7}$$

进一步，根据文献［21］，安全速率 C_{s} 定义为合法信道容量和窃听信道容量之差，具体如下：

$$C_{\mathrm{S}}=\begin{cases}\log_2(1+\gamma_{\mathrm{b}})-\log_2(1+\gamma_{\mathrm{e}}), & \gamma_{\mathrm{b}}>\gamma_{\mathrm{e}}\\ 0, & \gamma_{\mathrm{b}}\leqslant\gamma_{\mathrm{e}}\end{cases} \tag{9.8}$$

9.2.2 安全性能分析

现在，分析所考虑的无线供能通信系统可实现的安全性能。在深入分析之前，首先对系统模型进行以下说明：

（1）由于PB和Alice之间的距离相对较短，可能存在视距传播。因此，使用Nakagami-m分布对能量传输信道进行建模，即$\boldsymbol{g}$的每个元素的幅度服从Nakagami-m分布，形状参数为m，平均功率为λ_{P}。

（2）假设信息传输信道为瑞利衰落，即$\boldsymbol{h}_{\mathrm{d}}$和$\boldsymbol{h}_{\mathrm{e}}$的元素分别为零均值循环对称复高斯随机变量（RVs），方差分别为λ_{d}和λ_{e}。

（3）考虑一个时延受限的通信场景，其中，Alice以固定速率R_{s}进行传输。根据文献[22]，当$R_{\mathrm{s}} < C_{\mathrm{s}}$时，可以实现完美安全，否则，通信安全就会受到影响。因此，安全中断概率是一个有效的性能指标。

从式（9.6）和式（9.7）可以看出，安全性能取决于Alice采用的波束赋形向量。在本节中，考虑一种简单且低复杂度的最大比发送（MRT）方案，即波束赋形向量$\boldsymbol{w}$为

$$\boldsymbol{w} = \frac{\boldsymbol{h}_{\mathrm{d}}^{\dagger}}{\|\boldsymbol{h}_{\mathrm{d}}\|} \tag{9.9}$$

这样，Bob和Eve处的瞬时SNR由下式给出：

$$\gamma_{\mathrm{b}} = \frac{\eta P \|\boldsymbol{g}\|^2 \ \|\boldsymbol{h}_{\mathrm{d}}\|^2}{N_0} \frac{\theta}{1-\theta} \tag{9.10}$$

$$\gamma_{\mathrm{e}} = \frac{\eta P \|\boldsymbol{g}\|^2 \dfrac{|\boldsymbol{h}_{\mathrm{e}}\boldsymbol{h}_{\mathrm{d}}^{\dagger}|^2}{\|\boldsymbol{h}_{\mathrm{d}}\|^2}}{N_0} \frac{\theta}{1-\theta} \tag{9.11}$$

式中：$(\cdot)^{\dagger}$表示共轭转置。

根据定义，安全中断概率可以用数学表示为[6]

$$P_{\mathrm{out}}(R_{\mathrm{S}}) = P(C_{\mathrm{S}} < R_{\mathrm{S}}) \tag{9.12}$$

现在，推导MRT方案的精确安全中断概率。

定理9.1 MRT方案的安全中断概率精确闭式表达式可推导为

$$P_{\mathrm{out}}(R_{\mathrm{S}}) = 1 - \frac{2}{\Gamma(mN_{\mathrm{S}})} \sum_{k=0}^{N_{\mathrm{S}}-1} \sum_{p=0}^{k} \frac{\lambda_{\mathrm{d}}(k_2\lambda_{\mathrm{e}})^{k-p}}{p!(\lambda_{\mathrm{d}} + k_2\lambda_{\mathrm{e}})^{k-p+1}} \times \left(\frac{(k_2-1)m}{k_1\lambda_{\mathrm{d}}\lambda_P}\right)^{\frac{mN_{\mathrm{S}}+p}{2}} K_{mN_{\mathrm{S}}-p}\left(2\sqrt{\frac{(k_2-1)m}{k_1\lambda_{\mathrm{d}}\lambda_P}}\right) \tag{9.13}$$

式中：$k_1 = \dfrac{\eta P}{N_0}\dfrac{\theta}{1-\theta}$；$k_2 = 2^{R_{\mathrm{S}}}$；$\Gamma(x)$是伽马函数[23]；$K_{\mathrm{v}}(x)$是第二类的$v$阶

修正贝塞尔函数[23]。

证明：首先将式（9.10）和式（9.11）中给出的SNR表示为

$$\gamma_b = k_1 y_g y_{h_d}, \ \gamma_e = k_1 y_g y_{h_e} \tag{9.14}$$

式中：$y_g = \|\boldsymbol{g}\|^2$，$y_{h_d} = \|\boldsymbol{h}_d\|^2$，$y_{h_e} = \frac{|\boldsymbol{h}_e \boldsymbol{h}_d^\dagger|^2}{\|\boldsymbol{h}_d\|^2}$，$y_g$ 的概率密度函数（pdf）服从形状参数 mN_S 和尺度参数 λ_P/m 的伽马分布[24]：

$$f_{y_g}(x) = \frac{1}{\Gamma(mN_S)}\left(\frac{m}{\lambda_P}\right)^{mN_S} x^{mN_S-1} e^{-\frac{m}{\lambda_P}x} \tag{9.15}$$

而 y_{h_d}的pdf则服从自由度 $2N_S$ 的卡方分布[25]：

$$f_{y_{h_d}}(x) = \frac{x^{N_S-1}}{\lambda_d^{N_S}\Gamma(N_S)} e^{-\frac{x}{\lambda_d}} \tag{9.16}$$

另外，与文献［26］类似，y_{h_e}服从指数分布，其pdf为

$$f_{y_{h_e}}(x) = \frac{1}{\lambda_e} e^{-\frac{x}{\lambda_e}} \tag{9.17}$$

且 y_{h_e}与 y_{h_d}独立，因此，安全中断概率可以写为

$$P_{out}(R_S) = 1 - P\left(\frac{1+k_1 y_g y_{h_d}}{1+k_1 y_g y_{h_e}} \geqslant k_2\right) \tag{9.18}$$

给定 y_g 和 y_{h_e}条件下，借助文献［23］中式（3.351.2），可得

$$\begin{aligned} P_{out}(R_S \mid y_g, y_{h_e}) &= 1 - \int_{\frac{k_2-1}{k_1 y_g}+k_2 y_{h_e}}^{\infty} \frac{x^{N_S-1}}{\lambda_d^{N_S}\Gamma(N_S)} e^{-\frac{x}{\lambda_d}} dx \\ &= 1 - e^{-\frac{k_2-1}{k_1\lambda_d y_g} - \frac{k_2 y_{h_e}}{\lambda_d}} \sum_{k=0}^{N_S-1} \frac{1}{k!}\left(\frac{k_2-1}{k_1\lambda_d y_g} + \frac{k_2 y_{h_e}}{\lambda_d}\right)^k \end{aligned} \tag{9.19}$$

通过应用二项式展开 $(x_1+x_2)^n = \sum_{k=0}^{n}\binom{n}{k} x_1^k x_2^{n-k}$，式（9.19）可以进一步表示为

$$P_{out}(R_S \mid y_g, y_{h_e}) = 1 - \sum_{k=0}^{N_S-1}\sum_{p=0}^{k} \frac{1}{p!(k-p)!} e^{-\frac{k_2-1}{k_1\lambda_d y_g}} \left(\frac{k_2-1}{k_1\lambda_d y_g}\right)^p e^{-\frac{k_2 y_{h_e}}{\lambda_d}} \left(\frac{k_2 y_{h_e}}{\lambda_d}\right)^{k-p} \tag{9.20}$$

注意到随机变量 y_g 和 y_{h_e}解耦，因此可以将 y_g 和 y_{h_e}的期望分开考虑，然后进行一些代数运算后可以得到计算结果。

定理9.1提供了安全中断概率的一个精确的闭式表达式，可以有效地对安全中断概率进行评估。但是，该表达式过于复杂，难以进行进一步的分析。基于此，接下来进行渐近分析，以获得简单的表达式。

对于高SNR的情况，假设 $\lambda_b \to \infty$ 且具有任意 λ_e，这种情况在文献中已

被广泛采用[27-30]。实际上，当合法信道的质量好于窃听信道的质量时，即Bob离Alice比较近，而Eve离Alice很远，或者窃听信道经受严重的小尺度和大尺度衰落时，就会发生这种情况。下文描述了两个关键性能参数，它们决定着高SNR区域中的安全中断概率，即安全分集阶数 G_d 和安全阵列增益 G_a[31]：

$$P_{out}^{\infty}(R_S)=(G_a\lambda_d)^{-G_d} \tag{9.21}$$

命题9.1 在高SNR条件下，即 $\lambda_d\to\infty$，MRT方案的安全中断概率可以近似为

$$P^{\infty}(R_S)=\sum_{k=0}^{N_S}\frac{1}{k!}\frac{\Gamma(mN_S-k)}{\Gamma(mN_S)}\left(\frac{m(k_2-1)}{k_1k_2\lambda_e\lambda_P}\right)^k\left(\frac{k_2\lambda_e}{\lambda_d}\right)^{N_S} \tag{9.22}$$

证明： 基于式（9.18），在给定 y_g 和 y_{h_d} 情况下，可以得到

$$\begin{aligned}P_{out}(R_S\mid y_{h_g},y_{h_d})&=1-\mathrm{Prob}\left(y_{h_d}>\frac{k_2-1}{k_1y_g}\right)\times\int_0^{\frac{y_{h_d}}{k_2}-\frac{k_2-1}{k_1k_2y_g}}\frac{1}{\lambda_e}\mathrm{e}^{-\frac{x}{\lambda_e}}\mathrm{d}x\\&=1-\mathrm{Prob}\left(y_{h_d}>\frac{k_2-1}{k_1y_g}\right)\times\left(1-\mathrm{e}^{-\frac{y_{h_d}}{k_2\lambda_e}+\frac{k_2-1}{k_1k_2\lambda_ey_g}}\right)\end{aligned} \tag{9.23}$$

利用文献［23］中式（3.351.2）和式 $\mathrm{e}^{\frac{k_2-1}{k_1\lambda_dy_g}}=\sum_{k=0}^{\infty}\frac{1}{k!}\left(\frac{k_2-1}{k_1\lambda_dy_g}\right)^k$，在给定 y_g 条件下，中断概率可以表示为

$$P_{out}(R_S\mid y_g)=\mathrm{e}^{-\frac{k_2-1}{k_1\lambda_dy_g}}\sum_{k=N_S}^{\infty}\frac{1}{k!}\left(\frac{k_2-1}{k_1\lambda_dy_g}\right)^k+\mathrm{e}^{-\frac{k_2-1}{k_1\lambda_dy_g}}\sum_{k=0}^{N_S-1}\frac{1}{k!}\frac{\left(\frac{k_2-1}{k_1\lambda_dy_g}\right)^k}{\left(1+\frac{\lambda_d}{k_2\lambda_e}\right)^{N_S-k}} \tag{9.24}$$

然后，利用文献［23］中式（3.471.9）对 y_g 求均值，安全中断概率可计算为

$$\begin{aligned}P_{out}(R_S)=&\sum_{k=N_S}^{\infty}\frac{1}{k!}\left(\frac{m(k_2-1)}{k_1\lambda_d\lambda_P}\right)^k\frac{2}{\Gamma(mN_S)}\left(\frac{m(k_2-1)}{k_1\lambda_d\lambda_P}\right)^{\frac{mN_S-k}{2}}\\&K_{mN_S-k}\left(2\sqrt{\frac{m(k_2-1)}{k_1\lambda_d\lambda_P}}\right)+\\&\sum_{k=0}^{N_S-1}\frac{1}{k!}\frac{\left(\frac{m(k_2-1)}{k_1\lambda_d\lambda_P}\right)^k}{\left(1+\frac{\lambda_d}{k_2\lambda_e}\right)^{N_S-k}}\frac{2}{\Gamma(mN_S)}\left(\frac{m(k_2-1)}{k_1\lambda_d\lambda_P}\right)^{\frac{mN_S-k}{2}}\end{aligned}$$

$$K_{mN_{\mathrm{S}}-k}\left(2\sqrt{\frac{m(k_2-1)}{k_1\lambda_{\mathrm{d}}\lambda_P}}\right) \tag{9.25}$$

利用文献［23］中式（8.446）定义的贝塞尔函数，并省略高阶项，可以得到

$$\begin{aligned} P^{\infty}(R_{\mathrm{S}}) = & \sum_{k=N_{\mathrm{S}}}^{\infty}\frac{1}{k!}\left(\frac{m(k_2-1)}{k_1\lambda_{\mathrm{d}}\lambda_P}\right)^k\frac{\Gamma(mN_{\mathrm{S}}-k)}{\Gamma(mN_{\mathrm{S}})}+ \\ & \sum_{k=0}^{N_{\mathrm{S}}-1}\frac{1}{k!}\frac{\left(\frac{m(k_2-1)}{k_1\lambda_{\mathrm{d}}\lambda_P}\right)^k}{\left(1+\frac{\lambda_{\mathrm{d}}}{k_2\lambda_{\mathrm{e}}}\right)^{N-k}}\frac{\Gamma(mN_{\mathrm{S}}-k)}{\Gamma(mN_{\mathrm{S}})} \end{aligned} \tag{9.26}$$

忽略高阶项，可以得到式（9.22）。

从式（9.22）中可以明显看出，该系统安全分集阶数为 N。此外，我们还观察到节点位置对安全中断概率的直观影响。例如，当 PB 靠近源节点时，即 λ_P 增大时，安全中断概率降低。容易看出，高 SNR 条件下安全中断概率 $P^{\infty}(R_{\mathrm{S}})$ 是一个关于 P/N_0 的递减函数，这表明增加 PB 的发射功率能够改善安全性能。

9.2.3 资源分配

上一节，分析了具有固定时间切换比率 θ 的 MRT 方案的安全中断概率。但是，一般来说，MRT 方案是次优的，并且 θ 的选择也会对可达到的安全性能产生显著影响。因此，最重要的是优化 $\boldsymbol{w}$ 和 θ，以提高安全性能。

在数学上，联合资源分配可以表述为以下优化问题：

$$\begin{cases} \mathrm{OP1}: \max_{v,\theta}(1-\theta)\log_2\left(1+\dfrac{\theta\eta\|\boldsymbol{g}\|^2\ |\boldsymbol{h}_{\mathrm{d}}\boldsymbol{v}|^2}{(1-\theta)\sigma_{\mathrm{d}}^2}\right) \\ -(1-\theta)\log_2\left(1+\dfrac{\theta\eta\|\boldsymbol{g}\|^2\ |\boldsymbol{h}_{\mathrm{e}}\boldsymbol{v}|^2}{(1-\theta)\sigma_{\mathrm{e}}^2}\right) \\ \mathrm{s.t.}\quad \mathrm{C1}: \|\boldsymbol{v}\|^2 = P \leqslant P_{\max} \\ \qquad\ \ \mathrm{C2}: 0 \leqslant \theta \leqslant 1 \end{cases} \tag{9.27}$$

式中：$\boldsymbol{v}=\sqrt{P}\boldsymbol{w}$，$\boldsymbol{w}$ 是单位范数向量；C1 表示发射功率约束；$P_{\max}$ 是 PB 处的最大发射功率；C2 是时间切换比的约束。

经过一些代数运算，优化问题 OP1 可以转换为

$$\begin{cases} \mathrm{OP2}: \max_{v,\theta}(1-\theta)\log_2\dfrac{(1-\theta)\sigma_{\mathrm{d}}^2+\theta\eta\|\boldsymbol{g}\|^2\ |\boldsymbol{h}_{\mathrm{d}}\boldsymbol{v}|^2}{(1-\theta)\sigma_{\mathrm{e}}^2+\theta\eta\|\boldsymbol{g}\|^2\ |\boldsymbol{h}_{\mathrm{e}}\boldsymbol{v}|^2}\dfrac{\sigma_{\mathrm{e}}^2}{\sigma_{\mathrm{d}}^2} \\ \mathrm{s.t.}\quad \mathrm{C1},\mathrm{C2} \end{cases} \tag{9.28}$$

然而，优化问题OP2相对于 $\boldsymbol{v}$ 和 θ 仍然是非凸的。为了解决这个问题，本章提出了一种交替优化方法。具体来说，根据文献［32］，有 $\inf\limits_{x,y} f(x,y)=\inf\limits_{x}\tilde{f}(x)$，$\tilde{f}(x)=\inf\limits_{y} f(x,y)$，通过交替解决两个子问题来解决原始问题，即固定 θ 找到最优 $\boldsymbol{v}$ 和固定 $\boldsymbol{v}$ 找到最优的 θ。我们从优化给定 θ 的波束赋形向量 $\boldsymbol{v}$ 开始。

1）$\boldsymbol{v}$ 的优化设计

对于给定的 θ，优化问题OP2等效于以下优化问题：

$$\begin{cases}\text{OP3}:\max_{v}(1-\theta)\log_2\dfrac{(1-\theta)\sigma_{\mathrm{d}}^2+\theta\eta\|\boldsymbol{g}\|^2\ |\boldsymbol{h}_{\mathrm{d}}\boldsymbol{v}|^2}{(1-\theta)\sigma_{\mathrm{e}}^2+\theta\eta\|\boldsymbol{g}\|^2\ |\boldsymbol{h}_{\mathrm{e}}\boldsymbol{v}|^2}\dfrac{\sigma_{\mathrm{e}}^2}{\sigma_{\mathrm{d}}^2}\\ \text{s. t.}\ \ \text{C1}\end{cases}\tag{9.29}$$

定义 $a=\dfrac{\sigma_{\mathrm{d}}^2}{\sigma_{\mathrm{e}}^2}$，$b=\theta\eta\ \|\boldsymbol{g}\|^2$，$c=(1-\theta)\sigma_{\mathrm{e}}^2$，优化问题OP3可以改写为

$$\begin{cases}\text{OP4}:\max_{v}\dfrac{ac+b\mathrm{tr}(\boldsymbol{H}_{\mathrm{d}}\boldsymbol{V})}{c+b\mathrm{tr}(\boldsymbol{H}_{\mathrm{e}}\boldsymbol{V})}\\ \text{s. t.}\ \ \text{C3}:\mathrm{tr}(\boldsymbol{V})\leqslant P_{\max}\\ \qquad\ \text{C4}:\boldsymbol{V}\succeq 0\\ \qquad\ \text{C5}:\mathrm{Rank}(\boldsymbol{V})=1\end{cases}\tag{9.30}$$

式中：$\boldsymbol{V}=\boldsymbol{v}\boldsymbol{v}^{\dagger}$；$\boldsymbol{H}_{\mathrm{d}}=\boldsymbol{h}_{\mathrm{d}}^{\dagger}\boldsymbol{h}_{\mathrm{d}}$；$\boldsymbol{H}_{\mathrm{e}}=\boldsymbol{h}_{\mathrm{e}}^{\dagger}\boldsymbol{h}_{\mathrm{e}}$；$\succeq$ 表示表示半正定号。优化问题OP4是分数规划问题，通常是非凸的，可以通过Charnes - Cooper变换将其重新构造为半定规划（SDP）问题[33]。

令

$$\xi=\frac{1}{c+b\mathrm{tr}(\boldsymbol{H}_{\mathrm{e}}\boldsymbol{V})},\ \ \bar{\boldsymbol{V}}=\xi\boldsymbol{V}\tag{9.31}$$

优化问题OP4可以重写为

$$\begin{cases}\text{OP5}:\max\limits_{\bar{V}}ac\xi+b\mathrm{tr}(\boldsymbol{H}_{\mathrm{d}}\bar{\boldsymbol{V}})\\ \text{s. t.}\ \ \text{C6}:c\xi+b\mathrm{tr}(\boldsymbol{H}_{\mathrm{e}}\bar{\boldsymbol{V}})=1\\ \qquad\ \text{C7}:\mathrm{tr}(\bar{\boldsymbol{V}})\leqslant\xi P_{\max}\\ \qquad\ \text{C8}:\bar{\boldsymbol{V}}\succeq 0\\ \qquad\ \text{C9}:\xi>0\\ \qquad\ \text{C10}:\mathrm{Rank}(\bar{\boldsymbol{V}})=1\end{cases}\tag{9.32}$$

由于秩约束条件 C10，优化问题 OP5 仍然是非凸的。但是，去除约束 C10，OP5 是一个凸 SDP 问题，然后可以通过常用的优化软件（如 CVX[34]）进行有效解决。如果松弛 SDP 问题的最优解是秩为 1，那么它也是原始优化问题 OP5 的最优解。下面，证明松弛优化问题的最优解 $\bar{\boldsymbol{V}}$ 总是秩为 1 的。

在没有秩约束的情况下，优化问题的拉格朗日对偶函数可以写为

$$\mathbb{L}(\bar{\boldsymbol{V}},\lambda_1,\lambda_2,\boldsymbol{Q}) = ac\xi + b\operatorname{tr}(\boldsymbol{H}_{\mathrm{d}}\bar{\boldsymbol{V}}) - \lambda_1[c\xi + b\operatorname{tr}(\boldsymbol{H}_{\mathrm{e}}\bar{\boldsymbol{V}}) - 1] + \lambda_2[\xi P_{\max} - \operatorname{tr}(\bar{\boldsymbol{V}})] + \operatorname{tr}(\boldsymbol{Q}\bar{\boldsymbol{V}}) \tag{9.33}$$

式中：λ_1 和 λ_2 分别是 C6 和 C7 的拉格朗日对偶变量，Q 是约束条件 $\bar{\boldsymbol{V}} \succeq 0$ 的拉格朗日对偶变量。然后，对应 KKT 条件如下：

$$b\boldsymbol{H}_{\mathrm{d}} - \lambda_1 b\boldsymbol{H}_{\mathrm{e}} - \lambda_2\boldsymbol{I} + \boldsymbol{Q} = 0 \tag{9.34}$$

$$\boldsymbol{Q}\bar{\boldsymbol{V}} = 0 \tag{9.35}$$

$$\bar{\boldsymbol{V}} \succeq 0 \tag{9.36}$$

用 $\bar{\boldsymbol{V}}$ 右乘式（9.34），并使用式（9.35）得出

$$b\boldsymbol{H}_{\mathrm{d}}\bar{\boldsymbol{V}} = (\lambda_1 b\boldsymbol{H}_{\mathrm{e}} + \lambda_2\boldsymbol{I})\bar{\boldsymbol{V}} \tag{9.37}$$

这意味着

$$\begin{aligned}\operatorname{Rank}((\lambda_1 b\boldsymbol{H}_{\mathrm{e}} + \lambda_2\boldsymbol{I})\bar{\boldsymbol{V}}) &= \operatorname{Rank}(\boldsymbol{H}_{\mathrm{d}}\bar{\boldsymbol{V}}) \\ &= \operatorname{Rank}(\boldsymbol{h}_{\mathrm{d}}\boldsymbol{h}_{\mathrm{d}}\bar{\boldsymbol{V}}) \\ &= 1\end{aligned} \tag{9.38}$$

由于 $\lambda_1 b\boldsymbol{H}_{\mathrm{e}} + \lambda_2\boldsymbol{I} > 0$，那么有

$$\operatorname{Rank}(\bar{\boldsymbol{V}}) = \operatorname{Rank}((\lambda_1 b\boldsymbol{H}_{\mathrm{e}} + \lambda_2\boldsymbol{I})\bar{\boldsymbol{V}}) \tag{9.39}$$

式（9.39）表明 $\operatorname{Rank}(\bar{\boldsymbol{V}}) = 1$。

现在，假设 $(\bar{\boldsymbol{V}}^*, \xi^*)$ 是松弛优化问题 OP5 的最优解，则原始优化问题 OP1 的最优解可通过以下公式计算

$$P^* = \operatorname{tr}(\boldsymbol{V}^*) \tag{9.40}$$

和

$$\boldsymbol{w}^*(\boldsymbol{w}^*)^{\dagger} = \boldsymbol{V}^*/P^* \tag{9.41}$$

2）θ 的最佳设计

在 $\boldsymbol{V}^*$ 固定的情况下，优化问题 OP2 简化为

$$\begin{cases}\text{OP6}:\max_{\theta}(1-\theta)\log_2\dfrac{(1-\theta)\sigma_{\text{d}}^2+\theta\eta\parallel\boldsymbol{g}\parallel^2\text{tr}(\boldsymbol{H}_{\text{d}}\boldsymbol{V}^*)}{(1-\theta)\sigma_{\text{e}}^2+\theta\eta\parallel\boldsymbol{g}\parallel^2\text{tr}(\boldsymbol{H}_{\text{e}}\boldsymbol{V}^*)}\dfrac{\sigma_{\text{e}}^2}{\sigma_{\text{d}}^2}\\ \text{s. t.}\quad \text{C2}\end{cases} \tag{9.42}$$

我们定义：

$$t_{\text{d}}=\frac{\eta\parallel\boldsymbol{g}\parallel^2\text{tr}(\boldsymbol{H}_{\text{d}}\boldsymbol{V}^*)}{\sigma_{\text{d}}^2} \tag{9.43}$$

和

$$t_{\text{e}}=\frac{\eta\parallel\boldsymbol{g}\parallel^2\text{tr}(\boldsymbol{H}_{\text{e}}\boldsymbol{V}^*)}{\sigma_{\text{e}}^2} \tag{9.44}$$

然后，优化问题 OP6 可以重写为

$$\begin{cases}\text{OP7}:\max_{\theta}(1-\theta)\log_2\dfrac{1-\theta+\theta t_{\text{d}}}{1-\theta+\theta t_{\text{e}}}\\ \text{s. t.}\quad \text{C2}\end{cases} \tag{9.45}$$

剩下的任务是构建优化问题 OP7 目标函数的凸性。令 $f(\theta)=(1-\theta)\log_2\dfrac{1-\theta+\theta t_{\text{d}}}{1-\theta+\theta t_{\text{e}}}$，这时我们有

$$\begin{aligned}f(\theta)&=(1-\theta)\log_2\frac{\dfrac{1-\theta+\theta t_{\text{d}}}{1-\theta}}{\dfrac{1-\theta+\theta t_{\text{e}}}{1-\theta}}\\&=(1-\theta)\log_2\frac{\dfrac{\theta(t_{\text{d}}-1)+(1-t_{\text{d}})+t_{\text{d}}}{1-\theta}}{\dfrac{\theta(t_{\text{e}}-1)+(1-t_{\text{e}})+t_{\text{e}}}{1-\theta}}\\&=(1-\theta)\log_2\frac{\dfrac{(1-t_{\text{d}})(1-\theta)+t_{\text{d}}}{1-\theta}}{\dfrac{(1-t_{\text{e}})(1-\theta)+t_{\text{d}}}{1-\theta}}\end{aligned} \tag{9.46}$$

做变量代换 $x=1-\theta$，$(0\leqslant x\leqslant 1)$，$f(x)$可以重写为

$$f(x)=x\log_2\frac{(1-t_{\text{d}})x+t_{\text{d}}}{x}-x\log_2\frac{(1-t_{\text{e}})x+t_{\text{e}}}{x} \tag{9.47}$$

取$f(x)$关于 x 的一阶导数：

$$f'(x)=\frac{1}{\ln2}\left[\left(\ln\frac{(1-t_{\mathrm{d}})x+t_{\mathrm{d}}}{x}+\frac{-t_{\mathrm{d}}}{(1-t_{\mathrm{d}})x+t_{\mathrm{d}}}\right)-\left(\ln\frac{(1-t_{\mathrm{e}})x+t_{\mathrm{e}}}{x}+\frac{-t_{\mathrm{e}}}{(1-t_{\mathrm{e}})x+t_{\mathrm{e}}}\right)\right] \tag{9.48}$$

类似地，$f(x)$关于x的二阶导数可推导为

$$f''(x)=\frac{1}{\ln2}\left[\frac{-t_{\mathrm{d}}^2}{[(1-t_{\mathrm{d}})x+t_{\mathrm{d}}]^2x}-\frac{-t_{\mathrm{e}}^2}{[(1-t_{\mathrm{e}})x+t_{\mathrm{e}}]^2x}\right] \tag{9.49}$$

令$g(t)=\dfrac{-t^2}{[(1-t)x+t]^2x}$，$g(t)$关于$t$的一阶导数可推导为

$$\begin{aligned}g'(t)&=\frac{-2t[(1-t)x+t]+2(1-x)t^2}{[(1-t)x+t]^3x}\\&=\frac{-2xt}{[(1-t)x+t]^3x}<0\end{aligned} \tag{9.50}$$

这意味着$g(t)$是关于t的单调递减函数。由于安全速率是正的，即$t_{\mathrm{d}}>t_{\mathrm{e}}$，我们有$f''(x)<0$。因此，$f(\theta)$是关于$\theta$的凹函数，可以有效地求优化问题OP7的最优解。

在得到两个子问题的最优解后，将联合资源分配的交替算法总结如下：

算法：联合资源分配方案

---

1. 开始：给定N、$\boldsymbol{g}$、$\boldsymbol{h}_{\mathrm{d}}$、$\boldsymbol{h}_{\mathrm{e}}$、$\eta$、$T$和$P_{\max}$。令$\boldsymbol{H}_{\mathrm{d}}=\boldsymbol{h}_{\mathrm{d}}^{\dagger}\boldsymbol{h}_{\mathrm{d}}$，$\boldsymbol{H}_{\mathrm{e}}=\boldsymbol{h}_{\mathrm{e}}^{\dagger}\boldsymbol{h}_{\mathrm{e}}$，$n=1$，$\theta(1)=1/2$，$\xi(1)=1$，$\bar{\boldsymbol{V}}(1)$是任意的$N\times N$矩阵且$\mathrm{tr}(\bar{\boldsymbol{V}}(1))=P_{\max}$，$\delta_{\mathrm{V}}$和$\delta_{\theta}$是较小的正实数。

2. 固定$\theta(n)$，通过求解松弛优化问题OP5，计算$\bar{\boldsymbol{V}}(n+1)$和$\xi(n+1)$，然后令$\boldsymbol{V}(n+1)=\bar{\boldsymbol{V}}(n+1)/\xi(n+1)$。

3. 固定$\boldsymbol{V}(n+1)V(n+1)$，并计算出优化问题OP7的最优解$\theta(n+1)$。

4. 如果$\|\boldsymbol{V}(n+1)-\boldsymbol{V}(n)\|>\delta_{V}$或$\|\theta(n+1)-\theta(n)\|>\delta_{\theta}$，令$n=n+1$，然后执行步骤2。

5. 根据式（9.40）和式（9.41），从$\boldsymbol{V}(n+1)$计算出最优的P^*和$\boldsymbol{w}^*$，并令$\theta^*=\theta(n+1)$。

注意，由于安全速率在每次迭代后都会增加，因此可以保证所提出的联合资源分配迭代算法的收敛性。然而，值得注意的是，所提出的交替算法不是全局最优的，可能收敛到局部最优点。

9.2.4 数值结果

本小节给出一些仿真结果来检验所提方案的有效性。除非另有说明，否则使用以下参数：$\sigma_{\mathrm{d}}^2=\sigma_{\mathrm{e}}^2=1$，$P_{\max}=10\mathrm{W}$，$\eta=1$。我们用 λ_P、λ_{d} 和 λ_{e} 分别表示 $\boldsymbol{g}$、$\boldsymbol{h}_{\mathrm{d}}$ 和 $\boldsymbol{h}_{\mathrm{e}}$ 的路径损耗。为方便起见，令 $\lambda_P=\lambda_{\mathrm{d}}=1$，并使用 λ_{e} 表示相对路径损耗。具体来说，$\lambda_{\mathrm{e}}>1$ 表示短距离窃听，所有仿真曲线都是通过平均1000多个独立信道实现而获得的。

首先比较所提的联合资源分配方案与固定资源分配方案的平均安全率。对于固定资源分配方案，我们假设 $P=P_{\max}$，$\theta=1/2$ 且 $\boldsymbol{w}=\frac{\boldsymbol{h}_{\mathrm{d}}^{\dagger}}{\|\boldsymbol{h}_{\mathrm{d}}\|}$。如图9.2所示，对于任意 λ_{e}，所提方案的性能都优于固定方案。更重要的是，随着 λ_{e} 的增加，性能增益也变大。因此，提出的联合资源分配方案可以有效改善短距离窃听情况下的安全性能。

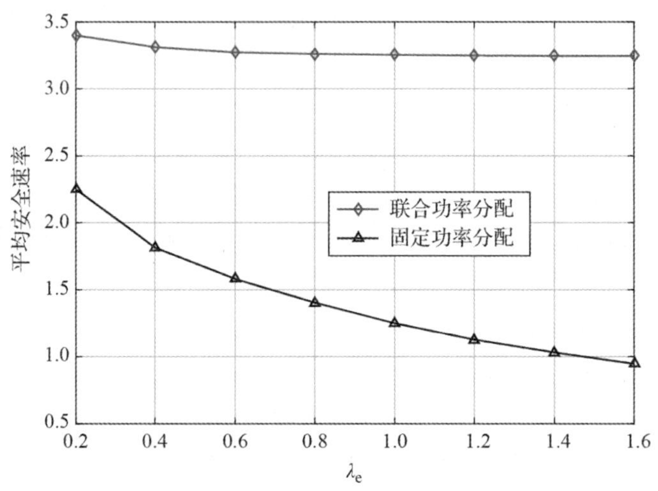

图9.2 不同资源分配方案下平均安全速率随 λ_{e} 变化示意图

然后，研究当 $\lambda_{\mathrm{e}}=1$ 时，在信源上使用不同数量的天线 N_{S} 时，PB处最大可用发射功率对平均安全速率的影响。如图9.3所示，对于给定的 N_{S}，安全速率随着 $P_{\max}$ 的增大而增大。此外，随着 N_{S} 的增加，所提出方案的性能也得到了改善，表明了可以通过增加信源配备的天线数来提高能量传输效率和安全传输性能。

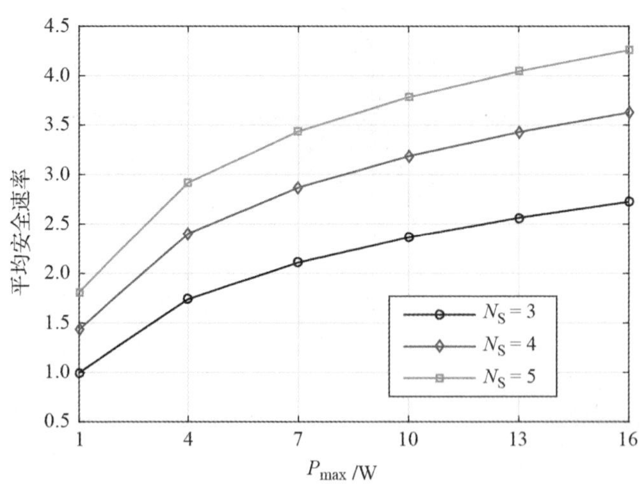

图 9.3 信源处不同发射天线数条件下平均安全速率随最大发射功率的变化示意图

9.3 带有友好干扰机的无线供能窃听信道的安全性能

上一节研究了无线供能通信系统的安全中断性能和最佳资源分配方案，其中，PB 仅用于为能量受限的信源供电，即 PB 仅在能量传输时隙处于活动状态，并在信息传输时隙保持沉默。为了充分挖掘 PB 的潜力，本节 PB 作为友好干扰机，并在信息传输时隙发送干扰信号以提高安全性能。

9.3.1 系统模型

我们考虑一个四节点无线供能通信系统，包括一个 PB、一个信源 Alice、一个合法用户 Bob 和一个被动窃听者 Eve，如图 9.4 所示。为了进一步提高能量传输效率，PB 配备了 N_J 根天线，Alice 配备了 N_S 根天线，而 Bob 和 Eve 都配备单天线。考虑准静态瑞利衰落信道，假设信道衰落在每个传输块期间保持不变，而在不同块之间独立变化。

类似地，采用两个时隙的时分通信协议。在第一时隙，PB 进行无线能量传输为 Alice 充能。在第二时隙，Alice 利用所收集的能量与 Bob 进行安全通信，同时 PB 发送人工造噪声干扰窃听者。假设整个传输块的长度为 T，则第一时隙 $\theta T(0<\theta<1)$ 用于无线能量传输，而剩余时隙 $(1-\theta)T$ 用于信息传输。

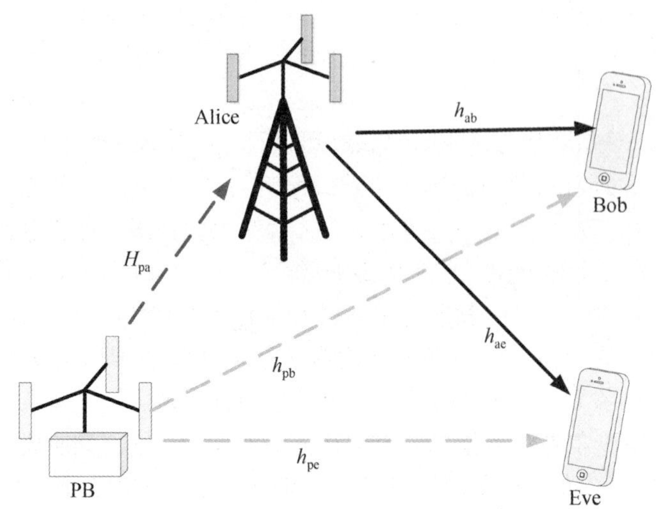

图9.4　带有友好干扰机的无线供能安全通信系统模型图

那么，在 Alice 处接收到的能量信号可以表示为

$$\boldsymbol{y}_{\mathrm{s}}=\sqrt{\frac{P}{N_{\mathrm{J}}}}\boldsymbol{H}_{\mathrm{pa}}\boldsymbol{x}_{\mathrm{s}}+\boldsymbol{n}_{\mathrm{s}} \tag{9.51}$$

式中：P 是 PB 处的发射功率；$\boldsymbol{H}_{\mathrm{pa}}$ 表示能量发送信道，它是一个 $N_{\mathrm{S}}\times N_{\mathrm{J}}$ 矩阵，且各元素为独立同分布（i. i. d.）、均值为零、方差为 λ_1 的复数高斯随机变量。$\boldsymbol{x}_{\mathrm{s}}$ 是满足 $E\{\boldsymbol{x}_{\mathrm{s}}\boldsymbol{x}_{\mathrm{s}}^{\dagger}\}=\boldsymbol{I}$ 的 $N_{\mathrm{J}}\times 1$ 维能量信号向量，$\boldsymbol{n}_{\mathrm{s}}$ 是满足 $E\{\boldsymbol{n}_{\mathrm{s}}\boldsymbol{n}_{s}^{\dagger}\}=N_0\boldsymbol{I}$ 的 $N_{\mathrm{S}}\times 1$ 维 AWGN 向量。

因此，在第一时隙采集的能量可表示为

$$E=\frac{\eta P\|\boldsymbol{H}_{\mathrm{pa}}\|^2\theta T}{N_{\mathrm{J}}} \tag{9.52}$$

式中：$\|\cdot\|$ 表示 Frobenius 范数。

假设在信息传输阶段使用了所有采集的能量，则 Alice 的发射功率可表示为

$$P_{\mathrm{a}}=\frac{E}{(1-\theta)T}=\frac{\eta P\|\boldsymbol{H}_{\mathrm{pa}}|^2}{N_{\mathrm{I}}}\frac{\theta}{1-\theta} \tag{9.53}$$

假设 Alice 已知合法信道的 CSI，但不知道窃听者信道的 CSI，并采用 MRT 方案改善安全性能。如前所述，PB 作为友好干扰机在信息传输阶段发送干扰信号。此外，由于 PB 配备了多天线，因此可以根据对系统性能、实现成本和复杂性以及 PB 处 CSI 获知程度的不同，设计相应的干扰方案。这里考虑发射波束赋形方案，则 Bob 处的接收信号 y_{d} 可表示为

$$y_{\mathrm{d}}=\sqrt{P_{\mathrm{a}}}\boldsymbol{h}_{\mathrm{ab}}^{\mathrm{T}}\boldsymbol{w}_{1}x+\sqrt{P}\boldsymbol{h}_{\mathrm{pb}}^{\mathrm{T}}\boldsymbol{w}_{2}v+n_{\mathrm{d}} \tag{9.54}$$

式中：$N_{\mathrm{S}}\times 1$ 维向量 $\boldsymbol{h}_{\mathrm{ab}}$ 表示合法信道系数，而 $N_{\mathrm{J}}\times 1$ 维向量 $\boldsymbol{h}_{\mathrm{pb}}$ 表示从 PB 到 Bob 的干扰信道。$\boldsymbol{h}_{\mathrm{ab}}$ 和 $\boldsymbol{h}_{\mathrm{pb}}$ 的元素均为独立同分布的、零均值的复高斯随机变量，方差分别为 λ_2 和 λ_4。$\boldsymbol{w}_1=\frac{\boldsymbol{h}_{\mathrm{ab}}^{\dagger}}{\|\boldsymbol{h}_{\mathrm{ab}}\|}$ 是 Alice 使用的 $N_{\mathrm{S}}\times 1$ 维 MRT 波束赋形向量，而 x 表示单位功率的源信号。$\boldsymbol{w}_2$ 是 $N_{\mathrm{J}}\times 1$ 维的干扰信号波束赋形向量，$\|\boldsymbol{w}_2\|^2=1$。v 是单位功率的干扰信号，n_{d} 表示 Bob 处方差为 N_0 的 AWGN。

类似地，Eve 处的接收信号 y_{e} 可表示为

$$y_{\mathrm{e}}=\sqrt{P_{\mathrm{a}}}\boldsymbol{h}_{\mathrm{ae}}^{\mathrm{T}}\boldsymbol{w}_{1}x+\sqrt{P}\boldsymbol{h}_{\mathrm{pe}}^{\mathrm{T}}\boldsymbol{w}_{2}v+n_{\mathrm{e}} \tag{9.55}$$

式中：$\boldsymbol{h}_{\mathrm{ae}}$ 表示窃听信道系数；$N_{\mathrm{J}}\times 1$ 维向量 $\boldsymbol{h}_{\mathrm{pe}}$ 表示从 PB 到 Eve 的干扰信道系数。$\boldsymbol{h}_{\mathrm{ae}}$ 和 $\boldsymbol{h}_{\mathrm{pe}}$ 是分别为方差为 λ_3 和 λ_5 的独立同分布的、零均值复高斯随机变量，而 n_{e} 表示窃听者处方差为 N_0 的 AWGN。

因此，Bob 的端到端信干噪比（SINR）γ_{b} 可以表示为

$$\gamma_{\mathrm{b}}=\frac{P_{\mathrm{a}}\ |\boldsymbol{h}_{\mathrm{ab}}^{\mathrm{T}}\boldsymbol{w}_{1}|^{2}}{P\ |\boldsymbol{h}_{\mathrm{pb}}^{\mathrm{T}}\boldsymbol{w}_{2}|^{2}+N_{0}}=\frac{a\|\boldsymbol{h}_{\mathrm{ab}}\|^{2}\|\boldsymbol{H}_{\mathrm{pa}}\|^{2}}{|\boldsymbol{h}_{\mathrm{pb}}^{\mathrm{T}}\boldsymbol{w}_{2}|^{2}+b} \tag{9.56}$$

式中：$a=\frac{\eta}{N_1}\frac{\theta}{1-\theta}$；$b=\frac{N_0}{P}$。为了便于分析，假设 Eve 处的噪声可以忽略。这样的假设是合理的，因为在合适设计的系统中，干扰信号在窃听者接收信号中占主导地位。此外，这也可以看作是从保守角度考虑的最坏情况，也是先前研究中普遍采用的一种方法[35]。那么，Eve 处端到端的信干比（SIR）γ_{e} 可表示为

$$\gamma_{\mathrm{e}}=\frac{P_{\mathrm{a}}\ |\boldsymbol{h}_{\mathrm{ae}}^{\mathrm{T}}\boldsymbol{w}_{1}|^{2}}{P\ |\boldsymbol{h}_{\mathrm{pe}}^{\mathrm{T}}\boldsymbol{w}_{2}|^{2}}=a\frac{\frac{|\boldsymbol{h}_{\mathrm{ae}}^{\mathrm{T}}\boldsymbol{h}_{\mathrm{ab}}^{\dagger}|^{2}}{\|\boldsymbol{h}_{\mathrm{ab}}\|^{2}}\|\boldsymbol{H}_{\mathrm{pa}}\|^{2}}{|\boldsymbol{h}_{\mathrm{pe}}^{\mathrm{T}}\boldsymbol{w}_{2}|^{2}} \tag{9.57}$$

根据 PB 处已知 CSI 的情况，例如 $\boldsymbol{h}_{\mathrm{pb}}$ 和 $\boldsymbol{h}_{\mathrm{pe}}$，可以设计相应的最佳波束赋形向量 $\boldsymbol{w}_2$，具体设计方法在下一节中进行讨论。

9.3.2 发射波束赋形设计

情况 1：已知 $\boldsymbol{h}_{\mathrm{pb}}$ 和 $\boldsymbol{h}_{\mathrm{pe}}$ 的理想 CSI。

在已知 $\boldsymbol{h}_{\mathrm{pb}}$ 的理想 CSI 情况下，可以采用迫零（ZF）预编码以避免 Bob 受到干扰。同时，希望通过利用已知的 $\boldsymbol{h}_{\mathrm{pe}}$，来最大限度地提高对 Eve 的干扰。因此，最佳波束赋形向量 $\boldsymbol{w}_2$ 可表示为

$$\begin{aligned}&\boldsymbol{w}_2=\operatorname{argmax}_{\boldsymbol{w}_2}|\boldsymbol{h}_{\mathrm{pe}}^{\mathrm{T}}\boldsymbol{w}_2|^2\\&\text{s. t. }\boldsymbol{h}_{\mathrm{pb}}^{\mathrm{T}}\boldsymbol{w}_2=0,\quad\|\boldsymbol{w}_2\|=1\end{aligned}\tag{9.58}$$

根据文献［36］，上述优化问题的解可以写成

$$\boldsymbol{w}_2=\frac{\Pi_{\boldsymbol{h}_{\mathrm{pb}}}\boldsymbol{h}_{\mathrm{pe}}^{\dagger}}{\sqrt{\boldsymbol{h}_{\mathrm{pe}}^{\mathrm{T}}\Pi_{\boldsymbol{h}_{\mathrm{pb}}}\boldsymbol{h}_{\mathrm{pe}}^{\dagger}}}\tag{9.59}$$

式中：$\Pi_{\boldsymbol{h}_{\mathrm{pb}}}\in\mathcal{C}_{N_{\mathrm{J}}\times N_{\mathrm{J}}}$可表示为

$$\Pi_{\boldsymbol{h}_{\mathrm{pb}}}=\boldsymbol{I}_N-\boldsymbol{h}_{\mathrm{pb}}^{\dagger}(\boldsymbol{h}_{\mathrm{pb}}^{\mathrm{T}}\boldsymbol{h}_{\mathrm{pb}}^{\dagger})^{-1}\boldsymbol{h}_{\mathrm{pb}}^{\mathrm{T}}\tag{9.60}$$

式中：$\boldsymbol{h}_{\mathrm{pb}}$的列空间正交补。

情况2：已知$\boldsymbol{h}_{\mathrm{pb}}$的理想CSI，未知$\boldsymbol{h}_{\mathrm{pe}}$的CSI。

借助$\boldsymbol{h}_{\mathrm{pb}}$的理想CSI，仍然可以应用ZF预编码，以避免对Bob造成干扰。但是，由于不知道$\boldsymbol{h}_{\mathrm{pe}}$的CSI，因此无法进一步采取有效措施来提高对Eve的干扰强度。利用矩阵的奇异值分解（SVD），$\Pi_{\boldsymbol{h}_{\mathrm{pb}}}$可表示为

$$\Pi_{\boldsymbol{h}_{\mathrm{pb}}}=\boldsymbol{U}_{\mathrm{pb}}\Delta_{\mathrm{pb}}\boldsymbol{V}_{\mathrm{pb}}^{*}\tag{9.61}$$

然后，与$N_{\mathrm{J}}-1$个非零奇异值相关联的$N_{\mathrm{J}}-1$个左奇异向量$\boldsymbol{u}_{\mathrm{i}}$构成$\Pi_{\boldsymbol{h}_{\mathrm{pb}}}$的列空间。因此，$\boldsymbol{u}_i$可以表示为$\Pi_{\boldsymbol{h}_{\mathrm{pb}}}$的列向量的线性组合，即

$$\boldsymbol{h}_{\mathrm{pb}}^{\mathrm{T}}\boldsymbol{u}_i=0\tag{9.62}$$

特别地，可以从$N_{\mathrm{J}}-1$个左奇异向量$\boldsymbol{u}_i$中任意选择构成波束赋形向量$\boldsymbol{w}_2$。

9.3.3 性能分析

本节对上述两种干扰方案可实现的安全性能进行分析。我们考虑Alice以恒定信道传输速率R_{s}与Bob通信的情况。在这种情况下，可采用安全中断概率来表征系统的安全性能。

情况1：已知$\boldsymbol{h}_{\mathrm{pb}}$和$\boldsymbol{h}_{\mathrm{pe}}$的理想CSI。

定理9.2 系统安全中断概率的闭式表达式可推导为

$$\begin{aligned}P_{\mathrm{out}}(R_{\mathrm{S}})=1-\sum_{k=0}^{N_{\mathrm{S}}-1}\sum_{p=0}^{k}\sum_{q=0}^{N_{\mathrm{J}}-1}&\frac{2(N_{\mathrm{J}}-1)\lambda_5^{q-k+p-N_{\mathrm{J}}+1}(f\lambda_3)^{k-p}}{\Gamma(N_{\mathrm{J}}N_{\mathrm{S}})\Gamma(p+1)\Gamma(q+1)\Gamma(N_{\mathrm{J}}-q)}\left(\frac{f-1}{a\lambda_1}\right)^p\left(\frac{b}{\lambda_2}\right)^k\times\\&\left(-\frac{bf\lambda_3}{\lambda_2}\right)^{N_{\mathrm{J}}-q-1}\mathrm{e}^{\frac{bf\lambda_3}{\lambda_2\lambda_5}}\Gamma\left(q-k+p,\frac{bf\lambda_3}{\lambda_2\lambda_5}\right)\left(\frac{b(f-1)}{a\lambda_1\lambda_2}\right)^{\frac{N_{\mathrm{J}}N_{\mathrm{S}}-p}{2}}\\&K_{N_{\mathrm{J}}N_{\mathrm{S}}-p}\left(2\sqrt{\frac{b(f-1)}{a\lambda_1\lambda_2}}\right)\end{aligned}\tag{9.63}$$

式中：$f=2^{R_{\mathrm{S}}}$，$\Gamma(\alpha,x)$是不完全伽马函数，见文献［23］中式（8.350.2）。

证明： 首先将式（9.56）和式（9.57）中给出的端到端SINR（SIR）

表示为

$$\gamma_b = a\frac{y_{ab}y_{pa}}{y_{pb}+b}$$
$$\gamma_e = a\frac{y_{ae}y_{pa}}{y_{pe}} \tag{9.64}$$

式中：$y_{ab}=\|\boldsymbol{h}_{ab}\|^2$；$y_{pa}=\|\boldsymbol{H}_{pa}\|^2$；$y_{pb}=|\boldsymbol{h}_{pb}^{T}\boldsymbol{w}_2|^2$；$y_{ae}=\frac{|\boldsymbol{h}_{ae}^{T}\boldsymbol{h}_{ab}^{\dagger}|^2}{\|\boldsymbol{h}_{ab}\|^2}$；$y_{pe}=|\boldsymbol{h}_{pe}^{T}\boldsymbol{w}_2|^2$。显然，$y_{pa}$和$y_{ab}$分别服从自由度为$2N_JN_S$和$2N_S$的卡方分布，其pdf可表示为[25]

$$f_{y_{pa}}(x)=\frac{x^{N_JN_S-1}}{\lambda_1^{N_JN_S}\Gamma(N_JN_S)}e^{-\frac{x}{\lambda_1}},\ f_{y_{ab}}(x)=\frac{x^{N_S-1}}{\lambda_2^{N_S}\Gamma(N_S)}e^{-\frac{x}{\lambda_2}} \tag{9.65}$$

另外，由文献［26］可知，y_{ae}服从指数分布，其pdf可表示为

$$f_{y_{ae}}(x)=\frac{1}{\lambda_3}e^{-\frac{x}{\lambda_3}} \tag{9.66}$$

对于情况1，$y_{pb}=0$且$y_{pe}=|\boldsymbol{h}_{pe}^{T}\Pi_{\boldsymbol{h}_{pb}}\boldsymbol{h}_{pe}^{\dagger}|$，而$y_{pe}$的pdf可以表示为[36]

$$f_{y_{pe}}(x)=\frac{x^{N_J-2}}{\lambda_5^{N_J-1}\Gamma(N_J-1)}e^{-\frac{x}{\lambda_5}} \tag{9.67}$$

这样，安全中断概率可表示为

$$P_{out}(R_S)=1-\text{Prob}\left(\frac{1+\frac{a}{b}y_{ab}y_{pa}}{1+a\frac{y_{ae}y_{pa}}{y_{pe}}}\geqslant f\right) \tag{9.68}$$

以y_{pa}、y_{ae}和y_{pe}为条件，利用文献［23］式（3.351.2）可以得到

$$P_{out}(R_S)=1-e^{-\frac{b(f-1)}{a\lambda_2 y_{pa}}-\frac{bf_{ja}}{\lambda_2 y_{pe}}}\sum_{k=0}^{N_S-1}\frac{1}{k!}\left(\frac{b(f-1)}{a\lambda_2 y_{pa}}+\frac{bfy_{ae}}{\lambda_2 y_{pe}}\right)^k \tag{9.69}$$

再利用二项式展开，式（9.69）可以进一步表示为

$$P_{out}(R_S)=1-\sum_{k=0}^{N_S-1}\sum_{p=0}^{k}\frac{f^{k-p}}{p!(k-p)!}\left(\frac{f-1}{a}\right)^p\left(\frac{b}{\lambda_2}\right)^k\frac{e^{-\frac{b(f-1)}{a\lambda_2}\frac{1}{y_{pa}}}}{y_{pa}^p}e^{-\frac{bf}{\lambda_2}\frac{y_{ye}}{y_{pe}}}\left(\frac{y_{ae}}{y_{pe}}\right)^{k-p} \tag{9.70}$$

注意到随机变量y_{pa}与y_{ae}和y_{pe}解耦，因而可以分别求期望，根据文献［23］中式（3.471.9），我们得到

$$\begin{aligned}&\int_0^{\infty}\frac{e^{-\frac{b(f-1)}{a\lambda_2}\frac{1}{x}}}{x^p}\frac{x^{N_JN_S-1}}{\lambda_1^{N_JN_S}\Gamma(N_JN_S)}e^{-\frac{x}{\lambda_1}}dx\\&=\frac{2}{\Gamma(N_JN_S)\lambda_1^p}\left(\frac{b(f-1)}{a\lambda_1\lambda_2}\right)^{\frac{N_JN_S-p}{2}}K_{N_JN_S-p}\left(2\sqrt{\frac{b(f-1)}{a\lambda_1\lambda_2}}\right)\end{aligned} \tag{9.71}$$

类似地，根据文献［23］中式（3.326.2），可以得到

$$\int_0^\infty \mathrm{e}^{-\frac{bf}{\lambda_2}\frac{x}{y_{pe}}}\left(\frac{x}{y_{pe}}\right)^{k-p}\frac{1}{\lambda_3}\mathrm{e}^{-\frac{x}{\lambda_3}}\mathrm{d}x = \lambda_3^{k-p}\Gamma(k-p+1)\frac{y_{pe}}{\left(y_{pe}+\frac{bf\lambda_3}{\lambda_2}\right)^{k-p+1}} \tag{9.72}$$

对式（9.72）进行变量代换 $t = x + \frac{bf\lambda_3}{\lambda_2}$，并应用二项式展开式，可以得到

$$\begin{aligned}
&\int_0^\infty \frac{x\lambda_3^{k-p}\Gamma(k-p+1)}{\left(x+\frac{bf\lambda_3}{\lambda_2}\right)^{k-p+1}}\frac{x^{N_J-2}}{\lambda_5^{N_J-1}\Gamma(N_J-1)}\mathrm{e}^{-\frac{x}{\lambda_5}}\mathrm{d}x \\
&= \frac{\lambda_3^{k-p}\Gamma(k-p+1)\mathrm{e}^{\frac{bf\lambda_3}{\lambda_2\lambda_5}}}{\lambda_5^{N_J-1}\Gamma(N_J-1)} \times \sum_{q=0}^{N_J-1}\binom{N_J-1}{q}\left(-\frac{bf\lambda_3}{\lambda_2}\right)^{N_J-q-1} \times \\
&\quad \int_{\frac{bf\lambda_3}{\lambda_2}}^\infty t^{q-k+p-1}\mathrm{e}^{-\frac{t}{\lambda_5}}\mathrm{d}t
\end{aligned} \tag{9.73}$$

然后，再根据文献［23］中式（3.381.3），式（9.73）可以进一步表示为

$$\begin{aligned}
&\frac{\lambda_3^{k-p}\Gamma(k-p+1)e^{\frac{bf\lambda_3}{\lambda_2\lambda_5}}}{\lambda_5^{N_J-1}\Gamma(N_J-1)}\sum_{q=0}^{N_J-1}\binom{N_J-1}{q}\left(-\frac{bf\lambda_3}{\lambda_2}\right)^{N_J-q-1}\int_{\frac{bf\lambda_3}{\lambda_2}}^\infty t^{q-k+p-1}\mathrm{e}^{-\frac{t}{\lambda_5}}\mathrm{d}t \\
&= \frac{\Gamma(k-p+1)\lambda_3^{k-p}}{\Gamma(N_J-1)\lambda_5^{N_J-1}}\sum_{q=0}^{N_J-1}\binom{N_J-1}{q}\left(-\frac{bf\lambda_3}{\lambda_2}\right)^{N_J-q-1} \times \\
&\quad \lambda_5^{q-k+p}\mathrm{e}^{\frac{bf\lambda_3}{\lambda_2\lambda_5}}\Gamma\left(q-k+p,\frac{bf\lambda_3}{\lambda_2\lambda_5}\right)
\end{aligned} \tag{9.74}$$

最后，将所有式子进行代入即可得到式（9.63）。

定理2给出了系统安全中断概率的闭式表达式，该表达式对于任意系统配置均有效，并提供了一种评估系统安全中断概率的有效方法。但是，该表达式过于复杂，难以进行进一步分析。基于此，进一步考虑高SNR区域情况，并对安全中断概率进行渐近分析，以表征可实现的分集阶数。

对于渐近高SNR区域的情况，我们假设 $\lambda_2 \to \infty$，而 λ_3 为有限值。

引理9.1 在高SNR区域的情况下，即 $\lambda_2 \to \infty$，系统的安全中断概率可以近似为

$N_J - 1 > N_S$:

$$P_{out}^\infty(R_S) = \sum_{k=0}^{N_S}\frac{b^{N_S}}{k!}\frac{\Gamma(N_JN_S-k)}{\Gamma(N_JN_S)}\frac{\Gamma(N_J-N_S-1+k)}{\Gamma(N_J-1)}$$

$$\left(\frac{f\lambda_3}{\lambda_5}\right)^{N_S-k}\left(\frac{f-1}{a\lambda_1}\right)^{k}\times\left(\frac{1}{\lambda_2}\right)^{N_S} \tag{9.75}$$

$N_J-1=N_S$:

$$P_{out}^{\infty}(R_S)=\left(\sum_{k=0}^{N_J-3}\binom{N_J-2}{k}\frac{(-1)^{N_J-k}}{N_J-k-2}+\sum_{j=1}^{N_J-1}\frac{\Gamma(N_JN_S-j)}{j\Gamma(N_JN_S)}\left(\frac{\lambda_5(f-1)}{af\lambda_1\lambda_3}\right)^{j}-C+\ln\frac{\lambda_2\lambda_5}{bf\lambda_3}\right)\times\frac{1}{\Gamma(N_J-1)}\left(\frac{bf\lambda_3}{\lambda_5}\right)^{N_J-1}\times\left(\frac{1}{\lambda_2}\right)^{N_J-1} \tag{9.76}$$

$N_J-1<N_S$:

$$P_{out}^{\infty}(R_S)=\frac{1}{\Gamma(N_J-1)}\left(\sum_{k=0}^{N_J-2}\binom{N_J-2}{k}\frac{(-1)^{N_J-k}}{N_S-k-1}\right)\left(\frac{bf\lambda_3}{\lambda_5}\right)^{N_J-1}\times\left(\frac{1}{\lambda_2}\right)^{N_J-1} \tag{9.77}$$

引理 9.1 表明系统能达到的安全分集阶数为 $\min(N_J-1,N_S)$，这意味着无论 PB 处的天线数量如何，最大的分集阶数都不会超过 N_s。

情况 2：已知 $\boldsymbol{h}_{pb}$ 的理想 CSI，未知 $\boldsymbol{h}_{pe}$ 的 CSI

情况 2 中，表明已知 $\boldsymbol{h}_{pb}$ 的理想 CSI，却不知 $\boldsymbol{h}_{pe}$ 的 CSI。

定理 9.3　系统的安全中断概率的闭式表达式可推导为

$$P_{out}(R_S)=1-\sum_{k=0}^{N_S-1}\sum_{p=0}^{k}\frac{2e^{\frac{bf\lambda_3}{\lambda_2\lambda_5}}}{\Gamma(N_JN_S)\Gamma(p+1)}\left(\frac{\lambda_3 f}{\lambda_5}\right)^{k-p}\left(\frac{f-1}{a\lambda_1}\right)^{p}\left(\frac{b}{\lambda_2}\right)^{k}\left(\frac{b(f-1)}{a\lambda_1\lambda_2}\right)^{\frac{N_JN_S-p}{2}}\times K_{N_JN_S-p}\left(2\sqrt{\frac{b(f-1)}{a\lambda_1\lambda_2}}\right)\left(\Gamma\left(1-k+p,\frac{bf\lambda_3}{\lambda_2\lambda_5}\right)-\frac{bf\lambda_3}{\lambda_2\lambda_5}\Gamma\left(-k+p,\frac{bf\lambda_3}{\lambda_2\lambda_5}\right)\right) \tag{9.78}$$

证明：证明过程与情况 1 类似，在此不再赘述。

由于式（9.78）较为复杂，难以进行进一步的分析，因此这里考虑高 SNR 的情况进行渐近分析。

引理 9.2　在高 SNR 区域，即 $\lambda_2\to\infty$，系统的安全中断概率可以近似为

$$P_{out}^{\infty}(R_S)=\frac{bf\lambda_3}{\lambda_5(N_S-1)}\frac{1}{\lambda_2} \tag{9.79}$$

引理 9.2 表明系统仅能实现了单位分集阶数。有趣的是，观察到 PB 的天线数量 N_J 不会影响渐近安全中断概率。这是因为 PB 处采用的发射波束赋形向量为 $\boldsymbol{w}_2=\boldsymbol{u}_i$，那么 Eve 处的有效干扰功率可以表示为 $|\boldsymbol{h}_{pe}^{T}\boldsymbol{u}_i|^2$，无论 N_J 如何，均服从均值为 λ_5 的指数分布。此外，可以观察到节点位置对安全中断概率的直观影响。例如，当 Eve 接近合法用户（即 λ_3 较大）时，安全中

断概率增加；而当 PB 接近 Eve（即 λ_5 较大）时，安全中断概率减小。

9.3.4 数值结果

现在，给出仿真结果以验证理论分析的正确性。除非另有说明，假设源传输速率为 $R_S=(1\text{bit/s})/\text{Hz}$，能量转换效率为 $\eta=0.8$，PB 的发射功率与噪声比为 $P_S/N_0=10$，而信道参数分别是 $\lambda_1=\lambda_4=\lambda_5=1$ 和 $\lambda_3=10$。此外，假设合法信道的平均 SNR 为 $\rho=P_S\lambda_2/N_0$。

图 9.5 给出了当 $\theta=0.5$ 时，不同 N_J 和 N_S 情况下的安全中断概率。显然，对于情况 1，如引理 1 所述，增加 N_S 可以提高安全分集阶数，从而降低安全中断概率，而最大可达分集阶数为 $\min(N_J-1,N_S)$。但是，对于情况 2，可以实现单位分集阶数，增加 N_S 仅可提供阵列增益。

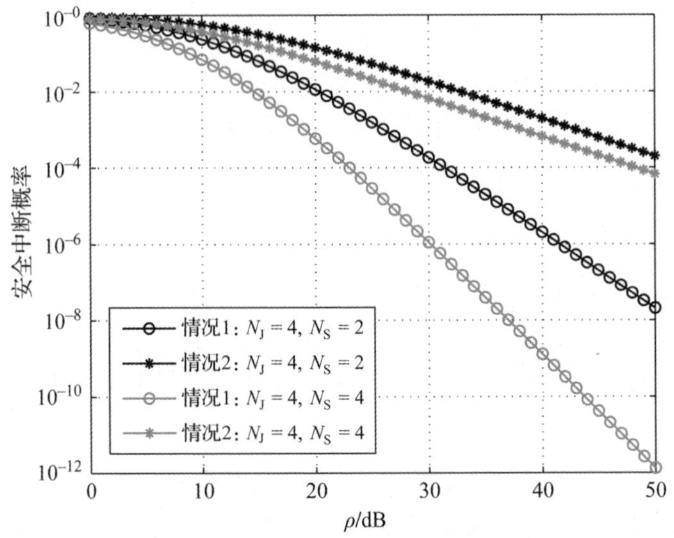

图 9.5 系统安全中断概率($\theta=0.5$)

图 9.6 给出了当 $\lambda_2=0.1$，且 $\lambda_3=1$ 时，情况 1 和情况 2 下时间切换参数 θ 对安全性能的影响。具体地，这里采用有效安全吞吐量作为性能指标，即 $R=(1-P_{out})R_S(1-\theta)$。正如预期，可以观察到情况 1 的有效安全吞吐量要高于情况 2。此外，对于这两种情况，有效安全吞吐量首先随 θ 增大而增大，然后在达到最大值后随 θ 增大而减小，这表明存在一个最优的时间切换参数。因此，合理设计 θ 对于提高安全性能具有重要意义。

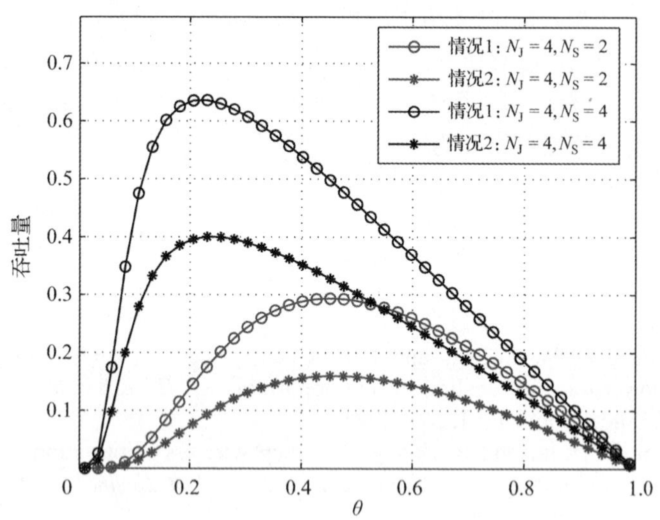

图 9.6　有效安全吞吐量随 θ 变化示意图（$\lambda_2=0.1, \lambda_3=1$）

9.4　小结和未来方向

研究了 PB 辅助无线供能通信系统的安全性能，并证明时间切分比和发射波束赋形向量的联合设计，对于提高系统的安全性能至关重要。此外，在信息传输时隙，可以进一步利用 PB 作为友好干扰机来提高安全性能，但其性能提升在很大程度上取决于 PB 对 CSI 的获知程度。

未来方向：

（1）本章介绍的大多数结果均假设理想 CSI。然而实际上，在无线供能通信系统中很难获得理想的 CSI。因此，研究非理想 CSI 对安全性能的影响是一个需要解决的重要问题。此外，如何在非理想 CSI 情况下设计有效的资源分配方案是一个很有实用价值的研究课题。

（2）大规模 MIMO 技术可以实现高分辨率的空间波束赋形，大幅减少信息向恶意节点的泄漏，并显著提高能量传输效率。因此，在能量有限的情况下，既能提高能量传输效率又能保证信息传输的安全性技术，对安全无线供能通信系统来说是一种极具前景的技术。然而，仍然有许多挑战亟待解决。例如，如何在具有大型天线阵列的发送者处获得准确的 CSI 是一个重要的问题。此外，增加天线数量可以提高能量收集效率，但同样会消耗更多的能量。因此，考虑实际功耗模型，刻画天线数量对能量效率的影响是一个重要的研究课题。

（3）本章主要讨论PB辅助的三节点窃听信道。但是，窃听信道有许多不同形式。特别地，已有研究引入中继技术来改善传统的窃听模型的安全性能。对于采用中继节点的场景，首要问题是如何正确设计能量波束赋形向量，以满足不同节点对收集能量的需求。另外，如何设计有效的干扰策略也需要进一步研究。

参考文献

[1] X. Chen, D. W. K. Ng, and H-H. Chen, “Secrecy wireless information and power transfer: challenges and opportunities,” *IEEE Wireless Commun.*, vol. 23, no. 2, pp. 54–61, Apr. 2016.

[2] H. Xing, L. Liu, and R. Zhang, “Secrecy wireless information and power transfer in fading wiretap channel,” *IEEE Trans. Veh. Technol.*, vol. 65, no. 1, pp. 180–190, Jan. 2016.

[3] D. W. K. Ng, E. S. Lo, and R. Schober, “Multiobjective resource allocation for secure communication in cognitive radio networks with wireless information and power transfer,” *IEEE Trans. Veh. Technol.*, vol. 65, no. 5, pp. 3166–3184, May 2016.

[4] Z. Ding, C. Zhong, D. W. K. Ng, *et al.*, “Application of smart antenna technologies in simultaneous wireless information and power transfer,” *IEEE Commun. Mag.*, vol. 53, no. 4, pp. 86–93, Apr. 2015.

[5] X. Chen, Z. Zhang, H-H. Chen, and H. Zhang, “Enhancing wireless information and power transfer by exploiting multi-antenna techniques,” *IEEE Commun. Mag.*, vol. 53, no. 4, pp. 133–141, Apr. 2015.

[6] X. Jiang, C. Zhong, X. Chen, and Z. Zhang, “Secrecy outage probability of wirelessly powered wiretap channels,” in *Proc. EUSIPCO 2016*, pp. 1–5, Aug. 2016.

[7] L. Liu, R. Zhang, and K-C. Chua, “Secrecy wireless information and power transfer with MISO beamforming,” *IEEE Trans. Signal Process.*, vol. 62, no. 7, pp. 1850–1863, Apr. 2014.

[8] Q. Shi, W. Xu, J. Wu, E. Song, and Y. Wang, “Secure beamforming for MIMO broadcasting with wireless information and power transfer,” *IEEE Trans. Wireless Commun.*, vol. 14, no. 5, pp. 2841–2853, May 2015.

[9] X. Chen and H-H. Chen, “Physical layer security in multi-cell MISO downlink with incomplete CSI-a unified secrecy performance loss,” *IEEE Trans. Signal Process.*, vol. 62, no. 23, pp. 6286–6297, Dec. 2014.

[10] Y. Zeng and R. Zhang, “Optimized training design for wireless energy transfer,” *IEEE Trans. Commun.*, vol. 63, no. 2, pp. 536–550, Feb. 2015.

[11] X. Chen, C. Yuen, and Z. Zhang, “Wireless energy and information transfer tradeoff for limited feedback multi-antenna systems with energy beamforming,” *IEEE Trans. Veh. Technol.*, vol. 63, no. 1, pp. 407–412, Jan. 2014.

[12] R. Feng, Q. Li, Q. Zhang, and J. Qin, "Robust secure transmission in MISO simultaneous wireless information and power transfer system," *IEEE Trans. Veh. Technol.*, vol. 64, no. 1, pp. 400–405, Jan. 2015.

[13] S. Wang and B. Wang, "Robust secure transmit design in MIMO channels with simultaneous wireless information and power transfer," *IEEE Signal Process. Lett.*, vol. 22. no. 11, pp. 2147–2151, Nov. 2015.

[14] D. W. K. Ng, E. S. Lo, and R. Schober, "Robust beamforming for secure communication in systems with wireless information and power transfer," *IEEE Trans. Wireless Commun.*, vol. 13, no. 8, pp. 4599–4615, Aug. 2014.

[15] A. El Shafie, D. Niyato and N. Al-Dhahir, "Security of rechargeable energy-harvesting transmitters in wireless networks," *IEEE Wireless Commun. Lett.*, vol. 5, no. 4, pp. 384–387, Aug. 2016.

[16] X. Zhao, J. Xiao, Q. Li, Q. Zhang, and J. Qin, "Joint optimization of AN-Aided transmission and power splitting for MISO secure communications with SWIPT," *IEEE Commun. Lett.*, vol. 19, no. 11, pp. 1969–1972, Nov. 2015.

[17] M. Tian, X. Huang, Q. Zhang, and J. Qin, "Robust AN-aided secure transmission scheme in MISO channels with simultaneous wireless information and power transfer," *IEEE Signal Process. Lett.*, vol. 22, no. 6, pp. 723–726, Jun. 2015.

[18] Q. Zhang, X. Huang, Q. Li, and J. Qin, "Cooperative jamming aided robust secure transmission for wireless information and power transfer in MISO channels," *IEEE Trans. Commun.*, vol. 63, no. 3, pp. 906–915, Mar. 2015.

[19] A. El Shafie, D. Niyato and N. Al-Dhahir, "Artificial-noise-aided secure MIMO full-duplex relay channels with fixed-power transmissions," *IEEE Commun. Lett.*, vol. 20, no. 8, pp. 1591–1594, Aug. 2016.

[20] A. A. Nasir, X. Zhou, S. Durrani, and R. Kennedy, "Relaying protocols for wireless energy harvesting and information processing," *IEEE Trans. Wireless Commun.*, vol. 12, no. 7, pp. 3622–3636, Jul. 2013.

[21] M. Bloch, J. Barros, M. R. D. Rodrigues, and S. W. McLaughlin, "Wireless information-theoretic security," *IEEE Trans. Inf. Theory*, vol. 54, no. 6, pp. 2515–2534, June 2008.

[22] A. Wyner, "The wire-tap channel," *Bell Syst. Tech. J.*, vol. 54, no. 8, pp. 1355–1387, Oct. 1975.

[23] I. S. Gradshteyn and I. M. Ryzhik, *Tables of Integrals, Series and Products*, 6th ed. San Diego: Academic Press, 2000.

[24] A. M. Magableh and M. M. Matalgah, "Capacity of SIMO systems over non-identically independent Nakagami- m channels," in *Proc. IEEE Sarroff Symposium*, Nassau Inn, Princeton, NJ, pp. 1–5, Apr. 2007.

[25] M. K. Simon and M. S. Alouini, "Digital Communication over Fading Channels: A Unified Approach to Performance Analysis," Hoboken, NJ: Wiley, 2000.

[26] A. Shah and A. M. Haimovich, "Performance analysis of maximal ratio combining and comparison with optimum combining for mobile radio communications with cochannel interference," *IEEE Trans. Veh. Technol.*, vol. 49, no. 4, pp. 1454–1463, Jul. 2000.

[27] Y. Zou, X. Wang, and W. Shen, "Optimal relay selection for physical-layer security in cooperative wireless networks," *IEEE J. Sel. Areas Commun.*, vol. 31, no. 10, pp. 2099–2111, Oct. 2013.

[28] Y. Huang, F. S. Al-Qahtani, T. Q. Duong, and J. Wang, "Secure transmission in MIMO wiretap channels using general-order transmit antenna selection with outdated CSI," *IEEE Trans. Commun.*, vol. 63, no. 8, pp. 2959–2971, Aug. 2015.

[29] S. Hessien, F. S. Al-Qahtani, R. M. Radaydeh, C. Zhong, and H. Alnuweiri, "On the secrecy enhancement with low-complexity large-scale transmit selection in MIMO generalized composite fading," *IEEE Wireless Commun. Lett.*, vol. 4, no. 4, pp. 429–432, Aug. 2015.

[30] F. S. Al-Qahtani, C. Zhong, and H. M. Alnuweiri, "Opportunistic relay selection for secrecy enhancement in cooperative networks," *IEEE Trans. Commun.*, vol. 63, no. 5, pp. 1756–1770, May 2015.

[31] L. Wang, N. Yang, M. Elkashlan, P. L. Yeoh, and J. Yuan, "Physical layer security of maximal ratio combining in two-wave with diffuse power fading channels," *IEEE Trans. Inform. Foren. Sec.*, vol. 9, no. 2, pp. 247–258, Feb. 2014.

[32] S. Boyd and L. Vandenberghe, *Convex Optimization*, Cambridge, UK: Cambridge University Press, 2008.

[33] A. Charnes and W. W. Copper, "Programming with linear fractional functionals," *Naval Res. Logist. Quarter.*, vol. 9, pp. 181–186, Dec. 1962.

[34] M. Grant and S. Boyd, CVX: Matlab Software for Disciplined Convex Programming. [Online]: http://cvxr.com/cvx.

[35] W. Liu, X. Zhou, S. Durrani, and P. Popovski, "Secure communication with a wireless powered friendly jammer," *IEEE Trans. Wireless Commun.*, vol. 15, no. 1, pp. 401–415, Jan. 2016.

[36] Z. Ding, K. K. Leung, D. L. Goeckel, and D. Towsley, "On the application of cooperative transmission to secrecy communications," *IEEE J. Sel. Areas Commun.*, vol. 30, no. 2, pp. 359–368, Feb. 2012.

第 10 章

面向 D2D 蜂窝网络的物理层安全

Chuan Ma①, Jianting Yue②, Hui Yu②, Xiaoying Gan②

设备到设备（Device－to－Device，D2D）通信技术，可以使相邻的两个移动设备直接通信，被认为是下一代蜂窝网络中一种可行的通信技术。本章将重点讨论面向 D2D 蜂窝网络的物理层安全问题。具体地，10. 1 节介绍了 D2D 通信的背景，10. 2 节回顾了面向 D2D 蜂窝网络的物理层安全研究现状。10. 3 节和 10. 4 节分别研究了 D2D 通信如何影响小规模网络和大规模网络中蜂窝通信的安全性能。

10. 1　蜂窝网络中的 D2D 通信

最近，在蜂窝网络中，高性能移动设备对本地服务和邻近服务（Proximity Services，ProSe）的需求快速增长。因此，D2D 通信使相邻的两个移动设备之间能够直接通信，被认为是下一代蜂窝网络中一个有竞争力的技术组成部分。蜂窝网络中 D2D 通信的典型场景包括一对一直接通信、一对多直接通信和中继通信，如图 10. 1 所示。

将 D2D 通信融合到蜂窝网络中，可带来诸多优势[1]。

邻近增益：邻近的 D2D 设备可以提高数据速率，降低时延和功耗。

复用增益：D2D 设备可以复用蜂窝链路的无线电资源，从而提高网络的复用系数。

单跳增益：移动设备在 D2D 模式下使用单个链路，而不是在蜂窝模式下同时使用上行链路和下行链路。

---

① 中国诺基亚贝尔实验室。

② 中国上海交通大学电子工程系。

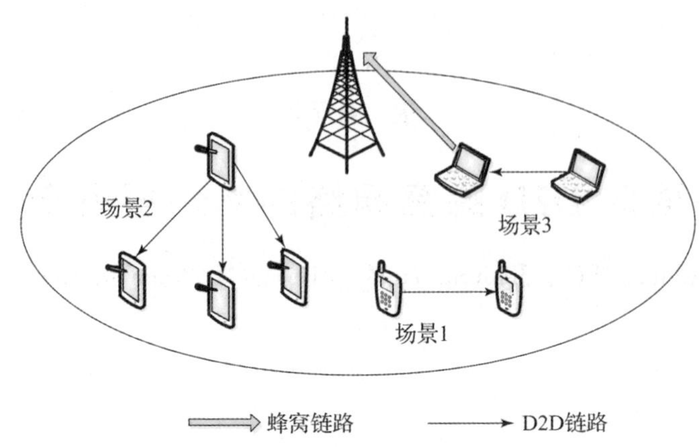

图10.1 蜂窝网络中的D2D通信

覆盖增益：D2D通信可以通过将超出覆盖区域的移动设备中继到网络来扩展蜂窝网络的覆盖。

基于这些原因，D2D通信受到了学术界和工业界的广泛关注。

在学术界，文献［2］首次提出了在蜂窝网络中实现多跳直接通信的思想。在文献［3－4］中正式建立了D2D通信的概念，研究表明，在蜂窝网络中采用D2D通信可以提高其整体频谱效率。面向各种应用的D2D通信设计已经得到了广泛的研究，例如，多播通信、机器类通信、车车通信、视频存储和传输以及蜂窝卸载。在工业界，高通提出在LTE网络中实现D2D通信，并设计了一种称为FlashLinQ[5]的PHY/MAC网络架构，支持移动设备之间的近距离感知通信。

标准组织如3GPP和IEEE已经发布了一系列标准来解决蜂窝网络中D2D操作需求。在与公共安全和关键通信相关的场景中，3GPP将D2D通信和D2D发现指定为一种ProSe[6]。3GPP中D2D技术支持的核心功能包括直接发现、直接一对一通信和直接一对多通信。IEEE还在802.16n中引入了D2D技术，即高可靠性移动站直接通信（High Reliability Mobile Station Direct Communication，HR－MS DC）[7]。

D2D通信技术的引入给蜂窝网络带来了诸多技术挑战，如设备发现、模式选择、内部干扰管理、物理层安全、多址方案、信道估计、能效和链路自适应等。本章将重点讨论面向蜂窝网络的物理层安全。

10.2 面向D2D蜂窝网络的物理层安全

在蜂窝网络中，隐私和安全是D2D通信的关键问题。与只有一种移动用户类型的传统蜂窝网络（即蜂窝用户）或 ad hoc 网络（ad hoc 用户）不同，在面向 D2D 的蜂窝网络中，上述两种移动用户类型都存在。因此，面向 D2D 蜂窝网络的物理层安全问题与传统网络有很大的不同。现有文献从不同角度考虑了物理层安全问题：

（1）在有第三方节点窃听蜂窝通信的混合网络中保护蜂窝通信安全[8-9]。在面向 D2D 的蜂窝网络中，D2D 用户可以作为蜂窝用户的友好干扰器，为蜂窝网络提供有效的干扰服务。

（2）在有 D2D 节点窃听蜂窝通信的混合网络中保护蜂窝通信安全[10-12]。在面向 D2D 的蜂窝网络中，蜂窝用户与 D2D 用户共享频谱，其中，一些用户可能是潜在的窃听者，从而导致不安全的蜂窝通信。因此，需要设计有效的调度方案来防止蜂窝用户被 D2D 用户窃听。

（3）在有第三方节点窃听 D2D 通信的混合网络中保护 D2D 通信安全[13-17]。

（4）在有第三方节点同时窃听蜂窝和 D2D 通信的混合网络中保护蜂窝和 D2D 通信安全[18]。

（5）通过通信模式选择来保护两个用户之间的通信安全[19]。

10.2.1　保护蜂窝通信安全不受第三方窃听

文献［8］研究了面向 D2D 蜂窝网络物理层安全增强的协作问题。它的主要思想是通过 D2D 链路和蜂窝链路的协作，提高蜂窝链路的安全性和 D2D 链路的吞吐量。作者将蜂窝链路和 D2D 链路之间的协作问题建模为联盟博弈，进而提出了一种基于合并－分裂的联盟形成算法，以提高系统安全性和社会福利。

在文献［9］中，作者研究了在多个 D2D 链路中一个秘密信道的稳健安全速率的优化问题。通过混淆窃听者，D2D 链路有助于提高蜂窝链路的安全速率，并且蜂窝链路通过分享其频谱，保证 D2D 链路所需的数据速率。该工作研究了两个稳健安全速率优化问题：在蜂窝安全速率和 D2D 数据速率约束下的稳健功率最小化问题和稳健安全速率最大化问题。

10.2.2　保护蜂窝通信安全不受 D2D 类型窃听者的攻击

在文献［10］中，从蜂窝用户到 D2D 接收方的干扰链路被认为是窃听链路，因为 D2D 接收方可能试图解码蜂窝用户的信息。作者考虑了蜂窝用户作为一个 D2D 对复用伙伴的安全通信，并提出了 D2D 对复用候选伙伴的安全区域概念，以满足安全能力的要求。D2D 链路不允许与在安全区域之外的蜂窝用户共享频谱。设计了一种最优功率分配算法来优化蜂窝用户的安全能力。

在文献［11］中，作者考虑了D2D接收者对蜂窝用户不可信的情况，并要求D2D发送者保持蜂窝用户的目标安全速率。在保证蜂窝用户物理层安全的前提下，使D2D用户的能量效率最大化，作者建模了一种频谱和功率的联合分配问题，并据此提出了一种最优的资源分配策略。

在文献［12］中，作者着重讨论了协同通信，其中，D2D用户充当中继来帮助蜂窝用户之间的双向传输，而蜂窝用户希望保证D2D用户信息的保密性。为此，提出了一种基于安全嵌入的抗干扰方案。该方案可以为D2D和蜂窝通信创建无干扰的链路，并在物理层提供内生安全保护。

10.2.3 保护D2D通信安全

在文献［13］中，作者研究了如何为D2D用户选择干扰伙伴和为源节点和干扰节点分配发送功率，以利用D2D用户之间的社交关系来阻止窃听。在文献［14］中，作者提出了一种资源分配方案，在保证蜂窝用户基本能力的前提下，最大限度地提高D2D用户的安全能力。在文献［15］中，作者建立了Stackelberg博弈框架来模拟蜂窝网络中的D2D通信，并提出了一种功率控制和信道访问方案，以最大限度地提高蜂窝用户的数据速率和D2D用户的安全性。

在文献［16］中，作者考虑了能量采集大规模认知蜂窝网络中的安全D2D通信。在时间切换接收者和功率站概念的基础上，提出了功率传输模型中的三种无线功率传输策略：合作能量站功率传输、最佳能量站功率传输，以及最近能量站功率传输，并分析了在这些策略下的安全中断概率和安全吞吐量。

在文献［17］中，作者研究了窃听者存在的多跳D2D通信问题。作者提出了一个博弈论公式，使每个D2D用户能够选择自己喜欢的路径到达基站，同时优化物理层安全相关的实用工具。为了解决这一博弈问题，文献［17］的作者提出了一种分布式算法，使D2D用户能够进行两两协商，从而决定相互连接的图形结构。

10.2.4 保护蜂窝和D2D通信安全

在文献［18］中，作者研究了面向D2D蜂窝网络的总安全容量。作者将系统安全容量最大化问题转化为加权二部图中的匹配问题，引入Kuhn-Munkres算法求解最优解。结果表明，在蜂窝网络下引入D2D通信可以大大提高系统的安全容量。

10.2.5　不同通信方式下的物理层安全

在文献［19］中，作者比较了移动用户在蜂窝模式和 D2D 模式下的安全性能。该文表明，典型 D2D 对可以通过减少信息对窃听者的暴露（从两个功率相对较高的通信变成一个功率相对较低的单跳通信），显著提高物理层的安全性，而典型蜂窝架构仅在某些情况下被认为具有优势，例如当 AP 具有大量天线和理想的信道状态信息时。

本章重点研究了面向 D2D 的蜂窝网络的第一类物理层安全问题，即保护蜂窝通信安全不受第三方窃听者的攻击，并研究了 D2D 通信对蜂窝通信安全性能的影响。接下来，我们首先在 10.3 节中研究了一个小规模的网络（即点对点模型），然后在 10.4 节中通过随机几何将分析扩展到一个大规模网络。

10.3　小规模面向 D2D 蜂窝网络的安全传输方案

10.3.1　系统模型

如图 10.2 所示，考虑一个由一个蜂窝链路、多个 D2D 链路和一个窃听蜂窝链路传输的窃听者组成的混合网络。我们主要关注蜂窝通信的下行场景，其中，基站（BS）使用功率 P_0 进行传输，并分别用 g_1 和 g_2 表示蜂窝链路（即 BS 与蜂窝用户之间的链路）和蜂窝窃听链路（即 BS 与窃听者之间的链路）的信道增益。如此一来，网络中无 D2D 通信的蜂窝链路[20]的安全容量可以表示为

$$R_S=\left[\log_2\left(1+\frac{P_0g_1}{\sigma^2}\right)-\log_2\left(1+\frac{P_0g_2}{\sigma^2}\right)\right]^+$$

式中：σ^2 是接收者的噪声功率；$[x]^+=\max\{0,x\}$。

假设网络中有 N 个 D2D 链路，在每个时刻，最多有一个 D2D 链路可以复用蜂窝链路的频谱。D2D 链路 $i(i=1,2,\cdots,N)$ 的传输功率用 P_i 表示，D2D 链路 i 的信道增益和 BS 与 D2D 链路 i 的接收端之间的链路分别用 $h_{i,0}$ 和 $g_{i,0}$ 表示。然后，如果允许 D2D 链路 i 以蜂窝通信为基础，则 D2D 链路的数据速率可以表示为

$$R_i=\log_2\left(1+\frac{P_ih_{i,0}}{P_0g_{i,0}+\sigma^2}\right),i=1,2,\cdots,N$$

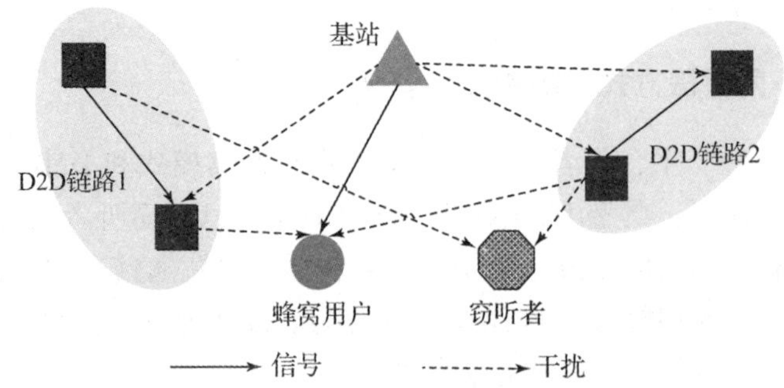

图10.2　有一个窃听者的小规模D2D蜂窝网络

并且蜂窝链路的安全速率可以表示为

$$R_s' = \left[\log_2\left(1+\frac{P_0 g_1}{P_i h_{i,1}+\sigma^2}\right)-\log_2\left(1+\frac{P_0 g_2}{P_i h_{i,2}+\sigma^2}\right)\right]^+$$

式中：$h_{i,1}$表示D2D链路i的发送端和蜂窝用户之间链路的信道增益；$h_{i,2}$表示D2D链路i的发送端和窃听者之间链路的信道增益。用C_s表示蜂窝链路的目标安全速率。那么，如果R_s高于C_s，能够实现蜂窝链路的安全性。否则，在蜂窝链路中发生安全中断，蜂窝链路的安全中断概率可以定义为$p_{\text{out}}^{(c)}=\mathrm{P}[R_s'<C_s]$。

假设蜂窝链路具有以下安全约束：

$$p_{\text{out}}^{(c)}\leqslant\zeta, \tag{10.1}$$

式中：$\zeta\in[0,1]$表示蜂窝链路的最低安全要求。

10.3.2　最优D2D链路调度方案

在混合网络中，D2D链路调度方案的目标是在蜂窝链路的最小安全中断概率约束下使D2D速率最大化。下面，我们研究了最优的D2D链路调度方案，该方案决定了哪些D2D链路可以支持蜂窝通信以及它所能使用的传输功率。接下来，我们首先在约束条件式（10.1）下得到每个D2D链路的最优传输功率，然后选择能够达到最大D2D数据速率的D2D链路。

假设允许D2D链路i支持蜂窝通信，那么D2D链路i的最优传输功率问题可以由以下公式表示：

$$\max_{P_i} R_i,\ \text{s.t.}\ p_{\text{out}}^{(c)}(P_i)\leqslant\zeta,\ 0\leqslant P_i\leqslant P_{i,\max} \tag{10.2}$$

式中：$P_{i,\max}$表示D2D链路i的最大传输功率。为了解决这个问题，我们首先计算$p_{\text{out}}^{(c)}(P_i)$的值。假设$g_2$和$h_{i,2}$分别服从参数为$\alpha_2$和$\beta_i$的指数分布，即$g_2\sim\exp(\alpha_2)$和$h_{i,2}\sim\exp(\beta_i)$。那么，我们有

$$
\begin{aligned}
p_{\text{out}}^{(c)}(P_i) &= 1-\mathbb{P}\left[\log_2\left(1+\frac{P_0 g_1}{P_i h_{i,1}+\sigma^2}\right)-\log_2\left(1+\frac{P_0 g_2}{P_i h_{i,2}+\sigma^2}\right)\geqslant C_{\mathrm{s}}\right] \\
&= 1-\mathbb{P}\left[\frac{P_0 g_2}{P_i h_{i,2}+\sigma^2}\leqslant 2^{-C_{\mathrm{s}}}\left(1+\frac{P_0 g_1}{P_i h_{i,1}+\sigma^2}\right)-1\right] \\
&= 1-\frac{P_i\beta_i\left[2^{-C_{\mathrm{s}}}\left(1+\frac{P_0 g_1}{P_i h_{i,1}+\sigma^2}\right)-1\right]}{P_0\alpha_2+P_i\beta_i\left[2^{-C_{\mathrm{s}}}\left(1+\frac{P_0 g_1}{P_i h_{i,1}+\sigma^2}\right)-1\right]}\exp\left(\frac{\sigma^2}{P_i\beta_i}\right)
\end{aligned}
$$

很容易证明 $p_{\text{out}}^{(c)}(P_i)$ 是关于 P_i 的 U 形曲线。然后，通过求解 $p_{\text{out}}^{(c)}(P_i)=\zeta$，我们可以得到 $P_i=\underline{P_i}$，$\overline{P_i}$，其中，$\underline{P_i}\leqslant\overline{P_i}$。因此，由 $p_{\text{out}}^{(c)}(P_i)\leqslant\zeta$ 得到 $\underline{P_i}\leqslant P_i\leqslant\overline{P_i}$。因为 $\log_2\left(1+\frac{P_i h_{i,0}}{P_0 g_{i,0}+\sigma^2}\right)$ 是 P_i 的单调增函数，所以式（10.2）的最优解为

$$
P_i^* = \min\{P_{i,\max},\max\{0,\overline{P_i}\}\}
$$

然后，我们可以选择具有最大数据速率的 D2D 链路与蜂窝通信复用频谱，即

$$
i^* = \arg\max_i \log_2\left(1+\frac{P_i^* h_{i,0}}{P_0 g_{i,0}+\sigma^2}\right)
$$

图 10.3 给出了采用 D2D 链路调度方案提高网络吞吐量的数值例子。通过图可以看出，随着安全中断概率需求的增大，网络吞吐量的提高也随之增

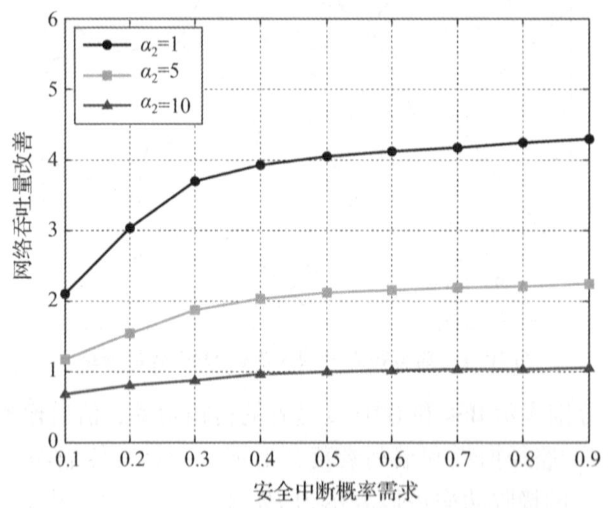

图 10.3　采用 D2D 链路调度方案提高网络吞吐量

大。这是因为当蜂窝通信网络的安全性有更严格的要求时，D2D链路有更多的机会与蜂窝通信复用频谱进行通信。研究结果表明，如果控制得当，蜂窝通信下的D2D通信可以提高网络吞吐量，同时保证蜂窝通信的安全性。

10.4 大规模D2D蜂窝网络的安全传输方案

10.4.1 网络模型

如图10.4所示，考虑一个由多个蜂窝链路、多个D2D链路和多个窃听蜂窝链路传输的窃听者组成的混合网络。假设基站在空间上分布是密度为λ_b的齐次泊松点过程Φ_b，根据一些独立的平稳点过程来部署蜂窝用户Φ_c。我们关注蜂窝通信的下行链路场景，其中，每个蜂窝用户连接到其最强的BS（即提供最高接收SINR的BS）。假设窃听者在空间上分布服从密度为λ_e的齐次泊松点过程Φ_e。假设每个蜂窝链路暴露于所有窃听者，并且其安全速率由影响最大的窃听者（即具有蜂窝信号的最高接收SINR的窃听者）确定。D2D发送者的位置分布服从密度为λ_d的齐次泊松点过程Φ_d，对于给定的D2D发送者，其相关接收者被假定位于远离各向同性方向的固定距离l处。

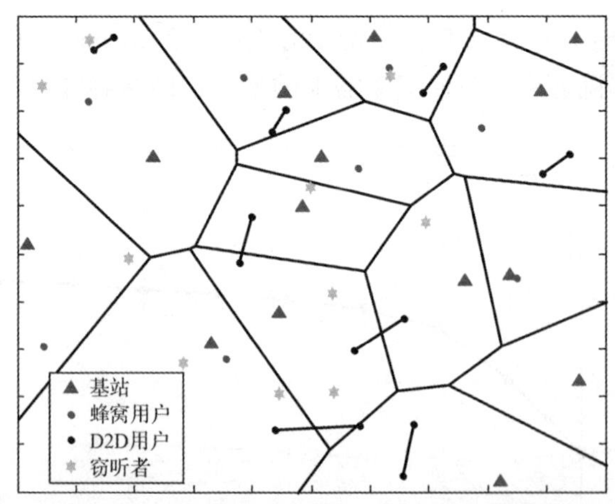

图10.4 具有窃听者的大规模D2D蜂窝网络

P_b和P_d分别表示BSs和D2D发送者的传输功率。信道模型包括蜂窝链路和D2D链路的路径损耗和瑞利衰落：给定一个具有传输功率P的发送者x_i，接收者x_j处的接收功率可以表示为$Ph\,\|x_i - x_j\|^{-\alpha}$，其中，$h$是衰落因子，服从均值为1的指数分布即$h \sim \exp(1)$，$\alpha > 2$是路径损耗指数（为了表

达式的简洁性，我们使用 δ 来表示$\frac{2}{\alpha}$)，接收者处的噪声功率假设为加性的、值为 σ^2 的常数。

为了防止窃听，我们假设每个蜂窝发送者（即用于下行链路的 BS）在传输前采用 Wyner 码[21]对数据进行编码。因此，蜂窝发送者需要通过考虑蜂窝链路的连接性和安全性来确定两种速率，即发送码字的速率 R_c 和发送消息的速率 $R_m(R_c > R_m)$：①连接性。如果 R_c 高于蜂窝链路容量，则在蜂窝接收者处接收的信号可以以任意小的误差解码，从而实现蜂窝链路的完美连接。否则，在蜂窝链路中发生连接中断。②安全性。速率冗余 $R_c - R_m$ 用来表示安全性。如果速率冗余高于影响最大的窃听链路容量，则任何窃听器处的接收信号都不提供关于所发送消息的信息，从而可以实现蜂窝链路的完美安全。否则，在蜂窝链路中会发生安全中断。

接下来，我们定义蜂窝链路的完美传输和(ϕ,ε) - 完美传输。

（1）完美传输。如果 $\mathrm{SINR}_c > T_f$ 和 $\mathrm{SINR}_e < T_\varepsilon$，蜂窝传输就可以说是完美的。这里的 $SINR_c$、$SINR_e$ 分别表示在蜂窝接收者和影响最大的窃听器处接收到的 SINR，T_f、T_ε 是相关的 SINR 阈值。

（2）(ϕ,ε) - 完美传输。如果$\mathbb{P}(\mathrm{SINR}_c > T_f) \geqslant \mathrm{f}$ 和$\mathbb{P}(\mathrm{SINR}_e < T_\varepsilon) \geqslant \varepsilon$，蜂窝传输就可以说是$(\phi,\varepsilon)$ - 完美的。这里 $0 \leqslant \phi,\varepsilon \leqslant 1$ 分别表示所需的最小连接概率和最小安全概率。

从以上定义可以看出，完美传输意味着蜂窝链路的完美连接和完美安全。然而，由于无线信道的时变性，无法始终保证完美传输。因此，在实际网络中，可以预先定义连接概率和安全概率的约束来控制网络性能。

10.4.2　大规模 D2D 蜂窝网络中的保密传输

这一小节分析面向 D2D 的大规模蜂窝网络中蜂窝链路的连接概率和安全概率，以及 D2D 链路的连接概率。

10.4.2.1　蜂窝链路的连接

为了不失一般性，我们对一个位于原点的典型蜂窝用户进行了分析。用 $\boldsymbol{r}_x$ 表示位于 x 处的 BS 与典型蜂窝用户之间的距离。假设连接 BSx 和典型蜂窝用户的链路衰落因子用 g_x 表示，$g_x \sim \exp(1)$。然后，典型蜂窝用户从 BSx 接收到的 SINR 可以表示为

$$\mathrm{SINR}_c(x) = \frac{P_b g_x r_x^{-\alpha}}{\sigma^2 + I_c(x)}$$

式中：$I_c(x) = \sum_{x_i \in \Phi_b \setminus \{x\}} P_b g_i \| x_i \|^{-\alpha} + \sum_{y_i \in \Phi_d} P_d h_i \| y_i \|^{-\alpha}$ 是来自其他所有衰落因

子为 g_i 位于 x_i 的基站和衰落因子为 h_i 位于 y_i 的D2D发送者的累积干扰。

如果蜂窝用户到最强BS的SINR高于阈值 T_ϕ，则其能连接到网络；否则，将其从网络中丢弃。我们将连接典型蜂窝用户及其最强BS的链路称为典型蜂窝链路。然后，典型蜂窝链路的连接概率可以定义为

$$p_{\mathrm{con}}^{(c)}(T_\phi) \triangleq \mathbb{P}\left[\max_{x \in \Phi_{\mathrm{b}}} \mathrm{SINR}_{\mathrm{c}}(x) > T_\phi\right]$$

下面的命题给出了 $p_{\mathrm{con}}^{(c)}(T_\phi)$ 上界。

命题10.1 典型蜂窝链路的连接概率上界为

$$p_{\mathrm{con}}^{(c)}(T_\phi) \leqslant 2\pi\lambda_{\mathrm{b}} \int_0^\infty \exp(-P_{\mathrm{b}}^{-1} T_\phi r_x^\alpha \sigma^2 - \pi r_x^2 T_\phi^\delta \mu) r_x \mathrm{d}r_x$$

式中：$\mu = \lambda_{\mathrm{b}}\left[1 + \frac{\lambda_{\mathrm{d}}}{\lambda_{\mathrm{b}}}\left(\frac{P_{\mathrm{d}}}{P_{\mathrm{b}}}\right)^\delta\right]\mathrm{arcsinc}\delta$。当 $T_\phi > 1(0\mathrm{dB})$ 时，等式成立。

证明：首先，我们推导上界。最大SINR高于 T_ϕ 的概率等于至少一个SINR高于 T_ϕ 的概率[22]。因此，有

$$\begin{aligned}
p_{\mathrm{con}}^{(c)}(T_\phi) &\triangleq \mathbb{P}\left[\max_{x \in \Phi_{\mathrm{b}}} \mathrm{SINR}_{\mathrm{c}}(x) > T_\phi\right] = \mathbb{E}\left[1\left(\bigcup_{x \in \Phi_{\mathrm{b}}} \mathrm{SINR}_{\mathrm{c}}(x) > T_\phi\right)\right] \\
&\overset{(a)}{\leqslant} \mathbb{E}\left[\sum_{x \in \Phi_{\mathrm{b}}} 1(\mathrm{SINR}_{\mathrm{c}}(x) > T_\phi)\right] = \mathbb{E}\left[\sum_{x \in \Phi_{\mathrm{b}}} 1\left(\frac{P_{\mathrm{b}} g_x r_x^{-\alpha}}{\sigma^2 + I_{\mathrm{c}}(x)} > T_\phi\right)\right] \\
&\overset{(b)}{=} \lambda_{\mathrm{b}} \int_{\mathbb{R}^2} \mathbb{E}\left[\sum_{x \in \Phi_{\mathrm{b}}} 1\left(\frac{P_{\mathrm{b}} g_x r_x^{-\alpha}}{\sigma^2 + I'_{\mathrm{c}}} > T_\phi\right)\right] \mathrm{d}x = \lambda_{\mathrm{b}} \int_{\mathbb{R}^2} \mathbb{P}\left[\frac{P_{\mathrm{b}} g_x r_x^{-\alpha}}{\sigma^2 + I'_{\mathrm{c}}} > T_\phi\right] \mathrm{d}x \\
&\overset{(c)}{=} \lambda_{\mathrm{b}} \int_{\mathbb{R}^2} \mathrm{e}^{-P_{\mathrm{b}}^{-1} T_\phi r_x^\alpha \sigma^2} \mathbb{E}_{I'_{\mathrm{c}}}\left[\mathrm{e}^{-P_{\mathrm{b}}^{-1} T_\phi r_x^\alpha I'_{\mathrm{c}}}\right] \mathrm{d}x \\
&\overset{(d)}{=} \lambda_{\mathrm{b}} \int_{\mathbb{R}^2} \mathrm{e}^{-P_{\mathrm{b}}^{-1} T_\phi r_x^\alpha \sigma^2} \mathcal{L}_{I'_{\mathrm{c}}}(P_{\mathrm{b}}^{-1} T_\phi r_x^\alpha) \mathrm{d}x \\
&= 2\pi\lambda_{\mathrm{b}} \int_0^\infty \mathrm{e}^{-P_{\mathrm{b}}^{-1} T_\phi r_x^\alpha \sigma^2} \mathcal{L}_{I'_{\mathrm{c}}}(P_{\mathrm{b}}^{-1} T_\phi r_x^\alpha) r_x \mathrm{d}r_x
\end{aligned} \tag{10.3}$$

式中：(a) 由并集的性质推出，如果网络中最多一个BS能够提供高于阈值的SINR，则等式成立。在 (b) 中，$I'_{\mathrm{c}} = \sum_{x_i \in \Phi_{\mathrm{b}}} P_{\mathrm{b}} g_i \|x_i\|^{-\alpha} + \sum_{y_i \in \Phi_{\mathrm{d}}} P_{\mathrm{d}} h_i \|y_i\|^{-\alpha}$，(b) 的推导遵循Campbell-Mecke定理。(c) 遵循信道衰落的Rayleigh分布假设。在 (d) 中，$\mathcal{L}_{I'_{\mathrm{c}}}(\cdot)$ 表示 I'_{c} 的拉普拉斯(Laplace) 变换。

我们让 $I'_{\mathrm{c}} = I'_{\mathrm{c-c}} + I'_{\mathrm{c-d}}$，这里 $I'_{\mathrm{c-c}} = \sum_{x_i \in \Phi_{\mathrm{b}}} P_{\mathrm{b}} g_i \|x_i\|^{-\alpha}$ 和 $I'_{\mathrm{c-d}} = \sum_{y_i \in \Phi_{\mathrm{d}}} P_{\mathrm{d}} h_i \|y_i\|^{-\alpha}$ 分别表示来自蜂窝链路和D2D链路的干扰。$I'_{\mathrm{c-c}}$ 的拉普拉斯变换为

$$\mathcal{L}_{I'_{\mathrm{c-c}}}(s) = \mathbb{E}_g\left[\mathbb{E}_{\Phi_{\mathrm{b}}}\left[\prod_{x_i \in \Phi_{\mathrm{b}}} \exp(-s P_{\mathrm{b}} g_i \|x_i\|^{-\alpha})\right]\right]$$

$$\overset{(e)}{=} \mathbb{E}_g\left[\exp\left(-\lambda_b\int_{\mathbb{R}^2}(1-e^{-sP_bg_i\|x_i\|^{-\alpha}})\mathrm{d}x_i\right)\right]$$
$$\overset{(f)}{=} \mathbb{E}_g\left[\exp\left(-\lambda_b 2\pi\int_{r=0}^{\infty}(1-e^{-sP_bgr^{-\alpha}})r\mathrm{d}r\right)\right]$$
$$\overset{(g)}{=} \mathbb{E}_g\left[\exp\left(-\lambda_b\pi(sP_bg)^{\delta}\Gamma(1-\delta)\right)\right]$$
$$= \exp\left(-\frac{\pi\lambda_b P_b^{\delta}s^{\delta}}{\mathrm{sinc}\delta}\right)$$

式中：(e) 由 PPP 的概率生成函数可知。(f) 由极坐标下的二重积分推出。在 (g) 中，$\Gamma(x)=\int_0^{\infty}t^{x-1}e^{-t}\mathrm{d}t$ 是伽马函数，$\delta=2/\alpha$。类似的，$\mathcal{L}_{I'_{c-d}}(s)=\exp\left(-\frac{\pi\lambda_d P_d^{\delta}s^{\delta}}{\mathrm{sinc}\delta}\right)$。

因此，有

$$\mathcal{L}_{I'_c}(s)=\mathcal{L}_{I'_{c-c}}(s)\cdot\mathcal{L}_{I'_{c-d}}(s)=\exp\left(-\frac{\pi\lambda_b P_b^{\delta}s^{\delta}}{\mathrm{sinc}\delta}-\frac{\pi\lambda_d P_d^{\delta}s^{\delta}}{\mathrm{sinc}\delta}\right)$$

所以，有

$$\mathcal{L}_{I'_c}(P_b^{-1}T_{\phi}r_x^{\alpha})=\exp(-\pi r_x^2 T_{\phi}^{\delta}\mu) \tag{10.4}$$

这里 $\mu=\lambda_b\left[1+\frac{\lambda_d}{\lambda_b}\left(\frac{P_d}{P_b}\right)^{\delta}\right]\mathrm{acrsinc}\delta$。然后把式 (10.4) 代入式 (10.3)，得到上界。

接下来，我们表明当 $T_{\phi}>1(0\mathrm{dB})$ 时等式成立。根据文献 [22] 中引理 1，如果 $T_{\phi}>1$ 最多一个 BS 可以提供一个大于 1 的 SINR。因此，式 (10.3) 在步骤 (a) 中的等式成立，上界可以得到。

为了便于处理，在接下来的部分内容，我们假设 $T_{\phi}>1$。然后，考虑干扰受限网络，我们得到以下推论。

推论 10.1　在干扰受限的 D2D 蜂窝网络中，当 $T_{\phi}>1$ 时，典型蜂窝链路的连接概率为

$$p_{\mathrm{con}}^{(c)}(T_{\phi})=\frac{\mathrm{sinc}\delta}{\left[1+\frac{\lambda_d}{\lambda_b}\left(\frac{P_d}{P_b}\right)^{\delta}\right]T_{\phi}^{\delta}}$$

推论 10.1 表明 $p_{\mathrm{con}}^{(c)}(T_{\phi})$ 与 λ_d/λ_b 和 P_d/P_b 呈负相关。可以直观地看出，当给定 λ_b 和 P_b 时，一个较大密度和传输功率的 D2D 链路会给蜂窝链路造成更多的干扰。

10.4.2.2　蜂窝链路的安全性

我们考虑一个典型的蜂窝链路，包括位于原点的典型蜂窝用户和位于 x_0

的典型 BS。对于位于 z 的窃听器，其到典型 BS 的距离用 $\boldsymbol{r}_z$ 表示，并且该窃听链路的衰落因子用 g_z 表示，$g_z \sim \exp(1)$。然后，在窃听者 z 处从典型 BS 接收到的 SINR 可以表示为

$$\mathrm{SINR}_e(z) = \frac{P_b g_z r_z^{-\alpha}}{\sigma^2 + I_e(x)}$$

式中：$I_e(x) = \sum_{x_i \in \Phi_b \backslash \{x_0\}} P_b g_i \| x_i - z \|^{-\alpha} + \sum_{y_i \in \Phi_d} P_d h_i \| y_i - z \|^{-\alpha}$，是来自位于 x_i 上的其他所有基站（除了位于 x_0 的典型 BS）和位于 y_i 处的 D2D 发送者的累积干扰。

假设每个蜂窝链路都暴露给所有窃听者。如果存在窃听者 z，使得$\mathrm{SINR}_e(z)$ 高于阈值 T_ε，则蜂窝传输是不安全的。因此，蜂窝链路的安全传输由其影响最大的窃听者确定，并且典型蜂窝链路的安全概率可以定义为

$$p_{\sec}^{(c)}(T_\varepsilon) \triangleq P[\max_{z \in \Phi_e} \mathrm{SINR}_e(z) < T_\varepsilon]$$

下面的命题给出了 $p_{\sec}^{(c)}(T_\varepsilon)$的表达式。

命题 10.2 典型蜂窝链路的安全概率为

$$p_{\sec}^{(c)}(T_\varepsilon) = \exp\left(-2\pi\lambda_e \int_0^\infty \mathrm{e}^{-P_b^{-1} T_\varepsilon r_z^\alpha \sigma^2 - \pi r_z^2 T_\varepsilon^\delta \mu} r_z \mathrm{d}r_z\right)$$

式中：$\mu = \lambda_b \left[1 + \frac{\lambda_d}{\lambda_b}\left(\frac{P_d}{P_b}\right)^\delta\right] \mathrm{arcsinc}\delta$。

证明： 由于最不利 SINR（即最大 SINR）低于 T_ε 的概率等于所有 SINR 低于 T_ε 的概率，典型蜂窝链路的安全概率可以计算为

$$\begin{aligned}
p_{\sec}^{(c)}(T_\varepsilon) &\triangleq \mathbb{P}[\max_{z \in \Phi_e} \mathrm{SINR}_e(z) < T_\varepsilon] = \mathbb{P}[\bigcap_{z \in \Phi_e} \mathrm{SINR}_e(z) < T_\varepsilon] \\
&= \mathbb{P}[\bigcap_{z \in \Phi_e} \mathrm{SINR}_e(z) < T_\varepsilon] \\
&= \mathbb{E}_{\Phi_e, \Phi_d}[1(\bigcap_{z \in \Phi_e} \mathrm{SINR}_e(z) < T_\varepsilon)]n \\
&\overset{(a)}{=} \mathbb{E}_{\Phi_e, \Phi_d}\left[\prod_{z \in \Phi_e} 1(\mathrm{SINR}_e(z) < T_\varepsilon)\right] \\
&= \mathbb{E}_{\Phi_e}\left[\prod_{z \in \Phi_e} \mathbb{P}(\mathrm{SINR}_e(z) < T_\varepsilon \mid z)\right] \\
&\overset{(b)}{=} \mathbb{E}_{\Phi_e}\left[\prod_{z \in \Phi_e} (1 - \mathrm{e}^{-P_b^{-1} T_\varepsilon r_z^\alpha (\sigma^2 + I_e(z))})\right] \\
&\overset{(c)}{=} \exp\left(-2\pi\lambda_e \int_0^\infty \mathrm{e}^{-P_b^{-1} T_\varepsilon r_z^\alpha \sigma^2} \mathcal{L}_{I_e(z)}(P_b^{-1} T_\varepsilon r_z^\alpha) r_z \mathrm{d}r_z\right)
\end{aligned} \tag{10.5}$$

式中：(a) 遵循交叉特性；(b) 遵循信道衰落的瑞利分布假设；(c) 遵循 PPP 的概率生成函数。

接下来我们计算 $\mathcal{L}_{I_e(z)}(s)$。通过移动坐标使窃听者 z 位于原点（注意，平移不会改变PPP的分布）。$I_e(z)$ 可以被替换成 I_e，相当于 $z=0$。让 $I_e = I_{e-c} + I_{e-d}$，这里 $I_{e-c} = \sum_{x_i \in \Phi_b \setminus \{x_0\}} P_b g_i \|x_i\|^{-\alpha}$ 和 $I_{e-d} = \sum_{y_i \in \Phi_d} P_d h_i \|y_i\|^{-\alpha}$ 分别表示来自蜂窝链路和D2D链路的干扰。根据命题10.1的证明，我们有

$$\mathcal{L}_{I_e(z)}(P_b^{-1} T_\varepsilon r_z^\alpha) = \exp(-\pi r_z^2 T_\varepsilon^\delta \mu) \tag{10.6}$$

式中：$\mu = \lambda_b \left[1 + \frac{\lambda_d}{\lambda_b}\left(\frac{P_d}{P_b}\right)^\delta\right] \mathrm{arcsinc}\,\delta$。然后把式（10.6）代入式（10.5）即可。

考虑到干扰受限的网络，我们有以下推论。

推论10.2　在干扰受限的D2D蜂窝网络中，典型蜂窝链路的安全概率为

$$p_{\mathrm{sec}}^{(c)}(T_\varepsilon) = \exp\left(-\frac{\lambda_e \mathrm{sinc}\delta}{\lambda_b\left[1 + \frac{\lambda_d}{\lambda_b}\left(\frac{P_d}{P_b}\right)^\delta\right] T_\varepsilon^\delta}\right)$$

推论10.2所示，$p_{\mathrm{sec}}^{(c)}(T_\varepsilon)$ 与窃听者的强度负相关，与D2D呈强度和功率正相关。这是因为窃听者的数量越多，窃听链路的平均距离就越短，而D2D用户的数量越多，窃听链路的干扰就越大。

10.4.2.3　D2D链路的连接性

我们对一个典型的D2D链路进行分析，该链路包括位于原点的典型D2D发送者和位于 l 远处的典型D2D接收者。用 $h_0 \sim \exp(1)$ 表示典型D2D链路的衰落因子。典型D2D接收者的接收信噪比可表示为

$$\mathrm{SINR}_d = \frac{P_d h_0 l^{-\alpha}}{\sigma^2 + I_d}$$

式中：$I_d = \sum_{x_i \in \Phi_b} P_b g_i \|x_i\|^{-\alpha} + \sum_{y_i \in \Phi_d \setminus \{y_0\}} P_d h_i \|y_i\|^{-\alpha}$ 是所有位于 x_i 的基站和位于 y_i 的其他D2D发送者（典型的设于 y_0 的D2D发送者除外）的累积干扰。

定义典型D2D链路的连接概率为

$$p_{\mathrm{con}}^{(d)}(T_\sigma) \triangleq \mathbb{P}[\mathrm{SINR}_d > T_\sigma]$$

式中：T_σ 是SINR阈值。下列命题给出 $p_{\mathrm{con}}^{(d)}(T_\sigma)$ 结果。

命题10.3　典型D2D链路的连接概率为

$$p_{\mathrm{con}}^{(d)}(T_\sigma) = \exp(-P_d^{-1} T_\sigma l^\alpha \sigma^2 - \pi l^2 T_\sigma^\delta v)$$

式中：$v = \lambda_d\left[1 + \frac{\lambda_b}{\lambda_d}\left(\frac{P_b}{P_d}\right)^\delta\right] \mathrm{arcsinc}\delta$。

证明：给定一个固定的距离 l，连接概率可以计算为

$$p_{\text{con}}^{(d)}(T_\sigma) \triangleq \mathbb{P}[\text{SINR}_{\text{d}} > T_\sigma] = \text{e}^{-P_{\text{d}}^{-1}T_\sigma l^\alpha \sigma^2}\mathcal{L}_{I_{\text{d}}}(P_{\text{d}}^{-1}T_\sigma l^\alpha) \tag{10.7}$$

根据命题10.1和10.2的证明，我们有

$$\mathcal{L}_{I_{\text{d}}}(P_{\text{d}}^{-1}T_\sigma l^\alpha) = \exp(-\pi l^2 T_\sigma^\delta v) \tag{10.8}$$

然后把式（10.8）代入式（10.7）。

考虑到干扰受限网络，我们有以下推论。

推论10.3 在干扰受限的D2D蜂窝网络中，典型D2D链路的连接概率为

$$p_{\text{con}}^{(d)}(T_\sigma) = \exp\left(-\pi l^2 T_\sigma^\delta \lambda_{\text{d}}\left[1 + \frac{\lambda_{\text{b}}}{\lambda_{\text{d}}}\left(\frac{P_{\text{b}}}{P_{\text{d}}}\right)^\delta\right]\text{sinc}^{-1}\delta\right)$$

命题10.3和推论10.3的结果可以扩展到 l 是可变的情况下：用 $f_1(l)$ 表示 l 的概率密度函数，那么 $p_{\text{con}}^{(d)}(T_\sigma)$ 可以通过 $\int_0^\infty \mathbb{P}[\text{SINR}_{\text{d}} > T_\sigma \mid l] \cdot f_1(l)\text{d}l$ 计算。例如，l 是瑞利分布，$f_1(l) = 2\pi\lambda_{\text{d}} l \text{e}^{-\pi\lambda_{\text{d}} l^2}$，然后 $p_{\text{con}}^{(d)}(T_\sigma) = \lambda_{\text{d}}/(T_\sigma^\delta v + \lambda_{\text{d}})$。

10.4.2.4 蜂窝传输的性能保证准则

根据推论10.2和10.3，$p_{\text{sec}}^{(c)}(T_\varepsilon)$ 和 $p_{\text{con}}^{(d)}(T_\sigma)$ 可以通过增加 λ_{d} 和 P_{d} 而增大。然而，根据推论10.1，增加 λ_{d} 和 P_{d} 会减少 $p_{\text{con}}^{(c)}(T_\phi)$。因此，D2D链路的调度参数 $(\lambda_{\text{d}}, P_{\text{d}})$ 应精心设计以保证蜂窝通信的性能，同时使D2D通信获得更好的性能。

为了保证蜂窝通信的性能，我们提出以下两个准则。

（1）保证蜂窝通信的强准则：引入D2D通信后，不应降低完美蜂窝传输的概率，即

$$p_{\text{con}}^{(c)}(T_\phi)p_{\text{sec}}^{(c)}(T_\varepsilon) \geqslant p_{\text{con}}^{(c)(0)}(T_\phi)p_{\text{sec}}^{(c)(0)}(T_\varepsilon) \tag{10.9}$$

式中：$p_{\text{con}}^{(c)(0)}(T_\phi)$ 和 $p_{\text{sec}}^{(c)(0)}(T_\varepsilon)$ 分别表示无D2D链路时蜂窝链路的连接概率和安全概率。

（2）保证蜂窝通信的弱准则：引入D2D通信后，应该保证 (ϕ, ε) 完美蜂窝传输，即

$$p_{\text{con}}^{(c)}(T_\phi) \geqslant \phi, p_{\text{sec}}^{(c)}(T_\varepsilon) \geqslant \varepsilon \tag{10.10}$$

式中：$\phi\varepsilon \leqslant p_{\text{con}}^{(c)(0)}(T_\phi)p_{\text{sec}}^{(c)(0)}(T_\varepsilon)$。

强准则要求D2D通信不降低蜂窝通信的性能，弱准则能容忍一定程度的蜂窝通信性能下降。接下来，我们将分别研究这两个准则下的D2D链路调度方案。

10.4.3 强准则下的最优D2D链路调度方案

本节设计了强准则下的D2D链路调度方案（包括D2D链路的强度和功率）。为了数学上的可处理性，我们考虑了干扰受限的场景。

10.4.3.1　D2D 链路调度参数的可行域

用 N_c 表示单位面积内的完美蜂窝链路的平均数量，则

$$N_c=\lambda_b p_{con}^{(c)}(T_\phi)p_{sec}^{(c)}(T_\varepsilon)$$

根据推论 10.1 和 10.2，我们有

$$N_c=\lambda_b ax\exp(-bx) \tag{10.11}$$

式中：$a=\frac{\text{sinc}\delta}{T_\phi^\delta}>0$；$b=\frac{\lambda_e\text{sinc}\delta}{\lambda_b T_\varepsilon^\delta}>0$；$x=\frac{1}{1+\frac{\lambda_d}{\lambda_b}\left(\frac{P_d}{P_b}\right)^\delta}\in(0,1]$。$N_c$，$\frac{\lambda_d}{\lambda_b}\left(\frac{P_d}{P_b}\right)^\delta$ 表示 D2D 通信对蜂窝通信的影响。令 $x=1$，我们得到

$$N_c^{(0)}=\lambda_b a\exp(-bx) \tag{10.12}$$

式中：上标（0）表示没有 D2D 链路的情况。因此，式（10.9）中的强准则等价于 $N_c\geqslant N_c^{(0)}$。

下面的引理给出了 D2D 链路调度参数在强准则下的可行域。

引理 10.1　D2D 链路调度参数所对应的强准则可行域为

$$\mathcal{F}_{str}=\left\{(\lambda_d,P_d):\begin{cases}\lambda_d P_d^\delta\leqslant\left(-\frac{b}{W_p(-be^{-b})}-1\right)\lambda_b P_b^\delta, & b>1\\ \lambda_d=P_d=0, & b\leqslant 1\end{cases}\right\}$$

式中：$W_p(\cdot)$是 Lambert W－函数的实值主支。

证明：首先，我们求解 $N_c=N_c^{(0)}$。通过式（10.11）和式（10.12），$N_c=N_c^{(0)}$ 等价于 $e^{b(1-x)}=1/x$，得到 $-bxe^{-bx}=-be^{-b}$。通过改变变量 $y=-bx$，我们得到了 $ye^y=-be^{-b}$，因此 $y=W_p(-be^{-b})\cup W_m(-be^{-b})$，其中，$W_p(\cdot)$和 $W_m(\cdot)$分别是 Lambert W－函数的实值主支和另一支。注意，y 的解有两个分支，因为 $-be^{-b}\in(-1/e,0)$。然后，通过做一个变量逆变化，$x=-\frac{1}{b}y$，我们得到 $x=-\frac{1}{b}W_p(-be^{-b})\cup-\frac{1}{b}W_m(-be^{-b})$。通过运算 x 的两个分支，我们可以发现 $-\frac{1}{b}W_p(-be^{-b})\in(0,1]$，$-\frac{1}{b}W_m(-be^{-b})\in[1,\infty)$。考虑到 $0<x\leqslant 1$，所以我们拒绝第二分支，得到 $N_c=N_c^{(0)}$ 最后的结果为 $x_0=-\frac{1}{b}W_p(-be^{-b})$。

接下来，我们计算 $N_c\geqslant N_c^{(0)}$，也就是 $-xe^{-bx}\geqslant-e^{-b}$。令 $f(x)=xe^{-bx}(0<x\leqslant 1)$。那么，$-xe^{-bx}\geqslant-e^{-b}$也就相当于 $f(x)\geqslant f(1)$。求 $f(x)$关于 x 的导数，我们可以得到 $f'(x)=(1-bx)e^{-bx}$。根据 b 的值，需要考虑以下三种情况。①$b<1$：$f'(x)>0$，因此 $f(x)$在 $0<x\leqslant 1$ 上单调增。所以，$f(x)\geqslant f(1)$的解是 $x=1$，即 $F_{str}=\{(\lambda_d,P_d):\lambda_d=P_d=0\}$；②$b=1$：很容易

得到解是 $x=1$；③$b>1$：当 $x\in\left(0,\frac{1}{b}\right)$时，$f'(x)>0$；当 $x\in\left(\frac{1}{b},1\right]$时，$f'(x)<0$。所以$f(x)$在 $0<x<\frac{1}{b}$上单调增，在$\frac{1}{b}<x\leqslant 1$ 上单调减。因为 $f(x)=f(1)$得 $x_0=-\frac{1}{b}W_{\mathrm{p}}(-b\mathrm{e}^{-b})$，$x_1=-\frac{1}{b}W_{\mathrm{m}}(-bx_0\mathrm{e}^{-bx_0})=1$，这里 $x_0<x_1=1$，所以 $f(x)\geqslant f(1)$的解在 $x\in[x_0,1]$，即 $F_{\mathrm{str}}=\left\{(\lambda_{\mathrm{d}},P_{\mathrm{d}}):\lambda_{\mathrm{d}}P_{\mathrm{d}}^{\delta}\leqslant\left(-\frac{b}{W_{\mathrm{p}}(-b\mathrm{e}^{-b})}-1\right)\lambda_{\mathrm{b}}P_{\mathrm{b}}\right\}$。综合这三种情况，即可得证。

引理10.1表明，在强准则下，如果 $\lambda_{\mathrm{e}}\leqslant\frac{T_{\varepsilon}^{\delta}}{\mathrm{sinc}\delta}\lambda_{\mathrm{b}}$，则蜂窝通信的性能受到D2D链路的限制，否则被增强。这是因为，对于D2D通信，当窃听者密度较小时，其对蜂窝链路的干扰效果至关重要，而当窃听者密度较大时，其对窃听链路的干扰效果占主导地位。

10.4.3.2 D2D链路调度方案

基于D2D链路调度参数的可行域，我们研究了D2D链路调度问题。由于D2D链路在 $b\leqslant 1$ 时被网络阻塞，我们只关注 $b>1$ 的情况。

第一个问题是如何获得每个单位区域的完美蜂窝链路的最大平均数，即

$$\max_{(\lambda_{\mathrm{d}},P_{\mathrm{d}})} N_{\mathrm{c}}\quad \mathrm{s.t.}\ (\lambda_{\mathrm{d}},P_{\mathrm{d}})\in F_{\mathrm{str}} \tag{10.13}$$

引理10.2 问题（10.13）的最优解为

$$F'_{\mathrm{str}}=\{(\lambda_{\mathrm{d}},P_{\mathrm{d}}):\lambda_{\mathrm{d}}P_{\mathrm{d}}^{\delta}=(b-1)\lambda_{\mathrm{d}}P_{\mathrm{b}}^{\delta}\}$$

证明：$f'(x)=0$ 时得到 $x=1/b$。因为$f''(1/b)<0$，所以最优解就是 $x=1/b$。

引理10.2表明存在一系列$(\lambda_{\mathrm{d}},P_{\mathrm{d}})$对，可以达到最大 N_c。接下来，我们进一步研究其中哪一对可以达到最佳的D2D性能。

方案1（强准则）

用 N_{d} 来表示单位面积上完美D2D链路的平均数量，我们有 $N_{\mathrm{d}}=\lambda_{\mathrm{d}}p_{\mathrm{con}}^{(d)}(T_{\sigma})=\lambda_{\mathrm{d}}\exp\left(-\frac{c}{1-x}\lambda_{\mathrm{d}}\right)$，这里 $c=\frac{\pi l^2T_{\sigma}^{\delta}}{\mathrm{sinc}\delta}>0$。然后，优化问题可以表述为

$$\mathbf{P1}:\max_{(\lambda_{\mathrm{d}},P_{\mathrm{d}})} N_{\mathrm{d}},\ \mathrm{s.t.}\ (\lambda_{\mathrm{d}},P_{\mathrm{d}})\in F'_{\mathrm{str}}$$

命题10.4 P1的最优解为

$$F_1^*=\left\{(\lambda_{\mathrm{d}}^*,P_{\mathrm{d}}^*):\lambda_{\mathrm{d}}^*=\frac{b-1}{bc},P_{\mathrm{d}}^*=(bc\lambda_{\mathrm{b}})^{\frac{1}{\delta}}P_{\mathrm{b}}\right\}$$

证明：P1的约束等价于 $x=\frac{1}{b}$,所以 $N_{\mathrm{d}}=\lambda_{\mathrm{d}}\exp\left(-\frac{bc}{b-1}\lambda_{\mathrm{d}}\right)$，它只依赖于

λ_d。因为 N_d 在 $\lambda_d \in \left(0, \frac{b-1}{bc}\right)$上单调增，在 $\lambda_d \in \left(\frac{b-1}{bc}, \infty\right)$上单调减，所以 N_d 的最大值可以在 $\lambda_d^* = \frac{b-1}{bc}$处获得。根据引理 10.2，我们有 $P_d^* = (bc\lambda_b)^{\frac{1}{\delta}} P_b$。

方案 2（强准则）

将 P1 的约束放宽到强准则式（10.9），我们得到

$$\mathbf{P2}: \max_{(\lambda_d, P_d)} N_d, \ \text{s. t.} \ (\lambda_d, P_d) \in F_{\text{str}}$$

命题 10.5 P2 的最优解为

$$F_2^* = \left\{(\lambda_d^*, P_d^*): \lambda_d^* = \frac{b + W_p(-be^{-b})}{bc}, P_d^* = \left(-\frac{bc\lambda_b}{W_p(-be^{-b})}\right)^{\frac{1}{\delta}} P_b\right\}$$

证明：P2 的约束等价于 $x \in [x_0, 1]$。那么 $N_d = \lambda_d \exp\left(-\frac{c}{1-x}\lambda_d\right) \leqslant \lambda_d \exp\left(-\frac{c}{1-x_0}\lambda_d\right)$，如果 $x = x_0$，则相等。由于在 $\lambda_d^* = \frac{1-x_0}{c}$处可以获得 N_d 上界的最大值，当 $x = x_0$ 时，我们有 $P_d^* = \left(\frac{c\lambda_b}{x_0}\right)^{\frac{1}{\delta}} P_b$。

命题 10.4 和 10.5 给出了两种强准则下的 D2D 链路调度方案。对于方案 1，有

$$N_c^{(1)} = \frac{\lambda_b a}{b} e^{-1}$$

$$N_d^{(1)} = \frac{b-1}{bc} e^{-1}$$

对于方案 2，有

$$N_c^{(2)} = \lambda_b a e^{-b}$$

$$N_d^{(2)} = \frac{b + W_p(-be^{-b})}{bc} e^{-1}$$

然后，我们可以得到

$$N_c^{(1)} > N_c^{(2)} = N_c^{(0)}$$

$$N_d^{(1)} < N_d^{(2)}$$

结果表明，方案 1 可以获得最佳的蜂窝通信性能，而方案 2 可以为 D2D 通信提供更好的性能。

10.4.4 弱准则下的最优 D2D 链路调度方案

本小节设计了弱准则下干扰受限网络的 D2D 链路调度方案。

10.4.4.1 D2D 链路调度参数的可行域

弱准则式（10.10）要求蜂窝链路的最小连接概率 ϕ 和安全概率 ε。以下引理给出了该准则下 D2D 链路调度参数的可行域。

引理 10.3 弱准则对应的 D2D 链路调度参数的可行域为

$$F_{\text{weak}}=\left\{(\lambda_{\text{d}},P_{\text{d}}):\left(\frac{b}{\ln\frac{1}{\varepsilon}}-1\right)\lambda_{\text{b}}P_{\text{b}}^{\delta}\leqslant\lambda_{\text{d}}P_{\text{d}}^{\delta}\leqslant\left(\frac{a}{\phi}-1\right)\lambda_{\text{b}}P_{\text{b}}^{\delta}\right\}$$

证明：根据 $p_{\text{con}}^{(c)}(T_{\phi})\geqslant\phi$ 和推论 10.1，我们有 $x\geqslant\frac{1}{a}\phi$，这里 $x=\left[1+\frac{\lambda_{\text{d}}}{\lambda_{\text{b}}}\left(\frac{P_{\text{d}}}{P_{\text{b}}}\right)^{\delta}\right]^{-1}$。根据 $p_{\text{sec}}^{(c)}(T_{\varepsilon})\geqslant\varepsilon$ 和推论 10.2，我们有 $x\leqslant\frac{1}{b}\ln\frac{1}{\varepsilon}$，因此，$\frac{1}{a}\phi\leqslant x\leqslant\frac{1}{b}\ln\frac{1}{\varepsilon}$。

根据引理 10.1 和引理 10.3，F_{str} 只存在于 $b>1$ 的情况，而 F_{weak} 存在于任何 b。这是因为，与强准则相比，弱准则放松了安全约束，从而为 D2D 链路提供了更多的传输机会。

在研究 D2D 链路调度问题之前，我们先研究了 ϕ 和 ε 的值。(ϕ,ε) 的合理范围为

$$\mathscr{R}=\left\{(\phi,\varepsilon):0\leqslant\phi\leqslant a,e^{-b}\leqslant\varepsilon\leqslant 1,\phi\varepsilon\leqslant ae^{-b},\frac{1}{\phi}\ln\varepsilon\geqslant\frac{b}{a}\right\}$$

其中第一个和第二个条件对应于 $0\leqslant p_{\text{con}}^{(c)}(T_{\phi})\leqslant a$ 和 $e^{-b}\leqslant p_{\text{sec}}^{(c)}(T_{\varepsilon})\leqslant 1$，第三个条件对应于弱准则的定义 $\phi\varepsilon\leqslant p_{\text{con}}^{(c)(0)}(T_{\phi})p_{\text{sec}}^{(c)(0)}(T_{\varepsilon})$，最后一个条件对应引理 10.3 中的隐含条件，即 $\frac{1}{a}\phi\leqslant\frac{1}{b}\ln\frac{1}{\varepsilon}$。下面，我们假设 $(\phi,\varepsilon)\in\mathscr{R}$。

10.4.4.2 D2D 链路调度方案

我们首先研究如何得到 N_{c} 的最大值，即

$$\max_{(\lambda_{\text{d}},P_{\text{d}})}N_{\text{c}},\ \text{s.t.}\ (\lambda_{\text{d}},P_{\text{d}})\in F_{\text{weak}}\tag{10.14}$$

引理 10.4 问题式（10.14）的最优解为

$$F'_{\text{weak}}=\left\{(\lambda_{\text{d}},P_{\text{d}}):\begin{cases}\lambda_{\text{d}}P_{\text{d}}^{\delta}=\left(\frac{b}{\ln\frac{1}{\varepsilon}}-1\right)\lambda_{\text{b}}P_{\text{b}}^{\delta}, & b\leqslant 1\text{ 或 }b>1,\varepsilon>\text{e}^{-1}\\ \lambda_{\text{d}}P_{\text{d}}^{\delta}=\left(\frac{a}{\ln\frac{1}{\varepsilon}}-1\right)\lambda_{\text{b}}P_{\text{b}}^{\delta}, & b>1,\phi>\frac{a}{b}\\ \lambda_{\text{d}}P_{\text{d}}^{\delta}=(b-1)\lambda_{\text{b}}P_{\text{b}}^{\delta}, & b>1,\varepsilon\leqslant\text{e}^{-1},\phi\leqslant\frac{a}{b}\end{cases}\right\}$$

证明：考虑下面两种情况。①$b \leqslant 1$：由于 N_c 在 $\frac{1}{a}\phi \leqslant x \leqslant \frac{1}{b}\ln\frac{1}{\varepsilon}$ 上单调增，所以式（10.14）的解为 $x=\frac{1}{b}\ln\frac{1}{\varepsilon}$。②$b>1$：如果 $\frac{1}{b}\ln\frac{1}{\varepsilon}<\frac{1}{b}$，即 $\varepsilon>\mathrm{e}^{-1}$，那么 N_c 在 $\frac{1}{a}\phi \leqslant x \leqslant \frac{1}{b}\ln\frac{1}{\varepsilon}$ 上单调增，因此解是 $x=\frac{1}{b}\ln\frac{1}{\varepsilon}$；如果 $\frac{1}{a}\phi>\frac{1}{b}$，即 $\phi>\frac{a}{b}$，那么 N_c 在 $\frac{1}{a}\phi \leqslant x \leqslant \frac{1}{b}\ln\frac{1}{\varepsilon}$ 上单调减，因此解是 $x=\frac{1}{a}\phi$；如果 $\frac{1}{a}\phi \leqslant \frac{1}{b} \leqslant \frac{1}{b}\ln\frac{1}{\varepsilon}$，即 $\varepsilon \leqslant \mathrm{e}^{-1}$，$\phi \leqslant \frac{a}{b}$，那么 N_c 在 $\frac{1}{a}\phi<x<\frac{1}{b}$ 上单调增，在 $\frac{1}{b}<x \leqslant \frac{1}{b}\ln\frac{1}{\varepsilon}$ 上单调减，因此解是 $x=\frac{1}{b}$。综合上述结果，即可得证。

引理 10.4 表明存在一系列 (λ_d, P_d) 对，可以达到最大 N_c。接下来，我们进一步研究其中哪一对可以达到最大 N_d。

方案 3（弱准则）

$$\mathbf{P3}: \max_{(\lambda_d, P_d)} N_d \quad \text{s. t. } (\lambda_d, P_d) \in F'_{\text{weak}}$$

命题 10.6　P3 的最优解为

$$F_3^* = \left\{(\lambda_d^*, P_d^*): \begin{cases} \lambda_d^* = \left(\dfrac{b-\ln\dfrac{1}{\varepsilon}}{bc}\right), P_d^* = \left(\dfrac{bc}{\ln\dfrac{1}{\varepsilon}}\lambda_b\right)^{\frac{1}{\delta}} P_b, & b \leqslant 1 \text{ 或 } b>1, \varepsilon>\mathrm{e}^{-1} \\ \lambda_d^* = \dfrac{a-f}{ac}, P_d^* = \left(\dfrac{ac}{\phi}\lambda_b\right)^{\frac{1}{\delta}} P_b, & b>1, \phi>\dfrac{a}{b} \\ \lambda_d^* = \dfrac{b-1}{bc}, P_d^* = (bc\lambda_b)^{\frac{1}{\delta}} P_b, & b>1, \varepsilon \leqslant \mathrm{e}^{-1}, \phi \leqslant \dfrac{a}{b} \end{cases}\right\}$$

证明：N_d 的最大值可以在点 $\lambda_d^*=\frac{1-x}{c}$ 处获得，其中，x 是引理 10.4 中给出的问题式（10.14）的解。

方案 4（弱准则）

将 P3 的约束放宽到弱准则式（10.10），我们得到

$$\mathbf{P4}: \max_{(\lambda_d, P_d)} N_d \quad \text{s. t. } (\lambda_d, P_d) \in F_{\text{weak}}$$

命题 10.7　P4 的最优解为

$$F_4^* = \left\{(\lambda_d^*, P_d^*): \lambda_d^* = \frac{a-\phi}{ac}, P_d^* = \left(\frac{ac}{\phi}\lambda_b\right)^{\frac{1}{\delta}} P_b\right\}$$

证明：从P4的约束可得 $x \in \left[\frac{1}{a}\phi, \frac{1}{b}\ln\frac{1}{\varepsilon}\right]$。那么，$N_{\mathrm{d}} = \lambda_{\mathrm{d}}\exp\left(-\frac{c}{1-x}\lambda_{\mathrm{d}}\right) \leqslant \lambda_{\mathrm{d}}\exp\left(-\frac{c}{1-\phi/a}\lambda_{\mathrm{d}}\right)$，当 $x = \frac{1}{a}\phi$ 时取等号。因此，N_{d} 的最大值在 $\lambda_{\mathrm{d}}^{*} = \frac{1-\phi/a}{c}$ 处取得。当 $x = \frac{1}{a}\phi$ 时，我们有 $P_{\mathrm{d}}^{*} = \left(\frac{ac}{\phi}\lambda_{\mathrm{b}}\right)^{\frac{1}{\delta}} P_{\mathrm{b}}$。

命题10.6和10.7给出了两种弱准则下的D2D链路调度方案。对于方案3，有

$$N_{\mathrm{c}}^{(3)} = \begin{cases} \frac{\lambda_{\mathrm{b}} a\varepsilon}{b}\ln\frac{1}{\varepsilon}, & b\leqslant 1 \text{ 或 } b>1, \varepsilon > \mathrm{e}^{-1} \\ \lambda_{\mathrm{b}}\phi\exp\left(-\frac{a}{b}\phi\right), & b>1, \phi > \frac{a}{b} \\ \frac{\lambda_{\mathrm{b}} a}{b}\mathrm{e}^{-1}, & b>1, \varepsilon \leqslant \mathrm{e}^{-1}, \phi \leqslant \frac{a}{b} \end{cases}$$

$$N_{\mathrm{d}}^{(3)} = \begin{cases} \frac{b - \ln\frac{1}{\varepsilon}}{b}\mathrm{e}^{-1}, & b\leqslant 1 \text{ 或 } b>1, \varepsilon > \mathrm{e}^{-1} \\ \frac{a-\phi}{ac}\mathrm{e}^{-1}, & b>1, \phi > \frac{a}{b} \\ \frac{b-1}{bc}\mathrm{e}^{-1}, & b>1, \varepsilon \leqslant \mathrm{e}^{-1}, \phi \leqslant \frac{a}{b} \end{cases}$$

对于方案4，有

$$N_{\mathrm{c}}^{(4)} = \lambda_{\mathrm{b}} f\exp\left(-\frac{b}{a}\phi\right)$$

$$N_{\mathrm{d}}^{(4)} = \frac{a-\phi}{ac}\mathrm{e}^{-1}$$

然后，我们可以得到

$$N_{\mathrm{c}}^{(3)} \geqslant N_{\mathrm{c}}^{(4)}$$
$$N_{\mathrm{d}}^{(3)} \leqslant N_{\mathrm{c}}^{(4)}$$

结果表明，方案3为蜂窝通信获得了最佳性能，而方案4为D2D通信提供了更好的性能。

表10.1中总结了所建议的D2D链路调度方案。$\mathscr{F}_1^*$、$\mathscr{F}_2^*$、$\mathscr{F}_3^*$、$\mathscr{F}_4^*$ 分别表示四种调度方案。对于每个方案，链路调度参数 λ_{d} 和 P_{d}，以及网络性能指标 N_{c} 和 N_{d} 都显示在相应的列中。

表 10.1 所建议的 D2D 链路调度方案总结

	$\mathscr{F}_1^*$	$\mathscr{F}_2^*$	$\mathscr{F}_3^*$	$\mathscr{F}_4^*$
λ_d	$\frac{b-1}{bc}$	$\frac{b+W_p(-be^{-b})}{bc}$	$\begin{cases}\left(b-\ln\frac{1}{\varepsilon}\right)/bc, & \text{情况 1}\\ \frac{a-\phi}{ac}, & \text{情况 2}\\ \frac{b-1}{bc}, & \text{情况 3}\end{cases}$	$\frac{a-\phi}{ac}$
P_d	$(bc\lambda_b)^{\frac{1}{\delta}}P_b$	$\left(-\frac{bc\lambda_b}{W_p(-be^{-b})}\right)^{\frac{1}{\delta}}P_b$	$\begin{cases}\left(bc\lambda_b/\ln\frac{1}{\varepsilon}\right)^{\frac{1}{\delta}}P_b, & \text{情况 1}\\ \left(\frac{ac}{\phi}\lambda_b\right)^{\frac{1}{\delta}}P_b, & \text{情况 2}\\ (bc\lambda_b)^{\frac{1}{\delta}}P_b, & \text{情况 3}\end{cases}$	$\left(\frac{ac}{\phi}\lambda_b\right)^{\frac{1}{\delta}}P_b$
N_c	$\frac{\lambda_b a e^{-1}}{b}$	$\lambda_b a e^{-b}$	$\begin{cases}\frac{\lambda_b a\varepsilon}{b}\ln\frac{1}{\varepsilon}, & \text{情况 1}\\ \lambda_b\phi\exp\left(-\frac{a}{b}\phi\right), & \text{情况 2}\\ \frac{\lambda_b a}{b}e^{-1} & \text{情况 3}\end{cases}$	$\lambda_b\phi\exp\left(-\frac{b}{a}\phi\right)$
N_d	$\frac{(b-1)e^{-1}}{bc}$	$\frac{b+W_p(-be^{-b})}{bc}e^{-1}$	$\begin{cases}\frac{b-\ln\frac{1}{\varepsilon}}{b}e^{-1}, & \text{情况 1}\\ \frac{a-\phi}{ac}e^{-1}, & \text{情况 2}\\ \frac{b-1}{bc}e^{-1} & \text{情况 3}\end{cases}$	$\frac{a-\phi}{ac}e^{-1}$
(1) $a=\frac{\text{sinc}\delta}{\lambda_b T_\varepsilon^\delta}$，$b=\frac{\lambda_e\text{sinc}\delta}{\lambda_b T_\varepsilon^\delta}$，$c=\frac{\pi l^2 T_\varepsilon^\delta}{\text{sinc}\delta}$； (2) 情况 1，$b\leqslant1$ 或 $b>1$，$\varepsilon>e^{-1}$；情况 2，$b>1$，$\phi>\frac{a}{b}$；情况 3，$b>1$，$\varepsilon\leqslant e^{-1}$，$\phi\leqslant\frac{a}{b}$				

图 10.5 对所提方案 1 ~4 的 N_c 和 N_d 进行比较。对于方案 3、4，考虑了 ϕ，ε 的三种情况。情况 1：$\phi=e^{-b}$，$\varepsilon=0.5$；情况 2：$\phi=\frac{1.5}{b}$；情况 3：

$\phi = \dfrac{a}{2b}$，$\varepsilon = 0.2$。在图10.5中，情况1下，方案3、4的 N_c 分别小于方案1、2的，而方案3、4的 N_d 分别大于方案1、2的；在情况2和情况3中，方案3的 N_c 和 N_d 等于或近似等于方案1的，而方案4的 N_c 和 N_d 大于方案2的。这一结果表明，通过调节 ϕ 和 ε，可以实现蜂窝链路和D2D链路的不同性能水平。此外，对于所有这些方案，当 λ_e 较大时，N_c 较小，因为窃听者的数量较多降低了蜂窝用户安全传输的概率。但是，对于所有方案，当 λ_e 变大时 N_d 也变大。这是因为当窃听者的强度增加时，需要更大的传输功率和D2D链路的强度来保证蜂窝传输的性能，这为D2D链路创造了更多的传输机会。此外，应注意，在模拟中 $b > 1$。对于 $b \leqslant 1$ 的场景，强准则会阻碍D2D通信，但弱准则允许一些D2D链路连接到网络，方案3，4是最优的链路调度方案。因此，与方案1、2相比，方案3、4适用于范围更广的系统参数。

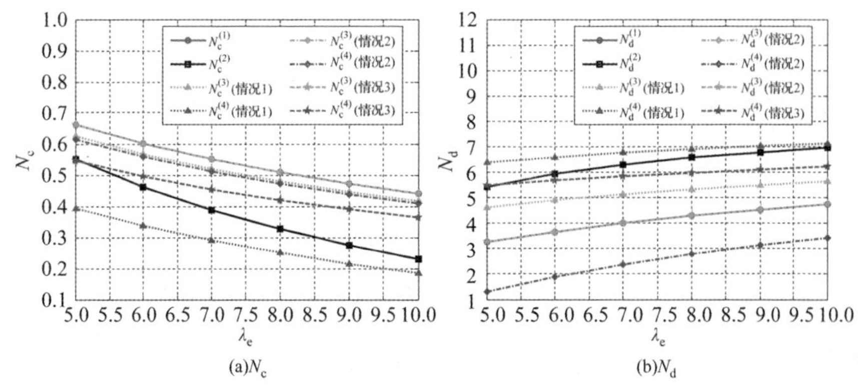

图10.5　方案1～4的性能比较

10.5　小结

本章研究了面向D2D蜂窝网络的物理层安全问题。我们首先介绍了D2D通信的背景，并回顾了面向D2D蜂窝网络物理层安全的研究现状。然后，我们研究了D2D通信在小规模和大规模网络中如何影响蜂窝通信的安全性能。结果表明，通过合理设计传输方案，可以充分利用D2D通信的干扰，提高蜂窝通信的物理层安全性，同时为D2D用户创造额外的传输机会。

参考文献

[1] G. Fodor, E. Dahlman, G. Mildh, *et al.*, "Design aspects of network assisted device-to-device communications," *IEEE Communications Magazine*, vol. 50, no. 3, pp. 170–177, Mar. 2012.

[2] Y.-D. Lin and Y.-C. Hsu, "Multihop cellular: A new architecture for wireless communications," in *Proceedings of IEEE 2000 Annual Joint Conference of the Computer and Communications*, vol. 3, pp. 1273–1282, Mar. 2000.

[3] B. Kaufman and B. Aazhang, "Cellular networks with an overlaid device to device network," in *Proceedings of 2008 Asilomar Conference on Signals, Systems and Computers*, pp. 1537–1541, Oct. 2008.

[4] K. Doppler, M. Rinne, C. Wijting, C. Ribeiro, and K. Hugl, "Device-to-device communication as an underlay to LTE-advanced networks," *IEEE Communications Magazine*, vol. 47, no. 12, pp. 42–49, Dec. 2009.

[5] X. Wu, S. Tavildar, S. Shakkottai, *et al.*, "Flashlinq: A synchronous distributed scheduler for peer-to-peer ad hoc networks," in *Proceedings of 2010 Annual Allerton Conference on Communication, Control, and Computing*, pp. 514–521, Sep. 2010.

[6] 3GPP TR 36.843, "Technical specification group radio access network: Study on LTE device to device proximity services," Rel-12, 2014.

[7] IEEE 802.16n, "IEEE standard for air interface for broadband wireless access systems; Amendment 2: Higher reliability networks," 2013.

[8] R. Zhang, X. Cheng, and L. Yang, "Cooperation via spectrum sharing for physical layer security in device-to-device communications underlaying cellular networks," *IEEE Transactions on Wireless Communications*, vol. 15, no. 8, pp. 5651–5663, Aug. 2016.

[9] Z. Chu, K. Cumanan, M. Xu, and Z. Ding, "Robust secrecy rate optimisations for multiuser multiple-input-single-output channel with device-to-device communications," *IET Communications*, vol. 9, no. 3, pp. 396–403, Feb. 2015.

[10] Y. Wang, Z. Chen, Y. Yao, M. Shen, and B. Xia, "Secure communications of cellular users in device-to-device communication underlaying cellular networks," in *Proceedings of 2014 International Conference on Wireless Communications and Signal Processing (WCSP)*, pp. 1–6, Oct. 2014.

[11] H. Chen, Y. Cai, and D. Wu, "Joint spectrum and power allocation for green D2D communication with physical layer security consideration," *KSII Transactions on Internet and Information Systems*, pp. 1057–1073, Mar. 2015.

[12] L. Sun, Q. Du, P. Ren, and Y. Wang, "Two birds with one stone: Towards secure and interference-free D2D transmissions via constellation rotation," *IEEE Transactions on Vehicular Technology*, vol. 65, no. 10, pp. 8767–8774, Oct. 2016.

[13] L. Wang and H. Wu, "Jamming partner selection for maximising the worst D2D secrecy rate based on social trust," *Transactions on Emerging Telecommunications Technologies*, vol. 28, no. 2, pp. 1–11, Feb. 2017.

[14] J. Wang, C. Li, and J. Wu, "Physical layer security of D2D communications underlaying cellular networks," *Applied Mechanics and Materials. Trans Tech Publications*, pp. 951–954, 2014.

[15] Y. Luo, L. Cui, Y. Yang, and B. Gao, "Power control and channel access for physical-layer security of D2D underlay communication," in *Proceedings of 2015 International Conference on Wireless Communications and Signal Processing (WCSP)*, Oct. 2015, pp. 1–5.

[16] Y. Liu, L. Wang, S. A. R. Zaidi, M. Elkashlan, and T. Q. Duong, "Secure D2D communication in large-scale cognitive cellular networks: A wireless power transfer model," *IEEE Transactions on Communications*, vol. 64, no. 1, pp. 329–342, Jan. 2016.

[17] W. Saad, X. Zhou, B. Maham, T. Basar, and H. V. Poor, "Tree formation with physical layer security considerations in wireless multihop networks," *IEEE Transactions on Wireless Communications*, vol. 11, no. 11, pp. 3980–3991, Nov. 2012.

[18] H. Zhang, T. Wang, L. Song, and Z. Han, "Radio resource allocation for physical-layer security in D2D underlay communications," in *Proceedings of 2014 IEEE International Conference on Communications (ICC)*, June 2014, pp. 2319–2324.

[19] D. Zhu, A. L. Swindlehurst, S. A. A. Fakoorian, W. Xu, and C. Zhao, "Device-to-device communications: The physical layer security advantage," in *Proceedings of 2014 IEEE International Conference on Acoustics, Speech and Signal Processing (ICASSP)*, May 2014, pp. 1606–1610.

[20] J. Barros and M. R. D. Rodrigues, "Secrecy Capacity of Wireless Channels," in *Proceedings of 2006 IEEE International Symposium on Information Theory (ISIT)*, July 2006, pp. 356–360.

[21] D. Wyner, "The wire-tap channel," *Bell System Technical Journal*, vol. 54, no. 8, pp. 1355–1387, Oct. 1975.

[22] H. Dhillon, R. Ganti, F. Baccelli, and J. Andrews, "Modeling and analysis of k-tier downlink heterogeneous cellular networks," *IEEE Journal on Selected Areas in Communications*, vol. 30, no. 3, pp. 550–560, Apr. 2012.

第11章
认知无线网络中的物理层安全

Van - Dinh Nguyen①，Trung Q. Duong②，Oh - Soon Shin①

11.1 引言

由于对多媒体业务需求的不断增长，射频频谱近来已成为一种稀缺昂贵的无线资源。然而，文献［1］指出，无论何时何地，大部分的授权用户都处于空闲状态。为了显著提高频谱利用率，认知无线电（Cognitive Radio，CR）被广泛认为是一种很有潜力的解决方案。目前有两种著名的认知无线电模型，即机会频谱接入模型和频谱共享模型。在第一种模型中，只有当主用户（Primary Users，PU）没有使用其授权频谱时，次用户（Secondary Users，SU）才可以使用这些频段[2-4]。在后一种模型中，主用户对于可用的频谱具有优先使用权，而次用户接入受限，且不能对主用户造成有害的干扰[5-7]。为了达到保护主用户免受次用户的干扰并达到服务质量要求的目的，人们使用了几种有效的技术如频谱检测和波束赋形[8-10]。

物理层安全是一种无须上层加密却能有效应对窃听的技术，它通过利用无线信道的随机性，旨在确保合法用户具有正的安全速率[11-12]。为了达到这样的目的，合法用户的信道质量就要优于窃听用户，而这实际上并不总是能满足。常用的方法是在发送者部署多天线并设计波束赋形向量，以使发送信号聚焦于期望用户的方向并降低到窃听节点（Eve）的功率泄漏，从而可以提高安全速率。此外，发送者还可以尽力去降低窃听节点处的期望信号。

最近，人们提出在发送者嵌入干扰噪声（Jamming Noise，JN），也称为

① 韩国崇实大学电子工程学院和ICMC融合技术系。
② 英国贝尔法斯特女王大学电子电气工程和计算机科学学院。

人工噪声。具体而言，就是将干扰噪声和发送者自身的信息一道发送以弱化窃听信道。尤其值得一提的是，文献［17］中第一次提出让发送者消耗部分功率来产生干扰噪声以弱化窃听信道。根据发送者掌握窃听节点信道状态信息（Channel State Information，CSI）的程度，采用干扰噪声实现波束赋形的方式可以分为被动窃听和主动窃听的场景。针对被动窃听的场景，文献［18］对干扰噪声进行了优化设计，以消除合法用户处的干扰。此后，文献［19－22］在进行波束赋形实现最大比发送（Maximum Ratio Transmission，MRT）的同时，迫使干扰噪声的波束赋形落入合法信道的零空间，并分析和优化了系统的安全性能。针对主动窃听的场景，文献［23－24］研究了多窃听节点下多输入单输出（Multiple Input Single Output，MISO）信道的安全速率最大化问题，结果表明通过半定规划（Semi－Definite Program，SDP）实现了紧的秩松弛。此外，针对合法发送者没有窃听节点完全信道状态信息的研究正成为一个研究热点，例如最差情况下的鲁棒发送者设计[25－26]和中断稳健设计[27]。

另一方面，由于无线媒介的开放性，认知无线网络（Cognitive Radio Networks，CRN）面临着严重的安全威胁。然而，直到最近，认知无线网络中的物理层安全才得到较好的研究[14,28－31]。文献［28］为部署了多天线的次用户发射端设计了一种波束赋形向量，以最大化次用户系统的安全容量并提高主用户系统的安全容量。文献［29］研究了次用户系统和主用户系统的协同通信，在满足次用户系统服务质量（Quality of Services，QoS）的同时，提高了主用户系统的安全容量。考虑到次用户发送者并不具有所有信道的完全信道状态信息，而仅仅知道一个包含实际信道的不确定区间，文献［30］研究了安全多输入单输出认知无线网络中的最优稳健性设计问题。此外，文献［31］在主用户发送者设计了不会对主用户接收者造成干扰的干扰波束赋形，并得到了可达速率闭式表达式。尽管得到了一些有深度的研究结果，但先前针对认知无线网络波束赋形的大部分研究工作都是建立在如下不切实际假设基础上的：①只有一个主用户接收者或者只有一个窃听节点；②发送者具有窃听信道的完全信道状态信息。这个问题在被动窃听的场景下尤为突出。

本章，我们力图给出认知无线网络物理层安全方面关键的设计问题和资源分配问题。具体而言，我们首先简要介绍了三种常见的系统模型，即主用户系统、次用户系统和协同认知无线网络中的物理层安全。然后，我们给出了针对这些网络的一种资源分配框架，并通过实例来表明所提方案的有效性和它们相较于现有方案的显著性能优势。

11.2 主用户系统的物理层安全

如图 11.1 所示，本节考虑一个认知无线网络，网络中存在一个能窃听主用户和次用户通信的窃听节点。假设主用户系统采用人工噪声和发送波束赋形来保障安全。我们推导了存在一个次用户系统时主用户系统的安全容量。具体而言，我们推导了窃听信道非常强和非常弱两种极端场景下遍历安全容量和信干噪比概率密度函数的精确闭式表达式。此外，我们还将给出一些仿真结果，以验证分析的正确性。

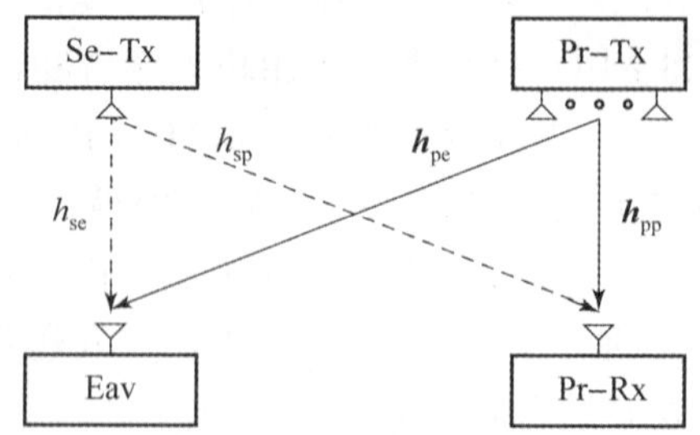

图 11.1 存在一个窃听节点的认知无线网络

11.2.1 系统模型

11.2.1.1 认知无线网络

在该模型中，我们假设主用户发送者（Primary Transmitter，PT）配备 M 根天线，而次用户发送者（Secondary Transmitter，ST）、主用户接收者（Primary Receiver，PR）和窃听节点都配置单天线。次用户发送者采用能量检测来检测频谱并确定频谱状态。设 ε 为能量检测器的检测统计量，则能量检测器的虚警概率可以表示为[33]

$$\mathscr{P}_{\mathrm{F}} = \Pr\{\varepsilon > \zeta | |\mathscr{H}_0\} = \int_{\zeta}^{\infty} p_{\varepsilon}(\varepsilon | \mathscr{H}_0)\mathrm{d}\varepsilon \tag{11.1}$$

式中：ζ 为判决门限；$\mathscr{H}_0$ 为主用户不存在的假设，$p_{\delta}(\varepsilon | \mathscr{H}_0)$ 为 ε 在 $\mathscr{H}_0$ 下的条件概率。类似地，检测概率可以表示为

$$\mathscr{P}_{\mathrm{D}}\Pr\{\delta > \zeta | \mathscr{H}_1\} = \int_{\zeta}^{\infty} p_{\delta}(\varepsilon | \mathscr{H}_1)\mathrm{d}\varepsilon \tag{11.2}$$

式中：$\mathscr{H}_1$ 为主用户存在的假设；$p_{\delta}(\varepsilon | |\mathscr{H}_1)$ 为 ε 在 $\mathscr{H}_1$ 下的条件概率。用 Θ 来表示主用户存在（$\mathscr{H}_1$）条件下频带中次用户存在（$\Theta = 1$）或不存在（$\Theta = 0$）这样的事件，则 Θ 服从如下的贝努利分布：

$$\Theta = \begin{cases} 0, & \text{依概率 } \mathscr{P}_0 = \mathscr{P}_{\mathrm{D}} \\ 1, & \text{依概率 } \mathscr{P}_1 = 1 - \mathscr{P}_0 \end{cases} \tag{11.3}$$

主用户接收者和窃听节点处的接收信号可以表示为

$$y_p = \sqrt{\frac{\gamma_{\mathrm{pp}}}{M}}\boldsymbol{h}_{\mathrm{pp}}x_p + \Theta\sqrt{\gamma_{\mathrm{sp}}}h_{\mathrm{sp}}x_{\mathrm{s}} + n_p \tag{11.4}$$

$$y_p = \sqrt{\frac{\gamma_{\mathrm{pp}}}{M}}\boldsymbol{h}_{\mathrm{pe}}x_p + \Theta\sqrt{\gamma_{\mathrm{se}}}h_{\mathrm{se}}x_{\mathrm{s}} + n_{\mathrm{e}} \tag{11.5}$$

式中：$\boldsymbol{x}_{\mathrm{p}} \in \mathbb{C}^{M\times 1}$和$x_{\mathrm{s}} \in \mathbb{C}$分别是满足功率约束$\frac{1}{M}\mathbb{E}\{\boldsymbol{x}_p^{\mathrm{H}}\boldsymbol{x}_p\}=1$和$\mathbb{E}\{x_{\mathrm{s}}^{\mathrm{H}}x_{\mathrm{s}}\}=1$的主用户发送者和次用户发送者的发送信号。$\boldsymbol{h}_{\mathrm{pp}} \in \mathbb{C}^{1\times M}$和$\boldsymbol{h}_{\mathrm{pe}} \in \mathbb{C}^{1\times M}$分别是主用户发送者和主用户接收者、主用户发送者和窃听节点之间的衰落信道增益，分别满足$\boldsymbol{h}_{\mathrm{pp}} \sim \mathcal{CN}(0,\boldsymbol{I}_M)$和$\boldsymbol{h}_{\mathrm{pe}} \sim \mathcal{CN}(0,\boldsymbol{I}_M)$①。类似地，$h_{\mathrm{sp}} \in \mathbb{C}$和$h_{\mathrm{se}} \in \mathbb{C}$分别是次用户发送者和主用户接收者、次用户发送者和窃听节点之间的衰落信道增益，分别满足$h_{\mathrm{sp}} \sim \mathcal{CN}(0,1)$和$h_{\mathrm{se}} \sim \mathcal{CN}(0,1)$。$n_p \sim \mathcal{CN}(0,1)$和$n_{\mathrm{e}} \sim \mathcal{CN}(0,1)$分别是主用户接收者和窃听节点处的加性高斯白噪声（AWGN）。γ_{pp}和γ_{pe}分别是主用户发送者的发送信号在主用户接收者和窃听节点处的平均信噪比（SNR）。类似地，γ_{sp}和γ_{se}分别是次用户发送者的发送信号在主用户接收者和窃听节点处的平均信噪比。

11.2.1.2 人工噪声

Goel提出可以采用人工噪声来实现安全通信[17]。假设主用户发送者在波束赋形的同时发送人工噪声。发送者的发送信号$\boldsymbol{x}_p$是信息承载信号$s_p \in \mathbb{C}$和人工噪声信号$\boldsymbol{w}_p \in \mathbb{C}^{(M-1)\times 1}$的加权和。值得注意的是，$s_p$和$\boldsymbol{w}_p$的功率是归一化的，以使得$\mathbb{E}\{|s_p|^2\}=1$和$\boldsymbol{w}_p \sim \mathcal{CN}(0,\boldsymbol{I}_M)$。因此，$\boldsymbol{x}_p$可以表示为

$$x_p = \sqrt{f}\boldsymbol{u}_p s_p + \sqrt{\frac{1-f}{M-1}}\boldsymbol{W}_p\boldsymbol{w}_p \tag{11.6}$$

式中：ϕ表示信息承载信号的功率占总功率P的比例。$P=\sigma_{\mathrm{s}}^2+(M-1)\sigma_{\mathrm{w}}^2$，其中，$\sigma_s^2=fP$，$\sigma_w^2=(1-f)P/(M-1)$。$\sigma_s^2$和$\sigma_w^2$分别表示信号功率和人工噪声中每个分量的方差。式（11.6）中的波束赋形向量$\boldsymbol{u}_p$应能最大化目的节点处信息承载信号的功率，因此，$\boldsymbol{u}_p=\boldsymbol{h}_{\mathrm{pp}}^{\mathrm{H}}/\|\boldsymbol{h}_{\mathrm{pp}}\|$。而置零矩阵$\boldsymbol{W}_p \in \mathbb{C}^{M\times(M-1)}$的选取应能使得$\boldsymbol{h}_{\mathrm{pp}}$位于$\boldsymbol{W}_p$的左零空间，即$\boldsymbol{h}_{\mathrm{pp}}\boldsymbol{W}_p=0$。

根据式（11.6）中给出的$\boldsymbol{x}_p$，式（11.4）和式（11.5）中的接收信号可以分别改写为

$$y_{\mathrm{p}} = \sqrt{\frac{f\gamma_{\mathrm{pp}}}{M}}\|\boldsymbol{h}_{\mathrm{pp}}\|s_p + \Theta\sqrt{\gamma_{\mathrm{sp}}}h_{\mathrm{sp}}x_{\mathrm{s}} + n_p \tag{11.7}$$

① $\mathcal{CN}(0,\boldsymbol{\Sigma})$指均值为零、协方差矩阵为$\boldsymbol{\Sigma}$的复高斯分布。

$$y_{\mathrm{p}}=\sqrt{\frac{f\gamma_{\mathrm{pe}}}{M}}\psi_{\mathrm{I}}s_{p}+\sqrt{\frac{1-f}{M-1}\frac{\gamma_{\mathrm{pe}}}{M}}\psi_{\mathrm{A}}\boldsymbol{w}_{p}+\Theta\sqrt{\gamma_{\mathrm{se}}}h_{\mathrm{se}}x_{\mathrm{s}}+n_{\mathrm{e}} \tag{11.8}$$

式中：$\psi_{\mathrm{I}}\triangleq\boldsymbol{h}_{\mathrm{pe}}\boldsymbol{u}_{p}\in\mathbb{C}$与信息承载信号有关，而$\psi_{\mathrm{A}}\triangleq\boldsymbol{h}_{\mathrm{pe}}W_{p}\in\mathbb{C}^{1\times(M-1)}$则与人工噪声有关。从式（11.7）中可以看出，在次用户发送者频谱检测失败的情况下发送的 x_{s} 会给主用户系统造成干扰。

11.2.2　主用户系统的遍历安全容量

主用户系统的遍历安全容量 C_{s} 可以定义为[34]

$$C_{\mathrm{s}}=\max\{C_{p}-C_{\mathrm{e}},0\}=(C_{p}-C_{\mathrm{e}})^{+} \tag{11.9}$$

式中：C_{p} 是主用户系统的遍历容量；C_{e} 是主用户发送者与窃听节点之间的窃听信道的遍历容量。

根据式（11.7），具有完全信道状态信息的情况下，主用户系统的遍历容量可以表示为

$$C_{p}=\mathbb{E}_{\Theta}\{\log_{2}[1+\mathrm{SINR}_{p}]\} \tag{11.10}$$

式中：SINR_{p} 是主用户接收者检测 S_{p} 时的信干噪比（SINR），可以表示为

$$\mathrm{SINR}_{P}=\frac{\left(\phi\frac{\gamma_{\mathrm{pp}}}{M}\right)\|\boldsymbol{h}_{\mathrm{pp}}\|^{2}}{1+\gamma_{\mathrm{sp}}\Theta\,|h_{\mathrm{sp}}|^{2}} \tag{11.11}$$

将式（11.11）代入式（11.10），并利用式（11.3），可以获得如下的遍历容量：

$$C_{P}=\mathscr{P}_{0}\log_{2}\left(1+\phi\frac{\gamma_{\mathrm{pp}}}{M})\|\boldsymbol{h}_{\mathrm{pp}}\|^{2}\right)+\mathscr{P}_{1}\log_{2}\left(1+\frac{\left(\phi\frac{\gamma_{\mathrm{pp}}}{M}\right)\|\boldsymbol{h}_{\mathrm{pp}}\|^{2}}{1+\gamma_{\mathrm{sp}}|h_{\mathrm{sp}}|^{2}}\right) \tag{11.12}$$

另外，根据式（11.8），在具有窃听信道统计信息的情况下，主用户发送者与窃听节点之间的窃听信道的遍历容量可以表示为

$$\begin{aligned}C_{\mathrm{e}}&=\mathbb{E}_{\Theta,h_{\mathrm{se}},\psi_{\mathrm{I}},\psi_{\mathrm{A}}}\{\log_{2}[1+\mathrm{SINR}_{\mathrm{e}}]\}\\&=\mathscr{P}_{0}\,\mathbb{E}_{h_{\mathrm{se}},\psi_{\mathrm{I}},\psi_{\mathrm{A}}}\{\log_{2}[1+\mathrm{SINR}_{\mathrm{e}\mid\Theta=0}]\}\\&\quad+\mathscr{P}_{1}\,\mathbb{E}_{h_{\mathrm{se}},\psi_{\mathrm{I}},\psi_{\mathrm{A}}}\{\log_{2}[1+\mathrm{SINR}_{\mathrm{e}\mid\Theta=1}]\}\end{aligned} \tag{11.13}$$

其中，$\mathrm{SINR}_{\mathrm{e}}$ 是窃听节点检测 S_{p} 时的信干噪比，可以表示为

$$\mathrm{SINR}_{\mathrm{e}}=\frac{\left(\phi\frac{\gamma_{\mathrm{pp}}}{M}\right)|\psi_{\mathrm{I}}|^{2}}{1+\gamma_{\mathrm{se}}\Theta\,|h_{\mathrm{se}}|^{2}+\frac{1-\phi}{M-1}\frac{\gamma_{\mathrm{pe}}}{M}\|\psi_{\mathrm{A}}\|^{2}} \tag{11.14}$$

11.2.2.1 弱窃听信道的场景（$\gamma_{pe} \ll 1$）

定理11.1 当主用户发送者远离窃听节点（$\gamma_{pe} \ll 1$）时，在具有合法信道完全瞬时信道状态信息的情况下，主用户系统的遍历安全容量可以表示为

$$C_s = \left(\mathscr{P}_0 \log_2 \left(1 + \phi \frac{\gamma_{pp}}{M} \| \boldsymbol{h}_{pp} \|^2 \right) + \mathscr{P}_1 \log_2 \left(1 + \frac{\left(\phi \frac{\gamma_{pp}}{M} \right) \| \boldsymbol{h}_{pp} \|^2}{1 + \gamma_{sp} | h_{sp} |^2} \right) - \frac{\mathscr{P}_0}{\ln 2} e^{\frac{M}{\phi \gamma_{pe}}} E_1 \left(\frac{M}{\phi \gamma_{pe}} \right) - \frac{\mathscr{P}_1}{\ln 2} \frac{1}{1 - \alpha} \left\{ e^{\frac{M}{\phi \gamma_{pe}}} E_1 \left(\frac{M}{\phi \gamma_{pe}} \right) - e^{\frac{1}{\gamma_{se}}} E_1 \left(\frac{1}{\gamma_{se}} \right) \right\} \right)^+ \tag{11.15}$$

式中：$\alpha \triangleq \frac{M\gamma_{se}}{M\gamma_{pe}}$，$E_1(u) \triangleq \int_1^{\infty} e^{-ut} t^{-1} dt$。

证明：将式（11.14）中的分子和分母同除以 γ_{pe}，然后，令 γ_{pe} 趋向于 0，我们不难发现，由于与人工噪声有关的 $\| \psi_A \|^2$ 有限大，分母中的第三项可以忽略。因此，当 $\gamma_{pe} \ll 1$ 时，式（11.14）中的SINR_e 可以近似为

$$\mathrm{SINR}_e \approx \frac{\left(\phi \frac{\gamma_{pp}}{M} \right) | \psi_I |^2}{1 + \gamma_{se} \Theta \, | h_{se} |^2} \tag{11.16}$$

$\mathscr{X}$的概率密度函数（PDF）可以表示为 $f_{\mathscr{X}}(x) = \mathscr{P}_0 f_{\mathscr{X}}(x | \Theta = 0) + \mathscr{P}_1 f_{\mathscr{X}}(x | \Theta = 1)$[31]，其中

$$f_{\mathscr{X}}(x | \Theta = 0) = \frac{M}{\phi \gamma_{pe}} e^{-\frac{M}{\phi \gamma_{pe}} x}$$

$$f_{\mathscr{X}}(x | \Theta = 1) = \frac{M}{\phi \gamma_{pe}} e^{-\frac{M}{\phi \gamma_{pe}} x} \left\{ \left(1 + \frac{M\gamma_{se}}{\phi \gamma_{pe}} \right)^{-1} + \gamma_{se} \left(1 + \frac{M\gamma_{se}}{\phi \gamma_{pe}} x \right)^{-2} \right\} \tag{11.17}$$

根据式（11.17），式（11.13）中的 C_e 可以近似为

$$\begin{aligned} C_e &= \mathscr{P}_0 C_{e | \Theta = 0} + \mathscr{P}_1 C_{e | \Theta = 1} \\ &= \frac{\mathscr{P}_0}{\ln 2} e^{\frac{M}{\phi \gamma_{pe}}} E_1 \left(\frac{M}{\phi \gamma_{pe}} \right) + \frac{\mathscr{P}_1}{\ln 2} \frac{1}{1 - \alpha} \left\{ e^{\frac{M}{\phi \gamma_{pe}}} E_1 \left(\frac{M}{\phi \gamma_{pe}} \right) - e^{\frac{1}{\gamma_{se}}} E_1 \left(\frac{1}{\gamma_{se}} \right) \right\} \end{aligned} \tag{11.18}$$

其中

$$\begin{cases} C_{e | \Theta = 0} = \int_0^{\infty} \log_2(1 + x) f_{\mathscr{X}}(x | \Theta = 0) dx = \frac{1}{\ln 2} e^{\frac{M}{\phi \gamma_{pe}}} E_1 \left(\frac{M}{\phi \gamma_{pe}} \right) \\ C_{e | \Theta = 1} = \int_0^{\infty} \log_2(1 + x) f_{\mathscr{X}}(x | \Theta = 1) dx \\ \qquad = \frac{1}{\ln 2} \frac{1}{1 - \alpha} \left\{ e^{\frac{M}{\phi \gamma_{pe}}} E_1 \left(\frac{M}{\phi \gamma_{pe}} \right) - e^{\frac{1}{\gamma_{se}}} E_1 \left(\frac{1}{\phi \gamma_{pe}} \right) \right\} \end{cases} \tag{11.19}$$

根据式（11.12）和式（11.18），式（11.9）中的遍历安全容量即如式（11.5）所示。

推论 11.1　根据式（11.18）和式（11.9），可以得到

$$\begin{cases}\lim\limits_{\gamma_{se}\to 0} C_e = \mathscr{P}_0 C_{e\mid\Theta=0} + \mathscr{P}_1 C_{e\mid\Theta=0} = C_{e\mid\Theta=0}\\ \lim\limits_{\gamma_{se}\to 0} C_e = \mathscr{P}_0 C_{e\mid\Theta=0} + \mathscr{P}_0\cdot 0 = \mathscr{P}_0 C_{e\mid\Theta=0}\end{cases} \tag{11.20}$$

根据推论 11.1，如果 γ_{se} 从 0 变到∞，C_s 最多可以增加 $\max\Delta C_s = \max\Delta C_e = \mathscr{P}_1 C_{e\mid\Theta=0}$。此外，从式（11.9）中，可以发现，由于 $e^z E_1(z)$ 随着 $z \triangleq M/(\phi\gamma_{pe}) \gg M/\phi \geqslant 2$ 的增加而减小，$C_{e\mid\Theta=0} \ll \frac{1}{\ln 2}e^2 E_1(2) \approx 0.521$。因此，$\max\Delta C_s \ll 0.521\mathscr{P}_1$ 的量并不明显。换言之，即便次用户发送者离窃听节点很近，并且次用户发送者与主用户接收者之间的位置几乎恒定，其对于主用户系统安全容量的影响甚微。

推论 11.2　观察式（11.18）和式（11.9），可以发现，由于 $e^{\frac{M}{\phi\gamma_{pe}}} E_1\left(\frac{M}{\phi\gamma_{pe}}\right)$ 随着 ϕ 的增加而增加，$C_{e\mid\Theta=0}$ 和 $C_{e\mid\Theta=1}$ 也随着 ϕ 的增加而增加。

推论 11.1 表明，当 γ_{pe} 较小时，采用人工噪声并不能有效地避免主用户被窃听。然而，如文献［35］中讨论到的，当有多个窃听节点时，或者如文献［17］中讨论到的，当主用户和窃听节点之间有放大转发中继时，情况就完全不同了。

11.2.2.2　强窃听信道的场景（$\gamma_{pe} \gg 1$）

定理 11.2　当主用户发送者离窃听节点非常近（$\gamma_{pe} \gg 1$）时，在具有合法信道完全瞬时信道状态信息的情况下，主用户系统的遍历安全容量可以表示为

$$C_s = \left(\mathscr{P}_0 \log_2\left(1 + \phi\frac{\gamma_{pp}}{M}\|\boldsymbol{h}_{pp}\|^2\right) + \mathscr{P}_1 \log_2\left(1 + \frac{\phi\frac{\gamma_{pp}}{M}\|\boldsymbol{h}_{pp}\|^2}{1+\gamma_{sp}|h_{sp}|^2}\right) - \frac{\mathscr{P}_0}{\ln 2}\frac{1-\phi}{\phi}\mathscr{P}_M(\eta) - \frac{\mathscr{P}_1}{\ln 2}\left\{\frac{A\ln\alpha}{\alpha(\alpha-1)} + \sum_{k=2}^{M} B_{k1}\mathscr{P}_k(\eta)\right\}\right)^+ \tag{11.21}$$

其中

$$\eta \triangleq \frac{1}{M-1}\frac{1-f}{f}$$

$$A \triangleq (\alpha-\eta)\left(1-\frac{\eta}{\alpha}\right)^{-M}, B_k \triangleq (1-k)(\alpha-\eta)\left(1-\frac{\eta}{\alpha}\right)^{-2}\left(1-\frac{\eta}{\alpha}\right)^{k-M}$$

$$\mathscr{P}_k(\eta) \triangleq \begin{cases}\dfrac{1}{(k-1)^2}, & \eta = 1\\ \dfrac{(1-\eta)^{1-k}}{(k-1)\eta}\left[-\ln\eta + \sum\limits_{i=1}^{k-2}\dfrac{(k-2)!(-\eta)^i}{(k-i-2)!i!i}(\eta^{-i}-1)\right], & \text{其他情况}\end{cases} \tag{11.22}$$

证明：首先，将式（11.14）中的分子和分母同时除以 γ_{pe}，然后，令 γ_{pe} 趋向于∞，我们很容易发现，分母中的第一项可以忽略。因此，当 $\gamma_{pe} \gg 1$ 时，式（11.14）中的 SINR_e 可以近似为

$$\mathrm{SINR}_e \approx \mathscr{Y} = \frac{\phi \frac{\gamma_{pe}}{M} |\psi_1|^2}{\gamma_{se}\Theta \ |h_{se}|^2 + \frac{1-\phi}{M-1}\frac{\gamma_{pe}}{M} \|\psi_A\|^2} \tag{11.23}$$

$\mathscr{Y}$ 的概率密度函数可以表示为 $f_{\mathscr{Y}}(y) = \mathscr{P}_0 f_{\mathscr{Y}}(y \mid \Theta=0) + \mathscr{P}_1(y \mid \Theta=1)$[31]，其中

$$\begin{cases} f_{\mathscr{Y}}(y \mid \Theta=0) = \dfrac{1-\phi}{\phi\left(1+\dfrac{1-\phi}{\phi(M-1)}y\right)^M} \\ f_{\mathscr{Y}}(y \mid \Theta=1) = \dfrac{\alpha+(M-1)\eta+M\alpha\eta y}{(1+\alpha y)^2(1+\eta y)^M} \end{cases} \tag{11.24}$$

根据式（11.24），式（11.13）中的 C_e 可以近似为

$$\begin{aligned} C_e &= \mathscr{P}_0 C_{e \mid \Theta=0} + \mathscr{P}_1 C_{e \mid \Theta=0} \\ &= \frac{\mathscr{P}_0}{\ln 2}\frac{1-\phi}{\phi}\mathscr{P}_M(\eta) + \frac{\mathscr{P}_1}{\ln 2}\left(\frac{A\ln\alpha}{\alpha(\alpha-1)} + \sum_{k=2}^{M} B_{k1}\mathscr{P}_k(\eta)\right) \end{aligned} \tag{11.25}$$

其中

$$\begin{cases} C_{e \mid \Theta=0} = \displaystyle\int_0^\infty \log_2(1+y) f_{\mathscr{Y}}(y \mid \Theta=0)\,\mathrm{d}y = \frac{1}{\ln 2}\frac{1-\phi}{\phi}\mathscr{P}_M(\eta) \\ C_{e \mid \Theta=1} = \displaystyle\int_0^\infty \log_2(1+y) f_{\mathscr{Y}}(y \mid \Theta=1)\,\mathrm{d}y = \frac{1}{\ln 2}\left(\frac{A\ln\alpha}{\alpha(\alpha-1)} + \sum_{k=2}^{M} B_{k1}\mathscr{P}_k(\eta)\right) \end{cases} \tag{11.26}$$

将式（11.12）和式（11.25）代入式（11.9）中，即可获得如式（11.21）所示的结果。

推论 11.3 当 $\gamma_{se} \ll \gamma_{pe}$ 时，式（11.14）分母中与 γ_{se} 相关的那一项可去掉，这就等效于 $\Theta=0$。

11.2.3 仿真结果

现在我们给出仿真结果来验证 11.2.2 中的分析，如图 11.2 所示，并讨论认知无线网络中一些具体场景下的结果。在图 11.2 中，若非特别说明，主用户发送者的天线数均为 $M=3$。平均信噪比 $\gamma_{pp}=20\mathrm{dB}$，$\gamma_{sp}=15\mathrm{dB}$。

图 11.2（a）为主用户发送者远离窃听节点时，不同 $\mathscr{P}_1$ 下式（11.15）给出的遍历安全容量随功率比例 ϕ 变化的曲线。可以发现，当 γ_{se} 从 $-40\mathrm{dB}$

变为 40dB 时，遍历安全容量并没有随之发生变化，这就验证了推论 11.1 的正确性。此外，还可以发现在没有注入人工噪声的场景中，即 $\phi=1$ 时，安全容量取得最大值，这就表明当主用户发送者远离窃听节点时，采用人工噪声是无效的。图 11.2（b）为主用户发送者离窃听节点非常近时，式(11.21）给出的遍历安全容量随功率比例 ϕ 变化的曲线。图中的 γ_{pe} 设置为 30dB。结果表明，在 γ_{pe} 较高时，安全容量随 γ_{se} 的变化非常显著。同时，我们还能找到最大化安全容量的功率比例的最优值。例如，在 γ_{se} 分别取 -20dB、10dB、20dB 和 30dB 时，ϕ 的最优值分别为 0.42、0.45、0.6 和 0.8。

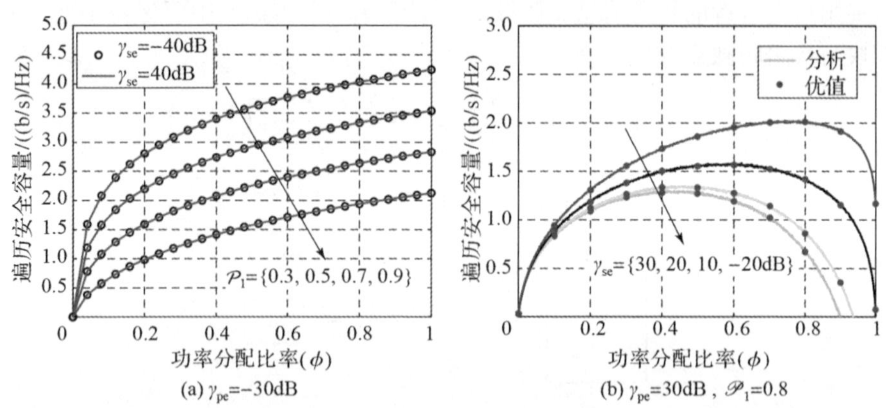

图 11.2　遍历安全容量随 ϕ 的变化曲线（文献［31］，© IEEE 2015）

11.3　次用户系统的物理层安全

本节针对存在多个被动窃听节点的 underlay 认知无线多输入单输出（MISO）广播信道，考虑安全波束赋形设计，目的是设计一种干扰噪声发送策略以最大化次用户系统的安全速率。通过利用迫零方法来消除干扰噪声对次用户的干扰，我们在满足所有对主用户干扰的功率约束，以及次用户发送者每根发送天线功率约束的同时，研究了信息和干扰噪声波束赋形联合优化，以最大化次用户系统的安全速率。就最优波束赋形而言，原始问题是一个非凸问题，通过利用秩松弛方法，可以将其重建为一个凸问题。为了达到这样的目的，我们证明了秩松弛问题是紧的，并基于对偶结果，提出了一种边界内点法来解决形成的鞍点问题。为了获得全局最优解，我们将问题转化为一个无约束的优化问题，然后利用 BFGS（Broyden - Fletcher - Goldfarb - Shanno）方法来解决该无约束问题。较之传统方法，该方法能显著降低复杂度。仿真结果表明所提算法能快速收敛，并且较之现有方法能显著改善性能。

11.3.1 系统模型和问题构建

11.3.1.1 信号模型

考虑如图11.3所示的认知无线网络物理层安全传输场景，网络中有一个次用户发送者（ST）、一个次用户接收者（Secondary Receiver，SR）、M个主用户（PUs）和K个窃听节点（Eves）。次用户发送者配备N根天线，而其他节点均配备单天线。在次用户系统中，窃听节点们企图窃听并解码来自主用户发送者的私密消息。假设所有信道在一个传输块中都保持不变，并在块与块之间独立变化。

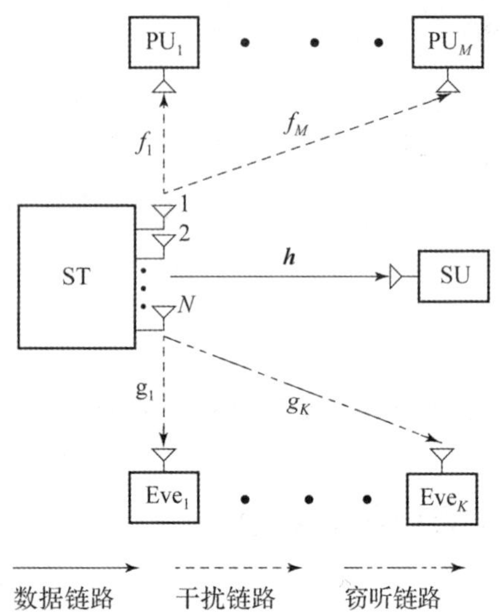

图11.3 存在多个窃听节点的认知无线网络模型（文献[32]，© IEEE 2016）

研究的主要目的是在满足对第m个主用户$(m=1,2,\cdots,M)$的干扰功率约束I_m的同时，最大化次用户的安全速率。我们针对数据和干扰噪声在次用户发送者处设计了如下两个波束赋形向量$\boldsymbol{w}$和$\boldsymbol{u}$

$$\boldsymbol{x}_{\mathrm{s}}=\boldsymbol{w}s_{\mathrm{c}}+\boldsymbol{u} \tag{11.27}$$

式中：$s_{\mathrm{c}}\in\mathbb{C}$是用波束赋形向量$\boldsymbol{w}\in\mathbb{C}^{N\times1}$加权的次用户发送者发送给次用户的私密消息，满足$\mathbb{E}\{|s_{\mathrm{c}}|^2\}=1$；$\boldsymbol{u}$是由零均值、方差矩阵为$\boldsymbol{U}$的复高斯随机变量构成的干扰噪声向量，即$\boldsymbol{u}\sim\mathcal{CN}(0,\boldsymbol{U})$，其中，$\boldsymbol{U}\in\mathbb{H}^N$，$\boldsymbol{U}\geqslant0$。

次用户和第k个窃听节点处的信干噪比分别为

$$\begin{cases}\Gamma_s = \dfrac{|\boldsymbol{h}^{\mathrm{H}}\boldsymbol{w}|^2}{\boldsymbol{h}^{\mathrm{H}}\boldsymbol{U}\boldsymbol{h}+1} \\ \Gamma_k = \dfrac{|\boldsymbol{g}_k^{\mathrm{H}}\boldsymbol{w}|^2}{\boldsymbol{g}_k^{\mathrm{H}}\boldsymbol{U}\boldsymbol{g}+1}\end{cases}, \forall \boldsymbol{k}\in\mathscr{K} \tag{11.28}$$

式中：$\boldsymbol{h}\in\mathbb{C}^{N\times 1}$和$\boldsymbol{g}_k\in\mathbb{C}^{N\times 1}$分别是从次用户发送者到次用户、次用户发送者到第 k 个窃听节点链路的基带等效信道；$\mathscr{K}\triangleq\{1,2,\cdots,K\}$。不失一般性，假设每个接收者处的背景热噪声均为零均值、单位方差的复高斯随机变量。

11.3.1.2 问题构建

次用户的安全速率 R_s 定义为[34]

$$R_s = \max(\log(1+\Gamma_s) - \max_{k\in\mathscr{K}}\log(1+\Gamma_k),0) \tag{11.29}$$

正如文献［36］所揭示的，如果在确保对第 m 个主用户的干扰低于预先确定的阈值 I_m的同时，将 R_s 保持为正，那么由次用户发送者发送给次用户的信号就“不可译”。

干扰噪声的波束赋形向量应能将对 SU 的干扰置零，即

$$\boldsymbol{\Phi}^{\mathrm{H}}\boldsymbol{h}=0 \tag{11.30}$$

式中：令 $\boldsymbol{U}=\boldsymbol{\Phi}\boldsymbol{\Phi}^{\mathrm{H}}$，而 $\boldsymbol{\Phi}\in\mathbb{C}^{N\times(N-1)}$[18,31]。因此，次用户和第 k 个窃听节点处的信干噪比就可以表示为

$$\begin{cases}\Gamma_s = |\boldsymbol{h}^{\mathrm{H}}\boldsymbol{w}|^2 \\ \Gamma_k = \dfrac{|\boldsymbol{g}_k^{\mathrm{H}}\boldsymbol{w}|^2}{\|\boldsymbol{g}_k^{\mathrm{H}}\boldsymbol{\Phi}\|^2+1}\end{cases}, \forall \mathrm{k}\in\mathscr{K} \tag{11.31}$$

优化问题可以构建为

$$\mathbf{P1}:\max_{\mathrm{w},\Phi}\{\log(1+\Gamma_s) - \max_{k\in\mathscr{K}}\log(1+\Gamma_k)\} \tag{11.32a}$$

$$\text{s. t. } \boldsymbol{\Phi}^{\mathrm{H}}\boldsymbol{h}=0 \tag{11.32b}$$

$$[\boldsymbol{w}\boldsymbol{w}^{\mathrm{H}}]_{n,n}+[\boldsymbol{\Phi}\boldsymbol{\Phi}^{\mathrm{H}}]_{n,n}\leqslant P_n,\ \forall n\in\mathscr{N} \tag{11.32c}$$

$$|\boldsymbol{f}_m^{\mathrm{H}}\boldsymbol{w}|+\|\boldsymbol{f}_m^{\mathrm{H}}\boldsymbol{\Phi}\|^2\leqslant I_m,\ \forall m\in\mathscr{M} \tag{11.32d}$$

式中：$\mathscr{N}\triangleq\{1,2,\cdots,N\}$；$\mathscr{M}\triangleq\{1,2,\cdots,M\}$。$\boldsymbol{f}_m\in\mathbb{C}^{N\times 1}$是从次用户发送者到第 m 个主用户链路的基带等效信道。式（11.32c）表示主用户发送者第 n 根天线的功率约束。需要注意的是，每根天线通常都配备独立的功率放大器（Power Amplifier，PA），因此，需要将每根天线的峰值功率限制在功率放大器的线性区[37]。式（11.32c）中的单天线功率约束不同于文献[24,29]考虑的和功率约束（Sum Power Constraint，SPC），但是仅需些许调整，本文所提出的波束赋形方案就可以应用于和功率约束的场景。式（11.32d）中的约束是为了保护主用户系统，以确保次用户发送者对第 m 个主用户的干扰功率低

于给定的阈值 I_m。

通过引入一个辅助变量 Γ_{tol}，并依据文献［38］中的思想，P1和如下的新问题具有同样的最优解：

$$\mathbf{P2}:\ \max_{w,\Theta,\Gamma_{\text{tol}}>0}\ \log(1+|\boldsymbol{h}^{\text{H}}\boldsymbol{w}|^2)-\log(1+\Gamma_{\text{tol}}) \tag{11.33a}$$

$$\text{s. t.}\ \max_{k\in\mathscr{K}}\frac{|\boldsymbol{g}_k^{\text{H}}\boldsymbol{w}|^2}{\|\boldsymbol{g}_k^{\text{H}}\boldsymbol{\Phi}\|^2+1}\leqslant\Gamma_{\text{tol}} \tag{11.33b}$$

$$\text{s. t.}\ \boldsymbol{\Phi}^{\text{H}}\boldsymbol{h}=0$$

$$[\boldsymbol{w}\boldsymbol{w}^{\text{H}}]_{n,n}+[\boldsymbol{\Phi}\boldsymbol{\Phi}^{\text{H}}]_{n,n}\leqslant P_n,\ \forall n\in\mathscr{N}$$

$$|\boldsymbol{f}_m^{\text{H}}\boldsymbol{w}|+\|\boldsymbol{f}_m^{\text{H}}\boldsymbol{\Phi}\|^2\leqslant I_m,\ \forall m\in\mathscr{M} \tag{11.33c}$$

式中：$\Gamma_{\text{tol}}>0$ 是让窃听节点不能窃听到次用户发送者私密消息的最大容许信干噪比。直观上看来，通过调整 $\Gamma_{\text{tol}}>0$，我们能够以较低的复杂度得到一个等效问题。

为了进一步简化P2，设 $\bar{\boldsymbol{V}}\in\mathbb{C}^{N\times(N-1)}$ 是 $\boldsymbol{h}^{\text{H}}$ 的零空间，这样我们可以得到 $\boldsymbol{\Phi}=\bar{\boldsymbol{V}}\bar{\boldsymbol{\Theta}}$，其中，$\bar{\boldsymbol{\Phi}}\in\mathbb{C}^{(N-1)\times(N-1)}$ 是如下问题的解：

$$\mathbf{P3}:\ \max_{w,\bar{\Theta},\Gamma_{\text{tol}}>0}\ \log(1+|\boldsymbol{h}^{\text{H}}\boldsymbol{w}|^2)-\log(1+\Gamma_{\text{tol}}) \tag{11.34a}$$

$$\text{s. t.}\ \max_{k\in\mathscr{K}}\frac{|\boldsymbol{g}_k^{\text{H}}\boldsymbol{w}|^2}{\boldsymbol{g}_k^{\text{H}}\bar{\boldsymbol{V}}\bar{\boldsymbol{\Phi}}\bar{\boldsymbol{\Phi}}^{\text{H}}\bar{\boldsymbol{V}}^{\text{H}}\boldsymbol{g}_k+1}\leqslant\Gamma_{\text{tol}} \tag{11.34b}$$

$$[\boldsymbol{w}\boldsymbol{w}^{\text{H}}]_{n,n}+[\bar{\boldsymbol{V}}\bar{\boldsymbol{\Phi}}\bar{\boldsymbol{\Phi}}^{\text{H}}\bar{\boldsymbol{V}}^{\text{H}}]_{n,n}\leqslant P_n,\ \forall n\in\mathscr{N} \tag{11.34c}$$

$$|\boldsymbol{f}_m^{\text{H}}\boldsymbol{w}|^2+\|\boldsymbol{f}_m^{\text{H}}\bar{\boldsymbol{V}}\bar{\boldsymbol{\Phi}}\|^2\leqslant I_m,\ \forall m\in\mathscr{M} \tag{11.34d}$$

11.3.1.3 信道状态信息

我们考虑次用户和主用户都是主动用户的情况，即主用户发送者有 $\boldsymbol{h}$ 和 $\boldsymbol{f}_m$ 完全的信道状态信息[14,28-29]。显然，次用户发送者在每个调度时隙的开始都要向次用户和主用户发送导频信号，然后，次用户和主用户估计信道向量并用专用控制信道将估计结果反馈给次用户发送者。假设窃听节点被动窃听次用户发送者发送给次用户的私密消息不会对次用户和主用户造成任何干扰。对于被动窃听节点而言，$\boldsymbol{g}_k$ 中的元素被建模为独立同分布的瑞利衰落信道，主用户发送者并不能获知这些被动窃听信道的瞬时信息。这些关于被动窃听节点的假设常见于文献[18,31,39]中。基于上述的设置，P3可以改写为

$$\mathbf{P4}:\ \max_{w,\bar{\Theta},\Gamma_{\text{tol}}>0}\ \log(1+|\boldsymbol{h}^{\text{H}}\boldsymbol{w}|^2)-\log(1+\Gamma_{\text{tol}}) \tag{11.35a}$$

$$\text{s. t.}\ \Pr\left(\max_{k\in\mathscr{K}}\frac{|\boldsymbol{g}_k^{\text{H}}\boldsymbol{w}|^2}{\text{tr}(\boldsymbol{G}_k\bar{\boldsymbol{V}}\bar{\boldsymbol{\Phi}}\bar{\boldsymbol{\Phi}}^{\text{H}}\bar{\boldsymbol{V}}^{\text{H}})+1}\leqslant\Gamma_{\text{tol}}\right)\geqslant\boldsymbol{\kappa} \tag{11.35b}$$

$$[\boldsymbol{w}\boldsymbol{w}^{\mathrm{H}}]_{n,n}+[\bar{\boldsymbol{V}}\bar{\boldsymbol{\Phi}}\bar{\boldsymbol{\Phi}}^{\mathrm{H}}\bar{\boldsymbol{V}}^{\mathrm{H}}]_{n,n}\leqslant P_n,\ \forall n\in\mathcal{N} \tag{11.35c}$$

$$|\boldsymbol{f}_m^{\mathrm{H}}\boldsymbol{w}|^2+\|\boldsymbol{f}_m^{\mathrm{H}}\bar{\boldsymbol{V}}\bar{\boldsymbol{\Phi}}\|^2\leqslant I_m,\ \forall m\in\mathcal{M} \tag{11.35d}$$

式中：$\boldsymbol{G}_k\triangleq\boldsymbol{g}_k\boldsymbol{g}_k^{\mathrm{H}}$；$\kappa$ 是一个确保安全通信的参数，具体而言，所有窃听节点的最大接收信干噪比低于给定阈值 Γ_{tol} 的概率要大于 κ[39]。

11.3.2　优化问题设计

P4 中 Γ_{tol} 的全局最优解可以通过一维搜索获得，因此，本节的主要任务是在固定 Γ_{tol} 的条件下，针对 P4，寻找一个凸优化方法来得到 $\boldsymbol{w}$ 和 $\bar{\boldsymbol{\Phi}}$，而寻找最优 Γ_{tol} 的方法将在下一节给出。

注意到 P4 并不是一个凸优化，在给定 Γ_{tol} 的条件下求解式（11.35）的标准方法是考虑如下的问题：

$$\textbf{P5}:\max_{\boldsymbol{W}\geq 0,\ \bar{\boldsymbol{U}}\geq 0}\ \log(1+\boldsymbol{h}^{\mathrm{H}}\boldsymbol{W}\boldsymbol{h}) \tag{11.36a}$$

$$\text{s.t. }\Pr\left(\max_{k\in\mathcal{K}}\frac{\operatorname{tr}(\boldsymbol{G}_k\boldsymbol{W})}{\operatorname{tr}(\boldsymbol{G}_k\bar{\boldsymbol{V}}\bar{\boldsymbol{U}}\bar{\boldsymbol{V}}^{\mathrm{H}})+1}\leqslant\Gamma_{\mathrm{tol}}\right)\geqslant\kappa \tag{11.36b}$$

$$[\boldsymbol{W}]_{n,n}+[\bar{\boldsymbol{V}}\bar{\boldsymbol{U}}\bar{\boldsymbol{V}}^{\mathrm{H}}]_{n,n}\leqslant P_n,\ \forall n\in\mathcal{N} \tag{11.36c}$$

$$\operatorname{tr}(\boldsymbol{F}_m\boldsymbol{W})+\operatorname{tr}(\bar{\boldsymbol{F}}_m\bar{\boldsymbol{U}})\leqslant I_m,\ \forall m\in\mathcal{M} \tag{11.36d}$$

$$\operatorname{rank}(\boldsymbol{W})=1 \tag{11.36e}$$

式中：$\boldsymbol{W}\triangleq\boldsymbol{w}\boldsymbol{w}^{\mathrm{H}}$；$\bar{\boldsymbol{U}}\triangleq\bar{\boldsymbol{\Phi}}\bar{\boldsymbol{\Phi}}^{\mathrm{H}}$；$\boldsymbol{F}_m\triangleq\boldsymbol{f}_m\boldsymbol{f}_m^{\mathrm{H}}$；$\bar{\boldsymbol{f}}_m\triangleq\bar{\boldsymbol{V}}^{\mathrm{H}}\boldsymbol{f}_m$。此外，在式（11.36）中我们丢掉了目标函数中的 $\log(1+\Gamma_{\mathrm{tol}})$，在不影响最优性的前提下简化问题。值得关注的是要发送私密消息，$s_{\mathrm{c}}\in\mathbb{C}$, $\operatorname{Rank}(\boldsymbol{W})=1$ 的约束必须要满足。由于式（11.36b）和式（11.36e）中约束是非凸的，P5 仍然不是一个凸优化问题。

为了将 P5 变为一个易处理的问题，我们首先依据如下的引理，将式（11.36b）转化为一个线性的矩阵不等式和一个凸约束。

引理 11.1　式（11.36b）中的约束可以转化为

$$\boldsymbol{W}-\Gamma_{\mathrm{tol}}\bar{\boldsymbol{V}}\bar{\boldsymbol{U}}\bar{\boldsymbol{V}}^{\mathrm{H}}\leqslant\boldsymbol{I}\xi \tag{11.37}$$

式中：$\xi=\Phi_N^{-1}(1-\kappa^{1/K})\Gamma_{\mathrm{tol}}$，$\Phi_N^{-1}(\cdot)$ 是一具有 $2N$ 自由度的逆中心卡方分布随机变量的逆累积分布函数。

证明：对于第 k 个窃听链路，式（11.36b）中的概率可以改写为

$$\Pr(\operatorname{tr}(\boldsymbol{G}_k(\boldsymbol{W}-\Gamma_{\mathrm{tol}}\bar{\boldsymbol{V}}\bar{\boldsymbol{U}}\bar{\boldsymbol{V}}^{\mathrm{H}}))\leqslant\Gamma_{\mathrm{tol}}) \tag{11.38}$$

令 $\boldsymbol{Q}\triangleq\boldsymbol{W}-\Gamma_{\mathrm{tol}}\bar{\boldsymbol{V}}\bar{\boldsymbol{U}}\bar{\boldsymbol{V}}^{\mathrm{H}}$，除非 $\boldsymbol{Q}$ 满足一些特殊的性质，否则式（11.38）中

的概率无法直接计算。对于 $N \times N$ 的共轭转置矩阵 $\boldsymbol{G}_k$ 和 $\boldsymbol{Q}$，有如下的不等式成立[40]：

$$\operatorname{tr}(\boldsymbol{G}_k\boldsymbol{Q}) \leqslant \sum_{i=1}^{N} \lambda_i(\boldsymbol{G}_k)\lambda_i(\boldsymbol{Q}) \overset{(a)}{=} \lambda_{\max}(\boldsymbol{G}_k)\lambda_{\max}(\boldsymbol{Q}) \overset{(b)}{=} \operatorname{tr}(\boldsymbol{G}_k)\lambda_{\max}(\boldsymbol{Q}) \tag{11.39}$$

式中：$\lambda_i(\boldsymbol{X})$ 是矩阵 $\boldsymbol{X} \in \mathbb{H}^{N\times N}$ 的第 i 个特征值，其按照 $\lambda_{\max}(\boldsymbol{X}) = \lambda_1(\boldsymbol{X}) \geqslant \lambda_2(\boldsymbol{X}) \geqslant \cdots \geqslant \lambda_N(\boldsymbol{X}) = \lambda_{\min}(\boldsymbol{X})$ 的顺序排列。此外，因为 $\boldsymbol{G}_k$ 是一秩为 1 的半正定矩阵，所以可以得到式（11.39）中的（a）和（b）。将式（11.39）代入式（11.38），可以得到

$$\Pr(\operatorname{tr}(\boldsymbol{G}_k(\boldsymbol{W} - \Gamma_{\text{tol}}\bar{\boldsymbol{V}}\bar{\boldsymbol{U}}\bar{\boldsymbol{V}}^{\mathrm{H}})) \leqslant \Gamma_{\text{tol}}) \geqslant \Pr(\operatorname{tr}(\boldsymbol{G}_k)\lambda_{\max}(\boldsymbol{Q}) \leqslant \Gamma_{\text{tol}}) \tag{11.40}$$

由于 $\boldsymbol{g}_k$ 被建模为独立同分布的瑞利衰落信道，所以

$$\begin{aligned}
\Pr\left(\max_{k\in\mathcal{K}} \frac{\operatorname{tr}(\boldsymbol{G}_k\boldsymbol{W})}{\operatorname{tr}(\boldsymbol{G}_k\bar{\boldsymbol{V}}\bar{\boldsymbol{U}}\bar{\boldsymbol{V}}^{\mathrm{H}})+1} \leqslant \Gamma_{\text{tol}}\right) &\geqslant \Pr(\operatorname{tr}(\boldsymbol{G})\lambda_{\max}(\boldsymbol{Q}) \leqslant \Gamma_{\text{tol}}) \geqslant \kappa^{1/K} \\
&\Leftrightarrow \Pr\left(\frac{\lambda_{\max}(\boldsymbol{Q})}{\Gamma_{\text{tol}}} \geqslant \frac{1}{\operatorname{tr}(\boldsymbol{G})}\right) \leqslant 1-\kappa^{1/K} \\
&\overset{(c)}{\Leftrightarrow} \lambda_{\max}(\boldsymbol{Q}) \leqslant \Phi_N^{-1}(1-\kappa^{1/K})\Gamma_{\text{tol}} \\
&\Leftrightarrow \boldsymbol{Q} \preceq \boldsymbol{I}(\Phi_N^{-1}(1-\kappa^{1/K})\Gamma_{\text{tol}})
\end{aligned} \tag{11.41}$$

不失一般性，式（11.41）中我们省略了窃听节点的下标。（c）可以按照文献［39］中引理 2 类似的步骤得到。$\operatorname{tr}(\boldsymbol{G}) = \operatorname{tr}(|\boldsymbol{g}|^2)$ 是 N 个独立的高斯随机变量的平方和。

评注 11.1 需要注意的是式（11.37）的结论只需要将 $\Phi_N^{-1}(\cdot)$ 换成相应的分布就可以应用于任意的连续信道分布。因此，本节提出的方法只对优化问题做些许更改就可以用于其他窃听信道分布。

将式（11.36b）替换为式（11.37），可以得到如下的新问题：

$$\mathbf{P6}: \max_{\boldsymbol{W},\bar{\boldsymbol{U}}} \log(1+\boldsymbol{h}^{\mathrm{H}}\boldsymbol{W}\boldsymbol{h}) \tag{11.42a}$$

$$\text{s.t. } \boldsymbol{W} - \Gamma_{\text{tol}}\bar{\boldsymbol{V}}\bar{\boldsymbol{U}}\bar{\boldsymbol{V}}^{\mathrm{H}} \leqslant \boldsymbol{I}\xi \tag{11.42b}$$

$$[\boldsymbol{W}]_{n,n} + [\bar{\boldsymbol{V}}\bar{\boldsymbol{U}}\bar{\boldsymbol{V}}^{\mathrm{H}}]_{n,n} \leqslant P_n, \ \forall n \in \mathcal{N} \tag{11.42c}$$

$$\operatorname{tr}(\boldsymbol{F}_m\boldsymbol{W}) + \operatorname{tr}(\bar{\boldsymbol{F}}_m\bar{\boldsymbol{U}}) \leqslant I_m, \ \forall m \in \mathcal{M} \tag{11.42d}$$

$$\boldsymbol{W} \succeq 0, \bar{\boldsymbol{U}} \succeq 0, \ \operatorname{Rank}(\boldsymbol{W}) = 1 \tag{11.42e}$$

式（11.42）中的可行解同样能满足式（11.36），但反之并不成立，这

是由于（11.40）中的不等式。换言之，式（11.37）是对式（11.36b）的松弛，因而对 P5 有一个更大的可行解集合。尽管式（11.42）非凸，但它可以在丢弃式（11.42e）中的秩约束之后，通过一些数值方法高效地求解。这样，P6 就变成一个所谓的秩松弛问题。关键的是，我们能够证明秩松弛是非常紧的[32]。

评注 11.2 需要注意的是式（11.42）中给定 Γ_{tol} 的条件下的优化问题同样适用于文献[28,39]中基于信干噪比的设计。更具挑战性的是，本节目的是要最大化次用户系统的安全速率，而非某一个给定的 QoS（quality of service）。

定理 11.3 考虑如下的最小最大问题：

$$\begin{cases}\mathbf{P7}:\min\limits_{\psi\geqslant 0,\boldsymbol{D}\geqslant 0}\ \max\limits_{w\geqslant 0,\bar{\boldsymbol{U}}\geqslant 0}\ \log\dfrac{|\boldsymbol{\Sigma}+\boldsymbol{h}w\boldsymbol{h}^{\text{H}}|}{|\boldsymbol{\Sigma}|}\\ \text{s. t.}\quad w+\text{tr}(\boldsymbol{\Omega}\bar{\boldsymbol{U}})\leqslant P\\ \xi\text{tr}(\boldsymbol{D})+\boldsymbol{p}^{\text{T}}\boldsymbol{\psi}\leqslant P\end{cases}\tag{11.43}$$

式中：$\boldsymbol{\Sigma}=\boldsymbol{D}+\text{diag}(\lambda)+\sum_{m=1}^{M}\mu_m\boldsymbol{F}_m$；$\boldsymbol{\Omega}=\bar{\boldsymbol{V}}^{\text{H}}(-\Gamma_{\text{tol}}\boldsymbol{D}+\text{diag}(\lambda)+\sum_{m=1}^{M}\mu_m\boldsymbol{F}_m)\bar{\boldsymbol{V}}$；$\boldsymbol{\psi}=[\lambda^{\text{T}}\ \mu^{\text{T}}]^{\text{T}}$。这样，松弛问题式（11.42）的最优解 $\boldsymbol{W}^*$ 就可以从式（11.43）中得到

$$\boldsymbol{W}=\frac{\boldsymbol{\Sigma}^{-1}\boldsymbol{h}w\boldsymbol{h}^{\text{H}}\boldsymbol{\Sigma}^{-1}}{\boldsymbol{h}^{\text{H}}\boldsymbol{\Sigma}^{-1}\boldsymbol{h}}\tag{11.44}$$

证明：此处，我们证明 P7 是 P6 松弛问题的对偶问题。具体而言，依据文献［41］中的步骤可解决我们的问题。P6 松弛问题的部分拉格朗日函数可以定义为

$$\begin{aligned}\mathscr{L}(\boldsymbol{W},\bar{\boldsymbol{U}},\boldsymbol{D},\{\lambda_n\},\{\mu_m\})=&\log(1+\boldsymbol{h}^{\text{H}}\boldsymbol{W}\boldsymbol{h})-\text{tr}(\boldsymbol{D}(\boldsymbol{W}-\Gamma_{\text{tol}}\bar{\boldsymbol{V}}\bar{\boldsymbol{U}}\bar{\boldsymbol{V}}^{\text{H}}-\boldsymbol{I}\xi))-\\&\sum_{n=1}^{N}\lambda_n(\text{tr}(\boldsymbol{W}\boldsymbol{B}^{(n)})+\text{tr}(\bar{\boldsymbol{U}}\boldsymbol{E}^{(n)})-P_n)-\\&\sum_{m=1}^{M}\mu_m(\text{tr}(\boldsymbol{F}\boldsymbol{W})+\text{tr}(\bar{\boldsymbol{F}}\bar{\boldsymbol{U}})-I_m)\end{aligned}\tag{11.45}$$

式中：$\boldsymbol{E}^{(n)}\triangleq\bar{\boldsymbol{T}}^{\text{H}}\bar{\boldsymbol{T}}$；$\bar{\boldsymbol{T}}=[0_{N-n}^{\text{T}}\ \ 1\ \ 0_{N-n}^{\text{T}}]\bar{\boldsymbol{V}}$；$\bar{\boldsymbol{F}}_m\triangleq\bar{\boldsymbol{f}}_m\bar{\boldsymbol{f}}_m^{\text{H}}$。P6 的对偶目标函数可以表示为

$$\mathscr{D}(\boldsymbol{D},\{\lambda_n\},\{\mu_m\})=\max_{\boldsymbol{W},\bar{\boldsymbol{U}}\geqslant 0}\mathscr{L}(\boldsymbol{W},\bar{\boldsymbol{U}},\boldsymbol{D},\{\lambda_n\},\{\mu_m\})\tag{11.46}$$

针对给定的集合$(\boldsymbol{D},\{\lambda_n\},\{\mu_m\})$，改写部分拉格朗日函数为

$$\begin{aligned}\mathscr{L}(\boldsymbol{W},\bar{\boldsymbol{U}},\boldsymbol{D},\boldsymbol{\lambda},\boldsymbol{\mu})=&\log(1+\boldsymbol{h}^{\text{H}}\boldsymbol{W}\boldsymbol{h})-\text{tr}(\boldsymbol{\Sigma}\boldsymbol{W})-\\&\text{tr}(\boldsymbol{\Omega}\bar{\boldsymbol{U}})+\xi\text{tr}(\boldsymbol{D})+\bar{\boldsymbol{p}}^{\text{T}}\boldsymbol{\lambda}+\bar{\boldsymbol{I}}^{\text{T}}\boldsymbol{\mu}\end{aligned}\tag{11.47}$$

式中：$\boldsymbol{\Omega} \triangleq -\Gamma_{\text{tol}}\bar{\boldsymbol{V}}^{\text{H}}\boldsymbol{D}\bar{\boldsymbol{V}} + \sum_{n=1}^{N}\lambda_n\boldsymbol{E}^{(n)} + \sum_{m=1}^{M}\mu_m\bar{\boldsymbol{F}}_m$，$\bar{\boldsymbol{p}} = [P_1, P_2, \cdots, P_N]^{\text{T}}$，$\boldsymbol{\lambda} = [\lambda_1, \lambda_2, \cdots, \lambda_N]$，$\boldsymbol{I} = [I_1, I_2, \cdots, I_M]^{\text{T}}$，$\boldsymbol{\mu} = [\mu_1, \mu_2, \cdots, \mu_M]^{\text{T}}$。令 $\bar{\boldsymbol{W}} = \boldsymbol{\Sigma}^{-1/2}\boldsymbol{W}\boldsymbol{\Sigma}^{-1/2}$，因为 $\boldsymbol{\Sigma}$ 可逆，所以式（11.47）可以改写为

$$\begin{aligned}\mathscr{L}(\bar{\boldsymbol{W}}, \bar{\boldsymbol{U}}, \boldsymbol{D}, \lambda, \mu) = {} & \log(1 + \boldsymbol{h}^{\text{H}}\boldsymbol{\Sigma}^{-1/2}\bar{\boldsymbol{W}}\boldsymbol{\Sigma}^{-1/2}\boldsymbol{h}) - \\ & \text{tr}(\bar{\boldsymbol{W}}) - \text{tr}(\boldsymbol{\Omega}\bar{\boldsymbol{U}}) + \xi\text{tr}(\boldsymbol{D}) + \bar{\boldsymbol{p}}^{\text{T}}\boldsymbol{\lambda} + \bar{\boldsymbol{I}}^{\text{T}}\boldsymbol{\mu}\end{aligned} \tag{11.48}$$

根据文献［42］附录A中的结论，式（11.46）中的对偶目标函数等效为

$$\begin{aligned}\mathscr{D}(\boldsymbol{D}, \lambda, \mu) = {} & \max_{\boldsymbol{W}\geqslant 0,\, \bar{\boldsymbol{U}}\geqslant 0} \log|\boldsymbol{I} + \boldsymbol{\Sigma}^{-1/2}\boldsymbol{h}w\boldsymbol{\Sigma}^{-1/2}\boldsymbol{h}^{\text{H}}| \\ & - w - \text{tr}(\boldsymbol{\Omega}\bar{\boldsymbol{U}}) + \xi\text{tr}(\boldsymbol{D}) + \bar{\boldsymbol{p}}^{\text{T}}\boldsymbol{\lambda} + \bar{\boldsymbol{I}}^{\text{T}}\boldsymbol{\mu}\end{aligned} \tag{11.49}$$

其中，$\bar{\boldsymbol{W}}$ 和 w 之间的关系为

$$\bar{\boldsymbol{W}} = \frac{\boldsymbol{\Sigma}^{-1/2}\boldsymbol{h}w\boldsymbol{h}^{\text{H}}\boldsymbol{\Sigma}^{-1/2}}{\boldsymbol{h}^{\text{H}}\boldsymbol{\Sigma}^{-1}\boldsymbol{h}} \tag{11.50}$$

这样，$\mathscr{D}(\boldsymbol{D}, \boldsymbol{\lambda}, \boldsymbol{\mu})$ 就可以用更紧凑的形式表示如下：

$$\begin{aligned}\mathscr{D}(\boldsymbol{D}, \psi) &= \max_{\boldsymbol{W}\geqslant 0,\, \bar{\boldsymbol{U}}\succeq 0} \log|\boldsymbol{I} + \boldsymbol{\Sigma}^{-1/2}\boldsymbol{h}w\boldsymbol{h}^{\text{H}}\boldsymbol{\Sigma}^{-1/2}| - w - \text{tr}(\boldsymbol{\Omega}\bar{\boldsymbol{U}}) + \xi\text{tr}(\boldsymbol{D}) + \boldsymbol{p}^{\text{T}}\boldsymbol{\psi} \\ &= \max_{\boldsymbol{W}\geqslant 0,\, \bar{\boldsymbol{U}}\succeq 0} \log\frac{|\boldsymbol{\Sigma} + \boldsymbol{h}w\boldsymbol{h}^{\text{H}}|}{|\boldsymbol{\Sigma}|} - w - \text{tr}(\boldsymbol{\Omega}\bar{\boldsymbol{U}}) + \xi\text{tr}(\boldsymbol{D}) + \boldsymbol{p}^{\text{T}}\boldsymbol{\psi}\end{aligned} \tag{11.51}$$

其中 $\boldsymbol{p} = [\bar{\boldsymbol{p}}^{\text{T}}\ \bar{\boldsymbol{I}}^{\text{T}}]^{\text{T}}$，$\boldsymbol{\psi} = [\boldsymbol{\lambda}^{\text{T}}\ \boldsymbol{\mu}^{\text{T}}]^{\text{T}}$。对 $\mathscr{D}(\boldsymbol{D}, \boldsymbol{\psi})$ 求最小化，可以获得如下对偶问题：

$$\min_{\boldsymbol{\psi}\geqslant 0, \boldsymbol{D}\succeq 0}\ \max_{w\geqslant 0,\, \bar{\boldsymbol{U}}\succeq 0} \log\frac{|\boldsymbol{\Sigma} + \boldsymbol{h}w\boldsymbol{h}^{\text{H}}|}{|\boldsymbol{\Sigma}|} - w - \text{tr}(\boldsymbol{\Omega}\bar{\boldsymbol{U}}) + \xi\text{tr}(\boldsymbol{D}) + \boldsymbol{p}^{\text{T}}\boldsymbol{\psi} \tag{11.52}$$

为了获得式（11.52）中最小最大问题的最优解，我们引入另一个优化变量 $\varphi\geqslant 0$，这样，式（11.52）就可以表示为

$$\begin{cases}\min\limits_{\boldsymbol{\psi}\geqslant 0, \boldsymbol{D}\succeq 0}\ \max\limits_{w\geqslant 0,\, \bar{\boldsymbol{U}}\succeq 0} \log\dfrac{|\boldsymbol{\Sigma} + \boldsymbol{h}w\boldsymbol{h}^{\text{H}}|}{|\boldsymbol{\Sigma}|} - \varphi P + \xi\text{tr}(\boldsymbol{D}) + \boldsymbol{p}^{\text{T}}\boldsymbol{\psi} \\ \text{s. t.}\quad w + \text{tr}(\boldsymbol{\Omega}\bar{\boldsymbol{U}}) \leqslant \varphi P\end{cases} \tag{11.53}$$

因为只有不等式中的等号成立时才能获得最优解，所以很容易看出式（11.53）和式（11.52）等效。否则，我们可以通过降低 φ 来获得一个更大的目标值。现在，我们作如下的变量替换：

$$\tilde{w} = w/\varphi,\ \tilde{\boldsymbol{\psi}} = \boldsymbol{\psi}/\varphi,\ \tilde{\boldsymbol{D}} = \boldsymbol{D}/\varphi,\ \tilde{\boldsymbol{U}} = \bar{\boldsymbol{U}}/\varphi \tag{11.54}$$

我们将 $\tilde{w}$、$\tilde{\boldsymbol{\psi}}$、$\tilde{\boldsymbol{D}}$ 和 $\tilde{\boldsymbol{U}}$ 作为新的优化变量。这样，式（11.53）就可以等

效表示为

$$\begin{cases}\min\limits_{\tilde{\psi}\geqslant 0,\ \tilde{D}\succeq 0}\ \max\limits_{\varphi\geqslant 0,\ \tilde{w}\geqslant 0,\ \bar{U}\succeq 0}\ \log\dfrac{|\tilde{\Sigma}+h\tilde{w}h^{\mathrm{H}}|}{|\Sigma|}+\varphi(\xi\mathrm{tr}(\tilde{D})+p^{\mathrm{T}}\psi-P)\\ \text{s. t.}\quad \tilde{w}+\mathrm{tr}(\Omega\tilde{U})\leqslant\varphi P\end{cases}\tag{11.55}$$

式中：$\tilde{\Sigma}=\Sigma/\varphi$。不难看出最优的对偶变量 φ^* 可以通过对式（11.55）在 $\tilde{\varphi}$ 和 $\tilde{D}$ 上求最小化来获得。因此，式（11.55）就是如下问题的对偶问题：

$$\begin{cases}\min\limits_{\tilde{\psi}\geqslant 0,\tilde{D}\succeq 0}\ \max\limits_{\varphi\geqslant 0,\ \tilde{w}\geqslant 0,\ \bar{U}\succeq 0}\ \log\dfrac{|\tilde{\Sigma}+h\tilde{w}h^{\mathrm{H}}|}{|\Sigma|}\\ \text{s. t.}\quad \tilde{w}+\mathrm{tr}(\Omega\tilde{U})\leqslant P\\ \qquad\ \xi\mathrm{tr}(\tilde{D})+p^{\mathrm{T}}\tilde{\psi}\leqslant P\end{cases}\tag{11.56}$$

最后，根据式（11.50）、式（11.54）和式（11.56）的推导过程，再考虑到 $W=\Sigma^{-1/2}\bar{W}\Sigma_k^{-1/2}$，定理得证。

11.3.3　对 Γ_{tol} 的优化

考虑对 Γ_{tol}的优化，P7 可以改写为

$$\max_{\Gamma_{\mathrm{tol}}>0} f(\Gamma_{\mathrm{tol}})\tag{11.57}$$

式中：$f(\Gamma_{\mathrm{tol}})$定义如下：

$$\begin{cases}f(\Gamma_{\mathrm{tol}})=\min\limits_{\psi\geqslant 0,D\succeq 0}\ \max\limits_{w\geqslant 0,\ \bar{U}\succeq 0}\ \log\dfrac{|\Sigma+hwh^{\mathrm{H}}|}{|\Sigma|}-\log(1+\Gamma_{\mathrm{tol}})\\ \text{s. t.}\quad w+\mathrm{tr}(\Omega\bar{U})=P\\ \qquad\ \xi\mathrm{tr}(D)+p^{\mathrm{T}}\tilde{\psi}=P\end{cases}\tag{11.58}$$

因为目标函数是 Γ_{tol}的凹函数，寻找 Γ_{tol}最优解的传统方法是基于一维搜索[23]。然而，计算的主要复杂度在于式（11.58）的求解。因此，由于一维搜索的收敛速度通常较慢，通过一维搜索的方法来寻找 Γ_{tol}的鞍点未必有效。本节，我们提出了一种寻找全局最优 Γ_{tol}^*的高效算法，显著降低了复杂度。为此，我们针对给定的集合$(w,\dot{U},D,\lambda,\mu)$，考虑如下的等效问题

$$\begin{cases}\min\limits_{\Gamma_{\text{tol}}>0} \ \boldsymbol{h}(\Gamma_{\text{tol}}) \triangleq \log(1+\Gamma_{\text{tol}}) \\ \text{s. t.} \quad -\text{tr}(\bar{\boldsymbol{V}}^{\text{H}}\boldsymbol{D}\bar{\boldsymbol{U}}\bar{\boldsymbol{V}})\Gamma_{\text{tol}} = P - w - \text{tr}(\tilde{\boldsymbol{\Omega}}\bar{\boldsymbol{U}}) \\ \qquad \xi\text{tr}(\boldsymbol{D})\Gamma_{\text{tol}} = P - \boldsymbol{p}^{\text{T}}\boldsymbol{\psi} \end{cases} \tag{11.59}$$

式中：$\tilde{\Omega} \triangleq \bar{\boldsymbol{V}}^{\text{H}}(\text{diag}(\boldsymbol{\lambda}) + \sum_{m=1}^{M}\mu_m\boldsymbol{F}_m)\bar{\boldsymbol{V}}$；$\tilde{\xi} = \boldsymbol{\Phi}_N^{-1}(1-\boldsymbol{\kappa}^{1/K})$。考虑到隐含的约束 $\Gamma_{\text{tol}}>0$，我们可以将式（11.59）中的目标函数改写为如下更简单的形式：

$$\tilde{\boldsymbol{h}}(\Gamma_{\text{tol}}) \triangleq \boldsymbol{h}(\Gamma_{\text{tol}}-1) = \log(\Gamma_{\text{tol}}) \tag{11.60}$$

式（11.59）的拉格朗日函数可以定义为[43]

$$\mathscr{L}(\Gamma_{\text{tol}}, v) \triangleq \tilde{\boldsymbol{h}}(\Gamma_{\text{tol}}) + \boldsymbol{v}^{\text{T}}\boldsymbol{a}\Gamma_{\text{tol}} - \boldsymbol{\rho}^{\text{T}}\boldsymbol{v} \tag{11.61}$$

式中：$\boldsymbol{\rho} \triangleq [P - w - \text{tr}(\tilde{\boldsymbol{\Omega}}\bar{\boldsymbol{U}}), P - \boldsymbol{p}^{\text{T}}\psi]$；$\boldsymbol{a} \triangleq [-\text{tr}(\bar{\boldsymbol{V}}^{\text{H}}\boldsymbol{D}\bar{\boldsymbol{U}}\bar{\boldsymbol{V}}), \tilde{\xi}\text{tr}(\boldsymbol{D})]^{\text{T}}$；$\boldsymbol{v} \triangleq [v_1 \quad v_2]^{\text{T}}$；$v_1$ 和 v_2 是与式（11.59）中约束相关的对偶变量。这样，式（11.59）的解就可以通过解下述定理中的对偶问题来获得。

定理 11.4 式（11.59）的对偶问题可以表示为具有隐含约束 $a^{\text{T}}v<0$ 的优化问题：

$$\max_{v} g(v) = -\boldsymbol{\rho}^{\text{T}}\boldsymbol{v} - \log(-\boldsymbol{a}^{\text{T}}\boldsymbol{v}) - 1 \tag{11.62}$$

证明：式（11.59）的对偶问题为

$$\begin{aligned} g(v) &= \inf_{\Gamma_{\text{tol}}}\mathscr{L}(\Gamma_{\text{tol}}, \boldsymbol{v}) = -\boldsymbol{\rho}^{\text{T}}\boldsymbol{v} + \inf_{\Gamma_{\text{tol}}}(\tilde{\boldsymbol{h}}(\Gamma_{\text{tol}}) + \boldsymbol{v}^{\text{T}}\boldsymbol{a}\Gamma_{\text{tol}}) \\ &= -\boldsymbol{\rho}^{\text{T}}\boldsymbol{v} - \sup_{\Gamma_{\text{tol}}}((-\boldsymbol{a}^{\text{T}}\boldsymbol{v})^{\text{T}}\Gamma_{\text{tol}} - \tilde{\boldsymbol{h}}(\Gamma_{\text{tol}})) \\ &= \boldsymbol{\rho}^{\text{T}}\boldsymbol{v} - \tilde{\boldsymbol{h}}^{*}(-\boldsymbol{a}^{\text{T}}\boldsymbol{v}) \end{aligned} \tag{11.63}$$

式中：$\tilde{\boldsymbol{h}}^{*}(\cdot)$是 $\tilde{\boldsymbol{h}}(\cdot)$的凸共轭。对于凸共轭 $\tilde{\boldsymbol{h}}^{*}(-\boldsymbol{a}^{\text{T}}\boldsymbol{v})$，我们利用形如 $-\log(x) \to -(1+\log(-x^{*}))$的对数函数的勒让德变换（Legendre Transform）[44]。因此，对偶问题表示为

$$g(v) = -\boldsymbol{\rho}^{\text{T}}\boldsymbol{v} - 1 - \log(-\boldsymbol{a}^{\text{T}}\boldsymbol{v}) \tag{11.64}$$

推论 11.4 可以从式（11.62）中获得如下的 Γ_{tol}最优解：

$$\Gamma_{\text{tol}} = -\frac{1}{\boldsymbol{v}^{\text{T}}\boldsymbol{a}} \tag{11.65}$$

证明：一旦能够获得对偶变量的最优解 v^{*}，我们就可以通过求解如下的式（11.61）中的 Karush - Kuhn - Tucker（KKT）条件，从式（11.65）中获得 Γ_{tol}的最优解：

$$\nabla_{\Gamma_{\text{tol}}}\tilde{h}(\Gamma_{\text{tol}}) + \boldsymbol{v}^{\text{T}}\boldsymbol{a} = \boldsymbol{\Gamma}_{\textbf{tol}}^{-1} + \boldsymbol{v}^{\text{T}}\boldsymbol{a} = 0 \tag{11.66}$$

现在，我们利用 BFGS 算法[45]来求解式（11.62）中的无约束优化问题。求解式（11.62）中的对数凹问题的标准方法是考虑如下的等效优化问题：

$$\min_{v} \tilde{g}(v) = g(v) \tag{11.67}$$

BFGS 算法可以描述如下

（1）计算 $\Delta v = -\boldsymbol{P}\nabla \tilde{g}(v)$，其中，$\nabla_v \tilde{g}(v) = \boldsymbol{\rho} - \boldsymbol{a}/(\boldsymbol{a}^{\mathrm{T}}\boldsymbol{v})$；

（2）若 $\|\nabla_v \tilde{g}(\boldsymbol{v}+\Delta\boldsymbol{v})\| < \varepsilon'$（$\varepsilon'$为一给定的容忍度），则停止；

（3）更新对偶变量，$\boldsymbol{v} := \boldsymbol{v} + \Delta\boldsymbol{v}$；

（4）计算 $\phi' = \nabla_v \tilde{g}(\boldsymbol{v}+\Delta\boldsymbol{v}) - \nabla_v \tilde{g}(\boldsymbol{v})$；

（5）更新 $\boldsymbol{P}$[45]：

$$\boldsymbol{P} := \boldsymbol{P} + \frac{(\Delta\boldsymbol{v}^{\mathrm{T}}\boldsymbol{\phi}' + \boldsymbol{\phi}'^{\mathrm{T}}\boldsymbol{P}\boldsymbol{\phi}')(\Delta\boldsymbol{v}\Delta\boldsymbol{v}^{\mathrm{T}})}{(\Delta\boldsymbol{v}^{\mathrm{T}}\boldsymbol{\phi}')^2} - \frac{\boldsymbol{P}\boldsymbol{\phi}'\Delta\boldsymbol{v}^{\mathrm{T}} + \Delta\boldsymbol{v}\boldsymbol{\phi}'^{\mathrm{T}}\boldsymbol{P}}{\Delta\boldsymbol{v}^{\mathrm{T}}\boldsymbol{\phi}'} \tag{11.68}$$

（6）回到步骤（1）。

算法 1 所示为基于 BFGS 算法并适配到我们的问题以求解式（11.63）的迭代算法流程，其思想可以归纳如下：针对一给定的 $\boldsymbol{v}$，计算式（11.65）中的 Γ_{tol}；求解式（11.63）（或等效的式（11.43））得到$(w, \dot{\boldsymbol{U}}, \boldsymbol{D}, \boldsymbol{\lambda}, \boldsymbol{\mu})$；根据步骤 5 更新 $\boldsymbol{v}$，直到 $\|\phi\|$ 小于一给定的精度水平（即容忍度 ε'）。

算法 1 求解（11.63）的主要算法

初始化：$\boldsymbol{v} := 1$，$\boldsymbol{\phi} = -\nabla_v \tilde{g}(v)$，$\boldsymbol{\phi}' := \boldsymbol{0}$，$\boldsymbol{P} := \boldsymbol{I}$，$s' := 1$，容忍度 $\varepsilon' > 0$；

（1）循环；

（2）求解式（11.58），得到$(w, \dot{\boldsymbol{U}}, \boldsymbol{D}, \boldsymbol{\lambda}, \boldsymbol{\mu})$；

（3）计算 $\boldsymbol{\phi} := \boldsymbol{\phi} - \boldsymbol{\phi}'$和 $\Delta\boldsymbol{v} = \boldsymbol{P}\boldsymbol{\phi}$；

（4）若 $\|\boldsymbol{\phi}\| < \varepsilon'$，停止；

（5）严格按照如下顺序，更新 $\boldsymbol{v}$、$\boldsymbol{\phi}'$和 $\boldsymbol{P}$：

$\boldsymbol{v} := \boldsymbol{v} + s'\boldsymbol{v}$

$\boldsymbol{\phi}' := \boldsymbol{\phi} + \nabla_v \tilde{g}(\boldsymbol{v})$

根据式（11.68）更新 $\boldsymbol{P}$；

（6）结束循环；

（7）确认：$(w, \dot{\boldsymbol{U}}, \boldsymbol{D}, \boldsymbol{\lambda}, \boldsymbol{\mu})$。

11.3.4 仿真结果

我们利用仿真结果来验证所提最优方案的性能。信道向量的元素都是独立循环对称的零均值、单位方差的复高斯随机变量。为了确保安全，设定 $\kappa=0.99$。为了简单起见，假设所有主用户处的干扰阈值都相等，即对于所有的 m 而言，$I_m=I$。另外，窃听节点的个数固定为 $K=3$。每根天线上的功率约束为 $P_n=P/N$，其中，P 是次用户发送者处的总发射功率。同时，我们将所提方案的性能与现有方案，即"全向干扰噪声方案"[18,31]和"无干扰噪声方案"[14]进行了比较。在"全向干扰噪声方案"中，干扰波束赋形的协方差矩阵选择为 $\boldsymbol{U}=\frac{p_u\bar{\boldsymbol{V}}\bar{\boldsymbol{V}}^{\mathrm{H}}}{N-1}$，其中，变量 p_u 用于控制对主用户和窃听节点的干扰。在"无干扰噪声方案"中，我们将无干扰噪声情况下的优化问题作为一个基准，其解可以通过将式（11.57）中的 $\boldsymbol{U}$ 设为0来得到。

图11.4（a）所示为次用户系统的平均安全速率随次用户发射功率的变化曲线。从图中可以看出，各曲线在低功率区间相互重叠。这是因为，在这种情况下，由于对于所有的主用户而言，干扰约束很容易满足，所以次用户发送者更多地关注安全速率的最大化。这就表明，在这种情况下，可以不需要干扰噪声。然而，在高功率区间，采用干扰噪声方案的安全速率性能要优于没有干扰噪声的方案。此外，对于"最优干扰噪声方案"而言，次用户发送者可以采用全功率发送，而"全向干扰噪声方案"和"无干扰噪声方案"则趋于饱和。这主要是因为，较之另外两种方案，"最优干扰噪声方案"由于采用了优化的传输方案，其对于主用户干扰的控制要更为有效。

我们还仿真了不同资源共享假设下，即不同次用户发射功率和主用户干扰阈值下，"最优干扰噪声方案"次用户系统的平均安全速率。对于给定次用户总发射功率，在次用户发送者处，信息和干扰噪声分别占用50%的功率资源，即 $[\boldsymbol{W}]_{n,n}\leqslant P_n/2$，$[\bar{\boldsymbol{V}}\bar{\boldsymbol{U}}\bar{\boldsymbol{V}}^{\mathrm{H}}]_{n,n}\leqslant P_n/2$，为等传输功率（equal transmit power，ETP）方案。信息和干扰噪声分别占用50%的干扰阈值，即 $\mathrm{tr}(\boldsymbol{F}_m\boldsymbol{W})\leqslant I_m/2$，$\mathrm{tr}(\bar{\boldsymbol{F}}_m\bar{\boldsymbol{W}})\leqslant I_m/2$，称为等干扰阈值（Equal Interference Threshold，EIT）方案。我们将所提方案的性能和另外三种次优方案进行了比较，即ETP、EIT和EIT-ETP。图11.4（b）所示即为仿真结果。仿真结果表明，联合优化方案的安全速率要优于另外几种方案，尤其是与ETP方案相比。此外，我们发现，降低干扰阈值 I 会显著恶化次用户的安全速率性能。高干扰阈值之所以能带来性能增益是因为在干扰阈值较高时，可以采用更高的发射功率。有趣的是，当干扰阈值相对较小时，EIT 方案的性能接近最优方案。

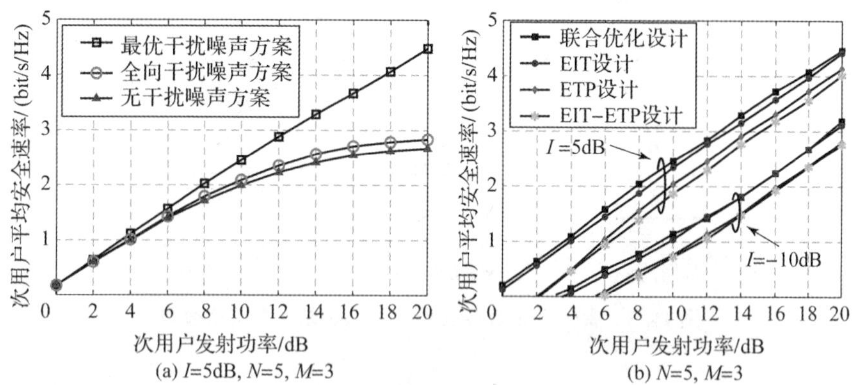

图 11.4　次用户系统的平均安全速率随次用户发射功率的变化曲线
（文献[32]，© IEEE 2016）

11.4　协同认知无线网络的物理层安全

本节提出了一种共生方法来实现安全的主用户网络，该方法让次用户发送人工噪声去降低窃听节点的窃听能力。具体而言，假设收发信机具有完全的全局信道状态信息，并假设主用户发送者只配备单天线，因而不具备波束赋形能力。因为次用户被允许接入主用户的授权频谱，作为补偿，次用户发送者愿意向窃听节点发送人工噪声以帮助提高主用户系统的安全性。本节提出了一种算法来确定能最大化主用户系统安全性能的最优发射功率。

11.4.1　系统模型

考虑如图 11.5 所示协同认知无线网络的物理层安全，网络中有一个主用户，一个次用户和一个窃听节点。主用户发送者和次用户 f 配备单天线，而次用户发送者、主用户接收者和窃听节点则分别配备 M、N 和 K 根天线。窃听节点试图对来自主用户发送者的私密消息进行窃听并译码。

经过最大比合并处理之后，主用户接收者、次用户接收者和窃听节点的接收信号可以分别表示为

$$y_{\mathrm{pr}} = \frac{\boldsymbol{h}_{\mathrm{pp}}^{\mathrm{H}}}{\|\boldsymbol{h}_{\mathrm{pp}}\|}\left(\sqrt{P_{\mathrm{p}}}\boldsymbol{h}_{\mathrm{pp}}x_{\mathrm{p}} + \boldsymbol{H}_{\mathrm{sp}}\boldsymbol{x}_{\mathrm{s}} + \boldsymbol{n}_{\mathrm{p}}\right) \tag{11.69}$$

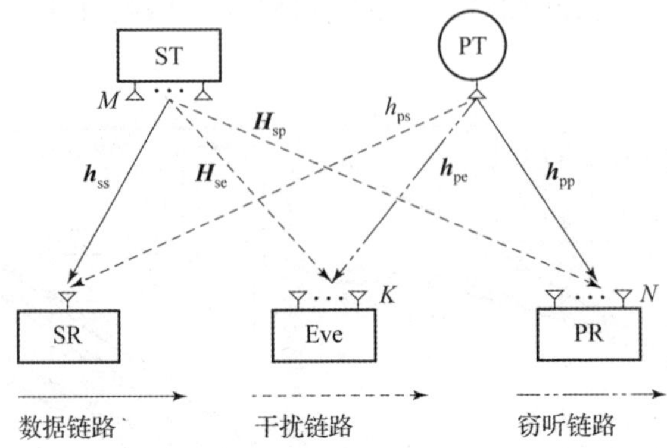

图 11.5　有一个窃听节点的协同认知无线电网络模型

$$y_{sr}=\boldsymbol{h}_{ss}\boldsymbol{x}_s+\sqrt{P_p}h_{ps}x_p+n_s \tag{11.70}$$

$$y_e=\frac{\boldsymbol{h}_{pe}^{H}}{\|\boldsymbol{h}_{pe}\|}(\sqrt{P_p}\boldsymbol{h}_{pe}x_p+\boldsymbol{H}_{se}\boldsymbol{x}_s+\boldsymbol{n}_e) \tag{11.71}$$

式中：x_p 和 P_p 分别是单位功率的主用户发射信号和相应的发射功率；$\boldsymbol{x}_s$ 是次用户发送者的波束赋形向量。$\boldsymbol{h}_{pp}\in\mathbb{C}^{N\times1}$、$\boldsymbol{h}_{pe}\in\mathbb{C}^{K\times1}$、$h_{ps}\in\mathbb{C}$、$\boldsymbol{H}_{sp}\in\mathbb{C}^{N\times M}$、$\boldsymbol{H}_{se}\in\mathbb{C}^{K\times M}$和 $\boldsymbol{h}_{ss}\in\mathbb{C}^{1\times M}$分别是链路 PT→PR、PT→Eve、PT→SR、ST→PR、ST→Eve 和 ST→SR 的等效基带信道。$\boldsymbol{n}_p\sim\mathcal{CN}(0,\boldsymbol{I}_N)$、$\boldsymbol{n}_e\sim\mathcal{CN}(0,\boldsymbol{I}_K)$ 和 $\boldsymbol{n}_s\sim\mathcal{CN}(0,1)$分别是主用户接收者、窃听节点和次用户接收者处的加性高斯白噪声。

令 $\boldsymbol{x}_s=\boldsymbol{s}+\boldsymbol{q}$，其中，$\boldsymbol{s}\in\mathbb{C}^{M\times1}$，$\boldsymbol{q}\in\mathbb{C}^{M\times1}$分别是信息向量和干扰向量。$\boldsymbol{s}$ 和 $\boldsymbol{q}$ 的协方差矩阵分别是$\mathbb{E}[\boldsymbol{ss}^H]=\boldsymbol{S}$ 和$\mathbb{E}[\boldsymbol{qq}^H]=\boldsymbol{W}$。正如上文所述，次用户发送者处的波束赋形向量 $\boldsymbol{u}$ 要能最大化次用户接收者处信息承载信号的功率，即 $\boldsymbol{S}=P_s\boldsymbol{uu}^H$，其中 $\boldsymbol{u}=\boldsymbol{h}_{ss}^H/\|\boldsymbol{h}_{ss}\|$，$P_s$ 是次用户发射功率 P_t 的一部分。另一方面，$\boldsymbol{W}$ 的设计应能最小化主用户接收者处的干扰、最大化窃听节点处的干扰，并满足次用户接收者处的容量约束 R_{th}。

11.4.2　次用户发送者处的波束赋形优化方法

令 C_{pr}、C_e 和 C_{sr}分别是主用户系统、窃听节点和次用户系统的容量，分别可以表示为

$$C_{pr}(\boldsymbol{W})=\log_2\left(1+\frac{P_p\|\boldsymbol{h}_{pp}\|^2}{\frac{P_s\boldsymbol{h}_{pp}^H\boldsymbol{H}_{sp}\boldsymbol{h}_{ss}^H\boldsymbol{h}_{ss}\boldsymbol{H}_{sp}^H\boldsymbol{h}_{pp}}{\|\boldsymbol{h}_{ss}\|^2\|\boldsymbol{h}_{pp}\|^2}+\frac{\boldsymbol{h}_{pp}^H\boldsymbol{H}_{sp}\boldsymbol{W}\boldsymbol{H}_{sp}^H\boldsymbol{h}_{pp}}{\|\boldsymbol{h}_{pp}\|^2}+1}\right) \tag{11.72}$$

$$C_{\mathrm{e}}(\boldsymbol{W})=\log_2\left(1+\frac{P_{\mathrm{p}}\ \|\boldsymbol{h}_{\mathrm{pe}}\|^2}{\dfrac{P_{\mathrm{s}}\ \boldsymbol{h}_{\mathrm{pe}}^{\mathrm{H}}\boldsymbol{H}_{\mathrm{se}}\boldsymbol{h}_{\mathrm{ss}}^{\mathrm{H}}\boldsymbol{h}_{\mathrm{ss}}\boldsymbol{H}_{\mathrm{se}}^{\mathrm{H}}\boldsymbol{h}_{\mathrm{pe}}}{\|\boldsymbol{h}_{\mathrm{ss}}\|^2\ \|\boldsymbol{h}_{\mathrm{pe}}\|^2}+\dfrac{\boldsymbol{h}_{\mathrm{pe}}^{\mathrm{H}}\boldsymbol{H}_{\mathrm{se}}\boldsymbol{W}\boldsymbol{H}_{\mathrm{se}}^{\mathrm{H}}\boldsymbol{h}_{\mathrm{pe}}}{\|\boldsymbol{h}_{\mathrm{pe}}\|^2}+1}\right) \tag{11.73}$$

$$C_{\mathrm{sr}}(\boldsymbol{W})=\log_2\left(1+\frac{P_{\mathrm{s}}\ \|\boldsymbol{h}_{\mathrm{ss}}\|^2}{\boldsymbol{h}_{\mathrm{ss}}\boldsymbol{W}\boldsymbol{h}_{\mathrm{ss}}^{\mathrm{H}}+P_{\mathrm{p}}\ |h_{\mathrm{ps}}|^2+1}\right) \tag{11.74}$$

优化问题可以构建如下

$$\max_{P_{\mathrm{s}}\geqslant 0,\boldsymbol{W}\succeq 0} C_{\mathrm{pr}}(\boldsymbol{W})-C_{\mathrm{e}}(\boldsymbol{W}) \tag{11.75a}$$

$$\text{s.t.}\quad P_{\mathrm{s}}+\mathrm{tr}(\boldsymbol{W})\leqslant P_{\mathrm{t}} \tag{11.75b}$$

$$C_{\mathrm{sr}}(\boldsymbol{W})\geqslant R_{\mathrm{th}} \tag{11.75c}$$

式中：$\mathrm{tr}(\boldsymbol{W})=P_{\mathrm{w}}$，$P_{\mathrm{w}}$ 是干扰噪声的发射功率，也是次用户总发射功率 P_{t} 的一部分。

当 $M>1$ 时，我们期望设计能提高主用户系统安全容量的波束赋形向量 $\boldsymbol{W}$。式（11.75）中的优化问题可以等效表示为

$$\max_{\theta\geqslant 0}\Phi(\theta) \tag{11.76}$$

其中，θ 是一辅助变量，$\Phi(\theta)$ 定义为

$$\Phi(\theta)=\max_{P_{\mathrm{s}}\geqslant 0,\boldsymbol{W}\succeq 0}\ \log_2(1+\theta)-C_{\mathrm{e}}(\boldsymbol{W}) \tag{11.77a}$$

$$\text{s.t.}\quad C_{\mathrm{pr}}\leqslant\log_2(1+\theta) \tag{11.77b}$$

$$P_{\mathrm{s}}+\mathrm{tr}(\boldsymbol{W})\leqslant P_{\mathrm{t}} \tag{11.77c}$$

$$C_{\mathrm{sr}}(\boldsymbol{W})\geqslant R_{\mathrm{th}} \tag{11.77d}$$

式中：最优解 θ^* 可以通过对 θ 进行一维搜索得到。进而，我们可以得到最优解 $\boldsymbol{W}^*$。需要注意的是，式（11.77）和式（11.78）中的问题有同样的最优解

$$\max_{P_{\mathrm{s}}\geqslant 0,\boldsymbol{W}\succeq 0}\ \mathrm{tr}(\bar{\boldsymbol{H}}_{\mathrm{se}}\boldsymbol{W}) \tag{11.78a}$$

$$\text{s.t.}\quad \xi_1-\mathrm{tr}(\bar{\boldsymbol{H}}_{\mathrm{sp}}\boldsymbol{W})\leqslant 0 \tag{11.78b}$$

$$\xi_2+\mathrm{tr}(\bar{\boldsymbol{H}}_{\mathrm{ss}}\boldsymbol{W})\leqslant 0 \tag{11.78c}$$

$$P_{\mathrm{s}}+\mathrm{tr}(\boldsymbol{W})\leqslant P_{\mathrm{t}} \tag{11.78d}$$

其中，

$$\xi_1\triangleq\left[\frac{P_{\mathrm{p}}\ \|\boldsymbol{h}_{\mathrm{pp}}\|^2}{\theta}-(I_{\mathrm{p}}+1)\right]\|\boldsymbol{h}_{\mathrm{pp}}\|^2,\ \xi_2\triangleq P_{\mathrm{p}}\ |h_{\mathrm{ps}}|^2+1-\frac{P_{\mathrm{s}}\ \|\boldsymbol{h}_{\mathrm{ss}}\|^2}{2^{R_{\mathrm{th}}}-1}$$

$$\bar{\boldsymbol{H}}_{\mathrm{sp}}\triangleq\boldsymbol{H}_{\mathrm{sp}}^{\mathrm{H}}\boldsymbol{h}_{\mathrm{pp}}\boldsymbol{h}_{\mathrm{pp}}^{\mathrm{H}}\boldsymbol{H}_{\mathrm{sp}},\ \bar{\boldsymbol{H}}_{\mathrm{se}}\triangleq\boldsymbol{H}_{\mathrm{se}}^{\mathrm{H}}\boldsymbol{h}_{\mathrm{pe}}\boldsymbol{h}_{\mathrm{pe}}^{\mathrm{H}}\boldsymbol{H}_{\mathrm{se}},\ \bar{\boldsymbol{H}}_{\mathrm{ss}}\triangleq\boldsymbol{h}_{\mathrm{ss}}^{\mathrm{H}}\boldsymbol{h}_{\mathrm{ss}} \tag{11.79}$$

其中，$I_{\mathrm{p}} \triangleq \frac{P_{\mathrm{s}}\boldsymbol{h}_{\mathrm{pp}}^{\mathrm{H}}\boldsymbol{H}_{\mathrm{sp}}\boldsymbol{h}_{\mathrm{ss}}^{\mathrm{H}}\boldsymbol{h}_{\mathrm{ss}}\boldsymbol{H}_{\mathrm{sp}}^{\mathrm{H}}\boldsymbol{h}_{\mathrm{pp}}}{\|\boldsymbol{h}_{\mathrm{ss}}\|^2\|\boldsymbol{h}_{\mathrm{pp}}\|^2}$。经过一些运算，不难发现，式（11.78b）和式（11.78c）中的约束条件分别等效于式（11.77b）和式（11.77d）中的约束条件。

式（11.78）中的目标函数和约束条件都是连续可微的函数，然而，式（11.78）的最优解应该要满足最优性的KKT必要条件[47]，优化问题的拉格朗日函数可以定义为

$$\begin{aligned}\mathscr{L}(W,P_{\mathrm{s}},\alpha,\beta,\lambda) &= \mathrm{tr}(\bar{\boldsymbol{H}}_{\mathrm{se}}\boldsymbol{W}) - \alpha(\xi_1 - \mathrm{tr}(\bar{\boldsymbol{H}}_{\mathrm{sp}}\boldsymbol{W})) \\ &\quad - \beta(\xi_2 + \mathrm{tr}(\bar{\boldsymbol{H}}_{\mathrm{ss}}\boldsymbol{W})) - \lambda(P_{\mathrm{s}} + \mathrm{tr}(\boldsymbol{W}) - P_{\mathrm{t}}) \\ &= \mathrm{tr}(\boldsymbol{\Lambda}\boldsymbol{W}) - \alpha\xi_1 - \beta\xi_2 - \lambda P_{\mathrm{s}} + \lambda P_{\mathrm{t}}\end{aligned} \tag{11.80}$$

式中：$\alpha \geqslant 0$、$\beta \geqslant 0$ 和 $\lambda \geqslant 0$ 分别是与式（11.78b）和式（11.78d）中约束条件相对应的对偶变量，Λ 定义为

$$\Lambda \triangleq \bar{\boldsymbol{H}}_{\mathrm{se}} + \alpha\bar{\boldsymbol{H}}_{\mathrm{sp}} - \beta\bar{\boldsymbol{H}}_{\mathrm{ss}} - \lambda\boldsymbol{I} \tag{11.81}$$

记 $\varphi = -\alpha\xi_1 - \beta\xi_2 - \lambda P_{\mathrm{s}} + \lambda P_{\mathrm{t}}$，$\boldsymbol{W}^*$ 的最优性条件可以表示为

$$\Lambda^* = \bar{\boldsymbol{H}}_{\mathrm{se}} + \alpha^*\bar{\boldsymbol{H}}_{\mathrm{sp}} - \beta^*\bar{\boldsymbol{H}}_{\mathrm{ss}} - \lambda^*\boldsymbol{I} \tag{11.82a}$$

$$\varphi^* = -\alpha^*\xi_1 - \beta^*\xi_2 - \lambda^*P_{\mathrm{s}} + \lambda^*P_{\mathrm{t}} \tag{11.82b}$$

$$\Lambda^*\boldsymbol{W}^* = 0 \tag{11.82c}$$

式中：$\alpha^* \geqslant 0$、$\beta^* \geqslant 0$ 和 $\lambda^* \geqslant 0$ 分别是 $\alpha \geqslant 0$、$\beta \geqslant 0$ 和 $\lambda \geqslant 0$ 的最优对偶变量。

引理11.2 因为 $\boldsymbol{h}_{\mathrm{ss}}^{\mathrm{H}}$ 和 $\boldsymbol{H}_{\mathrm{se}}^{\mathrm{H}}\boldsymbol{h}_{\mathrm{pe}}$ 是独立、随机产生的向量，所以它们线性独立，$\boldsymbol{W}^*$ 和 P_{s}^* 的最优解满足 $P_{\mathrm{s}}^* + \mathrm{tr}(\boldsymbol{W}^*) = P_{\mathrm{t}}$[29]。

需要指出的是，式（11.77）的最优解 $\boldsymbol{W}^*$ 的秩应该为1，即 $\mathrm{Rank}(\boldsymbol{W}^*) = 1$[29]。式（11.77）的最优解 $\boldsymbol{W}^*$ 可以通过和文献［43］一样的标准凸优化工具获得。为了获得显著的结果，我们考虑一个新的等效问题。根据引理11.2，通过引入 $\boldsymbol{W} = P_{\mathrm{w}}\boldsymbol{w}\boldsymbol{w}^{\mathrm{H}}$，其中，$\|\boldsymbol{w}\| = 1$，我们可以得到如下带有辅助变量 z 的新问题

$$\begin{aligned}&\max_{\|w\|=1}\ \boldsymbol{h}_{\mathrm{pe}}^{\mathrm{H}}\boldsymbol{H}_{\mathrm{se}}\boldsymbol{w}\boldsymbol{w}^{\mathrm{H}}\boldsymbol{H}_{\mathrm{se}}^{\mathrm{H}}\boldsymbol{h}_{\mathrm{pe}} \\ &\ \mathrm{s.t.}\ \ \boldsymbol{h}_{\mathrm{pp}}^{\mathrm{H}}\boldsymbol{H}_{\mathrm{sp}}\boldsymbol{w}\boldsymbol{w}^{\mathrm{H}}\boldsymbol{H}_{\mathrm{sp}}^{\mathrm{H}}\boldsymbol{h}_{\mathrm{pp}} \triangleq z\end{aligned} \tag{11.83}$$

用 $f(z)$ 来表示式（11.83）中的目标函数。根据引理11.2，通过引入 $P_{\mathrm{s}} = fP_{\mathrm{t}}$ 和 $P_{\mathrm{w}} = (1-f)P_{\mathrm{t}}$，其中，$\phi(0 \leqslant \phi \leqslant 1)$ 表示信息承载信号的功率占总功率的比例，式（11.75）最大化问题可以改写为

$$\max_{0\leqslant\phi\leqslant1,z\geqslant0}\chi(\phi,z)\triangleq\frac{1+\dfrac{P_p\|\boldsymbol{h}_{pp}\|^2}{\phi P_t\mathscr{T}_p+(1-\phi)P_t\dfrac{z}{\|\boldsymbol{h}_{pp}\|^2}+1}}{1+\dfrac{P_p\|\boldsymbol{h}_{pe}\|^2}{\phi P_t\mathscr{T}_e+(1-\phi)P_t\dfrac{f(z)}{\|\boldsymbol{h}_{pe}\|^2}+1}} \tag{11.84a}$$

$$\text{s.t.}\quad \phi\geqslant\frac{P_t\boldsymbol{h}_{ss}\boldsymbol{w}\boldsymbol{w}^H\boldsymbol{h}_{ss}^H+P_p|h_{ps}|^2+1}{P_t\left(\dfrac{\|\boldsymbol{h}_{ss}\|^2}{2^{R_{th}}-1}+\boldsymbol{h}_{ss}\boldsymbol{w}\boldsymbol{w}^H\boldsymbol{h}_{ss}^H\right)} \tag{11.84b}$$

式中：$\mathscr{T}_p\triangleq\frac{\boldsymbol{h}_{pp}^H\boldsymbol{H}_{sp}\boldsymbol{h}_{ss}^H\boldsymbol{h}_{ss}\boldsymbol{H}_{sp}^H\boldsymbol{h}_{pp}}{\|\boldsymbol{h}_{ss}\|^2\ \|\boldsymbol{h}_{pp}\|^2}$和 $\mathscr{T}_e\triangleq\frac{\boldsymbol{h}_{pe}^H\boldsymbol{H}_{se}\boldsymbol{h}_{ss}^H\boldsymbol{h}_{ss}\boldsymbol{H}_{se}^H\boldsymbol{h}_{pe}}{\|\boldsymbol{h}_{ss}\|^2\ \|\boldsymbol{h}_{pe}\|^2}$在每个传输块中保持恒定。式（11.84b）中的约束是通过将 ϕ 从 $C_{sr}(\boldsymbol{W})\geqslant R_{th}$中分离出来获得的。

引理 11.3　给定 ϕ，令 $a=\left|\frac{\boldsymbol{h}_{pp}^H\boldsymbol{H}_{sp}\boldsymbol{H}_{se}^H\boldsymbol{h}_{pe}}{\|\boldsymbol{H}_{se}^H\boldsymbol{h}_{pe}\|\ \|\boldsymbol{H}_{sp}^H\boldsymbol{h}_{pp}\|}\right|$，那么，$f(z)=1-(a\sqrt{1-z}-\sqrt{(1-a^2)z})^2$ 是 z 的凹函数。

证明：$f(z)$ 可以通过与文献［46］一样的步骤来获得，很容易验证 $\mathrm{d}^2f(z)/\mathrm{d}z^2<0$。

根据文献［46］的定理 1，针对给定的 ϕ，$\chi(z)$ 在 z 上拟凹，其最优解可以通过 z 上的一维搜索获得。

引理 11.4　给定最优解 $\boldsymbol{w}^*$ 或者 z^*，最优解 ϕ^* 可以表示为

$$\phi^*=\min\left(\frac{P_t\boldsymbol{h}_{ss}\boldsymbol{w}^*\boldsymbol{w}^{*,H}\boldsymbol{h}_{ss}^H+P_p|h_{ps}|^2+1}{P_t\left(\dfrac{\|\boldsymbol{h}_{ss}\|^2}{2^{R_{th}}-1}+\boldsymbol{h}_{ss}\boldsymbol{w}^*\boldsymbol{w}^{*,H}\boldsymbol{h}_{ss}^H\right)},1\right) \tag{11.85}$$

证明：在式（11.84）中，如果我们忽略式（11.84b）中的约束并考虑最优解 $\boldsymbol{w}^*$，通过对 ϕ 求一阶导数，不难发现$\chi(\phi)$是 ϕ 的递减函数，换言之，$\chi(\phi)$在 $\phi^*=0$ 处取得最大值。然而，式（11.84b）中的约束需要在 $R_{th}<\log_2\left(1+\frac{P_t\|\boldsymbol{h}_{ss}\|^2}{P_p|h_{ps}|^2+1}\right)$的条件下满足。

11.4.3　主用户发送者发射功率的优化

根据 11.4.2 节中的结论，我们知道主用户系统的安全容量$\bar{C}_{pr}$随着最优解 ϕ^*的降低而提高。此外，在引理 11.4 中，ϕ^*是 R_{th}的函数，如果 R_{th}变大，则 ϕ^*随之变大，从而会降低主用户系统安全容量。在 $\phi^*=1$ 的最差情况下，由于 R_{th}很大，就不能发送干扰噪声了。为了解决该问题，并提高$\bar{C}_{pr}$，

我们引入 P_{p} 以降低 ϕ^*，得到如下的最大化问题：

$$\max_{P_{\mathrm{p}}} \bar{C}_{\mathrm{pr}}(P_{\mathrm{p}}) = \log_2\left(\frac{1+\dfrac{P_{\mathrm{p}}\|\boldsymbol{h}_{\mathrm{pp}}\|^2}{\phi P_{\mathrm{t}}\mathscr{T}_{\mathrm{p}}+(1-\phi)P_{\mathrm{t}}\dfrac{z}{\|\boldsymbol{h}_{\mathrm{pp}}\|^2}+1}}{1+\dfrac{P_{\mathrm{p}}\|\boldsymbol{h}_{\mathrm{pe}}\|^2}{\phi P_{\mathrm{t}}\mathscr{T}_{\mathrm{e}}+(1-\phi)P_{\mathrm{t}}\dfrac{f(z)}{\|\boldsymbol{h}_{\mathrm{pe}}\|^2}+1}}\right) \tag{11.86a}$$

$$\text{s.t.}\quad P_{\mathrm{p}}|h_{\mathrm{ps}}|^2 \leqslant \bar{\gamma}(\boldsymbol{f}) \tag{11.86b}$$

式中：$\bar{\gamma}(\phi)=\phi P_{\mathrm{t}}\left(\dfrac{\|\boldsymbol{h}_{\mathrm{ss}}\|^2}{2^{R_{\mathrm{th}}}-1}+\boldsymbol{h}_{\mathrm{ss}}\boldsymbol{w}\boldsymbol{w}^{\mathrm{H}}\boldsymbol{h}_{\mathrm{ss}}^{\mathrm{H}}\right)-P_{\mathrm{t}}\boldsymbol{h}_{\mathrm{ss}}\boldsymbol{w}\boldsymbol{w}^{\mathrm{H}}\boldsymbol{h}_{\mathrm{ss}}^{\mathrm{H}}-1$。需要注意，式（11.86b）是通过将 $P_{\mathrm{p}}|h_{\mathrm{ps}}|^2$ 从 $C_{\mathrm{sr}}(\boldsymbol{W})\geqslant R_{\mathrm{th}}$ 中分离出来得到的。为了求解式（11.86），我们像文献［48］一样，引入一种经典的增强拉格朗日方法，使用一系列无约束最优化过程。每一步中的增强拉格朗日函数为

$$\mathscr{L}(P_{\mathrm{p}},b,\mu)=\bar{C}_{\mathrm{pr}}(P_{\mathrm{p}})+\frac{b}{2}\left(\left(\max\left\{0,\mu+\frac{1}{b}(P_{\mathrm{p}}|h_{\mathrm{ps}}|^2-\bar{\gamma}(\phi))\right\}\right)^2-\mu^2\right) \tag{11.87}$$

在 P_{p} 上求最大化，其中，μ 是朗格朗日对偶变量，b 是可调整的惩罚参数。朗格朗日对偶变量按如下方式更新

$$\mu^+=\max\left\{0,\mu+\frac{1}{b}(P_{\mathrm{p}}|h_{\mathrm{ps}}|^2-\bar{\gamma}(\boldsymbol{f}))\right\} \tag{11.88}$$

式中：μ^+ 和 P_{p}^+ 是下一步迭代过程中 μ 和 P_{p} 的值。

我们可以设计一种高效的迭代算法来求解式（11.86），该算法不断更新 μ 和 b 直到达到收敛准则。此外，我们不需要通过让惩罚参数 b 趋于0来实现收敛。算法2给出了主用户发送者处功率控制的步骤。

算法2　P_{p} 的最优功率控制

输入：$\boldsymbol{h}_{\mathrm{ss}}$，$\boldsymbol{H}_{\mathrm{se}}$，$\boldsymbol{H}_{\mathrm{sp}}$，$\boldsymbol{h}_{\mathrm{pp}}$，$\boldsymbol{h}_{\mathrm{pe}}$，$h_{\mathrm{ps}}$，$P_{\mathrm{t}}$，$P_{\mathrm{p}}^0$，$b^0$，$\mu^0$，$\varepsilon$，和 $n=0$

输出：P_{p}^n

重复

运行式（11.87）中的经典增强朗格朗日函数 $\mathscr{L}(P_{\mathrm{p}}^n,b^n,\mu^n)$ 以获得 P_{p}^n

更新：式（11.88）中的 $P_{\mathrm{p}}^{n+1}:=P_{\mathrm{p}}^n$、$\mu^{n+1}$ 和 $b^{n+1}:=b^n$

设置 $n:=n+1$

直到 $|\mu^{n+1}-\mu^n|\leqslant\varepsilon$

11.4.4 仿真结果

图 11.6（a）所示为主用户系统安全容量随次用户发送者处发送功率 P_t 的变化曲线。我们可以发现“波束赋形和发送功率优化”方案优于“波束赋形优化”方案和“没有协同”方案，并且“波束赋形优化”方案在任何情况下都要优于“没有协同”的方案。在 $N=K=2$ 的设置下，由于主用户发送者不能保护主用户系统免遭窃听，“没有协同”方案的安全容量几乎为 0。同时还能发现，三种方案的安全容量都随着次用户发送者天线的增加而提高。此外，在 P_t 小于 10dB 的时候，“波束赋形和发送功率优化”方案和“波束赋形优化”方案的安全容量差距显著，这是由于小的 P_t 会增大 ϕ^*。并且，我们还发现，系统并不像引理 11.2 描述的那样是个干扰受限的系统。

在图 11.6（b）中，我们研究了次用户系统容量约束 R_{th} 对主用户系统安全容量的影响。“没有协同”方案因为不受系统容量约束 R_{th} 的影响，所以其安全容量保持恒定。“波束赋形和发送功率优化”方案和“波束赋形优化”方案的安全速率随 R_{th} 的增加而降低。即便在 R_{th} 高达 2bits/Hz 的情况下，两种协同方案的性能均要优于“没有协同”方案。此外，我们还能发现，当 R_{th} 较高时，“没有协同”方案和“波束赋形优化”方案之间的性能差距会变小，这是因为，R_{th} 变大，ϕ^* 会随之增大，这样主用户发送者就会用更多的功率来发送自身的信号。

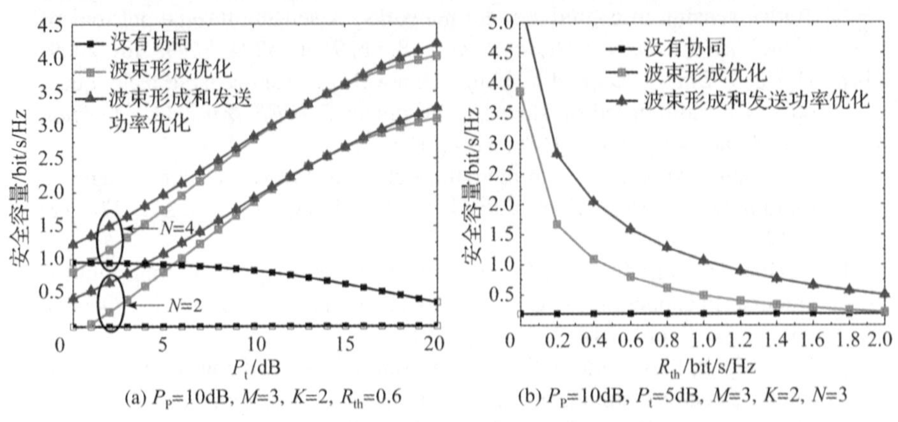

(a) P_p=10dB, M=3, K=2, R_{th}=0.6　　(b) P_p=10dB, P_t=5dB, M=3, K=2, N=3

图 11.6　安全容量随 P_t 和 R_{th} 的变化曲线

11.5 小结

本章研究了认知无线网络中的物理层安全问题。具体而言，讨论了认知无线网络物理层安全基础，并给出了最新文献中提出的增强协议。研究了人工噪声在主用户系统、次用户系统和协同认知无线网络中的典型应用，还介绍了波束赋形技术在这些方案中的应用。针对主用户系统，基于推导得出的容量公式，分析了次用户系统对安全容量的影响，指出当窃听节点远离主用户系统时，采用人工噪声并不能有效保护主用户系统免遭窃听。针对次用户系统，所提方案与现有方案相比有更好的性能，并且较为稳健。此外，还给出了一种协同认知无线网络以增强主用户系统的物理层安全。仿真结果验证了理论分析的正确性。

参考文献

[1] Spectrum Policy Task Force, Report of the spectrum efficiency working group Fed. Commun. Commiss., 2002, Tech. Rep. ET Docket-135.

[2] J. Mitola III and G. Q. Maguire, "Cognitive radios: Making software radios more personal," *IEEE Personal Commun.*, vol. 6, no. 4, pp. 13–18, Aug. 1999.

[3] E. C. Y. Peh, Y.-C. Liang, Y. L. Guan, and Y. Zeng, "Optimization of cooperative sensing in cognitive radio networks: A sensing-throughput tradeoff view," *IEEE Trans. Veh. Technol.*, vol. 58, no. 9, pp. 5294–5299, Nov. 2009.

[4] D. He, Y. Lin, C. He, and L. Jiang, "A novel spectrum-sensing technique in cognitive radio based on stochastic resonance," *IEEE Trans. Veh. Technol.*, vol. 59, no. 4, pp. 1680–1688, May 2010.

[5] J. T. Wang, "Maximum–minimum throughput for MIMO system in cognitive radio network," *IEEE Trans. Veh. Technol.*, vol. 63, no. 1, pp. 217–224, Jan. 2014.

[6] S. Hua, H. Liu, X. Zhuo, M. Wu, and S. S. Panwar, "Exploiting multiple antennas in cooperative cognitive radio networks," *IEEE Trans. Veh. Technol.*, vol. 63, no. 7, pp. 3318–3330, Sep. 2014.

[7] L. Zhang, Y. Liang, and Y. Xin, "Joint beamforming and power allocation for multiple access channels in cognitive radio networks," *IEEE J. Select. Areas Commun.*, vol. 26, no. 1, pp. 38–51, Jan. 2008.

[8] F. A. Khan, C. Masouros, and T. Ratnarajah, "Interference-driven linear precoding in multiuser MISO downlink cognitive radio network," *IEEE Trans. Veh. Technol.*, vol. 61, no. 6, pp. 2531–2543, Jul. 2012.

[9] E. A. Gharavol, Y.-C. Liang, and K. Mouthaan, "Robust downlink beamforming in multiuser MISO cognitive radio networks with imperfect channel-state information," *IEEE Trans. Veh. Technol.*, vol. 59, no. 6, pp. 2852–2860, Jul. 2010.

[10] V.-D. Nguyen, L.-N. Tran, T. Q. Duong, O.-S. Shin, and R. Farrell, "An efficient precoder design for multiuser MIMO cognitive radio networks with interference constraints," *IEEE Trans. Veh. Technol.*, vol. 66, no. 5, pp. 3991–4004, May 2017.

[11] A. D. Wyner, "The wire-tap channel," *Bell System Tech. J.*, vol. 54, no. 8, pp. 1355–1387, Oct. 1975.

[12] M. Bloch and J. Barros, *Physical-Layer Security.* Cambridge: Cambridge University Press, 2011.

[13] F. Oggier and B. Hassibi, "The secrecy capacity of the MIMO wiretap channel," *IEEE Trans. Inform. Theory*, vol. 57, no. 8, pp. 4691–4972, Aug. 2011.

[14] Y. Pei, Y.-C. Liang, L. Zhang, K. C. Teh, and K. H. Li, "Secure communication over MISO cognitive radio channels," *IEEE Trans. Wireless Commun.*, vol. 9, no. 4, pp. 1494–1502, Apr. 2010.

[15] A. Khisti and G. W. Wornell, "Secure transmission with multiple antennas-Part I: The MISOME wiretap channel," *IEEE Trans. Inform. Theory*, vol. 56, no. 7, pp. 3088–3104, Jul. 2010.

[16] A. Khisti and G. W. Wornell, "Secure transmission with multiple antennas-Part II: The MIMOME wiretap channel," *IEEE Trans. Inform. Theory*, vol. 56, no. 11, pp. 5515–5532, Nov. 2010.

[17] S. Goel and R. Negi, "Guaranteeing secrecy using artificial noise," *IEEE Trans. Wireless Commun.*, vol. 7, no. 6, pp. 2180–2189, Jun. 2008.

[18] X. Zhou and M. R. McKay, "Secure transmission with artificial noise over fading channels: Achievable rate and optimal power allocation," *IEEE Trans. Veh. Technol.*, vol. 59, no. 8, pp. 3831–3842, Oct. 2010.

[19] T. V. Nguyen and H. Shin, "Power allocation and achievable secrecy rates in MISOME wiretap channels," *IEEE Commun. Lett.*, vol. 15, no. 11, pp. 1196–1198, Nov. 2011.

[20] X. Zhang, X. Zhou, and M. R. McKay, "On the design of artificial-noise-aided secure multi-antenna transmission in slow fading channels," *IEEE Trans. Veh. Technol.*, vol. 62, no. 5, pp. 2170–2181, Jun. 2013.

[21] N. Yang, S. Yan, J. Yuan, R. Malaney, R. Subramanian, and I. Land, "Artificial noise: Transmission optimization in multi-input single-output wiretap channels," *IEEE Trans. Commun.*, vol. 63, no. 5, pp. 1771–1783, May 2015.

[22] H.-M. Wang, T. Zheng, and X.-G. Xia, "Secure MISO wiretap channels with multiantenna passive eavesdropper: Artificial noise vs. artificial fast fading," *IEEE Trans. Wireless Commun.* vol. 14, no. 1, pp. 94–106, Jan. 2015.

[23] F. Zhu, F. Gao, M. Yao, and H. Zou, "Joint information and jamming beamforming for physical layer security with full duplex base station," *IEEE Trans. Signal Process.*, vol. 62, no. 24, pp. 6391–6401, Dec. 2014.

[24] Q. Li and W. K. Ma, "Spatially selective artificial-noise aided transmit optimization for MISO multi-eves secrecy rate maximization," *IEEE Trans. Signal Process.*, vol. 61, no. 10, pp. 2704–2717, May 2013.

[25] J. Huang and A. L. Swindlehurst, "Robust secure transmission in MISO channels based on worst-case optimization," *IEEE Trans. Signal Process.*, vol. 60, no. 4, pp. 1696–1707, Apr. 2012.

[26] Q. Li and W.-K. Ma, "Optimal and robust transmit designs for MISO channel secrecy by semidefinite programming," *IEEE Trans. Signal Process.*, vol. 59, no. 8, pp. 3799–3812, Aug. 2011.

[27] S. Gerbrach, C. Scheunert, and E. A. Jorswieck, "Secrecy outage in MISO systems with partial channel information," *IEEE Trans. Inform. Forensics & Security*, vol. 7, no. 2, pp. 704–716, Apr. 2012.

[28] F. Zhu and M. Yao, "Improving physical layer security for CRNs using SINR-based cooperative beamforming," *IEEE Trans. Veh. Technol.*, vol. 65, no. 3, pp. 1835–1841, Mar. 2016.

[29] V.-D. Nguyen, T. Q. Duong, and O.-S. Shin, "Physical layer security for primary system: A symbiotic approach in cooperative cognitive radio networks," in *Proc. IEEE Global Commun. Conf. 2015 (GLOBECOM 2015)*, San Diego, CA, Dec. 2015.

[30] Y. Pei, Y.-C. Liang, L. Zhang, K. C. Teh, and K. H. Li, "Secure communication in multiantenna cognitive radio networks with imperfect channel state information," *IEEE Trans. Signal Process.*, vol. 59, no. 4, pp. 1683–1693, Apr. 2011.

[31] V.-D. Nguyen, T. M. Hoang, and O.-S. Shin, "Secrecy capacity of the primary system in a cognitive radio network," *IEEE Trans. Veh. Technol.*, vol. 64, no. 8, pp. 3834–3843, Aug. 2015.

[32] V.-D. Nguyen, T. Q. Duong, O. A. Dobre, and O.-S. Shin, "Joint information and jamming beamforming for secrecy rate maximization in cognitive radio networks," *IEEE Trans. Inform. Forensics Security*, vol. 11, no. 11, pp. 2609–2623, Nov. 2016.

[33] Y. Liang, Y. Zeng, E. Peh, and A. Hoang, "Sensing-throughput tradeoff for cognitive radio networks," *IEEE Trans. Wireless Commun.*, vol. 7, no. 4, pp. 1326–1337, Apr. 2008.

[34] P. Gopala, L. Lai, and H. Gamal, "On the secrecy capacity of fading channels," *IEEE Trans. Inform. Theory*, vol. 54, no. 10, pp. 4687–4698, Oct. 2008.

[35] Z. Shu, Y. Yang, Y. Qian, and R. Q. Hu, "Impact of interference on secrecy capacity in a cognitive radio network," in *Proc. IEEE Global Commun. Conf. 2011 (GLOBECOM 2011)*, Houston, TX, pp. 1–6, Dec. 2011.

[36] E. Tekin and A. Yener, "The general Gaussian multiple-access and two-way wiretap channels: Achievable rates and cooperative jamming," *IEEE Trans. Inform. Theory*, vol. 54, no. 6, pp. 2735–2751, Jun. 2008.

[37] W. Yu and T. Lan, "Transmitter optimization for the multi-antenna downlink with per-antenna power constraints," *IEEE Trans. Signal Process.*, vol. 55, no. 6, pp. 2646–2660, Jun. 2007.

[38] W.-C. Liao, T.-H. Chang, W.-K. Ma, and C.-Y. Chi, "QoS-based transmit beamforming in the presence of eavesdroppers: an optimized artificial noise-aided approach," *IEEE Trans. Signal Process.*, vol. 59, no. 3, pp. 1202–1216, Mar. 2011.

[39] D. W. K. Ng, E. S. Lo, and R. Schober, "Robust beamforming for secure communication in systems with wireless information and power transfer," *IEEE Trans. Wireless Commun.*, vol. 13, no. 8, pp. 4599–4615, Aug. 2014.

[40] J. B. Lasserre, "A trace inequality for matrix product," *IEEE Trans. Autom. Control,* vol. 40, no. 8, pp. 1500–1501, Aug. 1995.

[41] L.-N. Tran, M. Juntti, M. Bengtsson, and B. Ottersten, "Beamformer designs for MISO broadcast channels with zero-forcing dirty paper coding," *IEEE Trans. Wireless Commun.*, vol. 12, no. 3, pp. 1173–1185, Mar. 2013.

[42] S. Vishwanath, N. Jindal, and A. Goldsmith, "Duality, achievable rates and sum rate capacity of Gaussian MIMO broadcast channels," *IEEE Trans. Inform. Theory*, vol. 49, no. 10, pp. 2658–2668, Oct. 2003.

[43] S. Boyd and L. Vandenberghe, *Convex Optimization*. Cambridge, UK: Cambridge University Press, 2007.

[44] W. Fenchel, "On conjugate convex functions," *Canadi. J. Math.*, vol. 1, pp. 73–77, 1949.

[45] A. M. Nezhad, R. A. Shandiz, and A. E. Jahromi, "A particle swarm-BFGS algorithm for nonlinear programming problems," *Comput. Oper. Res.*, vol. 40, no. 4, pp. 963–972, Apr. 2013.

[46] G. Zheng, I. Krikidis, J. Li, A. P. Petropulu, and B. Ottersten, "Improving physical layer secrecy using full-duplex jamming receivers," *IEEE Trans. Signal Process.*, vol. 61, no. 20, pp. 4962–4974, Oct. 2013.

[47] D. P. Bertsekas, *Nonlinear Programming*. Belmont, MA: Athena Scientific, 1999.

[48] J. Nocedal and S. J. Wright, *Numerical Optimization*. New York: Springer Verlag, 2006.

第12章
毫米波蜂窝网络中的物理层安全

Hui - Ming Wang①

最新研究表明，毫米波（mmWave）通信可以使蜂窝网容量呈指数级增长。然而，迄今为止尚未有毫米波蜂窝网络物理层安全性能方面的研究工作。本章利用毫米波信道与传统微波信道显著不同的路径损耗和阻挡模型，在随机几何框架下研究了毫米波蜂窝网络下行链路传输的物理层安全性能。本章首先研究了在非合作窃听者存在的情况下，毫米波网络中安全连接概率和单位面积的完美通信链路的平均数量。然后，对合作窃听者的情况进行了研究。数值结果验证了网络的安全性能，并揭示了各网络参数对安全性能的影响。

12.1 引言

在未来20年内，由于各种智能设备、智能手机和平板电脑的普及，预计无线数据流量将猛增10000倍。然而，各种微波无线通信系统（如蜂窝和无线局域网系统）的广泛部署，使得本可以提供更多无线服务的10GHz以下的无线电频谱也变得十分拥挤。这一挑战激发了开发新频谱的研究浪潮，即毫米波通信。毫米波的频率范围为30～300GHz，波长范围为1～10mm。最近研究表明，仅在28GHz、38GHz和72GHz频段就有超过20GHz的频谱等待开发以用于无线服务，而在100GHz以上有待开发的频谱还有数百GHz。鉴于有大量潜在可用的频谱，毫米波通信被认为是第五代蜂窝通信系统（5G）的关键技术之一[1]。在本章中，我们将讨论毫米波蜂窝网络中的物理层安全问题。

---

① 西安交通大学电子与信息工程学院。

由于毫米波波长小，最近的现场测量表明，与6GHz以下频段的传统微波网络[1-3]相比，毫米波网络有着显著不同。特别是毫米波蜂窝网络具有以下显著特点：传播对阻挡的敏感程度、多变的传播特性、可配备大规模天线等[4]。例如，毫米波信号对阻挡效应更敏感。基于文献［3］中的实际测量，文献［5］中建立了毫米波信道的空间统计模型，该模型揭示了视距（LOS）和非线距（NLOS）链路的不同路径损耗特性。

文献［4－11］中提出了各种毫米波信道模型来表征毫米波信号的阻挡效应。文献［6］提出了指数阻挡模型，该模型在文献[4,7]中被近似为基于LOS－ball的阻挡模型用于覆盖分析。在文献［8］中，作者采用指数阻挡模型对毫米波自组织网络的覆盖和容量进行了分析。在文献［10］中，作者提出了一个球形阻挡模型，并通过纽约和芝加哥的现场测量得到了验证。考虑到毫米波通信中出现的中断状态，在文献［11］中，作者提出了一个双球近似阻挡模型，用于分析多层毫米波蜂窝网络的覆盖范围和平均速率。

考虑到毫米波信道的这些新特性，毫米波蜂窝网络的安全性能将与传统微波网络有着显著的不同，需要重新对其进行评估。传统物理层安全技术的有效性也应该重新检查。最近，文献［12］研究了点对点毫米波通信的安全性能，其研究结果表明毫米波系统与传统微波系统相比可以显著提高安全性。然而，毫米波蜂窝通信的网络安全性能仍然是未知的，这也是本章的主题。

在本章中，我们使用随机几何框架和阻挡模型[10]，通过将基站（BS）和窃听者的随机位置建模为两个独立的均匀泊松点过程（PPPs），为毫米波蜂窝通信提出了一种系统的安全性能分析方法。我们描述了适用于中等/稀疏网络部署的噪声限制的毫米波蜂窝网络的安全性能，其中，每个基站仅采用定向波束赋形来传输私密消息。考虑非合作/合作窃听者两种情况，我们分别推导了典型接收者和窃听者处的安全连接概率和接收信噪比的累积分布函数（CDF）的分析结果。安全连接概率有助于评估从典型发送者到其期望接收者的安全连接的存在概率。使用典型接收者和窃听者接收信噪比（SNR）的累积分布函数，我们可以统计随机网络中每单位面积的完美通信链路的平均数量。结果表明高增益窄波束天线对于增强毫米波网络的安全性能非常重要。

章节大纲：12.2节介绍了系统模型和毫米波信道特性。12.3节描述了安全连接概率和单位面积完美通信链路的平均数量。12.4节提供了数值结果，12.5节进行了总结。符号：$x \sim \mathrm{gamma}(k,m)$是关于形状$k$和尺寸$m$的

gamma 分布式随机变量，$\gamma(x,y)$是不完全 gamma 函数[13]，$\Gamma(x)$是 gamma 函数[13]，$\Gamma(a,x)$是上不完全 gamma 函数[13]。$b(o,D)$表示圆心为原点、半径为 D 的球。非负整数 n 的阶乘用 $n!$ 表示，$x\sim\mathcal{CN}(\boldsymbol{\Lambda},\boldsymbol{\Delta})$表示关于平均矢量 $\boldsymbol{\Lambda}$ 和协方差矩阵 $\boldsymbol{\Delta}$ 的循环对称复高斯矢量，$\binom{n}{k}=\frac{n!}{(n-k)!\ k!}$。$\mathscr{L}_X(s)$是关于 X 的拉普拉斯变换，即$\mathbb{E}\left(\mathrm{e}^{-sX}\right)$。${}_2F_1(\alpha,\beta;\gamma,z)$是高斯超几何函数[13]。

12.2 系统模型和问题表述

本节考虑毫米波蜂窝网络中的安全下行链路通信，其中多个空间分布的基站在存在多个恶意窃听者的情况下向授权用户传输私密消息。在下面的小节中，我们首先介绍已经在文献［4,8,10］中验证过的系统模型和信道特征，然后给出了一些重要的概率论结果，这些结果将用于性能分析。

12.2.1 毫米波蜂窝系统

12.2.1.1 基站和窃听者布局

基站的位置建模为密度为 λ_{B} 的均匀泊松点过程 Φ_{B}。已经证明，使用泊松点过程对随机分布的基站位置进行建模在数学上是易处理的，并且能够表征蜂窝网络的下行链路性能趋势[14-16]。多个窃听者的位置被建模为密度为 λ_{E} 的独立均匀泊松点过程 Φ_{E}。这种随机泊松点过程模型在面对窃听者位置的随机和不可预测性时充分发挥了很大的作用。例如，在自组织网络[17]、蜂窝网络[18-19]和 D2D 网络[20]的分析中都采用了关于窃听者位置的类似假设。此外，我们通过促进窃听者的多用户解码来考虑最坏情况[17,21-23]，即窃听者可以通过执行连续的干扰消除[24]来消除来自其他干扰基站信号产生的干扰。每个基站的总发射功率为 P_{t}。

12.2.1.2 定向波束赋形

为了补偿毫米波频谱严重的路径损耗，可以通过在基站部署高度定向的波束赋形天线阵列来执行定向波束赋形，其数学易处理性类似于文献[4,8,10-11]，天线方向图与文献［25］中的扇形天线模型近似，其增益可建模为

$$G_{\mathrm{b}}(\theta)=\begin{cases}M_{\mathrm{S}},\text{若}\ |\theta|\leqslant\theta_{\mathrm{b}}\\ m_{\mathrm{S}},\text{其他}\end{cases}\tag{12.1}$$

式中：θ_{b} 是主瓣的波束宽度；M_{S} 和 m_{S} 分别是主瓣和副瓣的阵列增益。我们假设每个基站都可以获得理想的信道状态信息（CSI）估计，包括到达角和

衰落，这样基站就可以调整天线参数，通过调整天线对预期接收器的瞄准方向实现方向性增益的最大化。在 12.2.1.3 节中，我们将天线的目视方向表示为 0°。因此，预期链路的方向性增益为 M_S。对于每个干扰链路，角度 θ 独立且均匀分布于角度范围$[-\pi,\pi]$内，从而可得随机方向性增益为 $G_b(\theta)$。为了简化性能分析，假定授权用户和恶意窃听者都配备了单根全向天线[10,12]①。

12.2.1.3　小尺度衰落

每条链路的小尺度衰落都遵循独立的 Nakagami 衰落[4,8]，LOS（NLOS）链路的 Nakagami 衰落参数为 $N_L(N_N)$。为简单起见，假设 N_L 和 N_N 都是正整数。文献［1］中的测量结果表明，较高的方向性天线可以缓解小尺度衰落的影响，尤其是对视距链路。这样的场景可以通过使用一个较大的 Nakagami 衰落参数[4,8]来近似。在下文中，从 $x\in\mathbb{R}^2$处的基站到 $y\in\mathbb{R}^2$处的授权用户（窃听者）的小规模信道增益被表示为 $h_{xy}(g_{xy})$。

12.2.1.4　阻挡模型

文献［10］中提出的阻挡模型，可以看作是文献[5,11]中统计阻挡模型的近似，同时将文献[4,7]中提出的 LOS－ball 模型作为特例纳入其中。如文献[9－10]所示，文献［10］中提出的阻挡模型简单而灵活，足以捕捉毫米波蜂窝网络中的阻挡统计、覆盖和速率趋势。特别地，将 $q_L(r)$定义为长度为 r 的链路是视距链路的概率

$$q_L(r)=\begin{cases}C, r\leqslant D\\0,\text{其他}\end{cases}\tag{12.2}$$

式中：$0\leqslant C\leqslant 1$，参数 C 为典型用户周围的球形区域内的平均 LOS 面积。芝加哥和曼哈顿的实测结果(C,D)分别为(0.081,250)和(0.117,200)[10]，我们将该结果用于仿真中。在这种阻挡模型下，$b(o,D)$中的基站过程可以分为两个独立的泊松点过程：强度为 $C\lambda_B$ 的 LOS 基站过程 Φ_L 和强度为$(1-C)\lambda_B$ 的 NLOS 基站过程[14]。在 $b(o,D)$之外，只存在强度为 λ_B 的 NLOS 基站过程。我们将整个 NLOS 基站过程记为 Φ_N。

12.2.1.5　路径损耗模型

在毫米波传播中，对 LOS 和 NLOS 链路应用不同的路径损耗定律[4,10]。特别地，给定从 $x\in\mathbb{R}^2$到 $y\in\mathbb{R}^2$的链路，其路径损耗 $L(x,y)$可以由下式计算

$$L(x,y)=\begin{cases}C_L\|x-y\|^{-\alpha_L},\text{若链路 } x\to y \text{ 为视距链路}\\C_N\|x-y\|^{-\alpha_N},\text{若链路 } x\to y \text{ 为非视距链路}\end{cases}\tag{12.3}$$

---

① 该假设只是为了简化性能分析，然而，通过类似于式（12.1）的方式，对授权用户和恶意窃听者的阵列模式建模，所获得的分析方法可以直接扩展到多天线情况。

式中，α_L 和 α_N 是 LOS 和 NLOS 路径损耗指数；$C_L \triangleq 10^{-\frac{\beta_L}{10}}$ 和 $C_N \triangleq 10^{-\frac{\beta_N}{10}}$ 可以视为 LOS 和 NLOS 链路在参考距离处的路径损耗截距。典型的 α_j 和 $\beta_j(j \in \{L,N\})$ 在文献［5］表 I 中定义。例如，对于 28GHz 频段，$\beta_L = 61.4$，$\alpha_L = 2$；$\beta_N = 72$，$\alpha_N = 2.92$。从文献［5］表 I 中 C_j 和 α_j 的测量值可知，其满足 $C_L > C_N$，且 $\alpha_L < \alpha_N$。

12.2.1.6　用户关联

为了最大化授权用户的接收质量，假设一个授权用户与向其提供最低路径损耗的基站相关联，因为所考虑的网络是均匀的[4,10]。因此，对于位于原点的典型授权用户，其服务基站位于 $x^* \triangleq \arg\max_{x \in \Phi_B} L(x,o)$。当 $j \in \{L,N\}$ 时，我们表示典型授权用户到 Φ_j，$j = \{L,N\}$ 中最近基站的距离为 d_j^*。根据 Slivnyak 定理[14]，下面的引理 12.1 提供了它们的概率分布函数（PDF），并且所获得的统计数据适用于一般的授权用户。

引理 12.1　假设典型授权用户观察到至少一个视距基站，则 d_L^* 的概率分布函数为

$$f_{d_L^*}(r) = \frac{2\pi C\lambda_B r\exp(-\pi C\lambda_B r^2)}{1-\exp(-\pi C\lambda_B D^2)},\quad r \in [0,D] \tag{12.4}$$

另一方面，d_N^* 的概率分布函数由下式给出

$$\begin{aligned} f_{d_N^*}(r) = & 2\pi(1-C)\lambda_B r e^{-\pi(1-C)\lambda_B r^2} \amalg(r \leqslant D) \\ & + 2\lambda_B \pi r e^{-\lambda_B \pi(r^2-D^2)} e^{-\pi(1-C)\lambda_B D^2} \amalg(r > D) \end{aligned} \tag{12.5}$$

式中：$\amalg(\cdot)$是指示函数。

证明：证明请见附录 A。

然后，下面的引理给出典型授权用户与 LOS 或 NLOS 基站的连接概率。

引理 12.2　授权用户与 NLOS 基站 A_N 的连接概率由下式给出

$$A_N = \int_0^{\mu} \left(\left(e^{-\pi C\lambda_B \left(\frac{C_L}{C_N}\right)^{\frac{2}{\alpha L_x}} \frac{2\alpha_N}{\alpha_L}} - e^{-\pi C\lambda_B D^2} \right) 2\pi(1-C)\lambda_B x e^{-\pi(1-C)\lambda_B x^2} dx \right) + e^{-\pi C\lambda_B D^2} \tag{12.6}$$

式中：$\mu \triangleq \left(\frac{C_L}{C_N}\right)^{-\frac{1}{\alpha_N}} D^{\frac{\alpha_L}{\alpha_N}}$。典型授权用户与 LOS 基站的连接概率由 $A_L = 1 - A_N$ 给出。

证明：证明请见附录 B。

利用最小路径损耗关联规则，典型授权用户将与 Φ_L 中最近的 LOS 基站或 Φ_N 中最近的 NLOS 基站相关联。下面的引理给出了典型授权用户与其在 j 中的服务基站 Φ_j 之间距离的概率分布函数，即 $r_j, \forall j \in \{L,N\}$。

引理 12.3　当服务基站在 Φ_{L} 中的情况下，式（12.7）给出了典型授权用户到 Φ_{L} 中服务基站的距离的概率分布函数为

$$f_{r\mathrm{L}}(r)=\frac{\exp\left(-(1-C)\lambda_{\mathrm{B}}\pi\left(\frac{C_{\mathrm{N}}}{C_{\mathrm{L}}}\right)^{\frac{2}{\alpha_{\mathrm{N}}}}r^{\frac{2\alpha_{\mathrm{N}}}{\alpha_{\mathrm{L}}}}\right)2\pi C\lambda_{\mathrm{B}}r\exp(-C\lambda_{\mathrm{B}}\pi x^{2})}{A_{L}},r\in[0,D] \tag{12.7}$$

当服务基站在 Φ_{N} 中的情况下，典型授权用户到 Φ_{N} 中服务基站的距离的概率分布函数在式（12.8）中给出

$$f_{r\mathrm{N}}(r)=\frac{2\pi\lambda_{\mathrm{B}}r\exp(-\pi\lambda_{\mathrm{B}}r^{2})((1-C)\exp(\pi C\lambda_{\mathrm{B}}(r^{2}-D^{2}))\mathrm{II}(r\leqslant D)+\mathrm{II}(r\geqslant D))}{A_{\mathrm{N}}}$$
$$+\frac{2\pi(1-C)\lambda_{\mathrm{B}}r\mathrm{e}^{-(1-C)\lambda_{\mathrm{B}}\pi r^{2}}\left(\mathrm{e}^{-C\lambda_{\mathrm{B}}\pi\left(\frac{C_{\mathrm{L}}}{C_{\mathrm{N}}}\right)^{\frac{2}{\alpha_{L}}}r^{\frac{2\alpha_{\mathrm{N}}}{\alpha_{\mathrm{L}}}}}-\mathrm{e}^{-C\lambda_{\mathrm{B}}\pi D^{2}}\right)}{A_{\mathrm{N}}}\times\mathrm{II}\left(r\leqslant\left(\frac{C_{\mathrm{N}}}{C_{\mathrm{L}}}\right)^{\frac{1}{\alpha_{\mathrm{N}}}}D^{\frac{\alpha_{\mathrm{L}}}{\alpha_{\mathrm{N}}}}\right) \tag{12.8}$$

证明：证明请见附录 C。

12.2.2　安全性能指标

我们假设信道都是准静态衰落信道。合法的接收者和窃听者可以获得自己的信道状态信息，但是毫米波基站不知道窃听者的瞬时信道状态信息。为了保护私密消息不被窃听，每个基站通过 Wyner 编码对机密数据进行编码[26]。然后，在传输之前应该确定两个码率，即传输码字的速率 R_{b} 和私密消息的速率 R_{s}，并且 $R_{\mathrm{b}}-R_{\mathrm{s}}$ 是保护该信息安全的成本。代码构造的详细信息可以在文献[26－27]中找到。这里，可以采用固定速率传输，其中，R_{b} 和 R_{s} 在信息传输期间是固定的[17,27,29]。对于准静态衰落信道上的安全传输，完美的安全性得不到保证。因此，我们采用了基于中断的安全性能指标[27－33]，综合考虑安全连接概率和单位面积内平均完美通信链路数量，分析了毫米波通信的安全性能。

（1）安全连接概率。安全连接概率定义为安全速率非负的概率[28]。利用安全连接概率，我们的目标是在存在多个窃听者的情况下，统计地描述任意随机选择的基站与其预期授权用户之间的安全连接的存在。

（2）单位面积的平均完美通信链路数[29]。当 R_{b} 和 R_{s} 给定时，我们将具有完全连接性和安全性的链路定义为完美通信链路。单位面积的平均完美通信链路数的数学定义如下。

①连接概率。当 R_{b} 低于合法链路的容量时，授权用户可以解码具有任

意小误差的信号，从而可以确保完美的连接。否则，将发生连接中断，连接概率用 p_{con} 表示。

②安全概率。当窃听者的窃听能力低于冗余速率 $R_{\mathrm{e}} \triangleq R_{\mathrm{b}} - R_{\mathrm{s}}$ 时，不会向潜在的窃听者泄漏信息，因此可以保证链路的完全安全性[26]。否则，就会发生安全中断，安全概率表示为 p_{sec}。

根据文献［29］中式（29），单位面积的平均完美通信链路数为

$$N_{\mathrm{p}} = \lambda_{\mathrm{B}} p_{\mathrm{con}} p_{\mathrm{sec}} \tag{12.9}$$

评注12.1 在给定 R_{b} 和 R_{s} 的情况下，每单位区域 ω 的平均可达安全吞吐量为 $\omega = N_{\mathrm{p}} R_{\mathrm{s}}$。

12.3 毫米波蜂窝网络的安全性能

在这一部分中，我们评估了噪声受限毫米波通信中直接传输的安全性能。正如[3,5,10－11]所指出的，在毫米波系统中使用的高度方向性传输与短小区半径相结合会导致以噪声为主的链路，特别是对于密集阻挡设置（如城市设置）和中等/稀疏网络部署[10－11]。这与当前密集蜂窝部署不同，在当前密集蜂窝部署中，链路以干扰为主。因此，我们研究了在不考虑小区间干扰时，噪声受限的毫米波通信的安全性能。

在原点处的典型授权用户和在 z 处的窃听者相对于服务基站接收的信噪比可以分别表示为 $\mathrm{SNR}_{\mathrm{U}} = \dfrac{P_{\mathrm{t}} M_{\mathrm{s}} L(x^*, o) h_{x^* o}}{N_0}$ 和 $\mathrm{SNR}_{\mathrm{E}} = \dfrac{P_{\mathrm{t}} G_{\mathrm{b}} L(x^*, z) g_{x^* z}}{N_0 \cdot}$。

N_0 是以 $N_0 = 10^{\frac{N_0(\mathrm{dB})}{10}}$ 为形式的噪声功率，其中，$N_0(\mathrm{dB}) = -174 + 10\log_{10}(\mathrm{BW}) + \mathscr{F}_{\mathrm{dB}}$，BW是传输带宽，$\mathscr{F}_{\mathrm{dB}}$ 是噪声系数[11]。根据式（12.1）中的阵列方向图，窃听者看到的 $\mathrm{GB}(\theta)$ 是伯努利随机变量，其概率质量函数（PMF）由下式给出

$$G_{\mathrm{b}}(\theta) = \begin{cases} M_{\mathrm{S}}, \mathrm{Pr}_{G_{\mathrm{b}}}(M_{\mathrm{S}}) \triangleq \Pr(G_{\mathrm{b}}(\theta) = M_{\mathrm{S}}) = \dfrac{\theta_{\mathrm{b}}}{180} \\ m_{\mathrm{S}}, \mathrm{Pr}_{G_{\mathrm{b}}}(m_{\mathrm{S}}) \triangleq \Pr(G_{\mathrm{b}}(\theta) = m_{\mathrm{S}}) = \dfrac{180 - \theta_{\mathrm{b}}}{180} \end{cases} \tag{12.10}$$

12.3.1 非合作窃听者

本小节假设随机分布的窃听者是非合作的，我们将评估毫米波蜂窝网络的安全性能。

12.3.1.1 安全连接概率

本小节首先研究在存在多个非合作窃听者的情况下毫米波通信的安全连接概率 τ_n。如果条件$\dfrac{M_{\mathrm{S}}L(x^*,o)h_{x^*o}}{\max_{Z\in\Phi_{\mathrm{E}}}G_{\mathrm{b}}(\theta)L(x^*,z)g_{x^*z}}\geqslant 1$ 成立[28]，并且安全连接概率可以通过 $\tau_n=\Pr\left(\dfrac{M_{\mathrm{S}}L(x^*,o)h_{x^*o}}{\max_{Z\in\Phi_{\mathrm{E}}}G_{\mathrm{b}}(\theta)L(x^*,z)g_{x^*z}}\geqslant 1\right)$来计算，则安全连接是可能的。我们可以看到，多个窃听者的窃听能力是由路径损耗过程 $G_{\mathrm{b}}(\theta)L(x^*,z)g_{x^*z}$决定的。因此，为了便于性能评估，引入了以下过程。

定义 12.1 具有衰落的路径损耗过程（PLPF）表示为 $\mathcal{N}_{\mathrm{E}}$，为从 Φ_{E} 映射到 $\mathbf{R}^+$ 上的点过程，其中，$\mathcal{N}_{\mathrm{E}}\triangleq\left\{\zeta_z=\dfrac{1}{G_{\mathrm{b}}(\theta)g_{xz}L(x,z)},z\in\Phi_{\mathrm{E}}\right\}$，$x$ 表示被监听基站的位置。我们对 $\mathcal{N}_{\mathrm{E}}$ 的元素进行升序排序，并将 $\mathcal{N}_{\mathrm{E}}$ 的排序元素表示为$\{\xi_i,i=1,2,\cdots\}$，其中对于$\forall\, i<j$，有 $\xi_i\leqslant\xi_j$。

请注意，$\mathcal{N}_{\mathrm{E}}$ 既包含小尺度衰落的影响，也涉及窃听者的空间分布，这是一个有序的过程。因此，$\mathcal{N}_{\mathrm{E}}$ 决定了窃听者的窃听能力。然后我们有以下引理。

引理 12.4 路径损耗过程 $\mathcal{N}_{\mathrm{E}}$ 是具有以下强度值的一维非均匀泊松点过程

$$\Lambda_{\mathrm{E}}(0,t)=2\pi\lambda_{\mathrm{E}}\left(\sum_{j\in\{L,N\}}q_j(\Omega_{j,\mathrm{in}}(M_{\mathrm{S}},t)+\Omega_{j,\mathrm{in}}(m_{\mathrm{S}},t))+\Omega_{\mathrm{N,out}}(M_{\mathrm{S}},t)+\Omega_{\mathrm{N,out}}(m_{\mathrm{S}},t)\right)\tag{12.11}$$

其中，$q_{\mathrm{L}}\triangleq C$，$q_{\mathrm{N}}\triangleq 1-C$，且$\Omega_{j,\mathrm{in}}(V,t)\triangleq \Pr_{G_{\mathrm{b}}}(V)\dfrac{(VC_jt)^{\frac{2}{\alpha_j}}}{\alpha_j}\sum_{m=0}^{N_j-1}\dfrac{\gamma\left(m+\dfrac{2}{\alpha_j},\dfrac{D^{\alpha_j}}{VC_jt}\right)}{m!}$，$\Omega_{j,\mathrm{out}}(V,t)\triangleq \Pr_{G_{\mathrm{b}}}(V)\dfrac{(VC_jt)^{\frac{2}{\alpha_j}}}{\alpha_j}\sum_{m=0}^{N_j-1}\dfrac{\Gamma\left(m+\dfrac{2}{\alpha_j},\dfrac{D^{\alpha_j}}{VC_jt}\right)}{m!}$，其中，$V\in\{M_{\mathrm{S}},m_{\mathrm{S}}\}$。

证明：证明请见附录 D。

利用这一引理，下面的定理给出了存在非合作窃听者时安全连接概率的分析结果。

定理 12.1 在存在非合作窃听者的情况下，安全连接概率为

$$\tau_n=\sum_{j\in\{L,N\}}A_j\left(\int_0^{+\infty}f_{r_j}(r)\,\mathrm{d}r\int_0^{+\infty}\frac{\mathrm{e}^{-\Lambda_{\mathrm{E}}\left(0,\frac{r^{\alpha_j}}{M_{\mathrm{s}}wC_j}\right)}w^{N_j-1}\mathrm{e}^{-w}}{\Gamma(N_j)}\mathrm{d}w\right)\tag{12.12}$$

证明：具体推导如下。

$$\Pr\left(\frac{M_{\mathrm{S}}L(x^*,o)h_{x^*o}}{\max_{Z\in\Phi_{\mathrm{E}}}G_{\mathrm{b}}(\theta)L(x^*,z)g_{x^*z}}\geqslant 1\right)$$

$$
\begin{aligned}
&= \Pr\left(\min_{Z\in\Phi_E}\frac{1}{G_b(\theta)L(x^*,z)g_{x^*z}} \geqslant \frac{1}{M_S L(x^*,o)h_{x^*o}}\right)\\
&\overset{(e)}{=} \Pr\left(\xi_1 \geqslant \frac{1}{M_S L(x^*,o)h_{x^*o}}\right) \overset{(f)}{=} \mathbb{E}_{L(x^*,o)h_{x^*o}}\left(\exp\left(-\Lambda_E\left(0,\frac{1}{M_S L(x^*,o)h_{x^*o}}\right)\right)\right)\\
&\overset{(g)}{=} A_L \mathbb{E}_{r_L,h_{x^*o}}\left(\exp\left(-\Lambda_E\left(0,\frac{r_L^{\alpha_L}}{M_S C_L h_{x^*o}}\right)\middle|\text{服务基站为 LOS 基站}\right)\right)\\
&\quad A_N \mathbb{E}_{r_N,h_{x^*o}}\left(\exp\left(-\Lambda_E\left(0,\frac{r_L^{\alpha_N}}{M_S C_N h_{x^*o}}\right)\middle|\text{服务基站为 NLOS 基站}\right)\right)
\end{aligned}
\tag{12.13}
$$

步骤（e）是根据定义12.1得到的，步骤（f）遵循泊松点过程的空集概率[14]，并且步骤（g）是由于全概率定律。当服务基站是LOS基站时，$h_{x^*o}\sim \text{gamma}(N_L,1)$和$r_L$的概率分布函数由式（12.7）给出，而当服务基站是NLOS基站时，$h_{x^*o}\sim \text{gamma}(N_N,1)$和$r_N$的概率分布函数由式（12.8）给出。最后，将$h_{x^*o}$、$r_L$和$r_N$的概率分布函数代入式（12.13），可以得到$\tau_n$。

评注12.2 虽然很难得到式（12.12）解析结果的闭式表达式，但式（12.12）中所涉及的二重积分项可以用文献［34］中的迭代数值方法来计算，这便于在存在多个非合作窃听者的情况下评估毫米波通信的安全连接性。

这里在图12.1绘制了安全连接概率τ_n与λ_E之间的关系。仿真次数为100000次。从图12.1可以看出，通过计算式（12.12）得到的理论曲线与仿真曲线吻合得很好，验证了定理12.1中的理论结果。

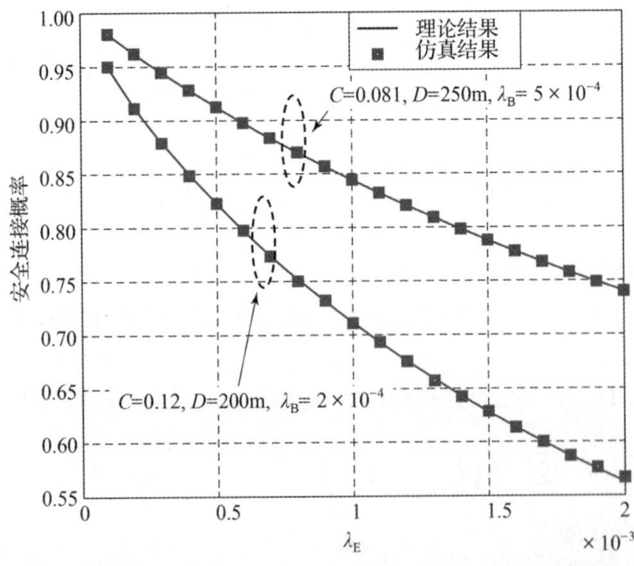

图12.1 存在多个非合作窃听者的情况下，毫米波通信的安全连接概率与λ_E的关系（系统参数为BW＝2GHz，P_t＝30dB，$\mathscr{F}_{dB}$＝10，θ_b＝9°，M_S＝15dB和m_S＝－3dB）

12.3.1.2　单位面积内平均完美通信链路数

在下文中，我们研究了在非合作窃听者存在的情况下，毫米波通信每单位面积的完美通信链路的平均数量 N_p。首先，我们应该推导出毫米波通信链路的连接概率和安全概率的分析结果，分别由式（12.14）给出。

$$p_{con} \triangleq \Pr(\mathrm{SNR}_U \geq T_c)$$
$$p_{sec,n} \triangleq \Pr(\max_{z\in\Phi_E}\mathrm{SNR}_{E_z} \leq T_e) \tag{12.14}$$

式中：$T_c \triangleq 2^{R_c-1}$；$T_e \triangleq 2^{R_e-1}$。N_p 可按式（12.9）计算，我们有以下定理。

定理 12.2　对于非合作窃听的情况，p_{con}的表达式为

$$p_{con} = \int_0^D \frac{\Gamma\left(N_L, \frac{N_0 T_c r^{\alpha_L}}{P_t M_S C_L}\right)}{\Gamma(N_L)} f_{r_L}(r)\,\mathrm{d}r A_L + \int_0^{+\infty} \frac{\Gamma\left(N_N, \frac{N_0 T_c r^{\alpha_N}}{P_t M_S C_N}\right)}{\Gamma(N_N)} f_{r_N}(r)\,\mathrm{d}r A_N \tag{12.15}$$

$p_{sec,n}$的表达式为

$$p_{sec,n} = \exp\left(-\Lambda_E\left(0, \frac{1}{T_e N_0}\right)\right) \tag{12.16}$$

证明：p_{con}推导如下

$$\begin{aligned}p_{con} &= \Pr\left(h_{x^*o} \geq \frac{N_0 T_c}{P_t M_S L(x^*, o)} \mid \text{服务 BS 为视距 BS}\right)A_L \\ &\quad + \Pr\left(h_{x^*o} \geq \frac{N_0 T_c}{P_t M_S L(x^*, o)} \mid \text{服务 BS 为非视距 BS}\right)A_N \\ &= \int_0^D \frac{\Gamma\left(N_L, \frac{N_0 T_c r^{\alpha_L}}{P_t M_S C_L}\right)}{\Gamma(N_L)} f_{r_L}(r)\,\mathrm{d}r A_L + \int_0^{+\infty} \frac{\Gamma\left(N_N, \frac{N_0 T_c r^{\alpha_N}}{P_t M_S C_N}\right)}{\Gamma(N_N)} f_{r_N}(r)\,\mathrm{d}r A_N\end{aligned} \tag{12.17}$$

$p_{sec,n}$推导如下

$$\begin{aligned}p_{sec,n} &= \Pr\left\{\frac{\max_{z\phi E_z} G_b(\theta) L(x^*, z) g_{x^*z}}{N_0} \leq T_e\right\} \\ &\overset{(g)}{=} \Pr\left\{\frac{1}{\xi_1 N_0} \leq T_e\right\} \overset{(h)}{=} \exp\left(-\Lambda_E\left(0, \frac{1}{T_e N_0}\right)\right)\end{aligned} \tag{12.18}$$

其中，步骤（g）是由定义 12.1 得到，而步骤（h）是泊松点过程的空集概率[14]。

利用式（12.15）和式（12.16），每单位面积的平均完美通信链路数 N_p 可以通过式（12.9）得到。

12.3.2 合作窃听者

本小节考虑了最坏情况：合作窃听者，其中地理位置分散的窃听者采用最大比合并处理窃听到的私密消息。

12.3.2.1 安全连接概率

在存在多个合作窃听者的情况下，安全连接概率 τ_c 可以由下式计算

$$\tau_c = \Pr\left(\frac{M_S L(x^*, o) h_{x^* o}}{I_E} \geqslant 1\right) \tag{12.19}$$

式中：$I_E \triangleq \sum_{Z \in \Phi_E} G_b(\theta) L(x^*, z) g_{x^* z}$。

定理 12.3 在合作窃听的情况下，τ_c 可通过下式计算

$$\tau_c = \sum_{j \in \{L,N\}} \mathbb{E}_{r_j}\left[\sum_{m=0}^{N_j-1} \left(\frac{r_j^{\alpha_j}}{M_S C_j}\right)^m \frac{A_j}{\Gamma(m+1)} (-1)^m \mathscr{L}_{I_E}^{(m)}\left(\frac{r_j^{\alpha_j}}{M_S C_j}\right)\right] \tag{12.20}$$

式中：$\mathscr{L}_{I_E}(s) \triangleq \exp(\Xi(s))$，$\mathscr{L}_{I_E}^{(m)}(s) \triangleq \frac{\mathrm{d}^m \mathscr{L}_{I_E}(s)}{\mathrm{d}s^m}$，$\Xi(s)$ 为

$$\Xi(s) \triangleq -s$$

$$\left(\begin{array}{l} 2\pi\lambda_E \sum\limits_{j \in \{L,N\}} q_j \left(\sum\limits_{V \in \{M_s, m_s\}} \Pr_{G_b}(V) \frac{(VC_j t)^{\frac{2}{\alpha_j}}}{\alpha_j} \sum\limits_{m=0}^{N_j-1} \frac{\left(\frac{D^{\alpha_j}}{VC_j}\right)^{m+\frac{2}{\alpha_j}}}{\left(m+\frac{2}{\alpha_j}\right)\left(s+\frac{D^{\alpha_j}}{VC_j}\right)^{m+1}} {}_2F_1\left(1, m+1; m+\frac{2}{\alpha_j}+1; \frac{\frac{D^{\alpha_j}}{VC_j}}{\frac{D^{\alpha_j}}{VC_j}+s}\right)\right) \\ + 2\pi\lambda_E \sum\limits_{V \in \{M_s, m_s\}} \Pr_{G_b}(V) \frac{(VC_N)^{\frac{2}{\alpha_N}}}{\alpha_N} \sum\limits_{m=0}^{N_N-1} \frac{\left(\frac{D^{\alpha_N}}{VC_N}\right)^{m+\frac{2}{\alpha_N}}}{\left(1-\frac{2}{\alpha_N}\right)\left(s+\frac{D^{\alpha_N}}{VC_N}\right)^{m+1}} {}_2F_1\left(1, m+1; 2-\frac{2}{\alpha_N}; \frac{s}{s+\frac{D^{\alpha_N}}{VC_N}}\right) \end{array}\right) \tag{12.21}$$

证明：证明请见附录 E。

虽然定理 12.3 中的理论分析是通用的和准确的，但其计算过程相当烦琐，因此需要推导更易于处理的理论表达式。根据文献［35］中 gamma 随机变量的累积分布函数的紧下界，可以计算出 τ_c 的紧上界如下。

定理 12.4 τ_c 的紧上界为

$$\tau_c <\approx \sum_{j \in \{L,N\}} \sum_{n=1}^{N_j} \binom{N_j}{n} (-1)^{n+1} \int_0^{+\infty} f_{r_j}(r) \mathscr{L}_{I_E}\left(\frac{\alpha_j n r^{\alpha_j}}{M_S C_j}\right) \mathrm{d}r \tag{12.22}$$

式中：$a_L \triangleq (N_L)^{-\frac{1}{N_L}}$；$a_N \triangleq (N_N)^{-\frac{1}{N_N}}$。

证明：我们利用归一化 gamma 随机变量 g 的累积分布函数的紧下界作为 $\Pr(x \leqslant y) >\approx (1-\mathrm{e}^{-ky})^N$[35]，其中，$\kappa = (N!)^{-\frac{1}{N}}$。由于 $h_{x^* o}$ 是归一化 gamma

随机变量，我们有

$$\tau_{\mathrm{c}} <\approx 1 - \sum_{j \in \{L,N\}} \mathbb{E}_{I_{\mathrm{E}},r_j}\left(\left(1 - \exp\left(\frac{n\alpha_j I_{\mathrm{E}} r_j^{\alpha_j}}{M_{\mathrm{S}} C_j}\right)\right)^{N_j}\right) \tag{12.23}$$

使用二项式展开，我们可以得到如下表达式：

$$\begin{aligned}\tau_{\mathrm{c}} &<\approx \sum_{j \in \{L,N\}} \sum_{n=1}^{N_j} \binom{N_j}{n} (-1)^{n+1} \mathbb{E}_{r_j}\left(\mathbb{E}_{I_{\mathrm{E}}}\left(\exp\left(-\frac{\alpha_j n r_j^{\alpha_j} I_{\mathrm{E}}}{M_{\mathrm{S}} C_j}\right)\right)\right) \\ &= \sum_{j \in \{L,N\}} \sum_{n=1}^{N_j} \binom{N_j}{n} (-1)^{n+1} \int_0^{+\infty} f_{r_j}(r) \mathscr{L}_{I_{\mathrm{E}}}\left(\frac{\alpha_j n r^{\alpha_j}}{M_{\mathrm{S}} C_j}\right) \mathrm{d}r\end{aligned} \tag{12.24}$$

定理 12.4 中的界在图 12.2 中得到了验证，我们绘制了安全连接概率 τ_{c} 与 λ_{E} 的关系曲线图。从图 12.2 中，我们可以发现理论曲线与仿真曲线相吻合，这表明定理 12.4 中给出的上限是紧凑的。

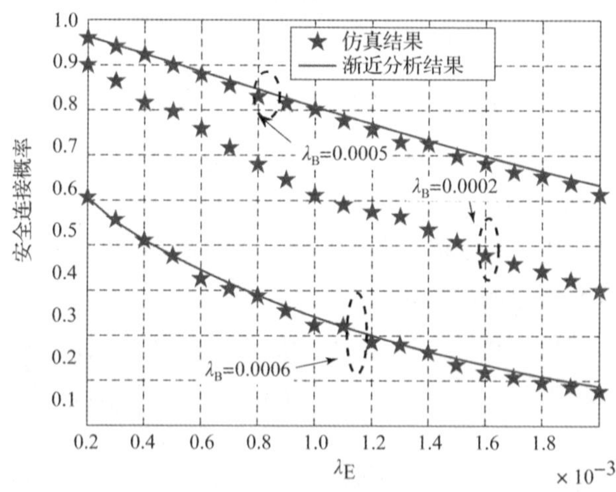

图 12.2　毫米波通信中存在多个合作窃听者情况下的安全连接概率与 λ_{E} 的关系（系统参数为 $P_{\mathrm{t}}=30\mathrm{dB}$，$\beta_{\mathrm{L}}=61.4\mathrm{dB}$，$\alpha_{\mathrm{L}}=2.92$，BW = 2GHz，$\mathscr{F}_{\mathrm{dB}}=10$，$\lambda_{\mathrm{B}}=0.0005$，0.0002，0.0006，$C=0.12$，$D=200\mathrm{m}$，$\theta_{\mathrm{b}}=9°$，$M_{\mathrm{S}}=15\mathrm{dB}$ 和 $m_{\mathrm{S}}=-3\mathrm{dB}$）

12.3.2.2　单位面积上的平均完美通信链路数

在合作窃听者的情况下，典型授权用户的连接概率 p_{con} 仍然可以由定理 12.2 中式（12.15）进行计算，并且可达安全概率 $p_{\mathrm{sec,c}}$ 可以计算为

$$p_{\mathrm{sec,c}} = \Pr\left\{\frac{P_{\mathrm{t}} I_{\mathrm{E}}}{N_0} \leqslant T_{\mathrm{e}}\right\} \tag{12.25}$$

要得到（12.25）中 $p_{\mathrm{sec,c}}$ 的分析结果，必须有 I_{E} 的 CDF。虽然 I_{E} 的累积分布函数可以通过使用拉普拉斯逆变换 $\mathscr{L}_{I_{\mathrm{E}}}(s)$ 计算得到[36]，但在某些情况下计算量会很大，并且可能会使分析变得困难。作为另一种替代方法，可以利用文献［4,8,10］中广泛采用的近似方法来获得以下定理中给出的 $p_{\mathrm{sec,c}}$ 的近似值。

定理12.5 在多个合作窃听者的情况下，$p_{\mathrm{sec,c}}$的近似值由下式给出

$$p_{\mathrm{sec,c}} \lessapprox \sum_{n=1}^{N_j} (-1)^{n+1} \mathscr{L}_{I_{\mathrm{E}}}\left(-\frac{an}{n_0 T_{\mathrm{e}}}\right) \tag{12.26}$$

式中：$\mathscr{L}_{\mathrm{IE}}(s)$是由定理12.3中给定；$a \triangleq (N!)^{\frac{1}{N}}$；$N$是近似使用的项数。

证明：

$$p_{\mathrm{sec,c}} = \Pr\left\{\frac{P_{\mathrm{t}} I_{\mathrm{E}}}{N_0 T_{\mathrm{e}}} \leqslant 1\right\} \overset{(\mathrm{i})}{\approx} \Pr\left\{\frac{P_{\mathrm{t}} I_{\mathrm{E}}}{N_0 T_{\mathrm{e}}} \leqslant w\right\} \tag{12.27}$$

在步骤（i）中，w是具有形状参数N的归一化gamma随机变量，并且在步骤（i）中的近似是由于其形状参数变为无穷大时，归一化gamma随机变量会收敛到恒等式[4,8]。

然后，利用文献［35］中的归一化gamma随机变量累积分布函数的紧下界，p_{sec}的紧上界可以表示为

$$p_{\mathrm{sec,c}} \lessapprox 1 - \left(1 - \exp\left(-\frac{aP_{\mathrm{t}} I_{\mathrm{E}}}{N_0 T_{\mathrm{e}}}\right)\right)^N \tag{12.28}$$

最后，利用二项式展开，可以将式（12.28）进一步改写为式（12.26）。

定理12.5中的近似分析结果在图12.3中得到验证。从图12.3可以看出，当$N=5$时，式（12.26）可以给出一个精确的近似值。在下面的仿真中，我们设$N=5$来近似计算$p_{\mathrm{sec,c}}$。

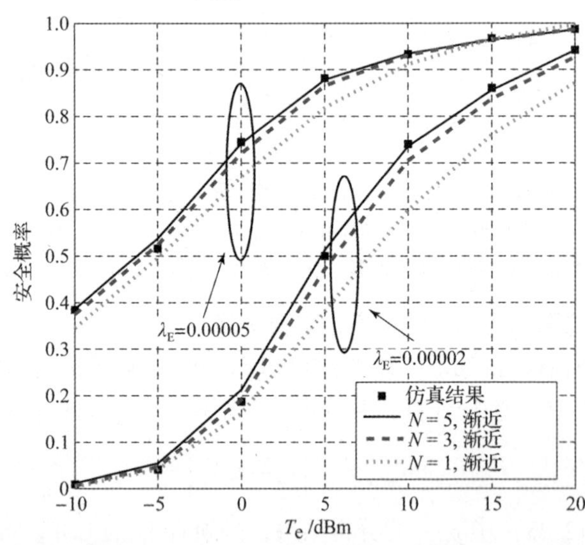

图12.3 毫米波通信在存在多个合作窃听者情况下的安全连接概率与T_{e}的关系（系统参数为$P_{\mathrm{t}}=30\mathrm{dB}$，$\theta_{\mathrm{b}}=9°$，$M_{\mathrm{S}}=15\mathrm{dB}$，$m_{\mathrm{a}}=-3\mathrm{dB}$，$\beta_{\mathrm{L}}=61.4\mathrm{dB}$，$\alpha_{\mathrm{L}}=2$，$\beta_{\mathrm{N}}=72\mathrm{dB}$，$\alpha_{\mathrm{N}}=2.92$，BW=2GHz，$\mathscr{F}_{\mathrm{dB}}=10$，$\lambda_{\mathrm{B}}=0.0005$，$C=0.081$，$D=250\mathrm{m}$）

最后，网络中的完美链路数 N_p 可以通过式（12.15）和式（12.26）近似地计算得到。

12.4 仿真结果

本节给出了毫米波网络的安全性能仿真结果，以及不同网络参数对其影响。

表 12.1 汇总了部分仿真参数，其余参数在各图中分别说明。由于所获得的理论分析结果已在图 12.1 ~ 12.3 中所验证，因此本节中的所有仿真结果均为理论分析结果。分析结果给出了存在非合作窃听者和合作窃听者的毫米波网络的安全性能。

表 12.1 部分仿真参数

参数	数值
P_t	30dBm
$N_L(N_N)$	3(2)
F_c	28GHz
BW	2GHz
$\mathscr{F}_{dB}$	10dB
$\alpha_L(\alpha_N)$	2(2.92)
$\beta_L(\beta_N)$	61.4(72)

图 12.4 给出了在存在多个非合作窃听者与合作窃听者的情况下，毫米波通信的安全连接概率与 λ_E 关系。显然，合作窃听者的窃听能力大于非合作窃听者情况下的窃听能力。因此，与非合作窃听者相比，合作情况下的安全连接概率会降低。

随着 λ_E 的增加，窃听者的窃听能力增强，安全连接概率降低。此外，随着每个基站波束赋形方向性的提高，安全性能将得到提高。这可以解释为高增益窄波束天线减少了信息泄漏，提升了合法用户的接收性能，进而提升了安全连接概率。

图 12.5 给出了 N_p 与 λ_E 关系的曲线图。与非合作窃听的情况相比，合作窃听情况下的性能恶化程度随着 λ_E 的增加而增加，特别是对于配备高方向性天线阵列的基站。仿真结果表明，定向波束赋形对安全通信非常重要。

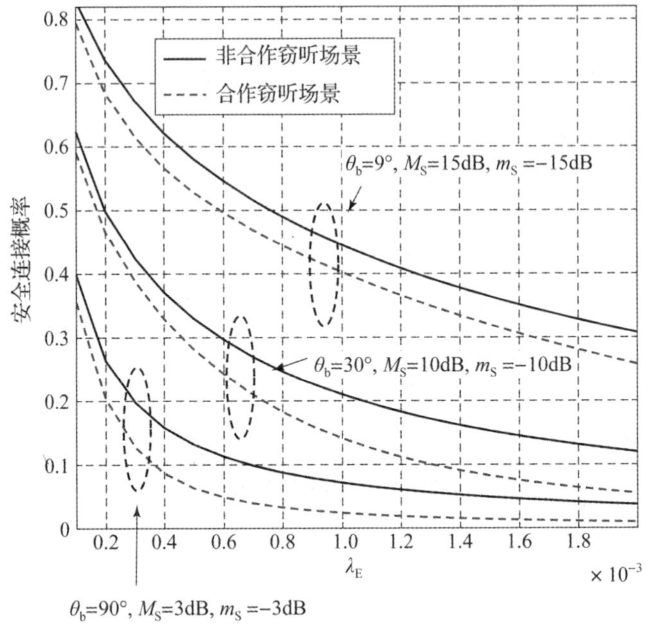

图 12.4 毫米波通信在存在多个合作窃听者情况下的安全连接概率与 λ_E 的关系（系统参数为 $\lambda_B = 0.0005$，$C = 0.081$，$D = 250$m）

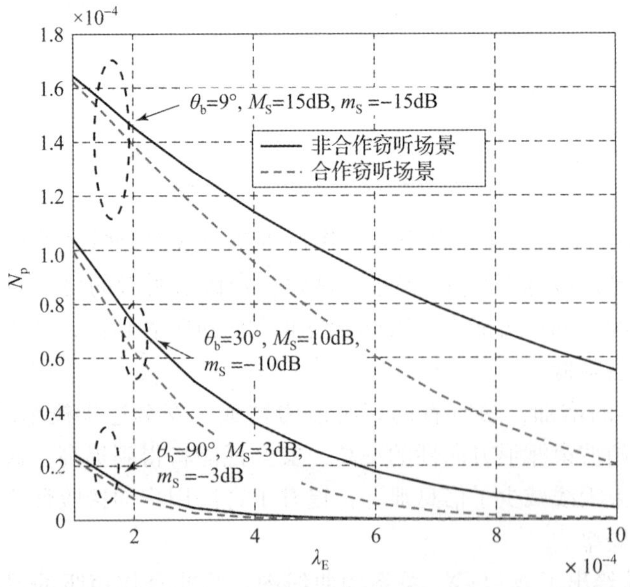

图 12.5 毫米波通信在存在多个窃听者时每个单元 N_p 的平均完美通信链路数和 λ_E 的关系（系统参数为 $T_c = 10$dB，$T_e = 0$dB，$\lambda_B = 0.0002$，$C = 0.12$，$D = 200$m）

例如，在非合作窃听的情况下，当 $\theta_b = 9°$，$M_S = 15\text{dB}$，$M_a = 3\text{dB}$，$\lambda_E = 4 \times 10^{-4}$，$N_p \approx 1.1 \times 10^{-4}$时，平均一半以上的通信链路是完美的。然而，对于阵列方向图的另外两种情况，由于主瓣波束宽度的增加和目标扇区的阵列增益的减小，N_p 大大降低。

以上仿真结果表明，基站的定向波束赋形对毫米波网络的安全性能非常重要。因此，在实际应用中，基站需要进行高方向性的波束赋形。

12.5 小结

本章考虑毫米波蜂窝网络的特点，利用随机几何框架研究了噪声受限毫米波网络的安全性能，分析了分别存在合作窃听者和非合作窃听者情况下的安全连接概率和单位面积上的平均完美通信链路数，仿真结果验证了相关分析。从仿真结果可以看出，阵列方向图对系统的安全性能有很大的影响；当利用高方向性波束赋形时，可以实现高安全连接概率；另一个重要的系统参数是窃听者的密度，窃听者密度的增加会导致安全性能的急剧下降。

A.1 附录 A

我们首先给出了$f_{d_L^*}(r)$的推导。如果典型授权用户至少可与一个 LOS 基站连接，d_L^* 的互补累积分布函数（CCDF）可以导出为

$$\Pr(d_L^* \geqslant r) \triangleq \Pr(\Phi_{B_L} B(o,r)) = 0 \mid (\Phi_{B_L}(B(o,D)) \neq 0)$$
$$= \frac{e^{-C\lambda_B \pi r^2}(1 - e^{-C\lambda_B \pi (D^2 - r^2)})}{1 - e^{-C\lambda_B \pi D^2}} \tag{A.1}$$

然后根据式（A.1），$f_{d_L^*}(r) = -\frac{\mathrm{d}\Pr(d_L^* \geqslant r)}{\mathrm{d}r}$可进一步推导为式（12.4）。

其次，调用均匀泊松点过程的空集概率[14]，互补累积分布函数 $\Pr(d_L^* \geqslant r)$可以推导如下：

$$\begin{aligned}\Pr(d_N^* \geqslant r) &\triangleq \Pr(\Phi_{B_N}(B(o,r)) = 0)\, \mathbb{I}(r \leqslant D) + \Pr(\Phi_{B_N}(B(o,D)) = 0) \\ &\quad \times \Phi_{B_N}(B(o,r)/B(o,D) = 0)\, \mathbb{I}(r > D) \\ &= \exp((1 - C)\lambda_B \pi D^2)\exp(-\lambda_B \pi (r^2 - D^2))\, \mathbb{I}(r > D) \\ &\quad + \exp((1 - C)\lambda_B \pi r^2)\, \mathbb{I}(r \leqslant D)\end{aligned} \tag{A.2}$$

最后，计算 $-\frac{\mathrm{d}\Pr(d_L^* \geqslant r)}{\mathrm{d}r}$，概率分布函数$f_{d_L^*}(r)$可以推导为式（12.5）。

B.2 附录B

A_N 的分析结果可以通过以下步骤得出

$$
\begin{aligned}
A_N &= \Pr(C_L (d_L^*)^{-\alpha_L} \leqslant C_N (d_N^*)^{-\alpha_N}) \Pr(\Phi_{B_L}(B(o,D)) \neq 0) \\
&\quad + \Pr(\Phi_{B_L}(B(o,D)) = 0) \\
&= \Pr\left(\left(\frac{C_L}{C_N}\right)^{\frac{1}{\alpha_L}} (d_N^*)^{\frac{\alpha_N}{\alpha_L}} \leqslant d_L^*\right)(1 - e^{-\pi C\lambda_B D^2}) + e^{-\pi C\lambda_B D^2} \\
&= \mathbb{E}_{d_N^* \leqslant \left(\frac{C_L}{C_N}\right)^{-\frac{1}{\alpha_N} D^{\frac{\alpha_N}{\alpha_L}}}} \left(e^{-\pi C\lambda_B \left(\frac{C_L}{C_N}\right)^{\frac{2}{\alpha_L}} (d_N^*)^{\frac{2\alpha_N}{\alpha_L}}} - e^{-\pi C\lambda_B D^2}\right) + e^{-\pi C\lambda_B D^2}
\end{aligned} \tag{B.1}
$$

最后，式（12.6）可通过利用式（12.5）中的概率密度函数 $f_{d_N^*}(r)$ 得出。

因此，可以用式（B.2）中的步骤推导出 A_L 的分析结果

$$
\begin{aligned}
A_L &= \Pr(C_L (d_L^*)^{-\alpha_L} \geqslant C_N (d_N^*)^{-\alpha_N}) \Pr(\Phi_{B_L}(B(o,D)) \neq 0) \\
&= \Pr\left(\left(D \geqslant \left(\frac{C_L}{C_N}\right)^{\frac{1}{\alpha_L}} (d_N^*)^{\frac{\alpha_N}{\alpha_L}} \geqslant d_L^*\right) + \Pr\left(D \leqslant \left(\frac{C_L}{C_N}\right)^{\frac{1}{\alpha_L}} (d_N^*)^{\frac{\alpha_N}{\alpha_L}}\right)\right) \Pr(\Phi_{B_L}(B(o,D)) \neq 0) \\
&= \left(\int_0^{\mu} \left(\Pr\left(\left(\frac{C_L}{C_N}\right)^{\frac{1}{\alpha_L}} r^{\frac{\alpha_N}{\alpha_L}} \geqslant d_L^*\right)\right) f_{d_N^*}(r)\mathrm{d}r + \Pr(d_N^* \geqslant \mu)\right) \times \Pr(\Phi_{B_L}(B(o,D)) \neq 0)
\end{aligned} \tag{B.2}
$$

因为 $\Pr(d_L^* \leqslant r) = 1 - \Pr(d_L^* \geqslant r)$ 和 $\Pr(d_L^* \geqslant r)$ 已经在式（A.1）中得出，将式（12.5）中的分析结果 $\Pr(d_L^* \leqslant r)$ 和 $f_{d_N^*}(r)$ 代入式（B.2），我们可以得到 $A_L = 1 - A_N$。

C.3 附录C

我们首先给出了 $f_{r_L}(r)$ 的推导。$\Pr(r_L \geqslant r)$ 的互补累积分布函数可以用式（C.1）中的步骤导出

$$
\begin{aligned}
\Pr(r_L \geqslant r) &\triangleq \Pr(\Phi_{B_L}(B(o,r)) = 0 \mid C_L (d_L^*)^{-\alpha_L} \geqslant C_N (d_N^*)^{-\alpha_N}) \\
&= \frac{\Pr(\Phi_{B_L}(B(o,D)) \neq 0) \Pr(r \leqslant d_L^*, C_L (d_L^*)^{-\alpha_L} \geqslant C_N (d_N^*)^{-\alpha_N})}{\Pr(C_L (d_L^*)^{-\alpha_L} \geqslant C_N (d_N^*)^{-\alpha_N})} \\
&\overset{(a)}{=} \frac{1}{A_L} \int_r^D \Pr\left(\Phi_N \cap b\left(o, \left(\frac{C_N}{C_L}\right)^{\frac{1}{\alpha_N}} y^{\frac{\alpha_L}{\alpha_N}}\right) = \varnothing\right) 2\pi C\lambda_B y \exp(-\pi C\lambda_B y^2)\mathrm{d}y
\end{aligned} \tag{C.1}
$$

步骤（a）可以由均匀泊松点过程的空集概率和 $f_{d_L^*}(r)$ 导出。然后，计算 $f_{r_L}(r) = -\frac{\mathrm{d}\Pr(r_L \geqslant r)}{\mathrm{d}r}$，$f_{r_L}(r)$ 的概率分布函数可以推导为式（12.7）。

我们给出了 $f_{r_L}(r)$ 的推导，$\Pr(r_L \geqslant r)$ 的互补累积分布函数等同于式（C.2）中的条件互补累积分布函数，即

$$\begin{aligned}\Pr(r_N \geqslant r) &\triangleq \Pr(d_L^* \geqslant r \mid C_L (d_L^*)^{-\alpha_L} \leqslant C_N (d_N^*)^{-\alpha_N}) \\ &= \frac{\Pr(r \leqslant d_N^*, C_L (d_L^*)^{-\alpha_L} \leqslant C_N (d_N^*)^{-\alpha_N}) \Pr(\Phi_{B_L}(B(o,D)) \neq 0)}{A_N} \\ &\quad + \frac{\Pr(r \leqslant d_N^*, \Phi_{B_L}(B(o,D)) = 0)}{A_N} \end{aligned} \tag{C.2}$$

我们首先推导出式（C.2）中的第一项，如下所示

$$\begin{aligned}&\frac{\mathbb{E}_{d_N^* \geqslant r}\left(\Pr\left(\left(\frac{C_L}{C_N}\right)^{\frac{1}{\alpha_L}} (d_N^*)^{\frac{\alpha_N}{\alpha_L}} \leqslant d_L^*\right)\right)\Pr(\Phi_{B_L}(B(o,D)) \neq 0)}{A_N} \\ &\overset{(b)}{=} \frac{\mathbb{E}_{d_N^* \geqslant r}\left(\exp\left(-C\lambda_B \pi \left(\frac{C_L}{C_N}\right)^{\frac{2}{\alpha_L}} (d_N^*)^{\frac{2\alpha_N}{\alpha_L}}\right) - \mathrm{e}^{-C\lambda_B \pi D^2}\right)}{A_N} \mathit{II}\left(r \leqslant \left(\frac{C_N}{C_L}\right)^{\frac{1}{\alpha_N}} D^{\frac{\alpha_L}{\alpha_N}}\right)\end{aligned} \tag{C.3}$$

其中，步骤（b）是根据均匀泊松点过程的空集概率得到的。

最后，我们导出了式（C.2）的第二项。由于 LOS 基站位置和 NLOS 基站位置建模为两个独立的均匀泊松点过程，我们有

$$\begin{aligned}\frac{\Pr(r \leqslant d_N^*, \Phi_{B_L}(B(o,D)) = 0)}{A_N} &= \frac{\exp(-(1-C)\lambda_B \pi r^2 - C\lambda_B \pi D^2)}{A_N} \mathit{II}(r \leqslant D) \\ &\quad + \frac{\mathrm{e}^{-\lambda_B \pi r^2}}{A_N} \mathit{II}(r \geqslant D)\end{aligned} \tag{C.4}$$

将式（C.4）和式（C.3）代入式（C.2），$f_{r_N}(r) = -\dfrac{\mathrm{d}\Pr(r_N \geqslant r)}{\mathrm{d}r}$，可推导出式（12.8）。

D.4 附录 D

点过程 $\mathcal{N}_E$ 可以看作是点过程 Φ_E 通过概率核 $p(z, A) = \Pr\left(\frac{1}{G_b(\theta) g_{xz} L(x,z)} \in A\right)$，$z \in \boldsymbol{R}^2, A \in \mathscr{B}(\boldsymbol{R}^+)$ 的变换。根据位移定理[14]，$\mathcal{N}_E$ 是 $\boldsymbol{R}^+$ 上的均匀泊松点过程，测度 $\Lambda_E(0,t)$ 由下式给出

$$\Lambda_E(0,t) = \lambda_E \int_{\boldsymbol{R}^2} \Pr\left(\frac{1}{G_b(\theta) g_{xz} L(x,z)} \in [0,t]\right) \mathrm{d}z \tag{D.1}$$

从12.2.1节的阻挡模型可以看出，Φ_E 被分为两个独立的点过程，即 LOS

和NLOS窃听者。此外，在主副瓣中的窃听者接收到的方向性增益是不同的。因此，对于极坐标系统，式（D.1）中的$\Lambda_{\mathrm{E}}(0,t)$可以进一步导出式（D.2）。

$$\begin{aligned}\Lambda_{\mathrm{E}}(0,t) =& 2\pi\lambda_{\mathrm{E}}\sum_{V\in\{M_{\mathrm{S}},m_{\mathrm{S}}\}}\mathrm{Pr}_{G_{\mathrm{b}}}(V)\sum_{j\in\{L,N\}}q_j\int_0^D\mathrm{Pr}\left(\frac{r^{\alpha_j}}{G_{\mathrm{b}}(\theta)g_rC_j}\leqslant t\,\middle|\,G_{\mathrm{b}}(\theta)=V\right)r\mathrm{d}r\\&+2\pi\lambda_{\mathrm{E}}\sum_{V\in\{M_{\mathrm{S}},m_{\mathrm{S}}\}}\mathrm{Pr}_{G_{\mathrm{b}}}(V)\int_D^{+\infty}\mathrm{Pr}\left(\frac{r^{\alpha_{\mathrm{N}}}}{G_{\mathrm{b}}(\theta)g_rC_{\mathrm{N}}}\leqslant t\,\middle|\,G_{\mathrm{b}}(\theta)=V\right)r\mathrm{d}r\end{aligned}\tag{D.2}$$

式中：g_r表示窃听者的小尺度衰落，如果窃听者和目标基站之间的链路是LOS，则$g_r\sim\mathrm{gamma}(N_{\mathrm{L}},1)$，否则$g_r\sim\mathrm{gamma}(N_{\mathrm{N}},1)$。

为了得到$\Lambda_{\mathrm{E}}(0,t)$的解析式，需要计算式（D.2）中的积分。首先，积分$\int_0^D\mathrm{Pr}\left(\frac{r^{\alpha_j}}{G_{\mathrm{b}}(\theta)g_rC_j}\leqslant t\,\middle|\,G_{\mathrm{b}}(\theta)=V\right)r\mathrm{d}r$可以用以下过程推导出：

$$\begin{aligned}\int_0^D\mathrm{Pr}\left(g_r\geqslant\frac{r^{\alpha_j}}{VC_jt}\right)r\mathrm{d}r&\overset{(\mathrm{a})}{=}\int_0^D\left(1-\frac{\gamma\left(N_j,\frac{r^{\alpha_j}}{VC_jt}\right)}{\Gamma(N_j)}\right)r\mathrm{d}r\overset{(\mathrm{b})}{=}\int_0^D\left(1-\frac{\Gamma\left(N_j,\frac{r^{\alpha_j}}{VC_jt}\right)}{\Gamma(N_j)}\right)r\mathrm{d}r\\&\overset{(\mathrm{c})}{=}\int_0^D\mathrm{e}^{-\frac{r^{\alpha_j}}{VC_jt}}\sum_{m=0}^{N_j-1}\left(\frac{r^{\alpha_j}}{VC_jt}\right)^m\frac{1}{m!}r\mathrm{d}r\overset{(\mathrm{d})}{=}\frac{(VC_jt)^{\frac{2}{\alpha_j}}}{\alpha_j}\sum_{m=0}^{N_j-1}\frac{\gamma\left(m+\frac{2}{\alpha_j},\frac{D^{\alpha_j}}{VC_jt}\right)}{m!}\end{aligned}\tag{D.3}$$

其中，步骤（a）出自$g_r\sim\mathrm{gamma}(N_j,1)$，步骤（b）出自文献［13］，步骤（c）出自文献［13］，步骤（d）出自文献［13］。

由类似的过程，积分$\int_D^{+\infty}\mathrm{Pr}\left(\frac{r^{\alpha_j}}{G_{\mathrm{b}}(\theta)g_rC_j}\leqslant t\,\middle|\,G_{\mathrm{b}}(\theta)=V\right)r\mathrm{d}r$可以计算为

$$\int_D^{+\infty}\mathrm{Pr}\left(\frac{r^{\alpha_j}}{G_{\mathrm{b}}(\theta)g_rC_j}\leqslant t\,\middle|\,G_{\mathrm{b}}(\theta)=V\right)r\mathrm{d}r=\frac{(VC_jt)^{\frac{2}{\alpha_j}}}{\alpha_j}\sum_{m=0}^{N_j-1}\frac{\Gamma\left(m+\frac{2}{\alpha_j},\frac{D^{\alpha_j}}{VC_jt}\right)}{m!}\tag{D.4}$$

最后，将式（D.3）和式（D.4）代入式（D.2），即可完成证明。

E.5 附录E

可实现的安全连接概率τ_{c}可以计算为

$$\begin{aligned}\tau_{\mathrm{c}}&\overset{(\mathrm{g})}{=}\sum_{j\in\{L,N\}}\mathbb{E}_{r_j}\left[\mathbb{E}_{r_j}\left[\mathrm{e}^{-\frac{I_{\mathrm{E}}r_j^{\alpha_j}}{M_{\mathrm{S}}C_j}}\sum_{m=0}^{N_j-1}\left(\frac{I_{\mathrm{E}}r_j^{\alpha_j}}{M_{\mathrm{S}}C_j}\right)^m\frac{A_j}{\Gamma(m+1)}\right]\right]\\&\overset{(\mathrm{h})}{=}\sum_{j\in\{L,N\}}\mathbb{E}_{r_j}\left[\sum_{m=0}^{N_j-1}\left(\frac{r_j^{\alpha_j}}{M_{\mathrm{S}}C_j}\right)^m\frac{A_j}{\Gamma(m+1)}(-1)^m\mathscr{L}_{I_{\mathrm{E}}}^{(m)}\left(\frac{r_j^{\alpha_j}}{M_{\mathrm{S}}C_j}\right)\right]\end{aligned}\tag{E.1}$$

其中，步骤（g）是因为 x^* 处的服务基站可以是 LOS 或 NLOS 基站，步骤（h）是由于拉普拉斯变换性质 $t^n f(t) \mathcal{L} (-1)^n \frac{\mathrm{d}^n}{\mathrm{d}s^n}\mathscr{L}_{f(t)}(s)$。

下面，我们推导出了 $\mathscr{L}_{I_E}(s)$ 的分析结果

$$\mathscr{L}_{I_E}(s) = \mathbb{E}\left(\mathrm{e}^{-s\sum_{z\in\Phi_E}G_b(\theta)L(x^*,z)g_{x^*z}}\right) \overset{(i)}{=} \exp\left(\int_0^{+\infty}\left(\mathrm{e}^{-\frac{s}{x}}-1\right)\Lambda_E(0,\mathrm{d}x)\right)$$
$$\overset{(k)}{=} \exp\left(-\int_0^{+\infty}\Lambda_E(0,x)\frac{s}{x^2}\mathrm{e}^{-\frac{s}{x}}\mathrm{d}x\right) \overset{(v)}{=} \exp\left(\underbrace{-\int_0^{+\infty}\Lambda_E\left(0,\frac{1}{z}\right)s\mathrm{e}^{-sz}\mathrm{d}z}_{T}\right) \tag{E.2}$$

其中，步骤（i）是通过使用概率生成函数（PGFL）得到的，步骤（k）是通过使用分部积分得到的，步骤（v）是通过变量替换 $z=\frac{1}{x}$ 得到的。将（12.11）中的 $\Lambda_E\left(0,\frac{1}{z}\right)$ 代入 T，T 可改写为

$$T = -s\left(2\pi\lambda_E\sum_{j=\{L,N\}}\begin{matrix} q_j\left(\sum\limits_{V\in\{M_S,m_S\}}\rho_j\sum\limits_{m=0}^{N_j-1}\frac{1}{m!}\underbrace{\int_0^{\infty}\frac{\gamma\left(m+\frac{2}{\alpha_j},\frac{D^{\alpha_j}z}{VC_j}\right)}{z^{\frac{2}{\alpha_j}}}\mathrm{e}^{-sz}\mathrm{d}z}_{H_1}\right) \\ +\sum\limits_{V\in\{M_S,m_S\}}\mathrm{Pr}_{G_b}(V)\rho_N\sum\limits_{m=0}^{N_N-1}\frac{1}{m!}\underbrace{\int_0^{\infty}\frac{\Gamma\left(m+\frac{2}{\alpha_N},\frac{D^{\alpha_N}z}{VC_N}\right)}{z^{\frac{2}{\alpha_N}}}\mathrm{e}^{-sz}\mathrm{d}z}_{H_2}\end{matrix}\right) \tag{E.3}$$

其中，$\rho_j \triangleq (\mathrm{Pr}G_b(V)(VC_j)^{\frac{2}{\alpha_j}})/\alpha_j$。

利用文献［13］式（6.455.1）和式（6.455.2），积分项 H_1 和 H_2 可以计算为

$$H_1 = \frac{(D^{\alpha_j}/(VC_j))^{m+\frac{2}{\alpha_j}}\Gamma(m+1)}{\left(m+\frac{2}{\alpha_j}\right)(s+D^{\alpha_j}/(VC_j))^{m+1}}{}_2F_1\left(1,m+1;m+\frac{2}{\alpha_j}+1;\frac{D^{\alpha_j}/(VC_j)}{s+D^{\alpha_j}/(VC_j)}\right) \tag{E.4}$$

$$H_2 = \frac{(D^{\alpha_N}/(VC_N))^{m+\frac{2}{\alpha_N}}\Gamma(m+1)}{\left(1-\frac{2}{\alpha_N}\right)(s+D^{\alpha_N}/(VC_j))^{m+1}}{}_2F_1\left(1,m+1;2-\frac{2}{\alpha_N}+1;\frac{S}{s+D^{\alpha_j}/(VC_j)}\right) \tag{E.5}$$

最后，将式（E.4）和式（E.5）代入式（E.3），可以得到 $\mathscr{L}_{I_{\mathrm{E}}}(s)$ 的闭式结果。

证毕

参考文献

[1] T. S. Rappaport, S. Sun, R. Mayzus *et al.*, "Millimeter wave mobile communications for 5G cellular: It will work!" *IEEE Access*, vol. 1, pp. 335–349, 2013.

[2] T. A. Thomas and F.W. Vook, "System level modeling and performance of an outdoormm Wave local area access system", in *Proc. IEEE Int. Symp. Personal Indoor and Mobile Radio Commun.*, Washington, USA, Sep. 2014.

[3] S. Rangan, T. S. Rappaport, and E. Erkip "Millimeter-wave cellular wireless networks: Potentials and challenges," *Proc. IEEE*, vol. 102, no. 3, pp. 365–385, March 2014.

[4] T. Bai and R. W. Heath, Jr., "Coverage and rate analysis for millimeter wave cellular networks," *IEEE Trans. Wireless Commun.* vol. 14, no. 2, pp. 1100–1114, Feb. 2015.

[5] M. R. Akdeniz, Y. Liu, M. K. Samimi *et al.*, "Millimeter wave channel modeling and cellular capacity evaluation," *IEEE J. Sel. Areas Comm.*, vol. 32, no. 6, pp. 1164–1179, Jun. 2014.

[6] T. Bai, R. Vaze, and R. W. Heath, Jr., "Analysis of blockage effects on urban cellular networks," *IEEE Trans. Wireless Commun.*, vol. 13, no. 9, pp. 5070–5083, Sep. 2014.

[7] T. Bai, A. Alkhateeb, and R. W. Heath, Jr., "Coverage and capacity of millimeter-wave cellular networks," *IEEE Commun. Mag.* vol. 52, no. 9, pp. 70–77, Sep. 2014.

[8] A. Thornburg, T. Bai and R. W. Heath, "Performance analysis of outdoor mmWave Ad Hoc networks," *IEEE Trans. Signal Process.*, vol. 64, no. 15, pp. 4065-4079, Aug.1, 1 2016.

[9] M. N. Kulkarni, S. Singh and J. G. Andrews, "Coverage and rate trends in dense urban mmWave cellular networks," in *Proc. IEEE Global Communications Conference (GLOBECOM)*, Austin, USA, Dec. 2014.

[10] S. Singh, M. N. Kulkarni, A. Ghosh, and J. G. Andrews, "Tractable model for rate in self-backhauled millimeter wave cellular networks", *IEEE J. Sel. Areas Commun.*, vol. 33, no. 10, pp. 2196–2211, Sep. 2015.

[11] M. Di Renzo, "Stochastic geometry modeling and analysis of multi-tier millimeterwave cellular networks," *IEEE Trans. Wireless Commun.*, vol. 14, no. 9, pp. 5038–5057, Sep. 2015.

[12] L. Wang, M. Elkashlan, T. Q. Duong, and R. W. Heath, Jr, "Secure communication in cellular networks: The benefits of millimeter wave mobile broadband," in *Proc. IEEE Signal Processing Advances in Wireless Communications (SPAWC)*, Toronto, Canada, Jun. 2014.

[13] I. S. Gradshteyn and I. M. Ryzhik, *Table of Integrals, Series, and Products*, 7th ed. NewYork: Academic, 2007.

[14] M. Haenggi, J. G. Andrews, F. Baccelli, O. Dousse, and M. Franceschetti, "Stochastic geometry and random graphs for the analysis and design of wireless networks," *IEEE J. Sel. Areas Commun.,* vol. 27, no. 7, pp. 1029–1046, Sep. 2009.

[15] B. Blaszczyszyn, M. K. Karray, and H.-P. Keeler, "Using Poisson processes to model lattice cellular networks," in *Proc. IEEE Intl. Conf. on Comp. Comm. (INFOCOM)*, Apr. 2013.

[16] H. Wang and M. C. Reed, "Tractable model for heterogeneous cellular networks with directional antennas", in *Proc. Australian Communications Theory Workshop (AusCTW)*, Wellington, New Zealand, Jan. 2012.

[17] X. Zhang, X. Zhou, and M. R. McKay, "Enhancing secrecy with multi-antenna transmission in wireless ad hoc networks," *IEEE Trans. Infor. Forensics Sec.*, vol. 8, no. 11, pp. 1802–1814, Nov. 2013.

[18] T.-X. Zheng, H.-M. Wang, J. Yuan, D. Towsley, and M. H. Lee, "Multi-antenna transmission with artificial noise against randomly distributed eavesdroppers," *IEEE Trans. Commun.*, vol. 63, no. 11, pp. 4347–4362, Nov. 2015.

[19] T.-X. Zheng and H.-M. Wang, "Optimal power allocation for artificial noise under imperfect CSI against spatially random eavesdroppers," *IEEE Trans. Veh. Technol.*, vol. 65, no. 10, pp. 8812–8817, Oct. 2016.

[20] C. Ma, J. Liu, X. Tian, H. Yu, Y. Cui, and X. Wang, "Interference exploitation in D2D-enabled cellular networks: A secrecy perspective," *IEEE Trans. Commun.*, vol. 63, no. 1, pp. 229–242, Jan. 2015.

[21] O. O. Koyluoglu, C. E. Koksal, and H. E. Gamal, "On secrecy capacity scaling in wireless networks," in *Proc. Inf. Theory Applicat. Workshop*, La Jolla, CA, USA, Feb. 2010, pp. 1–4.

[22] S. Vasudevan, D. Goeckel, and D. Towsley, "Security-capacity trade-off in large wireless networks using keyless secrecy," in *Proc. ACM Int. Symp. Mobile Ad Hoc Network Comput.*, Chicago, IL, USA, 2010, pp. 210–230.

[23] X. Zhou, M. Tao, and R. A. Kennedy, "Cooperative jamming for secrecy in decentralized wireless networks," in *Proc. IEEE Int. Conf. Commun.*, Ottawa, Canada, Jun. 2012, pp. 2339–2344.

[24] D. Tse and P. Viswanath, *Fundamentals of wireless communication*, Cambridge University Press 2005.

[25] J. Wang, L. Kong, and M.-Y. Wu, "Capacity of wireless ad hoc networks using practical directional antennas," in *Proc. IEEE Wireless Communications and Networking Conference (WCNC)*, Sydney, Australia, Apr. 2010.

[26] A. D. Wyner, "The wire-tap channel," *Bell Sys.Tech. J.*, vol. 54, pp. 1355–1387, 1975.

[27] B. He and X. Zhou, "New physical layer security measures for wireless transmissions over fading channels," in *Proc. IEEE Global Communications Conference (GLOBECOM'14)*, Austin, USA, Dec. 2014.

[28] X. Zhou, R. K. Ganti, and J. G. Andrews, "Secure wireless network connectivity with multi-antenna transmission," *IEEE Trans.Wireless Commun.*, vol. 10, no. 2, pp. 425–430, Feb. 2011.

[29] C. Ma, J. Liu, X. Tian, H. Yu, Y. Cui, and X. Wang, "Interference exploitation

in D2D-enabled cellular networks: A secrecy perspective," *IEEE Trans. Commun.*, vol. 63, no. 1, pp. 229–242, Jan. 2015.

[30] H.-M. Wang, T.-X. Zheng, J. Yuan, D. Towsley, and M. H. Lee, "Physical layer security in heterogeneous cellular networks," *IEEE Trans. Commun.*, vol. 64, no. 3, pp. 1204–1219, Mar. 2016.

[31] H.-M. Wang, C. Wang, D. W. Kwan Ng, M. H. Lee, and J. Xiao, "Artificial noise assisted secure transmission for distributed antenna systems," *IEEE Trans. Signal Process.*, to appear, 2016.

[32] G. Geraci, H. S. Dhillon, J. G. Andrews, J. Yuan, and I. B. Collings, "Physical layer security in downlink multi-antenna cellular networks," *IEEE Trans. Commun.*, vol. 62, no. 6, pp. 2006–2021, Jun. 2014.

[33] T. Zheng, H.-M. Wang, and Q. Yin, "On transmission secrecy outage of multiantenna system with randomly located eavesdroppers," *IEEE Commun. Lett.*, vol. 18, no. 8, pp. 1299–1302, Aug. 2014.

[34] Justin Krometis, "Multidimensional Numerical Integration," 2015 [Online]. Available: http://www.arc.vt.edu/about/personnel/krometis/krometisc_cubature_2013.pdf

[35] H. Alzer, "On some inequalities for the incomplete gamma function," *Mathematics of Computation*, vol. 66, no. 218, pp. 771–778, 1997. [Online]. Available: *http://www.jstor.org/stable/2153894.*

[36] J. Abate and W. Whitt, "Numerical inversion of Laplace transforms of probability distributions," *ORSA J. Comput.*, vol. 7, no. 1, pp. 36–43, 1995.

第 13 章

方向调制赋能的无线物理层安全

Yuan Ding[①], Vincent Fusco[①]

方向调制（DM）作为一种很有前途的无密钥物理层安全技术，近十年来得到了迅速的发展。这种信号调制方式具有方向依赖特性，因而能够直接在物理层实现安全无线通信。本章回顾了近年来 DM 技术的发展，并对未来的研究提出了一些建议。

13.1 方向调制概念

方向调制（DM）的概念最早是在天线和传播领域提出的[1-3]。在传统通信系统中，信号调制通常是在数字基带上进行的。当时研究人员发现，在射频（RF）阶段进行信号调制时，如改变天线阵列结构[1-2]和射频载波馈入天线阵的相位[3]，自由空间中沿不同空间方向辐射的信号波形组合方式不同。换句话说，信号调制方式具有方向依赖性。这是由于每个阵列单元产生的远场辐射方向图在不同方向上的求和方式不同，即空间相关。通过优化设计，可以使包含所需信息的信号波形沿着优先选择的安全通信方向传播。这样，只有位于预定方向的接收者才能捕捉到正确的信号特征，从而成功恢复数据，而沿其他方向辐射的失真信号波形增加了窃听难度。如图 13.1 所示，以正交相移键控（QPSK）调制的 DM 系统为例，来清楚地说明 DM 的概念。图中，标准格式的 QPSK 星座图，即同相正交（IQ）空间的中心对称方阵，仅沿优先定义的观测方向 θ_0 保持，而沿所有其他空间方向的信号星座图被扭曲。在这种方式下，大大降低了所有其他方向上的潜在窃听者成功窃听的可能性。

① 英国贝尔法斯特女王大学电子、通信和信息技术研究所（ECIT）。

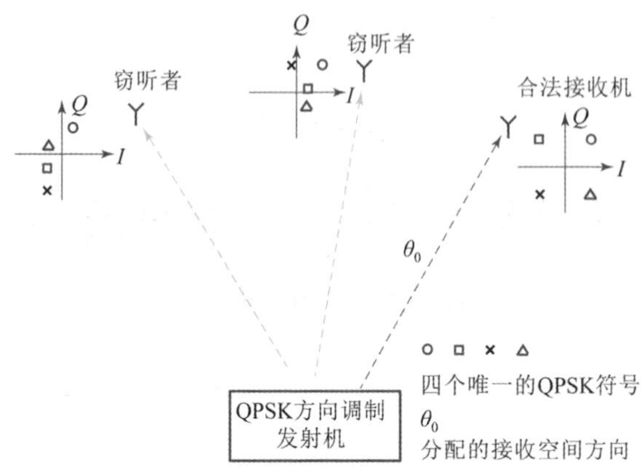

图 13.1　QPSK DM 系统的主要特性说明

(沿预定方向 θ_0 形成一个可用星座，远离目标方向的星座被打乱[4] © 2015，2015 年剑桥大学出版社和欧洲微波协会，经作者许可转载 A review of directional modulation technology [J]. International Journal of Microwave and Wireless Technologies，2015：1－13.)

这种 DM 特性与传统无线传输系统的一般广播性质截然不同。传统无线传输系统是将波形相同但幅度不同的信号投射到整个辐射覆盖空间。

最初，人们错误地认为方向依赖的性质是由于信号调制发生在射频阶段[1-2]。事实上，在一些 DM 发送者中，信号调制仍然发生在数字基带[5]。据发现：

(1) 从天线和传播的角度来看，DM 技术的本质是要求以传输码元速率更新天线阵列远场辐射方向图。相比之下，在传统的无线传输系统中，天线或天线阵列的远场辐射方向图是在信道块衰落速率下更新的。

(2) 从信号处理的角度来看，DM 技术的本质是将空间域正交的人工干扰注入传递给期望接收者的信号中[6-7]。相比之下，传统的无线传输系统中不使用正交的人工干扰。

本章其余部分的组织如下：13.2 节介绍了 DM 发送者物理架构的类型。13.3 节建立了一个通用的数学模型。13.4 节描述了不同类型的 DM 架构的组成方法。在 13.5 节中简要介绍和总结了用于评估 DM 系统安全性能的指标。13.6 节研究了 DM 技术在多波束和多径应用中的扩展。13.7 节中讨论了 DM 技术的最新进展。最后，13.8 节提供了未来 DM 技术研究的建议。

13.2　DM 发送者结构

本节首先按照提出的时间顺序介绍 DM 发送者体系结构，然后为了便于讨论相应特性，将它们分为三类。

13.2.1　近场直接天线调制

第一种 DM 发送者被作者命名为近场直接天线调制（NFDAM），它由大量可重配置的无源反射器组成，这些反射器耦合在中心驱动天线的近场中[1,8]。NFDAM DM 发送者结构如图 13.2 所示。近场无源反射器上的开关状态组合构成独特的远场辐射方向图，可转换为 IQ 空间中的星座点，在自由空间中沿不同方向被检测。在对大量可能的开关组合的方向图进行测量之后，可以获得沿所需方向可检测的星座图。随后，存储每个符号安全传输的相应开关设置，以便重现这种可用状态。远场辐射方向图与每个选择的开关组合相关联，在不同空间方向作用不同，因此在非期望的通信方向上检测到的信号星座是失真的。

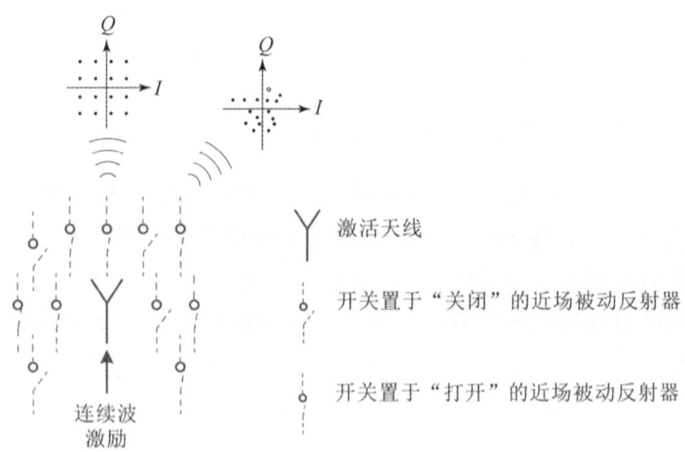

图 13.2　NFDAM DM 结构概念图

13.2.2　采用可重构天线的 DM

与 NFDAM 类似，通过使用有源可重构天线单元替换每个天线单元，包括中央有源激励天线和周围的无源反射器，可以构建 DM 发送者[2]。当阵列单元很好地分离时，如半波长间隔，天线单元上的电流可以利用与每个天线辐射结构相关联的可重构组件来主动操控。可以利用优化算法对 DM 发送者进行性能优化[3,9]。

13.2.3　采用相控阵天线的 DM

在文献［3］中，作者使用相控阵天线构建了一个 DM 发送者，如图

13.3所示。这种类型的架构利用分离的阵列单元激励可重构性，而不是辐射结构的可重构性，以实现方向依赖的调制传输。这种激励可重构DM结构易于组合，易于实现，人们已在各种硬件约束下进行了大量研究[9-13]。

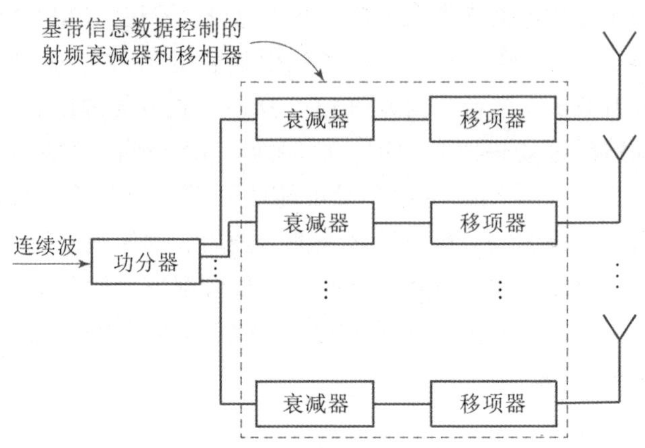

图13.3 通用激励可重构DM发送者阵列

13.2.4 采用傅里叶波束赋形网络的DM

在文献［14-15］中，DM发送者由傅里叶波束赋形网络构建，如巴特勒矩阵和傅里叶-罗特曼透镜，其在波束空间的正交性使得未污染信号只沿与激发信息波束端口对应的选定空间方向投射，如图13.4所示。这种DM设计将需要的射频链路数量减少到2条。该结构已经进行了实验验证，采用文献［7,16］中的模拟和数字调制进行10GHz实时数据传输。

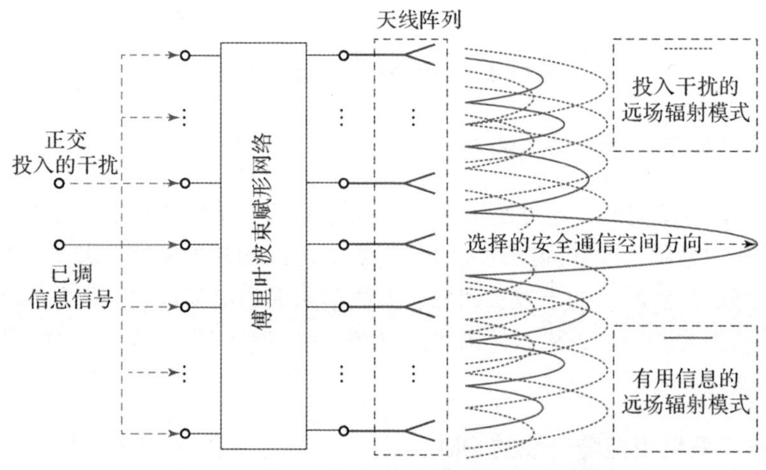

图13.4 傅里叶波束赋形网络的DM发送者

13.2.5 采用开关天线阵列的 DM

研究人员在文献［17－18］中指出，通过在天线前插入一个开关阵列，每次发送符号随机选择天线阵列中的子集进行信号传输，可以构建 DM 发送者。实际上早在文献［19］中就提出了这一概念。这种结构在文献［17］中称为天线子集调制（ASM），在文献［20］中称为 4－D 天线阵列。这种结构只需要一条射频链路，代价是降低了波束赋形增益。

13.2.6 采用数字基带的方向调制

图 13.3 中的 DM 发送者使用射频组件来重新配置天线阵列激励。使用更灵活、更精确的数字基带取代这些射频组件是很自然的[6,21]，这种方法促进了 DM 技术在现代数字无线通信系统中的应用。

上述 DM 架构类型可分为三大类，即辐射结构可重构 DM（A 和 B），激励可重构 DM（C 和 F），以及免合成 DM（D 和 E，包括文献［22］中的逆向 DM）。表 13.1 总结了它们的特征。由于辐射结构可重构 DM 的设计很大程度上依赖于天线结构的选择，目前尚无有效的通用合成方法。而免合成 DM 可以被认为是某种激励可重构的硬件实现。因此，本章后面只提供关于激励可重构 DM 的细节。

表 13.1 不同类型 DM 结构的特点总结

<table>
<tr><td rowspan="2">特点名称</td><td colspan="2">辐射结构可重配置的方向调制</td><td colspan="2">激励可重配置的方向调制</td><td colspan="2">无需综合的方向调制</td></tr>
<tr><td>A</td><td>B</td><td>C</td><td>F</td><td>D</td><td>E</td></tr>
<tr><td>综合</td><td colspan="2">困难</td><td>一般</td><td>简单</td><td colspan="2">无需</td></tr>
<tr><td>优化①</td><td colspan="2">困难</td><td>一般</td><td>简单</td><td colspan="2">一般</td></tr>
<tr><td>多波束②</td><td colspan="2">困难</td><td colspan="2">一般</td><td>简单</td><td>困难</td></tr>
<tr><td>多径</td><td colspan="2">困难</td><td>一般</td><td>简单</td><td colspan="2">困难</td></tr>
<tr><td>系统复杂度</td><td colspan="2">高</td><td>高</td><td>一般</td><td>低</td><td>一般</td></tr>
<tr><td>代价</td><td colspan="2">高</td><td>高</td><td>一般</td><td colspan="2">低</td></tr>
</table>

①指对系统安全性能的增强；

②指同时从多个空间方向独立传输。

13.3 DM的数学模型

（2015年剑桥大学出版社和欧洲微波协会，经作者许可转载 A review of directional modulation technology [J]. International Journal of Microwave and Wireless Technologies，2015：1－13.）

为了便于理解DM发送者的组成，文献[6,23]建立了一个数学模型。这个模型是理解13.1节中DM技术本质的关键。

自由空间中某一远场观测点的辐射为 N 个辐射天线单元构成的叠加辐射，其辐射方向图表示为

$$\boldsymbol{P}(\theta)=\frac{\mathrm{e}^{-\mathrm{j}\boldsymbol{k}\cdot\boldsymbol{r}}}{|\boldsymbol{r}|}\begin{bmatrix}\boldsymbol{R}_1(\theta)\\ \boldsymbol{R}_2(\theta)\\ \vdots\\ \boldsymbol{R}_N(\theta)\end{bmatrix}\cdot\begin{bmatrix}\boldsymbol{A}_1\mathrm{e}^{-\mathrm{j}\boldsymbol{k}\cdot\boldsymbol{x}_1}\\ \boldsymbol{A}_2\mathrm{e}^{-\mathrm{j}\boldsymbol{k}\cdot\boldsymbol{x}_2}\\ \vdots\\ \boldsymbol{A}_N\mathrm{e}^{-\mathrm{j}\boldsymbol{k}\cdot\boldsymbol{x}_N}\end{bmatrix} \tag{13.1}$$

式中：$\boldsymbol{R}_n(n\in(1,2,\cdots,N))$ 为第 n 个阵列有源单元远场方向图，是空间方向 θ 的函数；$\boldsymbol{A}_n$ 是应用在第 n 个天线端口上的激励；k 是沿每个空间方向 θ 的波数向量；$\boldsymbol{r}$ 和 $\boldsymbol{x}_n$ 分别表示接收者和第 n 个阵元相对于阵相中心的位置向量。

在传统的无线发送者波束赋形阵列中，当通信方向已知时，记为 θ_0，天线激励 $\boldsymbol{A}_n$ 经设计使每个端口的 $\boldsymbol{R}_n(\theta_0)\boldsymbol{A}_n\mathrm{e}^{-\mathrm{j}\boldsymbol{k}\cdot\boldsymbol{x}_n}$ 同相。因此，主辐射束被导向 θ_0 方向。对于信号幅度空间分布受 $|\boldsymbol{P}(\theta)|$ 控制的无线传输，信息数据 $\boldsymbol{D}$ 是IQ空间中星座点对应的复数，可以同样应用到每个天线激励 $\boldsymbol{A}_n$ 上，即 $\boldsymbol{D}\boldsymbol{A}_n$。在整个数据传输过程中，$\boldsymbol{P}(\theta)$ 不变。

在DM发射器阵列中，信息数据在无线传输中有更多的自由度。式(13.1)中的远场方向图 $\boldsymbol{P}(\theta)$ 在数据流传输过程中并不像传统波束赋形系统中那样保持恒定。对于每个传输符号，$\boldsymbol{P}(\theta)$ 是不同的。$\boldsymbol{P}(\theta_0)$ 可以直接设计为 $\boldsymbol{D}_i$，$\boldsymbol{D}_i$ 表示第 i 个传输符号，也可以和随后应用的所需数据流设计为一个常数值，两种方法是等价的。从式（13.1）中可以看出，改变远场方向图 $\boldsymbol{P}(\theta)$ 有两种方法：一是重新配置每个天线单元方向图 $\boldsymbol{R}_n$，类似在辐射结构可重构DM中采用的方法，另一种是更新天线激励 $\boldsymbol{A}_n$，如同在激励可重构DM中采用的方法，两种情况下均采用传输符号速率。前一种方法，即被动地或主动地改变 $\boldsymbol{R}_n$，由于天线辐射结构的几何形状与其远场方向图之间没有密切的联系，因而较为复杂。因此，本节描述的DM数学模型的重点是激励

可重构的 DM 结构，虽然该模型原则上也可以用于分析辐射结构可重构的 DM 和无综合的 DM。

为了便于讨论和简化数学表达式，在建立的 DM 模型中，假设各向同性天线有源方向图 $\boldsymbol{R}_n(\theta)=1$，均匀一维阵列的阵元间距 $|\boldsymbol{x}_{n+1}-\boldsymbol{x}_n|$ 均为 1/2 波长($\lambda/2$)。该模型可以很容易地扩展到一般的 DM 发送者场景，例如任意天线有源方向图和其他阵列配置。在这些假设下，远场方向图 $\boldsymbol{P}(\theta)$ 仅由阵列元激励 $\boldsymbol{A}_n$ 决定

$$\boldsymbol{P}(\theta) = \sum_{n=1}^{N}\left(\boldsymbol{A}_n \mathrm{e}^{\mathrm{j}\pi\left(n-\frac{N+1}{2}\right)\cos\theta}\right) \tag{13.2}$$

这里 $\mathrm{e}^{-\mathrm{j}kr}/|\boldsymbol{r}|$ 项被舍弃掉，因为在各个方向 $\boldsymbol{P}$ 都是一个恒定的复比例因子。

如 13.2 节中所述，由于可以采用模拟和数字方法更新 $\boldsymbol{A}_n$，我们需要一种结构独立且有助于综合和分析任何一类激励可重构 DM 发送者结构的新模型。因此，无论产生 $\boldsymbol{A}_n$ 的方法是什么，我们分析了阵列激励 $\boldsymbol{A}_n$ 需要满足的要求。为清晰起见，我们在相关符号中添加一个下标“i”，以表示在第 i 个被传输符号中的更新值。

如前所述，DM 发送者的两个关键特性是

（1）在预定通信方向 θ_0 保持发射信号格式（IQ 空间中的标准星座图）；

（2）使所有其他通信方向的星座图案失真。

从信号处理角度来看，式（13.2）中的 $\boldsymbol{P}(\theta)$ 可以看作是接收者侧 IQ 空间中被检测的星座点，对发送的第 i 个符号可表示为

$$\boldsymbol{D}_i(\theta) = \sum_{n=1}^{N} \underbrace{\boldsymbol{A}_{ni} \cdot \mathrm{e}^{\mathrm{j}\pi\left(n-\frac{N+1}{2}\right)\cos\theta}}_{B_{ni}(\theta)} \tag{13.3}$$

对于所传输的每一个符号，其向量和 B_{ni} 与沿且仅沿 θ_0 方向得到 IQ 空间中的标准星座点 $\boldsymbol{D}_i^{\mathrm{st}}$ 一致，可以数学表示为

$$\sum_{n=1}^{N}\boldsymbol{B}_{ni}(\theta_0) = \boldsymbol{D}_i^{\mathrm{st}} \tag{13.4}$$

通过扫描观测角度 θ，可以得到第 i 个符号在 IQ 空间的星座轨迹 $\boldsymbol{D}_i(\theta)$。星座轨迹的一般性质可以从式（13.3）中获得，总结如下：

（1）对于元素个数为奇数的阵列，星座轨迹为闭合轨迹。在某些极端情况下，这些位点会退化成线段。起点($\theta=0°$)总是与终点($\theta=180°$)重叠。对于偶数元素，$\boldsymbol{D}_i(0°)=-\boldsymbol{D}_i(180°)$。当阵列元素间距改变时，起始点和终点的角度也会随之改变。

（2）改变期望通信方向 θ_0 不影响 IQ 空间星座轨迹图的形状。它只决定轨迹的起点($\theta=0°$)和终点($\theta=180°$)。

（3）不同的向量路径$\left(向量和轨迹\sum_{n=1}^{N}\boldsymbol{B}_{ni}(\theta_0)\right)$不可避免地导致不同的星座轨迹。这是由$e^{jn\pi\cos\theta}$在0~180°的空间范围内对不同$n$的正交性所保证的。

（4）对于每个n，当$\boldsymbol{B}_{np}(\theta_0)$均为$\boldsymbol{B}_{nq}(\theta_0)$的$K$倍缩放时，对应的星座轨迹$\boldsymbol{D}_p(\theta)$也是$\boldsymbol{D}_q(\theta)$的$\boldsymbol{K}$倍缩放。

性质（3）和性质（4）表明，当向量$[\boldsymbol{B}_{1p}(\theta_0)\boldsymbol{B}_{2p}(\theta_0)\cdots\boldsymbol{B}_{Np}(\theta_0)]$与其他向量$[\boldsymbol{B}_{1q}(\theta_0)\boldsymbol{B}_{2q}(\theta_0)\cdots\boldsymbol{B}_{Nq}(\theta_0)]$线性无关时，可以保证其他方向的星座图畸变，如式（13.5）所示，其中，p和q表示数据流中不同的调制符号。

$$[\boldsymbol{B}_{1p}(\theta_0)\boldsymbol{B}_{2p}(\theta_0)\cdots\boldsymbol{B}_{Np}(\theta_0)]\neq\boldsymbol{K}[\boldsymbol{B}_{1q}(\theta_0)\boldsymbol{B}_{2q}(\theta_0)\cdots\boldsymbol{B}_{Nq}(\theta_0)] \quad (13.5)$$

式（13.4）和式（13.5）组合构成了DM发送者阵列的必要条件。因此，可以通过式（13.3）得到DM阵列激励$\boldsymbol{A}_n$的要求。

根据上面描述的DM向量模型，文献［4］定义了静态和动态DM发送者。这种分类有助于13.4节中介绍的DM合成方法的讨论。

定义：如果沿DM安全通信方向，IQ空间中到达每个唯一星座点的向量路径是独立、固定的，这导致在其他空间方向上的星座图案是扭曲的，但相对于时间是静态的，这种发射器称为“静态DM”；如果为了在期望方向上实现相同的星座符号，传播每个符号时随机重新选择向量路径，将动态随机打乱数据流中不同时隙中沿指定方向以外的空间方向传输的符号，这称为“动态DM”策略。

根据上述定义，文献[1-3,8-12]中的DM发射器属于静态DM类，而文献[5-7,14-15,17,20]中的DM系统将时间作为更新系统设置的变量，属于动态DM系统。

这里需要注意的是，我们假设位于预期安全通信方向以外方向上的潜在窃听者不会合作。对于合作窃听者，特别是当合作窃听者的数量大于DM发送阵列元素的数量时，窃听者可能成功估计传输给所需接收者的有用信息。这种情况下，应采用不同的系统设计准则。有兴趣的读者可以在文献［21］中找到关于这方面的更多细节，其从信号处理的角度分析DM系统。

13.4 DM发送者合成方法

正如13.2节所讨论的，由于天线辐射结构的几何形状与其远场辐射图之间缺乏闭式的联系，辐射结构可重构DM的设计比较复杂。寻找激励可重构DM发送者结构的合成方法是近年来DM研究的热点。在所有的合成方法中，文献[6,24]提出的正交向量法与信息论领域研究的人工噪声概念相似[25-26]，提供了一种基本的、通用的 DM 合成策略，同样提供了理解无合成 DM 结构的关键。因此，本节将对正交向量合成方法进行阐述。

13.4.1　基于正交向量的 DM 合成方法

13.3 节表明，当相同星座符号在 IQ 空间中通过不同的向量路径到达时，所得到的星座轨迹会发生相应的改变。这将导致星座图沿非指定的空间方向畸变，这是 DM 系统的关键特性。换句话说，在 IQ 空间中，为了达到相同的标准星座点而选择的两条向量路径之间的差异使得 DM 成为可能。这个差被定义为正交向量，因为它总是正交于沿预定空间方向的信道向量的共轭向量。

下面以半波长间距的一维（1D）五元阵列为例，解释正交向量的概念。假设每个天线单元具有相同的各向同性远场辐射方向图。该系统在自由空间中沿期望通信方向 θ_0 的信道向量为

$$\boldsymbol{H}(\theta_0)=\Big[\underbrace{\mathrm{e}^{\mathrm{j}2\pi\cos\theta_0}}_{H_1}\underbrace{\mathrm{e}^{\mathrm{j}\pi\cos\theta_0}}_{H_2}\underbrace{\mathrm{e}^{\mathrm{j}0}}_{H_3}\ \underbrace{\mathrm{e}^{-\mathrm{j}\pi\cos\theta_0}}_{H_4}\ \underbrace{\mathrm{e}^{-\mathrm{j}2\pi\cos\theta_0}}_{H_5}\Big]^{\mathrm{T}} \tag{13.6}$$

式中：$[\cdot]^{\mathrm{T}}$ 指的是转置运算。

当同一符号在第 u 个和第 v 个时隙传输的阵列输入激励信号向量被选为

$$\boldsymbol{S}_u=\Big[\underbrace{\mathrm{e}^{\mathrm{j}\left(-\frac{\pi}{4}+2\pi\cos\theta_0\right)}}_{S_{1u}}\ \underbrace{\mathrm{e}^{\mathrm{j}\pi\cos\theta_0}}_{S_{2u}}\ \underbrace{\mathrm{e}^{\mathrm{j}0}}_{S_{3u}}\underbrace{\mathrm{e}^{-\mathrm{j}\pi\cos\theta_0}}_{S_{4u}}\underbrace{\mathrm{e}^{-\mathrm{j}2\pi\cos\theta_0}}_{S_{5u}}\Big]^{\mathrm{T}} \tag{13.7}$$

和

$$\boldsymbol{S}_v=\Big[\underbrace{\mathrm{e}^{\mathrm{j}\left(\frac{\pi}{4}+2\pi\cos\theta_0\right)}}_{S_{1v}}\ \underbrace{\mathrm{e}^{\mathrm{j}\left(\frac{\pi}{4}+\pi\cos\theta_0\right)}}_{S_{2v}}\ \underbrace{\mathrm{e}^{-\mathrm{j}\frac{\pi}{4}}}_{S_{3v}}\ \underbrace{\mathrm{e}^{\mathrm{j}\left(\frac{3\pi}{4}-\pi\cos\theta_0\right)}}_{S_{4v}}\ \underbrace{\mathrm{e}^{\mathrm{j}\left(\frac{\pi}{4}-2\pi\cos\theta_0\right)}}_{S_{5v}}\Big]^{\mathrm{T}} \tag{13.8}$$

时，所得的 IQ 空间中沿 θ_0 方向的接收向量路径为

$$\begin{aligned}\boldsymbol{B}_u&=\boldsymbol{H}^*(\theta_0)\circ\boldsymbol{S}_u\\&=\Big[\underbrace{\boldsymbol{H}_1^*\cdot\boldsymbol{S}_{1u}}_{B_{1u}}\underbrace{\boldsymbol{H}_2^*\cdot\boldsymbol{S}_{2u}}_{B_{2u}}\underbrace{\boldsymbol{H}_3^*\cdot\boldsymbol{S}_{3u}}_{B_{3u}}\underbrace{\boldsymbol{H}_4^*\cdot\boldsymbol{S}_{4u}}_{B_{4u}}\underbrace{\boldsymbol{H}_5^*\cdot\boldsymbol{S}_{5u}}_{B_{5u}}\Big]^{\mathrm{T}}\\&=\Big[\mathrm{e}^{-\mathrm{j}\frac{\pi}{4}}\mathrm{e}^{\mathrm{j}\frac{\pi}{4}}\mathrm{e}^{\mathrm{j}\frac{\pi}{4}}\mathrm{e}^{\mathrm{j}\frac{\pi}{4}}\mathrm{e}^{\mathrm{j}\frac{3\pi}{4}}\Big]^{\mathrm{T}}\end{aligned} \tag{13.9}$$

和

$$\begin{aligned}\boldsymbol{B}_v&=\boldsymbol{H}^*(\theta_0)\circ\boldsymbol{S}_v\\&=\Big[\underbrace{\boldsymbol{H}_1^*\cdot\boldsymbol{S}_{1v}}_{B_{1v}}\underbrace{\boldsymbol{H}_2^*\cdot\boldsymbol{S}_{2v}}_{B_{2v}}\underbrace{\boldsymbol{H}_3^*\cdot\boldsymbol{S}_{3v}}_{B_{3v}}\underbrace{\boldsymbol{H}_4^*\cdot\boldsymbol{S}_{4v}}_{B_{4v}}\underbrace{\boldsymbol{H}_5^*\cdot\boldsymbol{S}_{5v}}_{B_{5v}}\Big]^{\mathrm{T}}\\&=\Big[\mathrm{e}^{\mathrm{j}\frac{\pi}{4}}\mathrm{e}^{\mathrm{j}\frac{\pi}{4}}\mathrm{e}^{-\mathrm{j}\frac{\pi}{4}}\mathrm{e}^{\mathrm{j}\frac{3\pi}{4}}\mathrm{e}^{\mathrm{j}\frac{\pi}{4}}\Big]^{\mathrm{T}}\end{aligned} \tag{13.10}$$

式中："$[\cdot]^*$" 表示共轭运算，"$\circ$" 运算表示两个向量的 Hahamard 乘积。图 13.5 展示了公式（13.9）和式（13.10）描绘的向量路径。

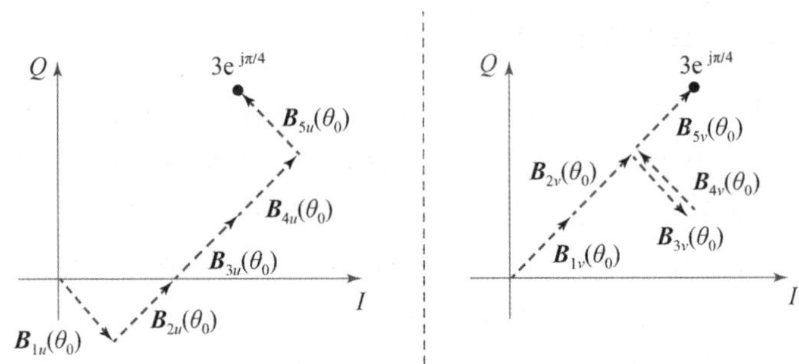

图 13.5　从两个不同的激励设置导出的两个向量路径的示例（© 2015，2015 年剑桥大学出版社和欧洲微波协会，经作者许可转载 A review of directional modulation technology［J］. International Journal of Microwave and Wireless Technologies，2015：1－13.）

向量 $\sum_{n=1}^{5} \boldsymbol{B}_{nu}$ 和 $\sum_{n=1}^{5} \boldsymbol{B}_{nv}$ 可通过 $\boldsymbol{H}^{\dagger}(\theta_0)\boldsymbol{S}_u$ 和 $\boldsymbol{H}^{\dagger}(\theta_0)\boldsymbol{S}_v$ 计算，二者在 IQ 空间都通过 $3\cdot e^{j\pi/4}$ 这个位置。$(\cdot)^{\dagger}$ 表示复共轭（Hermitian）转置运算。

对应的两个激励信号向量之间的差就是正交向量

$$\begin{aligned}\Delta \boldsymbol{S} &= \boldsymbol{S}_v - \boldsymbol{S}_u \\ &= \sqrt{2}\left[e^{j\left(\frac{\pi}{2}+2\pi\cos\theta_0\right)} \quad 0 \quad e^{-j\frac{\pi}{2}}e^{j\pi(1-\cos\theta_0)} \quad e^{-j2\pi\cos\theta_0}\right]^{\mathrm{T}}\end{aligned} \tag{13.11}$$

由于 $\boldsymbol{H}^*(\theta_0)\cdot\Delta\boldsymbol{S}=0$，该向量与信道向量的共轭 $\boldsymbol{H}^*(\theta_0)$ 正交。

借助正交向量的概念，文献［6］提出了广义 DM 合成方法，文献［27］进一步完善了该方法。合成 DM 发送者阵列激励向量 $\boldsymbol{S}_{ov}$ 的形式为

$$\boldsymbol{S}_{ov} = \boldsymbol{\Lambda} + \boldsymbol{W}_{ov} \tag{13.12}$$

式中，$\boldsymbol{\Lambda}$ 为在注入的正交向量 $\boldsymbol{W}_{ov}$ 前添加的具有每一项阵列激励的向量，与信道向量的共轭 $\boldsymbol{H}^*(\theta_0)$ 正交。$\boldsymbol{H}^*(\theta_0)$ 在零空间的标准正交基表示为 $\boldsymbol{Q}_p(p=1,2,\cdots,N-1)$，那么 $\boldsymbol{W}_{ov} = 1/(N-1)\sum_{p=1}^{N-1}(\boldsymbol{Q}_p\cdot v_p)$。$v_p$ 是用于控制注入的正交向量 $\boldsymbol{W}_{ov}$ 功率的随机变量。这里，$\boldsymbol{\Lambda}$ 定义为根据系统要求选择的非 DM 阵列激励，如传统波束控制相控阵采用等幅激励，可使安全传输空间区域变窄，而其他变幅激励可以减少旁瓣方向上的信息泄漏量，但代价是安全传输空间区域略微变宽。该激励包含传输的信息符号 $\boldsymbol{D}_i$，如 $e^{j\pi/4}$ 对应于 QPSK 符号 "11"。

从非 DM 波束指向阵列到合成 DM 阵列，需要讨论两个对系统性能至关

重要的参数。一个是每个激励向量的长度。从实际实现的角度来看，激励向量的平方应位于每个射频路径内的每个功率放大器的线性范围。另一个是需要注入非 DM 阵列的额外功率，以使信号沿其他方向失真。

为了描述这种额外功率，定义了 DM 功率效率 $\mathrm{PE_{DM}}$，即

$$\begin{aligned}\mathrm{PE_{DM}} &= \frac{\sum_{i=1}^{I}\left(\sum_{n=1}^{N} |\Lambda_{ni}|^2\right)}{\sum_{i=1}^{I}\left(\sum_{n=1}^{N} |\boldsymbol{S}_{\mathrm{ov\_}ni}|^2\right)} \times 100\% \\ &= \frac{\sum_{i=1}^{I}\left(\sum_{n=1}^{N} |\boldsymbol{B}_{ni\_\mathrm{non-DM}}|^2\right)}{\sum_{i=1}^{I}\left(\sum_{n=1}^{N} |\boldsymbol{B}_{ni\_\mathrm{DM}}|^2\right)} \times 100\% \end{aligned} \tag{13.13}$$

式中：对于静态 DM，$\boldsymbol{I}$ 表示调制状态数量，如 QPSK 数量为 4。对于动态 DM，$\boldsymbol{I}$ 表示一个数据流中的符号数。Λ_{ni} 和 $S_{\mathrm{ov\_}ni}$ 分别表示非 DM 阵列和合成 DM 阵列中第 i 个符号的第 n 个阵列元素激励。在无噪声自由空间，它们的模与接收端对应的 $B_{ni\_\mathrm{non-DM}}$ 和 B_{ni_DM} 的归一化模相等。一般来说，激励向量长度的允许范围越大，$\mathrm{PE_{DM}}$ 越低，DM 系统的保密性能越好。$\mathrm{PE_{DM}}$ 也可以表示为 v_p 的函数，即

$$\mathrm{PE_{DM}} = \frac{1}{I}\sum_{i=1}^{I} PE_{\mathrm{DM\_}i} \tag{13.14}$$

$$\mathrm{PE_{DM\_\mathit{i}}} = \frac{1}{1 + \sum_{p=1}^{N-1}\left(\frac{1}{N-1}\cdot v_p\right)^2} \times 100\% \tag{13.15}$$

13.4.2　其他 DM 合成方法

13.4.1 节给出了通用的 DM 合成方法，即正交向量法。但是，在某些应用场景中，可能需要考虑其他一些 DM 系统特性要求。这些要求或约束包括误码率（BER）空间分布、阵列远场辐射特性和干扰空间分布等。这些合成方法都可以看作是寻找满足 DM 系统要求的正交向量的子集。

误码率驱动[28]和阵列远场辐射图约束[29-31]的 DM 合成方法也采用类似的想法，即通过在阵列激励和所需的 DM 特性（即 BER 空间分布和阵列远场辐射图）之间的迭代变换，可以对 DM 特性施加约束。由于涉及迭代过程，这两种方法都不适合动态 DM 合成。文献[32－33]提出了另一种分离远场辐射图合成方法。这里利用远场零陷方法将 DM 阵列远场辐射图分为信息图和干涉图，信息图描述沿空间各个方向投射的信息能量，干涉图表示对真实信息的干扰。通过这种分离方法，我们可以识别信息传输的空间分布，从而将干扰能量聚焦到最容易被拦截的方向，即信息旁瓣。通过这样做，可以

在不需要的方向淹没泄漏的信息。这种方法与正交向量法密切相关。实际上，分离的干涉图可以看作是注入的正交向量产生的远场图。然而，远场图分离方法更为方便，如干扰空间分布，且这种方法对静态和动态 DM 系统都兼容。图 13.6 解释了四种 DM 合成方法的关系。

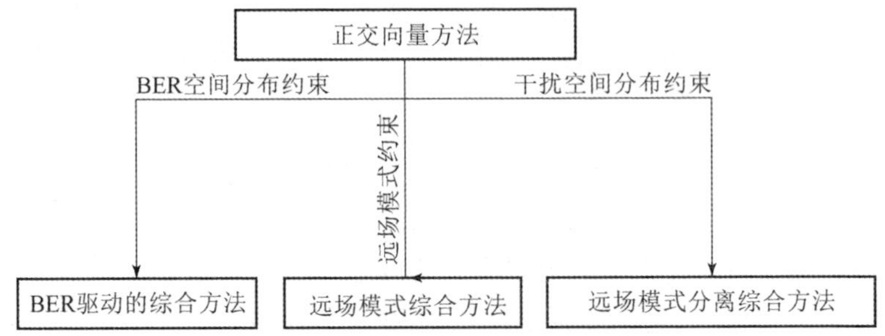

图 13.6　四种 DM 合成方法的关系

通过上述各种 DM 合成方法及其相关例子，研究发现 DM 功能总是通过将额外的能量投射到自由空间中不希望的通信方向而得以实现。这种额外的能量作为干扰，打乱了未选择方向上的星座符号关系。相对于时间可以是静态的，也可以是动态的，对应于静态和动态的 DM 系统。从直观上看，投影的干扰能量越大，可以实现的 DM 系统保密性能就越强。可以得出结论，DM 系统功能实现的本质在于产生与目标接收者所在方向正交的人工干扰能量。

13.4.3　无合成 DM 发送者的注意事项

迄今为止，已有两种类型的无合成 DM 发送者。它们是傅里叶波束赋形网络辅助的 DM[7] 和 ASM[17]，如 13.2 节所述。它们的“无合成”特性是通过所采用的硬件实现的，即傅立叶波束赋形网络和天线子集选择开关，它具有生成正交向量的能力，而无须额外计算沿所有不需要空间方向的干扰投影。

除了上述两种类型的无合成 DM 发送者，文献［34］提出了另一种较有前景的基于逆向阵列（RDAs）的无合成 DM 结构。这种 DM 发送者能够克服傅里叶波束赋形网络和 ASM DM 系统固有的弱点，即：

（1）发送者需要提前获取接收者的方向；

（2）在傅里叶波束赋形网络辅助的 DM 系统中，为了保持信息与人工干扰的正交性，接收者只能放置在某些离散的空间方向上。这些空间方向的数量和角间距由阵列元素的数量决定。

（3）在 ASM DM 系统中，由于阵列中只有一小部分天线用于波束赋形，有效传输增益大大降低。

RDA 能够沿入射信号向阵列反馈的空间方向重新发射信号，而不需要先验地知道其到达方向。为了实现逆向重发功能，需要一个相位共轭器（PC）[35]。接下来我们讨论如何改变一个经典 RDA 来形成一个无合成的 DM 发送者。与此相关的系统框图如图 13.7 所示。

在接收模式下，从自由空间 θ_0 方向的合法接收者反馈到天线阵列 N 个阵元的导频信号是相位共轭的，可表示为向量 $\boldsymbol{J}$，其第 n 项为 $\boldsymbol{J}_n=\boldsymbol{H}_n^*(\theta_0)$，如图 13.7 所示。$\boldsymbol{H}_n(\theta_0)$ 是远端接收者与第 n 个 RDA 单元之间的信道系数，路径损耗归一化后在图 13.7 中 RDA 设置为 $\mathrm{e}^{-\mathrm{j}\pi\left(n-\frac{N+1}{2}\right)\cos\theta_0}$。

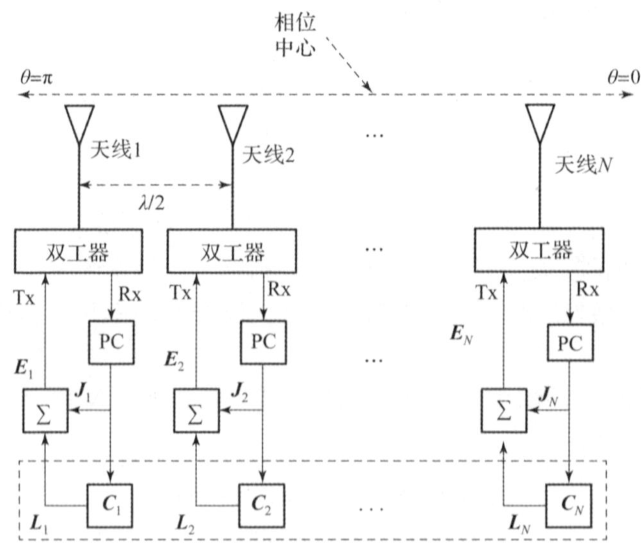

图 13.7　无合成 RDA DM 发送者结构

在经典 RDA 中，相位共轭 $\boldsymbol{J}$ 直接用于重传，即 $\boldsymbol{E}=\boldsymbol{J}$。这里 $\boldsymbol{E}$，以及稍后将在本小节中使用的 $\boldsymbol{H}$、$\boldsymbol{C}$ 和 $\boldsymbol{L}$，定义类似于 $\boldsymbol{J}$。在这种情况下，直接导频源节点接收到

$$\boldsymbol{F}=\boldsymbol{H}(\theta_0)\cdot\boldsymbol{E}=\boldsymbol{H}(\theta_0)\cdot\boldsymbol{J}=\boldsymbol{H}(\theta_0)\cdot\boldsymbol{H}^*(\theta_0)=N \tag{13.16}$$

这表示指向合法接收器的完美波束赋形。然而，正如 13.1 节所指出的，这种经典波束赋形保留了所有辐射方向上的信号格式。

通过添加一个额外的模块（包含在图 13.7 的虚线框中），可以构造无合成的 DM。其执行过程如下。

加上额外的模块后，沿 θ_0 的接收信号为

$$\boldsymbol{F}=\boldsymbol{H}(\theta_0)\cdot\boldsymbol{E}=\boldsymbol{H}(\theta_0)\cdot(\boldsymbol{J}+\boldsymbol{L})=\boldsymbol{N}+\boldsymbol{H}(\theta_0)\cdot(\boldsymbol{C}\circ\boldsymbol{J})=\boldsymbol{N}+\boldsymbol{C}\cdot(\boldsymbol{H}(\theta_0)\circ\boldsymbol{J}) \tag{13.17}$$

因为 $\boldsymbol{H}(\theta_0)\circ\boldsymbol{J}=\boldsymbol{H}(\theta_0)\circ\boldsymbol{H}^*(\theta_0)$ 为 N 维单位向量，式（13.17）可表示为

$$\boldsymbol{F}=N+\sum_{n=1}^{N}\boldsymbol{C}_n \tag{13.18}$$

从式（13.18）可以看出，当在整个数据传输过程中 $\sum_{n=1}^{N}\boldsymbol{C}_n$ 恒为常数时，随后应用到 E 上再传输的信息信号 $\boldsymbol{D}$ 的格式可以沿 θ_0 很好地保持，即 $\boldsymbol{FD}$。然而，在所有其他方向上，由于随机更新 $\boldsymbol{C}(\boldsymbol{H}(\theta)\circ\boldsymbol{J})(\theta\neq\theta_0)$，信号格式被打乱。因此，可以成功地实现一种无合成的DM发送者。

13.5 DM系统的评估指标

为了公平地评估DM系统的性能，并允许在不同系统之间进行直接比较，文献［36］系统地研究了评估指标。结果表明，在静态DM系统中，由闭式公式或随机数据流计算的误码率和安全速率均可用于系统性能评估，而误差向量幅度类（EVM-like）指标的性能不佳。对于动态DM系统，在零均值高斯分布的正交干扰下，EVM-like指标、误码率和安全速率是等价的，可以相互转换。对于其他分布的干扰，没有误码率和安全速率的闭式公式。

为了便于读者清晰认识DM系统的性能评估指标，表13.2总结了文献［36］的所有结果。

表13.2　DM系统性能评估指标摘要

（［37］.©2015。2015年剑桥大学出版社和欧洲微波协会，经作者许可转载 A review of directional modulation technology［J］. International Journal of Microwave and Wireless Technologies，2015：1-13.）

误差矢量幅度				误比特率	安全速率	
闭式表达式				数据流仿真	数值计算	比特级［38］
静态方向调制		–	•	+	+	–
动态方向调制	零均值高斯正交矢量	+	•	+	+	+
	零均值非高斯正交矢量	–	–	+	–	–

续表

误差矢量幅度				误比特率	安全速率	
闭式表达式				数据流仿真	数值计算	比特级［38］
动态方向调制	非零均值正交矢量	–	–	+	–	–
计算复杂度		低	低	一般	一般	高

‘+’：度量有效；

‘•’：度量对 QPSK 有效，而对更高阶的调制无效；

‘–’：度量无法计算或无效。

13.6　DM 技术的扩展

DM 技术最初是为了在自由空间中只沿一个预先指定的方向上实现无线信息安全传输。自然地，人们随后研究多波束 DM 系统并将 DM 应用拓展到多径场景下。下面分别讨论这两方面。

13.6.1　多波束 DM

多波束 DM 发送者能够将多个独立的信息数据流投射到不同的空间方向，同时在所有其他未选择的方向置乱信息信号格式。首次关于多波束 DM 合成的探索是带有 2 位移相器的模拟激励可重构 DM 发送者架构[39]。其中，移相器的有限状态减少了 DM 系统中可以支持的独立用户的数量。在文献［40－41］中，正交向量法成功地适用于一般情况下的多波束 DM 合成。通过发现正交向量产生的远场辐射图（称为干涉图）在所有需要的安全方向上都有零值，提出了远场图分离方法[33]。上述这些方法都是等价的。

值得注意的是，最近文献［42］的研究表明，DM 系统可以看作是一种多输入多输出（MIMO）系统。众所周知，在丰富多径无线信道条件下，同时部署多个发射和接收天线的系统可以为通信提供了额外的空间分集增益和自由度增益。额外的自由度可以通过空间多路复用 MIMO 信道上的多个并行独立数据流，从而增加信道容量[43]。为了在自由空间中保持 MIMO 空间复用，多个接收天线必须沿不同的空间方向分别放置[43]。

在 MIMO 系统中，首先对信道训练得到的信道矩阵［$\boldsymbol{H}$］进行奇异值分解，即

$$[\boldsymbol{H}] = [\boldsymbol{U}][\boldsymbol{\Sigma}][\boldsymbol{V}]^{\dagger} \tag{13.19}$$

式中：$[\boldsymbol{U}]$和$[\boldsymbol{V}]$是酉矩阵；$[\boldsymbol{\Sigma}]$为对角元素是非负实数且非对角元素为零的对角阵。然后设计矩阵$[\boldsymbol{V}]$和$[\boldsymbol{U}]^{\dagger}$，分别插入发送侧和接收侧，得到增益为对角项的MIMO复用信道。

相比之下，在DM系统，接收者不知道信道矩阵$[\boldsymbol{H}]$，也不能协作进行信号处理。在这些前提条件下，信道奇异值分解是不适用的。相反，信道矩阵必须分解为

$$[\boldsymbol{H}] = [\boldsymbol{Z}]^{-1}[\boldsymbol{Q}] \tag{13.20}$$

式中：$[\boldsymbol{Z}]$为发送端的DM使能矩阵（网络）；$[\boldsymbol{Q}]$为一个对角矩阵，其对角项与$[\boldsymbol{\Sigma}]$中的类似，表示与每个独立接收器相关的复用信道的增益。式(13.20)中的分解不是唯一的，应该根据系统的要求来确定，比如每个接收者的增益和发射端的硬件约束。

建立DM和MIMO技术之间的联系是非常重要的，因为它可能为进一步的DM研究开辟一条道路，如下一小节中所讨论的在多径环境下DM执行。

13.6.2 多径环境下的DM

就接收器的位置而言，“空间方向”只对自由空间通信有意义。在多径环境中，一个更相关的概念是信道，它决定每个接收器检测到的响应。因此，通过将自由空间中的传输系数（空间方向的函数）替换为多径环境中的信道响应（空间位置的函数），可以很容易地将DM技术扩展到多径应用中。文献［44－45］举例说明了在RDA[34]的帮助下，正交向量方法在多径环境中可以扩展，能够自动获取所需的信道响应。其他DM合成方法也可以同样类似地适用于多径应用。

13.7 DM实物模型

(2015年剑桥大学出版社和欧洲微波协会，经作者许可转载 A review of directional modulation technology［J］. International Journal of Microwave and Wireless Technologies，2015：1－13.)

目前为止，只有少量实现真实数据传输的DM演示系统。

第一个演示系统是在2008年基于无源DM架构[8]构建的。由于没有与此类DM结构相关的有效合成方法（如13.2节所述），这一方向没有后续的进展。

不像辐射结构可重构的DM，基于文献［10］中的模拟方法建立了激励

可重构 DM 演示系统。由于采用了迭代 BER 驱动的合成方法，只实现了静态 DM 发送者。

利用无线开放访问研究平台（WARP）[46] 实现了在 2.4GHz 频段运行[5] 的 7 元数字 DM 演示系统。这种数字 DM 体系结构可与 13.4 节中提出的任何合成方法兼容。

另一个 DM 演示系统[7] 认为是正交向量 DM 合成方法的硬件实现，它利用了傅里叶波束赋形网络所具有的波束正交性，沿期望的安全通信方向正交地注入信息和干扰。这种结构避免了模拟可重构射频器件的使用，从而为实际应用迈出了有效的一步。采用 13 × 13 傅里叶 – 罗特曼透镜，在暗室进行了 10GHz 频段传输实验。一个采用调幅（AM），视频可以在文献［16］中找到。另一个基于傅里叶 – 罗特曼透镜，DM 实验采用了 WARP 平台实现数字调制，并测试了误码率[7]，在文献［7］中可以找到实验设置和接收到的星座图以及误码率空间分布的结果。

表 13.3 总结了四个 DM 演示系统的特性。

表 13.3　四种实时数据传输 DM 模型小结[4]

（© 2015，2015 年剑桥大学出版社和欧洲微波协会，经作者许可转载 A review of directional modulation technology［J］. International Journal of Microwave and Wireless Technologies，2015：1 – 13.）

文献	［8］	［10］	［5］	［7］
方向调制架构	NFDAM	天线可重配置	数字式	傅里叶透镜
天线阵元数量	900	4	7	13
综合方法	试错法	BER 驱动法	正交矢量法	无需综合
静态或动态方向调制	静态	静态	动态	动态
信号调制	非标准	QPSK	DQPSK	DQPSK DPSK
工作频率	60GHz	7GHz	2.4GHz	10GHz
比特率	未明确	200kbit/s	5Mbit/s	5Mbit/s
实现复杂度	高	一般	一般	低
控制角度的复杂度	高	高	低	低
高阶调制复杂度	高	一般	低	低
多波束方向调制复杂度	高	高	一般	低
多径方向调制复杂度	高	高	一般	高

13.8 小结及对DM未来研究的建议

本章回顾了DM技术的发展现状。具体来说，13.1节介绍了DM的概念，13.2节分类列举了已经提出的DM物理结构，其数学模型、合成方法和评估指标分别在13.3~13.5节中讨论，13.6节专门讨论了DM技术在多波束应用和多径环境中的扩展。

虽然近年来DM技术取得了快速的发展，但该领域还不成熟，需要在以下几个方面进行完善：

(1) DM技术的向量模型建立在IQ空间的静态信号星座图基础上，这使得该模型不适用于某些调制方案，例如调频（FM）和移频键控（FSK），它们在IQ空间中的轨迹与时间有关。

(2) 在文献[15]中提到，正是傅里叶变换波束赋形网络所具有的波束正交性使DM功能得以实现。然而，就成功地构建DM发送者而言，它只要求波束在期望的通信方向上具有正交性，即由应用于相关波束端口的干扰激发的远场图沿主信息波束投射方向有零值，而应用于每个波束端口的干扰信号投射的主波束位于信息图的零值处。这种方式的零值对齐并不是严格要求的，因为DM操作所需要的是除了沿投影的信息方向外干扰无处不在。这意味着严格的傅里叶约束可以被适当地放松，可以研究满足应用的约束放松程度。

(3) 目前的DM技术是在窄带信号假设的基础上发展起来的。宽带传输，如CDMA和OFDM信号，将需要新的数学模型和相关的合成方法。

(4) 在考虑最近出现的多波束DM系统时，可能需要重新审视评估指标和功率效率概念。

(5) 值得期待的是，有更多的无合成DM发送者能在多径环境中以多波束模式工作。此外，相关的物理实现和实时数据传输实验也是有趣的工作。

(6) 为了进一步降低DM系统的复杂性和物理实现难度，需要更多适合多端口天线结构的候选器件作为DM发送者阵列元件，关于这个问题的一项初步工作可以在文献[47]中找到。

参考文献

[1] A. Babakhani, D. B. Rutledge, and A. Hajimiri, "Near-field direct antenna modulation," *IEEE Microwave Magazine*, vol. 10, no. 1, pp. 36–46, 2009.

[2] M. P. Daly and J. T. Bernhard, "Beamsteering in pattern reconfigurable arrays using directional modulation," *Antennas and Propagation, IEEE Transactions on*, vol. 58, no. 7, pp. 2259–2265, 2010.

[3] M. P. Daly and J. T. Bernhard, "Directional modulation technique for phased arrays," *Antennas and Propagation, IEEE Transactions on*, vol. 57, no. 9, pp. 2633–2640, 2009.

[4] Y. Ding and V. Fusco, "A review of directional modulation technology," *International Journal of Microwave and Wireless Technologies*, vol. 8, no. 7, pp. 981–993, 2016.

[5] Y. Ding and V. Fusco, "Experiment of digital directional modulation transmitters," *Forum for Electromagn. Research Methods and Application Technol. (FERMAT)*, vol. 11, 2015.

[6] Y. Ding and V. F. Fusco, "A vector approach for the analysis and synthesis of directional modulation transmitters," *IEEE Transactions on Antennas and Propagation*, vol. 62, no. 1, pp. 361–370, Jan. 2014.

[7] Y. Ding, Y. Zhang, and V. Fusco, "Fourier Rotman lens enabled directional modulation transmitter," *International Journal of Antennas and Propagation*, vol. 2015, pp. 1–13, 2015.

[8] A. Babakhani, D. B. Rutledge, and A. Hajimiri, "Transmitter architectures based on near-field direct antenna modulation," *IEEE Journal of Solid-State Circuits*, vol. 43, no. 12, pp. 2674–2692, 2008.

[9] Y. Ding and V. Fusco, "Directional modulation transmitter synthesis using particle swarm optimization," in *Proc. Loughborough Antennas and Propag. Conf. (LAPC)*, Loughborough, UK, Nov. 2013, pp. 500–503.

[10] M. P. Daly, E. L. Daly, and J. T. Bernhard, "Demonstration of directional modulation using a phased array," *IEEE Transactions on Antennas and Propagation*, vol. 58, no. 5, pp. 1545–1550, May 2010.

[11] H. Shi and T. Alan, "Direction dependent antenna modulation using a two element array," in *Antennas and Propagation (EUCAP), Proceedings of the Fifth European Conference on*, Rome, Italy, Apr. 2011, pp. 812–815.

[12] H. Shi and A. Tennant, "An experimental two element array configured for directional antenna modulation," in *Antennas and Propagation (EUCAP), 2012 6th European Conference on*, Prague, Czech, Mar. 2012, pp. 1624–1626.

[13] H. Shi and A. Tennant, "Covert communication using a directly modulated array transmitter," in *2014 Eighth European Conference on Antennas and Propagation (EuCAP)*, The Hague, Netherlands, Apr. 2014, pp. 352–354.

[14] Y. Ding and V. Fusco, "Sidelobe manipulation using butler matrix for 60 GHz physical layer secure wireless communication," in *Proc. Loughborough Antennas and Propag. Conf. (LAPC)*, Loughborough, UK, Nov. 2013, pp. 11–12.

[15] Y. Zhang, Y. Ding, and V. Fusco, "Sidelobe modulation scrambling transmitter using Fourier Rotman lens," *IEEE Transactions on Antennas and Propagation*, vol. 61, no. 7, pp. 3900–3904, Jul. 2013.

[16] Y. Ding. (2014, Jun.) Fourier Rotman lens directional modulation demonstrator experiment. [Online]. Available: www.youtube.com/watch?v=FsmCcxo-TPE.

[17] N. Valliappan, A. Lozano, and R. W. Heath, "Antenna subset modulation for secure millimeter-wave wireless communication," *IEEE Transactions on Communications*, vol. 61, no. 8, pp. 3231–3245, Aug. 2013.

[18] N. N. Alotaibi and K. A. Hamdi, "Switched phased-array transmission architecture for secure millimeter-wave wireless communication," *IEEE Transactions on Communications*, vol. 64, no. 3, pp. 1303–1312, Mar. 2016.

[19] E. J. Baghdady, "Directional signal modulation by means of switched spaced antennas," *IEEE Transactions on Communications*, vol. 38, no. 4, pp. 399–403, Apr. 1990.

[20] Q. Zhu, S. Yang, R. Yao, and Z. Nie, "Directional modulation based on 4-D antenna arrays," *IEEE Transactions on Antennas and Propagation*, vol. 62, no. 2, pp. 621–628, Feb. 2014.

[21] A. Kalantari, M. Soltanalian, S. Maleki, S. Chatzinotas, and B. Ottersten, "Directional modulation via symbol-level precoding: a way to enhance security," *IEEE Journal of Selected Topics in Signal Processing*, vol. 10, no. 8, pp. 1478–1493, Dec. 2016.

[22] Y. Ding and V. Fusco, "A synthesis-free directional modulation transmitter using retrodirective array," *IEEE Journal of Selected Topics in Signal Processing*, vol. 11, no. 2, pp. 428–441, Mar. 2017.

[23] Y. Ding and V. Fusco, "Vector representation of directional modulation transmitters," in *Antennas and Propagation (EuCAP), 2014 Eighth European Conference on*, Hague, Netherlands, Apr. 2014, pp. 367–371.

[24] J. Hu, F. Shu, and J. Li, "Robust synthesis method for secure directional modulation with imperfect direction angle," *IEEE Communication Letters*, vol. 20, no. 6, pp. 1084–1087, Jun. 2016.

[25] R. Negi and S. Goel, "Secret communication using artificial noise," in *Proceedings on IEEE Vehicular Technology Conference*, vol. 62, no. 3, pp. 1906–1910, Sep. 2005.

[26] S. Goel and R. Negi, "Guaranteeing secrecy using artificial noise," *IEEE Transactions on Wireless Communications*, vol. 7, no. 6, pp. 2180–2189, Jun. 2008.

[27] J. Hu, F. Shu, and J. Li, "Robust synthesis method for secure directional modulation with imperfect direction angle," *IEEE Communications Letters*, vol. 20, no. 6, pp. 1084–1087, June 2016.

[28] Y. Ding and V. Fusco, "BER-driven synthesis for directional modulation secured wireless communication," *International Journal of Microwave and Wireless Technologies*, vol. 6, no. 2, pp. 139–149, Apr. 2014.

[29] Y. Ding and V. Fusco, "Directional modulation transmitter radiation pattern considerations," *IET Microwaves, Antennas & Propagation*, vol. 7, no. 15, pp. 1201–1206, Dec. 2013.

[30] Y. Ding and V. F. Fusco, "Constraining directional modulation transmitter radiation patterns," *IET Microwaves, Antennas & Propagation*, vol. 8, no. 15, pp. 1408–1415, Dec. 2014.

[31] B. Zhang, W. Liu, and X. Gou, "Compressive sensing based sparse antenna array design for directional modulation," *IET Microwaves, Antennas & Propagation*, vol. 11, no. 5, pp. 634–641, Apr. 2017.

[32] Y. Ding and V. Fusco, "A far-field pattern separation approach for the synthesis of directional modulation transmitter arrays," in *General Assembly and Scientific Symposium (URSI GASS), 2014 XXXIth URSI*, Aug. 2014, pp. 1–4.

[33] Y. Ding and V. F. Fusco, "Directional modulation far-field pattern separation synthesis approach," *Microwaves, Antennas & Propagation, IET*, vol. 9, no. 1, pp. 41–48, Jan. 2015.

[34] V. Fusco and N. Buchanan, "Developments in retrodirective array technology," *Microwaves, Antennas & Propagation, IET*, vol. 7, no. 2, pp. 131–140, Jan. 2013.

[35] L. Chen, Y. C. Guo, X. W. Shi, and T. L. Zhang, "Overview on the phase conjugation techniques of the retrodirective array," *International Journal of Antennas and Propagation*, vol. 2010, pp. 1–10, 2010.

[36] Y. Ding and V. F. Fusco, "Establishing metrics for assessing the performance of directional modulation systems," *IEEE Transactions on Antennas and Propagation*, vol. 62, no. 5, pp. 2745–2755, May 2014.

[37] Y. Ding and V. F. Fusco, "Developments in directional modulation technology," *Forum for Electromagn. Research Methods and Application Technol. (FERMAT)*, vol. 13, 2016.

[38] S. Ten Brink, "Convergence behavior of iteratively decoded parallel concatenated codes," *IEEE Transactions on Communications*, vol. 49, no. 10, pp. 1727–1737, 2001.

[39] H. Shi and A. Tennant, "Simultaneous, multichannel, spatially directive data transmission using direct antenna modulation," *IEEE Transactions on Antennas and Propagation*, vol. 62, no. 1, pp. 403–410, Jan. 2014.

[40] Y. Ding and V. Fusco, "Orthogonal vector approach for synthesis of multi-beam directional modulation transmitters," *IEEE Antennas and Wireless Propagation Letters*, vol. 14, pp. 1330–1333, Feb. 2015.

[41] M. Hafez and H. Arslan, "On directional modulation: An analysis of transmission scheme with multiple directions," in *Communication Workshop (ICCW), 2015 IEEE International Conference on*. Piscataway, NJ: IEEE, 2015, pp. 459–463.

[42] Y. Ding and V. Fusco, "MIMO inspired synthesis of multi-beam directional modulation systems," *IEEE Antennas and Wireless Propagation Letters*, vol. 15, pp. 580–584, Mar. 2016.

[43] D. Tse and P. Viswanath, *Fundamentals of wireless communication*. New York: Cambridge University Press, 2005.

[44] Y. Ding and V. Fusco, "Improved physical layer secure wireless communications using a directional modulation enhanced retrodirective array," in *General Assembly and Scientific Symposium (URSI GASS), 2014 XXXIth*

URSI, Beijing, China, Aug. 2014, pp. 1–4.

[45] Y. Ding and V. Fusco, "Directional modulation-enhanced retrodirective array," *Electronics Letters*, vol. 51, no. 1, pp. 118–120, Jan. 2015.

[46] Warp project. [Online]. Available: http://www. warpproject.org. [Accessed: 14-Jun-2014].

[47] A. Narbudowicz, D. Heberling, and M. J. Ammann, "Low-cost directional modulation for small wireless sensor nodes," in *2016 10th European Conference on Antennas and Propagation (EuCAP)*. Piscataway, NJ: IEEE, 2016, pp. 1–3.

第14章

5G系统的安全波形

Stefano Tomasin①

5G蜂窝系统着力在连接速度、延迟、能耗、通信数据类型、服务用户数及其类型（不局限于人类，可扩展至海量设备甚至大规模动物群体）等一系列极具挑战性的问题上进行深入研究。在一定程度上，正确的波形设计被视为成功解决上述问题的关键环节。为此，本章将从物理层安全（PLS）角度介绍波形设计，并对如何利用设计的波形来实现无线信道上私密消息传输、两个用户间密钥提取的研究现状进行了综述。

本章重点介绍几类最具可行性的候选波形，包括正交频分复用（OFDM）、滤波器组调制（FBMC）、单载波频分复用接入（SC－FDMA）、通用滤波器多载波（UFMC）和广义频分复用（GFDM）。实际上，这些波形在与安全无关的其他领域进行了比较分析，例如，频谱抑制、脉冲持续时间、频谱效率、发送者/接收者的复杂性、多输入多输出（MIMO）系统集成的便利性等，已见诸多报道[1-5]，但这些结果对于PLS来说并不完全适用。本章既考虑波形设计中的共性问题，也考虑不同系统在波形设计上的特殊需求。同时，鉴于现有波形都是将宽带信道转换成一组并行的窄带信道，本章也将从安全角度对该信道模型进行深入分析。在此基础上，本章还将考虑Eve如何利用波形特性（特别是大多数波形均会使用的循环前缀（CP））来提高其窃听能力，并推导出其截获性能和提出可能的对策。

本章的第一部分将讨论并行窄带信道的物理层安全。这种信道模型适用于现有所有5G波形。我们将考虑并行信道上的私密消息传输和密钥协商。对于前者而言，我们将讨论不同优化目标（如安全速率或是安全中断速率的最大化）下的资源分配和编码策略。由于5G系统是面向多用户的，我们会

① 意大利帕多瓦大学信息工程系。

考虑面向多用户的安全系统设计，包括向所有用户发送公共非私密的信息，且这一点对于物联网（IoT）和传感器网络而言将更具实用性。对于后者而言，我们将先分析可达速率和资源分配，然后探讨所提取密钥在不同安全目的下的应用情况。由于这一方法较为简单，它可能比基于防窃听编码的解决方案能更快地在5G系统（包括低功耗、低复杂度的IoT设备）中得到应用。

本章的第二部分将讨论不同波形的特性，以研究它们对物理层安全性能带来的影响。我们将讨论窃听者如何利用循环前缀（CP）和发送滤波器来截获更多私密消息，以及对此所可能采取的反制措施。我们还将针对不同波形提出有针对性的安全解决方案。

本章涉及的符号说明：向量和矩阵用黑体字表示，$\boldsymbol{x}^{\mathrm{T}}$、$\boldsymbol{x}^{*}$ 和 $\boldsymbol{x}^{\mathrm{H}}$ 分别表示 $\boldsymbol{x}$ 的转置、共轭和埃尔米特算子，$\det(\boldsymbol{A})$ 和 $\mathrm{trace}(\boldsymbol{A})$ 分别表示矩阵 $\boldsymbol{A}$ 的行列式和迹，$\mathbb{E}[\cdot]$ 表示期望，$\mathbb{P}[\cdot]$ 表示概率，$\log x$ 表示以2为底的对数，$\ln x$ 表示自然对数，$[x]^{+}=\max\{0,x\}$，设置 $\mathcal{S}$ 有基数 $|\mathcal{S}|$。$I(X;Y)$ 表示 X 与 Y 之间的互信息。$\boldsymbol{a}\otimes\boldsymbol{b}$ 表示矩阵 $\boldsymbol{a}$ 与 $\boldsymbol{b}$ 的 Kroneker 积，$\boldsymbol{0}_{n\times k}$ 是一个所有元素均为0的 $n\times k$ 阶矩阵，$\boldsymbol{I}_n$ 是 $n\times n$ 阶的单位矩阵。

14.1 并行信道的安全传输

现有5G波形都将宽带信道转换为一组并行窄带子信道，因此我们首先考虑在一组并行窄带信道上的安全传输和密钥提取问题。

14.1.1 单用户情况

首先考虑图14.1所示的点对点传输情况，其中，Alice旨在以 R_{S} 的频谱效率向Bob传输消息 $\mathscr{M}$，以确保窃听者Eve不能获取关于 $\mathscr{M}$ 的任何信息。传输主要是在并行的 N 路加性高斯白噪声（Additive White Gaussian Noise，AWGN）平坦子信道上进行的。

消息 $\mathscr{M}$ 用防窃听编码编成 N 个信号，记为 $x_n, n=1,2,\cdots,N$（对应于图14.1中的ENC块）。设 $\boldsymbol{x}=[x_1,x_2,\cdots,x_N]^{\mathrm{T}}$ 为 N 个子信道上传输的信号，其中，每个信号的发送功率为 $P_n=\mathbb{E}[|x_n|^2], n=1,2,\cdots,N$。假设Alice的功率受限，即

$$\sum_{n=1}^{N} P_n \leqslant \bar{P} \tag{14.1}$$

则Bob和Eve接收的信号为 $\boldsymbol{y}=[y_1,y_2,\cdots,y_N]^{\mathrm{T}}$ 和 $\boldsymbol{z}=[z_1,z_2,\cdots,z_N]^{\mathrm{T}}$，且有

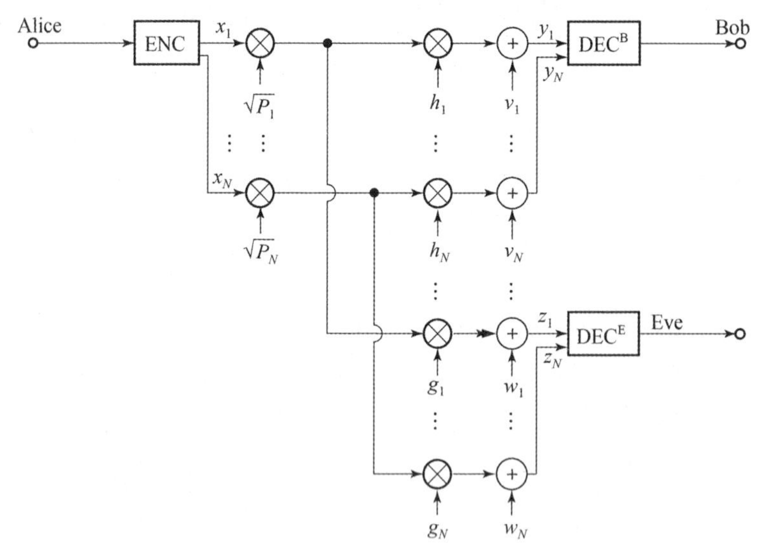

图 14.1 并行信道上的窃听传输模型

$$y_n = h_n x_n + v_n, z_n = g_n x_n + w_n, n = 1, 2, \cdots, N \tag{14.2}$$

式中：v_n 和 w_n 为均值为零且方差归一化的 AWGN，$\boldsymbol{h} = [h_1, h_2, \cdots h_N]^{\mathrm{T}}$ 和$\boldsymbol{g} = [g_1, g_2, \cdots g_N]^{\mathrm{T}}$ 分别为合法信道和窃听信道，且它们各自的子信道功率增益分别表示为 $\boldsymbol{H} = [H_1, H_2, \cdots, H_N]^{\mathrm{T}} = [|h_1|^2, |h_2|^2, \cdots, |h_N|^2]^{\mathrm{T}}$ 和 $\boldsymbol{G} = [G_1, G_2, \cdots, G_N]^{\mathrm{T}} = [|g_1|^2, |g_2|^2, \cdots, |g_N|^2]^{\mathrm{T}}$。此外，Bob 和 Eve 将基于图 14.1 中的解码器 DEC^{B} 和 DEC^{E} 来对接收信号进行解码。

对于私密消息的传输，可以考虑每个子信道编码（Coding Per Sub - Channel，CPS）和跨子信道编码（Coding Across Sub - Channels，CAS）这两种策略。对于 CAS 而言，消息 $\mathscr{M}$ 通过单个防窃听编码，映射成星座符号，且其中的每个星座符号在不同的子信道上传输。对于 CPS 而言，消息 $\mathscr{M}$ 首先以 R_n，$n = 1, 2, \cdots, N$ 的速率被分成 N 个子消息，然后每个子消息分别使用防窃听编码进行独立编码，并映射成星座符号在单个子信道上传输。此时，消息的总速率为 $R_s = \sum_{n=1}^{N} R_n$ 。

14.1.1.1 发送端的完整信道状态信息（CSIT）和高斯输入

首先考虑 Alice 既知道合法信道又知道窃听信道的情况（完美且完全的 CSIT）。这一场景可能适用于窃听者 Eve 在一定程度上是诚实的或者至少是受 Alice 控制的情况，因而它会透露其信道条件给 Alice，同时仍然试图获得关于 $\mathscr{M}$ 的信息。无论如何，在考虑 Alice 只获悉部分 CSIT 这一更具普适性的场景之前，研究上述场景是有理论意义的。接下来，将分析该场景下的安全安全容量，尤其关注子信道间的功率分配问题。有了完美且完全的 CSIT，CAS 和 CPS 方案具备相同的安全容量①[6-9]，即为 $I(\boldsymbol{y};\boldsymbol{x})-I(\boldsymbol{z};\boldsymbol{x})$，且可以通过高斯信道输入来实现。

资源分配问题通常被描述为在总功率约束式（14.1）下，以最大化安全容量为优化目标的各子信道的功率电平 P_n 的选择（即功率分配）

$$R_{\mathrm{S}}^{*}=\max_{\{P_n\}} I(\boldsymbol{y};\boldsymbol{x})-I(\boldsymbol{z};\boldsymbol{x}) \quad \text{s.t. 式(14.1)} \tag{14.3}$$

对于 AWGN 信道上的高斯信号来说，则改写为

$$R_{\mathrm{S}}^{*}=\max_{\{P_n\}} \sum_{n=1}^{N} \log(1+P_nH_n)-\log(1+P_nG_n) \quad \text{s.t. 式(14.1)} \tag{14.4}$$

如果窃听信道增益高于合法信道（$G_n>H_n$），则无法实现保密。因此，最佳选择是将该信道的功率设置为 0。当 $H_n>G_n$ 时，式（14.4）中的和函数关于 P_n 是凹的，因此，可获得最优功率分配的闭式解，即

$$P_n=\left[-\frac{H_n+G_n}{2H_nG_n}+\frac{\sqrt{(H_n-G_n)^2+4H_nG_n(H_n-G_n)/\mu}}{2G_nH_n}\right]^{+} \tag{14.5}$$

其中，需确保 $\mu>0$ 以满足式（14.1）的约束条件。

14.1.1.2 完全 CSIT 和有限星座

对于有限星座而言，式（14.4）不再成立，可达安全速率将表示成

$$R_{\mathrm{S}}^{*}=\max_{\{P_n\}} \sum_{n=1}^{N} \bar{I}(P_nH_n)-\bar{I}(P_nG_n) \tag{14.6}$$

式中：$\bar{I}(P_nH_n)$ 和 $\bar{I}(P_nG_n)$ 分别是到 Bob 和 Eve 的子信道 n 上的有限星座传输的互信息。结果表明，当 $H_n>G_n$ 时[10]，在式（14.6）中需最大化的函数关于 P_n 是非凹的，从而难以求解这一优化问题。文献［10］通过假设信道具有有限的延迟扩展，提出了一种次优的对偶优化算法，从而使得对偶差值（duality gap）随 N 减小约为 $\mathcal{O}(1/\sqrt{N})$。此外，文献［11］利用了文献［12］的研究结果将互信息与最小均方误差（MMSE）联系起来，即

$$\frac{\mathrm{d}\bar{I}(\rho)}{\mathrm{d}\rho}=\mathrm{MMSE}(\rho) \tag{14.7}$$

式中，文献［13］已计算了不同星座下的 $\mathrm{MMSE}(\rho)$。如此一来，可以利用对偶分解方法将原优化问题分解成两个子问题，且这两个子问题经原问题中的单个变量相联系，并通过该变量上的梯度求解来加以解决。

---

① 对于无限长的码字，安全容量是消息 $\mathscr{M}$ 的最大速率，且该消息能够被 Bob 在错误概率为零的情况下进行解码，并向 Eve 提供 $\mathscr{M}$ 和 $\boldsymbol{z}$ 之间的零互信息，即意味着无信息泄漏的情况。

14.1.1.3　部分 CSIT 和高斯输入

如前所述，拥有完全的 CSIT 在许多情况下是不现实的，例如，窃听者是完全被动的且未被接入到合法网络中，或者未将实际经历的信道增益进行如实报告。因此，考虑 Alice 仅具有部分 CSIT 的情况将更具现实意义。特别地，仅假设获悉 $\boldsymbol{G}$ 的统计信息，且 G_n 是独立同分布（iid）的、服从均值为 α 的指数分布。在这种情况下，虽然不能确保完全保密，但是对于给定的功率分配而言，可确保安全容量低于安全传输的频谱效率，即 $C_{\mathrm{S}} < R_{\mathrm{S}}$，其中，$C_{\mathrm{S}} = I(\boldsymbol{y};\boldsymbol{x}) - I(\boldsymbol{z};\boldsymbol{x})$，且此时的安全中断概率为

$$p_{\text{out}} = \mathbb{P}[C_{\mathrm{S}} \leqslant R_{\mathrm{S}}] \tag{14.8}$$

值得注意的是，这里假设 Alice 和 Bob 完全获知合法信道 $\boldsymbol{h}$ 的信息，从而可以确保 Bob 总能正确解码私密消息。

就安全中断概率而言，CAS 和 CPS 这两种编码策略不再等价。对于 CAS 而言，中断事件会涉及所有子信道。对于 CPS 而言，若任一子信道 n（安全传输码率为 R_n）上发生中断，则意味着

$$p_{\text{out}} = \mathbb{P}[\bigcup_{1}^{N}\{I(x_n;y_n) - I(x_n;y_n) \leqslant R_n\}] \tag{14.9}$$

假设每个子信道相互独立，则 CPS 编码策略在 AWGN 信道下的中断概率为

$$p_{\text{out}} = \prod_{n=1}^{N} \mathbb{P}[\log(1 + H_n P_n) - \log(1 + G_n P_n) \leqslant R_n] = \prod_{n=1}^{N} p_{\text{out},n} \tag{14.10}$$

部分 CSIT 情况下的资源分配问题可以表征为给定中断概率 $p_{\text{out}} = \varepsilon$，以最大化和速率 $R_{\text{s}} = \sum_{n=1}^{N} R_n$ 为优化目标确定功率分配。对于 CAS，我们虽然无法获得功率分配的闭式解，但文献［9］已经获得了安全中断概率的闭式表达式（包括 Gamma 函数和广义 Fox H 函数）。

对于 CPS，可将上述总安全中断概率用各信道上的安全中断概率 $p_{\text{out},n}$ 来表征

$$p_{\text{out}} = 1 - \prod_{n=1}^{N} (1 - p_{\text{out},n}) \tag{14.11}$$

我们可加入关于各子信道的安全中断概率的约束，即 $p_{\text{out},n} \leqslant \varepsilon_n$，从而通过选择 ε_n 的值来保证 $p_{\text{out}} = \varepsilon$。在此基础上，定义一个等效的 Eve 信道，其增益 $\overline{G}_n$ 使得有效 Eve 信道增益 G_n 高于 $\overline{G}_n$ 的概率等于 ε_n，即 $P[G_n > \overline{G}_n] = \varepsilon_n$。对于独立同分布的瑞利衰落信道，有 $\overline{G}_n = -\alpha\ln\varepsilon_n$。这样，子信道和功率分布可以按照完全 CSIT 情况进行。

文献［14］采用了另一种方法，它忽略了AWGN对Eve的影响，转而考虑最坏情况，以及Alice会传输人工噪声（AN）。同样地，所构建的优化问题以最大化安全中断速率为优化目标，且是非凸的。

14.1.1.4 多窃听者

到目前为止，我们考虑的是系统中只有一个窃听者的情况。就实际而言，可能存在多个窃听者共存的情况。例如，系统中的任何其他用户都可能是潜在的窃听者。鉴于此，本章将关注非合作窃听者，即他们相互之间不交换信息，也不合作获取私密消息，而是单独行动。当考虑有 $M>1$ 个窃听者时，CAS和CPS下的资源分配问题将显著不同。设 $G_n^{(m)}$ 为窃听者 $m=1,2,\cdots,M$ 在子信道 n 上的信道增益。对于CPS，考虑具有信道增益为 $\bar{G}_n=\max_m G_n^{(m)}$ 的等效窃听者，继而将资源分配问题转换为单个窃听者的情况，其中，信道增益是等效窃听者的信道增益。相反地，对于CAS，需解决如下最大-最小化问题（在高斯信道上）：

$$\max_{\{P_n\}}\min_{m}\sum_{n=1}^{N}\log(1+P_nH_n)-\log(1+P_nG_n^m) \tag{14.12}$$
$$\text{s.t. 式(14.1)}$$

这是一个NP-hard问题。

14.1.2 多用户情况

作为5G典型场景，考虑系统中有 K 个用户的情况，且需确保每个用户都能收到一条能够不被多个窃听者窃听的消息。设 $R_{S,K}$ 为用户 $k=1,2,\cdots,K$ 所达到的安全速率，从而优化目标表征为加权和速率的最大化，即

$$R_S=\sum_{k=1}^{K}\omega_k R_{S,K} \tag{14.13}$$

式中：$\omega_k>0$ 是为了确保用户间公平性而确定的权重系数。若 $\omega_k=1(\forall k)$，则保证了所有用户间的和速率。

值得注意的是，在多用户场景中，除了可能的额外窃听者，合法用户也可能充当窃听者。因此，每个用户可能有不同的窃听者。为此，在下文中，假设有 M 个额外窃听者，而所有其他用户也是窃听者，则总共有 $K+M$ 个窃听者。

接下来，我们重点关注高斯信源输入。

14.1.2.1 下行链路

对于下行链路传输，基站（BS）在总功率约束下向移动终端（MTs）传

输数据。设 $H_{k,n}$ 为基站与移动终端 k 之间在子信道 n 上传输的信道增益。在理想 CSIT 假设下，资源分配包括如何在每个子信道上分配功率，以及如何确定每个子信道应服务的用户。令 $P_{k,n}$ 表示子信道 n 上为用户 k 分配的功率。若考虑到单用户接收者（即每个用户不试图处理向其他用户传输而产生的干扰），则当每个子信道为单个用户服务时，每个用户速率将最大化。在这种情况下，功率约束变为

$$\sum_{n=1}^{N}\sum_{k=1}^{K}P_{k,n}\leqslant\bar{P} \tag{14.14}$$

首先假设只有一个信道增益为 G_n 的额外窃听者。为了最大化安全和速率（$\omega_k=1$），对于任何功率分配而言，最大速率是通过将子信道 n 分配给在该子信道上拥有最大安全速率的用户 k_n^* 来实现的[15]，即 $k_n^*=\arg\max_k H_{k,n}$。在此基础上，建立一个等效的 Bob 用户，其具有信道增益 $H_{k_n^*,n}, n=1,2,\cdots,N$，且这里可以利用前文介绍的针对单用户的功率最优化技术来获得多用户安全容量（在这里 CAS 和 CPS 是等效的）。用户 k 的速率 $R_{S,K}$ 表示分配给它的子信道上的安全速率。需注意的是，如果我们使用 CPS，且没有完全 CSIT，我们仍然可以定义等效信道增益，以便以概率 ε 获得更高的增益，并在这些等效增益上优化子信道及其功率分配。

对于最大加权安全和速率问题（即每个用户的 ω_k 不同），功率分配策略必须满足

$$\left(\frac{1+H_{k_n^*,n}P_n}{1+G_nP_n}\right)^{\omega_{k_n^*}}\geqslant\left(\frac{1+H_{k,n}P_n}{1+G_nP_n}\right)^{\omega_k}\ \forall k\neq k_n^* \tag{14.15}$$

因此，用户的子信道分配取决于所分配的功率。事实上，上述问题需要遍历所有可能的子信道分配，其复杂性随 N 的增长成指数增长。为降低计算复杂度，该问题的次优解可通过求解耦合问题得到（参见文献[16－17]）。这里将满足每个子信道只有一个功率为正，而所有其他用户的功率为零的功率集 $P_{k,n}$ 表示为 $\mathscr{P}$。然后，上述优化问题的拉格朗日对偶函数是

$$g(\mu)=\max_{\{P_{k,n}\}\in\mathscr{P}}\sum_{k=1}^{K}\sum_{n=1}^{N}\omega_k[\log(1+H_{k,n}P_{k,n})-\log(1+P_{k,n}G_n)]+\mu\left(\bar{P}-\sum_{n=1}^{N}\sum_{k=1}^{K}P_{k,n}\right)$$

其中，$\mu>0$ 是满足功率约束条件的拉格朗日乘子，则对偶问题是

$$\min_{\mu} g(\mu),\mu>0 \tag{14.16}$$

此时，$g(\mu)$ 可以分解成 N 个独立的子函数

$$g(\mu)=\sum_{n=1}^{N}g_n(\mu)+\mu\bar{P} \tag{14.17}$$

$$g_n(\mu) = \max_{\{P_{k,n}\} \in \mathscr{P}} \sum_{k=1}^{K} \omega_k [\log(1 + H_{k,n}P_{k,n}) - \log(1 + P_{k,n}G_n)] - \mu \sum_{k=1}^{K} P_{k,n} \tag{14.18}$$

值得注意的是，对于给定的μ，若$H_{k,n} < G_n$，则在式（14.18）中的最大化问题可得功率分配为$P_{k,n} = 0$；若$H_{k,n} \geqslant G_n$，则有

$$P_{k,n}^* = \left[-\frac{H_{k,n} + G_n}{2H_{k,n}G_n} + \frac{\sqrt{(H_{k,n} - G_n)^2 + 4H_{k,n}G_n(H_{k,n} - G_n)\omega_k/\mu}}{2H_{k,n}G_n} \right]^+ \tag{14.19}$$

由于无法使用梯度下降算法，且$g(\mu)$需在离散集合上最大化而不可微，故μ的选择难以确定，且转而采用次梯度来优化μ，即

$$\delta\mu = \bar{P} - \sum_{n=1}^{N} \sum_{k=1}^{K} P_{k,n} \tag{14.20}$$

需注意的是，这是一个次优解，但在类似问题（如OFDM中的多用户功率分配[16-17]）中，它已被证明具有可忽略的对偶差值。

当系统内的其他用户是窃听者且也存在多个额外窃听者时，CPS和CAS又有所区别。对于CAS，即使只有一个用户，问题也会变得非常复杂，对此将不再进一步讨论。相反，对于CPS，如果将一个子信道分配给一个没有最高增益的用户，则安全速率为零。此时可直接求解用户分配得到k_n^*。若用$G_{k,n}^{(m)}$表示窃听者m在子信道n上用户k的信道增益，且对于每个子信道，可以考虑一个具有如下信道增益的等效窃听者：

$$\bar{G}_n = \max_m G_{k_n^*,n}^{(m)} \tag{14.21}$$

进而退回到单个窃听者时的资源分配问题。对于最大加权安全和速率问题，在任何情况下都应将子信道分配给具有最佳信道增益的用户（因为所有其他用户都没有达到安全速率）。因此，我们可以解决类似于单用户单窃听者情况的功率优化问题：仅当$H_{k_n^*,n} > \bar{G}_n$时分配功率，且此时最优功率如式（14.19）所示，$k = k_n^*$，G_n由$\bar{G}_n$代替。

14.1.2.2 上行链路

对于上行链路，需考虑K个独立的功率约束，即

$$\sum_{n=1}^{N} P_{k,n} \leqslant \bar{P}, k = 1,2,\cdots,K \tag{14.22}$$

在此情况下，难以将子信道分配和功率分配问题进行去耦合。

如果存在一个额外窃听者具有完全CSIT（或者在CPS下具有部分CSIT），仍然可以在每个功率约束下，用K个拉格朗日乘子μ_k，$k = 1,2,\cdots,$

K，来解决对偶问题，由此得到的对偶函数为

$$g(\mu) = \sum_{n=1}^{N} g_n(\mu) + \sum_{k=1}^{K} \mu_k \bar{P} \tag{14.23}$$

若满足 $H_{k,n} < G_n$ 和式（14.19），则功率分配结果为 $P_{k,n}=0$；若 $H_{k,n} \geqslant G_n$，K 个子梯度为

$$\delta\mu_k = \bar{P} - \sum_{n=1}^{N} P_{k,n} \tag{14.24}$$

当用户是窃听者时，我们可以继续讨论 CPS 下的下行链路情况，且只考虑每个用户的子信道上最高信道增益 $\bar{G}_{k,n} = \max_m G_{k,n}^{(m)}$，从而有如式（14.19）所示的功率分配结果，此时需用 $\bar{G}_{k,n}$ 替代 $G_{k,n}$。但请注意的是，在这种情况下，我们必须知道任何用户对之间的信道，且这类信息通常是难以获悉的。确实，通常只有终端能够获知 MT－BS 之间的信道信息。

替代方法可以包括贪婪迭代算法，其中，在每次迭代中，一个子载波被分配给能够带来安全速率提升的用户，类似于在非安全正交频分复用接入（OFDMA）所提出的方法[18]。

14.1.3　公共消息的下行链路

另一个与 5G 密切相关的场景是 K 个用户的下行私密消息传输，同时伴随着向所有用户发送一个公共的非秘密消息。该公共消息可以是针对所有用户的控制信号，也可以是在所有用户之间至少无须物理层安全保护的共享内容。它与私密消息是多路复用的，且在子信道上联合编码。它的速率受限于所有用户中可达速率的最小值。在接收端，公共消息首先被解码（因此会受到私密消息的干扰），然后从接收信号中消除。因此，用户 k 可接收到的公共消息的可达速率为

$$R_{0,k} = \sum_{n=1}^{N} \log\left(1 + H_{k,n}P_{0,n} + H_{k,n}\sum_{i=1}^{K} P_{i,n}\right) - \log\left(1 + G_{k,n}\sum_{i=1}^{K} P_{i,n}\right) \tag{14.25}$$

式中：$P_{0,n}$是子信道 n 上用于传输公共消息的功率。由于需保证所有用户都能够解码公共消息，因此其最大速率为

$$R_{S,0} = \min_k R_{0,k} \tag{14.26}$$

虽然该消息不是私密消息，但这里 $R_{S,0}$ 中仍然使用‘S’，以保证阐述过程中符号使用的一致性。

对于公共信息，考虑将加权和速率作为优化目标，即

$$R_{\mathrm{S}} = \sum_{k=0}^{K} \omega_k R_{\mathrm{S},k} \tag{14.27}$$

式中：ω_0 是公共消息的权重。在式（14.14）中的总功率约束仍成立，继续作用于公共消息。如此一来，和速率从 $n=0$ 开始。在总功率约束下（14.27）的最大化问题已在文献［19］中进行了研究。

14.1.3.1 面向用户编码的功率分配

通过适当的子信道和功率分配来最大化 R_{S} 具有很高的复杂性，这是由于涉及最大－最小问题，该问题随用户数量的增加呈超指数增长的趋势。文献［19］提出了一种次优方法，其中，①是子信道分配与功率分配相分离，②对于子信道组，总功率是事先确定的。

关于子信道分配，分配给用户 k 的子信道集合是

$$\mathscr{L}_k = \{n: H_{k,n} \geqslant H_{j,n}\ \forall j \in \{1,2,\cdots,K\}, j \neq k\}, k=1,2,\cdots,K \tag{14.28}$$

$$\mathscr{L}_0 = \{1,2,\cdots,N\} \setminus \cup_{k=1,2,\cdots,K} \mathscr{L}_k \tag{14.29}$$

式中：$\mathscr{L}_0$ 是专用于传输公共消息的一组子信道。其他子信道也可用于传输公共消息，但这些子信道会受到私密消息传输带来的干扰。

关于用户 k 的功率分配，我们分配一个与 $\mathscr{L}_K$ 中子信道数量成正比的固定总功率，即

$$\sum_{n \in \mathscr{L}_k} P_{k,n} \leqslant |\mathscr{L}_k| \bar{P}/N, k = 0,1,\cdots,K \tag{14.30}$$

在功率约束式（14.30）下，最大化加权和速率 R_{S} 的功率分配问题可以分解为 $K+1$ 个独立的子问题，各子问题对应于集合 $\mathscr{L}_k$ 内的每个用户（包括传输公共消息的虚拟用户），从而降低了求解原始最大－最小问题的复杂度。

14.1.3.2 面向信道编码的功率分配

功率和子信道分配问题的另一个简化思路是基于 CPS 方法，其中，公共消息和私密消息都被分成子消息，并在每个信道上单独使用编码器。用户 $k \geqslant 1$ 的安全速率为

$$R_{\mathrm{S},k} = \sum_{n \in \mathscr{L}_k} \log(1 + H_{k,n} P_{k,n}) - \log(1 + \bar{G}_n P_{k,n}) \tag{14.31}$$

式中，$\bar{G}_n$ 由式（14.21）给出。对于公共速率，通过定义 $M_n = \min_j H_{j,n}$，并根据式（14.25），有

$$R_{\mathrm{S},0} = \sum_{n=1}^{N} \left[\log\left(1 + M_n P_{0,n} + M_n \sum_{i=1}^{K} P_{i,n}\right) - \log\left(1 + M_n \sum_{i=1}^{K} P_{i,n}\right) \right] \tag{14.32}$$

基于 CPS 且拥有公共信息的加权和速率最大化问题可有闭式解。特别

地，定义：

$$\Lambda_{k,n}(\lambda)=\frac{1}{2}\left[\left(\frac{1}{G_n}-\frac{1}{H_{k,n}}\right)\left(\frac{1}{G_n}-\frac{1}{H_{k,n}}+\frac{4\omega_k}{\lambda\ln 2}\right)\right]^{1/2}-\frac{1}{2}\left(\frac{1}{G_n}+\frac{1}{H_{k,n}}\right) \tag{14.33a}$$

$$\Psi_n(\lambda)=\frac{\omega_o}{\lambda\ln 2}-\frac{1}{M_n} \tag{14.33b}$$

$$\Delta_{k,n}=\left(\frac{1}{\bar{G}_n}-\frac{1}{H_{k,n}}\right)^2\left[\left(\frac{\omega_k}{\omega_0}\right)^2+2\frac{\omega_k}{\omega_0}\frac{\frac{2}{M_n}-\frac{1}{H_{k,n}}-\frac{1}{\bar{G}_n}}{\frac{1}{\bar{G}_n}-\frac{1}{H_{k,n}}}+1\right] \tag{14.33c}$$

$$\Theta_{k,n}=\frac{1}{2}\left[\frac{\omega_k}{\omega_0}\left(\frac{1}{\bar{G}_n}-\frac{1}{H_{k,n}}\right)-\left(\frac{1}{\bar{G}_n}+\frac{1}{H_{k,n}}\right)+\sqrt{\Delta_{k,n}}\right] \tag{14.33d}$$

对 $n\in\mathscr{L}_k$，据文献［19］中功率分配问题的解，有

$$P_{0,n}=\begin{cases}[\psi_1(\lambda)-\Theta_{k,1}]^+, & H_{k,n}-G_n>\dfrac{M_n\omega_0}{\omega_k}\\ [\psi_n(\lambda)]^+, & \text{其他}\end{cases} \tag{14.34}$$

同时，对于 $k=1,2,\cdots,K$，有

$$P_{k,n}=\begin{cases}[\min\{\Lambda_{k,n}(\lambda);\Theta_{k,n}\}]^+, & H_{k,n}-G_n>\dfrac{M_n\omega_0}{\omega_k}\\ 0, & \text{其他}\end{cases} \tag{14.35}$$

式中：通过使每个 $\mathscr{L}_k$ 都满足总功率约束来确定 λ。值得注意的是，该解取决于 λ 的值，且其复杂度仅随用户数量增加呈线性增长。

14.2 密钥协商

通过密钥协商（Secret Key Agreement，SKA），Alice 和 Bob 旨在共享 Eve 不知道的随机比特序列。这一随机比特序列（密钥）可用于加密数据，并在传输中提供认证或其他安全特性。一般而言，一旦密钥被使用，它就不能再次使用，以防 Eve 从中推断出某些关键信息而破坏安全性。因此，我们需要有效方法来更新密钥或生成新密钥。考虑到并行信道上的 SKA 是 5G 中使用波形传输的典型场景，这里将给予重点讨论。

SKA 需要一个随机源来生成密钥的随机比特。根据随机性来源不同，可分为两类主要的 SKA 模型。在源模型 SKA 中，随机性由连接 Alice 和 Bob 的物理信道直接提供的，该信道通常在幅度、相位、多径分量等方面具有随机

性。反之，在信道模型中，Alice 需要一个随机比特产生器，且信道仍然作为随机源发挥作用，这将在后面予以讨论。现在我们将把这两个模型应用于并行信道传输，研究 SKA 过程的设计和子信道上的资源分配策略。

14.2.1 并行信道上的信道模型 SKA

信道模型提供了如下步骤来进行密钥协商[20]：

步骤1：Alice 向 Bob 发送一个随机比特序列。

步骤2：Bob 从步骤1 接收到的信号中解码（提取）出一组比特。解码出的比特通常受到噪声引起的误差影响，故而它们与发送端传输的原始比特序列不一致。Bob 在公共信道上传输提取出的比特索引。

步骤3：为了纠正错误比特，Alice 和 Bob 共享一些提取出来的冗余信息。

步骤4：由于 Alice 和 Bob 共享相同的比特序列，故可通过一些哈希函数，从原始序列中获得新的、更短的序列。

需注意的是，密钥的随机性来自于步骤2，其中，噪声以独立于 Bob 和 Eve 的方式破坏传输的信号。因此，对于 Bob 来说，受到噪声一定程度影响的比特很有可能对 Eve 造成更大的破坏。在步骤 2 中，Bob 选择最佳比特，即最有可能被正确检测的比特。由于是由 Bob 来挑选比特序列来决定为所生成的密钥，故 Eve 没有机会挑选对其而言最好的比特序列，这让 Bob 比 Eve 更有优势。此外，Alice 需要传输一个随机比特序列，以防 Eve 能够直接获悉，但区分 Eve 和 Bob 的真正随机性来自噪声，后者将影响提取过程。由于 Bob 提取的比特仍然可能被噪声破坏，所以需步骤3 来校正残余误差。然而，校正过程是在公共无线信道上完成的，因此也会被 Eve 窃听到，从而 Eve 也可以利用它来校正自己接收到的一些比特。在步骤3 的最后，Alice 和 Bob 共享同一个序列，且 Eve 知道其中的一些比特，但是并非全部。伴随着步骤4（隐私放大），Alice 和 Bob 都对共享的序列使用确定性哈希函数，以获得更小的序列。这里的核心本质在于，许多长序列被映射到同一个短序列，而长序列中的微小差异会导致完全不同的短序列。因此，即使 Eve 知道的长序列有几个错误，但其获得的短序列也很可能与 Alice 和 Bob 获得的短序列有很大不同。

文献［21］已经研究了该系统在并行信道上的传输。根据模型式（14.2），由 Alice 发送的信号是二进制相移键控（Binary Phase Shift Keying，BPSK）调制（$x_n = \pm\sqrt{P_n}$），且在步骤 2 中，Bob 在对数似然比（Log Likelihood Ratio，LLR）大于阈值 A_n 的子信道 n 上提取接收的样本。那么，令 LLR 为

$$\Lambda_n = \ln \frac{\mathbb{P}[x_n = 1 \mid y_n]}{\mathbb{P}[x_n = -1 \mid y_n]} = 4h_n y_n \tag{14.36}$$

如果满足 $\Lambda_n > A_n$，比特将被提取出。这里假设 Alice 拥有 Bob 和 Eve 信道的全部 CSIT。在步骤 3 中，Alice 使用适当的纠错码将从提取的比特中获得的校正子列向量发送给 Bob。Bob 将通过最大似然解码来纠正 LLR 的符号。

该系统的一个性能指标是密钥吞吐量（Secret Key Throughput，SKT），定义为密钥的比特数与获得密钥所需的信道使用次数（即传输符号数）之间的比率。考虑到基于 BPSK 传输，SKT 还可以计算为每个提取比特的平均秘密比特数与 Alice 为提取一个比特所需要传输的平均随机比特数之比。

特别地，假设 $\sigma(\boldsymbol{P},\boldsymbol{A})$ 是在功率分配 $\boldsymbol{P}=[P_1,P_2,\cdots,P_N]$ 和阈值选择 $\boldsymbol{A}=[A_1,A_2,\cdots,A_N]$ 下每个提取的比特所需的平均密钥比特数。$\sigma(\boldsymbol{P},\boldsymbol{A})$ 为一个随机变量，它取决于衰落信道的信噪比（SNR）。此外，假设 $\tau(\boldsymbol{P},\boldsymbol{A})$ 是提取一个比特所需的平均信道数，且它也是随机变量，取决于阈值和分配的功率。如此一来，SKT 被定义为

$$\eta(\boldsymbol{P},\boldsymbol{A}) = \frac{\mathbb{E}[\sigma(\boldsymbol{P},\boldsymbol{A})]}{\mathbb{E}[\tau(\boldsymbol{P},\boldsymbol{A})]} \tag{14.37}$$

文献［21］推导出了 SKT 的下界。特别地，我们首先将 $\pi(P_n,A_n)$ 定义为在子信道 n 上提取一个比特的概率，该概率取决于 Alice－Bob 信噪比和阈值，即

$$\pi(P_n,A_n) = \mathbb{P}[\,|\Lambda_n| \geqslant A_n\,] \tag{14.38}$$

随后，定义

$$\mu_n(P_n,A_n) = H(x_n \mid z_n) - 1 + I(x_n;y_n) \tag{14.39}$$

由此可得到边界：

$$\eta(\boldsymbol{P},\boldsymbol{A}) \geqslant \left[\sum_{n=1}^{N} \pi(P_n,A_n)\mu_n(P_n,A_n)\right]^{+} = \overline{\eta}(\boldsymbol{P},\boldsymbol{A}) \tag{14.40}$$

14.2.1.1　完全 CSIT 情况下的资源分配问题

关于 SKA 的资源分配问题旨在总功率约束式（14.1）下，以最大化式（14.40）中的 SKT 下限为优化目标，来优化 LLR 阈值 $\boldsymbol{A}$ 和分配的功率 $\boldsymbol{P}$。为此，资源分配问题可以表征为

$$\begin{gathered}\eta_{\text{opt}} = \max_{\boldsymbol{P},\boldsymbol{A}} \overline{\eta}(\boldsymbol{P},\boldsymbol{A}) \\ \text{s. t. 式}(14.1)\end{gathered} \tag{14.41}$$

由于计算 $\overline{\eta}(\boldsymbol{P},\boldsymbol{A})$ 需要根据优化变量来进行积分计算[21]，因此解决上述问题并不容易。可行的解决途径是将功率优化和阈值优化这两个问题进行级

联处理，内部问题是关于阈值的最大化，外部问题是关于功率的最大化，即

$$\eta_{\text{opt}} = \max_{P:\sum P_n \leqslant \bar{P}} \max_{A} \bar{\eta}(\boldsymbol{P},\boldsymbol{A}) \tag{14.42}$$

进一步，由式（14.40）可知，SKT是N个函数之和，且每个函数取决于信道n上的各阈值$\boldsymbol{A}_n$。此外，式（14.1）中的约束条件仅取决于功率。因此，对于给定的功率分配，每个信道可独立进行阈值优化。这样，根据式（14.40），信道n上经阈值优化的SKT可表示为

$$\phi(H_nP_n,\gamma_n) = \max_{A_n}\pi(P_n,A_n)\mu_n(P_n,A_n) \tag{14.43}$$

式中：$\gamma_n = G_n/H_n$，这也强调了对Eve信道的依赖性。利用式（14.43），把式（14.42）中的最大化问题改写为

$$\eta_{\text{opt}} = \max_{P} \sum_{n=1}^{N} [\phi(H_nP_n,\gamma_n)]^{+} \quad \text{s.t. 式(14.1)} \tag{14.44}$$

文献［21］已经表明对$\phi(P,\gamma)$的良好拟合可由下式提供

$$\tilde{\phi}(P,\gamma) = \tilde{a}(\gamma) + \tilde{b}(\gamma)\exp[\tilde{c}(\gamma)P],\ P \leqslant \tilde{P}(\gamma) \tag{14.45}$$

其中

$$\tilde{a}(\gamma) = a_3\gamma^3 + a_2\gamma^2 + a_1\gamma + a_0,\ \tilde{b}(\gamma) = b_3\gamma^3 + b_2\gamma^2 + b_1\gamma + b_0 \tag{14.46}$$

$$\tilde{c}(\gamma) = c_0\gamma^2 + c_1 + c_2\exp[c_3\gamma],\ \tilde{P}(\gamma) \approx d_1 + d_2\exp[d_3\gamma] \tag{14.47}$$

且参数a_i、b_i、c_i和$d_i, i=1,2,3$表示选择出来的最佳匹配。

进一步，通过近似，资源分配问题变成

$$\tilde{\eta}_{\text{opt}} = \max_{P} \frac{1}{N}\sum_{n=1}^{N} \tilde{\phi}(H_nP_n,\gamma_n) \quad \text{s.t. 式(14.1)} \tag{14.48}$$

通过上述转换，式（14.48）就是一个凸问题了，则可得到它的拉格朗日函数是

$$\mathscr{L}(\lambda,\boldsymbol{P}) = \frac{1}{N}\sum_{n=1}^{N} \tilde{\phi}(H_nP_n,\gamma_n) - \lambda\left[\sum_{n=1}^{N} P_n - \bar{P}\right] \tag{14.49}$$

式中：$\lambda \geqslant 0$是拉格朗日乘子。

在给定的拉格朗日乘子λ下，最大化拉格朗日函数，得到以下最优功率分配

$$P_n^*(\lambda) = \min\left\{\frac{\tilde{P}(\gamma_n)}{H_n}, \left[\frac{1}{\tilde{c}(\gamma_n)H_n}\ln\frac{\lambda}{N\tilde{b}(\gamma_n)\tilde{c}(\gamma_n)H_n}\right]^{+}\right\} \tag{14.50}$$

由于目标函数在其定义域 $P_n \leqslant \tilde{P}(\gamma_n)/H_n$ 内，相对于 P_n 严格递增，对应的解为功率约束满足等式条件，因此对应于式（14.48）的解的 λ 值满足：

$$\sum_{n=1}^{N} P_n^*(\lambda) - P'_{\max} = 0 \tag{14.51}$$

式中

$$P'_{\max} = \min\left\{\bar{P}, \sum_{n=1}^{N} \frac{\tilde{P}(\gamma_n)}{H_n}\right\} \tag{14.52}$$

最后，鉴于 $\sum_{n=1}^{N} P_n^*(\lambda)$ 是 λ 的递减函数，在 λ 上进行简单二分搜索来求解式（14.51）。

综上所述，只需要存储系数 a_i、b_i、$c_i(i=0,1,2,3)$ 和 $d_i(i=1,2,3)$，来用于计算 SKT，并且通过在 λ 上进行二分搜索直到满足式（14.51）来获得最优功率分配。如此一来，原来式（14.41）中 $2N$ 个变量的优化问题转换为单个实数变量的优化问题。

根据文献［21］，我们考虑了一个 $N=16$ 的并行瑞丽衰落信道的场景。Alice－Eve 间信道的平均信噪比是 $\Gamma^{(\mathrm{E})}=0\mathrm{dB}$。图 14.2 显示了对于不同取值的 $\Gamma^{(\mathrm{B})}$，平均 SKT（η_{opt}）与信道数 N 归一化下的总功率约束函数 $\bar{P}$ 之间的变化关系。从图中可知，较高的发射功率和较低的窃听者平均信道增益，可以导致较高的 SKT。此外，当 $\bar{P}$ 趋近于无穷大时，SKT 达到最大值。这是由于 Bob 和 Eve 都受益于功率的增加，从而阻止了 SKT 的无限增加。

14.2.2　并行信道的源模型 SKA

对于源模型 SKA，利用无线信道的互易性（即 Alice－Bob 间的信道与 Bob－Alice 间的信道相同），从而使得 Alice 和 Bob 共享的随机源（Eve 不知道）就是信道本身。SKA 分为以下三个阶段：

（1）Alice 在 N 个子信道上传输一个由 T 个符号组成的训练块，这些符号构成大小为 $N\times T$ 的矩阵 $\boldsymbol{x}$。Alice、Bob 和 Eve 都知道这个训练块，且 Bob 接收到的矩阵信号记为 $\boldsymbol{y}$，Eve 接收到的矩阵信号记为 $\boldsymbol{z}$。

（2）Bob 在 N 个子信道上传输一个包含 T 个符号的训练块，这些符号构成矩阵 $\tilde{\boldsymbol{x}}$ 中。Alice、Bob 和 Eve 都知道该训练块，且 Alice 接收到的矩阵信号记为 $\tilde{\boldsymbol{y}}$，而 Eve 接收到的矩阵信号记为 $\tilde{\boldsymbol{z}}$。

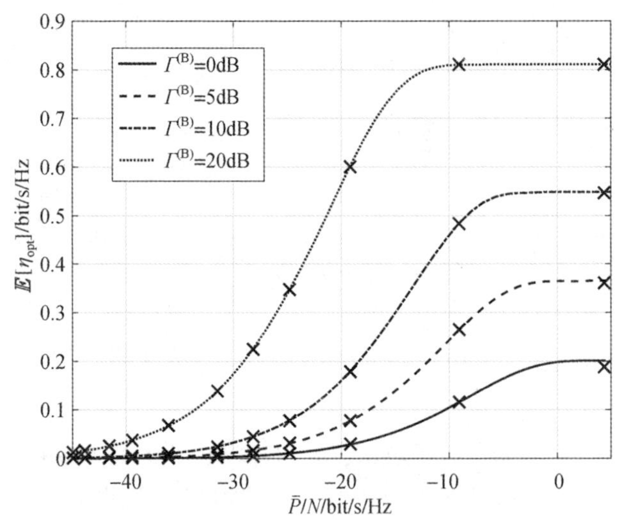

图 14.2 不同 $\Gamma^{(B)}$ 下的平均 SKT 与 $\bar{P}/N$ 关系图

（3）Alice 和 Bob 各自进行信道估计、提取（如文献［22］）、信息融合和隐私增强[20]。

Eve 监听正在进行的传输，并试图从其与 Alice 和 Bob 的信道估计中推断出有关 Alice－Bob 之间的信道信息，以及进一步试图从中提取 Alice 和 Bob 的密钥。事实上，Eve 到 Alice 和 Bob 的信道如果与 Alice－Bob 间的信道具有关联性，其确实可以获得一些关于密钥的信息。例如，如果 Alice－Bob 间的信道与 Alice－Eve 间的信道相同（并且 Eve 知道这一特性），Eve 能够完全提取密钥（该密钥不再是安全的）。因此，我们必须定义不同信道之间的相关性。在本章的开头，我们已经介绍了 Alice 和 Bob/Eve 之间的（平行）信道 $\boldsymbol{h}$ 和 $\boldsymbol{g}$。我们现在还将在 Bob 和 Eve 之间引入大小为 N 的并行信道 $\boldsymbol{f}=[f_1, f_2, \cdots, f_N]^{\mathrm{T}}$。

根据瑞利衰落的假设，所有信道矩阵都是零均值高斯随机变量。信道相关性是

$$\mathbb{E}[\boldsymbol{h}\boldsymbol{g}^{\mathrm{H}}]=\boldsymbol{G}^{\mathrm{BA-AE}}, \mathbb{E}[\boldsymbol{g}\boldsymbol{f}^{\mathrm{H}}]=\boldsymbol{G}^{\mathrm{AE-BE}}, \mathbb{E}[\boldsymbol{h}\boldsymbol{f}^{\mathrm{H}}]=\boldsymbol{G}^{\mathrm{BA-BE}} \tag{14.53}$$

而 Bob－Alice、Alice－Eve、Bob－Eve 之间的信道自相关矩阵为

$$\mathbb{E}[\boldsymbol{h}\boldsymbol{h}^{\mathrm{H}}]=\boldsymbol{G}^{\mathrm{BA}}, \mathbb{E}[\boldsymbol{g}\boldsymbol{g}^{\mathrm{H}}]=\boldsymbol{G}^{\mathrm{AE}}, \mathbb{E}[\boldsymbol{f}\boldsymbol{f}^{\mathrm{H}}]=\boldsymbol{G}^{\mathrm{BE}} \tag{14.54}$$

值得注意的是，由于子信道是相关的，故通常情况下相关矩阵是满秩的。正如本章后续部分会提及的，对于 OFDM 系统，子信道对应于宽带信道的不同频点，且通常子信道的数量大于时域中相互独立的信道抽头数量。此外，发射和接收滤波器在信道抽头之间引入了相关性。对于源模型 SKA 的性

能分析而言，这里可以参考文献［23］，它推导出了在相关 MIMO multiple - Eve（MIMOME）瑞利衰落信道上的密钥速率下界。

特别地，基于文献［20］中命题 5.4，从信道中安全提取比特数的下限可由下式提供：

$$C_{\text{lower}}(\boldsymbol{x},\tilde{\boldsymbol{x}}) = I(\tilde{\boldsymbol{y}};\boldsymbol{y}) - \min\{I(\tilde{\boldsymbol{y}};\boldsymbol{z}),I(\boldsymbol{y};\boldsymbol{z})\} \tag{14.55}$$

对于这一边界的显式计算，首先观察到 $\boldsymbol{h}$ 可以通过适当地置换从 $\boldsymbol{h}^{\text{H}}$ 中获得，即 $\boldsymbol{h}=\overline{\boldsymbol{\Pi}}\boldsymbol{h}^{\text{H}}$，且 $\overline{\boldsymbol{\Pi}}$ 是 $N^2\times N^2$ 的置换矩阵，$[\overline{\boldsymbol{\Pi}}]_{n+(m-1)N,m+(n-1)N}=1,n,m=1,2,\cdots,N$，其他元素为零。在此基础上，定义

$$\boldsymbol{L}=\begin{bmatrix}\boldsymbol{I}_N\otimes\boldsymbol{x} & \boldsymbol{0}\\ \boldsymbol{0} & \boldsymbol{I}_N\otimes\boldsymbol{x}\end{bmatrix} \tag{14.56}$$

$$\boldsymbol{R}_{yy}=\mathbb{E}[\boldsymbol{y}\boldsymbol{y}^{\text{H}}]=\boldsymbol{x}\overline{\boldsymbol{\Pi}}\boldsymbol{G}^{\text{BA}}\overline{\boldsymbol{\Pi}}^{\text{H}}\boldsymbol{x}^{\text{H}}+\boldsymbol{I}_{\text{NT}},\boldsymbol{R}_{xx}=\tilde{\boldsymbol{x}}\boldsymbol{G}^{\text{BA}}\tilde{\boldsymbol{x}}^{\text{H}}+\boldsymbol{I}_{\text{NT}} \tag{14.57}$$

$$\boldsymbol{R}_{xy}=\mathbb{E}[\boldsymbol{x}\boldsymbol{y}^{\text{H}}]=\tilde{\boldsymbol{x}}\boldsymbol{G}^{\text{BA}}\overline{\boldsymbol{\Pi}}^{\text{H}}\boldsymbol{x}^{\text{H}},\boldsymbol{R}_{zz}=\boldsymbol{L}\begin{bmatrix}\boldsymbol{G}^{\text{AE}} & \boldsymbol{G}^{\text{AE-BE}}\\ \boldsymbol{G}^{\text{AE-BEH}} & \boldsymbol{G}^{\text{BE}}\end{bmatrix}\boldsymbol{L}^{\text{H}}+\boldsymbol{I}_{2\text{NT}} \tag{14.58}$$

$$\boldsymbol{R}_{xz}=\mathbb{E}[\boldsymbol{x}\boldsymbol{z}^{\text{H}}]=\tilde{\boldsymbol{x}}[\boldsymbol{G}^{\text{BA-AE}}\boldsymbol{G}^{\text{BA-BE}}]\boldsymbol{L}^{\text{H}},\boldsymbol{R}_{yz}=\boldsymbol{x}\overline{\boldsymbol{\Pi}}[\boldsymbol{G}^{\text{BA-AE}}\boldsymbol{G}^{\text{BA-BE}}]\boldsymbol{L}^{\text{H}} \tag{14.59}$$

以及

$$\boldsymbol{U}_{xy}=\begin{bmatrix}\boldsymbol{R}_{xx} & \boldsymbol{R}_{xy}\\ \boldsymbol{R}_{xy}^{\text{H}} & \boldsymbol{R}_{yy}\end{bmatrix},\boldsymbol{U}_{xz}=\begin{bmatrix}\boldsymbol{R}_{xx} & \boldsymbol{R}_{xz}\\ \boldsymbol{R}_{xz}^{\text{H}} & \boldsymbol{R}_{zz}\end{bmatrix},\boldsymbol{U}_{yz}=\begin{bmatrix}\boldsymbol{R}_{yy} & \boldsymbol{R}_{yz}\\ \boldsymbol{R}_{yz}^{\text{H}} & \boldsymbol{R}_{zz}\end{bmatrix} \tag{14.60}$$

从而得到：

$$I(\boldsymbol{x};\boldsymbol{y})=\log\frac{\det\boldsymbol{R}_{yy}\det\boldsymbol{R}_{xx}}{\det\boldsymbol{U}_{xy}},I(\boldsymbol{x};\boldsymbol{z})=\log\frac{\det\boldsymbol{R}_{zz}\det\boldsymbol{R}_{xx}}{\det\boldsymbol{U}_{xz}} \tag{14.61}$$

$$I(\boldsymbol{y};\boldsymbol{z})=\log\frac{\det\boldsymbol{R}_{zz}\det\boldsymbol{R}_{yy}}{\det\boldsymbol{U}_{yz}} \tag{14.62}$$

14.3　波形特性

本节将考虑 5G 系统的各种候选波形，并评估它们的安全性能。特别地，我们将在波形选择和上一节描述的并行信道模型之间建立联系，进一步强调窃听者的攻击策略。

14.3.1　OFDM

OFDM 收发信机处理 N 组复数据符号，如基于正交幅度调制（QAM）的

符号。这里我们主要关注单个符号块的传输，并参考图14.3的收发信机模型。设x_n是符号组，其中$n=1,2,\cdots,N$。在发送者处，Alice首先对向量$\boldsymbol{x}=[x_i,\cdots,x_N]$使用$N$维的离散傅里叶逆变换（IDFT）来获得向量：

$$\tilde{\boldsymbol{x}}=\boldsymbol{F}^{-1}\boldsymbol{x} \tag{14.63}$$

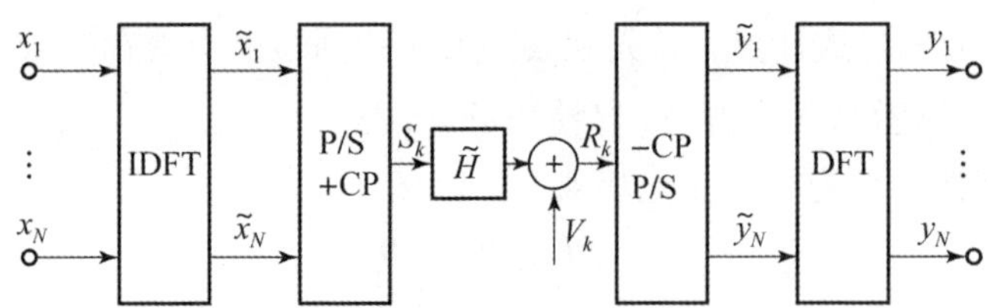

图14.3　具有离散AWGN信道的OFDM收发器

式中：$\boldsymbol{F}^{-1}$是$N\times N$矩阵，其元素为$[\boldsymbol{F}^{-1}]_{\mathrm{p,q}}=1/\sqrt{N}\mathrm{e}^{2\pi\mathrm{j}(p-1)(p-1)(q-1)/M}$，$p,q=1,2,\cdots,N$，然后，大小为$L$的CP被添加到每个块中，即构成大小为$N+L$的向量$\boldsymbol{S}=[S_0,S_1,\cdots,S_{L+N}]$，其中，前$L$个样本是$\tilde{\boldsymbol{x}}$的最后$L$个样本，而剩余元素是原$\tilde{\boldsymbol{x}}$。向量$\boldsymbol{S}$在具有脉冲响应$\tilde{H}_l,l=0,1,\cdots,L$的滤波器所表示的信道上按序传输。因此接收信号为

$$R_k=\sum_{l=0}^{L}\tilde{H}_{k-l}S_l+V_k \tag{14.64}$$

式中：V_k是具有零均值和单位方差的AWGN。$\tilde{H}_l$和S_k之间的卷积会生成$N+2L-1$项，且其中的$L-1$项将干扰下一组传输的符号，与下一个CP对应。传输是在式（14.1）中的功率约束下进行。

在接收者处，Bob丢弃对应于CP的前L个样本（它被前一组传输带来的干扰所破坏），并且接下来的N个样本构成向量$\boldsymbol{R}=[R_{L+1},\cdots,R_{N+L-1}]$。然后，对$\boldsymbol{R}$进行离散傅里叶变换（DFT）以获得

$$\boldsymbol{y}=\boldsymbol{F}\boldsymbol{R} \tag{14.65}$$

其中，$\boldsymbol{F}$为$N\times N$矩阵，其元素为$[\boldsymbol{F}]_{\mathrm{p,q}}=1/\sqrt{N}\mathrm{e}^{2\pi\mathrm{j}(p-1)(q-1)/M}$，$p,q=1,2,\cdots,N$。由于$S$的循环性（参见CP的存在）。与$\tilde{H}$相关的卷积对应于DFT的离散对偶域中传输信号的DFT与信道脉冲响应的乘积。如此一来，通过定义$\boldsymbol{h}=\boldsymbol{F}[\tilde{H}_0,\tilde{H}_1,\cdots,\tilde{H}_L,0,\cdots,0]^{\mathrm{T}}$，可获得

$$y_n=h_nx_n+v_n,n=1,2,\cdots,N \tag{14.66}$$

式中：v_n是$\boldsymbol{W}$的DFT，本质为零均值、单位方差的AWGN。显然，如果Eve也采用相同的接收者，且用$\boldsymbol{g}$表示到Eve的信道N阶DFT（仍然假设长度小

于 L)，我们得到类似模型。特别地，我们获得了模型式（14.2）中具有 N 个平行 AWGN 信道的模型。因此，14.1 节中关于安全容量和资源分配的所有研究都可以应用于 OFDM 系统中。

14.3.1.1　改进的 Eve 接收者

为了获得尽可能多的私密消息，采用基于 DFT 的传统 OFDM 接收者也许是 Eve 的最佳选择。事实上，将对应于 CP 的部分丢弃，也意味着会丢弃 CP 中包含的一些有用信息。处理 CP 将以增加复杂性为代价，然而这对窃听者来说是合理的考虑。因此，对于 Eve 更好地处理还应该涉及 CP。我们现在推导这样一个系统的安全容量，其中，Alice 传输一个 OFDM 信号，Bob 采用传统的 OFDM 接收者，而 Eve 可以使用任何接收者，不局限于使用 OFDM 接收者。

为了推导该情况下的安全容量，并进一步讨论资源分配策略，考虑等效模型，其中

$$\boldsymbol{T}=\begin{bmatrix}\boldsymbol{0}_{L\times(N-L)} & \boldsymbol{I}_L\\ \boldsymbol{I}_N & \end{bmatrix}\boldsymbol{F}^{-1},\quad \boldsymbol{S}=\boldsymbol{T}\boldsymbol{x} \tag{14.67}$$

分别表示 IDFT 和插入 CP。Bob 接收到的符号块可以写成

$$\boldsymbol{R}=\boldsymbol{G}_{\mathrm{B}}\boldsymbol{S}+\boldsymbol{W} \tag{14.68}$$

式中：$\boldsymbol{G}_{\mathrm{B}}$ 和 $\boldsymbol{G}_{\mathrm{E}}$ 分别是 $(N+L)\times(N+L)$ 的 Toeplitz 矩阵，且其第一列为 $[\tilde{H}_0,\tilde{H}_1,\cdots,\tilde{H}_L,0,\cdots,0]^{\mathrm{T}}$ 和 $[\tilde{G}_0,\tilde{G}_1,\cdots,\tilde{G}_L,0,\cdots0]^{\mathrm{T}}$，$\boldsymbol{Z}$ 为 Eve 接收信号的 $N+L$ 列向量。然后

$$\bar{\boldsymbol{R}}=\boldsymbol{F}[\boldsymbol{0}_{N\times L}\boldsymbol{I}_N],\boldsymbol{y}=\bar{\boldsymbol{R}}\boldsymbol{R} \tag{14.69}$$

代表丢弃的 CP 和离散傅里叶变换。考虑到 OFDM 发送者和接收者，采用下面模型表示输入 - 输出关系：

$$\boldsymbol{y}=\tilde{\boldsymbol{h}}\boldsymbol{x}+\boldsymbol{v},\quad \boldsymbol{Z}=\boldsymbol{G}\boldsymbol{x}+\boldsymbol{W} \tag{14.70}$$

式中：$\tilde{\boldsymbol{h}}=\mathrm{diag}(\boldsymbol{h})$ 是在主对角线上具有向量 $\boldsymbol{h}$ 的对角矩阵；$\boldsymbol{W}$ 是零均值、单位方差的 AWGN 列向量，并且

$$\boldsymbol{G}=\boldsymbol{G}_{\mathrm{E}}\boldsymbol{T} \tag{14.71}$$

值得注意的是，该模型未考虑由于前一个 OFDM 符号传输带来的干扰。因为如果使用 OFDM 接收者，则该干扰能够被完全消除，但是如果 Eve 未使用，则该干扰将出现在 $\boldsymbol{Z}$ 上。

在式（14.70）中的模型描述了一个平坦 MIMOME 信道，且 Alice 和 Bob 有 N 个天线，Eve 有 $N+L$ 个天线。在式（14.1）中的功率约束可以重写为

在 $\boldsymbol{x}$ 的相关矩阵 $\boldsymbol{K}_x=\mathbb{E}[\boldsymbol{x}\boldsymbol{x}^{\mathrm{H}}]$ 上的迹约束，即

$$\mathrm{trace}(\boldsymbol{K}_x)\leqslant\bar{P} \tag{14.72}$$

因此，该系统在迹约束下的安全容量可以写成

$$C_{\mathrm{OFDM}}=\max_{\boldsymbol{K}_x:\mathrm{trace}(\boldsymbol{K}_x)\leqslant\bar{P}}[\mathrm{logdet}(\boldsymbol{I}_N+\tilde{\boldsymbol{h}}\boldsymbol{K}_x\tilde{\boldsymbol{h}}^{\mathrm{H}})+\mathrm{logdet}(\boldsymbol{I}_{N+L}-\boldsymbol{G}\boldsymbol{K}_x\boldsymbol{G}^{\mathrm{H}})]^{+} \tag{14.73}$$

然而，考虑到该系统中信道的具体结构，可以得到如文献［24］所示的一个简化表达式为

$$C_{\mathrm{OFDM}}=\max_{\boldsymbol{K}:\mathrm{trace}(\boldsymbol{K})\leqslant P}[\log\det(\boldsymbol{I}+\tilde{\boldsymbol{H}}_{\mathrm{B}}\boldsymbol{K}\tilde{\boldsymbol{H}}_{\mathrm{B}}^{\mathrm{H}})-\log\det(\boldsymbol{I}+\tilde{\boldsymbol{H}}_{\mathrm{E}}\boldsymbol{K}\tilde{\boldsymbol{H}}_{\mathrm{E}}^{\mathrm{H}})] \tag{14.74}$$

其中，

$$\tilde{\boldsymbol{H}}_{\mathrm{B}}=\tilde{\boldsymbol{H}}\boldsymbol{D}\boldsymbol{F},\tilde{\boldsymbol{H}}_{\mathrm{E}}=\boldsymbol{G}_{\mathrm{E}}\boldsymbol{D}\boldsymbol{F},\boldsymbol{D}=\begin{bmatrix}\boldsymbol{I}_{N-L} & \boldsymbol{0}\\ \boldsymbol{0} & \frac{1}{\sqrt{2}}\boldsymbol{I}_L\end{bmatrix} \tag{14.75}$$

相应的输入协方差是

$$\boldsymbol{K}_x=\boldsymbol{F}\boldsymbol{D}\boldsymbol{K}\boldsymbol{D}\boldsymbol{F} \tag{14.76}$$

从式（14.76）可得，当 Eve 不使用传统 OFDM 接收者时，在 OFDM 子信道上传输相关符号的性能将优于传输独立符号。式（14.74）中最大化问题的通用解难以获得，但对于高信噪比情况($\bar{P}\to\infty$)，在式（14.76）中约束条件下的最优矩阵 $\boldsymbol{K}$ 可以由($\tilde{\boldsymbol{H}}_{\mathrm{B}},\tilde{\boldsymbol{H}}_{\mathrm{E}}$)的广义奇异值分解（Generalised Singular Value Decomposition，GSVD）得到。特别地，GSVD 能够提供单位矩阵 $\boldsymbol{U}_{\mathrm{B}}$ 和 $\boldsymbol{U}_{\mathrm{E}}$，以及满足下式的非奇异矩阵 $\boldsymbol{\Omega}$，即

$$\boldsymbol{U}_{\mathrm{B}}^{\mathrm{H}}\tilde{\boldsymbol{H}}_{\mathrm{B}}\boldsymbol{\Omega}=\boldsymbol{D}_{\mathrm{B}},\boldsymbol{U}_{\mathrm{E}}^{\mathrm{H}}\tilde{\boldsymbol{H}}_{\mathrm{E}}\boldsymbol{\Omega}=\boldsymbol{D}_{\mathrm{E}} \tag{14.77}$$

这里，$\boldsymbol{D}_{\mathrm{B}}=\mathrm{diag}(d_{\mathrm{R},1},d_{\mathrm{R},2},\cdots,d_{\mathrm{R},N})$，$\boldsymbol{D}_{\mathrm{E}}=\mathrm{diag}(d_{\mathrm{E},1},d_{\mathrm{E},2},\cdots,d_{\mathrm{E},N})$，且最佳矩阵 $\boldsymbol{K}$ 为[25]

$$\boldsymbol{K}=\bar{P}\frac{\boldsymbol{\Omega}_{\xi}\boldsymbol{\Omega}_{\xi}^{\mathrm{H}}}{\mathrm{trace}(\boldsymbol{\Omega}_{\xi}\boldsymbol{\Omega}_{\xi}^{\mathrm{H}})} \tag{14.78}$$

式中：$\boldsymbol{\Omega}_{\xi}$ 由 $\boldsymbol{\Omega}$ 的最后 ξ 列构成，且 ξ 是大于 1 的广义奇异值 $d_{\mathrm{R},i}/d_{\mathrm{R},i}$ 的数目。

当考虑信道模型 SKA 时，改进的 Eve 接收者也具备优势。通过使用式（14.70）中的 MIMOME 模型，密钥容量可以写成[26]

$$C_{\mathrm{SKA}} = \log\det[\boldsymbol{I}_{\mathbf{N}} + \boldsymbol{K}_{x}^{\frac{1}{2}}(\tilde{\boldsymbol{H}}^{\mathrm{H}}\tilde{\boldsymbol{H}} + \boldsymbol{G}^{\mathrm{H}}\boldsymbol{G})\boldsymbol{K}_{x}^{\frac{1}{2}}] - \log\det[\boldsymbol{I} + \boldsymbol{K}_{x}^{\frac{1}{2}}\boldsymbol{G}^{\mathrm{H}}\boldsymbol{G}\boldsymbol{K}_{x}^{\frac{1}{2}}] \tag{14.79}$$

关于这种情况下的资源分配，文献［27］已推导出低功率（即当 $\bar{P}$ 趋近于零时）下的结果。结果表明，在这种情况下，无论窃听者的信道如何，将所有功率集中在最大特征值所对应的合法通道 $\tilde{\boldsymbol{H}}$ 的特征空间上是最优的。换言之，Alice 仅在具有最大增益的子信道上传输，该子信道的索引 $n^* = \arg\max_n H_n$，且密钥速率可以写成

$$C_{\mathrm{SKA}} = \log\frac{1 + \Lambda_{\mathrm{B}} + \Lambda_{\mathrm{E}}}{1 + \Lambda_{\mathrm{E}}} \tag{14.80}$$

式中：$\Lambda_{\mathrm{B}} = \dfrac{\bar{P}}{1+\rho}H_{n^*}$，$\Lambda_{\mathrm{E}} = \dfrac{\bar{P}}{1+\rho}\|\boldsymbol{H}_{\mathrm{E}};n^*\|^2$ 是 Bob 和 Eve 的信噪比；“$\boldsymbol{H}_{\mathrm{E}};n^*$”是 $\tilde{\boldsymbol{H}}_{\mathrm{E}}$ 的第 n^* 列，且 $\rho = L/(N+L)$。值得注意的是，式（14.80）取决于 Alice－Bob 间的最高子信道增益和所获得的 Alice－Eve 间的信道信噪比 Λ_{E}。当 CSIT 可用时，密钥速率可被确定。正如前文对私密消息传输的讨论，窃听者的信道增益可能不可获知，这意味着需考虑密钥中断概率。为此，我们需要讨论 Λ_{E} 的累积分布函数，而独立瑞利衰落信道下的该函数已由文献［26］推导出。

14.3.2　SC－FDMA

SC－FDMA 系统[28-29]可被看作是一个改进的 OFDM 系统，其中，式（14.63）中发送者处的 IDFT 未被执行，即 $\tilde{\boldsymbol{x}} = \boldsymbol{x}$，且 CP 被插入到单载波信号上。通过在接收者处丢弃 CP 部分并利用 DFT，可将式（14.70）替换为

$$\hat{\boldsymbol{y}} = \hat{\boldsymbol{H}}\boldsymbol{x} + \boldsymbol{v}, \boldsymbol{Z} = \hat{\boldsymbol{G}}\boldsymbol{x} + \boldsymbol{W} \tag{14.81}$$

式中：$\hat{\boldsymbol{H}} = \tilde{\boldsymbol{H}}\boldsymbol{F}$；$\hat{\boldsymbol{G}} = \boldsymbol{G}_{\mathrm{E}}\boldsymbol{T}\boldsymbol{F}$。因此，可以通过用 $\hat{\boldsymbol{H}}$ 代替 $\tilde{\boldsymbol{H}}$，用 $\hat{\boldsymbol{G}}$ 代替 $\boldsymbol{G}$，并借助式（14.73）中所示的 MIMOME 结果，来计算安全容量。

Bob 通常使用一个迫零（Zero－Forcing，ZF）接收者，从而可计算

$$\hat{y}_n = \frac{\hat{y}_n}{h_n}, n = 1, 2, \cdots, N \tag{14.82}$$

然后，采用 IDFT，有

$$y_n = x_n + v_n \tag{14.83}$$

这里，v_n 是功率为 $\mathbb{E}[|v_n|^2] = \dfrac{1}{N}\sum\limits_{k=1}^{N}\dfrac{1}{h_k^2}$ 的零均值高斯噪声。如果 Eve

使用相同的接收者（等价于其信道 g），则 Eve 会得到

$$z_n = x_n + w_n \tag{14.84}$$

式中：w_n 是功率为 $\mathbb{E}[|w_n|^2] = \frac{1}{N}\sum_{k=1}^{N}\frac{1}{h_k^2}$ 的零均值高斯噪声。虽然 v_n 和 w_n 均与变量 n 相关，但一般的接收者会忽略这种相关性。因此，对 Bob 和 Eve 而言是两个并行信道，故我们可以直接利用前面章节中获得的并行信道模型下的结果。

14.3.3 GFDM

在 GFDM 中，不像在 OFDM 中那样使用简单的 IDFT 来生成调制信号，而是使用更精细的滤波器和线性变换。正如文献［30］所述，传输信号可以被建模为数据块 $\boldsymbol{x}$ 的线性变换，即式（14.63）被替换为

$$\tilde{\boldsymbol{x}} = \boldsymbol{A}\boldsymbol{x} \tag{14.85}$$

式中：$\boldsymbol{A}$ 是根据不同准测设计的 $N \times N$ 矩阵，以此来确保子信道上的脉冲成形。进一步，插入在接收者处被移除的 CP，并使用在频率域上实现的 ZF 接收者，如 SC－FDMA。所获得的信号为

$$\boldsymbol{Q} = \boldsymbol{A}\boldsymbol{x} + \tilde{\boldsymbol{V}} \tag{14.86}$$

(噪声向量 $\tilde{\boldsymbol{V}}$ 是相关的)，且其后通常采用 ZF 解调器，即

$$\boldsymbol{y} = \boldsymbol{A}^{-1}\boldsymbol{Q} = \boldsymbol{x} + \boldsymbol{A}^{-1}\tilde{\boldsymbol{V}} \tag{14.87}$$

此外，忽略噪声项之间的相关性，得到的模型是一个并行信道模型。对于 Eve，可以考虑一个类似的接收者，并利用关于并行信道的所有结果，即可以观察到 Eve 接收信号为

$$\boldsymbol{Z} = \boldsymbol{G}_{\mathrm{E}}\boldsymbol{T}\boldsymbol{A}\boldsymbol{x} + \boldsymbol{W} \tag{14.88}$$

同时，我们可以将 MIMOME 信道下的结果应用于 OFDM 系统。

14.3.4 UFMC

UFMC 通过对滤波器进行升阶和降阶来代替 CP 以实现 OFDM 的普适化。特别地，对于 UFMC，大小为 $N+L$ 的传输向量 $\boldsymbol{S}$ 可以写成公式（14.67），其中，$\boldsymbol{T} = \boldsymbol{V}\boldsymbol{F}^{-1}$，$\boldsymbol{V}$ 是由 UFMC 滤波脉冲响应组成的 Toeplitz 矩阵，它可以根据不同准则来进行设计。在接收者处，$2N$ 阶的 DFT 被应用于对 $\boldsymbol{Y}$ 进行零填充，且偶数个子载波被保留，而奇数个子载波被丢弃。通过合理设计发射滤波器，所获得的大小为 N 的矢量可以写成式（14.2）中的并行信道模型，

其中，噪声信号 v_n 的功率为

$$\frac{N+L-1}{N} \tag{14.89}$$

信道 h_n 被 $h_n u_n$ 代替，且 $u_n, n=1,2,\cdots,N$ 是发射成形滤波器脉冲响应的 N 阶 DFT。因此，我们可以将结果应用于并行信道模型。

同样在这种情况下，我们可以通过式（14.73）修改为 MIMOME 信道，将结果应用到更先进的 Eve 接收者上进行 OFDM。

14.3.5　FBMC

同样地，对于 FBMC，数据符号构成了由 N 个符号形成的组，其中，第 k 组的第 n 个符号表示为 $x_{k,n}$，$n=1,2,\cdots,N$。FBMC 是联合滤波器组与偏移正交调幅（Offset QAM，OQAM）得到的。实际上，复数符号被分成 $2N$ 个实数符号 $\tilde{x}_{k,n}$，$q=1,2,\cdots,2N$，其中，偶数符号是 $x_{k,n}$ 的实部，即 $\tilde{x}_{k,2n}=\mathrm{Re}\{x_{k,n}\}$，而奇数符号是 $x_{k,n}$ 的虚部，即 $\tilde{x}_{k,2n+1}=\mathrm{Im}\{x_{k,n}\}$。虚部相对于实部将延迟半个符号周期。此外，$2N$ 个符号将通过滤波多载波系统进行传输，其中，原型滤波器的脉冲响应是 $\phi_l, l=0,1,\cdots,L_\phi-1$，且每个滤波器偏移带宽的 $1/(2N)$。假设低通原型滤波器的通带为 $1/(4N)$，传输信号的结果频谱将出现实部和虚部交替，且对应于带宽的 $1/N$（大约相当于一个 OFDM 子载波）。我们有两个相邻信号，一个是纯实数，另一个是纯复数，携带一个 QAM 符号的实部和虚部。

OQAM 的目的是为了在非失真信道上传输时，我们可以在接收者处采用一组匹配滤波器（用于传输滤波器），来获得 $2N$ 个信号，且每个信号对应于所传输符号的实部和虚部。如果原型滤波器的通带略大于 $1/4N$（或者它有一些过渡带），则这些相邻符号之间就会出现干扰。但是，如果原型滤波器的重叠仅限于两个（频谱中的左侧和右侧）滤波器响应，则可以利用实部和虚部来消除干扰。一般地，复杂的色散信道会在相邻的实/虚传输之间引入干扰，这种干扰难以用该技术消除。因此，我们需要一个均衡器来部分补偿信道的影响，继而再采用实/虚部分。

传输信号用数学公式可表示为

$$S_1 = \sum_{n=1}^{2N}\sum_{K=-\infty}^{\infty}\tilde{x}_{k,n}\theta_{k,n}\beta_{k,n}\phi_{m-nN}\mathrm{e}^{\mathrm{j}\frac{\pi}{N}k(n-1)} \tag{14.90}$$

式中：$\theta_{k,n}=j^{j+n}$；$\beta_{k,n}=\mathrm{e}^{-\mathrm{j}\frac{\pi k}{N}(L_\Phi-1)/2}$。此外，FBMC 发送者的有效实现如图 14.4 所示，其中，$\phi^{(k)}$，$k=1,2,\cdots,2N$ 是 $\{\phi_n\}$ 的多相滤波器分量。

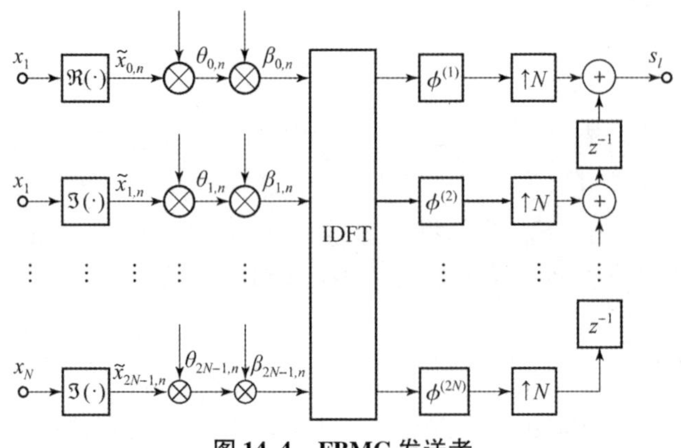

图 14.4　FBMC 发送者

在接收端，采用一组相同的原型滤波器，随后是信道的局部均衡和OQAM解调。每个实/虚分支上的第二次均衡可以补偿子信道滤波器频带内的信道失真。基于上述过程，输入/输出关系可被视为一组等效的AWGN并行信道，即14.1节中所描述的窃听信道模型，以及关于安全容量和资源分配的所有分析与讨论均可用在FBMC系统中。需注意的是，该系统中不存在CP，因而Eve不能利用额外的冗余来获取关于私密消息的信息。

14.3.5.1　跳频滤波器 FBMC

文献［31］提出了一种利用FBMC传输私密消息的具体解决方案，其核心思路是以伪随机方式修改原型滤波器，例如，通过改变升余弦滤波器的滚降因子（使得所有滤波器都有相同带宽）。让Alice和Bob共享一个滚降因子的秘密序列，以使得Bob能够调整接收滤波器并能够解码传输的信号。另一方面，Eve无法知道这个序列，且由于使用不匹配的接收滤波器而降低其解码私密消息的能力。虽然该机制有效利用了FBMC的特点，但它仍有诸多不足，其中主要的一点是Eve能够使用更复杂的接收者，例如，一个接收者组，且每个接收者采用与可能的滚降因子相匹配的滤波器。如此一来，采用最大似然接收者，该接收者选择滚降因子和最有可能已被发送的对应的解码码元序列。此外，该机制假设了Alice和Bob之间的共享密钥（使用的滚降因子序列），这使得如何在不被Eve截获的情况下分享秘密的问题变得悬而未决。

14.3.6　性能比较

当 $\Gamma^{(B)}=0$ 时，作为平均窃听者信道增益 $\Gamma^{(E)}$ 的函数，图14.5展示了不同波形的平均容量。单纯的并行信道系统的性能也得以展示，说明了当

Eve 使用传统的接收者，而非采用 CP 的情况，或者是采用 FBMC 的情况。值得注意的是，并行信道系统性能最优，这是由于 Eve 在使用 CP 时获得了额外优势。通过比较不同波形，它们的性能都非常接近并行信道条件，其中，UFMC 和 GFDM 提供的平均安全容量略高于 OFDM。

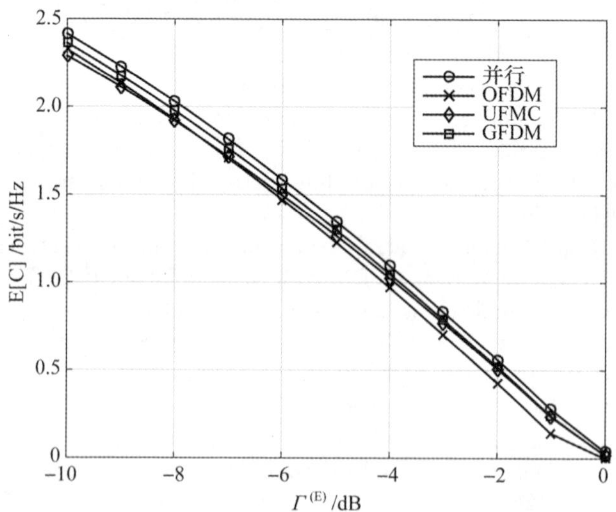

图 14.5　不同传输系统的平均安全容量与 $\Gamma^{(E)}$ 的关系

参考文献

[1] Aminjavaheri A, Farhang A, RezazadehReyhani A, and Farhang-Boroujeny B. Impact of timing and frequency offsets on multicarrier waveform candidates for 5G. In: Signal Processing and Signal Processing Education Workshop (SP/SPE), 2015 IEEE; 2015. p. 178–183.

[2] Schaich F, Wild T, and Chen Y. Waveform contenders for 5G – suitability for short packet and low latency transmissions. In: 2014 IEEE 79th Vehicular Technology Conference (VTC Spring); 2014. p. 1–5.

[3] Banelli P, Buzzi S, Colavolpe G, Modenini A, Rusek F, and Ugolini A. Modulation Formats and Waveforms for 5G Networks: Who Will Be the Heir of OFDM?: An overview of alternative modulation schemes for improved spectral efficiency. IEEE Signal Processing Magazine. 2014 Nov;31(6):80–93.

[4] Ibars C, Kumar U, Niu H, Jung H, and Pawar S. A comparison of waveform candidates for 5G millimeter wave systems. In: 2015 49th Asilomar Conference on Signals, Systems and Computers; 2015. p. 1747–1751.

[5] Sahin A, Guvenc I, and Arslan H. A Survey on Multicarrier Communications: Prototype Filters, Lattice Structures, and Implementation Aspects. IEEE Communications Surveys Tutorials. 2014 Third;16(3):1312–1338.

[6] Li Z, Yates R, and Trappe W. Secrecy Capacity of Independent Parallel Channels. In: Liu R, Trappe W, editors. Securing Wireless Communications at the Physical Layer. Boston, MA: Springer US; 2010. p. 1–18. Available from: http://dx.doi.org/10.1007/978-1-4419-1385-2_1.

[7] Liang Y, Poor HV, and Shamai S. Secure Communication Over Fading Channels. IEEE Transactions on Information Theory. 2008 June;54(6):2470–2492.

[8] Jorswieck EA, and Wolf A. Resource allocation for the wire-tap multi-carrier broadcast channel. In: Telecommunications, 2008. ICT 2008. International Conference on Telecommunications; 2008. p. 1–6.

[9] Baldi M, Chiaraluce F, Laurenti N, Tomasin S, and Renna F. Secrecy Transmission on Parallel Channels: Theoretical Limits and Performance of Practical Codes. IEEE Transactions on Information Forensics and Security. 2014 Nov;9(11):1765–1779.

[10] Qin H, Sun Y, Chang TH, *et al.* Power Allocation and Time-Domain Artificial Noise Design for Wiretap OFDM with Discrete Inputs. IEEE Transactions on Wireless Communications. 2013 June;12(6):2717–2729.

[11] Bashar S, Ding Z, and Xiao C. On Secrecy Rate Analysis of MIMO Wiretap Channels Driven by Finite-Alphabet Input. IEEE Transactions on Communications. 2012 December;60(12):3816–3825.

[12] Guo D, Shamai S, and Verdu S. Mutual information and minimum mean-square error in Gaussian channels. IEEE Transactions on Information Theory. 2005 April;51(4):1261–1282.

[13] Lozano A, Tulino AM, and Verdu S. Optimum power allocation for parallel Gaussian channels with arbitrary input distributions. IEEE Transactions on Information Theory. 2006 July;52(7):3033–3051.

[14] Ng DWK, Lo ES, and Schober R. Energy-Efficient Resource Allocation for Secure OFDMA Systems. IEEE Transactions on Vehicular Technology. 2012 July;61(6):2572–2585.

[15] Khisti A, Tchamkerten A, and Wornell GW. Secure Broadcasting Over Fading Channels. IEEE Transactions on Information Theory. 2008 June;54(6): 2453–2469.

[16] Wang X, Tao M, Mo J, and Xu Y. Power and Subcarrier Allocation for Physical-Layer Security in OFDMA-Based Broadband Wireless Networks. IEEE Transactions on Information Forensics and Security. 2011 Sept;6(3):693–702.

[17] Seong K, Mohseni M, and Cioffi JM. Optimal Resource Allocation for OFDMA Downlink Systems. In: 2006 IEEE International Symposium on Information Theory; 2006. p. 1394–1398.

[18] Kim K, Han Y, and Kim SL. Joint subcarrier and power allocation in uplink OFDMA systems. IEEE Communications Letters. 2005 Jun;9(6):526–528.

[19] Benfarah A, Tomasin S, and Laurenti N. Power Allocation in Multiuser Parallel Gaussian Broadcast Channels with Common and Confidential Messages. IEEE Transactions on Communications. 2016; 64(6):2326–2339.

[20] Bloch MB, and Barros J. Physical-Layer Security: From Information Theory to Security Engineering. Cambridge: Cambridge University Press; 2011.

[21] Tomasin S, and Dall'Arche A. Resource Allocation for Secret Key Agreement Over Parallel Channels With Full and Partial Eavesdropper CSI. IEEE Trans-

actions on Information Forensics and Security. 2015 Nov;10(11):2314–2324.

[22] Tomasin S, Trentini F, and Laurenti N. Secret Key Agreement by LLR Thresholding and Syndrome Feedback over AWGN Channel. IEEE Communications Letters. 2014 January;18(1):26–29.

[23] Tomasin S, and Jorswieck E. Pilot-based secret key agreement for reciprocal correlated MIMOME block fading channels. In: 2014 IEEE Globecom Workshops (GC Wkshps); 2014. p. 1343–1348.

[24] Renna F, Laurenti N, and Poor HV. Physical-Layer Secrecy for OFDM Transmissions Over Fading Channels. IEEE Transactions on Information Forensics and Security. 2012 Aug;7(4):1354–1367.

[25] Khisti A, Wornell G, Wiesel A, and Eldar Y. On the Gaussian MIMO Wiretap Channel. In: 2007 IEEE International Symposium on Information Theory; 2007. p. 2471–2475.

[26] Renna F, Laurenti N, Tomasin S, *et al.* Low-power secret-key agreement over OFDM. In: Proceedings of the 2Nd ACM Workshop on Hot Topics on Wireless Network Security and Privacy. HotWiSec '13. New York, NY, USA: ACM; 2013. p. 43–48. Available from: http://doi.acm.org/10.1145/2463183.2463194.

[27] Renna F, Bloch MR, and Laurenti N. Semi-Blind Key-Agreement over MIMO Fading Channels. IEEE Transactions on Communications. 2013 February;61(2):620–627.

[28] Myung HG, Lim J, and Goodman DJ. Single carrier FDMA for uplink wireless transmission. IEEE Vehicular Technology Magazine. 2006 Sept;1(3):30–38.

[29] Benvenuto N, Dinis R, Falconer D, and Tomasin S. Single Carrier Modulation With Nonlinear Frequency Domain Equalization: An Idea Whose Time Has Come–Again. Proceedings of the IEEE. 2010 Jan;98(1):69–96.

[30] Michailow N, Matthé M, Gaspar IS *et al.* Generalized Frequency Division Multiplexing for 5th Generation Cellular Networks. IEEE Transactions on Communications. 2014 Sept;62(9): 3045–3061.

[31] Lücken V, Singh T, Cepheli, Kurt GK, Ascheid G, and Dartmann G. Filter hopping: Physical layer secrecy based on FBMC. In: 2015 IEEE Wireless Communications and Networking Conference (WCNC); 2015. p. 568–573.

第 15 章

非正交多址接入中的物理层安全

Hui Ming Wang①, Yi Zhang①, Zhiguo Ding②

非正交多址接入（NOMA）已公认为是具有前景的技术，能够在未来5G通信系统中实现高效无线传输。本章从物理层安全的角度研究单输入单输出（SISO）NOMA 系统。具体地，本章依次研究了两个不同的 SISO NOMA 系统，以探索 NOMA 系统的安全问题。首先，尝试在其中一个 SISO NOMA 系统中采用物理层安全技术，该系统由一个发送者、多个合法用户和一个旨在窃听所有合法用户信息的窃听者组成，其目标是在每个合法用户各自的服务质量约束下，最大化安全和速率。对该系统的研究将提供关于 SISO NOMA 系统安全性能分析的初步结果。其次，在上述 SISO NOMA 系统的研究基础上，额外引入一个多天线干扰者，以增强系统的安全传输能力，同时考虑联合优化功率分配和波束赋形设计。第二个系统旨在提出一种能够确保每个合法用户安全传输的有效解决方案。

15.1 引言

由于具有显著的频谱效率（SE），目前，非正交多址接入（NOMA）被认为是5G通信系统中一项极具前景的技术[1]。不同于传统的正交多址接入（OMA），如时分多址接入（TDMA），NOMA 利用功率域实现不同功率的多个数据流同时传输[2]。在发送端，不同数据流经叠加后广播发送，而在接收端，通常采用串行干扰消除（SIC）技术实现多用户检测[3]。以往关于 NOMA 的研究工作主要集中在提高频谱效率上。文献［4-5］提出了不同的

---

① 中国西安交通大学电子信息工程学院。

② 英国兰开斯特大学计算与通信学院。

协同 NOMA 方案以提高频谱利用性能。在文献［6］中，作者研究了多输入单输出（MISO）NOMA 系统中下行链路和速率最大化问题。文献［7－8］应用多输入多输出（MIMO）技术，进一步改善 NOMA 的频谱效率。此外，还有文献从许多其他有趣的角度对 NOMA 进行了研究。例如，在文献［9］中考虑单输入单输出（SISO）NOMA 系统中的用户公平性，研究了功率分配问题。文献［10］首次提出了一种受认知无线电启发的 NOMA 方案，来执行两用户 NOMA 系统中的功率分配。最近一些关于 NOMA 的研究工作还涉及能量效率（EE）问题[11－12]。

除了 SE 和 EE 问题，安全是未来 5G 通信系统的另一个重要挑战。显然，这种新的安全方式，即物理层安全，也可以应用于 NOMA，以作为对传统加密技术的补充，实现更加完善和稳健的安全传输。大量的相关研究已经在传统安全通信系统中取得了重大成功[13－17]，可作为增强 NOMA 系统安全性的参考。一种可能的方法是发送人为产生的噪声来干扰窃听者。文献［18］中首次提出应用人工噪声（Artificial Noise，AN）来增强安全传输的理念，并在文献［19］中得到进一步研究。根据发送者是否已知信道状态信息（CSI），可以采用各向同性 AN 和空间选择性 AN。因此，将现有的物理层安全技术应用于 NOMA 系统，实现具有一定安全保障的高速传输是很有前景的。

然而，NOMA 系统中安全性能和安全传输设计仍不明晰。只有少数文献研究了 NOMA 系统的安全问题。文献［20］最先考虑了 SISO NOMA 系统的安全问题。文献［21］研究了在大规模网络中应用 NOMA 的物理层安全性能。上述研究结果促使我们研究 NOMA 系统中的安全传输设计。

本章目标是首先对 SISO NOMA 系统的安全性能进行初步分析，然后提出 SISO NOMA 系统中的安全传输的有效解决方案。本章先后研究两个不同的 SISO NOMA 系统，具体如下。

第一，研究了 SISO NOMA 系统中用户之间的功率分配问题，该系统由一个发送者、多个合法用户和一个试图窃听所有合法用户信息的窃听者组成。我们的目标是根据所有合法用户预先设定的服务质量（QoS）需求，最大化系统的安全和速率（SSR）。为此，本章首先确定满足所有用户 QoS 需求的发送功率的可行范围。然后，以最大化安全和速率为优化目标，推导出最优功率分配策略的闭式表达式。通过研究这种简单的 NOMA 系统，初步分析了 SISO NOMA 系统的安全性能。

第二，在 SISO NOMA 系统的研究基础上，在发送者的相同位置处额外配置了一个多天线干扰者，以进一步增强系统传输的安全性。然后，在合法用户各自安全速率约束下，重点研究发送端多用户功率分配和干扰者AN设计的联合优化，提出了一种基于连续凸逼近（SCA）的高效算法来解决相应的优化问题。

仿真结果表明，NOMA在SSR方面优于传统的OMA，随着用户数量的增加，NOMA获得的性能增益更加显著。此外，高QoS要求会降低系统的SSR性能。上述简单的SISO NOMA系统存在一点不足，即当用户信道增益小于窃听者信道增益时，难以保证用户的安全传输。然而，理论分析和仿真结果进一步表明，利用多天线干扰者可以很好地保证所有用户的安全传输，尤其是系统性能随着干扰者天线数量的增加而得到增强。

本章的其余部分组织如下。15.2节研究了没有配备干扰者的SISO NOMA系统，通过这个简单SISO NOMA系统进行初步的安全性能分析。15.3节进一步研究了增加多天线干扰者在实现每个合法用户安全传输方面的优势。15.4节给出了结论和有待解决的问题。

粗体大写字母和粗体小写字母分别用于表示矩阵和列向量。$(\cdot)^{\mathrm{T}}$、$(\cdot)^{\mathrm{H}}$、$\mathbf{Tr}(\cdot)$和$\mathbb{E}(\cdot)$分别表示转置、Hermitian转置、迹和期望算子。$\boldsymbol{x}\sim\mathcal{CN}(\boldsymbol{0},\boldsymbol{I}_{\mathrm{M}})$表示$\boldsymbol{x}$是一个圆对称复高斯随机向量，其均值向量为$\boldsymbol{0}$，协方差矩阵为$\boldsymbol{I}_{\mathrm{M}}$。$\supseteq$和$\cap$分别代表集合论中的超集和交集。

15.2 SISO NOMA系统的安全性能初步分析

15.2.1 系统模型

如图15.1所示，考虑由单天线发送者、M个单天线合法用户和一个单天线窃听者组成的下行传输系统。从发送者到第m个合法用户的信道增益表示为$h_m=d_m^{-\frac{\alpha}{2}}g_m$，其中，$g_m$是瑞利衰落信道增益，$d_m$是发送者和第$m$个用户之间的距离，$\alpha$是路径损耗因子。同样，从发送者到窃听者的信道增益为$h_{\mathrm{e}}=d_{\mathrm{e}}^{-\frac{\alpha}{2}}g_{\mathrm{e}}$。在本章中，发送者可以获得每个用户和窃听者的瞬时CSI。不失一般性，假设信道增益排序如下：

$$0<|h_1|^2\leqslant|h_2|^2\leqslant\cdots\leqslant|h_{M_{\mathrm{e}}}|^2\leqslant|h_{\mathrm{e}}|^2<|h_{M_{\mathrm{e}}+1}|^2\leqslant\cdots\leqslant|h_M|^2 \tag{15.1}$$

式中：M_{e}表示信道增益不大于窃听者的合法用户数。

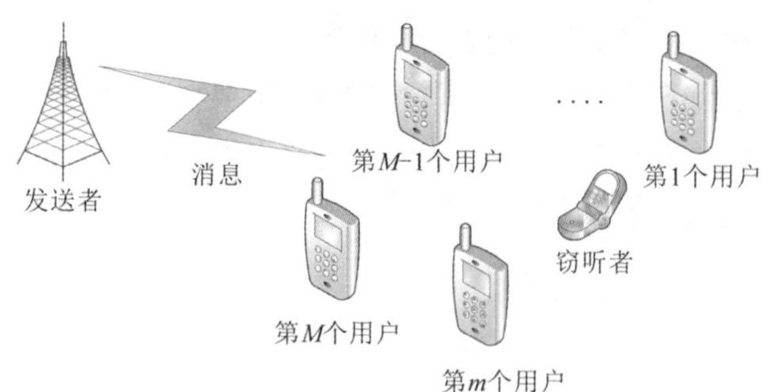

图 15.1 系统模型

根据文献[2-3]中 NOMA 方案的原理，发送者向 M 个用户广播 M 个信号的线性组合，传输的叠加信号可以表示为 $\sum_{m=1}^{M}\sqrt{\gamma_m P}s_m$，其中，$s_m$ 是发送给第 m 个合法用户的消息，P 代表发送者可用的总功率，γ_m 表示功率分配系数，即第 m 个用户的消息发送功率与总功率 P 之比。同时，窃听者试图截获所有合法用户的信息。

基于上述信号模型和信道模型，第 m 个用户的接收信号 y_m 和窃听者的接收信号 y_e 分别表示如下：

$$y_m = h_m \sum_{i=1}^{M} \sqrt{\gamma_i P} s_i + n_m,\ 1 \leqslant m \leqslant M \tag{15.2}$$

$$y_e = h_e \sum_{i=1}^{M} \sqrt{\gamma_i P} s_i + n_e \tag{15.3}$$

式中：s_i 表示发送给第 i 用户的消息，并且 $\mathbb{E}(|s_i|^2)=1$，对于包括窃听者在内的所有接收者处，n_m 和 n_e 都是均值为 0、方差为 σ^2 的加性高斯噪声。

15.2.1.1 合法用户的可达速率

如前所述，用户通常采用 SIC 技术来解码自己的信息[3]。在 SISO NOMA 系统中，解码顺序通常由式（15.1）中给出的信道增益排序来确定，而不考虑用户之间的功率分配。这意味着用户将首先以串行方式解码信道增益小于自己的用户信息。具体而言，按照 $i=1,2,\cdots,m-1$ 的顺序，第 m 个用户先解码第 $i<m$ 个用户的信息，然后从其接收的混合消息中去除该消息，把第 $i>m$ 个用户的消息视为噪声。因此，当 $1 \leqslant m \leqslant M$ 时，根据文献［2］可得第 m 个合法用户的可达速率为

$$R_b^m = \log_2\left(1 + \frac{P|h_m|^2\gamma_m}{P|h_m|^2\sum_{i=m+1}^{M}\gamma_i + \sigma^2}\right) \tag{15.4}$$

特别地，给定式（15.1），易证明第 m 个用户总是能够成功解码第 $i<m$ 个用户的信息，这就保证了式（15.4）的正确性[2]。

15.2.1.2 SISO NOMA 系统的安全和速率

R_{e}^{m} 用来表示当窃听者使用 SIC 检测时，第 m 个合法用户的可达速率。R_{s}^{m} 和 R_{s} 分别用来表示第 m 个用户的安全速率和系统的安全和速率。由于窃听者使用 SIC 技术，R_{e}^{m} 可以表示为

$$R_{\mathrm{e}}^{m}=\begin{cases}\log_2\left(1+\dfrac{P\,|h_{\mathrm{e}}|^2\gamma_m}{P\,|h_{\mathrm{e}}|^2\sum_{i=m+1}^{M}\gamma_i+\sigma^2}\right), & 1\leqslant m\leqslant M_{\mathrm{e}}\\[2ex]\log_2\left(1+\dfrac{P\,|h_{e}|^2\gamma_m}{P\,|h_{\mathrm{e}}|^2\sum_{i=M_{\mathrm{e}}+1,i\neq m}^{M}\gamma_i+\sigma^2}\right), & M_{\mathrm{e}}+1\leqslant m\leqslant M\end{cases}\tag{15.5}$$

在本章中，在窃听者解码第 m 个用户信息之前，假设使用 SIC 后窃听者的解码能力较强，第 $m-1$ 个用户的信息已经被正确解码。因此，下式中的 $\widetilde{R}_{\mathrm{e}}^{m}$ 可以作为采用 SIC 后窃听者的解码能力上限。

$$\widetilde{R}_{\mathrm{e}}^{m}=\log_2\left(1+\frac{P\,|h_{\mathrm{e}}|^2\gamma_m}{P\,|h_{\mathrm{e}}|^2\sum_{i=m+1}^{M}\gamma_i+\sigma^2}\right),\ 1\leqslant m\leqslant M\tag{15.6}$$

进一步，下面给出的 $\widetilde{R}_{\mathrm{s}}^{m}$ 和 $\widetilde{R}_{\mathrm{s}}$ 可以分别作为 R_{s}^{m} 与安全和速率的下界。

$$\widetilde{R}_{\mathrm{s}}^{m}=[R_{\mathrm{b}}^{m}-\widetilde{R}_{\mathrm{e}}^{m}]^{+}\tag{15.7}$$

$$\widetilde{R}_{\mathrm{s}}=\sum_{m=1}^{M}\widetilde{R}_{\mathrm{s}}^{m}\tag{15.8}$$

式中：$[\cdot]^{+}\triangleq\max(0,\cdot)$。此外，我们可以证明当 $|h_m|^2\leqslant|h_{\mathrm{e}}|^2$ 时，$R_{\mathrm{b}}^{m}\leqslant\widetilde{R}_{\mathrm{e}}^{m}$[2]，从而使得当 $1\leqslant m\leqslant M_{\mathrm{e}}$ 时，$\widetilde{R}_{\mathrm{s}}^{m}$ 为 0。因此，$\widetilde{R}_{\mathrm{s}}$ 可以重新写为

$$\widetilde{R}_{\mathrm{s}}=\sum_{m=\mathrm{M_e}+1}^{M}(R_{\mathrm{b}}^{m}-\widetilde{R}_{\mathrm{e}}^{m})\tag{15.9}$$

因此，在所考虑的系统中，当 $1\leqslant m\leqslant M_{\mathrm{e}}$ 时第 m 个用户的物理层安全传输性能无法保证。这个缺点将在另一种 SISO NOMA 系统中进一步讨论和解决，在该系统中我们利用多天线技术来增强 SISO NOMA 系统中的安全传输性能。在下文中，我们使用 $\widetilde{R}_{\mathrm{s}}$①表示安全和速率。

① 事实上，文献[22-23]已验证 $\widetilde{R}_{\mathrm{s}}$ 等于 SISO NOMA 系统的精确安全和速率。这是因为窃听者可以采用一些未知但更先进的解码策略，而不是 SIC。这表明 $\widetilde{R}_{\mathrm{s}}$ 可以作为我们初步分析的一个可靠指标。

15.2.2　安全和速率的最大化

在上述简单的 SISO NOMA 系统中，为了保证所有合法用户的 QoS 需求，发送者应以最小的数据速率分别向每个用户发送信息。

本小节提出了一种功率分配策略，其核心思路是在满足所有用户 QoS 需求的前提下，最大化系统的安全和速率 $\tilde{R}_{\mathrm{s}}$。具体来说，我们分析推导了最大化安全和速率的最优功率分配系数$\{\gamma_m^{\mathrm{Opt}}\}_{m=1}^{M}$的闭式表达式。

用 $\bar{R}_{\mathrm{b}}^{m}$ 表示第 m 个用户所需的最小数据速率，则 QoS 约束可以表示为

$$R_{\mathrm{b}}^{m} \geqslant \bar{R}_{\mathrm{b}}^{m},\ 1 \leqslant m \leqslant M \tag{15.10}$$

将式（15.4）代入式（15.10）中，QoS 约束转化为

$$\gamma_m \geqslant A_m\left(P\ |h_m|^2 \sum_{i=m+1}^{M} \gamma_i + \sigma^2\right),\ 1 \leqslant m \leqslant M \tag{15.11}$$

式中：$A_m \triangleq \dfrac{2^{\bar{R}_{\mathrm{b}}^{m}}-1}{P\ |h_m|^2}$。因此，SSR 最大化问题被表示为

$$\max_{\gamma_m, 1 \leqslant m \leqslant M} \tilde{R}_{\mathrm{s}} \tag{15.12a}$$

$$\text{s.t.}\quad \sum_{m=1}^{M} \gamma_m \leqslant 1 \text{ 和式(15.11)} \tag{15.12b}$$

面对 QoS 需求，一定存在满足所有用户 QoS 需求的最小发送功率 $P_{\min}$。如此一来，问题式（15.12）只有在 $P \geqslant P_{\min}$的条件下才是可行的。因此，在求解优化问题（15.12）之前，首要之举是确定发送功率的可行解范围。

15.2.2.1　满足 QoS 需求的最小发送功率

设 P_m 为第 m 个用户信号的功率，则求解 $P_{\min}$的问题可表示为

$$P_{\min} \triangleq \min_{P_m, 1 \leqslant m \leqslant M} \sum_{m=1}^{M} P_m \tag{15.13a}$$

$$\text{s.t.}\ P_m \geqslant B_m\left(|h_m|^2 \sum_{i=m+1}^{M} P_i + \sigma^2\right),\ 1 \leqslant m \leqslant M \tag{15.13b}$$

式中：$B_m \triangleq \dfrac{2^{\tilde{R}_{\mathrm{b}}^{m}}-1}{|h_m|^2}$和式（15.13b）来自式（15.10）中的 QoS 约束。问题（15.13）可以用下面的定理来解决。

定理 15.1　当式（15.13b）中的所有约束条件都有效时，式（15.13a）中的目标函数能被最小化，且问题（15.13）的最优解$\{P_m^{\mathrm{Min}}\}_{m=1}^{M}$为

$$P_m^{\mathrm{Min}} = B_m\left(|h_m|^2 \sum_{i=m+1}^{M} P_i^{\mathrm{Min}} + \sigma^2\right),\ 1 \leqslant m \leqslant M \tag{15.14}$$

证明：这个定理将用反证法来证明。

假设$\{P_m^*\}_{m=1}^M$是问题式（15.13）的最优解，并且式（15.13b）中至少有一个约束是无效的。不妨假设式（15.13b）中的第n个约束无效，即

$$P_n^* > B_n\left(|h_n|^2\sum_{i=n+1}^{M}P_i^* + \sigma^2\right) \tag{15.15}$$

然后，通过设置$P_m^{**}=P_m^*(m\neq n)$和将P_n^{**}移到式（15.15）的右侧（RHS）来定义一个新的集合$\{P_m^{**}\}_{m=1}^M$。显然，新定义的集合$\{P_m^{**}\}_{m=1}^M$满足式（15.13b）中$m=n$的约束。

我们进一步验证$\{P_m^{**}\}_{m=1}^M$仍然满足式（15.13b）中$m\neq n$的约束。观察式（15.13b）的特殊结构，可以看到对于从1到M的任意m，$\{P_i\}_{i=1}^{m-1}$没有出现在式（15.13b）中，这表明对于$n+1\leqslant m\leqslant M$，$P_n^{**}$的设置对（15.13b）中的约束没有影响。因此，对于$n+1\leqslant m\leqslant M$，新定义的集合$\{P_m^{**}\}_{m=1}^M$满足式（15.13b）中的约束。

对于$1\leqslant m\leqslant n-1$，我们有

$$P_m^{**} = P_m^* \geqslant B_m\left(|h_m|^2\sum_{i=m+1}^{M}P_i^* + \sigma^2\right) > B_m\left(|h_m|^2\sum_{i=m+1}^{M}P_i^{**} + \sigma^2\right) \tag{15.16}$$

式（15.16）表明$\{P_m^{**}\}_{m=1}^M$也可确保式（15.13b）中的约束适用于$1\leqslant m\leqslant n-1$。

因此，这个新定义的集合$\{P_m^{**}\}_{m=1}^M$确保式（15.13b）中的所有约束都成立。然而，根据式（15.15），我们有$\sum_{m=1}^M P_m^{**} < \sum_{m=1}^M P_m^*$，这与最初假设$\{P_m^*\}_{m=1}^M$是问题式（15.13）的最优解相矛盾。因此，假设问题式（15.13）在式（15.13b）中至少有一个约束无效的情况下得到解决，这一定是错误的。因此，当式（15.13a）中的目标函数最小化时，式（15.13b）中的所有约束必须是有效的，这提供了问题式（15.13）的最优解式（15.14）。此外，值得指出的是$\{P_i^{\mathrm{Min}}\}_{i=1}^M$可以按$M$，$M-1$，…，1的顺序计算，因为$P_m^{\mathrm{Min}}$可以用$\{P_i^{\mathrm{Min}}\}_{i=m+1}^M$来计算。至此，得到了问题式（15.13）的闭式解，从而完成了证明。

定理15.1表明，已知所有合法用户的瞬时CSI情况下，可按式（15.14）中的顺序$m=M$，$M-1$，…，1依次计算$\{P_i^{\mathrm{Min}}\}_{i=1}^M$，因为$P_m^{\mathrm{Min}}$可由$\{P_i^{\mathrm{Min}}\}_{i=1}^M$计算，且$P_m^{\mathrm{Min}}$是一个已知量，即$B_M\sigma^2$。因此，我们可得$P_{\min}=\sum_{m=1}^M P_m^{\mathrm{Min}}$，发送功率的可行解范围为$P\geqslant P_{\min}$。另外，$P_{\min}$可用作阈值来验证$P$是否足够大以满足所有用户的QoS要求。

15.2.2.2　最优功率分配策略

在获得 $P_{\min}$之后，下面将解决式（15.12）中在 $P \geqslant P_{\min}$条件下的 SSR 最大化问题。

通过将式（15.4）和式（15.6）带入式（15.9），将 $\tilde{R}_s$重新表示为

$$\tilde{R}_s = \log_2\left(P\ |h_{M_e+1}|^2 \sum_{i=M_e+1}^{M} \gamma_i + \sigma^2\right) - \log_2\left(P\ |h_e|^2 \sum_{i=M_e+1}^{M} \gamma_i + \sigma^2\right) + \sum_{m=M_e+1}^{M-1}\left[\log_2\left(P\ |h_{m+1}|^2 \sum_{i=m+1}^{M} \gamma_i + \sigma^2\right) - \log_2\left(P\ |h_m|^2 \sum_{i=m+1}^{M} \gamma_i + \sigma^2\right)\right] \tag{15.17}$$

为了简单起见，进一步定义

$$C_m \triangleq \begin{cases} P\ |h_e|^2, m = M_e \\ P\ |h_m|^2, M_e + 1 \leqslant m \leqslant M \end{cases} \tag{15.18a}$$

$$t_m \triangleq \sum_{i=m+1}^{M} \gamma_i, M_e \leqslant m \leqslant M - 1 \tag{15.18b}$$

$$J_m(t_m) \triangleq \log_2(C_{m+1}t_m + \sigma^2) - \log_2(C_m t_m + \sigma^2) \tag{15.18c}$$

然后，式（15.17）中 $\tilde{R}_s$可以改写为

$$\tilde{R}_s = \sum_{m=M_e}^{M-1} J_m(t_m) \tag{15.19}$$

通过观察式（15.18）和式（15.19），可以发现问题（15.12）有两个重要性质：①目标函数 $\tilde{R}_s$是具有相似形式的 $M - M_e$ 个非凸子函数之和；②参数$\{\gamma_m\}_{m=1}^{M}$在式（15.11）的约束中以一种复杂方式相互耦合。

根据观察到的特性，本节提出了一个优化算法来解决问题式（15.12），可分为以下两步，具体如下：

步骤 1：根据式（15.12b）中的约束条件，单独求解 $M_e \leqslant m \leqslant M - 1$ 时每个子函数 $J_m(t_m)$的最大化问题。

步骤 2：证明每个最大化问题的最优解集合都有唯一的公共解。

换言之，可以设计一个解决方案，在满足式（15.12b）中所有约束条件的情况下，同时最大化从 M_e 到 $M-1$ 中每个 m 的 $J_m(t_m)$。因此，这个唯一解一定是问题式（15.12）的最优解。就数学分析而言，根据式（15.12b）中的所有约束条件，用 $\boldsymbol{\Phi}_m$ 代表最大化 $J_m(t_m)$的最优解集合，其中，$M_e \leqslant m \leqslant M - 1$，则需证明的是

$$\boldsymbol{\Phi}_{M_e} \cap \boldsymbol{\Phi}_{M_e+1} \cap \cdots \cap \boldsymbol{\Phi}_{M-1} = \{\{\gamma_m^{\text{Opt}}\}_{m=1}^{M}\} \tag{15.20}$$

式中：$\{\gamma_m^{\text{Opt}}\}_{m=1}^{M}$是解决 $M - M_e$ 个优化问题的唯一通解。

现在来解决上述 $M-M_e$ 个最优化问题。首先，利用 $J_m(t_m)$ 的单调性，对 $J_m(t_m)$ 的最大化问题进行转化。$J_m(t_m)$ 的一阶导数为

$$\frac{\mathrm{d}J_m(t_m)}{\mathrm{d}t_m}=\frac{(C_{m+1}-C_m)\sigma^2}{\ln 2(C_{m+1}t_m+\sigma^2)(C_m t_m+\sigma^2)}\geqslant 0 \tag{15.21}$$

这表明 $J_m(t_m)$ 是 t_m 的单调递增函数，故有最大化 $J_m(t_m)$ 相当于最大化 t_m。鉴于此，上述 $M-M_e$ 个优化问题可以统一表述为

$$\max_{\gamma_i,1\leqslant i\leqslant M} t_m \tag{15.22a}$$

$$\text{s.t. } \gamma_i \geqslant A_i\left(P\,|h_i|^2\sum_{j=i+1}^{M}\gamma_j+\sigma^2\right),1\leqslant i\leqslant M \tag{15.22b}$$

$$\sum_{i=1}^{M}\gamma_i\leqslant 1 \tag{15.22c}$$

这样，可利用如下命题来求解问题（15.22）。

命题15.1：问题（15.22）最优解的充要条件是，对于 $1\leqslant i\leqslant m$ 时式（15.22b）中的约束和式（15.22c）中的约束均是有效的。进而，问题（15.22）的闭式解由下式给出

$$\gamma_i=\frac{A_i\left[P\,|h_i|^2\left(1-\sum_{j=1}^{i-1}\gamma_j\right)+\sigma^2\right]}{2^{Q_i}},1\leqslant i\leqslant m \tag{15.23a}$$

$$t_m=1-\sum_{i=1}^{m}\gamma_i \tag{15.23b}$$

证明：显然，问题式（15.22）是凸的，因而下列 Karush－Kuhn－Tucker（KKT）条件是求解问题式（15.22）最优解的充分必要条件。

$$\lambda=\begin{cases}\mu_k-\sum_{i=1}^{k-1}\mu_i A_i P\,|h_i|^2,1\leqslant k\leqslant m\\ \mu_k-\sum_{i=1}^{k-1}\mu_i A_i P\,|h_i|^2+1,m<k\leqslant M\end{cases} \tag{15.24a}$$

$$\mu_i\left[A_i\left(P\,|h_i|^2\sum_{j=i+1}^{M}\gamma_j+\sigma^2\right)-\gamma_i\right]=0,1\leqslant i\leqslant M \tag{15.24b}$$

$$\mu_i\geqslant 0,1\leqslant i\leqslant M \tag{15.24c}$$

$$\lambda\left(\sum_{i=1}^{M}\gamma_i-1\right)=0 \tag{15.24d}$$

$$\lambda\geqslant 0 \tag{15.24e}$$

式中：$\{\mu_i\}_{i=1}^{M}$ 和 λ 分别是式（15.22b）和式（15.22c）中不等式约束的拉格朗日乘子。为了证明式（15.22b）中的约束在 $1\leqslant i\leqslant m$ 时，以及式（15.22c）中的约束均是有效的，需分别证明当 $1\leqslant i\leqslant m$ 时 $\mu_1\neq 0$ 和 $\lambda\neq 0$ 是必要且充分的。为此，我们用反证法首先证明 $\mu_1\neq 0$。

假设 $\mu_1 = 0$，设置式（15.24a）中 $k=1$，可以得到：

$$\lambda = \mu_i = 0 \tag{15.25}$$

将式（15.25）代入式（15.24a），可以得到

$$\mu_k = \sum_{i=1}^{k-1} \mu_i A_i P \ |h_i|^2, \ 1 \leqslant k \leqslant m \tag{15.26}$$

显然，式（15.26）证明了当 $1 \leqslant k \leqslant m$ 时 $\mu_k = 0$，这是因为 $\mu_1 = 0$ 且 μ_k 可以按 2，3，…，k 的顺序计算。然而，在 $\mu_k = 0$，$1 \leqslant k \leqslant m$ 的条件下，设置式（15.24a）中 $k = m+1$，然后得到 $\lambda = \mu_{m+1} + 1 > 0$，这与假设 $\mu_1 = 0$ 得到的式（15.25）相矛盾。因此可以断定 $\mu_1 \neq 0$ 并且

$$\lambda = \mu_1 \neq 0 \tag{15.27}$$

这表明式（15.22c）中的不等式约束必须有效。

然后，当 $1 \leqslant k \leqslant m$ 时，将式（15.27）替换为式（15.24a），进一步得到

$$\mu_k = \sum_{i=1}^{k-1} \mu_i A_i P \ |h_i|^2 + \lambda, \ 1 \leqslant k \leqslant m \tag{15.28}$$

这证明了对于 $1 \leqslant k \leqslant m$ 有 $\mu_k > 0$，这是由于根据式（15.24e）和式（15.27），λ 是正数。因此，式（15.22b）中的约束对 $1 \leqslant k \leqslant m$ 有效。

鉴于式（15.22c）已被证明是有效的，我们将式（15.22b）中的 $\sum_{j=i+1}^{M} \gamma_j$ 替换成 $1 - \sum_{j=1}^{M} \gamma_j$，以便于能够推导出问题式（15.22）的闭式解。将式（15.22b）中的约束设置为当 $1 \leqslant i \leqslant m$ 时是有效的，由式（15.23a）和式（15.23b）可分别得到 $\{\gamma_i\}_{i=1}^{m}$ 和 t_m 表达式。根据式（15.23a），γ_i 可以按 1，2，…，m 的顺序计算出。因此，当式（15.22b）中的约束（$1 \leqslant i \leqslant m$）和式（15.22c）中的约束都有效时，可以获得最大化 t_m 的最优解闭式表达式。

命题 15.1 给出了问题式（15.22）的闭式解式（15.23），在此基础上，下面的定理进一步提供了使 $\tilde{R}_s$ 最大化的唯一解，即问题式（15.12）的最优解。

定理 15.2　最大化 $\tilde{R}_s$ 的唯一最优功率分配系数 $\{\gamma_m^{\mathrm{Opt}}\}_{m=1}^{M}$ 为

$$\gamma_m^{\mathrm{Opt}} = \begin{cases} \dfrac{A_m \left[P \ |h_m|^2 \left(1 - \sum_{i=1}^{m-1} \gamma_i^{\mathrm{Opt}}\right) + \sigma^2 \right]}{2^{\tilde{R}_b^m}}, \ 1 \leqslant m < M \\ 1 - \sum_{i=1}^{m-1} \gamma_i^{\mathrm{Opt}}, \ m = M \end{cases} \tag{15.29}$$

证明：根据命题 15.1，当式（15.22b）中的约束（$1 \leqslant i \leqslant m$）和式

(15.22c) 中的约束都有效时，自变量$\{\gamma_i\}_{i=1}^{m}$由式 (15.23a) 唯一确定。这意味着更多的功率分配系数可以随 m 增加而唯一确定。换句话说，问题式 (15.22) 的最优解集合，即 Φ_m 的大小随着 m 的增加而变小，这可进一步用数学方法描述如下：

$$\Phi_{M_e} \supseteq \Phi_{M_e+1} \supseteq \cdots \supseteq \Phi_{M-1} \tag{15.30a}$$

$$\Phi_{M_e} \cap \Phi_{M_e+1} \cap \cdots \cap \Phi_{M-1} = \Phi_{M-1} \tag{15.30b}$$

因此，Φ_{M-1}是同时使得$J_m(t_m)(M_e \leqslant m \leqslant M-1)$最大化的最优解集合，从而成为问题式 (15.12) 的最优解集合。由于式 (15.22c) 中的约束已被证明在相等时是满足的，故可通过将命题 15.1 中由式 (15.23) 给出的闭式解设置 $m=M-1$，使得前 $M-1$ 个参数$\{\gamma_i^{\mathrm{Opt}}\}_{i=1}^{M-1}$由式 (15.23a) 以 1，2，…，$M-1$ 的顺序唯一确定和最后一个参数 γ_M^{Opt} 也由 $\gamma_M^{\mathrm{Opt}} = 1 - \sum_{i=1}^{M-1}\gamma_i^{\mathrm{Opt}}$ 唯一确定。这样将获得问题式 (15.12) 的最优解。

上述分析和推导表明，在 $P \geqslant P_{\min}$ 的条件下，最大化 SISO NOMA 系统 SSR 的最优功率分配策略，是仅使用额外的功率$(P-P_{\min})$来提高第 M 个用户的安全速率。这是因为第 M 个用户的信道增益最大，在具有相同功率的所有用户中，能够达到最高安全速率。换言之，第 M 个用户可以比其他用户更有效地使用功率。因此，最大化系统 SSR 的本质是尽可能以最大的信道增益来增加用户的安全速率。然而，这并不意味着额外的功率$(P-P_{\min})$应该全部分配给第 M 个用户，因为它的信号也会干扰其他 $M-1$ 个用户。此外，这个性质也可以很好地解释一个数学现象，即 h_e 和 M_e 未出现在式 (15.29) 给出的闭式解中，即所提的功率分配策略不需要窃听者的 CSI。

15.2.3 仿真结果

本节提供了一些数值仿真结果，以展示 SISO NOMA 系统在所提功率分配策略下的安全和速率性能。此外，将 TDMA 系统作为基准对比方案，其中，具有相同持续时间的时隙被单独分配给用户。在每个时隙中，总功率被分配给用户以最大化其安全速率。随机生成 50000 个信道实现，且信道系数为 $g_m, g_e \sim \mathcal{CN}(0,1)$，$1 \leqslant m \leqslant M$，$\alpha = 3$，$d_m = d_e = 80\mathrm{m}$ 和 $\sigma^2 = -70\mathrm{dBm}$。特别地，当可用发送功率 P 不在可行解范围内时，发送者将不发送信息。换句话说，当 P 不足以满足所有用户的 QoS 需求时，系统的安全和速率为零。

图 15.2 描述了系统的平均安全和速率与可用发送功率 P 的关系。从图中可见，NOMA 的安全性能优于传统 OMA，并且随着 M 的增加，NOMA 获

得的性能增益变得更加显著。这是因为，M 增大能够带来更高的分集增益，且当同时服务更多用户时，能够实现更高的频谱效率。

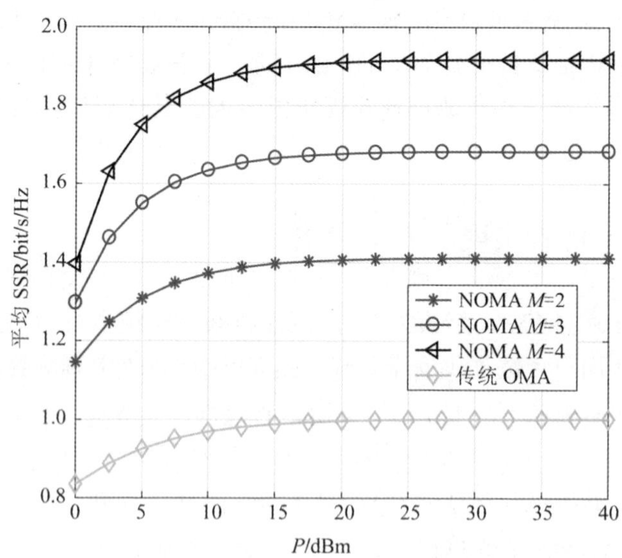

图 15.2　不同用户数量下平均安全和速率与可用发送功率的关系

图 15.3 展示了最小 QoS 需求下，$\bar{R}_b^m$ 对 SISO NOMA 系统安全和速率的影响。可以看出，随着 $\bar{R}_b^m$ 的增加，安全和速率降低。这是因为，$\bar{R}_b^m$ 的增加

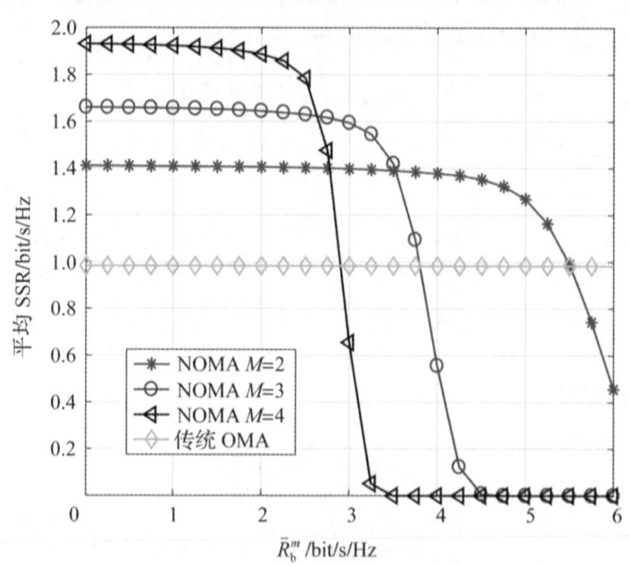

图 15.3　不同用户数量下平均 SSR 与 $\bar{R}_b^m$ 的关系

要求发送者使用额外功率来提高信道条件差的用户数据速率，这明显降低了系统的安全和速率。此外，由于 $\bar{R}_{\mathrm{b}}^{m}$ 变得非常大，安全和速率接近于零。这是因为当 $\bar{R}_{\mathrm{b}}^{m}$ 太大时，P 不足以满足所有用户的 QoS 需求，从而发送者不向用户发送信息，导致安全和速率为零。由此可见，与传统 OMA 相比，NOMA 更适合低速率通信，特别是当数据速率需求提高时，其性能增益反而并不明显。

15.3 多天线干扰者实现的安全传输

根据对简单 SISO NOMA 系统的研究，可以得知该系统中对于信道增益小于窃听者的合法用户无法提供安全传输。这是 SISO 系统中影响物理层安全性能最大的先天隐患之一。为了加以克服，我们将在发送者的同一位置安装一个多天线干扰者，通过发送人工噪声 AN 干扰窃听者①，为所有合法用户提供安全传输。利用精心设计的 AN，对于信道条件比窃听者差的合法用户，也能很大概率保障其安全传输。

15.3.1 系统模型

考虑在先前研究的系统中，在发送者的相同位置额外配备一个具有 N 个天线的干扰者，新系统模型如图 15.4 所示。用 $\boldsymbol{h}_{\mathrm{J}m}(1\leqslant m\leqslant M)$ 表示从干扰者到第 M 个合法用户的 $N\times 1$ 维信道向量，可以建模为

$$\boldsymbol{h}_{\mathrm{J}m}=\boldsymbol{g}_{\mathrm{J}m}d_{m}^{-\frac{\alpha}{2}},\ 1\leqslant m\leqslant M \tag{15.31}$$

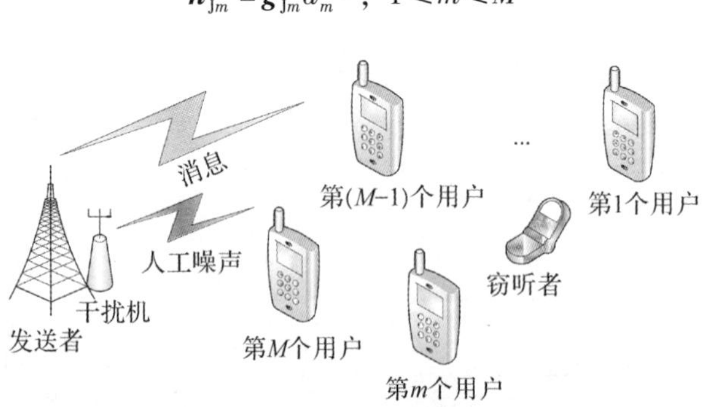

图 15.4 系统模型

① 事实上，干扰机可以放置任何位置，我们提出的算法同样适合任何位置的干扰机。本章将干扰机安装在发射机的相同位置，该设置有助于避免定义干扰的位置，这有助于以下算法的说明。

式中：$\boldsymbol{g}_{\mathrm{J}m}\sim\mathcal{CN}(\mathbf{0},\boldsymbol{I}_N)$ 表示小尺度衰落系数；d_{m} 是从干扰者（即发送者）到第 m 个合法用户的距离。同样，从干扰者到窃听者的信道 $\boldsymbol{h}_{\mathrm{Je}}$ 建模如图 15.4 所示。

$$\boldsymbol{h}_{\mathrm{Je}}=\boldsymbol{g}_{\mathrm{Je}}d_{\mathrm{e}}^{-\frac{\alpha}{2}} \tag{15.32}$$

在这个新系统中，R_{Jb}^m、R_{Je}^m 和 R_{Js}^m 分别表示第 m 个合法用户的可达速率、窃听者检测第 m 个用户信息的可达速率和第 m 个合法用户的安全速率。它们各自的解析式将在下面讨论和给出。

15.3.1.1　第 m 个合法用户的可达速率 R_{Jb}^m

如前所述，在 NOMA 系统中，用户经常利用串行干扰消除技术来实现多用户检测。在该新系统中，解码顺序与 15.2 节中相同。然而，由于多天线干扰者广播 AN，故在预先确定的解码顺序下，即式（15.1）中给出的按信道增益升序，无法保证串行干扰消除能够执行。因此，重要的是首先分析解码顺序，然后增加必要的约束条件来保障解码成功。

用 SINR_m^i 表示第 m 个用户检测第 $i(i<m)$ 个用户信息时的 SINR，则 SINR_m^i 可以表示为

$$\mathrm{SINR}_m^i=\frac{P_i\,|h_m|^2}{|h_m|^2\sum_{k=i+1}^{M}P_k+\boldsymbol{h}_{\mathrm{J}m}^{\mathrm{H}}\boldsymbol{\Lambda}\boldsymbol{h}_{\mathrm{J}m}+\sigma^2} \tag{15.33}$$

式中：$\boldsymbol{\Lambda}$ 表示干扰者广播的 AN 的协方差矩阵。同样，第 i 个用户检测自己信息时的 SINR，即 SINR_i^i，可以表示为

$$\mathrm{SINR}_i^i=\frac{P_i\,|h_i|^2}{|h_i|^2\sum_{k=i+1}^{M}P_k+\boldsymbol{h}_{\mathrm{J}i}^{\mathrm{H}}\boldsymbol{\Lambda}\boldsymbol{h}_{\mathrm{J}i}+\sigma^2} \tag{15.34}$$

那么，上述两个 SINR 的差值为

$$\begin{aligned}\mathrm{SINR}_m^i-\mathrm{SINR}_i^i&=\frac{P_i\,|h_m|^2}{|h_m|^2\sum_{k=i+1}^{M}P_k+\boldsymbol{h}_{\mathrm{J}m}^{\mathrm{H}}\boldsymbol{\Lambda}\boldsymbol{h}_{\mathrm{J}m}+\sigma^2}\\&\quad-\frac{P_i\,|h_i|^2}{|h_i|^2\sum_{k=i+1}^{M}P_k+\boldsymbol{h}_{\mathrm{J}i}^{\mathrm{H}}\boldsymbol{\Lambda}\boldsymbol{h}_{\mathrm{J}i}+\sigma^2}\\&=\frac{P_i\left(\dfrac{\boldsymbol{h}_{\mathrm{J}i}^{\mathrm{H}}\boldsymbol{\Lambda}\boldsymbol{h}_{\mathrm{J}i}+\sigma^2}{|h_i|^2}-\dfrac{\boldsymbol{h}_{\mathrm{J}m}^{\mathrm{H}}\boldsymbol{\Lambda}\boldsymbol{h}_{\mathrm{J}m}+\sigma^2}{|h_m|^2}\right)}{\left(\sum_{k=i+1}^{M}P_k+\dfrac{\boldsymbol{h}_{\mathrm{J}m}^{\mathrm{H}}\boldsymbol{\Lambda}\boldsymbol{h}_{\mathrm{J}m}+\sigma^2}{|h_m|^2}\right)\left(\sum_{k=i+1}^{M}P_k+\dfrac{\boldsymbol{h}_{\mathrm{J}i}^{\mathrm{H}}\boldsymbol{\Lambda}\boldsymbol{h}_{\mathrm{J}i}+\sigma^2}{|h_i|^2}\right)}\end{aligned} \tag{15.35}$$

根据式（15.35）可知，当干扰者不发 AN 时，即 $\boldsymbol{\Lambda}=\mathbf{0}$，$\mathrm{SINR}_m^i\geqslant\mathrm{SINR}_i^i$

总是成立。这是因为$|h_i|^2 \leqslant |h_m|^2$，从而使得第$m$个用户的功率分配系数无论是多少，总能成功解码第$i$（$i<m$）个用户的信息。这也验证了15.2节中式（15.4）。因此，为了确保$\mathrm{SINR}_m^i \geqslant \mathrm{SINR}_i^i$以保证SIC的可行性，即使干扰者广播AN来干扰窃听者，以下约束条件也必须被满足：

$$\frac{\boldsymbol{h}_{\mathrm{J}i}^{\mathrm{H}} \boldsymbol{\Lambda} \boldsymbol{h}_{\mathrm{J}i} + \sigma^2}{|h_i|^2} \geqslant \frac{\boldsymbol{h}_{\mathrm{J}m}^{\mathrm{H}} \boldsymbol{\Lambda} \boldsymbol{h}_{\mathrm{J}m} + \sigma^2}{|h_m|^2},\ 1 \leqslant m \leqslant M,\ 1 \leqslant i \leqslant m-1 \tag{15.36}$$

为了方便起见，我们将式（15.36）称为SIC约束。在满足SIC约束的情况下，第m个合法用户的可达速率R_{Jb}^m为

$$R_{\mathrm{Jb}}^m = \log_2\left(1 + \frac{P_m |h_m|^2}{|h_m|^2 \sum_{i=m+1}^{M} P_i + \boldsymbol{h}_{\mathrm{J}m}^{\mathrm{H}} \boldsymbol{\Lambda} \boldsymbol{h}_{\mathrm{J}m} + \sigma^2}\right),\ 1 \leqslant m \leqslant M \tag{15.37}$$

15.3.1.2 窃听者的容量

首先，第m个合法用户的安全速率R_{Js}^m可表示为

$$R_{\mathrm{Js}}^m = [R_{\mathrm{Jb}}^m - R_{\mathrm{Je}}^m]^+ \tag{15.38}$$

式中：R_{Je}^m是窃听者在检测第m个用户信息时的可达速率，其表达式将在后面给出。在给出R_{Je}的定义之前，首先引入一个关于R_{Js}^m的初步约束。

本方案的设计建立在为每个合法用户提供安全传输的基础上。为此，用$\bar{R}_{\mathrm{Js}}^m$表示第m个合法用户所需的最低安全速率，则安全速率约束可描述为

$$R_{\mathrm{Js}}^m \geqslant \bar{R}_{\mathrm{Js}}^m,\ 1 \leqslant m \leqslant M \tag{15.39}$$

若满足式（15.39），则窃听者的解码能力会大大降低。这样，当窃听者试图解码某个用户的信息时，必须将所有其他用户的信息视为噪声，这意味着窃听者无法应用SIC技术。因此，窃听者在检测第m个用户信息时的可达速率可以表示为

$$R_{\mathrm{Je}}^m = \log_2\left(1 + \frac{P_m |h_\mathrm{e}|^2}{|h_\mathrm{e}|^2 \sum_{i\neq m}^{M} P_i + \boldsymbol{h}_{\mathrm{Je}}^{\mathrm{H}} \boldsymbol{\Lambda} \boldsymbol{h}_{\mathrm{Je}} + \sigma^2}\right),1 \leqslant m \leqslant M \tag{15.40}$$

15.3.2 安全速率保证下的安全传输

本小节提出了一种安全传输设计方案，以保护每个用户的信息不被窃听者截获。具体而言，本方案的设计基于每个用户的独立安全速率约束，这意味着每个合法用户都可以达到预定义的正安全速率。与15.2节中的功率分配策略相反，这里所提方案可以保证每个用户的安全传输。

15.3.2.1　安全速率约束

在干扰者处精心设计的 AN 可以大大降低窃听者的解码能力。如果干扰器不发送 AN，显然窃听者可以应用 SIC 技术来消除部分用户间干扰。然而，在这个新系统中，AN 将经过精心设计，以保护每个用户的消息不被窃听。在式（15.39）中已经给出了安全速率约束，它保证了式（15.40）的正确性。

15.3.2.2　问题构建与近似分析

在接下来的讨论中，我们考虑了物理层安全中最基本的问题之一，即在每个用户的安全速率约束下，如何最大限度降低发送功率，包括用于发送用户信号的功率和用于发送所设计 AN 信号的功率。基于上述建立的信号模型，该优化问题可表述为

$$P_{\text{Tot}} \triangleq \min_{\{\gamma_m\}_{m=1}^{M},\Lambda} \sum_{m=1}^{M} P_m + \text{Tr}(\Lambda) \tag{15.41a}$$

$$\text{s.t.}\ \text{式(15.36)和式(15.39)} \tag{15.41b}$$

式中：P_{Tot}表示所需的最小总发送功率；式（15.36）中的约束是在给定预定义解码顺序的条件下确保 SIC 可行性的 SIC 约束；式（15.39）中的约束是保证每个合法用户安全传输的安全速率约束。

根据问题（15.41）的描述，式（15.41a）中的目标函数和式（15.36）中的约束都是凸的，这使得问题（15.41）的主要难点在于式（15.39）中的非凸约束。一般来说，这类非凸问题很难获得全局最优解，这就导致需要求助于某些有效的算法来帮助获得非凸问题的局部最优解。接下来，将基于 SCA 方法，提出一种求解问题（15.41）的有效算法。SCA 方法的基本思想是用一系列凸问题迭代逼近非凸问题。在每次迭代中，每一个非凸约束都被其相应的内凸近似所代替。SCA 方法保证了一个局部最优解[24]。为了采用 SCA，下文将首先分析式（15.39）中约束的非凸性，然后再寻找它们适当的内凸近似。

式（15.39）中的非凸约束可以重写为

$$\begin{aligned}
R_{\text{Js}}^{m} &= R_{\text{Jb}}^{m} - R_{\text{Je}}^{m} \\
&= \log_2\left(1+\frac{P_m\,|h_m|^2}{|h_m|^2\sum_{i=m+1}^{M}P_i+\boldsymbol{h}_{\text{J}m}^{\text{H}}\Lambda\boldsymbol{h}_{\text{J}m}+\sigma^2}\right)-\log_2\left(\frac{P_m\,|h_{\text{e}}|^2}{|h_{\text{e}}|^2\sum_{i\neq m}^{M}P_i+\boldsymbol{h}_{\text{Je}}^{\text{H}}\Lambda\boldsymbol{h}_{\text{Je}}+\sigma^2}\right) \\
&= \log_2\left(|h_m|^2\sum_{i=m}^{M}P_i+\boldsymbol{h}_{\text{J}m}^{\text{H}}\Lambda\boldsymbol{h}_{\text{J}m}+\sigma^2\right)-\log_2\left(|h_m|^2\sum_{i=m+1}^{M}P_i+\boldsymbol{h}_{\text{J}m}^{\text{H}}\Lambda\boldsymbol{h}_{\text{J}m}+\sigma^2\right) \\
&\quad -\log_2\left(|h_{\text{e}}|^2\sum_{i=1}^{M}P_i+\boldsymbol{h}_{\text{Je}}^{\text{H}}\Lambda\boldsymbol{h}_{\text{Je}}+\sigma^2\right)+\log_2\left(|h_{\text{e}}|^2\sum_{i\neq m}^{M}P_i+\boldsymbol{h}_{\text{Je}}^{\text{H}}\Lambda\boldsymbol{h}_{\text{Je}}+\sigma^2\right) \\
&\geqslant \bar{R}_{\text{Js}}^{m}
\end{aligned} \tag{15.42}$$

其中，由于 $\bar{R}_{\mathrm{Js}}^{m}$ 是正数，式（15.39）中的$[\cdot]^{+}$被消除。根据式（15.42），它的非凸性是由大于等于号(≥)左边的 $-\log_2(x)$ 这一项不是凹的所引起的。事实上，$-\log_2(x)$ 的内凸近似可以通过以下方式得到：

$$-\log_2(x) \geqslant -\log_2(x_0) - \frac{(x-x_0)}{x_0} \tag{15.43}$$

式中：$-\log_2(x_0) - \frac{(x-x_0)}{x_0}$ 是 $-\log_2(x)$ 在 x_0 附近的一阶泰勒近似。按照式（15.43），式（15.42）中的非凸约束可以用一个更严格但凸的约束来近似，即

$$T_1 + T_2 + T_3 + T_4 \geqslant \bar{R}_{\mathrm{Js}}^{m} \tag{15.44}$$

其中，T_1、T_2、T_3 和 T_4 分别定义如下：

$$T_1 \triangleq \log_2\left(|h_m|^2 \sum_{i=m}^{M} P_i + \boldsymbol{h}_{\mathrm{J}m}^{\mathrm{H}} \boldsymbol{\Lambda} \boldsymbol{h}_{\mathrm{J}m} + \sigma^2\right) \tag{15.45a}$$

$$T_2 \triangleq -\log_2\left(|h_m|^2 \sum_{i=m+1}^{M} P_i^{(n-1)} + \boldsymbol{h}_{\mathrm{J}m}^{\mathrm{H}} \boldsymbol{\Lambda}^{(n-1)} \boldsymbol{h}_{\mathrm{J}m} + \sigma^2\right) - \frac{|h_m|^2 \sum_{i=m+1}^{M} (P_i - P_i^{(n-1)}) + \boldsymbol{h}_{\mathrm{J}m}^{\mathrm{H}} (\boldsymbol{\Lambda} - \boldsymbol{\Lambda}^{(n-1)}) \boldsymbol{h}_{\mathrm{J}m}}{|h_m|^2 \sum_{i=m+1}^{M} P_i^{(n-1)} + \boldsymbol{h}_{\mathrm{J}m}^{\mathrm{H}} \boldsymbol{\Lambda}^{(n-1)} \boldsymbol{h}_{\mathrm{J}m} + \sigma^2} \tag{15.45b}$$

$$T_3 = -\log_2\left(|h_{\mathrm{e}}|^2 \sum_{i=1}^{M} P_i + \boldsymbol{h}_{\mathrm{Je}}^{\mathrm{H}} \boldsymbol{\Lambda} \boldsymbol{h}_{\mathrm{Je}} + \sigma^2\right) - \frac{|h_{\mathrm{e}}|^2 \sum_{i=1}^{M} (P_i - P_i^{(n-1)}) + \boldsymbol{h}_{\mathrm{Je}}^{\mathrm{H}} (\boldsymbol{\Lambda} - \boldsymbol{\Lambda}^{(n-1)}) \boldsymbol{h}_{\mathrm{Je}}}{|h_{\mathrm{e}}|^2 \sum_{i=1}^{M} P_i^{(n-1)} + \boldsymbol{h}_{\mathrm{Je}}^{\mathrm{H}} \boldsymbol{\Lambda} \boldsymbol{h}_{\mathrm{Je}} + \sigma^2} \tag{15.45c}$$

$$T_4 \triangleq \log_2\left(|h_{\mathrm{e}}|^2 \sum_{i \neq m}^{M} P_i + \boldsymbol{h}_{\mathrm{Je}}^{\mathrm{H}} \boldsymbol{\Lambda} \boldsymbol{h}_{\mathrm{Je}} + \sigma^2\right) \tag{15.45d}$$

式中：$\{P_i^{(n-1)}\}_{i=1}^{M}$ 和 $\Lambda^{(n-1)}$ 分别指在第 $n-1$ 次迭代中获得的分配给用户的最优功率和AN的最优协方差矩阵。所以原问题（15.41）就变成了迭代凸优化问题。具体来说，第 n 次迭代是为了解决以下凸优化问题，即

$$\min_{\{\gamma_m\}_{m=1}^{M}, \Lambda} \sum_{m=1}^{M} P_m + \mathrm{Tr}(\Lambda) \tag{15.46a}$$

$$\text{s.t. 式(15.36)和式(15.44)} \tag{15.46b}$$

在此，用$\{\{P_i^{(n)}\}_{i=1}^{M}, \Lambda^{(n)}\}$来表示问题（15.46）的最优解。进一步，算法1中介绍了基于SCA方法解决问题（15.41）的过程。生成初始可行解$\{\{P_i^{(0)}\}_{i=1}^{M}, \Lambda^{(0)}\}$的方法和所提迭代算法的收敛性分析将在下面讨论。

算法 1　安全速率约束下发送功率最小化

输入：初始可行解$\{\{P_i^{(0)}\}_{i=1}^{M},\Lambda^{(0)}\}$、$\{h_m\}_{m=1}^{M}$、$h_e$、$\{\boldsymbol{h}_{\mathrm{J}m}\}_{m=1}^{M}$、$\boldsymbol{h}_{\mathrm{Je}}$、$\sigma^2$；

1：$n=1$；

2：初始化$\{P_i^{(0)}\}_{i=1}^{M}$和$\Lambda^{(0)}$；

3：**repeat**

4：求解问题（15.46）；

5：更新 $n=n+1$；

6：更新$\{P_i^{(n)}\}_{i=1}^{M}$和$\Lambda^{(n)}$；

7：**until** 收敛或达到限制的迭代次数

15.3.2.3　初始可行解的生成

本小节提出了一种有效的方法，为所提基于 SCA 的算法确定初始可行解。在下文中，我们证明了问题（15.41）无须任何迭代，可直接用凸规划来加以近似。

我们首先通过增加一个辅助变量 t，将式（15.39）中的非凸约束改写如下：

$$R_{\mathrm{Jb}}^{m} \geqslant t + \bar{R}_{\mathrm{Js}}^{m} \tag{15.47a}$$

$$R_{\mathrm{Je}}^{m} \leqslant t \tag{15.47b}$$

由此，t 可被视为窃听者在检测任意用户信息时的最大可达速率。然后，问题式（15.47）可以进一步转化为

$$|h_m|^2 \sum_{i=m}^{M} P_i + \boldsymbol{h}_{\mathrm{J}m}^{\mathrm{H}} \Lambda \boldsymbol{h}_{\mathrm{J}m} + \sigma^2 \geqslant 2^{(t+\bar{R}_{\mathrm{Js}}^{m})} \left(|h_m|^2 \sum_{i=m+1}^{M} P_i + \boldsymbol{h}_{\mathrm{J}m}^{\mathrm{H}} \Lambda \boldsymbol{h}_{\mathrm{J}m} + \sigma^2 \right) \tag{15.48a}$$

$$|h_e|^2 \sum_{i=1}^{M} P_i + \boldsymbol{h}_{\mathrm{Je}}^{\mathrm{H}} \Lambda \boldsymbol{h}_{\mathrm{Je}} + \sigma^2 \leqslant 2^{t} \left(|h_e|^2 \sum_{i \neq m} P_i + \boldsymbol{h}_{\mathrm{Je}}^{\mathrm{H}} \Lambda \boldsymbol{h}_{\mathrm{Je}} + \sigma^2 \right) \tag{15.48b}$$

请注意，如果辅助变量 t 为固定常数，则式（15.48）中的约束变为凸的，这有助于建立以下凸规划：

$$\min_{\{\gamma_m\}_{m=1}^{M},\Lambda} \sum_{m=1}^{M} P_m + \mathrm{Tr}(\Lambda) \tag{15.49a}$$

$$\text{s.t.}\quad 式(15.36)和式(15.48) \tag{15.49b}$$

实际上，问题式（15.49）是通过缩小问题式（15.41）的可行范围而

产生的，故易用一般内点法来求解[25]。将问题式（15.49）的最优解表示为 $\{\{P_i^{(0)}\}_{i=1}^M,\Lambda^{(0)}\}$，并将其设为算法1的初始可行解，那么我们所提基于SCA的算法能够得到问题式（15.41）在初始解附近的更优解。对于 t 的设定，可以随机重复生成，以保证问题式（15.49）的可行性。

15.3.2.4 收敛性分析

事实上，文献［24］已经研究过算法1的收敛性。根据文献［24］的定理1，我们易证得式（15.43）中的一阶泰勒近似满足SCA方法收敛的约束条件，从而保证算法1得出的解收敛于原问题式（15.46）的KKT解。

15.3.3 仿真结果

本节提供了一些数值结果，以展示干扰辅助SISO NOMA系统的安全性能。在随机生成的信道下采用CVX包[26]对原始优化问题进行300次仿真。信道 $\{\boldsymbol{h}_{\mathrm{J}m}\}_{m=1}^M$、$\boldsymbol{h}_{\mathrm{Je}}$、$\{\boldsymbol{h}_m\}_{m=1}^M$、$\boldsymbol{h}_{\mathrm{e}}$、$\{\boldsymbol{g}_{\mathrm{J}m}\}_{m=1}^M$、$\boldsymbol{g}_{\mathrm{Je}}\sim\mathcal{CN}(\boldsymbol{0},\boldsymbol{I}_{\mathrm{M}})$、$g_m$ 和 $g_{\mathrm{e}}\sim\mathcal{CN}(0,1)$ 随机生成，$\{d_m\}_{m=1}^M$ 和 d_{e} 都是固定的。因此，从发送者到包括窃听者在内的接收者，仿真中在信道矢量和信道系数的小尺度衰落分量上取平均值。此外，加性高斯噪声的方差为 $\sigma^2=-70\mathrm{dBm}$。所有合法用户的最低安全速率要求 $\{\bar{R}_{\mathrm{Js}}^m\}_{m=1}^M$ 取相同值，用 $\bar{R}_{\mathrm{Js}}$ 表示。

图15.5显示了在不同数量的合法用户下最小所需总发送功率 P_{Tot} 和最小所需安全速率 $\bar{R}_{\mathrm{Js}}$ 的关系。显然，P_{Tot} 随着 $\bar{R}_{\mathrm{Js}}$ 的增加而增加。此外，随着合法用户数量 M 的增加，自然需要更多的功率来满足所有合法用户的安全速率要求。

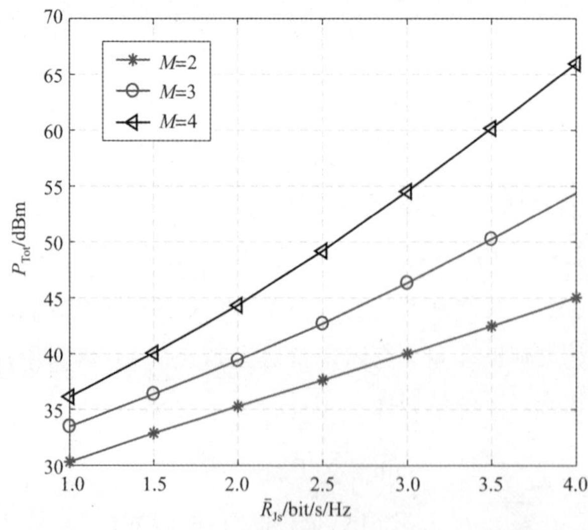

图15.5 不同用户数量下最小所需总发送功率与最小所需安全速率的关系

图 15.6 给出了在不同数量的干扰者天线 N 下最小所需总发送功率 P_{Tot} 和最小所需安全速率 $\bar{R}_{\mathrm{Js}}$ 的关系。可以看出，随着干扰者天线数量 N 的增加，由于在干扰者上增加更多天线所提供的阵列增益，所有合法用户达到目标安全速率所需的总功率会减少。此外，N 的增加带来了更多的自由度，有助于 AN 的设计。

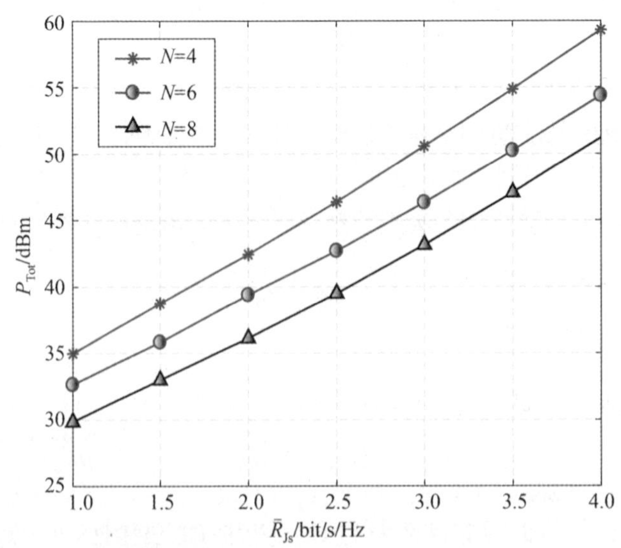

图 15.6　不同干扰者天线数量下最小所需总发送功率与最小所需安全速率的关系

15.4　小结和有待解决的问题

本章研究了 SISO NOMA 系统的物理层安全。首先，初步分析了 SISO NOMA 系统的安全性能，该系统由一个发送者、多个合法用户和一个窃听者组成。在所有合法用户预设的 QoS 需求约束下，最大化了该系统的 SSR。仿真结果表明，与传统 OMA 相比，NOMA 具有更优越的 SSR 性能，且随着用户数量的增加，NOMA 获得的性能增益更加显著。此外，较高的 QoS 需求会降低 SSR 性能。然而，这种 SISO NOMA 系统的一个很大缺陷是，对于信道增益小于窃听者的用户，难以保证其安全传输。为了解决这一棘手问题，我们进一步引入 AN，通过在发送者的相同位置配备多天线干扰者来干扰窃听者。随后，我们求解了功率分配和 AN 设计的联合优化问题，其中，每个合法用户分别服从各自的安全速率约束。理论分析和仿真结果表明，利用多天线干扰者可以很好地保证所有用户的安全传输，尤其是系统性能随着干扰者天线数量的增加能够得到提升。

未来NOMA物理层安全研究中一个具有前景的方向是在发送者和合法用户处采用多天线，以进一步增强安全传输。目前的研究只关注单天线收发者。然而，在MIMO NOMA系统中建立信道编码解码顺序的问题将是一个有意义的问题，但同时也存在诸多困难。此外，还可以研究SIC解码顺序、传输速率和功率分配的联合设计，也可以采用安全中断概率作为安全性能指标。

另一个可能的研究方向是考虑NOMA系统上行链路的安全传输。早期的工作主要集中在下行NOMA系统，很少有研究关注上行NOMA。为了在上行NOMA系统中实现不同的到达功率，文献［27］提出了一种上行功率控制方案。因此，研究上行NOMA系统的物理层安全性是非常有意义的。

参考文献

[1] Y. Saito, A. Benjebbour, Y. Kishiyama, and T. Nakamura, "System level performance evaluation of downlink non-orthogonal multiple access (NOMA)," in *Proc. IEEE Annu. Symp. Personal, Indoor and Mobile Radio Commun. (PIMRC)*, London, UK, Sep. 2013, pp. 611–615.

[2] Z. Ding, Z. Yang, P. Fan, and H. V. Poor, "On the performance of non-orthogonal multiple access in 5G systems with randomly deployed users," *IEEE Signal Process. Lett.*, vol. 21, no. 12, pp. 1501–1505, Dec. 2014.

[3] L. Dai, B. Wang, Y. Yuan, S. Han, C.-L. I, and Z. Wang, "Non-orthogonal multiple access for 5G: Solutions, challenges, opportunities, and future research trends," *IEEE Commun. Mag.*, vol. 53, no. 9, pp. 74–81, Sep. 2015.

[4] J. Choi, "Non-orthogonal multiple access in downlink coordinated two point systems," *IEEE Commun. Lett.*, vol. 18, no. 2, pp. 313–316, Feb. 2014.

[5] Z. Ding, M. Peng, and H. V. Poor, "Cooperative non-orthogonal multiple access in 5G systems," *IEEE Commun. Lett.*, vol. 19, no. 8, pp. 1462–1465, Aug. 2015.

[6] M. F. Hanif, Z. Ding, T. Ratnarajah, and G. K. Karagiannidis, "A minorization–maximization method for optimizing sum rate in the downlink of non-orthogonal multiple access systems," *IEEE Trans. Signal Process.*, vol. 64, no. 1, pp. 76–88, Jan. 2016.

[7] Z. Ding, F. Adachi, and H. V. Poor, "The application of MIMO to non-orthogonal multiple access," *IEEE Trans. Wireless Commun.*, vol. 15, no. 1, pp. 537–552, Jan. 2016.

[8] Z. Ding, R. Schober, and H. V. Poor, "A general MIMO framework for NOMA downlink and uplink transmission based on signal alignment," *IEEE Trans. Wireless Commun.*, vol. 15, no. 6, pp. 4438–4454, Jun. 2016.

[9] S. Timotheou and I. Krikidis, "Fairness for non-orthogonal multiple access in 5G systems," *IEEE Signal Process. Lett.*, vol. 22, no. 10, pp. 1647–1651, Oct. 2015.

[10] Z. Ding, P. Fan, and H. V. Poor, "Impact of user pairing on 5G non-orthogonal multiple access," *IEEE Trans. Veh. Technol.*, vol. 65, no. 8, pp. 6010–6023, Aug. 2016.

[11] Q. Sun, S. Han, C.-L. I, and Z. Pan, "Energy efficiency optimization for fading MIMO non-orthogonal multiple access systems," in *Proc. IEEE Int. Conf. Commun. (ICC)*, London, U.K., Jun. 2015, pp. 2668–2673.

[12] Y. Zhang, H.-M. Wang, T.-X. Zheng, and Q. Yang, "Energy-efficient transmission design in non-orthogonal multiple access," *IEEE Trans. Veh. Technol.*, vol. 66, no. 3, pp. 2852–2857, Mar. 2017.

[13] G. Geraci, S. Singh, J. G. Andrews, J. Yuan, and I. B. Collings, "Secrecy rates in broadcast channels with confidential messages and external eavesdroppers," *IEEE Trans Wireless Commun.*, vol. 13, no. 5, pp. 2931–2943, May 2014.

[14] X. He, A. Khisti, and A. Yener, "MIMO broadcast channel with an unknown eavesdropper: Secrecy degrees of freedom," *IEEE Trans. Commun.*, vol. 62, no. 1, pp. 246–255, Jan. 2014.

[15] M. Bloch and J. Barros, *Physical layer security: From information theory to security engineering*. Cambridge, UK: Cambridge University Press, 2011.

[16] H.-M. Wang and X.-G. Xia, "Enhancing wireless secrecy via cooperation: signal design and optimization," *IEEE Commun. Mag.*, vol. 53, no. 12, pp. 47–53, Dec. 2015.

[17] S. Yang, M. Kobayashi, P. Piantanida, and S. Shamai (Shitz), "Secrecy degrees of freedom of MIMO broadcast channels with delayed CSIT," *IEEE Trans. Inf. Theory*, vol. 59, no. 9, pp. 5244–5256, Sep. 2013.

[18] R. Negi and S. Goel, "Secret communication using artificial noise," in *Proc. IEEE Veh. Technol. Conf. (VTC)*, pp. 1906–1910, Sep. 2005.

[19] Q. Li and W.-K. Ma, "Spatially selective artificial-noise aided transmit optimization for MISO multi-eves secrecy rate maximization," *IEEE Trans. Signal Process.*, vol. 61, no. 10, pp. 2704–2717, May 2013.

[20] Y. Zhang, H.-M. Wang, Q. Yang, and Z. Ding, "Secrecy sum rate maximization in non-orthogonal multiple access," *IEEE Commun. Lett.*, vol. 20. no. 5, pp. 930–933, May 2016.

[21] Z. Qin, Y. Liu, Z. Ding, Y. Gao, and M. Elkashlan, "Physical layer security for 5G non-orthogonal multiple access in large-scale networks," in *Proc. IEEE Int. Conf. Commun. (ICC)*, Kuala Lumpur, Malaysia, May 2016.

[22] G. Bagherikaram, A. S. Motahari, and A. K. Khandani, "Secrecy capacity region of Gaussian broadcast channel," in *Proc. 43rd Annu. Conf. Inf. Sci. Syst. (CISS)*, pp. 152–157, Mar. 2009.

[23] E. Ekrem and S. Ulukus,"Secrecy capacity of a class of broadcast channels with an eavesdropper," *EURASIP J. Wireless Commun. Netw.*, vol. 2009, no. 1, pp. 1–29, 2009.

[24] B. R. Marks and G. P. Wright, "A general inner approximation algorithm for nonconvex mathematical programs," *Operat. Res.*, vol. 26, no. 4, pp. 681–683, Jul.–Aug. 1977.

[25] S. Boyd and L. Vandenberghe, *Convex Optimization*. Cambridge, UK: Cambridge University Press, 2004.

[26] M. Grant and S. Boyd, "CVX: Matlab software for disciplined convex programming, version 2.1," http://cvxr.com/cvx/, Jun. 2015.

[27] N. Zhang, J. Wang, G. Kang, and Y. Liu, "Uplink non-orthogonal multiple access in 5G systems," *IEEE Commun. Lett.*, vol. 20, no. 3, pp. 458–461, Mar. 2016.

第 16 章
MIMOME – OFDM 系统中物理层安全：空 – 时人工噪声

Ahmed El Shafie①，Zhiguo Ding②，Naofal Al – Dhahir①

16.1 引言

由于射频传输的广播特性，信息安全对无线通信系统而言至关重要。传统上，安全是通过设计复杂的上层协议来保障的。更具体地说，是利用传统的加密机制来解决恶意窃听节点的信息安全问题。为了提高系统安全性，物理层（PHY）安全目前认为是一种有价值的技术，可以保障无线介质中信息传输的信息论安全。

若承载信息的消息和窃听者观测数据之间统计独立，则称为完美安全[17]。Wyner[20]、Csiszár 和 Korner[2] 的开创性工作定义安全容量为保证每个信道使用的互信息泄漏趋近为零的情况下，无线信道上传输信息的最大速率。在这些工作的基础上，人们研究了不同信道模型和网络设置下的安全容量。更多详情，有兴趣的读者可以参考文献［10 – 11］。

近年来，由于正交频分复用（Orthogonal Frequency Division Multiplexing，OFDM）技术能有效地将频率选择性衰落信道转换为频率平坦衰落子信道，并在可实现的复杂度下获得了很高的性能，因而在众多无线和有线通信标准的物理层中得到了广泛应用。因此，研究 OFDM 系统的物理层安全就显得尤为重要。在信息论安全文献中，OFDM 通常建模为一组平行高斯信道。在文献［9］中，作者推导了 OFDM 系统的安全容量，并提出了相应的功率分配

① 美国达拉斯德克萨斯大学电气工程系。
② 英国兰卡斯特大学计算与通信学院。

方案。在文献［16］中，系统安全性是由窃听者的最小均方误差（Minimum Mean Squared Error，MMSE）来定义的。文献［15］将OFDM窃听信道作为MIMO窃听信道的一个特例，通过高、低信噪比（Signal－to－Noise Ratio，SNR）条件下的渐近分析，研究了高斯输入和正交幅度调制（Quadrature Amplitude Modulation，QAM）信号星座图下的安全速率。

近些年来，许多论文研究了物理层安全预编码。例如，文献［5,18－19］研究了线性预编码。文献［5］的作者考虑合法发送者已知全部信道状态信息（Channel State Information，CSI）的情况，提出了一种Vandermonde预编码方案，使得合法发送者能够在等效窃听者多输入多输出（Multiple－Input Multiple－Output，MIMO）信道矩阵的零空间中发射信息信号。在文献［19］中，作者假设合法发送者已知到合法接收者链路的全部信道状态信息，并且只知道到潜在窃听者链路的统计信道状态信息，研究了人工噪声（Artificial Noise，AN）安全预编码系统的最优功率分配方案。文献［18］的作者研究了三个多天线节点共享信道的多输入多输出窃听问题，作者提出首先使用足够大的功率来保证合法接收者的服务质量（Quality of Service，QoS），该服务质量由成功译码的预设信干噪比（Signal－to－Interference－plus－Noise Ratio，SINR）来衡量，然后分配剩余功率给人工噪声以混淆窃听者。值得注意的是，正如文献［11］所述，将窃听节点的误比特率（Bit Error Rate，BER）、均方误差（Mean－Squared Error，MSE）或信干噪比作为约束，既不能满足弱安全要求，也不能满足强安全要求，但其常常会简化系统的设计和分析。

在文献［13］中，作者针对单输入单输出单天线窃听（Single－Input Single－Output Single－Antenna－Eavesdropper，SISOSE）正交频分复用系统，提出了时域人工噪声注入，即在传输前往数据信号中注入时域人工噪声信号。设计的时域人工噪声信号能在合法接收者译码数据前被消除，作者证明了在频域数据中注入人工噪声信号是无益的，因为它降低了安全速率。在文献［1］中，针对多输入多输出多天线窃听（Multiple－Input Multiple－Output Multiple－Antenna－Eavesdropper，MIMOME）正交频分复用系统，作者提出了一种时域人工噪声注入方案，作者假设在可用子载波上使用的预编码器会耦合各个子载波，并使合法节点处的编码和译码过程变得复杂。

虽然已有文献（在非正交频分复用系统中）提出了空域人工噪声辅助[18－19]和时域人工噪声辅助[1,13]的物理层安全方案，但我们发现还没有对这两种方案的平均安全速率、实现可行性和复杂性进行比较的研究。本章的目的是回答以下两个问题：

（1）在什么情况下，空域人工噪声优先于时域人工噪声？或者恰恰相反？

（2）在总人工噪声平均功率约束条件下，混合空－时人工噪声方案的平均安全速率是否优于纯空域或纯时域人工噪声方案？

为了回答这些问题，我们针对 MIMOME－OFDM 信道提出了一种新型混合空－时人工噪声辅助物理层安全方案，该方案按照分配给每种人工噪声信号的人工噪声总功率系数进行参数化设置。此外，我们还分析了该混合方案能实现的平均安全速率，并推导出当合法发送者发射天线数量增加时，平均安全速率的紧密渐近界。

本章考虑了混合空－时人工噪声注入方案的一般场景。具体而言，我们考虑 MIMOME－OFDM 窃听信道，其中，每个节点都配备有多天线，并且合法发送者（Alice）仅对其合法接收者（Bob）无线链路的完美信道状态信息完全了解，而窃听者（Eve）对网络中所有链路的完美信道状态信息完全了解。Eve 处全局信道状态信息的假设代表了对于 Eve 而言最好的情况（对于 Alice/Bob 而言则是最坏的情况），因为 Eve 能知道 Alice 和 Bob 之间的所有信道，以及 Alice 采用的数据预编码器和人工噪声预编码器。我们分别利用可用天线，以及正交频分复用块的循环前缀（Cyclic Prefix，CP）结构提供的空域和时域自由度来混淆 Eve，从而提高合法链路的安全速率。

本章除非另作说明，小写和大写黑体字母分别表示向量和矩阵；小写和大写字母分别表示时域和频域信号。$\boldsymbol{I}_N$ 和 $\boldsymbol{F}$ 分别表示大小为 $N\times N$ 的单位矩阵和快速傅里叶变换（Fast Fourier Transform，FFT）矩阵。$\mathbb{C}^{M\times N}$表示大小为 $M\times N$ 所有复数矩阵集合。$(\cdot)^{\mathrm{T}}$ 和$(\cdot)^{*}$ 分别表示转置运算和埃尔米特（即复共轭转置）运算。$\mathbb{R}^{M\times M}$表示 $M\times M$ 大小的实数矩阵集合。$\|\cdot\|$表示向量的欧几里得范数。$[\cdot]_{k,l}$表示矩阵的第(k,l)项，$[\cdot]_k$ 表示向量的第 k 项。函数 $\min(\cdot,\cdot)$（$\max(\cdot,\cdot)$）返回括号中的最小值（最大值）。$\mathrm{blkdiag}(\boldsymbol{A}_1,\boldsymbol{A}_2,\cdots,\boldsymbol{A}_j,\boldsymbol{A}_{j+1},\cdots,\boldsymbol{A}_M)$ 表示块对角矩阵，其中括号内元素是对角块。$\mathbb{E}[\cdot]$表示统计期望。$(\cdot)^{-1}$是括号中矩阵的逆。$\boldsymbol{0}$ 表示全零矩阵，其大小根据上下文来理解。$\otimes$是克罗内克积。$\mathrm{Trace}\{\cdot\}$ 表示括号内矩阵对角线元素之和。

16.2 预备知识

本节介绍空域和时域人工噪声注入的基本原理，先介绍空域人工噪声方案，然后再讨论时域人工噪声方案。

16.2.1 空域人工噪声

由于可用空间维度能增强无线信道的安全能力，人们对多输入多输出系统表现出极大兴趣[11]。考虑一个多输入多输出衰落信道，其中，Alice、Bob和Eve分别配备了 N_A、N_B 和 N_E 根天线，假设Alice希望向Bob发送 $N_s \leqslant \min\{N_A, N_B\}$ 个数据流，则Bob和Eve接收到的信号通常表示为

$$\boldsymbol{y}^B = \boldsymbol{H}_{A-B}(\boldsymbol{P}_{data}\boldsymbol{x} + \boldsymbol{P}_{AN}\boldsymbol{d}^s) + \boldsymbol{z}^B \tag{16.1}$$

$$\boldsymbol{y}^E = \boldsymbol{H}_{A-E}(\boldsymbol{P}_{data}\boldsymbol{x} + \boldsymbol{P}_{AN}\boldsymbol{d}^s) + \boldsymbol{z}^E \tag{16.2}$$

式中：$\boldsymbol{P}_{data} \in \mathbb{C}^{N_A \times N_s}$是*Alice*的数据预编码矩阵；$\boldsymbol{x} \in \mathbb{C}^{N_s \times 1}$是*Alice*发射数据向量；$\boldsymbol{P}_{AN} \in \mathbb{C}^{N_A \times (N_A - N_s)}$是Alice的空域人工噪声预编码矩阵；$\boldsymbol{d}^s \in \mathbb{C}^{(N_A - N_s) \times 1}$为空域人工噪声向量，$\boldsymbol{H}_{A-B} \in \mathbb{C}^{N_B \times N_A}$是Alice到Bob的MIMO复高斯信道矩阵；$\boldsymbol{H}_{A-E} \in \mathbb{C}^{N_E \times N_A}$是Alice到Eve的复高斯信道矩阵；$\boldsymbol{z}^B \in \mathbb{C}^{N_B \times 1}$与$\boldsymbol{z}^E \in \mathbb{C}^{N_E \times 1}$是零均值复高斯白噪声向量。

空域人工噪声方案的核心思想是设计$\boldsymbol{P}_{data}$和$\boldsymbol{P}_{AN}$，来保证Bob接收的数据和人工噪声信号处于正交子空间中，该正交子空间是由$\boldsymbol{H}_{A-B}$的右奇异向量构成。也就是说，Alice利用信道矩阵$\boldsymbol{H}_{A-B}$的奇异值分解（Singular Value Decomposition，SVD）来得到预编码矩阵$\boldsymbol{P}_{data}$和$\boldsymbol{P}_{AN}$，其中，$\boldsymbol{P}_{data}$是$\boldsymbol{H}_{A-B}$右奇异向量矩阵中对应于 N_s 个最大非零奇异值的 N_s 列。为了译码数据，Bob使用滤波矩阵 $\boldsymbol{C}_B^*$ 对接收的向量 $\boldsymbol{y}^B$ 进行滤波。$\boldsymbol{C}_B$ 的列是$\boldsymbol{H}_{A-B}$左奇异向量矩阵中对应于 N_s 个最大非零奇异值的 N_s 列。Bob处消除空域人工噪声信号的条件是

$$\boldsymbol{C}_B^* \boldsymbol{H}_{A-B} \boldsymbol{P}_{AN} = 0 \tag{16.3}$$

16.2.2 时域人工噪声

本小节介绍SISOSE场景下时域人工噪声方案的基本思想，其中 $N_A = N_B = N_E = 1$[13]。最近人们提出时域人工噪声方案以增强多载波系统的物理层安全性能[13]。在正交频分复用系统中，利用快速傅里叶逆变换（Inverse Fast Fourier Transform，IFFT）将频域信号向量 $\boldsymbol{X}$ 变换到时域，然后插入循环前缀以减轻符号间干扰；然后，在传输之前，将人工噪声信号添加到该时域信号中，在接收端利用快速傅立叶变换将移除循环前缀后的信号变换到频域。

设 N_{cp}表示循环前缀的长度，N 表示OFDM子载波个数，$N_O = N + N_{cp}$表示一个OFDM块的总长度，$\boldsymbol{T}^{cp}$和 $\boldsymbol{R}^{cp}$ 分别表示循环前缀插入矩阵和移除矩阵，$v \leqslant N_{cp}$表示最大传输延迟。合法接收者（Bob）和窃听节点（Eve）接收的信号表示为

$$\boldsymbol{y}^{\mathrm{B}}=\boldsymbol{F}\boldsymbol{R}^{\mathrm{cp}}\tilde{\boldsymbol{H}}(\boldsymbol{T}^{\mathrm{cp}}\boldsymbol{F}^{*}\boldsymbol{x}+\boldsymbol{Q}\boldsymbol{d}^{t})+\boldsymbol{z}^{\mathrm{B}} \tag{16.4}$$

$$\boldsymbol{y}^{\mathrm{E}}=\boldsymbol{F}\boldsymbol{R}^{\mathrm{cp}}\tilde{\boldsymbol{G}}(\boldsymbol{T}^{\mathrm{cp}}\boldsymbol{F}^{*}\boldsymbol{x}+\boldsymbol{Q}\boldsymbol{d}^{t})+\boldsymbol{z}^{\mathrm{E}} \tag{16.5}$$

式中：$\boldsymbol{Q}$ 是时域人工噪声预编码矩阵；$\boldsymbol{d}^{t}\in\mathbb{C}^{N_{\mathrm{cp}}\times 1}$是时域人工噪声向量，其建模为零均值复高斯随机向量；$\tilde{\boldsymbol{H}}\in\mathbb{C}^{N_{\mathrm{O}}\times N_{\mathrm{O}}}$是 Alice－Bob 链路的信道冲激响应（Channel Impulse Response，CIR）矩阵；$\tilde{\boldsymbol{G}}\in\mathbb{C}^{N_{\mathrm{O}}\times N_{\mathrm{O}}}$是 Alice－Eve 链路的信道冲激响应矩阵；$\boldsymbol{z}^{\mathrm{B}}\in\mathbb{C}^{N_{\mathrm{B}}\times 1}$与$\boldsymbol{z}^{\mathrm{E}}\in\mathbb{C}^{N_{\mathrm{E}}\times 1}$分别是 Bob 与 Eve 处加性高斯白噪声。

为了消除合法接收者人工噪声信号引起的干扰，人工噪声信号应该设计在矩阵 $\mathbf{F}\mathbf{R}^{\mathrm{cp}}\tilde{\mathbf{H}}$ 的零空间。因此，为在 Bob 处消除时域人工噪声信号，我们有以下设计条件：

$$\boldsymbol{R}^{\mathrm{cp}}\tilde{\boldsymbol{H}}\boldsymbol{Q}=\boldsymbol{0},\ \boldsymbol{Q}^{*}\boldsymbol{Q}=\boldsymbol{I}_{N_{\mathrm{cp}}} \tag{16.6}$$

其中条件 $\boldsymbol{Q}^{*}\boldsymbol{Q}=\boldsymbol{I}_{N_{\mathrm{cp}}}$是必要的，以确保矩阵 $\boldsymbol{Q}$ 的正交性。并且在时域人工噪声预编码之后，需要增加发射功率。

我们现已经分别描述了空域人工噪声和时域人工噪声方案的主要原理。接下来的小节将阐述本章所采用的系统模型和所提出的混合空－时人工噪声辅助方案。

16.3 系统模型和人工噪声设计

本节阐述本章采用的系统模型以及所提的人工噪声辅助方案。

16.3.1 系统模型与假设

所研究的传输场景中，假设有一个合法发送者（Alice）、一个合法接收者（Bob）和一个被动窃听者（Eve）。对于每个正交频分复用块，Alice 通过每个子载波发送 N_{s} 个数据流，在 N 个正交子载波上传输。这里假设信道矩阵在相干时间内保持不变。Alice 使用 N 点 IFFT 将频域信号转换为时域信号，并在每个正交频分复用块的开始添加 N_{cp}个样本组成的循环前缀。为消除 Bob 的块间干扰，我们假设循环前缀长度大于 Alice 和 Bob 之间所有信道的传输时延。此外，假设 Alice－Eve 信道的传输时延小于或等于循环前缀长度①。为了简化 16.4 节中的分析，假设所有信道都有相同传输时延，用 v 表示。假设所有信道系数都是独立且同分布（Independent and Identically

① 对 Eve 来说这是最佳假设；否则，由于块间和块内干扰其速率将会降低。

Distributed，i. i. d. ）的零均值、循环对称复高斯随机变量，且 $\sigma^2_{\mathrm{A-B}}$ 和 $\sigma^2_{\mathrm{A-E}}$ 分别为 Alice – Bob 链路与 Alice – Eve 链路的方差。假设 Alice 和 Bob 之间的信道系数在 Alice、Bob 和 Eve 处是已知的，而 Alice 和 Eve 之间的信道系数仅有 Eve 知道。节点 $\ell \in \{A,B,E\}$ 的天线数表示为 N_ℓ。接收者 ℓ 的热噪声建模为零均值循环对称复高斯随机变量，其方差为 κ_ℓW/Hz（$\ell \in \{B,E\}$）。表 16.1 介绍了关键变量及其维度。

表 16.1　关键变量及其维度表© 2016 IEEE. 文献［3］

符号	描述	符号	描述
N 与 N_{cp}	子载波与循环前缀长度	$N_{\mathrm{O}} = N + N_{\mathrm{cp}}$	OFDM 块长度
N_{s}	每个子载波发送的数据流	N_ℓ	节点 $\ell \in \{A,B,E\}$ 天线数
P	平均发射功率	κ_ℓ	节点 ℓ 的加性高斯白噪声方差
$\Gamma_\ell = P/\kappa_\ell$	P 与噪声方差之比	$\bar{x}$ 和 $\tilde{x}$	$1-x$ 与 $1+x$，x 是标量
θ	数据传输功率系数	$1-\theta$	人工噪声功率系数
α	空域人工噪声功率系数	$1-\alpha$	时域人工噪声功率系数
$\sigma^2_{\mathrm{A-B}}$	Alice – Bob 链路方差	$\sigma^2_{\mathrm{A-E}}$	Alice – Eve 链路方差
$\boldsymbol{y}^\ell \in \mathbb{C}^{N_\ell N \times 1}$	节点 ℓ 接收信号向量	$\boldsymbol{P}_{N_\ell} \in \mathbb{R}^{N_\ell N \times N_\ell N}$	置换矩阵
$\boldsymbol{R}^{\mathrm{cp}}_{N_\ell} \in \mathbb{C}^{N_\ell N \times N_\ell N_{\mathrm{O}}}$	节点 ℓ 处循环前缀移除矩阵	$\boldsymbol{T}^{\mathrm{cp}}_n \in \mathbb{C}^{N_\ell N_{\mathrm{O}} \times N_\ell N}$	循环前缀插入矩阵
$\tilde{\boldsymbol{H}} \in \mathbb{C}^{N_{\mathrm{B}} N_{\mathrm{O}} \times N_{\mathrm{A}} N_{\mathrm{O}}}$	Alice – Bob 链路的 CIR 矩阵	$\boldsymbol{H} \in \mathbb{C}^{N_{\mathrm{B}} N \times N_{\mathrm{A}} N}$	Alice – Bob 链路的频域矩阵
$\tilde{\boldsymbol{G}} \in \mathbb{C}^{N_{\mathrm{E}} N_{\mathrm{O}} \times N_{\mathrm{A}} N_{\mathrm{O}}}$	Alice – Eve 链路的 CIR 矩阵	$\boldsymbol{G} \in \mathbb{C}^{N_{\mathrm{E}} N \times N_{\mathrm{A}} N}$	Alice – Eve 链路的频域矩阵
$\boldsymbol{B} \in \mathbb{C}^{N_{\mathrm{A}} N \times (N_{\mathrm{A}} - N_{\mathrm{s}}) N}$	整个空域人工噪声的预编码矩阵	$\boldsymbol{B}_k \in \mathbb{C}^{N_{\mathrm{A}} \times (N_{\mathrm{A}} - N_{\mathrm{s}})}$	子载波 k 处空域人工噪声预编码矩阵
$\boldsymbol{Q} \in \mathbb{C}^{N_{\mathrm{A}} N_{\mathrm{O}} \times (N(N_{\mathrm{A}} - N_{\mathrm{s}}) + N_{\mathrm{cp}} N_{\mathrm{A}})}$	时域人工噪声的预编码矩阵	$\boldsymbol{A} \in \mathbb{C}^{N_{\mathrm{A}} N \times N_{\mathrm{s}} N}$	整个数据流预编码矩阵
$\boldsymbol{A}_k \in \mathbb{C}^{N_{\mathrm{A}} \times N_{\mathrm{s}}}$	子载波 k 处数据流预编码矩阵	$\boldsymbol{C}^*_{\mathrm{B}} \in \mathbb{C}^{N_{\mathrm{s}} N \times N_{\mathrm{B}} N}$	Bob 的整个接收滤波器矩阵
$\boldsymbol{C}^*_k \in \mathbb{C}^{N_{\mathrm{s}} \times N_{\mathrm{B}}}$	Bob 的接收滤波器矩阵	$\boldsymbol{z}^\ell$	节点 ℓ 的加性高斯白噪声向量

16.3.2　混合空－时人工噪声辅助方案

为了提高传输安全性，Alice 利用循环前缀，以及 Alice 与 Bob 的多天线提供的时域和空域维度以生成和传输时域和空域人工噪声，从而恶化 Alice 与被动窃听者之间的有效信道。

定义数据符号置换矩阵 $\boldsymbol{P}_{N_\ell} \in \mathbb{R}^{N_\ell N \times N_\ell N}$，其将在多天线发射的预编码数据符号重新排列成正交频分复用块。另外，定义 N_ℓ 根天线的节点处 FFT 运算为 $\boldsymbol{F}_{N_\ell} = \boldsymbol{I}_{N_\ell} \otimes \boldsymbol{F} \in \mathbb{C}^{N_\ell N \times N_\ell N}$。设 $\boldsymbol{d}^s = (\boldsymbol{d}_1^{s\,\mathrm{T}}, \boldsymbol{d}_2^{s\,\mathrm{T}}, \cdots, \boldsymbol{d}_N^{s\,\mathrm{T}})^{\mathrm{T}}$ 表示整个空域人工噪声向量，$\boldsymbol{d}_k^s$ 表示子载波 k 上注入的空域人工噪声向量，$\boldsymbol{d}^t$ 表示时域人工噪声向量。人工噪声向量 $\boldsymbol{d}^s$ 和 $\boldsymbol{d}^t$ 均为复高斯随机向量。正如 16.3.5 小节所述，空域与时域人工噪声向量的维度分别是 $N_{\mathrm{A}} - N_{\mathrm{s}}$ 与 $N(N_{\mathrm{A}} - N_{\mathrm{s}}) + N_{\mathrm{cp}} N_{\mathrm{A}}$。

Alice 发送向量如下：

$$\boldsymbol{s}_{\mathrm{A}} = \boldsymbol{T}_{N_{\mathrm{A}}}^{\mathrm{cp}} \boldsymbol{F}_{N_{\mathrm{A}}}^{*} \boldsymbol{P}_{N_{\mathrm{A}}} (\boldsymbol{A}\boldsymbol{x} + \boldsymbol{B}\boldsymbol{d}^s) + \boldsymbol{Q}\boldsymbol{d}^t \tag{16.7}$$

式中：$\boldsymbol{x} = (\boldsymbol{x}_1^{\mathrm{T}}, \boldsymbol{x}_2^{\mathrm{T}}, \cdots, \boldsymbol{x}_{\mathrm{N}}^{\mathrm{T}})^{\mathrm{T}} \in \mathbb{C}^{N_{\mathrm{s}} N \times 1}$ 是数据向量；$\boldsymbol{x}_{\mathrm{k}} \in \mathbb{C}^{N_{\mathrm{s}} \times 1}$ 是子载波 k 上传输的数据向量；$\boldsymbol{P}_{N_{\mathrm{A}}} \in \mathbb{R}^{N_{\mathrm{A}} N \times N_{\mathrm{A}} N}$ 是重新排列预编码子载波的置换矩阵[44]；$\boldsymbol{T}_{N_{\mathrm{A}}}^{\mathrm{cp}} \in \mathbb{C}^{N_{\mathrm{A}} N_{\mathrm{O}} \times N_{\mathrm{A}} N}$ 是循环前缀插①入矩阵；$\boldsymbol{Q} \in \mathbb{C}^{N_{\mathrm{A}} N_{\mathrm{O}} \times (N(N_{\mathrm{A}} - N_{\mathrm{s}}) + N_{\mathrm{cp}} N_{\mathrm{A}})}$ 是时域人工噪声预编码矩阵；$\boldsymbol{A} \in \mathbb{C}^{N_{\mathrm{A}} N \times N_{\mathrm{s}} N}$ 与 $\boldsymbol{B} \in \mathbb{C}^{N_{\mathrm{A}} N \times (N_{\mathrm{A}} - N_{\mathrm{s}}) N}$ 分别是数据流预编码矩阵和空域人工噪声预编码矩阵。

平均发射功率约束为：$\mathbb{E}\{(\boldsymbol{T}_{N_{\mathrm{A}}}^{\mathrm{cp}} \boldsymbol{F}_{N_{\mathrm{A}}}^{*} \boldsymbol{P}_{N_{\mathrm{A}}} \boldsymbol{B}\boldsymbol{d}^s)^{*} (\boldsymbol{T}_{N_{\mathrm{A}}}^{\mathrm{cp}} \boldsymbol{F}_{N_{\mathrm{A}}}^{*} \boldsymbol{P}_{N_{\mathrm{A}}} \boldsymbol{B}\boldsymbol{d}^s)\} + \mathbb{E}\{\boldsymbol{d}^{t*} \boldsymbol{d}^t\} + \mathbb{E}\{(\boldsymbol{T}_{N_{\mathrm{A}}}^{\mathrm{cp}} \boldsymbol{F}_{N_{\mathrm{A}}}^{*} \boldsymbol{P}_{N_{\mathrm{A}}} \boldsymbol{A}\boldsymbol{x})^{*} (\boldsymbol{T}_{N_{\mathrm{A}}}^{\mathrm{cp}} \boldsymbol{F}_{N_{\mathrm{A}}}^{*} \boldsymbol{P}_{N_{\mathrm{A}}} \boldsymbol{A}\boldsymbol{x})\} = P$，其中，$P$ 是 Alice 平均发射功率（W/Hz），定义 θP 为数据流发射功率，则有 $\mathbb{E}\{(\boldsymbol{T}_{N_{\mathrm{A}}}^{\mathrm{cp}} \boldsymbol{F}_{N_{\mathrm{A}}}^{*} \boldsymbol{P}_{N_{\mathrm{A}}} \boldsymbol{A}\boldsymbol{x})^{*} (\boldsymbol{T}_{N_{\mathrm{A}}}^{\mathrm{cp}} \boldsymbol{F}_{N_{\mathrm{A}}}^{*} \boldsymbol{P}_{N_{\mathrm{A}}} \boldsymbol{A}\boldsymbol{x})\} = \theta P, \mathbb{E}\{(\boldsymbol{T}_{N_{\mathrm{A}}}^{\mathrm{cp}} \boldsymbol{F}_{N_{\mathrm{A}}}^{*} \boldsymbol{P}_{N_{\mathrm{A}}} \boldsymbol{B}\boldsymbol{d}^s)^{*} (\boldsymbol{T}_{N_{\mathrm{A}}}^{\mathrm{cp}} \boldsymbol{F}_{N_{\mathrm{A}}}^{*} \boldsymbol{P}_{N_{\mathrm{A}}} \boldsymbol{B}\boldsymbol{d}^s)\} + \mathbb{E}\{\boldsymbol{d}^{t*} \boldsymbol{d}^t\} = \bar{\theta} P$，且 $\bar{\theta} = 1 - \theta$。设 α 为分配给空域人工噪声 $\bar{\theta} P$ 功率系数，则分配给时域人工噪声功率为 $\bar{\alpha}\theta P$，其中，$\bar{\alpha} = 1 - \alpha$。我们假设一个正交频分复用块的 N_0 个样本功率是均分的，因此，子载波 k 上用于数据传输的功率分配系数是 $1/N_{\mathrm{O}}$。由于 Alice 不知道 Eve 瞬时信道状态信息，Alice 在空域和时域人工噪声预编码矩阵列上均匀地分配功率。因此，空域人工噪声功率是 $\alpha\bar{\theta} P / (N_0 (N_{\mathrm{A}} - N_{\mathrm{s}}))$，而时域人工噪声功率是 $\bar{\alpha}\bar{\theta} P / (N(N_{\mathrm{A}} - N_{\mathrm{s}}) + N_{\mathrm{cp}} N_{\mathrm{A}})$。

本章提出的混合人工噪声辅助传输方案总结如下（见图 16.1）：

---

① 使用该矩阵是因为 Alice 将数据重新排列为每个子载波 N_{s} 个预编码符号块。置换矩阵和预编码数据相乘将数据重新排列成正交频分复用块，其中，每个正交频分复用块由 N 个子载波组成。例如，正交频分复用块 j 包括从 $N(j-1)+1$ 到 Nj 个子载波。

（1）Alice在每个子载波上计算信道矩阵的奇异值分解，然后，利用子载波信道矩阵的右奇异向量的 N_s 列对数据进行预编码，N_s 列对应于 N_s 个最大非零奇异值。剩余右奇异向量用于空域人工噪声信号预编码。

（2）Alice对数据和空域人工噪声向量进行IFFT运算，并插入循环前缀。

（3）然后，Alice将预编码后时域人工噪声添加到数据与空域人工噪声的时域向量中。

正如在下一小节中所阐述的，设计空域－时域人工噪声预编码器目的是确保在Bob处可以消除空域和时域人工噪声。

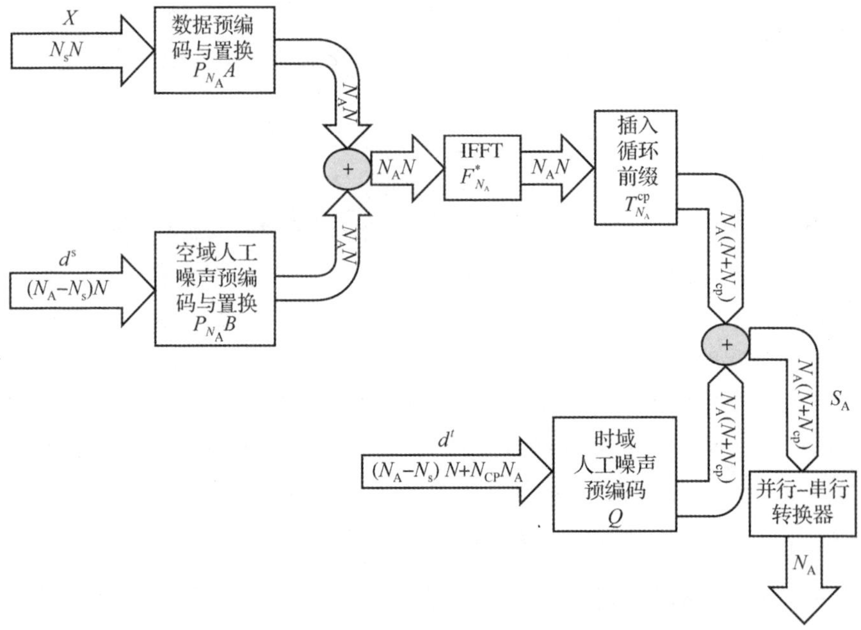

图16.1 所提的混合空－时人工噪声辅助方案原理图© 2016 IEEE，文献［3］

16.3.3 Bob处接收信号向量

应用线性滤波器 $\boldsymbol{C}_{\mathrm{B}}^{*}\in\mathbb{C}^{N_sN\times N_BN}$ 后，Bob处滤波后的输出向量为

$$\boldsymbol{C}_{\mathrm{B}}^{*}\boldsymbol{y}^{\mathrm{B}}=\boldsymbol{C}_{\mathrm{B}}^{*}\boldsymbol{P}_{N_{\mathrm{B}}}^{\mathrm{T}}\boldsymbol{F}_{N_{\mathrm{B}}}R_{N_{\mathrm{B}}}^{\mathrm{cp}}\widetilde{\boldsymbol{H}}\boldsymbol{s}_{\mathrm{A}}+\boldsymbol{C}_{\mathrm{B}}^{*}\boldsymbol{z}^{\mathrm{B}} \tag{16.8}$$

式中：$\boldsymbol{y}^{\mathrm{B}}\in\mathbb{C}^{NN_{\mathrm{B}}\times 1}$ 是Bob处接收信号向量；$\boldsymbol{P}_{N_{\mathrm{B}}}^{\mathrm{T}}$ 是Bob重新排列接收子载波的置换矩阵。另外，$\boldsymbol{F}_{N_{\mathrm{B}}}=\mathrm{blkdiag}(\boldsymbol{F},\boldsymbol{F},\cdots,\boldsymbol{F})\in\mathbb{C}^{N_{\mathrm{B}}N\times N_{\mathrm{B}}N}$ 为FFT矩阵，$\boldsymbol{R}_{N_{\mathrm{B}}}^{\mathrm{cp}}\in\mathbb{C}^{N_{\mathrm{B}}N\times N_{\mathrm{B}}N_{\mathrm{O}}}$ 为Bob处的循环前缀移除矩阵。最后，$\widetilde{\boldsymbol{H}}\in\mathbb{C}^{N_{\mathrm{B}}N_{\mathrm{O}}\times N_{\mathrm{A}}N_{\mathrm{O}}}$ 是

Alice－Bob 链路的 CIR 矩阵，$z^{\mathrm{B}} \in \mathbb{C}^{N_{\mathrm{B}}N \times 1}$ Bob 处的加性高斯白噪声向量。

$\boldsymbol{H} = \boldsymbol{P}_{N_{\mathrm{B}}}^{\mathrm{T}} \boldsymbol{F}_{N_{\mathrm{B}}} \boldsymbol{R}_{N_{\mathrm{B}}}^{\mathrm{cp}} \widetilde{\boldsymbol{H}} \boldsymbol{T}_{N_{\mathrm{A}}}^{\mathrm{cp}} \boldsymbol{F}_{N_{\mathrm{A}}}^{*} \boldsymbol{P}_{N_{\mathrm{A}}}$ 为块对角线矩阵，其维度为 $N_{\mathrm{B}}N \times NN_{\mathrm{A}}$，即 $\boldsymbol{H} = \mathrm{blkdiag}(\boldsymbol{H}_1, \boldsymbol{H}_2, \cdots, \boldsymbol{H}_N)$，其中，$\boldsymbol{H}_k \in \mathbb{C}^{N_{\mathrm{B}} \times N_{\mathrm{A}}}$ 是子载波 k 上 Alice－Bob 链路的频域信道矩阵。Alice 处的第 k 个子载波数据预编码矩阵用 $\boldsymbol{A}_k \in \mathbb{C}^{N_{\mathrm{A}} \times N_{\mathrm{s}}}$ 表示，其中，对于所有 j，$[\boldsymbol{A}_k]_{i,j}$ 表示乘以数据符号 $X_{i,k}$ 的权重。因此，整个数据预编码矩阵记为 $\boldsymbol{A} = \mathrm{blkdiag}(\boldsymbol{A}_1, \boldsymbol{A}_2, \cdots, \boldsymbol{A}_N) \in \mathbb{C}^{N_{\mathrm{A}}N \times N_{\mathrm{s}}N}$。

Alice 处子载波 k 的空域人工噪声预编码矩阵是 $\boldsymbol{B}_k \in \mathbb{C}^{N_{\mathrm{A}} \times (N_{\mathrm{A}} - N_{\mathrm{s}})}$，其中，对于所有 j，$[\boldsymbol{B}_k]_{i,j}$ 表示乘以空域人工噪声符号 $[\boldsymbol{d}_k^{s}]_i$ 的权重。整个空域人工噪声预编码矩阵是 $\boldsymbol{B} = \mathrm{blkdiag}(\boldsymbol{B}_1, \boldsymbol{B}_2, \cdots, \boldsymbol{B}_N) \in \mathbb{C}^{N_{\mathrm{A}}N \times (N_{\mathrm{A}} - N_{\mathrm{s}})N}$。此外，子载波 k 上 Bob 使用的接收滤波器矩阵用 $\boldsymbol{C}_k^{*} \in \mathbb{C}^{N_{\mathrm{s}} \times N_{\mathrm{B}}}$ 表示，Bob 的整个滤波矩阵用 $\boldsymbol{C}_{\mathrm{B}}^{*} \in \mathbb{C}^{N_{\mathrm{s}}N \times N_{\mathrm{B}}N}$ 表示，其中，$\boldsymbol{C}_{\mathrm{B}}^{*} = \mathrm{blkdiag}(\boldsymbol{C}_1^{*}, \boldsymbol{C}_2^{*}, \cdots, \boldsymbol{C}_N^{*})$。

16.3.4　Alice 处数据预编码矩阵和 Bob 处接收滤波矩阵的设计

消去时域与空域人工噪声向量后，Bob 处接收信号向量为

$$\boldsymbol{C}_{\mathrm{B}}^{*} \boldsymbol{y}^{\mathrm{B}} = \begin{pmatrix} \boldsymbol{C}_1^{*} \boldsymbol{y}_1^{\mathrm{B}} \\ \boldsymbol{C}_2^{*} \boldsymbol{y}_2^{\mathrm{B}} \\ \cdots \\ \boldsymbol{C}_N^{*} \boldsymbol{y}_N^{\mathrm{B}} \end{pmatrix} = \boldsymbol{C}_{\mathrm{B}}^{*} \boldsymbol{P}_{N_{\mathrm{B}}}^{\mathrm{T}} \boldsymbol{F}_{N_{\mathrm{B}}} \boldsymbol{R}_{N_{\mathrm{B}}}^{\mathrm{cp}} \widetilde{\boldsymbol{H}} \boldsymbol{T}_{N_{\mathrm{A}}}^{\mathrm{cp}} \boldsymbol{F}_{N_{\mathrm{A}}}^{*} \boldsymbol{P}_{N_{\mathrm{A}}} \boldsymbol{A} \boldsymbol{x} + \boldsymbol{C}_{\mathrm{B}}^{*} z^{\mathrm{B}} \tag{16.9}$$

$$= \boldsymbol{C}_{\mathrm{B}}^{*} \boldsymbol{H} \boldsymbol{A} \boldsymbol{x} + \boldsymbol{C}_{\mathrm{B}}^{*} z^{\mathrm{B}} \tag{16.10}$$

式中：$\boldsymbol{y}_k^{\mathrm{B}} \in \mathbb{C}^{N_{\mathrm{B}} \times 1}$ 是子载波 k 的接收向量；$\boldsymbol{C}_k^{*} \boldsymbol{y}_k^{\mathrm{B}} = \boldsymbol{C}_k^{*} \boldsymbol{H}_k \boldsymbol{A}_k \boldsymbol{x}_k + \boldsymbol{C}_k^{*} \boldsymbol{z}_k^{\mathrm{B}}$。

为最大化 Bob 处每个信号的信干噪比，Alice 和 Bob 都对每个子载波信道矩阵进行奇异值分解，$\boldsymbol{H}_k = \boldsymbol{U}_k \boldsymbol{\Sigma}_k \boldsymbol{V}_k^{*}$，其中，$\boldsymbol{\Sigma}_k$ 是包含 $\boldsymbol{H}_k$ 奇异值的对角矩阵，$\boldsymbol{U}_k$ 的列是 $\boldsymbol{H}_k$ 的左奇异向量，$\boldsymbol{V}_k$ 的列是 $\boldsymbol{H}_k$ 的右奇异向量。因此，Alice 选择 $\boldsymbol{V}_k$ 的 N_{s} 列作为数据预编码矩阵 $\boldsymbol{A}_k$，选择 $\boldsymbol{U}_k$ 的 N_{s} 列作为 $\boldsymbol{C}_k$，对应于 $\boldsymbol{H}_k$ 的 N_{s} 个最大非零奇异值。

16.3.5　Alice 处空－时人工噪声预编码器设计

设计目的是消除 Bob 处空域与时域人工噪声干扰。从公式（16.8）中可知，消除 Bob 处空域人工噪声的条件为

$$\boldsymbol{C}_{\mathrm{B}}^{*} \boldsymbol{H} \boldsymbol{B} = \boldsymbol{0} \Leftrightarrow \boldsymbol{C}_k^{*} \boldsymbol{H}_k \boldsymbol{B}_k = \boldsymbol{0}, \forall k \in \{1, 2, \cdots, N\} \tag{16.11}$$

给定 $\boldsymbol{C}_k^{*}$，Alice 设计空域人工噪声预编码矩阵 $\boldsymbol{B}_k$ 位于 $\boldsymbol{C}_k^{*} \boldsymbol{H}_k \in \mathbb{C}^{N_{\mathrm{s}} \times N_{\mathrm{A}}}$ 的零空间中，该零空间仅在 $N_{\mathrm{A}} > N_{\mathrm{s}}$ 时存在。如果不满足这个条件（即 $N_{\mathrm{A}} =$

N_s)，Alice 将无法注入任何空域人工噪声。

设计空域人工噪声预编码矩阵目的是使人工噪声位于 $\boldsymbol{V}_k$ 的剩余向量张成的子空间中。也就是说，Alice 使用均值为零、方差为 $\alpha\bar{\theta}P/(N_0(N_A - N_s))$ 的高斯随机变量，来组合 $\boldsymbol{V}_k$ 剩余的 $N_A - N_s$ 列。

在设计好数据和空域人工噪声的线性预编码器和接收滤波器之后，基于 Bob 接收滤波器的信息，Alice 按照以下条件设计了时域人工噪声预编码器矩阵 $\boldsymbol{Q}$，即

$$\boldsymbol{C}_B^* \boldsymbol{P}_{N_B}^T \boldsymbol{F}_{N_B} \boldsymbol{R}_{N_B}^{cp} \tilde{\boldsymbol{H}} \boldsymbol{Q} = \boldsymbol{0} \tag{16.12}$$

式中：$\boldsymbol{Q}$ 位于 $\boldsymbol{C}_B^* \boldsymbol{P}_{N_B}^T \boldsymbol{F}_{N_B} \boldsymbol{R}_{N_B}^{cp} \tilde{\boldsymbol{H}}$ 零空间中，其维度为 $N_s N \times N_A N_0$。消除 Bob 处时域人工噪声的条件是

$$N_A N_0 > N_s N \Rightarrow \left(1 + \frac{N_{cp}}{N}\right) > \frac{N_s}{N_A} \tag{16.13}$$

只要 $N_A \geqslant N_s$，该条件始终成立。

16.3.6 Eve 处接收信号向量

由于 Eve 有 N_E 根接收天线，所以其接收信号向量为

$$\boldsymbol{y}^E = \boldsymbol{P}_{N_E}^T \boldsymbol{F}_{N_E} \boldsymbol{R}_{N_E}^{cp} \tilde{\boldsymbol{G}} \boldsymbol{s}_A + \boldsymbol{z}^E \tag{16.14}$$

式中：$\boldsymbol{y}^E \in \mathbb{C}^{N_E N \times 1}$ 是 Eve 的接收信号向量；$\boldsymbol{F}_{N_E} \in \mathbb{C}^{N_E N \times N_E N}$ 是 Eve 进行 FFT 运算；$\boldsymbol{R}_{N_E}^{cp} \in \mathbb{C}^{N_E N \times N_E N_0}$ 是 Eve 的循环前缀移除矩阵；$\tilde{\boldsymbol{G}} \in \mathbb{C}^{N_E N_0 \times N_A N_0}$ 是 Alice - Eve 链路的 CIR 矩阵；$\boldsymbol{z}^E \in \mathbb{C}^{N_E N \times 1}$ 是 Eve 接收端的加性高斯白噪声向量。

Eve 每个子载波接收信号向量，表示为 $\boldsymbol{y}_k^E \in \mathbb{C}^{N_E \times 1}$，即

$$\boldsymbol{y}_k^E = \boldsymbol{G}_k(\boldsymbol{A}_k \boldsymbol{x}_k + \boldsymbol{B}_k \boldsymbol{d}_k^s) + \boldsymbol{E}_k \boldsymbol{d}^t + \boldsymbol{z}_k^E \tag{16.15}$$

式中：$\boldsymbol{G}_k \in \mathbb{C}^{N_B \times N_A}$ 是 Alice - Eve 链路子载波 k 的频域信道矩阵；$\boldsymbol{z}_k^E$ 是加性高斯白噪声向量 $\boldsymbol{z}^E$ 的 $(k-1)N_E + 1$ 行到 kN_E 行；$\boldsymbol{E}_k$ 由矩阵 $\boldsymbol{E} = \boldsymbol{P}_{N_E}^T \boldsymbol{F}_{N_E} \boldsymbol{R}_{N_E}^{cp} \tilde{\boldsymbol{G}} \boldsymbol{Q}$ 的 $(k-1)N_E + 1$ 行到 kN_E 行组成。Alice - Eve 链路频域块对角矩阵定义为 $\boldsymbol{G} = \boldsymbol{P}_{N_E}^T \boldsymbol{F}_{N_E} \boldsymbol{R}_{N_E}^{cp} \tilde{\boldsymbol{G}} \boldsymbol{T}_{N_A}^{cp} \boldsymbol{F}_{N_A}^* \boldsymbol{P}_{N_A} = \text{blkdiag}(\boldsymbol{G}_1, \boldsymbol{G}_2, \cdots, \boldsymbol{G}_N)$。

16.4 平均安全速率

本节目的是推导平均安全速率的闭式表达式。假设节点 ℓ_2 处接收来自

节点 $\ell_1(\ell_1,\ell_2 \in \{A,B,E\})$ 发送的信号向量是 $\boldsymbol{r}+\boldsymbol{j}+\boldsymbol{z}^{\ell_2}$，其中，$\boldsymbol{r}$ 是接收的数据向量，$\boldsymbol{z}^{\ell_2}$ 是节点 ℓ_2 处加性高斯白噪声向量，$\boldsymbol{j}$ 是高斯干扰信号向量。$\ell_1-\ell_2$ 链路的瞬时速率可以表示为[12,19]

$$R_{\ell_1-\ell_2}=\log_2\det(\mathbb{E}\{\boldsymbol{r}\boldsymbol{r}^*\}[\mathbb{E}\{(\boldsymbol{j}+\boldsymbol{z}^{\ell_2})(\boldsymbol{j}+\boldsymbol{z}^{\ell_2})^*\}]^{-1}+\boldsymbol{I}_{N_{\ell_2}}) \tag{16.16}$$

式中：$\mathbb{E}\{\boldsymbol{r}\boldsymbol{r}^*\}$ 为数据协方差矩阵；$\mathbb{E}\{(\boldsymbol{j}+\boldsymbol{z}^{\ell_2})(\boldsymbol{j}+\boldsymbol{z}^{\ell_2})^*\}$ 为噪声加干扰信号的协方差矩阵。

定义 Alice - Bob 和 Alice - Eve 链路的输入信噪比分别为 $\Gamma_{\mathrm{B}}=P/\kappa_{\mathrm{B}}$ 和 $\Gamma_{\mathrm{E}}=P/\kappa_{\mathrm{E}}$，假设发射功率平均分配到 N_{s} 个独立的数据符号中，根据式（16.9）和式（16.16），Alice - Bob 链路的速率 $R_{\mathrm{A-B}}$ 为

$$R_{\mathrm{A-B}} = \log_2\det(\theta\Gamma_{\mathrm{B}}\boldsymbol{C}_{\mathrm{B}}^*\boldsymbol{H}\boldsymbol{A}\boldsymbol{\Sigma}_x(\boldsymbol{C}_{\mathrm{B}}^*\boldsymbol{H}\boldsymbol{A})^* + \boldsymbol{I}_{N_{\mathrm{s}}N}) \tag{16.17}$$

$$= \sum_{k=1}^{N}\log_2\det(\theta\Gamma_{\mathrm{B}}\boldsymbol{C}_k^*\boldsymbol{H}_k\boldsymbol{A}_k\boldsymbol{\Sigma}_{x_k}(\boldsymbol{C}_k^*\boldsymbol{H}_k\boldsymbol{A}_k)^* + \boldsymbol{I}_{N_{\mathrm{s}}}) \tag{16.18}$$

式中：$\theta P\boldsymbol{\Sigma}_x$ 为数据协方差矩阵；$\boldsymbol{\Sigma}_x = \boldsymbol{I}_{N_{\mathrm{s}}N}/(N_{\mathrm{s}}N_0)$；$\boldsymbol{\Sigma}_{x_k} = \mathbf{I}_{N_{\mathrm{s}}}/(N_{\mathrm{s}}N_0)$。

我们考虑并比较了 Eve 处的两种译码方式。在第一种译码方式中，Eve 通过考虑到子载波之间的相关性来联合译码所有子载波上的信号，这种相关性是时域人工噪声引起的。在第二种译码方式中，假设每个子载波是一个多输入多输出信道，Eve 分别对每个子载波上的信号分别进行译码。如果 Eve 在其所有子载波上进行联合译码，根据式（16.14），则 Alice - Eve 链路的速率 $R_{\mathrm{A-E}}$ 为①

$$R_{\mathrm{A-E}} = \log_2\det(\theta\Gamma_{\mathrm{E}}\boldsymbol{G}\boldsymbol{A}\boldsymbol{\Sigma}_x(\boldsymbol{G}\boldsymbol{A})^*(\boldsymbol{\Sigma}_{\mathrm{AN}} + \boldsymbol{I}_{N_{\mathrm{E}}N})^{-1} + \boldsymbol{I}_{N_{\mathrm{E}}N}) \tag{16.19}$$

其中

$$\boldsymbol{\Sigma}_{\mathrm{AN}} = \bar{\theta}\Gamma_{\mathrm{E}}\left(\frac{\alpha\boldsymbol{G}\boldsymbol{B}\boldsymbol{B}^*\boldsymbol{G}^*}{N_0(N_{\mathrm{A}}-N_{\mathrm{s}})} + \frac{\bar{\alpha}\boldsymbol{E}\boldsymbol{E}^*}{N(N_{\mathrm{A}}-N_{\mathrm{s}})+N_{\mathrm{cp}}N_{\mathrm{A}}}\right) \tag{16.20}$$

式（16.19）中窃听者的速率表达式，是假设 Eve 知道 Alice 和 Bob 之间的所有信道，因此 Eve 知道 Alice 使用的数据预编码器和人工噪声预编码器。该假设代表 Eve 的最佳译码场景。

引理 16.1 当 $1-\frac{N_{\mathrm{s}}}{N_{\mathrm{A}}}\gg\frac{N_{\mathrm{cp}}}{N}$，Eve 的速率与 α 无关。

证明： 见本章附录 A. 1. 1。

如果 Eve 为了降低复杂度而对每个子载波进行译码，则其速率为

① 该表达式代表 Eve 的最佳速率，如果 Eve 应用线性滤波器（如文献［14］中的 MMSE 或迫零滤波器），该速率将会降低。

$$R_{\mathrm{A-E}} = \sum_{k=1}^{N} \left[\log_2 \det\left(\theta \Gamma_{\mathrm{E}} \boldsymbol{G}_k \boldsymbol{A}_k \Sigma_{x_k} (\boldsymbol{G}_k \boldsymbol{A}_k)^* (\boldsymbol{\Sigma}_{\mathrm{AN},k} + \boldsymbol{I}_{N_{\mathrm{E}}})^{-1} + \boldsymbol{I}_{N_{\mathrm{s}}} \right) \right] \tag{16.21}$$

式中

$$\Sigma_{\mathrm{AN},k} = \bar{\theta} \Gamma_{\mathrm{E}} \left(\frac{\alpha}{N_0 (N_{\mathrm{A}} - N_{\mathrm{s}})} \boldsymbol{G}_k \boldsymbol{B}_k \boldsymbol{B}_k^* \boldsymbol{G}_k^* + \frac{\bar{\alpha}}{N(N_{\mathrm{A}} - N_{\mathrm{s}}) + N_{\mathrm{cp}} N_{\mathrm{A}}} \boldsymbol{E}_k \boldsymbol{E}_k^* \right) \tag{16.22}$$

合法系统的安全速率可以表示为[7,8,11,19]

$$R_{\mathrm{sec}} = (R_{\mathrm{A-B}} - R_{\mathrm{A-E}})^+ \tag{16.23}$$

式中：$(\cdot)^+ = \max(\cdot, 0)$。合法系统的平均安全速率近似表示为[7,8,11,19]

$$\mathbb{E}\{R_{\mathrm{sec}}\} = \mathbb{E}\{R_{\mathrm{A-B}}\} - \mathbb{E}\{R_{\mathrm{A-E}}\} \tag{16.24}$$

由于窃听导致平均安全速率损失，是指由于窃听者的存在而导致平均安全速率的降低（即没有窃听时 Alice－Bob 链路的可达速率和 Alice－Bob 链路的安全速率之间的差值），记为 $\mathscr{S}_{\mathrm{Loss}}$，即

$$\mathscr{S}_{\mathrm{Loss}} = R_{\mathrm{A-B,noEve}} - R_{\mathrm{sec}} \tag{16.25}$$

其中，$R_{\mathrm{A-B,noEve}}$是没有 Eve 时 Bob 的可达速率。

以下关系式在推导安全速率表达式时很有用：

$$\boldsymbol{G}_k \boldsymbol{G}_k^* = \boldsymbol{G}_k \boldsymbol{A}_k (\boldsymbol{G}_k \boldsymbol{A}_k)^* + \boldsymbol{G}_k \boldsymbol{B}_k (\boldsymbol{G}_k \boldsymbol{B}_k)^* \tag{16.26}$$

式中：$\boldsymbol{A}_k$ 的列对应于 $\boldsymbol{H}_k$ 最大非零奇异值的 N_{s} 右奇异向量；$\boldsymbol{B}_k$ 的列是 $\boldsymbol{H}_k$ 的剩余 $N_{\mathrm{A}} - N_{\mathrm{s}}$ 右奇异向量。因为 $\boldsymbol{A}_k$ 和 $\boldsymbol{B}_k$ 的列形成了标准正交基，则 $\boldsymbol{A}_k \boldsymbol{A}_k^* + \boldsymbol{B}_k \boldsymbol{B}_k^* = \boldsymbol{I}_{N_{\mathrm{A}}}$，然后分别用 $\boldsymbol{G}_k$ 和 $\boldsymbol{G}_k^*$ 左乘、右乘即可得到式（16.26）。

在下一节中，我们研究当 $N_{\mathrm{A}} \to \infty$ 时 MIMOME－OFDM 系统的渐近平均安全速率，推导了平均安全速率下界和平均安全速率损失。平均安全速率损失表示窃听者的存在而导致平均安全速率降低的部分。此外，当 N_{A} 足够大时，我们分别在低信噪比和高信噪比区域进行了渐近分析。

16.4.1 MIMOME－OFDM 信道的渐近平均速率

本节研究当 $N_{\mathrm{A}} \to \infty$ 情况下的渐近性能。具有大量发射天线的无线基站，也称为大规模 MIMO 系统，近年来引起了相当多的研究关注，如文献[4,6]及其参考文献。需要指出的是，大规模 MIMO 是新兴 5G 通信网络的关键技术。

对于 MIMOME－OFDM 系统，当 N_{A} 很大时，Alice－Eve 链路的速率为

$$R_{\mathrm{A-E}} \approx \log_2\det(\theta\Gamma_{\mathrm{E}}\boldsymbol{GA\Sigma}_x(\boldsymbol{GA})^*(\boldsymbol{\Sigma}_{\mathrm{AN}}+\boldsymbol{I}_{N_{\mathrm{E}}N})^{-1}+\boldsymbol{I}_{N_{\mathrm{E}}N}) \quad (16.27)$$

其中

$$\boldsymbol{\Sigma}_{\mathrm{AN}} = \bar{\theta}\Gamma_{\mathrm{E}}\left(\frac{\alpha}{N_{\mathrm{O}}(N_{\mathrm{A}}-N_{\mathrm{s}})}\boldsymbol{GG}^* + \frac{\bar{\alpha}}{N(N_{\mathrm{A}}-N_{\mathrm{s}})+N_{\mathrm{cp}}N_{\mathrm{A}}}\boldsymbol{EE}^*\right) \quad (16.28)$$

式中：当$N_{\mathrm{A}}\to\infty$时，$\boldsymbol{BB}^*\approx\boldsymbol{I}_{N(N_{\mathrm{A}}-N_{\mathrm{s}})}$，且$\boldsymbol{QQ}^*\approx\boldsymbol{I}_{N_{\mathrm{A}}N_{\mathrm{O}}}$。为了分析平均安全速率，我们需要知道$\boldsymbol{P}_{N_{\mathrm{E}}}^{\mathrm{T}}\boldsymbol{F}_{N_{\mathrm{E}}}\boldsymbol{R}_{N_{\mathrm{E}}}^{\mathrm{cp}}\tilde{\boldsymbol{G}}$、$\boldsymbol{G}_k\boldsymbol{A}_k\boldsymbol{A}_k^*\boldsymbol{G}_k^*$和$\boldsymbol{H}_k\boldsymbol{A}_k\boldsymbol{A}_k^*\boldsymbol{H}_k^*$的统计特性，具体的推导见本章附录A.1.2和A.1.3。

引理16.2 当$N_{\mathrm{A}}\to\infty$以及$1-\frac{N_{\mathrm{s}}}{N_{\mathrm{A}}}\gg\frac{N_{\mathrm{cp}}}{N}$时，Eve的速率与$\alpha$无关，Eve的速率为

$$R_{\mathrm{A-E}} \approx \log_2\det\left(\theta\Gamma_{\mathrm{E}}\boldsymbol{GA\Sigma}_x(\boldsymbol{GA})^*\left(\frac{\bar{\theta}\Gamma_{\mathrm{E}}}{N(N_{\mathrm{A}}-N_{\mathrm{s}})}\boldsymbol{GG}^*+\boldsymbol{I}_{N_{\mathrm{E}}N}\right)^{-1}+\boldsymbol{I}_{N_{\mathrm{E}}N}\right) \quad (16.29)$$

则安全速率为

$$\begin{aligned}R_{\mathrm{sec}} \approx \sum_{k=1}^{N} & \log_2\det(\theta\Gamma_{\mathrm{B}}\boldsymbol{C}_k^*\boldsymbol{H}_k\boldsymbol{A}_k\boldsymbol{\Sigma}_{x_k}(\boldsymbol{C}_k^*\boldsymbol{H}_k\boldsymbol{A}_k)^*+\boldsymbol{I}_{N_{\mathrm{s}}}) \\ & -\log_2\det\left(\theta\Gamma_{\mathrm{E}}\boldsymbol{GA\Sigma}_x(\boldsymbol{GA})^*\left(\frac{\bar{\theta}\Gamma_{\mathrm{E}}}{N(N_{\mathrm{A}}-N_{\mathrm{s}})}\boldsymbol{GG}^*+\boldsymbol{I}_{N_{\mathrm{E}}N}\right)^{-1}+\boldsymbol{I}_{N_{\mathrm{E}}N}\right)\end{aligned} \quad (16.30)$$

证明：见本章附录A.1.4。

引理16.3 当$N_{\mathrm{A}}\to\infty$以及$1-\frac{N_{\mathrm{s}}}{N_{\mathrm{A}}}\gg\frac{N_{\mathrm{cp}}}{N}$时，Eve对每个子载波单独译码的速率与将所有子载波联合译码的速率相同。因此，平均安全速率为

$$\begin{aligned}R_{\mathrm{sec}} \approx \sum_{k=1}^{N} & (\log_2\det(\theta\Gamma_{\mathrm{B}}\boldsymbol{C}_k^*\boldsymbol{H}_k\boldsymbol{A}_k\boldsymbol{\Sigma}_{x_k}(\boldsymbol{C}_k^*\boldsymbol{H}_k\boldsymbol{A}_k)^*+\boldsymbol{I}_{N_{\mathrm{s}}}) \\ & -\log_2\det\left(\theta\Gamma_{\mathrm{E}}\boldsymbol{G}_k\boldsymbol{A}_k\boldsymbol{\Sigma}_{x_k}(\boldsymbol{G}_k\boldsymbol{A}_k)^*\left(\frac{\bar{\theta}\Gamma_{\mathrm{E}}\boldsymbol{G}_k\boldsymbol{G}_k^*}{N(N_{\mathrm{A}}-N_{\mathrm{s}})}+\boldsymbol{I}_{N_{\mathrm{E}}}\right)^{-1}+\boldsymbol{I}_{N_{\mathrm{E}}}\right))\end{aligned} \quad (16.31)$$

证明：见本章附录A.1.5。

引理16.4 当$N_{\mathrm{A}}\to\infty$时，MIMOME-OFDM系统平均安全速率（bit/s/Hz）的下界为

$$\mathbb{E}\{R_{\text{sec}}\} \gtrsim \frac{N_s N \log_2\left(\frac{\theta\Gamma_B}{N_s N_O} N_A \tilde{v} \sigma_{A-B}^2 + 1\right) - N_E N \log_2\left(\frac{\frac{\theta\Gamma_E}{N_O}\tilde{v}\sigma_{A-E}^2}{\frac{\bar{\theta}\Gamma_E}{N_O}\tilde{v}\sigma_{A-E}^2 + 1} + 1\right)}{N_O} \tag{16.32}$$

式中：$\tilde{v} = v + 1$。

证明：见本章附录 A.1.6。

式（16.32）中的平均安全速率与 α 无关，这意味着 α 可在 0～1 间取任意值，而不会降低平均安全速率。

评注 16.1 基于大数定理，式（16.32）中的下界只有当 N_A 足够大时才成立。当 N_A 不够大时，式（16.32）中的下界可以视为一个近似值。

引理 16.5 当 $N_A \to \infty$时，Eve 对每个子载波单独译码时的平均速率的上界为

$$\mathbb{E}\{R_{A-E,k}\} \lesssim N_E \log_2\left(\frac{\frac{\theta\Gamma_E}{N_O}\tilde{v}\sigma_{A-E}^2}{\frac{\bar{\theta}\Gamma_E}{N_O}\tilde{v}\sigma_{A-E}^2 + 1} + 1\right) \tag{16.33}$$

另外，合法系统平均安全速率的下界为

$$\mathbb{E}\{R_{\text{sec}}\} \gtrsim \frac{N_s N \log_2\left(\frac{\theta\Gamma_B}{N_s N_O} N_A \tilde{v} \sigma_{A-B}^2 + 1\right) - N_E N \log_2\left(\frac{\frac{\theta\Gamma_E}{N_O}\tilde{v}\sigma_{A-E}^2}{\frac{\bar{\theta}\Gamma_E}{N_O}\tilde{v}\sigma_{A-E}^2 + 1} + 1\right)}{N_O} \tag{16.34}$$

证明：按照证明引理 16.4 的步骤，即可证明引理 16.5。

引理 16.6 当 $N_A \to \infty$，对于 $\Gamma_B\sigma_{A-B}^2$、$\Gamma_E\sigma_{A-E}^2$（$\Gamma_B\sigma_{A-B}^2 \geqslant \Gamma_E\sigma_{A-E}^2$）较大时，MIMOME－OFDM 系统平均安全速率（bit/s/Hz）的下界为

$$\mathbb{E}\{R_{\text{sec}}\} \gtrsim \frac{N_s N \log_2\left(\frac{\Gamma_B}{N_s N_O} N_A \tilde{v} \sigma_{A-B}^2\right) + N_E N \log_2\left(\left(\frac{N_E}{N_E + N_s}\right)^{\frac{N_s}{N_E}}\left(\frac{N_s}{N_E + N_s}\right)\right)}{N_O} \tag{16.35}$$

此时，Alice 采用功率分配策略为

$$\theta = \theta^{\star} = \frac{N_{\mathrm{E}}}{N_{\mathrm{E}} + N_{\mathrm{s}}} \tag{16.36}$$

证明：见本章附录A.1.7。

引理16.6表明，当Alice发射天线数N_{A}较大且信噪比较高时，为了最大化平均安全速率，分配给数据传输的最佳功率是Eve天线数量和Alice传输数据流个数的函数。

推论16.1　当$N_{\mathrm{A}} \to \infty$，且$\Gamma_{\mathrm{B}}\sigma_{\mathrm{A-B}}^2$、$\Gamma_{\mathrm{E}}\sigma_{\mathrm{A-E}}^2$（$\Gamma_{\mathrm{B}}\sigma_{\mathrm{A-B}}^2 \geqslant \Gamma_{\mathrm{E}}\sigma_{\mathrm{A-E}}^2$）较大时，MIMOME－OFDM系统中由于窃听而导致平均安全速率损失的上界为

$$\mathbb{E}\{\mathscr{S}_{\mathrm{Loss}}\} \overset{<}{\approx} \frac{N_{\mathrm{s}}N}{N_0}\log_2\left(\frac{N_{\mathrm{E}} + N_{\mathrm{s}}}{N_{\mathrm{E}}}\right) + \frac{N_{\mathrm{E}}N}{N_0}\log_2\left(\frac{N_{\mathrm{E}} + N_{\mathrm{s}}}{N_{\mathrm{E}}}\right) \tag{16.37}$$

此时Alice采用下面的功率分配方案

$$\theta = \theta^{\star} = \frac{N_{\mathrm{E}}}{N_{\mathrm{E}} + N_{\mathrm{s}}} \tag{16.38}$$

证明：见本章附录A.1.7。

评注16.2　从式（16.36）可以看出，在高信噪比区域，数据和人工噪声之间的最佳功率分配策略仅取决于Eve接收天线数量和Alice传输数据流的数量。因此，Alice在不需要知道Eve的信道状态信息情况下，可以优化θ使其平均安全速率最大化。当$N_{\mathrm{E}} = N_{\mathrm{s}}$时，最佳功率分配策略是将$\theta$设为1/2。这意味着Alice的最佳功率分配策略是在数据信号和人工噪声信号之间平均分配发射功率。如果$N_{\mathrm{E}} \gg N_{\mathrm{s}}$，$\theta^{\star} = 1$，则表示为了使平均安全速率最大化，需要将Alice的所有发射功率都分配给数据传输，而无需浪费功率在传输人工噪声上。

评注16.3　如果$N_{\mathrm{E}} \gg N_{\mathrm{s}}$，公式（16.37）中右边第一项近似为0。因此有

$$\mathbb{E}\{\mathscr{S}_{\mathrm{Loss}}\} \overset{<}{\approx} \frac{N_{\mathrm{E}}N}{N_0}\log_2\left(\frac{N_{\mathrm{E}} + N_{\mathrm{s}}}{N_{\mathrm{s}}}\right) \approx \frac{N_{\mathrm{E}}N}{N_0}\log_2\left(\frac{N_{\mathrm{E}}}{N_{\mathrm{s}}}\right) \tag{16.39}$$

评注16.4　当$N_{\mathrm{E}} = N_{\mathrm{s}}$，$N_{\mathrm{A}} \to \infty$，以及对于较高的$\Gamma_{\mathrm{B}}\sigma_{\mathrm{A-B}}^2 \geqslant \Gamma_{\mathrm{E}}\sigma_{\mathrm{A-E}}^2$、$\Gamma_{\mathrm{E}}\sigma_{\mathrm{A-E}}^2$时，MIMOME－OFDM系统中由于窃听造成平均安全速率损失的上界为

$$\mathbb{E}\{\mathscr{S}_{\mathrm{Loss}}\} \overset{<}{\approx} \frac{2N_{\mathrm{E}}N}{N_0} \tag{16.40}$$

将$N_{\mathrm{s}} = N_{\mathrm{E}}$代入式（16.37）中即可得到式（16.40）。

引理16.7　当$N_{\mathrm{A}} \to \infty$，$\Gamma_{\mathrm{B}}\sigma_{\mathrm{A-B}}^2 \geqslant \Gamma_{\mathrm{E}}\sigma_{\mathrm{A-E}}^2$且$\Gamma_{\mathrm{E}}\sigma_{\mathrm{A-E}}^2$较小时，MIMOME－OFDM系统中由于窃听造成平均安全速率损失的上界为

$$\mathbb{E}\{\mathscr{S}_{\text{Loss}}\}\lessapprox\frac{N_{\text{E}}N}{N_0}\log_2\left(\frac{\Gamma_{\text{E}}}{N_0}\tilde{v}\sigma_{\text{A-E}}^2+1\right)\tag{16.41}$$

此时 Alice 采用的功率分配策略为 $\theta=\theta^{\star}=1$。

证明：见本章附录 A. 1. 8。

引理 16.7 表明，当 Alice 发射天线数量较大且信噪比较低时，注入人工噪声对平均安全速率的影响较小。因此，Alice 应将其所有功率用于数据传输（即 $\theta=1$）。

评注 16.5 根据附录 A. 1. 8 中式（A. 49），当 $N_{\text{E}}=N_{\text{s}}=N_{\text{B}}$ 以及低信噪比时，平均安全速率的下界为

$$\mathbb{E}\{R_{\text{sec}}\}\gtrapprox\frac{N_{\text{s}}N}{N_0}\left(\log_2\left(\frac{\Gamma_{\text{B}}}{N_{\text{s}}N_0}N_{\text{A}}\tilde{v}\sigma_{\text{A-B}}^2+1\right)-\log_2\left(\frac{\Gamma_{\text{E}}}{N_0}\tilde{v}\sigma_{\text{A-E}}^2+1\right)\right)\tag{16.42}$$

因为 $N_{\text{A}}>N_{\text{s}}$ 且 $N_{\text{A}}\to\infty$，所以有

$$\log_2\left(\frac{\Gamma_{\text{B}}}{N_{\text{s}}N_0}N_{\text{A}}\tilde{v}\sigma_{\text{A-B}}^2+1\right)\gg\log_2\left(\frac{\Gamma_{\text{E}}}{N_0}\tilde{v}\sigma_{\text{A-E}}^2+1\right)\tag{16.43}$$

因此，公式（16.42）可近似为

$$\mathbb{E}\{R_{\text{sec}}\}\gtrapprox\frac{N_{\text{s}}N}{N_0}\log_2\left(\frac{\Gamma_{\text{B}}}{N_{\text{s}}N_0}N_{\text{A}}\tilde{v}\sigma_{\text{A-B}}^2+1\right)=\mathbb{E}\{R_{\text{A-B,noEve}}\}\tag{16.44}$$

根据式（16.44）和$\mathbb{E}\{R_{\text{A-B,noEve}}\}\geqslant\mathbb{E}\{R_{\text{sec}}\}$，可以得出结论：当输入功率较低以及 Alice 有大量发射天线时，平均安全速率的损失可忽略不计。

16.4.2 时域人工噪声与空域人工噪声

本小节比较 MIMOME - OFDM 系统中时域人工噪声和空域人工噪声的优缺点。

（1）由于 Alice 对每个子载波上的数据进行单独编码，且 Bob 处不同子载波接收信号也是各自独立的，所以 Bob 可以对接收信号的每个子载波单独译码，而不会失去最优性。另一方面，由于存在时域人工噪声，使得不同子载波上的信号相互耦合（即在 Eve 的接收者上产生一个关联噪声向量），Eve 最佳检测策略应该是对接收到的子载波进行联合译码。在我们的数值仿真结果中，如图 16.3 所示，由于每个子载波单独译码导致 Eve 的速率损失在所考虑的场景中并不明显。然而，对于 SISO 场景，每个子载波单独译码可能比子载波联合译码糟糕得多，并且可能导致 Eve 的速率损失显著。这说明注入时域人工噪声有利于增加 Eve 译码的复杂度。

（2）当 $N_{\text{A}}=N_{\text{s}}$ 时，人工噪声向量的维数为零。因此，不能采用空域人

工噪声，而 Alice 只能用时域人工噪声来干扰 Eve。

(3) 空域人工噪声实现复杂度低于时域人工噪声。更具体地说，空域人工噪声预编码器是通过对 N 个 $N_B \times N_A$ 子载波矩阵进行奇异值分解来得到的。因此，整个空域人工噪声预编码器矩阵 $\boldsymbol{B}$ 的计算复杂度在 N 中是线性的，而在 N_B 和 N_A 中是三次方的。另一方面，时域人工噪声设计需要计算一个大矩阵的零空间，该矩阵的大小为 $NN_s \times N_O N_A$，在 N 中为三次方的计算复杂度。

(4) 时域人工噪声注入增加了 Alice 的编码复杂度和 Eve 的译码复杂度。另一方面，空域人工噪声注入会降低这两个节点的复杂度。然而，由于 Eve 无法确切知道 Alice 在其哪一次传输中注入了人工噪声，所以 Alice 可以在 Eve 执行子载波联合译码时使用空域人工噪声方案。

(5) 对这两种方案的平均安全速率进行了比较，如命题 16.1 中给出了证明、图 16.4 中给出了仿真数值，Alice 可以仅注入空域人工噪声来降低系统设计的复杂度。然而，当 $N_A = N_s$ 时，空域人工噪声无法降低设计复杂度。这里强调，在文献 [3] 中提出的用于计算时域人工噪声预编码矩阵的零空间计算技术，因为 Alice 可以在其设计中使用随机矩阵，从而降低零空间计算复杂度以及增加 Eve 的随机性。因此，可以推测，使用随机时域人工噪声预编码矩阵，注入时域人工噪声可以进一步提高安全速率。

16.5 仿真结果

本节对所提混合空 - 时人工噪声辅助方案的平均安全速率进行仿真。我们使用以下通用参数：$v = N_{cp} = 16$，$N = 64$，$\Gamma_B = \Gamma_E = 20\text{dB}$，$\sigma_{A-B}^2 = \sigma_{A-E}^2 = 1$。图 16.2 反映 Eve 天线数量对平均安全速率的影响，图中采用通用参数，且 $\theta = \alpha = 0.5$。随着 N_E 增加，Eve 可以更好地减轻人工噪声的影响，从而降低平均安全速率。当 N_E 足够大时，Eve 总是能够可靠地译码 Alice 数据，此时安全速率为零。该图也显示了 N_A 对平均安全速率的影响。例如，当 $N_E = 4$ 时，随着 N_A 从 2 增加到 4，平均安全速率从 0 增加到 2bit/s/Hz。

图 16.3 显示了两个重要问题：①分配给信息承载信号的功率系数 θ 对平均安全速率的影响；②所提方案的近似值和边界的准确性。图中参数是通用参数，且 $\alpha = 0.5$。随着功率系数增加，平均安全速率逐渐增大直至最大值，因为没有足够功率用于传输信息承载信号，平均安全速率逐渐降低直至为零。如果 Alice 已知 Eve 的瞬时信道状态信息，她可以优化每个正交频分复用块的 θ 值，以最大化瞬时安全速率。如果 Alice 知道 Alice - Eve 链路的

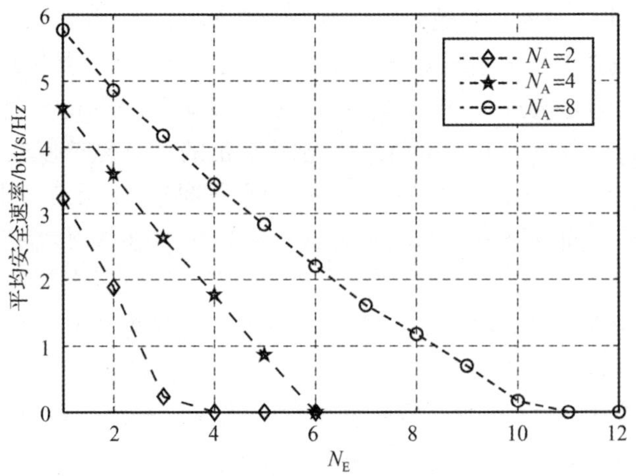

图 16.2 不同 N_A 下平均安全速率（bit/s/Hz）与 N_E 关系图，© 2016 IEEE，文献［3］

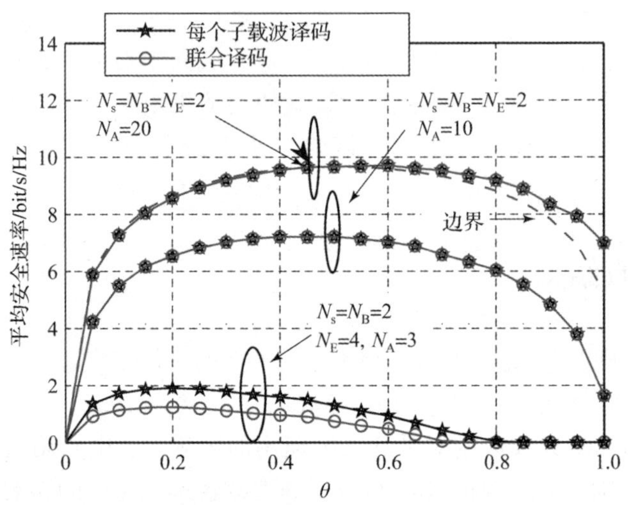

图 16.3 不同天线配置时平均安全速率（bit/s/Hz）与 θ 关系曲线，© 2016 IEEE，文献［3］

统计信道状态信息，她可以优化 θ 以最大化平均安全速率。然而，如果 Alice 没有任何 Eve 的信道状态信息，她会选择一个 θ 值并在该假设下运行。

当 N_A 非常大时，如 16.4.1 节所示，最佳 θ 取决于 Alice 发射数据流的数量和 Eve 接收天线数量。因此，Alice 只需要知道 Eve 接收天线的数量就可以调整 θ，从而使平均安全速率最大化。当 $N_s = N_B = N_E = 2$ 和 $N_A = 10$ 时，每个子载波单独译码的平均安全速率与子载波联合译码时的平均安全速率相同，这意味着 Eve 可以单独译码每个子载波而降低其接收者译码的复杂度。

另一方面，当 $N_s=N_B=2, N_E=4, N_A=3$ 时，联合译码增加了 Eve 的速率，从而降低了合法系统的安全速率。我们在此强调，如果 Alice 不知道 Alice－Eve 链路的统计数据，就不能优化 θ 来最大化自己的平均安全速率。然而，式（A.40）给出了最佳 θ 的一个很好近似值，例如，$N_A=10$ 和 $N_A=20$ 时，$\theta^\star=N_E/(N_E+N_s)=1/2$ 是最优的。Eve 仍然可以决定对每个子载波单独译码，即使她为了降低译码复杂性而获得较低的速率，因为在许多场景中平均安全速率损失并不高。此外，由于假设 Alice /Bob 的最坏情况是 Eve 知道所有信道和预编码矩阵，Eve 可以为自己选择最佳译码策略。当 $N_A=20$ 时，对于 θ 值较低时，所提的平均安全速率下界是紧的；当 θ 接近 1 时，所提的下界接近于精确的平均安全速率。从图 16.3 可以看出，如果 Alice 将其所有功率分配给数据传输（即 $\theta=1$），那么当 $N_s=N_B=2, N_E=4, N_A=3$ 时，平均安全速率可能接近零，这证明了注入人工噪声的优点。

图 16.4 给出了空域和时域人工噪声之间的发射功率分配系数对平均安全速率的影响。该图使用常用参数，且 $\theta=0.5$、$N_s=N_B$、$N_E=2$。通过改变 α 来绘制平均安全速率曲线，α 是人工噪声功率中空域人工噪声的功率系数。该图还表明随着 Alice 发射天线和 Bob 接收天线数量增加，平均安全速率也增加。α 的影响相对较小，随着 α 增加安全速率几乎不变，这证实了我们在前面几节中的讨论。增加发射天线数量的好处是显而易见的，因为当 N_A 增加一倍时，平均安全速率几乎增加一倍。该图还证明了我们提出下界的紧密性，当 $N_A=20$，$N_s=2$ 时，该边界与精确值完全重合；对于 $N_A=10$，$N_s=1$，边界非常接近准确值，且差距小于 5%。

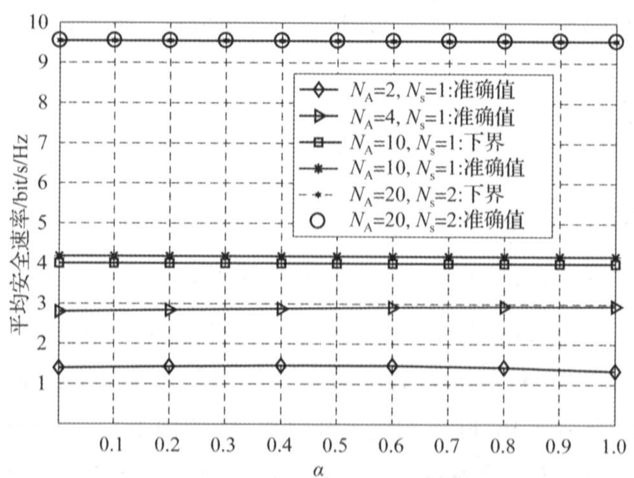

图 16.4　平均安全速率与 α 曲线，© 2016 IEEE，文献［3］

16.6 小结

本章提出了一种混合空－时人工噪声辅助方案，来保障 MIMOME－OFDM 系统中存在被动窃听时的安全传输。我们假设合法系统无法获悉 Eve 的瞬时信道状态信息，分析了节点的速率、系统的安全速率和系统的平均安全速率。此外，当 Alice 发射天线数目 N_A 很大时，我们还推导了 MIMOME－OFDM 系统安全速率的下界。当 N_A 足够大时，在高平均信噪比和低平均信噪比情况下，利用这些性能边界得到了人工噪声和数据之间、空域和时域人工噪声之间最佳功率分配的闭式解。

在低信噪比区域，Alice 不应该将功率分配给人工噪声，因此，Alice 所有发射功率都用于数据传输，这种情况下窃听者存在而造成的平均安全速率损失可以忽略不计。在高信噪比区域，Alice 应该分配其总功率的 $\theta^{\star}=N_E/(N_E+N_s)$ 部分用于数据传输，而剩余功率则用于人工噪声传输。当 $N_E=N_s$ 时，在平均信噪比较高的区域，Alice 应将其总功率的一半分配给人工噪声传输，另一半分配给数据传输。窃听者存在而导致的平均安全速率损失为 $2/N_0$bit/s/Hz，且随正交频分复用块大小 N 线性减小。此外，我们仿真验证了功率分配方案 $\theta^{\star}=N_E/(N_E+N_s)$ 在 N_A 较小时是一个很好的近似方案，适用于 Alice 无法获悉 Alice－Eve 链路信道状态信息的场景。此外，当 $N_{cp}/N\ll 1-N_s/N_A$ 时，我们还证明了平均安全速率与 α 无关。另外，数值仿真表明，Eve 采用逐个子载波译码而非联合译码时，并不会显著降低其传输速率。然而，对于 SISO 方案，逐个子载波译码则会显著降低 Eve 的速率。

A.1 附录

A.1.1 引理 16.1 的证明

在本附录中，当 $N_{cp}/N\ll 1-N_s/N_A$ 时，通过证明干扰－噪声协方差矩阵的特征值，即式（16.20）中 $\boldsymbol{\Sigma}_{AN}$ 与 α 无关，来证明了 Eve 的速率与 $0\leqslant\alpha\leqslant 1$ 无关。从式（16.11）和式（16.12）开始，我们定义 $\mathscr{X}_{\tilde{\boldsymbol{H}}}=\boldsymbol{C}_B^*\boldsymbol{P}_{N_B}^T\boldsymbol{F}_{N_B}\boldsymbol{R}_{N_B}^{cp}\tilde{\boldsymbol{H}}$。因此，我们可将式（16.11）和式（16.12）中的项重写为 $\boldsymbol{C}_B^*\boldsymbol{H}\boldsymbol{B}=\mathscr{X}_{\tilde{\boldsymbol{H}}}\boldsymbol{T}_{N_A}^{cp}\boldsymbol{F}_{N_A}^*\boldsymbol{P}_{N_A}\boldsymbol{B}$ 和 $\boldsymbol{C}_B^*\boldsymbol{P}_{N_B}^T\boldsymbol{F}_{N_B}\boldsymbol{R}_{N_B}^{cp}\tilde{\boldsymbol{H}}\boldsymbol{Q}=\mathscr{X}_{\tilde{\boldsymbol{H}}}\boldsymbol{Q}$。当 $N_{cp}/N\ll 1$ 时，循环前缀插入矩阵和移除矩阵近似为单位矩阵。因此，式（16.11）中空域人工噪声移除条件

可重写为

$$\mathscr{X}_{\widetilde{H}}\hat{\boldsymbol{B}}=\boldsymbol{0} \tag{A.1}$$

式中：$\hat{\boldsymbol{B}}=\boldsymbol{T}_{N_{\mathrm{A}}}^{\mathrm{cp}}\boldsymbol{F}_{N_{\mathrm{A}}}^{*}\boldsymbol{P}_{N_{\mathrm{A}}}\boldsymbol{B}$ 是列正交矩阵。式（16.12）中的时域人工噪声移除条件可改写为

$$\mathscr{X}_{\widetilde{H}}\boldsymbol{Q}=\boldsymbol{0} \tag{A.2}$$

由于 $\boldsymbol{Q}$ 的列构成 $\mathscr{X}_{\widetilde{H}}$ 零空间的一个正交基，而 $\hat{\boldsymbol{B}}$ 的列是正交的，并且位于 $\mathscr{X}_{\widetilde{H}}$ 的零空间中，所以 $\hat{\boldsymbol{B}}$ 中的每一列都可以写成 $\boldsymbol{Q}$ 列的线性组合。因此

$$\boldsymbol{QL}=\hat{\boldsymbol{B}} \tag{A.3}$$

式中：$\boldsymbol{L}\in\mathbb{C}^{(N(N_{\mathrm{A}}-N_{\mathrm{s}})+N_{\mathrm{cp}}N_{\mathrm{A}})\times N(N_{\mathrm{A}}-N_{\mathrm{s}})}$ 是一个线性变换矩阵。因为 $\boldsymbol{Q}^{*}\boldsymbol{Q}=\boldsymbol{I}_{N(N_{\mathrm{A}}-N_{\mathrm{s}})+N_{\mathrm{cp}}N_{\mathrm{A}}}$，$\hat{\boldsymbol{B}}^{*}\hat{\boldsymbol{B}}=\boldsymbol{I}_{N(N_{\mathrm{A}}-N_{\mathrm{s}})}$，故有

$$\boldsymbol{L}^{*}\boldsymbol{Q}^{*}\boldsymbol{QL}=\hat{\boldsymbol{B}}^{*}\hat{\boldsymbol{B}}=\boldsymbol{I}_{N(N_{\mathrm{A}}-N_{\mathrm{s}})} \tag{A.4}$$

因此，

$$\boldsymbol{L}^{*}\boldsymbol{L}=\boldsymbol{I}_{N(N_{\mathrm{A}}-N_{\mathrm{s}})} \tag{A.5}$$

这意味着 $\boldsymbol{L}$ 是一个列正交矩阵。将式（A.3）代入式（16.20）中，有

$$\boldsymbol{\Sigma}_{\mathrm{AN}}=\bar{\theta}\Gamma_{\mathrm{E}}\mathscr{X}_{\widetilde{G}}\left(\frac{\alpha\boldsymbol{QLL}^{*}\boldsymbol{Q}^{*}}{N_{0}(N_{\mathrm{A}}-N_{\mathrm{s}})}+\frac{\bar{\alpha}\boldsymbol{QQ}^{*}}{N(N_{\mathrm{A}}-N_{\mathrm{s}})+N_{\mathrm{cp}}N_{\mathrm{A}}}\right)\mathscr{X}_{\widetilde{G}}^{*} \tag{A.6}$$

$$=\bar{\theta}\Gamma_{\mathrm{E}}\mathscr{X}_{\widetilde{G}}\boldsymbol{Q}\left(\frac{\alpha\boldsymbol{LL}^{*}}{N_{0}(N_{\mathrm{A}}-N_{\mathrm{s}})}+\frac{\bar{\alpha}\boldsymbol{I}_{N(N_{\mathrm{A}}-N_{\mathrm{s}})+N_{\mathrm{cp}}N_{\mathrm{A}}}}{N(N_{\mathrm{A}}-N_{\mathrm{s}})+N_{\mathrm{cp}}N_{\mathrm{A}}}\right)\boldsymbol{Q}^{*}\mathscr{X}_{\widetilde{G}}^{*} \tag{A.7}$$

式中：$\mathscr{X}_{\widetilde{G}}=\boldsymbol{P}_{N_{\mathrm{E}}}^{\mathrm{T}}\boldsymbol{F}_{N_{\mathrm{E}}}\boldsymbol{R}_{N_{\mathrm{E}}}^{\mathrm{cp}}\widetilde{\boldsymbol{G}}$。因为 $N_{\mathrm{cp}}/N\ll 1$，并假设 $N_{\mathrm{cp}}/N\ll 1-N_{\mathrm{s}}/N_{\mathrm{A}}$，$\boldsymbol{\Sigma}_{\mathrm{AN}}$ 重写为

$$\boldsymbol{\Sigma}_{\mathrm{AN}}=\frac{\bar{\theta}\Gamma_{\mathrm{E}}}{N(N_{\mathrm{A}}-N_{\mathrm{s}})}\mathscr{X}_{\widetilde{G}}\boldsymbol{Q}(\alpha\boldsymbol{LL}^{*}+\bar{\alpha}\boldsymbol{I}_{N(N_{\mathrm{A}}-N_{\mathrm{s}})+N_{\mathrm{cp}}N_{\mathrm{A}}})\boldsymbol{Q}^{*}\mathscr{X}_{\widetilde{G}}^{*} \tag{A.8}$$

把 $\boldsymbol{L}$ 的奇异值分解定义为 $\boldsymbol{L}=\boldsymbol{U}_{L}\boldsymbol{\Lambda}_{L}\boldsymbol{V}_{L}^{*}$，其中，$\boldsymbol{U}_{L}$ 的列是 $\boldsymbol{L}$ 的左奇异向量，$\boldsymbol{\Lambda}_{L}=\mathrm{blkdiag}(\boldsymbol{I}_{N(N_{\mathrm{A}}-N_{\mathrm{s}})},\boldsymbol{0})\in\mathbb{C}^{(N(N_{\mathrm{A}}-N_{\mathrm{s}})+N_{\mathrm{cp}}N_{\mathrm{A}})\times(N(N_{\mathrm{A}}-N_{\mathrm{s}})+N_{\mathrm{cp}}N_{\mathrm{A}})}$ 是包含奇异值的对角矩阵，$\boldsymbol{V}_{L}$ 是 $\boldsymbol{L}$ 的右奇异向量，因此

$$\boldsymbol{\Sigma}_{\mathrm{AN}}=\frac{\bar{\theta}\Gamma_{\mathrm{E}}}{N(N_{\mathrm{A}}-N_{\mathrm{s}})}\mathscr{X}_{\widetilde{G}}\boldsymbol{Q}(\alpha\boldsymbol{U}_{L}\boldsymbol{\Lambda}_{L}^{2}\boldsymbol{U}_{L}^{*}+\bar{\alpha}\boldsymbol{I}_{N(N_{\mathrm{A}}-N_{\mathrm{s}})+N_{\mathrm{cp}}N_{\mathrm{A}}})\boldsymbol{Q}^{*}\mathscr{X}_{\widetilde{G}}^{*} \tag{A.9}$$

用 $\boldsymbol{U}_{L}\boldsymbol{U}_{L}^{*}$ 代替式（A.9）中的 $\boldsymbol{I}_{N(N_{\mathrm{A}}-N_{\mathrm{s}})+N_{\mathrm{cp}}N_{\mathrm{A}}}$，又因为 $\boldsymbol{\Lambda}_{L}^{2}=\boldsymbol{\Lambda}_{L}$，故式（A.9）可写为

$$\Sigma_{\mathrm{AN}} = \frac{\bar{\theta}\Gamma_{\mathrm{E}}}{N(N_{\mathrm{A}}-N_{\mathrm{s}})}\mathscr{X}_{\tilde{G}}\boldsymbol{Q}(\alpha\boldsymbol{U}_L\Lambda_L\boldsymbol{U}_L^* + \bar{\alpha}\boldsymbol{U}_L\boldsymbol{U}_L^*)\boldsymbol{Q}^*\mathscr{X}_{\tilde{G}}^* \tag{A.10}$$

$$= \frac{\bar{\theta}\Gamma_{\mathrm{E}}}{N(N_{\mathrm{A}}-N_{\mathrm{s}})}\mathscr{X}_{\tilde{G}}\boldsymbol{Q}\boldsymbol{U}_L(\alpha\Lambda_L + \bar{\alpha}\boldsymbol{I}_{N(N_{\mathrm{A}}-N_{\mathrm{s}})+N_{\mathrm{cp}}N_{\mathrm{A}}})\boldsymbol{U}_L^*\boldsymbol{Q}^*\mathscr{X}_{\tilde{G}}^* \tag{A.11}$$

$$= \bar{\theta}\Gamma_{\mathrm{E}}\mathscr{X}_{\tilde{G}}\boldsymbol{Q}\boldsymbol{U}_L\frac{\boldsymbol{M}}{N(N_{\mathrm{A}}-N_{\mathrm{s}})}\boldsymbol{U}_L^*\boldsymbol{Q}^*\mathscr{X}_{\tilde{G}}^* \tag{A.12}$$

式中：$\boldsymbol{M} = \alpha\Lambda_L + \bar{\alpha}\boldsymbol{I}_{N(N_{\mathrm{A}}-N_{\mathrm{s}})+N_{\mathrm{cp}}N_{\mathrm{A}}} = \mathrm{blkdiag}(\boldsymbol{I}_{N(N_{\mathrm{A}}-N_{\mathrm{s}})}, \bar{\alpha}\boldsymbol{I}_{N_{\mathrm{cp}}N_{\mathrm{A}}})$；当矩阵 $\boldsymbol{I}_{N(N_{\mathrm{A}}-N_{\mathrm{s}})}$的维数远大于矩阵 $\bar{\alpha}\boldsymbol{I}_{N_{\mathrm{cp}}N_{\mathrm{A}}}$的维数时，且满足条件 $N_{\mathrm{cp}}/N \ll 1 - N_{\mathrm{s}}/N_{\mathrm{A}}$，我们可以忽略矩阵 $\bar{\alpha}\boldsymbol{I}_{N_{\mathrm{cp}}N_{\mathrm{A}}}$。在这种情况下，带有 α 的 Σ_{AN} 变化可以忽略不计，因此，Eve 的速率与 α 无关。

A.1.2 $\boldsymbol{F}_{N_{\mathrm{E}}}\tilde{\boldsymbol{G}}_{\mathrm{toep}}$的分布

本附录推导 $\boldsymbol{f}_k\tilde{\boldsymbol{G}}_{\mathrm{toep}}$和 $\|\boldsymbol{f}_k\tilde{\boldsymbol{G}}_{\mathrm{toep}}\|^2$ 的分布，其中，$\tilde{\boldsymbol{G}}_{\mathrm{toep}} = \boldsymbol{R}_{N_{\mathrm{E}}}^{\mathrm{cp}}\tilde{\boldsymbol{G}}$，以及 $\boldsymbol{f}_k$ 是 $\boldsymbol{F}_{N_{\mathrm{E}}}$的第 k 行。由于矩阵 $\tilde{\boldsymbol{G}}_{\mathrm{toep}}$是一个块托普利兹矩阵，其$(i,j)$块用 $\tilde{\boldsymbol{G}}_{i,j}$表示，是 i,j 链路的 CIR，且是一个上三角 Teoplitz 矩阵，其第一行等于$(\tilde{a}, \tilde{b},\cdots,0,\cdots,0)$。矩阵 $\tilde{\boldsymbol{G}}_{i,j} \in \boldsymbol{C}^{N_0\times N_0}$具有以下性质：

（1）每行都有$(v+1)$个非零循环对称复高斯随机变量。

（2）第 $l(l\leqslant v)$列，有 l 个非零复高斯项，非零复高斯项是独立同分布、循环对称的复高斯变量。

（3）从$(v+1)$到 N 的每一列都有 $v+1$ 个非零复高斯项。

（4）$(N+k)$列有$(v-k+1)$个非零项，最后，列$(N+v)$只有 1 个非零复高斯项，其他项均为零。

$\tilde{\boldsymbol{G}}_{\mathrm{toep}}$的每 $N+v$ 列和行中都具有上述性质。随机向量 $\boldsymbol{f}_k\tilde{\boldsymbol{G}}_{\mathrm{toep}}$基于 $\tilde{\boldsymbol{G}}_{\mathrm{toep}}$的结构，由遵循不同均值和方差的复高斯分布的元素组成。假设 $N_{\mathrm{s}} = N_{\mathrm{B}} = N_{\mathrm{E}} = 1$，如 MISOSE - OFDM 场景，随机向量 $\boldsymbol{f}_k\tilde{\boldsymbol{G}}_{\mathrm{toep}}$为

$$[\boldsymbol{f}_k\tilde{\boldsymbol{G}}_{\mathrm{toep}}]_{1,j} = \sum_{i=1}^{N}[\boldsymbol{f}_k]_{1,i}[\tilde{\boldsymbol{G}}_{\mathrm{toep}}]_{i,j} \tag{A.13}$$

其中，对于所有 i 有 $|[\boldsymbol{f}_k]_{1,i}|^2 = 1/N$。$\boldsymbol{f}_k\tilde{\boldsymbol{G}}_{\mathrm{toep}}$与$[\boldsymbol{f}_k\tilde{\boldsymbol{G}}_{\mathrm{toep}}]_{1,j}$的第 j 项是一个零均值的复高斯随机变量，其方差如下：

$$\sigma_j^2=\begin{cases}\dfrac{\sigma_{\text{A-E}}^2}{N}j, & j\leqslant v\\ \dfrac{\sigma_{\text{A-E}}^2}{N}(v+1), & v+1\leqslant j\leqslant N\\ \dfrac{\sigma_{\text{A-E}}^2}{N}(v-k+1), & j\geqslant N+k,\ \forall 1\leqslant k\leqslant v\end{cases} \tag{A.14}$$

式中：$j\leqslant N+v$。由式（A.14），随机变量 $\|\boldsymbol{f}_k\widetilde{\boldsymbol{G}}_{\text{toep}}\|^2$ 的均值为

$$\begin{aligned}&\mathbb{E}\{\|\boldsymbol{f}_k\widetilde{\boldsymbol{G}}_{\text{toep}}\|^2\}\\ &=\mathbb{E}\left\{\sum_{j=1}^{NN_{\text{A}}}\left|\sum_{i=1}^{N}[\boldsymbol{f}_k]_{1,i}[\widetilde{\boldsymbol{G}}_{\text{toep}}]_{i,j}\right|^2\right\}\\ &=\left(2\frac{\sigma_{\text{A-E}}^2}{N}+2(2)\frac{\sigma_{\text{A-E}}^2}{N}+2(3)\frac{\sigma_{\text{A-E}}^2}{N}+\cdots+2(v)\frac{\sigma_{\text{A-E}}^2}{N}+(N-v)\tilde{v}\frac{\sigma_{\text{A-E}}^2}{N}\right)N_{\text{A}}\\ &=\left(2\frac{\sigma_{\text{A-E}}^2}{N}\sum_{m=1}^{v}m+(N-v)\tilde{v}\frac{\sigma_{\text{A-E}}^2}{N}\right)N_{\text{A}}\\ &=\left(2\frac{\sigma_{\text{A-E}}^2}{N}\frac{v\tilde{v}}{2}+(N-v)\tilde{v}\frac{\sigma_{\text{A-E}}^2}{N}\right)N_{\text{A}}=\sigma_{\text{A-E}}^2\tilde{v}N_{\text{A}}\end{aligned} \tag{A.15}$$

因为 $\sum_{m=1}^{v}m=\dfrac{v(v+1)}{2}=\dfrac{v\tilde{v}}{2}$，当 $N_{\text{A}}\to\infty$ 时使用大数定律，$\|\boldsymbol{f}_k\widetilde{\boldsymbol{G}}_{\text{toep}}\|^2$ 可近似为

$$\|\boldsymbol{f}_k\widetilde{\boldsymbol{G}}_{\text{toep}}\|^2\approx\sigma_{\text{A-E}}^2\tilde{v}N_{\text{A}} \tag{A.16}$$

A.1.3 $\boldsymbol{G}_k\boldsymbol{A}_k\boldsymbol{A}_k^*\boldsymbol{G}_k^*$ 和 $\boldsymbol{H}_k\boldsymbol{A}_k\boldsymbol{A}_k^*\boldsymbol{H}_k^*$ 的分布

在本附录中，我们推导 $\|[\boldsymbol{G}_k\boldsymbol{A}_k]_{i,j}\|^2$ 的分布表达式。$\boldsymbol{G}_k$ 和 $[\boldsymbol{G}_k]_{i,j}$ 的第 (i,j) 项为

$$[\boldsymbol{G}_k]_{i,j}=g_{0,i,j}+\sum_{\ell=1}^{v}g_{\ell,i,j}\omega^{\ell k} \tag{A.17}$$

式中：$\omega=\exp(-2\pi\sqrt{-1}/N)$；$g_{\ell,i,j}$ 是 Alice－Eve 第 (i,j) 信道的第 l 个 CIR 的抽头。因为 $g_{\ell,i,j}$ 服从独立同高斯分布，$g_{0,i,j}+\sum_{\ell=1}^{v}g_{\ell,i,j}\omega^{\ell k}$ 也是一个均值为零的高斯分布且方差为

$$\mathbb{E}\{[\boldsymbol{G}_k]_{i,j}[\boldsymbol{G}_k]^*_{i,j}\} = \mathbb{E}\left\{\left(g_{0,i,j}+\sum_{\ell=1}^{v} g_{\ell,i,j}\omega^{\ell k}\right)\left(g_{0,i,j}+\sum_{r=1}^{v} g_{r,i,j}\omega^{rk}\right)^*\right\}$$
$$= \tilde{v}\sigma^2_{\mathrm{A-E}} \tag{A.18}$$

由于信道都是独立同分布的，所以交叉项的期望值为零。$\boldsymbol{G}_k\boldsymbol{G}_k^*$ 的每一个对角元素都是 N_{A} 个高斯随机变量平方和。因此，每一项都服从卡方分布。非对角元素是独立复高斯随机变量乘积的和，因此，它们均值为零。当 $N_{\mathrm{A}}\to\infty$时，矩阵 $\boldsymbol{G}_k\boldsymbol{G}_k^*$ 近似为

$$\boldsymbol{G}_k\boldsymbol{G}_k^* \approx \sigma^2_{\mathrm{A-E}}\tilde{v}N_{\mathrm{A}}\boldsymbol{I}_{N_{\mathrm{E}}} \tag{A.19}$$

因为$[\boldsymbol{G}_k\boldsymbol{A}_k\boldsymbol{A}_k^*\boldsymbol{G}_k^*]_{i,i}$是一个均值为零、方差为 $\tilde{v}\sigma^2_{\mathrm{A-E}}$的复高斯变量，随机变量$[\boldsymbol{G}_k\boldsymbol{A}_k\boldsymbol{A}_k^*\boldsymbol{G}_k^*]_{i,i}/(\sigma^2_{\mathrm{A-E}}\tilde{v}/2)$服从 $2N_{\mathrm{s}}$ 自由度的卡方分布。因此，$[\boldsymbol{G}_k\boldsymbol{A}_k\boldsymbol{A}_k^*\boldsymbol{G}_k^*]_{i,i}$的期望是 $\tilde{v}\sigma^2_{\mathrm{A-E}}N_{\mathrm{s}}$，$\boldsymbol{G}_k\boldsymbol{A}_k\boldsymbol{A}_k^*\boldsymbol{G}_k^*$ 与$[\boldsymbol{G}_k\boldsymbol{A}_k\boldsymbol{A}_k^*\boldsymbol{G}_k^*]_{i,i}$非对角元素的期望为零。同理，我们可以推导出随机矩阵 $\boldsymbol{H}_k\boldsymbol{A}_k\boldsymbol{A}_k^*\boldsymbol{H}_k^*$ 的分布。

A.1.4　引理16.2的证明

当$1-N_{\mathrm{s}}/N_{\mathrm{A}}\gg N_{\mathrm{cp}}/N$时，因为循环前缀长度可忽略不计，循环前缀插入矩阵可以用单位矩阵来近似。而且，当 $N_{\mathrm{A}}\to\infty$时，$\boldsymbol{B}\boldsymbol{B}^*\approx\boldsymbol{I}_{N(N_{\mathrm{A}}-N_{\mathrm{s}})}$和 $\boldsymbol{Q}\boldsymbol{Q}^*\approx\boldsymbol{I}_{N_{\mathrm{A}}N_0}$。因此，$\boldsymbol{G}\boldsymbol{G}^*\approx\boldsymbol{F}_{N_{\mathrm{E}}}\boldsymbol{R}^{\mathrm{cp}}_{N_{\mathrm{E}}}\tilde{\boldsymbol{G}}(\boldsymbol{F}_{N_{\mathrm{E}}}\boldsymbol{R}^{\mathrm{cp}}_{N_{\mathrm{E}}}\tilde{\boldsymbol{G}})^*$，且式（16.28）中 Eve 的干扰协方差矩阵变为

$$\begin{aligned}\boldsymbol{\Sigma}_{\mathrm{AN}} &= \bar{\theta}\Gamma_{\mathrm{E}}\left(\frac{\alpha}{N_0(N_{\mathrm{A}}-N_{\mathrm{s}})}\boldsymbol{G}\boldsymbol{G}^*+\frac{\bar{\alpha}}{N(N_{\mathrm{A}}-N_{\mathrm{s}})+N_{\mathrm{cp}}N_{\mathrm{A}}}\boldsymbol{G}\boldsymbol{G}^*\right)\\ &= \bar{\theta}\Gamma_{\mathrm{E}}\boldsymbol{G}\boldsymbol{G}^*\left(\frac{\alpha}{N_0(N_{\mathrm{A}}-N_{\mathrm{s}})}+\frac{\bar{\alpha}}{N(N_{\mathrm{A}}-N_{\mathrm{s}})+N_{\mathrm{cp}}N_{\mathrm{A}}}\right)\\ &\approx \frac{\bar{\theta}\Gamma_{\mathrm{E}}}{N(N_{\mathrm{A}}-N_{\mathrm{s}})}\boldsymbol{G}\boldsymbol{G}^*\end{aligned} \tag{A.20}$$

当$1-N_{\mathrm{s}}/N_{\mathrm{A}}\gg N_{\mathrm{cp}}/N$时，最后一个等式成立。将式（A.20）中 $\boldsymbol{\Sigma}_{\mathrm{AN}}$ 代入式（16.27）中可推出式（16.29）。而且，将式（16.17）中 $R_{\mathrm{A-B}}$ 和式（16.29）中 $R_{\mathrm{A-E}}$代入式（16.23）中，可推出式（16.30）中安全速率表达式，该表达式与 α 无关。

A.1.5　引理16.3的证明

因为式（16.29）中的 $\boldsymbol{G}\boldsymbol{A}\boldsymbol{\Sigma}_x(\boldsymbol{G}\boldsymbol{A})^*$ 和 $\boldsymbol{G}\boldsymbol{G}^*$ 是块对角矩阵，Eve 速率可以重写为

$$R_{\mathrm{A-E}} = \sum_{k=1}^{N}\left[\log_2\det\left(\theta\Gamma_{\mathrm{E}}\boldsymbol{G}_k\boldsymbol{A}_k\boldsymbol{\Sigma}_{x_k}(\boldsymbol{G}_k\boldsymbol{A}_k)^*\left(\frac{\bar{\theta}\Gamma_{\mathrm{E}}\boldsymbol{G}_k\boldsymbol{G}_k^*}{N(N_{\mathrm{A}}-N_{\mathrm{s}})}+\boldsymbol{I}_{N_{\mathrm{E}}}\right)^{-1}+\boldsymbol{I}_{N_{\mathrm{E}}}\right)\right] \tag{A.21}$$

这相当于每个子载波单独译码的速率。

A.1.6 引理16.4的证明

使用附录A.1.2和A.1.3，当 N_{A} 非常大时，我们将式（16.27）和式（16.28）中的矩阵近似如下：

（1）在附录A.1.3中，我们证明了 $\|[\boldsymbol{G}_k\boldsymbol{A}_k]_{i,i}\|^2/(\sigma_{\mathrm{A-E}}^2\tilde{v}/2)$ 遵循 $2N_{\mathrm{s}}$ 自由度的卡方分布，而且 $\|[\boldsymbol{G}_k\boldsymbol{A}_k]_{i,i}\|^2$ 均值为 $\mathbb{E}\{[\|\boldsymbol{G}_k\boldsymbol{A}_k\|^2]_{i,i}\}=\tilde{v}\sigma_{\mathrm{A-E}}^2N_{\mathrm{s}}$。

（2）矩阵 $\boldsymbol{GA}=\mathrm{blkdiag}(\boldsymbol{G}_1\boldsymbol{A}_1,\boldsymbol{G}_2\boldsymbol{A}_2,\cdots,\boldsymbol{G}_N\boldsymbol{A}_N)$ 有对角元素，其方差为 $N_{\mathrm{s}}\tilde{v}\sigma_{\mathrm{A-E}}^2$。矩阵 $\boldsymbol{GA}(\boldsymbol{GA})^*$ 有非对角元素 $[\boldsymbol{GA}(\boldsymbol{GA})^*]_{i,j}=\boldsymbol{g}_i\boldsymbol{A}_k\boldsymbol{A}_k^*\boldsymbol{g}_j^*$，表示 N_{s} 个独立同分布复高斯随机变量乘积之和，其中 $\boldsymbol{g}_i$ 是矩阵 $\boldsymbol{G}_k$ 第 i 行。$\boldsymbol{GA}(\boldsymbol{GA})^*$ 第 i 个对角元素是 $[\boldsymbol{GA}(\boldsymbol{GA})^*]_{i,i}=\boldsymbol{g}_i\boldsymbol{A}_k\boldsymbol{A}_k^*\boldsymbol{g}_i^*$，它服从一个均值为 $\sigma_{\mathrm{A-E}}^2\tilde{v}N_{\mathrm{s}}$ 的卡方分布。

（3）考虑矩阵 $\boldsymbol{GG}^*$。矩阵 $\boldsymbol{G}$ 是块对角矩阵，因此，$\boldsymbol{GG}^*$ 也是块对角矩阵，$\boldsymbol{GG}^*$ 每个对角元素的期望值等于 $N_{\mathrm{A}}\tilde{v}\sigma_{\mathrm{A-E}}^2$，非对角元素是独立复高斯随机变量的乘积之和。因此，它们均值为零，即 $\boldsymbol{GG}^*$ 可近似为 $N_{\mathrm{A}}\tilde{v}\sigma_{\mathrm{A-E}}^2\boldsymbol{I}_{N_{\mathrm{E}}N}$。

（4）$\boldsymbol{R}_{N_{\mathrm{E}}}^{\mathrm{cp}}\tilde{\boldsymbol{G}}$ 每一行均由 $v+1$ 个独立同分布的复高斯随机变量组成。因此，矩阵 $\boldsymbol{R}_{N_{\mathrm{E}}}^{\mathrm{cp}}\tilde{\boldsymbol{G}}(\boldsymbol{R}_{N_{\mathrm{E}}}^{\mathrm{cp}}\tilde{\boldsymbol{G}})^*=\boldsymbol{R}_{N_{\mathrm{E}}}^{\mathrm{cp}}\tilde{\boldsymbol{G}}\tilde{\boldsymbol{G}}^*\boldsymbol{R}_{N_{\mathrm{E}}}^{\mathrm{cp}\,*}$ 的非对角元素期望值为零。当 $N_{\mathrm{A}}\to\infty$ 时，我们可以用 $N_{\mathrm{A}}\tilde{v}\sigma_{\mathrm{A-E}}^2\boldsymbol{I}_{N_{\mathrm{E}}N}$ 来近似该矩阵，即此时有：$\boldsymbol{P}_{N_{\mathrm{E}}}^{\mathrm{T}}\boldsymbol{F}_{N_{\mathrm{E}}}\boldsymbol{R}_{N_{\mathrm{E}}}^{\mathrm{cp}}\tilde{\boldsymbol{G}}\tilde{\boldsymbol{G}}^*\boldsymbol{R}_{N_{\mathrm{E}}}^{\mathrm{cp}\,*}\boldsymbol{F}_{N_{\mathrm{E}}}^*\boldsymbol{P}_{N_{\mathrm{E}}}\approx N_{\mathrm{A}}\tilde{v}\sigma_{\mathrm{A-E}}^2\boldsymbol{I}_{N_{\mathrm{E}}N}$。

根据之前的讨论，我们有以下关系：

$$\mathbb{E}\{[\boldsymbol{GA\Sigma}_x(\boldsymbol{GA})^*]_{i,i}\}=\frac{\tilde{v}\sigma_{\mathrm{A-E}}^2}{N_{\mathrm{O}}} \tag{A.22}$$

式中：$\boldsymbol{\Sigma}_x=\boldsymbol{I}_{N_{\mathrm{s}}N}/(N_{\mathrm{s}}N_{\mathrm{O}})$ 且

$$\boldsymbol{\Sigma}_{\mathrm{AN}}=\bar{\theta}\Gamma_{\mathrm{E}}N_{\mathrm{A}}\tilde{v}\sigma_{\mathrm{A-E}}^2\left(\frac{\alpha}{N_{\mathrm{O}}(N_{\mathrm{A}}-N_{\mathrm{s}})}+\frac{\bar{\alpha}}{N(N_{\mathrm{A}}-N_{\mathrm{s}})+N_{\mathrm{cp}}N_{\mathrm{A}}}\right)\boldsymbol{I}_{N_{\mathrm{E}}N} \tag{A.23}$$

因此，有

$$\boldsymbol{\Sigma}_{\mathrm{AN}} + \boldsymbol{I}_{N_{\mathrm{E}}N} = p(\alpha)\boldsymbol{I}_{N_{\mathrm{E}}N} \tag{A.24}$$

其中，标量 $p(\alpha)$ 定义为

$$p(\alpha) = \bar{\theta}\Gamma_{\mathrm{E}}N_{\mathrm{A}}\tilde{v}\sigma_{\mathrm{A-E}}^2\left(\frac{\alpha}{N_0(N_{\mathrm{A}} - N_{\mathrm{s}})} + \frac{\bar{\alpha}}{N(N_{\mathrm{A}} - N_{\mathrm{s}}) + N_{\mathrm{cp}}N_{\mathrm{A}}}\right) + 1 \tag{A.25}$$

$\boldsymbol{\Sigma}_{\mathrm{AN}} + \boldsymbol{I}_{N_{\mathrm{E}}N}$ 逆运算是 $\boldsymbol{I}_{N_{\mathrm{E}}N}/p(\alpha)$，因此，有

$$\theta\Gamma_{\mathrm{E}}\boldsymbol{GA\Sigma}_x(\boldsymbol{GA})^*(\boldsymbol{\Sigma}_{\mathrm{AN}} + \boldsymbol{I}_{N_{\mathrm{E}}N})^{-1} + \boldsymbol{I}_{N_{\mathrm{E}}N} = \frac{\theta\Gamma_{\mathrm{E}}}{p(\alpha)}\boldsymbol{GA\Sigma}_x(\boldsymbol{GA})^* + \boldsymbol{I}_{N_{\mathrm{E}}N} \tag{A.26}$$

利用文献［21］中 Hadamard 不等式，式（16.27）中 Eve 速率上界为

$$\begin{aligned}&\log_2\det(\theta\Gamma_{\mathrm{E}}\boldsymbol{GA\Sigma}_x(\boldsymbol{GA})^*(\boldsymbol{\Sigma}_{\mathrm{AN}} + \boldsymbol{I}_{N_{\mathrm{E}}N})^{-1} + \boldsymbol{I}_{N_{\mathrm{E}}N})\\&\leqslant \log_2\prod_{i=1}^{N_{\mathrm{E}}N}\left(\frac{\theta\Gamma_{\mathrm{E}}}{p(\alpha)}[\boldsymbol{GA\Sigma}_x(\boldsymbol{GA})^*]_{i,i} + 1\right)\end{aligned} \tag{A.27}$$

利用对数函数的性质：

$$R_{\mathrm{A-E}} \leqslant \prod_{i=1}^{N_{\mathrm{E}}N}\log_2\left(\frac{\theta\Gamma_{\mathrm{E}}}{p(\alpha)}[\boldsymbol{GA\Sigma}_x(\boldsymbol{GA})^*]_{i,i} + 1\right) \tag{A.28}$$

式（A.28）中上界为 $N_{\mathrm{E}}N$ 个凹函数之和，因此，利用 Jensen 不等式，Eve 平均速率上界为

$$\mathbb{E}\{R_{\mathrm{A-E}}\} \leqslant \prod_{i=1}^{N_{\mathrm{E}}N}\log_2\left(\frac{\theta\Gamma_{\mathrm{E}}}{p(\alpha)}\mathbb{E}\{[\boldsymbol{GA\Sigma}_x(\boldsymbol{GA})^*]_{i,i}\} + 1\right) \tag{A.29}$$

利用式（A.22），得到：

$$\mathbb{E}\{R_{\mathrm{A-E}}\} \lessapprox \prod_{i=1}^{N_{\mathrm{E}}N}\log_2\left(\frac{\theta\Gamma_{\mathrm{E}}}{p(\alpha)}\frac{\tilde{v}\sigma_{\mathrm{A-E}}^2}{N_0} + 1\right) = N_{\mathrm{E}}N\log_2\left(\frac{\theta\Gamma_{\mathrm{E}}}{p(\alpha)}\frac{\tilde{v}\sigma_{\mathrm{A-E}}^2}{N_0} + 1\right) \tag{A.30}$$

将式（A.25）的 $p(\alpha)$ 代入式（A.30），并利用 $N_{\mathrm{A}} \gg N_{\mathrm{s}}$，Eve 平均速率的上界为

$$\mathbb{E}\{R_{\mathrm{A-E}}\} \lessapprox N_{\mathrm{E}}N\log_2\left(\frac{\dfrac{\theta\Gamma_{\mathrm{E}}}{N_0}\tilde{v}\sigma_{\mathrm{A-E}}^2}{\bar{\theta}\Gamma_{\mathrm{E}}\tilde{v}\sigma_{\mathrm{A-E}}^2\left(\dfrac{\alpha}{N_0} + \dfrac{\bar{\alpha}}{N_0}\right) + 1} + 1\right) \tag{A.31}$$

因为 $\frac{\alpha}{N_0} + \frac{\bar{\alpha}}{N_0} = \frac{1}{N_0}$，式（A.31）的右侧与 α 无关，这意味着 Eve 平均速率的上界不是 α 的函数。因此，Alice－Eve 链路平均速率的上界为

$$\mathbb{E}\{R_{\text{A-E}}\} \lessapprox N_{\text{E}}N\log_2\left(\frac{\dfrac{\theta\Gamma_{\text{E}}}{N_0}\tilde{v}\,\sigma_{\text{A-E}}^2}{\dfrac{\bar{\theta}\Gamma_{\text{E}}}{N_0}\tilde{v}\,\sigma_{\text{A-E}}^2+1}+1\right) \tag{A.32}$$

Alice－Bob 链路的速率为

$$R_{\text{A-B}} = \log_2\det(\theta\Gamma_{\text{B}}\boldsymbol{HA\Sigma}_x(\boldsymbol{HA})^* + \boldsymbol{I}_{N_{\text{B}}N}) \tag{A.33}$$

矩阵 $\boldsymbol{HA\Sigma}_x(\boldsymbol{HA})^*$ 可以用其对角元素近似为一个加权单位矩阵，于是，$\boldsymbol{HA\Sigma}_x(\boldsymbol{HA})^* \approx \frac{1}{N_{\text{s}}N_0}N_{\text{A}}\tilde{v}\,\sigma_{\text{A-B}}^2\boldsymbol{I}_{N_{\text{s}}N}$。因此，Bob 的平均速率可以近似为

$$\begin{aligned}\mathbb{E}\{R_{\text{A-B}}\} &\approx \log_2\det\left(\frac{\theta\Gamma_{\text{B}}}{N_{\text{s}}N_0}N_{\text{A}}\tilde{v}\,\sigma_{\text{A-B}}^2\boldsymbol{I}_{N_{\text{s}}N}+\boldsymbol{I}_{N_{\text{s}}N}\right)\\ &= \log_2\left(\frac{\theta\Gamma_{\text{B}}}{N_{\text{s}}N_0}N_{\text{A}}\tilde{v}\,\sigma_{\text{A-B}}^2+1\right)^{N_{\text{s}}N}\\ &= N_{\text{s}}N\log_2\left(\frac{\theta\Gamma_{\text{B}}}{N_{\text{s}}N_0}N_{\text{A}}\tilde{v}\,\sigma_{\text{A-B}}^2+1\right)\end{aligned} \tag{A.34}$$

利用式（A.32）和式（A.34），且$\mathbb{E}\{R_{\text{sec}}\}=\mathbb{E}\{R_{\text{A-B}}\}-\mathbb{E}\{R_{\text{A-E}}\}$，即可证明式（16.32）。

A.1.7　引理 16.6 的证明

当 $\Gamma_{\text{B}}\sigma_{A-B}^2$ 和 $\Gamma_{\text{E}}\sigma_{A-\text{E}}^2$ 足够大时，有

$$\mathbb{E}\{R_{\text{sec}}\} \gtrapprox N_{\text{s}}N\log_2\left(\frac{\theta\Gamma_{\text{B}}}{N_{\text{s}}N_0}N_{\text{A}}\tilde{v}\,\sigma_{\text{A-B}}^2\right) \tag{A.35}$$

$$-N_{\text{E}}N\log_2\left(\frac{\dfrac{\theta}{N_0}}{\bar{\theta}\left(\dfrac{\alpha}{N_0}+\dfrac{\bar{\alpha}}{N_0}\right)}+1\right) \tag{A.36}$$

因此，我们定义平均安全速率的下界为

$$\mathbb{E}\{R_{\text{sec}}\} \gtrapprox N_{\text{s}}N\log_2\left(\frac{\theta\Gamma_{\text{B}}}{N_{\text{s}}N_0}N_{\text{A}}\tilde{v}\,\sigma_{\text{A-B}}^2\right)-N_{\text{E}}N\log_2\left(\frac{\theta}{\bar{\theta}}+1\right) \tag{A.37}$$

即

$$\begin{aligned}\mathbb{E}\{R_{\text{sec}}\} &\gtrapprox N_{\text{s}}N\log_2\left(\frac{\Gamma_{\text{B}}}{N_{\text{s}}N_0}N_{\text{A}}\tilde{v}\,\sigma_{\text{A-B}}^2\right)+N_{\text{E}}N\log_2(\theta^{\frac{N_{\text{s}}}{N_{\text{E}}}})+N_{\text{E}}N\log_2(\bar{\theta})\\ &= N_{\text{s}}N\log_2\left(\frac{\Gamma_{\text{B}}}{N_{\text{s}}N_0}N_{\text{A}}\tilde{v}\,\sigma_{\text{A-B}}^2\right)+N_{\text{E}}N\log_2(\theta^{\frac{N_{\text{s}}}{N_{\text{E}}}}\bar{\theta})\end{aligned} \tag{A.38}$$

第一项与θ无关，因此为了增大下界，Alice需要选择仅使第二项最大化的θ值。这相当于最大化对数函数中的项。设$f(\theta)=\theta^{\frac{N_s}{N_E}}\overline{\theta}$，$f(\theta)$的一阶导数由下式给出

$$\frac{\delta f(\theta)}{\delta\theta}=\frac{N_s}{N_E}\theta^{\frac{N_s}{N_E}-1}\overline{\theta}-\theta^{\frac{N_s}{N_E}} \tag{A.39}$$

一阶导数的根是

$$\theta^{\star}=\frac{1}{1+\frac{N_s}{N_E}}=\frac{N_E}{N_E+N_s} \tag{A.40}$$

$f(\theta)$的二阶导数为

$$\frac{\delta^2 f(\theta)}{\delta\theta^2}=\frac{N_s}{N_E}\left(\frac{N_s}{N_E}-1\right)\theta^{\frac{N_s}{N_E}-2}-\left(\frac{N_s}{N_E}+1\right)\frac{N_s}{N_E}\theta^{\frac{N_s}{N_E}-1}\leqslant 0 \tag{A.41}$$

因为$N_E\geqslant N_s$，这是使Eve能译码数据的一个合理假设。

将式（A.40）中θ的最优值代入式（A.38）中，平均安全速率的下界如下

$$\begin{aligned}\mathbb{E}\{R_{\text{sec}}\}\gtrapprox\ & N_s N\log_2\left(\frac{\Gamma_B}{N_s N_0}N_A\,\tilde{v}\,\boldsymbol{\sigma}_{A-B}^2\right)\\ &+N_E N\log_2\left(\left(\frac{N_E}{N_E+N_s}\right)^{\frac{N_s}{N_E}}\left(1-\frac{N_E}{N_E+N_s}\right)\right)\end{aligned} \tag{A.42}$$

重新整理表达式（A.42），得到式（16.35）中的结果。

由于Eve存在导致平均安全速率损失的上界为

$$\begin{aligned}\mathbb{E}\{\mathscr{S}_{\text{Loss}}\}&=\mathbb{E}\{R_{A-B,\text{noEve}}\}-\mathbb{E}\{R_{\text{sec}}\}\\ &\lessapprox N_s N\log_2\left(\frac{\Gamma_B}{N_s N_0}N_A\,\tilde{v}\,\boldsymbol{\sigma}_{A-B}^2\right)\\ &\quad-N_s N\log_2\left(\frac{\Gamma_B}{N_s N_0}N_A\,\tilde{v}\,\boldsymbol{\sigma}_{A-B}^2\right)\\ &\quad-N_E N\log_2\left(\left(\frac{N_E}{N_E+N_s}^{\frac{N_s}{N_E}}\right)\left(1-\frac{N_E}{N_E+N_s}\right)\right)\end{aligned} \tag{A.43}$$

重新整理表达式（A.43），得到

$$\mathbb{E}\{\mathscr{S}_{\text{Loss}}\}\lessapprox N_s N\log_2\left(\frac{N_E+N_s}{N_E}\right)+N_E N\log_2\left(\frac{N_E+N_s}{N_s}\right) \tag{A.44}$$

因此，平均安全速率损失（单位为bit/s/Hz）由式（16.37）给出。

A.1.8　引理 16.7 的证明

当 $\Gamma_{\mathrm{E}}\sigma_{\mathrm{A-E}}^2 \ll 1$ 时，$\frac{\bar{\theta}\Gamma_{\mathrm{E}}}{N_0}\tilde{v}\,\sigma_{\mathrm{A-E}}^2 \ll 1$，因此，式（A.32）中 Eve 平均速率上界近似为

$$\mathbb{E}\{R_{\mathrm{A-E}}\} \lessapprox N_{\mathrm{E}}N\log_2\left(\frac{\frac{\theta\Gamma_{\mathrm{E}}}{N_0}\tilde{v}\,\sigma_{\mathrm{A-E}}^2}{\frac{\bar{\theta}\Gamma_{\mathrm{E}}}{N_0}\tilde{v}\,\sigma_{\mathrm{A-E}}^2+1}+1\right) \tag{A.45}$$

$$= N_{\mathrm{E}}N\log_2\left(\frac{\frac{\Gamma_{\mathrm{E}}}{N_0}\tilde{v}\,\sigma_{\mathrm{A-E}}^2+1}{\frac{\bar{\theta}\Gamma_{\mathrm{E}}}{N_0}\tilde{v}\,\sigma_{\mathrm{A-E}}^2+1}\right) \tag{A.46}$$

$$\approx N_{\mathrm{E}}N\log_2\left(\frac{\Gamma_{\mathrm{E}}}{N_0}\tilde{v}\,\sigma_{\mathrm{A-E}}^2+1\right) \tag{A.47}$$

因此，

$$\mathbb{E}\{R_{\mathrm{sec}}\} \gtrapprox N_sN\log_2\left(\frac{\theta\Gamma_{\mathrm{B}}}{N_sN_0}N_{\mathrm{A}}\,\tilde{v}\,\sigma_{\mathrm{A-B}}^2+1\right)-N_{\mathrm{E}}N\log_2\left(\frac{\Gamma_{\mathrm{E}}}{N_0}\tilde{v}\,\sigma_{\mathrm{A-E}}^2+1\right) \tag{A.48}$$

由式（A.48）可知，当 $\theta=1$ 时，平均安全速率的下界最大。因此，

$$\mathbb{E}\{R_{\mathrm{sec}}\} \gtrapprox N_sN\log_2\left(\frac{\Gamma_{\mathrm{B}}}{N_sN_0}N_{\mathrm{A}}\,\tilde{v}\,\sigma_{\mathrm{A-B}}^2+1\right)-N_{\mathrm{E}}N\log_2\left(\frac{\Gamma_{\mathrm{E}}}{N_0}\tilde{v}\,\sigma_{\mathrm{A-E}}^2+1\right) \tag{A.49}$$

当网络中没有窃听者时，平均安全速率（即 Alice－Bob 链路的平均速率）为

$$\mathbb{E}\{R_{\mathrm{A-B,noEve}}\} = N_sN\log_2\left(\frac{\Gamma_{\mathrm{B}}}{N_sN_0}N_{\mathrm{A}}\,\tilde{v}\,\sigma_{\mathrm{A-B}}^2+1\right) \tag{A.50}$$

因此，当 $\Gamma_{\mathrm{E}}\sigma_{\mathrm{A-E}}^2 \leqslant \Gamma_{\mathrm{B}}\sigma_{\mathrm{A-B}}^2$ 时，平均安全速率损失为

$$\mathbb{E}\{\mathscr{S}_{\mathrm{Loss}}\} = \mathbb{E}\{R_{\mathrm{A-B,noEve}}\}-\mathbb{E}\{R_{\mathrm{sec}}\} \lessapprox N_{\mathrm{E}}N\log_2\left(\frac{\Gamma_{\mathrm{E}}}{N_0}\tilde{v}\,\sigma_{\mathrm{A-E}}^2+1\right) \tag{A.51}$$

平均安全速率损失（单位为 bit/s/Hz）为

$$\mathbb{E}\{\mathscr{S}_{\mathrm{Loss}}\} \lessapprox \frac{N_{\mathrm{E}}N}{N_0}\log_2\left(\frac{\Gamma_{\mathrm{E}}}{N_0}\tilde{v}\,\sigma_{\mathrm{A-E}}^2+1\right) \tag{A.52}$$

证毕

参考文献

[1] T. Akitaya, S. Asano, and T. Saba, "Time-domain artificial noise generation technique using time-domain and frequency-domain processing for physical layer security in MIMO-OFDM systems," in *IEEE International Conference on Communications Workshops (ICC)*, 2014, pp. 807–812.

[2] I. Csiszár and J. Korner, "Broadcast channels with confidential messages," *IEEE Transactions on Information Theory*, vol. 24, no. 3, pp. 339–348, 1978.

[3] A. El Shafie, Z. Ding, and N. Al-Dhahir, "Hybrid spatio-temporal artificial noise design for secure MIMOME-OFDM systems," *IEEE Transactions on Vehicular Technology*, vol. 66, no. 5, pp. 3871–3886, May 2017.

[4] J. Hoydis, S. Ten Brink, and M. Debbah, "Massive MIMO in the UL/DL of cellular networks: How many antennas do we need?" *IEEE Journal on Selected Areas in Communications*, vol. 31, no. 2, pp. 160–171, 2013.

[5] M. Kobayashi, M. Debbah, and S. Shamai, "Secured communication over frequency-selective fading channels: A practical vandermonde precoding," *EURASIP Journal on Wireless Communications and Networking*, vol. 2009, p. 2, 2009.

[6] E. Larsson, O. Edfors, F. Tufvesson, and T. Marzetta, "Massive MIMO for next generation wireless systems," *IEEE Communications Magazine*, vol. 52, no. 2, pp. 186–195, 2014.

[7] J. Li and A. Petropulu, "Ergodic secrecy rate for multiple-antenna wiretap channels with Rician fading," *IEEE Transactions on Information Forensics and Security*, vol. 6, no. 3, pp. 861–867, Sept 2011.

[8] J. Li and A. Petropulu, "On ergodic secrecy rate for Gaussian MISO wiretap channels," *IEEE Transactions on Wireless Communications*, vol. 10, no. 4, pp. 1176–1187, April 2011.

[9] Z. Li, R. Yates, and W. Trappe, "Secrecy capacity of independent parallel channels," in *Securing Wireless Communications at the Physical Layer*. Springer, 2010, pp. 1–18.

[10] Y. Liang and H. V. Poor, "Information theoretic security," *Foundations and Trends in Communications and Information Theory*, vol. 5, no. 4–5, pp. 355–580, 2009.

[11] A. Mukherjee, S. Fakoorian, J. Huang, and A. Swindlehurst, "Principles of physical layer security in multiuser wireless networks: A survey," *IEEE Communications Surveys Tutorials*, vol. 16, no. 3, pp. 1550–1573, 2014.

[12] F. Negro, S. P. Shenoy, I. Ghauri, and D. Slock, "On the MIMO interference channel," in *Information Theory and Applications Workshop (ITA)*, 2010, pp. 1–9.

[13] H. Qin, Y. Sun, T.-H. Chang *et al.*, "Power allocation and time-domain artificial noise design for wiretap OFDM with discrete inputs," *IEEE Transactions on Wireless Communications*, vol. 12, no. 6, pp. 2717–2729, June 2013.

[14] H. Reboredo, J. Xavier, and M. Rodrigues, "Filter design with secrecy constraints: The MIMO Gaussian wiretap channel," *IEEE Transactions on Signal Processing*, vol. 61, no. 15, pp. 3799–3814, Aug 2013.

[15] F. Renna, N. Laurenti, and H. Poor, "Physical-layer secrecy for OFDM transmissions over fading channels," *IEEE Transactions on Information Forensics and Security*, vol. 7, no. 4, pp. 1354–1367, Aug 2012.

[16] M. R. Rodrigues and P. D. Almeida, "Filter design with secrecy constraints: The degraded parallel Gaussian wiretap channel," in *Global Telecommunications Conference (Globecom)*. IEEE, 2008, pp. 1–5.

[17] C. E. Shannon, "Communication theory of secrecy systems," *Bell System Technical Journal*, vol. 28, no. 4, pp. 656–715, 1949.

[18] A. Swindlehurst, "Fixed SINR solutions for the MIMO wiretap channel," in *IEEE International Conference on Acoustics, Speech and Signal Processing*, April 2009, pp. 2437–2440.

[19] S.-H. Tsai and H. Poor, "Power allocation for artificial-noise secure MIMO precoding systems," *IEEE Transactions on Signal Processing*, vol. 62, no. 13, pp. 3479–3493, July 2014.

[20] A. D. Wyner, "The wire-tap channel," *Bell System Technical Journal*, vol. 54, no. 8, pp. 1355–1387, 1975.

[21] D. Zwillinger, *Table of Integrals, Series, and Products*. Elsevier, 2014.

第 17 章

物理层安全的实际应用：案例、结果及挑战

Stephan Ludwig①，René Guillaume①，Andreas Müller①

长期以来，物理层安全由于技术不够成熟而难以进行广泛的实际部署应用，因而主要是作为学术研究的热点。现有的演示系统通常局限于概念原型验证，其在实际系统中的应用场景和应用需求尚不明确。因此，本章将详细探讨未来系统中物理层安全将扮演何种角色，应用过程中需要考虑哪些因素，以及实际场景中性能究竟如何等相关问题。为此，我们进行了大量研究与实验，并对其结果进行了总结。受限于篇幅，以及本章选题所覆盖范围之广，难以保证所有细节都能一一详尽。

17.1 引言

本节将简要介绍为何物理层安全在应对新型安全威胁时，尤其是在物联网（Internet of Things，IoT）中为何如此重要。此外，我们将从实际角度出发，探讨适合应用物理层安全技术的一些具体场景及其相关需求。最后，我们将对物理层安全技术和其他传统安全技术做一个简要对比。

17.1.1 为什么要使用物理层安全技术?

半个多世纪以来，通信安全一直是异常活跃的研究领域，相应地也衍生出种类繁多的安全技术以保证各类通信设备间的安全连接。然而，不仅技术会随着时间的推移而改进，安全要求和相关场景也在持续变化。这也是为什么现有的安全解决方案必须不断完善以满足最新的需求和期望的原因所在。传统的安全研究主要集中于经典的信息技术和信息通信系统，其包含一定数

① 德国博世集团研究与先进工程部。

量的电脑、电话、掌上终端等设备，这些设备必须安全地连接到某个网络或者是服务器。对此类问题，已经有许多成熟的、被验证过的技术可以提供解决方案，包括一系列各不相同的加密算法和密钥管理体系。然而，随着各种应用的发展（如新兴的物联网应用），建立安全通信的要求和边界条件又发生了大的变化。如图 17.1 所示，给出了一些新的挑战示例。

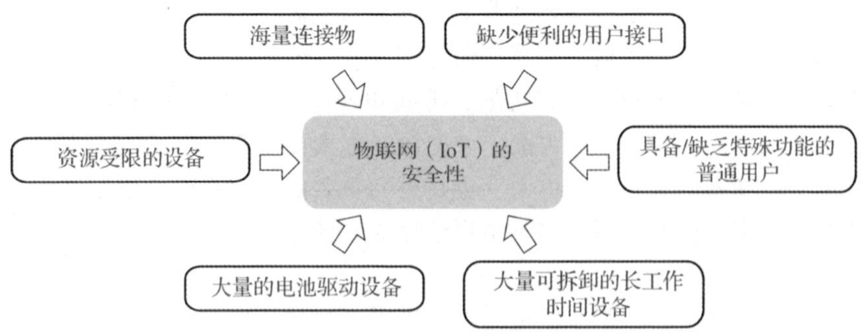

图 17.1　物联网相关安全挑战

首先，物联网由数量庞大的各类设备构成，这些设备通常又没有如显示器或者键盘这类方便的用户交互接口。因此，通过输入密码或者其他预共享密钥的方式进行密钥分发，在许多情况下通常是不可行的。更为重要的是，物联网设备往往计算、存储、能量资源都很有限。因此，使用复杂的非对称加密方案可能对其要求过高。此外，物联网设备往往需要长时间工作多次拆卸（如智慧城市中的各类传感器），所以必须能够简便、可扩展又安全地重新输入密钥。最后，安全连接的构建方式必须是即插即用的，没有特殊工程背景的一般用户也能完成。因此，对安全方案的可用性具有更高要求。

考虑到所有这些方面，我们可以得出结论：从复杂度和能耗角度看，对称密钥体制可能比复杂的非对称加密体制更适合于物联网设备。当然，受限于其他制约，对称密钥的分发成为一个重大挑战。因此，任何可能有助于简化密钥管理过程或完全取代密钥需求的方案都是物联网应用中极具前景的候选方案。这正是物理层安全可能会发挥其作用的地方。在物理层安全的具体实现路径上，必须对两种不同的方式加以区别，具体将在下一节中讨论。

17.1.2　物理层安全实现方式

总体而言，存在两种主要的物理层安全实现方式[1-5]：

(1) 基于信道的密钥生成（Channel - Based Key Generation，CBKG）：

节点双方以相互间的无线信道为密钥随机源，产生对称加密密钥，从而实现如高级加密标准（Advanced Encryption Standard，AES）等对称加密体制，保证节点双方通信安全。

（2）安全编码：发送节点采用特殊的安全编码发送信息，使目的节点可以解码的同时窃听节点无法解码。根据是否需要目的节点反馈，可以分成不同解决方案。此时，不再需要经典加密算法和密钥。

因为不需要采用经典加密算法而更加高效、低成本，安全编码方案极具吸引力，但是同时也面临诸多挑战，这些挑战限制了（至少在当前限制了）其在实际系统中的应用。一方面，如何设计强大而低复杂度的安全编码本身需要进一步深入研究；另一方面，也是更为重要的一点在于，安全编码方案只能在合法用户信噪比高于窃听用户信噪比时使用，这在实际场景中难以得到保证。

相反，目前来看，基于信道的密钥生成方案较为成熟，因此对实际应用而言差距更小。此外，这一方案可以与现有的经典密钥体制共存，唯一差别在于如何得到密钥，一旦密钥已经生成，剩余其他过程都是相同的。基于以上原因，本章将主要关注基于信道的密钥生成方案。关于安全编码方案的更多细节，读者可以参考文献［1－3，6］的相关内容。

17.1.3 应用场景与主要需求

正如17.1.1节所述，物理层安全在诸多物联网应用中极具前景。特别是采用基于信道的密钥生成方案，可以实现低复杂度的对称加密密钥，也就意味着更低的资源需求；另一方面，密钥管理大部分都是自动化的。接下来，将列举三种潜在的应用场景，以表明其未来应用潜力。

智能家居：未来的智能家居将打造前所未有舒适感的自动化控制体验。这将通过使用智能手机或是掌上终端对各类设备，例如，厨房电器、供暖、空调系统、灯光系统等的标准接口进行连接而实现。这些接入通常通过一个专门的家居控制器（很多时候也就是一个无线接入点）来辅助实现。采用无线方式连接这些设备，一方面是因为家居设备通常都是可移动的，另一方面，也便于进行连接方案的改进。关键挑战在于两个方面：一是如何减轻用户在建立安全连接过程中的工作；二是如何周期性自动更新密钥以维持高安全性。

智慧城市和精准农业：这类场景通常需要大量低成本传感器、执行器，由于缺乏固定网络基础设施，这些设备通常采用无线方式连接。例如，在精准农业应用中，部署在农田间的大量传感器可以测量温度、湿度、肥力和其他参数，以优化种植，从而提高产量。同样，在智慧城市中，集成到地面的停车传感器可以检测停车场是否有空位，从而为停车引导系统提供有效输入。在这种情况下，需要安全互连的设备数量非常庞大，这些传感器或执行器资源受限的特性使得物理层安全方案（尤其是基于信道的密钥生成方案）比其他解决方案更具吸引力。此外，这些设备可能会在相当长的一段时间内保持使用状态，因此需要一种简便的方法来定期更新密钥。

医疗：在医疗领域，可以通过小传感器测量关键生理指标信号及其活跃程度来监测、跟踪人们的健康状况。为此，需要可穿戴设备或者是可以直接连接到身体的传感器，它们通常首先将收集到的数据传输到智能手机或类似的标准用户界面，然后可以从那里转发到远程服务器进行分析或存储。在这种情况下，所涉及的数据可能非常敏感，因此安全性至关重要。但是，一方面，可穿戴设备和传感器通常缺少用于输入密码或类似内容的复杂用户界面；另一方面，它们又是资源非常有限，又要适合普通用户使用的。因此，物理层安全方案肯定会有所帮助。

基于信道的密钥生成方案，其具体要求是根据特定使用场景及其边界条件而定的。一般来说，在大多数情况下，与实际应用相关的核心要求包括：

（1）应支持生成任意长度的密钥。

（2）生成的密钥应具有完整的熵。特别是，它们不应该显示出可能为潜在攻击者所利用的任何统计模式。

（3）密钥生成机制不应显著增加设备的内存、计算量、存储或能耗。

（4）（初始）密钥生成过程应足够快，以使用户愿意等到完整的密钥生成过程完成。对于典型的智能家居场景，容许的最坏情况下密钥生成时间是10s 级的，其中，最佳时间最多为 2s。

（5）通信双方生成密钥不匹配概率应低于 1%，而且系统应该能够检测到这种密钥不一致情况。

17.1.4　与其他密钥建立方案的比较

在使用任何关键的密钥建立方案之前，应将其与可能的替代解决方案进行比较，以确保选出针对特定情况的最佳方案。为此，本节对以下三种方案进行了比较，即基于信道的密钥生成、椭圆曲线 Diffie - Hellman 密钥交换（Diffie - Hellman Key Exchange，ECDH）协议（使用最广泛的非对称密钥协商协议之一），以及通过适当方法输入密码的手动分发密钥方式，比较情况如表 17.1 所列。

表17.1 三种主要密钥建立方式的比较

比较准则	CBKG	ECDH	密码输入
计算复杂度	中	高	低
带宽需求	中	中	无
实现复杂度	中	高	低
随节点数目的可扩展性	很好	一般	未给出
使用便捷程度	高	高	低
后量子时代适用性	是	否	是
高效的密钥更新	是	部分	否

显然，基于密码的方法在计算复杂度、带宽要求（即安全连接建立时必须传输的数据量）和实现成本方面表现出色，但仍然不是很理想：缺乏可扩展性、易用性低、缺乏有效的密码重新键入支持。在这方面，密码重新键入指的是完全或部分替换密码以限制某个密码的使用时间，从而保证更高的安全等级要求。应该注意的是，人们自己选择密码这种方式获得的密钥通常没有完整熵。相反，ECDH对计算复杂度的要求较高，很难在轻量级的如8位微控制器设备上使用。作为回报，ECDH方案很容易使用并至少在某种程度上提供了重新输入密钥支持，即使这种重新键入将涉及生成完整的全长密钥。但是，ECDH另一个主要缺点是在于后量子时代随着算力足够强大的量子计算机的出现，其安全风险急剧增大，总有一天不再安全[7]。根据具体的实现方式，基于信道的密钥生成方案可能具有适度的计算能力和带宽要求，尤其是在通信节点进行信道估计的情况下（如实际数据传输中）。它具有高度的灵活性、易用性和非常有效的密钥更新支持（只需少量工作就可以从信道中提取新的密钥比特，通过适当方式与旧密钥组合就可以进行密钥更新）。而且，由于其安全性是通过无线信道的物理性质而不是数学难题的计算复杂度来保证的，因此即使在后量子时代也是安全的。综上所述，与其他两个替代方案相比，基于信道的密钥生成无疑是一个更有前途的解决方案，在未来系统的实际应用中应越来越多地考虑这一点。

17.2 相关基础

以下各小节总结了基于信道互易性生成密钥的一些基本知识。17.2.1节简要介绍了基于信道的密钥生成信息理论基础；17.2.2 节概述了密钥生成原理，并介绍了适用于实际系统的体系结构；最后，17.2.3 节介绍并讨论了衡量其性能的关键技术指标。

17.2.1　信息论基础

文献［5，8］首先研究了根据共同随机性生成密钥的问题。该问题假设从一个合法通信节点 Bob 到另一合法节点 Alice 之间存在不受限的公开反馈链路（以进行密钥协商）。文献［1－3］对基于信息理论的物理层安全进行了简要介绍。在此，我们仅考虑每个合法节点获得大小为 n 的一组有噪声无记忆信道观测值作为共同随机源的情况，该情况称为源模型。Alice、Bob 和被动窃听者 Eve 的共同信息被建模为三个随机变量 X^n、Y^n 和 Z^m，它们服从一个公开的联合分布。为便于介绍，假设窃听者 Eve 在 m 个信道上的观测值 Z^m 与 Alice 和 Bob 的观测值相互独立，这实际上可以通过在 Eve 和 Alice/Bob 之间留出足够大的距离来保证。假设 Alice 和 Bob 之间通过无差错信道互相交换的 k 个信息符号 ψ^k 和 ϕ^k，这些信息是 Eve 已知的，因此称为“公开讨论”。基于这一公开信息，两个合法节点分别产生密钥 $K_A=K_A(U_A,X^n,\psi^k)$ 和 $K_B=K_B(U_B,Y^n,\phi^k)$，其中，$U_{A|B}$ 是由两个节点分别产生的用于初始随机化的独立变量。

对于任意 $\varepsilon>0$ 和足够大的 n，若存在一种秘密通信策略使得：①两个密钥几乎完全相同，即 $\Pr(K_A\neq K_B)<\varepsilon$；②公开讨论与密钥之间的“泄漏”互信息可以忽略不计，即 $I(\psi^k,\phi^k;K_A)/n<\varepsilon$；③密钥的熵率 $H(K_A)/n>R_s-\varepsilon$ 接近密钥生成速率；④密钥具有“完全”熵（速率），即 $\log|\mathcal{H}|/n<H(K_A)/n+\varepsilon$，其中，$\mathcal{H}$ 是随机变量 K_A 的有限范围，K_A 是密钥；则密钥速率 R_s 是可以实现的（以每次观察或每个信道对应的比特数为单位）[2]。最大可达安全密钥速率（基于所有的公共交换信息分布）被称为密钥容量 C_{SK}。对于源模型，$C_{SK}=I(X^n;Y^n)$，是可以基于单次前向或后向传输实现的。

17.2.2　一般系统架构

本节的目的是概述基于信道的密钥生成体系结构。实现这一方案面临的实际问题将在 17.3 节中讨论。我们考虑 Alice 和 Bob 想要从相互间无线衰落信道中提取对称密钥，同时，被动的攻击者 Eve 对 Alice 和 Bob 的通信进行窃听并试图得到与 Alice/Bob 完全相同的密钥。在给定的约束下，密钥生成过程可以描述为一系列的模块化序列，这些模块根据互易信道测量结果的相关性依次生成二进制比特，以及最终的密钥序列。图17.2为此系统架构的一般模型，且此过程通常由两个节点Alice和Bob分别进行。

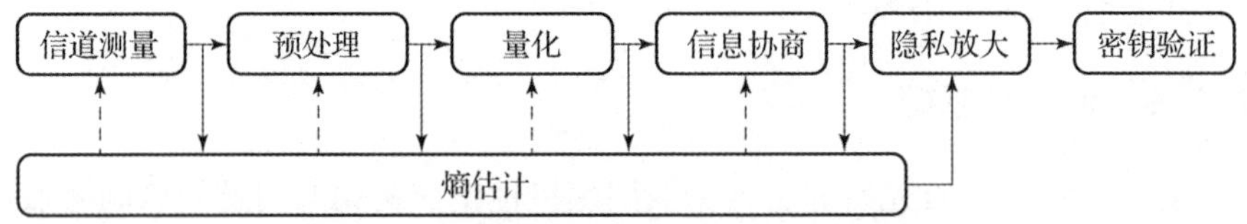

图17.2 基于信道的密钥生成系统一般架构

在第一个模块“信道测量”中，通信节点通过探测无线信道得到合适的信道特性$c(t)$。通常，这一信道特性指信道状态信息（Channel State Information，CSI），如信道传递函数的系数，或者是信道脉冲响应，或者是接收信号强度指示（Received Signal Strength Indicator，RSSI），详细情况将在17.3.1.1节进行讨论。令Alice在时间t_i的测量值为$C_{\mathrm{BA}}(t_i)$，令Bob在时间$t_i+\Delta t_{\mathrm{AB}}$的测量值为$C_{\mathrm{AB}}(t_i+\Delta t_{\mathrm{AB}})$，其中，$\Delta t_{\mathrm{AB}}$必须远小于信道相干时间$T_c$，以确保至少在无噪声且无干扰的信道中保持信道互易性。在一段时间$\Delta t_m=t_{i+1}-t_i$后，Alice和Bob重新进行信道探测。他们重复此过程，直到获得进行下一个模块所需长度的信道探测结果。

下一个模块称为“预处理模块”，主要为进一步处理信道数据做准备，最重要的一点是对不同测量时间测量结果的相关性进行补偿。文献［9－10］对相关预处理方案及其性能做了相应分析。

接下来是“量化”模块，其功能在于将细粒度的测量值映射为二进制比特序列。大体上，可以分为无损量化和有损量化。其中，无损量化（如文献［11］）为每个输入值寻找一个二进制符号，而有损量化（如文献［12］）排除了不可靠的测量值以提高稳健性，降低量化比特的不一致概率。其实，在量化比特数和比特不一致率（Bit Disagreement Ratio，BDR，即不一致比特数与总比特数的比值）之间总是存在一个折中。增加量化阶数能够尽可能保留更多的信道测量信息，然而，量化阶数过多也会导致量化结果对干扰和噪声更加敏感，从而使得BDR上升。量化模块的输出序列被称为初始密钥。

由于信道互易性不完美，Alice和Bob的初始密钥很可能是不一致的。为了解决这一问题，密钥生成过程中又包含一个信息协商（Information Reconciliation，IR）模块。在此模块中，通信节点运行一个专门协议以交换诸如奇偶校验信息，从而以高概率发现并纠正初始密钥之间的不一致比特。文献［13］给出了关于信息协商的各种不同方法。尽管我们将经过信息协商得到的比特序列称为对齐密钥，但应该注意仍存在密钥比特不一致的可能性。此外，信息协商是通过Alice和Bob之间的公开信息交换进行的。因此，攻击者可能通过窃听这一信息交换过程而获取 Alice/Bob 信道测量结果的部分信息。因此，还需要一个“熵估计”模块。在图 17.2 中可见，这一模块与之前介绍的各模块是并行的。它通过收集每个处理步骤的结果，执行一些统计分析，并生成相应控制信号对密钥生成过程进行调整。考虑攻击者对密钥可能获得的潜在信息，可以进一步估计初始密钥和对齐密钥的剩余安全级别。

有了上述信息，在接下来的“隐私放大”模块，对齐密钥的有效熵可以通过如哈希函数等方法压缩为较短的密钥序列。最后，由于仍有残留的不一致密钥比特，在密钥验证阶段，节点遵循协议再次检查密钥是否完全相同。

17.2.3　性能评估的主要指标

基于信道进行高效密钥生成的基本前提是信道高度互易。作为一阶近似，互易性可以通过 Alice 和 Bob 信道测量结果的皮尔逊互相关系数来进行表征。我们注意到使用互相关本身并不适合描述互易性，因为对于非零均值的随机过程而言，互相关性取决于均值，而从本质上讲，均值本身不是互易性的一部分。相比之下，互相关系数是协方差对双方标准差的归一化，因此更适用于表征互易性。但是，如果不是高斯分布的话，互相关系数也不能充分描述观测值的分布情况。此外，互相关系数也不提供关于信道测量值随机性总量的任何信息。可用随机性的原始度量是节点双方两次测量之间的互信息量，这也是非高斯信道互易性的一个恰当描述，并且它与正态分布信道的互相关系数紧密相关。

许多文献[10-12]都给出了其作者在实际系统中取得的密钥生成率。但是，在比较这些结果的时候应注意它们可能是通过不同计算方式得到的。例如，文献［10］中的密钥生成速率是基于量化后未进行一致性协商的密钥序列得到的（然而，不考虑信息协商的话，任何量化方案都能得到任意高的密钥生成速率）。文献［12］比较了信息协商后的密钥生成速率，但没有考虑这些比特序列的熵。例如，在相干时间进行多次测量，其结果是高度相关的，此时，通过少量奇偶校验比特就可以实现对这些高度相关测量结果多级量化的信息协商。在此条件下，可能信息协商后的密钥速率会很高，但其密钥序列的熵就会很低，甚至为零。因此，为了公平，应该使用对齐密钥的熵，或者是等效密钥比特速率（即隐私放大后的密钥比特速率）进行比较。自然地，这也等效于 Alice 和 Bob 协商后比特序列的剩余互信息量（减去泄漏的奇偶校验信息），因为在正确的信息协商之后，给定对方比特条件下的己方比特熵为零（已经唯一确定）。

17.3 一般系统架构

基于信道的密钥生成利用合法通信双方之间的无线衰落信道作为共同的密钥随机源。本节主要论述如何在实际系统限制条件下实现这一方案，并简要叙述实际实现过程中的相关经验。

17.3.1 信道特性

本小节回顾无线衰落信道可用于生成密钥的典型特征。具体而言，我们对接收信号强度指示（RSSI）和信道状态信息（CSI）这两种典型的密钥生成源在实际系统中的适用性进行了比较。最后，对信道测量和生成实际密钥序列过程中遇到的各类影响因素进行了分析解释。

17.3.1.1 无线信道模型

无线信道的传播特性，包括散射、反射和衍射等特性，会引起信号的衰落效应[14]。我们专注于室内/办公室场景下与密钥生成紧密相关的影响，从以下三个不同尺度进行考虑[15]：①短期效应：在单个数据包传输期间，近似认为信道是静态的，但在两次数据包传输之间的信道测量结果是相关变化的。②中期效应：小尺度衰落是从时间角度对各数据包之间信道经历的变化进行描述，并且仅限于10倍载波波长的空间变化范围，相应地，在这个尺度上看，信道是广义平稳且非相干散射（Wide - Sense Stationary and Uncorrelated Scattering，WSSUS）的，这将在后续章节加以解释。③长期效应：以大尺度衰落对10倍载波波长以上的运动变化的影响进行描述，相应地，从这个角度看，阴影效应和路径损耗使得信道呈现非广义平稳特性。

使用宽带传输方案，例如，正交频分复用（Orthogonal Frequency Division Multiplex，OFDM）或跳频扩频（Frequency - Hopping Spread Spectrum，FHSS）可以在有效利用时间分集基础上再利用频率分集来进行密钥生成。根据线性时变（Linear Time - Variant，LTV）系统理论，时变（Time - Variant，TV）系统的脉冲响应$h(t;\tau)$反映了系统在τ时间之后输入狄拉克脉冲函数时的响应，并以此刻画信道特性。通过傅里叶变换，可以得到与滞后时间τ相对应的时变转移函数f，以及与时刻t相对应的分布函数（Spreading Function）v。如果系统是时不变的，则$h(t;\tau)=h(\tau)$。根据因果性，对于任意$\tau<0, h(t;\tau)=0$总是成立。

尽管关于电磁波传输、信道的相关理论已较为成熟，但是在实际系统中，难以精确获得关于传播环境的完美信息（包括物理域的，材料的，表面光滑程度等）。因此，只能在一定程度上假设它们都是随机的。通常，可以将小尺度衰落效应建模为莱斯衰落信道模型，其脉冲响应的时间采样构成一个循环复高斯随机向量，其均值和方差受大尺度衰落效应的影响，因而是固定值。如果存在一个视距（Line - of - Sight，LOS）传输分量或者是一个镜面反射分量（反射面相对波长而言是一个平面），其对信道的影响体现为增加了一个确定性分量（即在 10 倍波长空间内为 1 个常数）[15]。另一方面，信道的漫反射分量均值为 0，因此，信道的时变脉冲响应的二阶统计量可以表示为

$$\mathbb{E}\{\tilde{h}(t_1;\tau_1)\tilde{h}^*(t_2;\tau_2)\} = \bar{h}(\tau_1)\bar{h}^*(\tau_2) + \sigma_h^2 r(\Delta t;\tau_1)\delta(\tau_2-\tau_1) \tag{17.1}$$

式中：$\mathbb{E}$ 表示统计平均；σ_h^2 表示总的方差；$r(\Delta t;\tau_1)$ 为时延相关函数[16]对单位方差的归一化。简便起见，假设信道具有确定性的时不变均值 $\bar{h}(\tau)$。对于发送者、接收者、散射体在 10 倍波长范围内的空间变化[15]，信道通常是广义平稳不相干散射的[16]，这部分体现在式（17.1）右边：对于广义平稳过程，至少一阶、二阶矩是平稳的（对于高斯过程，这意味着是严格平稳的），也就是说它们的取值只和时间差 $\Delta t = t_1 - t_2$ 有关。位于不同位置的散射体对信号传播的延时各不相同，因此对信道产生各不相同相互独立的影响，也就是说，不同时延 τ_1 和 τ_2 所对应的随机变量是不相关的。

总体而言，大尺度衰落只影响 $h(t;\tau)$ 的均值和方差，$h(t;\tau)$ 本身是时变的，受 Alice 和 Bob 的位置影响。此外，移动性也会使信道的镜面分量产生多普勒频移，导致信道均值呈时变特性，在复平面上的旋转角度等于多普勒频率偏移量。也就是说，广义平稳特性相应地做了松弛（见 17.3.1.3 节）。

时延相关函数 $r(\Delta t;\tau_1)$ 描述了信道各路径分量的时域自相关特性，从时延角度对经典时域相关函数进行了扩展，因此对信道测量结果的去相关而言至关重要。其对应于 $\Delta t \to v_1$ 的傅里叶变换，即散射函数 $C(v_1;\tau_1)$ 反映了多普勒频移 v_1 和与之不相关的时延 τ_1 的功率（或者说方差），因此，可用来计算 Alice 和 Bob 各自信道测量结果之间的互信息量（详见 17.4.1 节）。可通过 Wiener - Khinchin 定理得到扩展函数对其进行估计，在时变系统中满足一定条件时上述结论也成立[16]。

17.3.1.2 RSSI 和 CSI

基于信道的密钥生成要求即使是在很小距离内窃听者的信道测量值也必须和合法通信双方的测量值相互独立。因此，在实际系统中，只有信道的小尺度衰落特性能用来生成密钥，而且选取何种类型的信道测量结果作为密钥

随机源，对于生成原始密钥的质量至关重要。RSSI和CSI是最为常用的两种信道特征。对于CSI，我们考虑具有时变特性的信道脉冲响应或者是其他任意形式的傅里叶变换结果，对此已有较为成熟的分析模型（如17.3.1.1节所述），较容易应用于实际系统，理论上也最具有可行性（因为与高斯分布相对应的时域、频域去相关等操作较为便捷），较容易对其理论性能极限进行分析比较。同时，CSI特征也具有较大的时间、空间动态性，因此，能够为密钥生成提供足够的熵，尽管实际系统中基于实时变化的复数CSI相位获取完美互易特征是十分困难的。作为循环复高斯随机变量，信道的实部和虚部是彼此独立的，这意味着该随机变量的幅值和相位是相关的。因此，它们不能作为相互独立的密钥随机源单独输入到两个并行的密钥生成流程。就实际系统而言，从协议高层很难直接获取CSI。某些无线系统（如IEEE 802.11n或LTE）对CSI有内在需求（用于均衡或波束赋形），而其他系统，如IEEE 802.15.4，则不需要显性的CSI。因此，若要很好地利用CSI，就需要深入到集成电路（Integrated Circuit，IC）层面进行基带信号处理。

相反，RSSI值比较容易获得，因为它们基本上可以通过硬件驱动信息来获得。然而，相对于CSI值，RSSI值通常变化缓慢，因为它们本身是自动增益控制（Automatic Gain Control，AGC）环路的一部分；此外，不同于CSI值是复数，RSSI值是实数。上述两个特性导致基于RSSI的密钥生成速率降低。更为重要的一点是，由于RSSI值是一个宽带频谱的能量测量结果，故基于RSSI值的方案难以利用信道的频率选择性。对此，一个例外是跳频扩频方案（FHSS），在最初的IEEE802.11（WiFi）或IEEE802.15.1/4（蓝牙/ZigBee物理层）标准中，基带集成电路可以提供每个跳频信道的RSSI值。由于RSSI值的分布通常是非高斯的，这会使得去相关等信号处理变得非常困难，即便是理论极限也很难获得。由于RSSI能够很自然地在接收链路前端就被确定，宽带能量测量方法给主动攻击者的篡改攻击行为提供了可能：在传输频带边缘的窄带高功率信号足以决定合法通信双方测定的RSSI值，因此使得攻击者可以获知合法双方的测量结果。由于这种篡改信号不一定会扰乱正常的带内信号传输，因此合法通信双方可能检测不到这一行为。

综上，RSSI值更容易获得，但其密钥生成速率也更低，并且更容易受到主动攻击。此外，尽管获取CSI值更为复杂，但其密钥生成速率更高，对抗RSSI攻击的稳健性也更强，因此，使用CSI值进行密钥生成是更为合适的选择。为了减少获取CSI值的复杂度，可以将密钥生成模块集成到基带信号处理集成电路中；另一个解决方案是集成电路制造商通过应用程序接口为用户端提供持续更新的CSI值。

17.3.1.3　实际信道模型和影响

考虑实际场景，Alice 和 Bob 需交替向对方发送训练序列，以便对方进行信道测量。除了 17.3.1.1 节中所述特性，需要考虑同步问题造成的两方面的不完美特性，即多普勒频移造成的载波频偏（Carrier Frequency Offset，CFO），以及收发端的载波晶振不同步。OFDM 方案（在使用同步方案之后）可以认为上述误差足够小，因此每个数据包传输时间内各子载波间不存在相互干扰（Inter - Carrier Interference，ICI）。然而，同步后的载波频偏残余误差使得后续的信道测量结果数倍于 2π 而经历相位旋转，以至于双方信道测量结果不满足完全的相位互易。

其次，采样周期内一定比例的定时相位偏移（Timing Phase Offset，TPO）不会导致符号间干扰（Inter - Symbol Interference，ISI），但会导致频率转移函数的线性非互易相位累加。在实际系统中，每个传输符号时间内的定时频率频移不太明显，因此其影响可以忽略。

此外，合法通信双方本地晶振的不同步虽然导致载波相位（通常受载波跟踪环影响）非互易，但仅仅相差一个参考相位值，因此可以用于密钥生成。如果空间变化范围扩展到 10 倍波长以上，信道变成了非稳态。信道大尺度分量的幅度值与路径损耗以及阴影效应成比例。相应地，信道测量值 $\hat{h}(t;\tau)$ 的总体模型可表示为

$$\hat{h}(t;\tau) = L(\bar{t})\mathrm{e}^{\mathrm{j}2\pi\Delta vt + \mathrm{j}\phi_0(t)}h(t;\tau - \tau_0(t)) + n(t;\tau) \tag{17.2}$$

其中，路径损耗和阴影效应合并在了幅度因子 $L(\bar{t})$ 中。这一因子进一步作用于载波频偏、载波相位，以及真实的广义平稳非相干散射（WSSUS）信道 $h(t;\tau - \tau_0(t))$，其中，时延 $\tau_0(t)$ 是由定时相位偏移和加性高斯白噪声（AWGN）$n(t,\tau)$ 造成的。用 t 表示每次测量的变化，相应地，$\bar{t}$ 则表示长期效应。此外，测得的信道冲激响应也不是因果关系，原因在于传输信号和信道传递函数的测量都是带宽受限的。

正如前文所提到的，由于大空间范围内高度的空间相关性，大尺度衰落效应不能用于密钥生成。这对 SNR 的量化造成了影响。令 γ_{rx} 表示莱斯因子为 $K = \bar{h}^2/\sigma_h^2$ 条件下莱斯信道的接收信号信噪比，那么，方差 σ_h^2 中只有其中一部分才能用于量化，相应地，量化用的信噪比 γ_Q 表示为

$$\gamma_Q = \frac{\gamma_{rx}}{1 + K} \tag{17.3}$$

例如，当 K 为 20dB 时，可用于量化的信噪比也将大约减少 20dB。

17.3.2 预处理

密钥生成过程中的预处理包括插值、互易增强和去相关处理。插值主要解决 Alice 和 Bob 测量结果之间的不一致现象（如果 Alice 和 Bob 不能精确地同时测量同一信道的瞬间值，则测量结果不一致）。这可能是使用不同时间或不同频率的信道引起的，例如，使用时分双工（Time Division Duplex，TDD）或频分双工（Frequency Division Duplex，FDD）测量方案时就会发生这种情况。互易增强是针对非完美信道互易性引起的测量结果失配而设置的步骤，具体而言，导致信道非完美互易性的原因包括硬件差异、干扰和噪声等。对于上述缺陷，可以通过诸如回归或者是 Savitzky – Golay 滤波等曲线拟合技术来进行弥补。最后，去相关是为了聚合测量序列的熵，并允许合法通信双方对去相关样本彼此独立进行量化。在时域中，对测量数据直接进行去相关处理的一种方法是根据估计的自相关函数估计得到相干时间 T_c，并将信道测量的采样速率设为大于 I/T_c。采用上述策略时，尽管信道密钥生成速率将随之降低，但能够提高密钥生成方案的能量效率，因为每一次非相关测量值都包含了最大熵。在实际系统中，我们采用 I/T_c 的 2 ~ 4 倍的采样速率即可得到非相关测量值。去相关的另一种方法是采用恰当的去相关变换，例如，采用 Karhunen – Loéve 变换（ Karhunen – Loéve Transform，KLT）将测量值的协方差矩阵对角化。对于 WSSUS 信道中的平稳过程，KLT 由离散傅立叶变换（Discrete Fourier Transform，DFT）给出。这种变换具有实际优点，即该变换独立于实际信道的统计信息，因此不需要对齐变换矩阵。文献［9］研究结果表明，在 Alice 和 Bob 处应用相同的去相关变换矩阵在实际系统中是有害的。

17.3.3 量化

现有文献提出了一系列不同的量化方案。在文献［17］中，Hershey 等首次提出了一种用于密钥生成的量化方案，而文献［18］提出了更多实际系统中更具可行性的方案。上述方案与文献［11，19］中所给出的量化方案是类似的，以 RSSI 值为信道指标。不同之处在于，文献［11］将最小值与最大值之间的整个取值范围分成了一定数量的相同大小的量化区间，文献［19］则是通过估计测量序列的均值和标准差来设定量化过程中的多个门限值。文献［10］则描述了一种基于信道的经验概率密度函数（Probability Density Function，PDF）的等概率量化符号方案，通过此方案可增加生成符号序列的熵。然而，在中等和高信噪比的情况（也就是基于信道的密钥生成方案在实践可行的情况）下，我们从理论上观察到，与均匀量化相比，文献［10］量化方案取得熵的增益可以忽略不计，而均匀量化方案还更为容易实施。文献［12，20－23］还提出了几个密钥生成方案。文献［24］对这些方案在量化技术上的不同之处进行了比较。从实用的角度看，方案的复杂度、安全性和适应性都是至关重要的。基于 PDF 的方法在某些方面乍看起来可能具有好处，但它却是相当复杂的，而且基于有限观察来计算门限也是不准确的。此外，一些量化方案已被证明是易受主动攻击的[25]。特别是在时变环境中，量化方案必须足够适应动态变化的信道状况。在实际应用过程中，使用保护间隔的（有损）量化方案能够起到很好的效果，具体而言，就是根据信息协商过程中纠错的数量估计得到密钥比特的不一致率，进而对量化区间数，以及测量结果标准差的估计值调整其门限。

17.3.4　信息协商

对这一过程，需要区分两种不同的协议：即带边信息的信源编码和交互式纠错协议。在第一种情况下，Alice 将其序列 X 编码为 $a\ (X)$，并发送给 Bob。如果 X 与 Bob 的序列 Y 有足够的相关性，Bob 应该能够基于 $a(X)$ 和 Y 重建 X，而共享 $a(X)$ 过程中泄漏给 Eve 的熵应该尽可能小。用于减少熵泄漏的方法包括码偏移量结构和综合结构[26]，原理在于通过纠错码来推导 $a(X)$，如采用 Turbo 码或 LDPC 码。如果使用交互式纠错协议，Alice 和 Bob 可以通过交替进行的二分搜索和公共讨论发现不一致位置。常用的协议包括 Cascade 协议[27]和 Winnow 协议[28]。文献［13］对不同的信息协商方法进行了广泛研究。实际上，我们更喜欢第一个方案（特别是码偏移结构方案），尽管交互式纠错协议方案能够天然适应不断变化的信道环境。原因在于交互式纠错协议方案往往需要交换更多的数据包，因此能量效率较低（传输数据包的能量消耗占总体能量消耗的主要部分）。此外，在一定的输入错误率条件下，交互式纠错协议往往比基于编码的协议泄漏更多的信息。特别地，代码偏移结构几乎可以与任何纠错代码一起使用，因此非常灵活。对于一个自适应系统，根据之前传输块中关于已纠错数的反馈，我们可以从可用码本中选择码字。

17.3.5　熵估计

通过熵估计测试（如采用美国国家标准与技术研究所提出的测试方案[29]），可以估计对齐密钥序列每个比特的熵。考虑攻击者获取关于密钥的潜在信息，可以估计初始密钥和对齐密钥的剩余安全级别。由于上述估计是在实际密钥生成过程中进行的，因此只能获取较短的数据序列。然而，对短随机序列进行统计分析意味着高度的不确定性，因此需要慎重选取适当的熵估计方案。文献［30－32］提出了几种基于观察结果的熵估计方法。然而，这些结果只适用于（渐近）长序列情况，在上述短序列场景中可能不合适。保守估计会导致过多的开销，并降低系统效率；乐观估计则会降低系统总体的安全性。在实践中，我们发现分解的上下文树权重（Decomposed Context Tree Weighting，DCTW）[33]和Lempel－Ziv压缩[32]方案可能是较有潜力的候选方案。除此之外，在实践中，还需要一个系统监控模块，以检测关键的系统状态，例如，由静态信道测量或受干扰信道测量引起的状态变化。检测静态信道的恰当方法是，计算一段时间内的过零次数。如果信号中过零点太少，就可以认为信道是静态的，并将该时间段内的测量结果从密钥生成中排除。

17.3.6 隐私放大和密钥确认

进行隐私放大的一个实用方法是缓存信息协商后的比特直到它们总的估计熵大于所需的安全级别。然后，使用加密散列函数对所有数据进行隐私放大进而得到密钥序列。出于安全考虑，我们选择了面向未来攻击的SHA－3算法。在实践中，对密钥进行后向验证非常重要[34]。对此，Alice可以使用其密钥K_A加密一个随机数n并将结果传输给Bob，Bob解密这一随机数后加1，再用自己的密钥K_B对其加密并传输给Alice。Alice再次解密并检查该数字是否为$n+1$。如果是，则表明密钥K_A和K_B是相同的。

17.3.7 安全考虑和能量消耗

除了已经考虑过的被动窃听，还应考虑可能存在的主动攻击，例如，阻塞、拒绝服务（Denial of Service，DoS）或者干扰。根据对对手能力的评估（技术专长、方案了解度、机会窗口、设备等），我们发现以下攻击应视为即刻威胁：①经典的中间人攻击。通过模拟Alice和Bob并使两个节点重新配对，攻击节点可以中继和重放Alice和Bob交换的数据。在实际系统中，尽管中继射频信号很难被检测或防范，但中间人攻击可以通过适当的身份验证和时间戳的机制加以解决（参见17.5.2节）。另一个应对措施就是使用适当的监视模块（参见上一节），以检测信道条件的不合理变化。②如17.3.1.2节所述的RSSI值操控。除上述对策，密钥验证（参见上一节）也是检测此类攻击行为必不可少的一个步骤。③阻塞和典型的DoS攻击，例如，用密钥交换请求/发起淹没合法通信双方中的一方。基本上，在给定的约束条件下，很难对抗干扰或 DoS 攻击。

一般来说，由于现有方案（如 ECDH）需要复杂的数学计算，并且会给连接到设备的电池电源带来很大的压力，因此基于信道的密钥生成被认为是一种可行的替代方案。虽然基于信道的密钥生成的一个主要优势就在于它较低的计算复杂度，但是对采用此方案时嵌入式设备的能量消耗究竟如何却很少分析。虽然 ECDH 方案已有优化实现方式，但在现代安全研究中对密钥生成方案的分析还有待深入。文献［35］直接对这两种密钥协商方案进行了比较，给出了各自的优缺点，并考虑了各自的能量消耗。文献［36］研究结果表明，在基于信道的密钥生成方案中，总的能量消耗主要用于数据收发（包括信道估计阶段）。相对于基于信道的密钥生成方案，采用 ECDH 方案系统的数据传输能耗更低。然而，对于生成单个密钥而言，基于信道的密钥生成方案的能耗很大程度上取决于具体的量化方案和信息协商方案。研究结果也表明，在传输数据包长度一定条件下，通过进一步优化各步骤中的具体算法，基于信道的密钥生成方案可以实现比 ECDH 方案更低的能耗。此外，也可以利用常规数据交换或信息协商阶段的通信来完成信道估计，从而降低对专门信道探测的需求。更进一步地，可以利用传感器来检测设备的移动，从而在信道会发生动态变化时触发信道探测，减少不必要的信道估计开销。

17.4　实验结果

本章的前面部分描述了基于信道的密钥生成的一般过程以及信道的典型特征，为实际系统中的应用问题奠定了基础。接下来，将给出两个实际的演示案例，并对其性能进行评估。首先，17.4.1 节给出了实际系统中进行 CSI 测量的一个场景。随后，给出了另一个利用商用化设备进行密钥生成的场景，其可利用的信道特性为 RSSI 值。尽管已有文献给出了基于信道的密钥生成相关实验结果，但其评估方法不成体系，是在各自不同的生成模块、参数以及性能指标下得到的。大部分结果是基于 RSSI 值得到的，如文献［10 – 11］。正如 17.2.3 节所述，很难对这些文献得到的结果进行一个公平的比较。例如，文献［10］给出的是未经过信息协商的密钥生成速率。文献［11 – 12］则未考虑密钥比特的熵。基于图 17.2 给出的系统架构和之前定义的各性能指标，可以设计一个清晰的、可重复的评估框架。17.4 节对现有工作的另一个扩展在于考虑了在线熵估计（如 17.3.5 节所述）。尽管这不能保证接近真实的熵，但可以防止估计结果过于乐观，并且提供了一个公平比较的方法。此外，需要注意的是，比特不一致率和密钥比特生成速率反映的是与所考虑场景和评估方法紧密相关、又互不相同的密钥生成性能指标。

17.4.1 基于CSI的密钥生成实验

很少有实验利用标准无线传输（我们用的是802.11）获得CSI测量值。文献［37］将水平交叉算法应用于IEEE 802.11a系统的信道冲激响应的第一个抽头系数。在文献［12］中，Mathur等则是只使用802.11a格式信号测量的冲激响应最强抽头系数的幅度值。上述文献均未使用到信道的频率选择特性，以及信道的相位特性。文献［38－40］采用IEEE802.11n架构进行CSI测量，并且给出了具体系统的密钥生成速率，但它们均未基于实际测量值计算出理论极限。文献［23］采用信道探测器对2.5GHz频段、80M带宽的信道传递函数的8个频点进行测量，计算了Alice和Bob测量结果之间的互信息量，也给出了窃听者Eve的测量结果。然而，作者并没有使用一个标准系统。我们的实验使用CSI作为原始数据，在软件定义无线电（Software－Defined Radio，SDR）平台上进行了密钥生成，由于无线传输的任意参数都可以获得和调整，因此是一种灵活的原型验证方式。我们通过这个实验来观察对于具体的信道测量结果，实际的CBKG方案能在很大程度上接近理论最优。通过使用GNU Radio与Ettus USRP N210硬件，我们实现了基于IEEE 802.11n WiFi标准的信道测量和数据传输。在应用层，Alice和Bob采用时分双工方式，每10ms交换一次OFDM数据包，其中，包序列号用于对齐双方的信道测量结果（即数据包的载荷），这一序列号与信道估计结果都存于同一文件，用于MATLAB进行离线处理。在这里，Alice和Bob双方的信道测量结果是对齐的，预处理过程如下。

如17.3.1.3节所述，需要对信道测量的扰动进行补偿，以得到互易的、广义平稳的时变信道估计结果。为此，进行如下过程：利用相位的线性回归估计由定时相位偏移（TPO）引起的信道传递函数的线性相位，然后通过将传递函数的子载波与该估计值的复共轭相乘进行相位补偿。为了补偿载波频偏，以及双方测量结果之间的未知相位差，所有子载波的相位均相对参考子载波相位进行反向旋转。为了补偿大尺度衰落效应和获取广义平稳信道的测量值，对所有接收信号（所有子载波）缓慢时变的功率进行了估计。随后，对信道测量结果进行归一化，得到单位方差。对于时域内非相干散射信道，通过反傅里叶变换（Discrete Fourier Transform，DFT）对信道传递函数的离散子载波进行去相关，从而实现对每个抽头的独立处理。由于每个抽头都可能有一个镜面分量，彼此间有相互独立的多普勒偏移，因此其均值是缓慢时变的。此外，某些抽头可能会随时间推移受到更大影响，而另一些抽头的影响则可能会减弱。因此，均值和方差随着时间变化需要不断估计和跟踪。对测量结果的均值和方差进行补偿，导致噪声以及时变信噪比的方差也呈时变特性。通过应用 Wiener - Khinchin 定理的推广，以及对多次测量进行平均，可得到散射函数。

到写本章的时候，这个实验还在进行中，所以只实现到了图 17.2 中的预处理块。实现信号处理链剩余步骤的进一步结果尚未得到。对于密钥生成过程中的这些步骤，只在这些时间间隔内使用那些抽头系数，已能够得到足够大的信噪比用来进行量化和信息协商（当然，这取决于具体采用何种方案）。

实验的典型测量结果如图 17.3 所示，考虑一个办公室场景，Alice 和 Bob 分别在相距 10m 的固定位置，但是 LOS 路径上有人穿过。测量带宽为 40MHz，在进行前述信号处理之后时变信道传递函数的幅度和相位如图 17.3（a）和 17.3（b）所示。从图中可以直观地观察到，Alice 和 Bob 得到了非常相似的幅度和相位测量值。在这种办公室场景中，信道呈适度频率选择性，因为幅度变化只有 15dB 左右。对于未使用的零号子载波，其过零线和相位都只有中等变化。图 17.3（c）也验证了上述结论，只有少数抽头的功率较为显著。在图 17.3（d）中，多普勒功率谱密度（Power Spectral Density，PSD）并未呈现出如典型 Jakes 模型般的 U 型功率谱密度，而是一个以零多普勒频率为中心的钟形形状。这表明环境周围散射点并不是像 Jakes 模型那般在以接收者为圆心的圆上均匀分布的，而是位于 LOS 路径和它的两侧。

为了得到从一组特定测量数据中提取密钥比特的速率（以比特/秒为单位）上界，我们将文献［41］中第 II. A ~ C 节的研究扩展到广义平稳非相关散射时变频选信道。我们计算了 Alice 和 Bob 对时变信道冲激响应 T_m 时间内测量样本的互信息量 $I(\boldsymbol{h}_A;\boldsymbol{h}_B)$。在 Alice 和 Bob 时变信噪比相等，以及二者测量结果服从联合高斯分布（即离散散射函数 $C(v_1;\tau_1)$）的假设条件下，我们得到了二者的互信息量作为一个上界。对于一个时间离散的广义平稳非相关散射信道，（逆）DFT 是 KLT 特征值问题的解，因此也就是对时间和频率进行二维变换得到去相关样本。因此，对这么一个信道，其散射函数就对应了其方差，对于 AWGN 信道，对应的就是每个在多普勒偏移上非相关变量 x_i 的信噪比 γ_i。由此，容易推导出高斯分布条件下安全密钥速率的上界[41]，如下：

$$R_S = \frac{1}{T_m} I(\boldsymbol{h}_A;\boldsymbol{h}_A) = \frac{1}{T_m} \sum_{i:(\tau_1,v_1)} \log_2\left(1 + \frac{\gamma_i^2}{1+2\gamma_i}\right) \tag{17.4}$$

其中，求和是对所有（ν_1；τ_1）样本集合的求和。

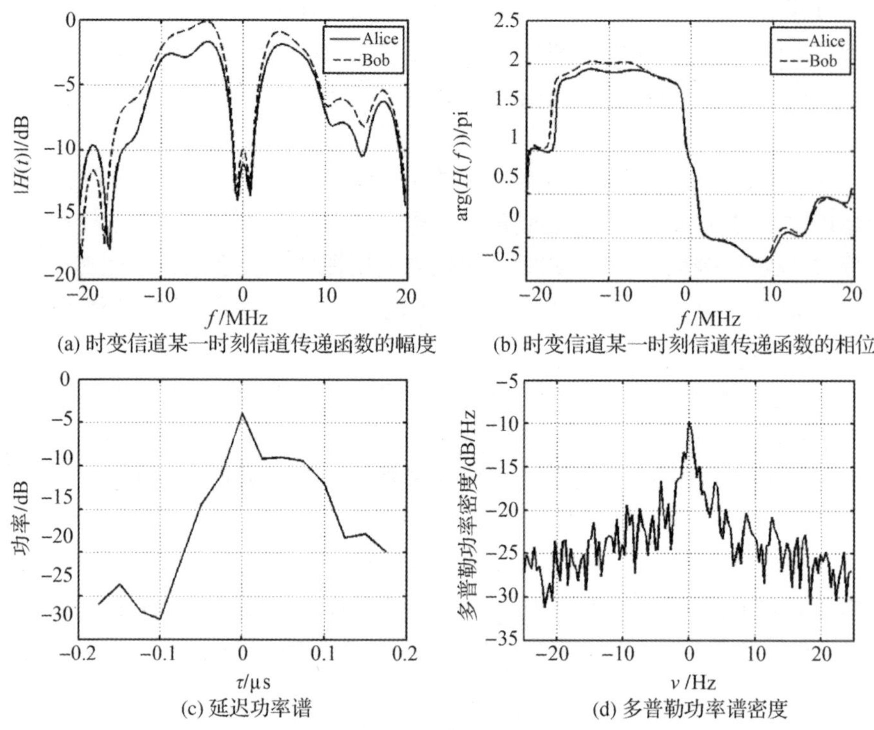

(a) 时变信道某一时刻信道传递函数的幅度

(b) 时变信道某一时刻信道传递函数的相位

(c) 延迟功率谱

(d) 多普勒功率谱密度

图 17.3 办公室场景下 CSI 测量值

为了让大家对可达密钥比特生成速率有个大致印象，表 17.2 给出了基于信道测量结果得到的密钥速率上界的加和以及平均值，我们的测量是在 2.4GHz ISM/WiFi 开放频段 40MHz 带宽内进行的，在办公室环境中针对不同场景进行了测量。在第一种场景中，Alice 和 Bob 在桌子上静止不动，大约彼此相距 1m，通过 LOS 链路连接。很明显，完全静态的环境几乎不能产生任何的密钥生成所需的随机性。在第二种场景中，Alice 是静止的，而 Bob 在同一张桌子上移动，保持大约 1m 距离，此时，仍然存在很强的 LOS 链路。Alice 和 Bob 之间短距离信道具有较大的 Rician*K* 因子，而不可用的镜面分量占主导地位，可用的其余分量作用很小。上述现象在距离较远、但仍是 LOS 信道占主导的场景下仍然存在。例如，当 Alice 静止在桌子上，Bob 在整个办公室内以一定速度运动的场景。与 17.3.1.1 节中设想一致，在镜面分量较弱的移动信道中，我们获得了最大的密钥速率。具体地，当 Alice 仍然是静止在桌子上，而 Bob 则穿过金属/玻璃门进入距离约 10m 的有金属屏蔽的房间。类似地，文献［23］中给出了在 50m 距离上 LOS 链路条件下的实验结果，发现互信息量在 40 ~ 80 比特每通道。然而，文献［23］的测量场景和我们不同，是在 2.5GHz 载波频率 80MHz 带宽的 8 个子载波上进行测量的，测量频率为每 3ms 一次。因为互信息量与测量次数，以及测量结果之间的相关性呈很强的非线性关系，增加测量频率能够使得互信息量单调增加，因此很难将其结果与我们的实验结果相互比较。文献［38－40］则在 IEEE 802.11 系统中实现了移动场景下 60～90 比特每秒的密钥生成速率，小于表 17.2 中所给出的理论极限，但已达到相同量级。

表 17.2 实际系统中不同场景下的密钥生成速率

Alice－Bob 距离/m	场景	密码输入
1	完全静态	0.01 … 0.4
1	移动环境	0.2 … 30
10	移动，强 LOS	70 … 100
10	移动，NLOS	120 … 240

从办公室场景中的测量实验结果来看，可以得出如下结论：在被认为是比较困难的无线传输场景中，例如，非 LOS 场景、远距离场景，或带内干扰等场景，经过如此复杂的信号传输状况后，仍然可以获得互易的信道测量结果。甚至在 Alice 和 Bob 没有任何运动的条件下，所得到的信道仍然是高度互易且动态随机的，原因在于设备周围散射点不易关注到的运动。当然，相同 WiFi 信道上来自其他设备的干扰会导致一些非互易性。需要注意的是，即使是非 LOS 链路条件下，也可能存在很强的镜面分量，这是由于平面（相对于载波波长 λ_c 这个尺度而言）反射导致的，例如，镀有金属的玻璃窗或墙壁上的金属框架都会导致信道存在非零均值的抽头。非 LOS 场景显示了较短的信道相干时间，也就是说单位时间内密钥生成速率更高。此外，即使是在带宽 40MHz 的情况下，信道也只是显示了中等程度的频率选择性。在 128 个抽头中，大约 7 个抽头的信噪比已经足够高，以至于他们贡献了密钥速率的绝大部分。同时使用这些抽头，让密钥速率相对仅采用第一抽头情况提高了 2.5～3 倍。

由于信道在我们考虑的传输频带内只有中等程度的频率选择性，因此参考子载波和其他子载波相位高度相关。在这些情况下，信道相位只能提供很少的随机性。在一般情况下，测量得到的 CSI 和高斯分布非常吻合，当然，也有些测量的 CSI 明显是非高斯分布的。但是，所有测量结果中第一抽头总是服从复高斯分布的。我们从来没有观测到 Jakes 功率谱密度，事实上，它们更像是一个钟形的分布。这意味着在给定信道相干时间或者是最大多普勒频率条件下，其提供的熵比 Jakes 功率谱条件下要小。

17.4.2　基于 RSSI 的密钥生成实验

为了进行基于 RSSI 的密钥生成实验，我们采用商品化生产的硬件搭建了另一个实验系统。该系统包括一个笔记本电脑（用来作为实验监控设备），三个树莓派设备（分别作为 Alice、Bob 和 Eve），设备可以连接不同的 WiFi 适配器，以实现异构通信。WiFi 适配器配置为 802.11n 监控模式，可以对信道进行观察并捕捉空中传输的每一个数据包。通过注入 WiFi 管理维护帧，可以周期性地对信道进行探测。显然，通过窃听信道 Eve 也可以观察到这些数据包。每收到一个数据包，就可以得到一个 RSSI 值，因此，随时间推移可得到一个 RSSI 序列。为便于评估，这些测量结果都提供给电脑，以对数据进行处理并模拟 Alice、Bob 和 Eve 三者之间的密钥分发过程，上述过程可总结为表 17.3。

表 17.3　本章考虑的实际系统实现方法

模块	方案
预处理	移动平均滤波器
量化	无损多阶量化[11]
信息协商	基于校正子的信息协商[26]
熵估计	DCTW[33]
隐私放大	SHA-3

在搭建上述系统的基础上，密钥生成过程采用图 17.2 所示架构[42]，具体如下：

由于 17.2.2 节中给出的预处理方案是一个可选项，这里将其略去。相反，我们采用了移动平均滤波器，以降低路径损耗和阴影衰落的影响。这在高移动性场景下显得尤为重要，因为此时发送者和接收者之间的距离会发生显著变化。随后，根据文献［11］采用 2bit 无损压缩方案对得到的数据进行量化。该方案对多个量化区间内的每个样本进行逐一检测，并赋值为一个特定长度的二进制符号。整个 RSSI 序列被划分成 250 个测量值为一段的子序列，以便于分别计算各子序列的量化界限。然后，将每个 RSSI 子序列从最小值到最大值之间的取值范围划分为大小相同的若干量化区间。在此基础上，我们使用基于校正子的信息协商方案[26]，采用的 BCH 码为（255，47，85）。具体地，Alice 根据自己的 RSSI 序列 X 计算一个校正子 $S_A = \text{syn}(X)$，并将其发给 Bob。在接收到 S_A后，Bob 用同样方法计算出自己 RSSI 序列 Y 的校正子 $S_B = \text{syn}(Y)$，并得到 $\text{syn}(X-Y) = \text{syn}(X) - \text{syn}(Y)$。通过解码 $\text{syn}(X-Y)$，Bob 得到一个满足条件 $X = Y + Z$ 的序列 Z。

与图 17.2 不同的是，我们没有在每个模块之后都执行熵估计，而是只在信息协商之后进行熵估计。具体使用了 DCTW[33]，DCTW 是一种无损压缩方案，它采用可变阶数 Markov 模型推导出上下文树路径作为符号发生的概率。尽管采用压缩无法穷尽所有情况进行熵估计，但仍然是解决冗余缺陷的好方法。此外，我们也考虑了在信息协商期间信息泄漏导致的熵损失。上述细致考虑使得我们的结果更加接近实现系统中 Alice 和 Bob 共同知道的密钥信息。最后，当得到了足够多的熵，我们采用 SHA－3 函数进行隐私放大，将比特序列压缩成所需长度的密钥序列。我们对 Alice 和 Bob 的密钥进行比较，结果验证了密钥的一致性。

通过上述搭建好的系统模型，我们在不同环境的不同移动性条件下进行了相应的测量实验。具体地，我们考虑了室外（O）和室内办公室环境（I），考虑了静态（S）和移动（M）节点，也考虑了同构（Hom）和异质（Het）网络架构，总共有 8 种不同的测量场景，具体结果将在后面展示。每次测量时间固定为连续的 10min，在移动场景中，Bob 沿着圆形轨迹移动，而在静态测试场景中，Bob 处于一个没有 LOS 链路的固定位置。攻击者 Eve 总是处在一个与 Alice 保持 15cm 距离的固定位置。在静态室内场景中，Alice 和 Bob 相距 7.5m；在静态室外场景中，Alice 和 Bob 相距 20m。由于在移动场景中 Bob 运动呈圆形轨迹，因此，室内条件下 Alice 和 Bob 之间的距离变化范围为 5 ~ 12m，室外条件下 Alice 和 Bob 之间的距离变化范围为 10 ~ 30m。尽管信道探测速率设置为 1000 次/s，但受丢包因素的影响，真正的有效探测频率是随各具体场景变化的。例如，在同构室内移动场景（I－M－Hom）中，有效探测速率为 170 次/s，而在异构室内移动场景下，有效探测速率下降到 122 次/s。

图 17.4（a）给出了在室内静态同构场景（I－S－Hom）下 Alice、Bob 和 Eve 各自 RSII 值的测量情况（分别为 RSSI_{BA}、RSSI_{AB}、RSSI_{BE}）。显然，信号强度的平均值几乎不随时间变化。虽然离散的 RSSI 值都有小范围的起伏变化，但显然 Alice 和 Bob 的变化是各不相同的，因此这些起伏变化不是互易的。由此可得出结论，这些随机的起伏变化主要是由加性噪声引起的，而不是由互易的信道衰落引起的。相应地，图 17.4（b）给出了室内移动同

构（I-M-Hom）场景下测量结果序列随时间变化情况。由图中结果可观察到，Alice和Bob的序列高度相关，表明信道具有高度的互易性。此外，$RSSI_{BE}$序列与$RSSI_{AB}$和$RSSI_{AB}$序列几乎不相关。因此，Eve的测量结果并不能让其得到关于Alice和Bob随机源的任何信息。

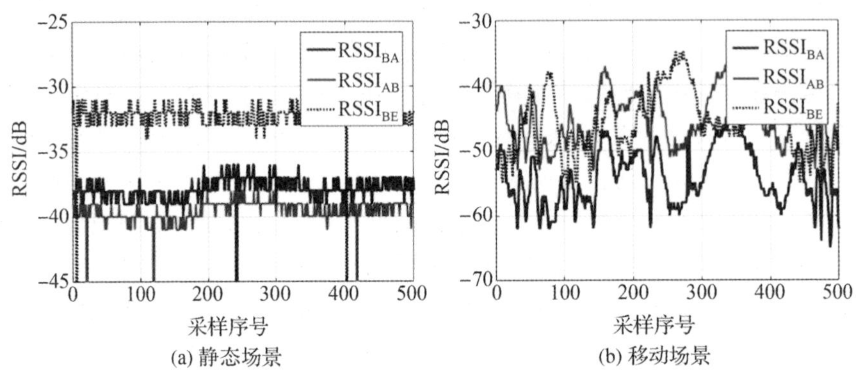

图17.4 室内静态和移动场景下的RSSI测量序列

相应地，通过相关系数ρ_{pp}、密钥不一致率BDR、原始密钥生成速率KBGR、压缩ν_c，以及等效密钥生成速率等对RSSI值进行量化评估。结果如表17.4所列。

表17.4 不同测量场景下的实验结果

场景	ρ_{pp}		BDR		$KBGR_{raw}$ /(bit/s)	v_{DCTW}	$KBGR_{eff}$ /(bit/s)
	AB-BA	AB-BE	AB-BA	AB-BE			
I-S-Hom	0.203	0.072	0.469	0.499	0.84	0.308	0.05
I-S-Het	0.077	0.055	0.498	0.498	0.41	0.196	0.01
I-M-Hom	0.835	0.373	0.180	0.414	158.59	0.529	15.45
I-M-Het	0.840	0.315	0.187	0.430	124.63	0.582	13.37
O-S-Hom	0.093	0.077	0.470	0.487	2.53	0.360	0.17
O-S-Het	0.075	0.060	0.495	0.488	0.64	0.295	0.04
O-M-Hom	0.815	0.449	0.221	0.381	85.47	0.502	7.90
O-M-Het	0.671	0.347	0.301	0.422	25.06	0.449	2.08

可以注意到，移动场景中节点的移动性对信道互易性具有重要的影响意义。在移动场景中，Alice和Bob测量结果的相关系数大约为80%左右，相

应可得密钥比特不一致率约为 20%。在静态场景下，测量结果相关系数下降到 10% 以下，导致接近 50% 的不一致率。因此，密钥生成效率变得十分低效。同时，Eve 的观测结果（AB – BE）使其能够计算 Alice 和 Bob 的密钥。如表 17.4 所列，Eve 的密钥比特不一致率在移动场景下为 40% 左右。因此，Eve 基于自己的观测去猜测 Alice 和 Bob 的密钥是很困难且效率低效的。

为了测量密钥比特生成速率，我们定义了初始密钥生成速率，它指的是每秒成功提取的且经过 Alice 和 Bob 一致性校验的密钥比特数。然而，由于我们并没有根据信道相干时间的变化来调整信道探测速率，因此考虑到可能存在的过采样情况（参见 17.2.3 节），我们采用了 DCTW 方法进行压缩。式（17.5）定义的等效密钥生成速率则考虑了信息协商过程中的熵损失，即

$$\mathrm{KBGR}_{\mathrm{eff}} = v_{\mathrm{DCTW}} \cdot \mathrm{KBGR}_{\mathrm{eff}}(1 - \phi) \tag{17.5}$$

式中：v_{DCTW} 表示采用 DCTW 时的压缩率；ϕ 表示信息协商过程中的熵损失。式（17.5）中 ϕ 同样会受到剩余序列中相同数量冗余量的影响。因此，信息协商过程中每个数据比特经过信息交换后的熵 $v_{\mathrm{DCTW}} \leqslant 1\mathrm{bit}$，$v_{\mathrm{DCTW}}\phi$ 则表示有效熵损失。事实上，这可能是一个相当乐观的假设。作为一种保守方法，例如，在具有严格安全要求的关键应用中，应该假定熵损失最大，即信息协商过程中传输的每一个比特也透露一比特的熵。从表 17.4 可以看出，移动场景下的压缩比 v_{DCTW} 确实明显高于静态场景，其原因在于移动信道条件下信道相干时间减少。因此，在移动场景中，有效 KBGR 最高可达 15bit/s，而静态场景下有效的密钥生成仍然具有挑战性。这里，有效 KBGR 明显低于 1bit/s。

显然，前面提出的方案性质是相当基本的，因为它是用现成的硬件实现的，没有考虑任何自适应或系统优化。然而，分析结果对个人移动场景和环境的影响提供了有价值的参考，尤其在比较 $\mathrm{KBGR}_{\mathrm{raw}}$ 和 $\mathrm{KBGR}_{\mathrm{eff}}$ 的结果时，比特生成速率和熵率之间的差异变得明显。

17.5　进一步研究方向

物理层安全——无论它是通过基于信道的密钥生成还是安全编码来实现的都可以在两个设备之间建立一个保密的无线链路。然而，仍然有一些重要挑战亟须解决，包括对不同攻击者模型进行更详细的分析[43-44]。然而，单独考虑物理层安全本身并不能满足实际系统的所有安全需求。因此，需要额外机制来为现实世界的部署打开大门。本节将简要介绍这一点，并详细阐述有线系统中可能的物理层安全方案。到目前为止，有线系统中的物理层安全

还没有在文献中得到真正的解决，但为各种实际场景提供了相当多的潜在和有趣的应用。

17.5.1 缺失的模块

除了建立一个保密无线链路（这是物理层安全可以实现的）外，建立一个全面的安全架构还需要额外的模块。在这方面的主要挑战是在将物理层安全与其他安全方案结合时如何保持其独具的优势，特别是它的高易用性。下面将概述一些值得关注的方面，但应该注意的是，这个概述并不全面。我们目标在于让人们意识到，在物理层安全真正在实际系统中获得广泛成功之前，必须克服额外挑战。

初始身份验证：需要初始（实体）身份验证，以确保与另一个节点通信的节点确实是其所声称的那个节点。例如，如果没有合适的初始身份验证方案，攻击者 Eve 就可以简单地伪装成 Bob，然后与 Alice 一起生成对称密钥，因为 Alice 以为自己和 Bob 通信。这种方案基本上只需要用于初始身份验证。一旦成功地对节点进行了身份验证并建立了对称密钥对，（后续的）身份验证可以追溯到生成的对称密钥的相关信息。

在当前的系统中，这个问题通常是通过证书来解决的，然而，这又涉及两个问题，一个是相当高的资源需求，另一个是复杂又昂贵的公钥基础设施的可用性[34]。因此，基于证书的解决方案将在很大程度上抵消了物理层安全所能提供的许多好处。同样，预先共享密钥也可以自动实现初始身份验证，因为假定只有合法节点才能拥有预先共享密钥。然而，如果将预先共享密钥与物理层安全结合使用，人们就必须自问为什么需要物理层安全，为什么不将预先共享密钥也用作任何密码的基础。因此，身份验证方案是必不可少的，且该方案在复杂性、可用性等方面表现出与物理层安全性相似的特性，并可以以适当的方式与物理层安全性结合起来。17.5.2 节将给出一个与之相关的示例。

端到端安全性：对于许多（如果不是大多数）实际感兴趣的用例来说，它必须确保某个终端设备和另一个连接到不同网络的设备（如服务器或云）之间的通信安全。因此，我们必须在端到端的基础上建立安全连接。然而，物理层安全本身只能确保某个无线链路或某个多跳无线链路的安全性，目前还不能保证有线骨干网（如互联网）的传输安全。一种解决方案是在更高层上实现端到端安全，如通过使用传输层安全性（TLS）或类似技术。然而，这意味着设备无论如何都能够使用非对称加密，故而将损害物理层安全性的独特优势。另一个实现这种物理层安全与端到端安全相结合的方法在于建立一个多阶段的安全解决方案，以提高系统总的安全水平，但尚不清楚这种方式是否需要额外步骤的支持。因此，如何在扩展框架中嵌入无线物理层安全方案，从而实现端到端安全，需要创新的思路。一个显而易见的办法是通过两阶段方式加以实现：首先，使用物理层安全保护从终端设备到充当网关的无线接入点的无线链路安全；然后，使用如公钥加密方法等传统安全机制保护从网关到因特网中任何其他服务器的连接安全。当然，这需要网关是可信任的，但是对于智能家居或医疗保健应用程序，这种假设可能是合理的。当然，其他解决这个问题的想法或许能够强有力地推进物理层安全走向实用。

一致性能：在实践中广泛采用物理层安全方案的另一个先决条件是在许多不同的场景中保持一致性。这里的一个主要挑战在于，受具体应用场景影响，实际的传播条件（这对 CBKG 至关重要）可能会有很大不同。然而，终端用户总是期望一个不同环境下可比较的性能（如密钥建立所需的时长）。这一点在静态环境中特别重要，因为在这种情况下，无线信道可能不包含足够的熵，无法在任何合理的时间内生成足够的安全密钥。因此，一方面，需要自适应的方法来保证总是能够从特定的传播环境中获得物理密钥生成最大的好处；另一方面，必须提出处理静态环境的创新想法。可以考虑的一个方向是人为地在无线信道中引入一些随机性，如通过某种辅助设备[45]。

标准化：最后同样非常重要的一点是标准化，这也是在实践中为物理层安全铺平道路的另一个必要条件。在许多相关的用例场景中，包括 17.1.3 节中概述的那些用例场景，终端设备（如身体传感器或智能恒温器）的供应商并不向这些终端的客户出售相应的无线接入点或智能手机。虽然纯粹的基于软件的解决方案在原则上可以在许多不同的设备上运行，但这需要终端用户的额外工作和专业知识。这可能进一步导致物理层密钥性能的问题（和潜在的不安全），因为至少在目前的芯片中，只有相当粗糙的 RSSI 值可以从外部访问。对物联网而言，互操作性是其成功的关键先决条件，因此相应的物理层安全方案肯定要在相关的标准化机构进行标准化。

17.5.2 传感器辅助鉴权

17.5.1 节中已经提出，对于一个整体可用的安全解决方案而言，仅仅在两个设备之间产生对称密钥是远远不够的，还需要通过初始实体验证以确保通信节点就是它所声明的那个设备。一种可能的解决方法是利用设备中包含的传感器（许多物联网应用具备），以及其他可信任的设备（如个人智能手机或平板电脑）。这些设备可以使用传统的方法（如使用预共享密钥、证书等）安全地集成到某个网络中（这里没有考虑图 17.1 中列出的特殊约束）。

新的物联网设备集成到现有无线网络中，可实现如下：

首先，物联网设备使用CBKG与无线接入点建立对称密钥。由此，他们有一个加密但尚未验证的连接。然后，无线接入点通过其可信设备向集成物联网设备的用户发送身份验证挑战。这个身份验证挑战告诉用户如何与物联网设备（或者更准确地说是物联网设备中包含的传感器）交互，以证明它确实是一个合法的设备。这种交互可能是一个通过物联网设备完成的手势（如如果物联网设备包含惯性传感器），或者一个声音/噪声模式（如通过麦克风哼唱某种旋律），又或者是创建一个光强度模式。一般来说，存在许多可能的方式，最好的方法当然取决于可用的传感器和需要集成的物联网设备。实际上，无线接入点或专用认证服务器所访问的无线接入点总是可以随时选择一个合适的身份验证挑战方式。一旦用户按照无线接入点的要求与物联网设备进行交互，在此期间获得的传感器值将通过已加密的连接传回无线接入点，然后执行一个简单的模式识别，来检查用户执行的操作是否与实际请求的操作相对应。如果是这种情况，则（初始）身份验证过程就完成了，也就成功地建立了经过加密和身份验证的安全连接。

显然，通过这种方法，可以保留CBKG的主要优点（参见表17.1），同时还可以补充大多数实际场景所需的初始实体身份验证。此外，很明显，上述过程存在许多可能的变体。例如，物联网设备中包含的传感器不仅可以被用户激活（以在用户和设备时），也可以被可信设备本身所激活，如通过产生某种振动模式。此外，物联网设备可能已经执行了基于感知值的模式识别，然后只将码本中的索引而不是感知值本身传回无线接入点。

传感器辅助认证当然代表了一种适合物联网特定约束的、即插即用式认证的可能方法，但很重要的一点是，在设计合适的物理层安全方案时，必须认识到使用上述方法的重要性，因为物理层安全本身可能无法满足现实部署中的所有安全需求。

17.5.3 有线系统的物理层安全

尽管越来越多的设备通过无线方式连接，尤其是在物联网领域，但仍有大量设备在未来将依赖有线技术。然而，在这种情况下，CBKG通常是不可行的，因为有线信道往往是时不变的。同样，在实际系统中对有线信道进行安全编码（如线性总线）似乎也很难处理。然而，如果我们重新考虑它的实现方式，可能也可以对有线信道使用某种物理层安全性。事实上，在文献［46］中，作者提出了一种新的方法，通过利用控制器局域网络（Controller Area Network，CAN）物理层的特殊特性，在连接到CAN的不同设备之间建立对称密钥。CAN 是一种应用广泛的串行总线系统，主要应用于车载网络以及工业和楼宇自动化系统等。其基本拓扑是一个与多个设备连接的线性总线。CAN 物理层的一个特殊特性是有显性（0）和隐性（1）比特位。如果两个（或多个）设备同时传输某个位，则显性位将总是覆盖隐性位。这个特性通常用于总线仲裁，并将 CAN 总线本质上变成了有线“与”功能。有趣的是，在其他总线系统中也可以发现完全相同的行为，如在 I2C 或 LIN（仅举两个例子）总线中。因此，文献［46］所提出的方案也可以很容易地应用于这些总线系统中的任何一个。在这种情况下，可以以非常低复杂度和低成本的方式在连接到总线的设备之间建立对称密钥——类似于用于无线系统的 CBKG。下面，我们简要地概述了这种方法的基本思想，但更多的细节请参考文献［46］。

我们考虑两个节点，Alice 和 Bob，并假设它们连接到同一个总线，类似于有线的“与”函数，如 CAN。第一步，两个节点相互独立生成一定长度 N 的随机比特序列，下面分别记为 S_A 和 S_B。随后，这些随机比特序列以这样一种方式进行扩展，即在每个位之后插入相应的反位，于是得到长度为 $2N$ 的扩展比特序列 S'_A 和 S'_B。扩展比特序列然后由 Alice 和 Bob 通过 CAN 总线同时传输。因此，我们得到了单个比特位的叠加，其中，总线上的等效比特序列对应于 S'_A 和 S'_B 经过逻辑与函数的输出，即 $S_{eff} = S'_A \text{ AND } S'_B$。这个等效比特序列由不同的元组组成（Alice 和 Bob 可以重新读取这个等效比特序列），每个元组对应于原始比特序列 S_A 和 S_B 中的一位。一般来说，需要区分两种情况：

（1）如果元组中有一个“1”，即一个隐性位，则意味着两个节点都必须传输一个“1”比特。由于元组中的另一个位总是对应的逆位，因此两个节点在这个位置必须传送一个“0”。显然，一个被动的窃听者可能会得出完全相同的结论，因此这些比特对我们来说没有价值。因此，Alice 和 Bob 简单丢弃其原始比特序列 S_A 和 S_B 中的所有位，他们对应于包含“1”的等效比特序列中的元组。

（2）如果等效比特序列 S_{eff} 对应的元组是“00”，即两个显性位，我们可以直接得出结论，Alice 和 Bob 一定传输了相反的元组，即：如果 Alice 传输了“01”，则 Bob 传输了“10”；反之亦然。虽然被动窃听者也可以得出完全相同的结论，但却无法分辨 Alice 和 Bob 分别传输了什么。相反，Alice 和 Bob 知道它们自己传输了什么，通过观察总线上的“00”，它们也很容易得出对方节点传输了什么。因此，它们比被动窃听者有优势，并可以利用这一点来生成共享密钥，即通过保持原始比特序列 S_A 和 S_B 中与等效比特序列 S_{eff}

中“00”元组相对应的所有比特位来获得，具体而言，Bob得到的缩短序列恰好是Alice相应缩短序列的比特取反。

综上，通过简单地发送和接收CAN消息，并以适当方式在总线上产生等效比特序列，Alice和Bob可以就共享密钥达成一致（从而最终确定一个秘密密钥）。由于其简单性和低复杂度，这种方法称为基于CAN的即插即用安全通信。文献［46］研究表明，在某些假设下，除了可能的DoS攻击外，被动窃听者和主动攻击者都无法成功攻击系统。然而，在CAN网络中，如果一个节点简单地用高优先级消息淹没总线，其攻击行为总是能够达成的。总之，基于CAN的即插即用安全通信有可能成为未来安全CAN网络的主要组成部分，且即使是有线系统，物理层安全这一新概念也是可行的。

17.6 小结与展望

在未来通信系统中，物理层安全可能会以即插即用的方式在安全方面发挥重要作用。这尤其适用于具有一些特殊限制的物联网应用，例如，需要安全互联的设备数量之多或许多物联网设备都是资源受限等情况，这使得它们难以直接利用现有的安全保密方法。从实用性角度看，在实际系统中部署基于无线信道物理属性的对称密钥生成机制将比安全编码方案更具可行性，原因在于后者需要假设潜在攻击者的位置和接收能力满足一定条件，这可能在实践中很难保证。我们已经对CBKG的本质和实际使用情况进行了大量的分析和实验，由于篇幅限制，我们省略了许多细节。总之，我们验证了在基于无线传播环境中进行足够快的密钥生成是可行的，至少在某些条件下是可行的。一般而言，基于具体的CSI密钥生成方案比基于RSSI的方案具有更高的密钥生成效率和更好的安全性能。然而，在将其应用于实际系统之前，还需要解决一些公开的挑战，包括：

（1）在静态环境中，也必须保证能够在合理时间内生成密钥。此外，在任何情况下，至少需保证有可能准确地估计某个密钥序列中包含多少熵。

（2）除了生成加密密钥，还需要解决其他方面的问题。例如，应该对安全连接的设备进行初始身份验证，以及在端到端基础上（而不仅仅是对某一无线链路）探索建立安全连接的方法。

（3）应该更详细地对潜在攻击（特别是主动攻击）行为进行研究，并制定相应的对策。

（4）应该进一步提高性能，这样可避免用户为建立密钥对而等待很长时间。

（5）密钥生成方案应深度集成到未来的无线模块中，直接获取详细的信道状态信息，以用于密钥生成。

一旦克服了上述这些挑战，物理层安全在实践中的广泛应用将不再有大的障碍。

参考文献

[1] Y. Liang, V. H. Poor, and S. Shamai (Shitz), "Information theoretic security," *Foundations and Trends in Communications and Information Theory*, vol. 5, no. 45, pp. 355–580, 2009.

[2] X. Zhou, L. Song, and Y. Zhang, *Physical Layer Security in Wireless Communications*. Boca Raton, FL, USA: CRC Press, 2014.

[3] M. Bloch and J. Barros, *Physical-Layer Security: From Information Theory to Security Engineering*. Cambridge, UK: Cambridge University Press, 2011.

[4] A. D. Wyner, "The wire-tap channel," *Bell System Technical Journal*, vol. 54, no. 8, pp. 1355–1387, 1975.

[5] R. Ahlswede and I. Csiszár, "Common randomness in information theory—Part I: Secret sharing," *IEEE Transactions on Information Theory*, vol. 39, no. 4, pp. 1121–1132, 1993.

[6] W. K. Harrison, J. Almeida, M. R. Bloch, S. W. McLaughlin, and J. Barros, "Coding for secrecy an overview of error control coding techniques for physical layer security," *IEEE Signal Processing Magazine*, vol. 30, no. 5, pp. 41–50, 2013.

[7] A. Montanaro, "Quantum algorithms: An overview," *npj Quantum Information*, vol. 2, no. 15023, 2016.

[8] U. Maurer, "Secret key agreement by public discussion from common information," *IEEE Transaction on Information Theory*, vol. 39, no. 3, pp. 733–742, 1993.

[9] S. Gopinath, R. Guillaume, P. Duplys, and A. Czylwik, "Reciprocity enhancement and decorrelation schemes for PHY-based key generation," in *IEEE Globecom Workshop on Trusted Communications with Physical Layer Security*, 2014.

[10] N. Patwari, J. Croft, S. Jana, and S. Kasera, "High-rate uncorrelated bit extraction for shared secret key generation from channel measurements," *IEEE Transaction on Mobile Computing*, vol. 9, no. 1, pp. 17–30, 2010.

[11] S. Jana, S. Premnath, M. Clark, S. Kasera, N. Patwari, and S. Krishnamurthy, "On the effectiveness of secret key extraction from wireless signal strength in real environments," in *International Conference on Mobile Computing and Networking*, 2009.

[12] S. Mathur, W. Trappe, N. Mandayam, C. Ye, and A. Reznik, "Radio-telepathy: Extracting a secret key from an unauthenticated wireless channel," in *International Conference on Mobile Computing and Networking*, 2008.

[13] C. Huth, R. Guillaume, T. Strohm, P. Duplys, I. A. Samuel, and T. Güneysu, "Information reconciliation schemes in physical-layer security: A survey," *Computer Networks – Special Issue on Recent Advances in Physical-Layer Security*, vol. 109, no. 1, pp. 84–104, 2016.
[14] J. G. Proakis and M. Salehi, *Digital Communications*, 5th ed. New York: McGraw-Hill, 2008.
[15] W. C. Jakes, *Microwave Mobile Communications*. New York: Wiley, 1974.
[16] F. Hlawatsch and G. Matz, *Wireless Communications Over Rapidly Time-Varying Channels*. Burlington, MA, USA: Academic Press, 2011.
[17] J. Hershey, A. Hassan, and R. Yarlagadda, "Unconventional cryptographic keying variable management," *IEEE Transaction on Communications*, vol. 43, no. 1, pp. 3–6, 1995.
[18] H. Koorapaty, A. Hassan, and S. Chennakeshu, "Secure information transmission for mobile radio," *IEEE Communications Letters*, vol. 4, no. 2, pp. 52–55, 2000.
[19] A. Ambekar, M. Hassan, and H. D. Schotten, "Improving channel reciprocity for effective key management systems," in *International Conference on Signals, Systems and Electronics*, 2012.
[20] M. A. Tope and J. C. McEachen, "Unconditionally secure communications over fading channels," in *IEEE Military Communications Conference Communications for Network-Centric Operations: Creating the Information Force*, vol. 1, 2001.
[21] T. Aono, K. Higuchi, T. Ohira, B. Komiyama, and H. Sasaoka, "Wireless secret key generation exploiting reactance-domain scalar response of multipath fading channels," *IEEE Transaction on Antennas and Propagation*, vol. 53, no. 11, pp. 3776–3784, 2005.
[22] A. Sayeed and A. Perrig, "Secure wireless communications: Secret keys through multipath," in *IEEE Int. Conf. on Acoustics, Speech and Signal Processing*, 2008.
[23] J. W. Wallace and R. K. Sharma, "Automatic secret keys from reciprocal mimo wireless channels: Measurement and analysis," *IEEE Transaction on Information Forensics and Security*, vol. 5, no. 3, pp. 381–392, 2010.
[24] C. Zenger, J. Zimmer, and C. Paar, "Security analysis of quantization schemes for channel-based key extraction," in *Workshop on Wireless Communication Security at the Physical Layer*, 2015.
[25] S. Eberz, M. Strohmeier, M. Wilhelm, and I. Martinovic, "A practical man-in-the-middle attack on signal-based key generation protocols," in *European Symp. on Research in Computer Security*, 2012.
[26] Y. Dodis, R. Ostrovsky, L. Reyzin, and A. Smith, "Fuzzy extractors: How to generate strong keys from biometrics and other noisy data," *SIAM Journal on Computing*, vol. 38, no. 1, pp. 97–139, 2008.
[27] G. Brassard and L. Salvail, "Secret-key reconciliation by public discussion," in *Int. Conf. on the Theory and Applications of Cryptographic Techniques*, 1994, pp. 410–423.

[28] W. T. Buttler, S. K. Lamoreaux, J. R. Torgerson, G. H. Nickel, C. H. Donahue, and C. G. Peterson, "Fast, efficient error reconciliation for quantum cryptography," *Physical Review A*, vol. 67, p. 052303, 2003.

[29] E. Barker and J. Kelsey, "Recommendation for the entropy sources used for random bit generation," *NIST, SP 800-90B*, 2012.

[30] J. Beirlant, E. J. Dudewicz, L. Györfi, and E. C. Van Der Meulen, "Non-parametric entropy estimation: An overview," *International Journal of Mathematical and Statistical Sciences*, vol. 6, no. 1, pp. 17–39, 1997.

[31] C. Caferov, B. Kaya, R. O'Donnell, and A. C. C. Say, "Optimal bounds for estimating entropy with PMF queries," in *International Symposium on Mathematical Foundations of Computer Science, Part II*, 2015.

[32] J. Ziv and A. Lempel, "Compression of individual sequences via variable-rate coding," *IEEE Transaction on Information Theory*, vol. 24, no. 5, pp. 530–536, 2006.

[33] P. A. J. Volf, *Weighting Techniques in Data Compression: Theory and Algorithms*. Eindhoven, The Netherlands: Technische Universiteit Eindhoven, 2002.

[34] A. J. Menezes, S. A. Vanstone, and P. C. V. Oorschot, *Handbook of Applied Cryptography*. Boca Raton, FL, USA: CRC Press, 1996.

[35] C. Huth, R. Guillaume, P. Duplys, K. Velmurugan, and T. Güneysu, "On the energy cost of channel based key agreement," in *International Workshop on Trustworthy Embedded Devices*, 2016.

[36] G. de Meulenaer, F. Gosset, O.-X. Standaert, and O. Pereira, "On the energy cost of communication and cryptography in wireless sensor networks," in *IEEE Int. Conf. on Wireless and Mobile Computing*, 2008.

[37] C. Ye, S. Mathur, A. Reznik, Y. Shah, W. Trappe, and N. B. Mandayam, "Information-theoretically secret key generation for fading wireless channels," *IEEE Transaction on Information Forensics and Security*, vol. 5, no. 2, pp. 240–254, 2010.

[38] W. Xi, X. Li, C. Qian, *et al.*, "KEEP: Fast secret key extraction protocol for D2D communication," in *IEEE International Symposium of Quality of Service*, 2014.

[39] Z. Wang, J. Han, W. Xi, and J. Zhao, "Efficient and secure key extraction using channel state information," *The Journal of Supercomputing*, vol. 70, no. 3, pp. 1537–1554, 2014.

[40] H. Liu, Y. Wang, J. Yang, and Y. Chen, "Fast and practical secret key extraction by exploiting channel response," in *IEEE International Conference on Computer Communications*, 2013.

[41] C. Ye, A. Reznik, G. Sternburg, and Y. Shah, "On the secrecy capabilities of ITU channels," in *IEEE Vehicular Technology Conference*, 2007.

[42] R. Guillaume, F. Winzer, A. Czylwik, C. T. Zenger, and C. Paar, "Bringing PHY-based key generation into the field: An evaluation for practical scenarios," in *IEEE Vehicular Technology Conference*, 2015.

[43] W. Trappe, "The challenges facing physical layer security," *IEEE Communications Magazine*, vol. 35, no. 6, pp. 16–20, 2015.

[44] K. Zeng, "Physical layer key generation in wireless networks: challenges and opportunities," *IEEE Communications Magazine*, vol. 35, no. 6, pp. 33–39, 2015.

[45] R. Guillaume, S. Ludwig, A. Müller, and A. Czylwik, "Secret key generation from static channels with untrusted relays," in *IEEE International Conference on Wireless and Mobile Computing, Networking and Communications*, Abu Dhabi, United Arab Emirates, 2015.

[46] A. Müller and T. Lothspeich, "Plug-and-secure communication for CAN," in *International CAN Conference*, 2015, pp. 04-1-04-8.

第18章

无线信道密钥生成：概述与实际执行

Junqing Zhang①，Trung Q. Duon①，RogerWoods①，Alan Marshall②

18.1 引言

无线媒体的广播性质允许通信范围内的所有用户接收并可能解码信号，从而使这种形式的无线通信容易被窃听。数据机密性通常由密码原语实现，由对称加密和公钥加密（Public Key Cryptography，PKC）[1]组成。前者用于使用公共密钥加密数据，公共密钥通常通过后者分发给合法用户。PKC依赖于一些数学问题的计算难度，如离散对数。此外，它需要公钥基础设施（Public Key Infrastructure，PKI）在用户之间分发公钥。由于计算成本高的特点和对公钥基础设施的要求，PKC不适用于许多包含低成本设备和分散拓扑的网络。

从无线信道生成密钥已经成为的一种很有前途的密钥生成技术[2]。两个合法用户，即Alice和Bob，利用他们公共信道的随机性生成密钥。因为密钥生成利用了无线信道不可预测的特性，所以它在信息论上是安全的。这种技术是轻量级的，因为它不使用计算复杂的操作[3]。此外，它不需要第三方的任何帮助。由于上述原因，在许多密钥分发应用中，无线密钥生成有希望代替PKC。

本章的其余部分组织如下。18.2节中通过讨论原则、评价指标、程序和应用来回顾密钥生成技术；18.3节通过使用定制的硬件平台，实现密钥生成系统并研究密钥生成原理来进行案例研究；18.4节对本章进行了小结。

① 英国贝尔法斯特女王大学电子学院电子工程与计算机科学系。
② 英国利物浦大学电子电气工程系。

18.2 无线密钥生成综述

如图18.1所示，在密钥生成源模型中，Alice和Bob试图通过利用他们公共信道的随机性来建立相同的密钥。被动窃听者（Eve）正在观察所有的传输，但不会发起干扰等主动攻击。在本节中，我们将回顾密钥生成原则、评估指标、过程和信道参数。

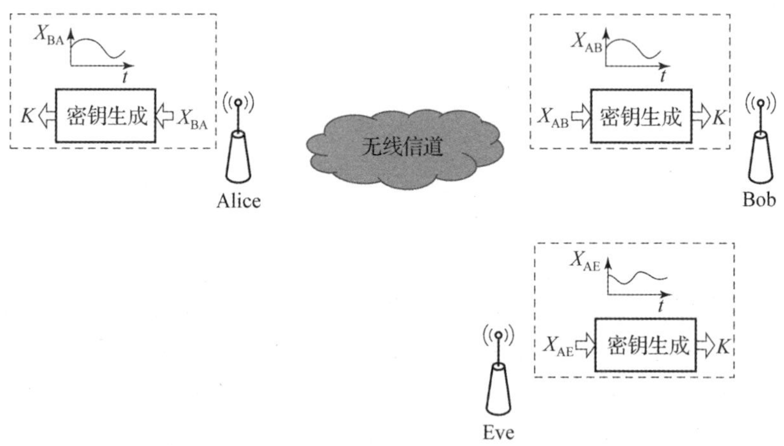

图18.1 密钥生成源模型

18.2.1 原则

密钥生成基于三个原则：时变性、信道互易和空间去相关。

时变性保证了密钥的随机性。在动态信道中，环境中用户和/或对象的移动会引入随机性。信道变化越快，随机性越大。已经在室内和室外实验中证明，时变性是密钥生成的理想随机源[4-6]。时变性可以通过信道测量的自相关函数（Auto-Correlation Function，ACF）来量化。

$$R_{X_{uv}}(t,\Delta t)=\frac{E\{(X_{uv}(t)-\mu_{X_{uv}})(X_{uv}(t+\Delta t)-\mu_{X_{uv}})\}}{E\{|X_{uv}(t)-\mu_{X_{uv}}|^2\}} \tag{18.1}$$

式中：$E\{\cdot\}$表示计算期望值；$X_{uv}(t)$表示信道测量；$\mu_{X_{uv}}$表示$X_{uv}(t)$均值；u和v分别表示发送者和接收者。

信道互易性表示链路的信道特征，例如，相位、延迟和衰减在链路的两端是相同的。大多数当前的密钥生成系统使用半双工硬件，每当信道变化太快时，半双工就会成为一个问题，因为异时测量会影响Alice和Bob之间信号的相关性。因此，大多数密钥生成协议只适用于慢衰落信道。信道互易性也受到独立硬件噪声的影响。文献［7－8］从理论上证明了信道互易性在慢衰落信道中更容易受到噪声的影响。信号相似性可以通过信道测量之间的互相关关系来量化。

$$\rho_{uv,u'v'} = \frac{E\{X_{uv}X_{u'v'}\} - E\{X_{uv}\}E\{X_{u'v'}\}}{\sigma_{X_{uv}}\sigma_{X_{u'v'}}} \tag{18.2}$$

式中：$\sigma_{X_{uv}}$是 X_{uv}的标准差。

空间去相关是指当窃听者位于距离 Alice 或 Bob 半波长（0.5λ）以上时，窃听信道与合法信道之间是不相关的，因此合法用户生成的密钥将不同于窃听者生成的密钥。这个假设是基于丰富的瑞利散射环境。当散射体数目趋于无穷大时，相关关系为一个 Jakes 模型[9]，当距离为 0.4λ 时，相关系数降至 0。这一特性已经通过实验得到验证，如在超宽带系统（Ultra－Wideband，UWB）[10－13]和 IEEE 802.11g 系统[14]中。然而，如多径水平的信道条件可能无法得到满足，此时空间去相关将不成立[15－18]。在这种情况下，密钥生成容易遭受被动窃听，需要特别的设计。空间去相关也可以通过合法用户和窃听者的测量值之间的互相关来量化，这在式（18.2）中已经定义。

18.2.2　评价指标

生成的密钥用于密码应用，如认证和加密。对于实际应用，在随机性、密钥生成率（Key Generation Rate，KGR）和密钥不一致率（Key Disagreement Rate，KDR）方面有一些要求，本节将详细讨论。

18.2.2.1　随机性

密钥的随机性是密码应用最基本的要求。非随机密钥会显著减少暴力破解攻击的搜索空间，使密码系统易受攻击。国家标准与技术研究所（National Institute of Standards and Technology，NIST）[19]提供了一个统计工具，用于测试随机数发生器（Random Number Generator，RNG）和伪随机数发生器（Pseudo－Random Number Generator，PRNG）的随机性。密钥生成是一种通过无线信道的随机性生成密钥的随机数发生器。因此，NIST 测试套件已广泛应用于密钥生成中进行随机性测试[4－7，20－23]。

NIST 随机测试套件总共提供了 15 个测试，每个测试评估一个特定的随机特征，例如，0 和 1 个数之间的比例、周期性特征和近似熵。NIST 提供了实现测试套件的 C 语言，源代码可以免费下载[19]。

18.2.2.2 密钥产生速率

KGR描述了每秒产生的密钥比特数。密码应用需要一定长度的密钥。例如，高级加密标准（Advanced Encryption Standard，AES）的密钥长度为128、192或256位[24]。为了保证密码系统的安全性，需要定期更新密钥。

18.2.2.3 密钥不一致率

KDR描述了用户在量化密钥后不匹配的比特位数：

$$\mathrm{KDR}_{uv,u'v'}=\frac{\sum_{i=1}^{N}\left|K_{uv}(i)-K_{u'v'}(i)\right|}{N} \tag{18.3}$$

式中：K_{uv}和$K_{u'v'}$分别表示X_{uv}和$X_{u'v'}$量化的密钥；N表示密钥的长度。

18.2.3 密钥生成过程

密钥生成通常由四个阶段组成，即信道探测、量化、信息协商和隐私放大，如图18.2所示，本节将详细描述这四个阶段。不失一般性，Alice将被选择作为整个进程的发起者。

18.2.3.1 信道探测

Alice和Bob交替探测公共无线信道，并测量其随机性。

在第i次采样中，Alice在时间$t_{i,\mathrm{A}}$向Bob发送一个公共导频信号。Bob将测量信道参数，如接收信号强度（Received Signal Strength，RSS）、信道状态信息（Channel State Information，CSI），用$X'_{\mathrm{BA}}(i)$表示测量结果。适用于密钥生成的信道参数将在18.2.4节中单独介绍。然后Bob在时间$t_{i,\mathrm{B}}$发送一个公共导频信号给Alice，Alice将测量相同的参数，测量结果用$X'_{\mathrm{AB}}(i)$表示。然后Alice和Bob继续测量，直到他们收集到足够的测量数据。

尽管目前有使用全双工硬件进行密钥生成的研究工作[25-27]，但大多数商用硬件平台都工作在半双工模式下，它们无法同时对信道进行采样。$\Delta t_{\mathrm{AB}}=\left|t_{i,\mathrm{A}}-t_{i,\mathrm{B}}\right|>0$对于半双工硬件始终有效。此外，信道测量还受到硬件噪声的影响，这些噪声独立存在于不同的平台中。所以Alice和Bob的测量值之间的互相关关系，即X'_{BA}和X'_{AB}受到非同时测量和噪声的影响。这些影响可以通过信号预处理算法来缓解，如插值[5,28]和滤波[7,21,29-32]，密钥产生过程如图18.2所示。

由于采样间隔$\left|t_{i+1,\mathrm{A}}-t_{i,\mathrm{A}}\right|$通常很小，因此相邻样本之间存在相关性。信道测量以探测速率T_{p}重新采样，并选择测量的子集X^n。

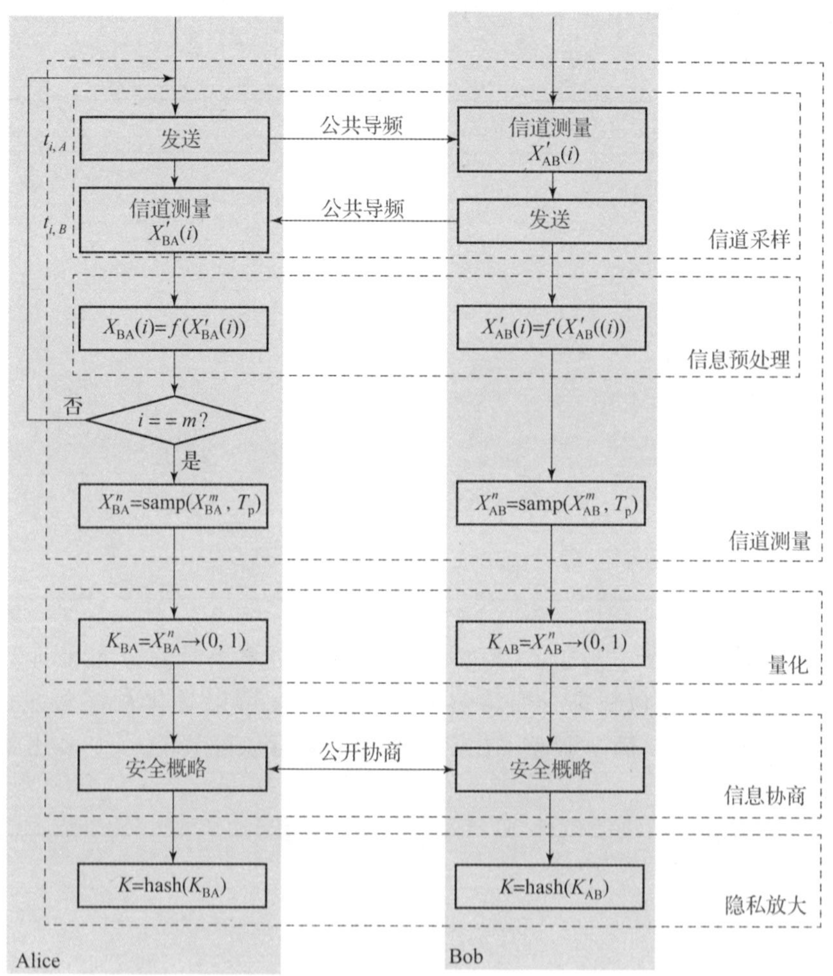

图 18.2　密钥产生过程

18.2.3.2　量化

量化方案将模拟信道测量值映射为二进制值。量化器有两个因素，即量化级别（Quantization Level，QL）和阈值。QL 是每个测量值转换成的比特数，通常由信道的信噪比（Signal - to - Noise Ratio，SNR）决定。在多比特量化中采用格雷码，以减少不一致比特。可以根据平均值和标准差或使用累积分布函数（Cumulative Distribution Function，CDF）来设置。

算法 1 中给出了基于均值和标准差的量化器[4]，它可以通过参数 α [4]配置为有损或无损量化。当 $\alpha\neq0$，η_+ 和 η_- 之间的测量值将会被丢弃。η_+ 以上、η_- 以下的采样值将分别被转换为 1、0。这种量化器易于实现，但可能会造成 1 和 0 个数的比例失衡。例如，当信号中有尖峰时，数据将不会沿阈值均匀分布。

算法 1　基于均值和标准差的量化算法

$\eta_+ = \mu_{X_{uv}} + \alpha \times \sigma_{X_{uv}}$
$\eta_- = \mu_{X_{uv}} - \alpha \times \sigma_{X_{uv}}$
$i = 1 \sim n$
若 $X_{uv}(i) > \eta_+$ 则
　　$K_{uv}(i) = 1$
否则,若 $X_{uv}(i) \leqslant \eta_-$ 则
　　$K_{uv}(i) = 0$
否则
　　$X_{uv}(i)$ 丢弃
结束 4

如算法 2 所示，基于 CDF 的量化器是根据测量值的分布来计算阈值[28,33]。阈值可以根据分布均匀的设置，因此可以量化相同数量的 1 和 0。此外，可以简单调整 QL，因此该方案可以配置为一个多比特量化器。

算法 2　基于 CDF 的量化算法

$F(x) = \Pr(X_{uv} < x)$
$\eta_0 = -\infty$
$j = 1 \sim 2^{QL} - 1$
　　$\eta_j = F^{-1}\left(\frac{j}{2^{QL}}\right)$
结束 3
$\eta_{2^{QL}} = \infty$
构建格雷码 b_j 并分配他们到不同的量化区间 $[\eta_{j-1}, \eta_j]$
$i = 1 \sim n$
若 $\eta_{j-1} \leqslant X_{uv}(i) < \eta_j$ 则
　　$K_{uv}(i, QL) = b_j$
　　结束 9
结束 8

不同量化方案之间的性能比较可以在文献［4，14，34］中找到。

18.2.3.3 信息协商

如 18.2.3.1 节所述，Alice 和 Bob 测量值之间的互相关关系会受到影响。此后量化的二进制位通常不匹配。因此，信息协商使用户协商出一致的密钥，通常使用如 Cascade[4,31,35-36] 或纠错码（Error Correcting Code，ECC）（如低密度奇偶校验（Low - Density Parity - Check，LDPC））[37-39]、BCH 码[40-41]、Reed - Solomon 码[42]、Golay 码[5,6,43] 和 Turbo 码[44] 之类的协议。

安全概略是一种流行的信息协商技术[40]。Alice 从 ECC 码本 C 中选择一个码字 c，通过异或运算计算校正子 s，即 $s = \mathrm{XOR}(K_{\mathrm{AB}}, c)$，并通过公共信道将校正子发送给 Bob。Bob 计算 $c'' = \mathrm{XOR}(K_{\mathrm{BA}}, s)$，然后从 c'' 解码 c'。Bob 通过 $K'_{\mathrm{AB}} = \mathrm{XOR}(s, c')$ 获得新的 K'_{AB}。当 c 和 c'' 之间的汉明距离小于所用 ECC 的纠错能力，则 $c' = c$，然后 Bob 就可以得到和 Alice 相同的密钥。密钥的一致性可以通过循环冗余校验（Cyclic Redundancy Check，CRC）来确认。校正能力由采用的 ECCs 或协议决定。例如，BCH 码可以纠正高达 25% 的不一致[7]。当不一致超过纠正能力时，密钥生成就会失败。在［45］中可以找到关于密钥生成中应用的信息协商技术的广泛研究。

18.2.3.4 隐私放大

在信息协商阶段，通过公共信道进行信息交换，这有可能导致将密钥信息泄漏给窃听者。采用隐私放大来消除信息泄漏[46]。这可以通过提取器[47] 或通用哈希函数来实现，如剩余哈希引理[4,48]，加密哈希函数[42,44] 和 Merkle - Damgard 哈希函数[36]。

18.2.4 信道参数

RSS 是密钥生成中最常用的参数，尤其是在实际实现中，因为几乎在所有无线系统中都有 RSS 信息，并且由许多现成的网络接口卡（Network Interface Cards，NICs，网卡）提供。IEEE 802.11 [49] 广泛应用于我们的日常生活中，如笔记本电脑、智能手机、平板电脑等。IEEE 802.15.4 [50] 是用于无线传感器网络（Wireless Sensor Networks，WSNs）的标准。MICAz[51] 和 TelosB [52] 是支持该标准的两种主流传感器仪器平台，已经开发了许多密钥生成应用。基于 RSS 的密钥生成也已经应用于蓝牙系统。

CSI 在实际密钥生成中不太受欢迎，因为除了英特尔 WiFi 5300 网卡[53]，大多数商用网卡都没有 CSI。定制的硬件平台也能够提供 CSI，如通用软件无线电外设（Universal Software Radio Peripheral，USRP）和无线开放接入研究平台（Wireless Open - Access Research Platform，WARP）。此外，CSI 可以在IEEE 802.11a/g/n/ac系统和UWB系统中获得。与RSS相比，CSI是一个细粒度的信道参数，它包含了详细的信道信息，如信道增益的幅度和相位[7,37]。

如表18.1所列，许多基于RSS和基于CSI的密钥生成系统已见诸报道。

表18.1 密钥生成在无线网络中的应用

技术	调制	参数	测试床	代表性参考文献
IEEE 802.11	n MIMO OFDM a OFDM g OFDM，DSSS b DSSS	RSS，CSI RSS，CSI RSS，CSI RSS	RSS：NIC CSI：Intel5300 NIC，使用USRP[54]和WARP[55]定制的硬件平台	基于RSS：[56] 基于CSI：[21－22] 基于RSS：[4，20，48，57] 基于CSI：[58]
IEEE 802.15.4	DSSS	RSS	MICAz [51]，TelosB [52]	[5，6，28，30，59，60]
蓝牙	FHSS	RSS	手机	[23]
UWB	Pulse	CIR	由晶振、波形发生器等组成	[10－13，61－63]
LTE	MIMO OFDM	RSS，CSI	手机	[64－65]

18.3 案例研究：基于RSS的密钥生成系统的实际实现

本节使用定制的基于现场可编程门阵列（Field Programmable Gate Array，FPGA）的硬件平台，即WARP，实现了一个密钥生成系统，以测试密钥生成原理。首先介绍了IEEE 802.11协议和WARP硬件等背景信息。然后描述了我们的测试系统，包括测试平台和场景。最后给出了从实际室内实验中提取的测试结果，并研究了密钥生成原理。

18.3.1 准备工作

18.3.1.1 IEEE 802.11协议

IEEE 802.11通常称为Wi－Fi，是目前最流行的无线局域网（Wireless Local Area Network，WLAN）标准[49]。该标准定义了物理（Physical，PHY）

层和媒体访问控制（Media Access Control，MAC）层协议。

IEEE 802.11 的 PHY 层技术在表 18.2 中列出。直接序列扩频（Direct Sequence Spread Spectrum，DSSS）将信号扩展到更大的带宽，使传输对噪声和干扰具有稳健性。正交频分复用（Orthogonal Frequency - Division Multiplexing，OFDM）技术将信号调制到多个正交子载波上，可以显著提高带宽效率和传输速率。

表 18.2　IEEE 802.11 的 PHY 层技术

修正版本	发布时间/年	频率/GHz	调制方式
b	1999	2.4	DSSS
a	1999	5	OFDM
g	2003	2.4	OFDM
n	2009	2.4/5	MIMO OFDM
ac	2013	5	MIMO OFDM

多输入多输出（Multiple - Input and Multiple - Output，MIMO）正交频分复用调制进一步探索了空间分集特性，系统性能大大提高。在所有这些无线调制技术中，可以测量接收到的信号功率，并将其作为 RSS。

IEEE 802.11 采用分布式协调功能（Distributed Coordination Function，DCF）MAC 协议。如图 18.3 所示，在时间 t_A，发送者发送一个数据包。如果接收者成功解码，在时间 t_B，接收者将在等待的短帧间间隔（Short Interframe Space，SIFS）后向发送者发送一个确认应答帧。成功发送的数据包和确认数据包总是成对出现，可以用来测量信道。

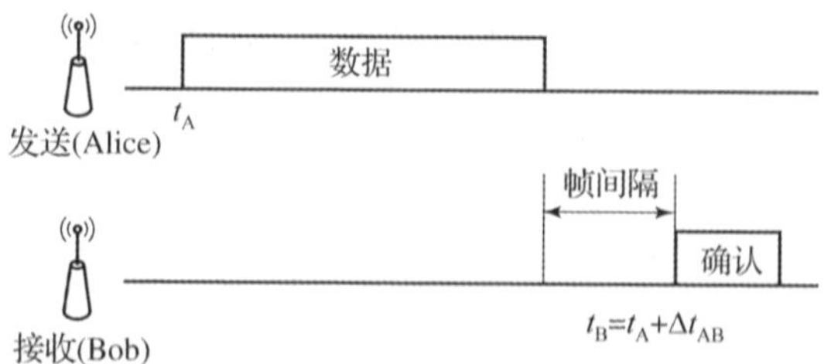

图 18.3　DCF 协议中数据和确认包之间的定时

18.3.1.2　WARP 硬件平台

WARP 是一个可扩展、可编程的无线平台，允许物理层算法的快速原型[55]。WARP v3 硬件集成了一个 FPGA、两个可编程射频（Radio Frequency，RF）接口和各种外设。Virtex－6 FPGA LX240T 作为运行 PHY 和媒体访问控制层代码的中央控制系统。射频接口由功率放大器（Power Amplifier，PA）和收发机 MAX2829[66]组成，支持双频 IEEE 802.11 a/b/g。

WARP 802.11 参考设计是针对 WARP v3 硬件的 IEEE 802.11 正交频分复用 PHY 和 DCF MAC 的实时 FPGA 实现。为了控制 PHY 和 MAC 运行而不干扰无线接口的实时操作，开发了一个 Python 框架用来记录传输参数，如时间戳、速率、传输功率、接收信号功率和信道估计。系统配置如图 18.4 所示，其中，WARP 节点运行设计参考 802.11，PC 运行 Python 实验框架。WARP 和 PC 通过 1Gbit/s 以太网交换机连接，以便记录的数据可以传输到 PC 进行进一步处理。

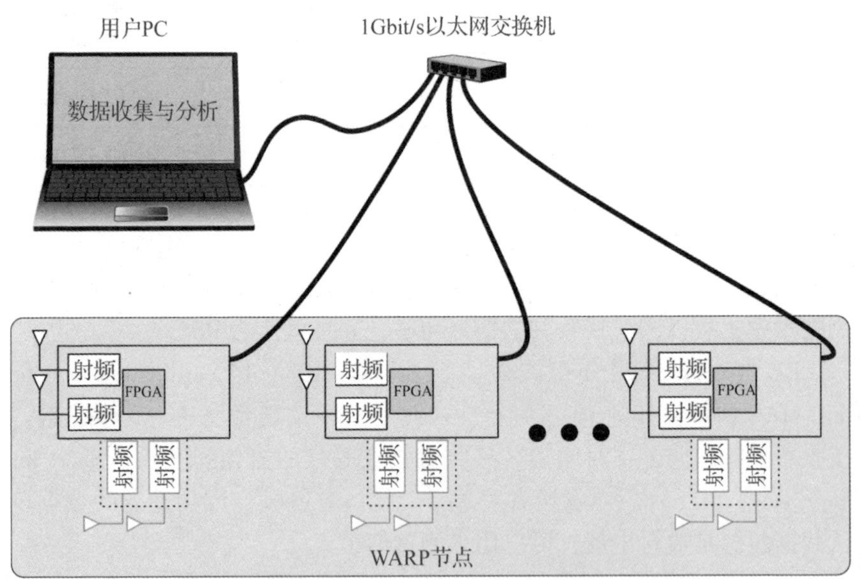

图 18.4　WARP 802.11 参考设计实验框架的配置

18.3.2　测试系统和测试场景

由于 WARP 平台数量有限，我们用 8 块 WARP 板构建测试系统，1 个 Alice、1 个 Bob、6 个窃听者（Eve），如图 18.5 所示。所有用户都运行 WARP 802.11 基准设计，并在 2.412GHz 的载波频率上运行。Alice 和 Bob 是希望在他们之间建立安全密钥的合法用户。它们分别配置为接入点（Access Point，AP）和站（Station，STA），并形成基础设施基本服务集（Basic Service Set，BSS）。窃听者与 Alice 无关，但可以偷听和记录网络中的所有传输，并且不会试图发起主动攻击如通过干扰来中断传输。

Alice 每 0.96ms 发送一次数据包，Bob 可以通过这个数据包测量 RSS 的 $P_{AB}(t)$。Bob 确认了成功的数据包，Alice 也可以测量 ACK 数据包 RSS 的 $P_{BA}(t)$。时延 Δt_{AB} 配置为 0.06 ms[58]，与信道变化相比时延 Δt_{AB} 相当短，可以保证信道测量具有较高的互相关性。

实验是在一间办公室里进行的，这是一个典型的室内环境，有椅子、橱柜、桌子等。考虑了三种情况。

（1）静态：所有用户都是静止的，房间里没有任何物体在移动。

（2）物体移动：所有的用户都是静止的，一个物体（一个人）以大约 1m/s 的速度在房间里移动。

（3）移动：Bob 和窃听者静止不动，Alice 被放在手推车上，由房间里的一个人以大约 1m/s 的速度移动。

我们使用 Alice 和 Bob 在一个实验中的信道测量来研究时间变化和信道互易性。关于空间去相关，我们在不同的距离配置下（通过改变 Bob 和窃听者之间的距离）进行了多次实验，并将结果汇总在一起。所有的实验持续了 60s，收集了大约 60,000 个包。然后，通过在算法 2 中设置 QL = 1，由基于 CDF 的单位量化方案对密钥进行量化。

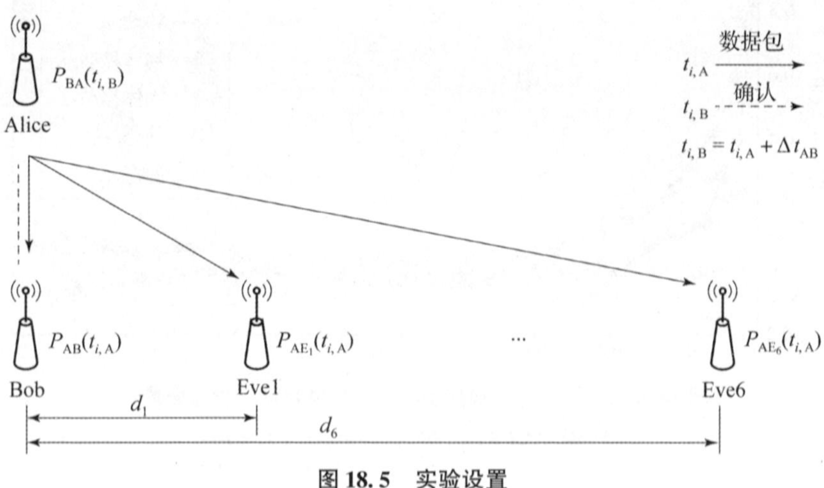

图 18.5　实验设置

18.3.3　实验结果

我们利用收集到的信道测量来研究密钥的生成原理，即时变性、信道互易和空间去相关。

18.3.3.1 时变性

时变性是密钥生成的理想随机源。每当无线信道以恒定速率变化时，它就变成了广义平稳（Wide Sense Stationary，WSS）随机过程[7]。在WSS随机过程中，均值为常数，ACF只取决于时差Δt，而与观测时间t无关。该属性可以简化密钥生成的信道探测设计，因为采用固定的探测速率就足够了。

将$P_{AB}(t)$代入式（18.1）可以计算出ACF，如图18.6所示。在静态场景中，唯一的变化是由硬件噪声造成的，它在时间上是独立的。因此，除非序列是对齐的，否则不存在自相关，如$\Delta t=0$。这似乎有利于密钥生成，因为探测速率可能非常小。然而，正如在18.3.3.2节中所讨论的，由于Alice和Bob的信道测量之间的低互相关性，密钥生成不能在静态场景中工作。在动态场景下，即物体移动场景和移动场景下，接收功率是时间相关的。ACF只取决于Δt，这表明$P_{AB}(t)$是一个WSS随机过程。$P_{AB}(t)$在移动场景中比在物体移动场景中下降得更快，因为信道变化更加动态。

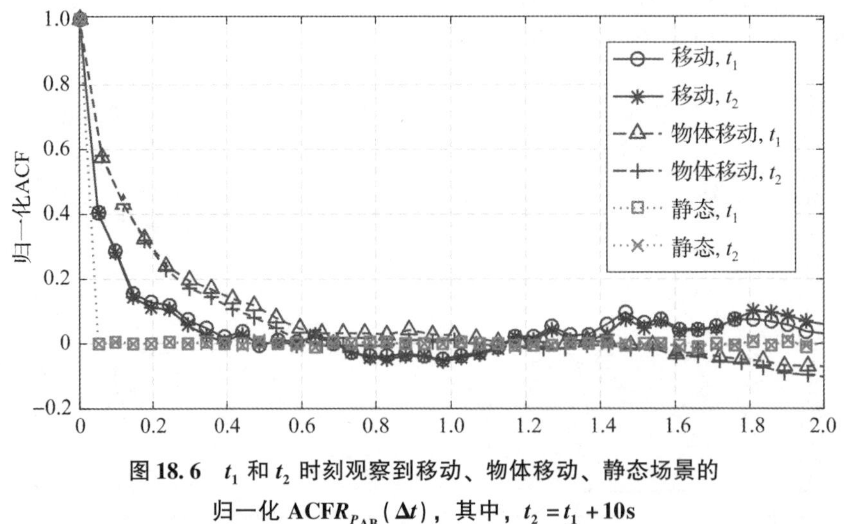

图18.6 t_1和t_2时刻观察到移动、物体移动、静态场景的归一化ACF$R_{P_{AB}}(\Delta t)$，其中，$t_2=t_1+10$s

18.3.3.2 信道互易性

互相关系数和KDR分别由式（18.2）和式（18.3）计算，见表18.3。在静态场景中，尽管信道保持不变，但仍有来自其他网络的干扰，如商用无线网络系统。因此，相关系数并不完全为零。在移动场景中，$\rho_{AB,BA}$明显高于物体移动场景。这是因为当一个用户在移动时，信道的变化比只有一个物体移动时更明显。当我们让两个物体在房间里移动时，相关性几乎和移动场景一样，这一直观原因是引入了更多随机性。值得注意的是，在所有的动态场景中，可以通过协商技术来纠正不一致的比特。

表 18.3 静态、物体移动、移动场景下的互相关系数，$\rho_{AB,BA}$、KDR 和 $KDR_{AB,BA}$

	静态	物体移动	两个物体移动	移动
CorrCoeff	0.1152	0.7152	0.929	0.935
KDR	0.3523	0.2148	0.1037	0.087

18.3.3.3 空间去相关性

互相关系数和 KDR 分别由式（18.2）和式（18.3）计算，如图 18.7 所示。距离小于 0 的点是 $\rho_{AB,BA}$ 和 $KDR_{AB,AE}$ 的比较。

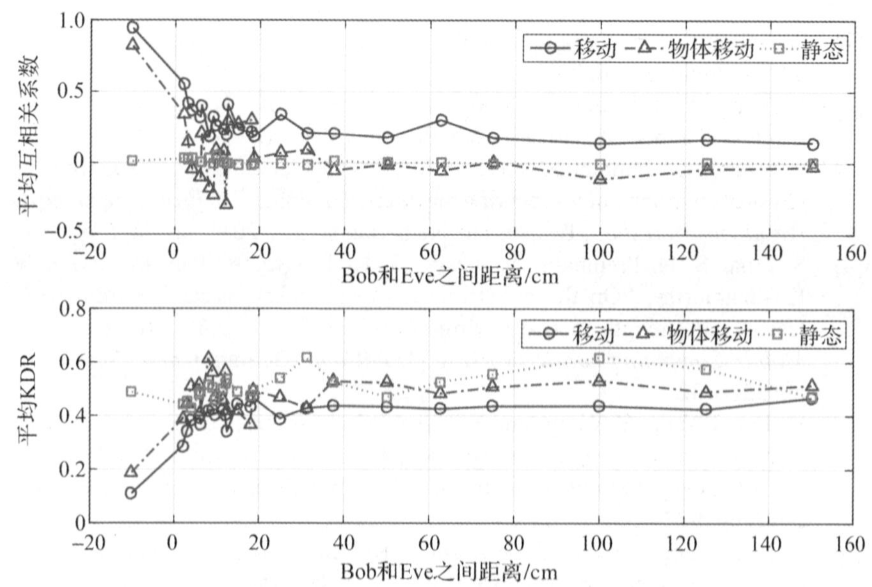

图 18.7 在静止，物体移动，移动场景下的互相关系数，$\rho_{AB,BA}$、KDR 和 $KDR_{AB,AE}$，窃听者线性放置，$\lambda = 12.44$cm，距离小于 0 的点是 $\rho_{AB,BA}$ 和 $KDR_{AB,AE}$ 的比较

当信道静态时，窃听信道与合法信道不相关，窃听者无法获得任何有用的信息。KDR_{AB,AE_j} 约为 0.5，这并不比随机猜测好多少。在动态场景中，随着距离的增大，ρ_{AB,AE_j} 下降的非常快。即使窃听者非常接近 Bob，ρ_{AB,AE_j} 也不高。这个属性对于密钥生成应用的安全性非常重要。

18.4 小结

本章回顾了无线信道密钥生成的过程，并通过实现一个基于RSS的密钥生成系统给出了一个案例研究。具体而言，我们介绍了密钥生成原则、评估指标、生成过程和用于生成密钥的信道参数。然后，我们使用WARP硬件实现了一个密钥生成系统，这是一个基于现场可编程门阵列的定制平台。我们在室内环境中进行了多次实验，并测试了密钥的生成原理，即时间变化、信道互易性和空间去相关。我们得出的结论是，密钥生成在动态环境中是可行的，但在静态信道中不能正常工作。

参考文献

[1] W. Stallings, *Cryptography and Network Security: Principles and Practice*, 6th ed. Prentice Hall, 2013.

[2] J. Zhang, T. Q. Duong, A. Marshall, and R. Woods, "Key generation from wireless channels: A review," *IEEE Access*, vol. 4, pp. 614–626, Mar. 2016.

[3] C. T. Zenger, J. Zimmer, M. Pietersz, J.-F. Posielek, and C. Paar, "Exploiting the physical environment for securing the internet of things," in *Proc. New Security Paradigms Workshop*, Twente, The Netherlands, Sep. 2015, pp. 44–58.

[4] S. Jana, S. N. Premnath, M. Clark, S. K. Kasera, N. Patwari, and S. V. Krishnamurthy, "On the effectiveness of secret key extraction from wireless signal strength in real environments," in *Proc. 15th Annu. Int. Conf. Mobile Computing and Networking (MobiCom)*, Beijing, China, Sep. 2009, pp. 321–332.

[5] H. Liu, J. Yang, Y. Wang, and Y. Chen, "Collaborative secret key extraction leveraging received signal strength in mobile wireless networks," in *Proc. 31st IEEE Int. Conf. Comput. Commun. (INFOCOM)*, Orlando, Florida, USA, Mar. 2012, pp. 927–935.

[6] H. Liu, J. Yang, Y. Wang, Y. Chen, and C. Koksal, "Group secret key generation via received signal strength: Protocols, achievable rates, and implementation," *IEEE Trans. Mobile Comput.*, vol. 13, no. 12, pp. 2820–2835, 2014.

[7] J. Zhang, A. Marshall, R. Woods, and T. Q. Duong, "Efficient key generation by exploiting randomness from channel responses of individual OFDM subcarriers," *IEEE Trans. Commun.*, vol. 64, no. 6, pp. 2578–2588, 2016.

[8] J. Zhang, R. Woods, T. Q. Duong, A. Marshall, and Y. Ding, "Experimental study on channel reciprocity in wireless key generation," in *Proc. IEEE Int. Workshop on Signal Processing Advances in Wireless Communications*, Edinburgh, UK, Jul. 2016, pp. 1–5.

[9] A. Goldsmith, *Wireless Communications*. Cambridge University Press, 2005.

[10] M. G. Madiseh, S. He, M. L. McGuire, S. W. Neville, and X. Dong, "Verifica-

tion of secret key generation from UWB channel observations," in *Proc. IEEE Int. Conf. Commun. (ICC)*, Dresden, Germany, Jun. 2009, pp. 1–5.

[11] S. T.-B. Hamida, J.-B. Pierrot, and C. Castelluccia, "An adaptive quantization algorithm for secret key generation using radio channel measurements," in *Proc. 3rd Int. Conf. New Technologies, Mobility and Security (NTMS)*, Cairo, Egypt, Dec. 2009, pp. 1–5.

[12] S. T.-B. Hamida, J.-B. Pierrot, and C. Castelluccia, "Empirical analysis of UWB channel characteristics for secret key generation in indoor environments," in *Proc. 21st IEEE Int. Symp. Personal Indoor and Mobile Radio Commun. (PIMRC)*, Instanbul, Turkey, Sep. 2010, pp. 1984–1989.

[13] F. Marino, E. Paolini, and M. Chiani, "Secret key extraction from a UWB channel: Analysis in a real environment," in *Proc. IEEE Int. Conf. Ultra-WideBand (ICUWB)*, Paris, France, Sep. 2014, pp. 80–85.

[14] C. T. Zenger, J. Zimmer, and C. Paar, "Security analysis of quantization schemes for channel-based key extraction," in *Workshop Wireless Commun. Security at the Physical Layer*, Coimbra, Portugal, Jul. 2015, pp. 1–6.

[15] M. Edman, A. Kiayias, and B. Yener, "On passive inference attacks against physical-layer key extraction," in *Proc. 4th European Workshop System Security*, Salzburg, Austria, Apr. 2011, pp. 8:1–8:6.

[16] X. He, H. Dai, W. Shen, and P. Ning, "Is link signature dependable for wireless security?" in *Proc. 32nd IEEE Int. Conf. Comput. Commun. (INFOCOM)*, Turin, Italy, Apr. 2013, pp. 200–204.

[17] X. He, H. Dai, Y. Huang, D. Wang, W. Shen, and P. Ning, "The security of link signature: A view from channel models," in *IEEE Conf. Commun. and Network Security (CNS)*, San Francisco, California, USA, Oct. 2014, pp. 103–108.

[18] X. He, H. Dai, W. Shen, P. Ning, and R. Dutta, "Toward proper guard zones for link signature," *IEEE Trans. Wireless Commun.*, vol. 15, no. 3, pp. 2104–2117, Mar. 2016.

[19] A. Rukhin, J. Soto, J. Nechvatal, *et al.*, "A statistical test suite for random and pseudorandom number generators for cryptographic applications," National Institute of Standards and Technology, Tech. Rep. Special Publication 800-22 Revision 1a, Apr. 2010.

[20] S. Mathur, W. Trappe, N. Mandayam, C. Ye, and A. Reznik, "Radio-telepathy: Extracting a secret key from an unauthenticated wireless channel," in *Proc. 14th Annu. Int. Conf. Mobile Computing and Networking (MobiCom)*, San Francisco, California, USA, Sep. 2008, pp. 128–139.

[21] H. Liu, Y. Wang, J. Yang, and Y. Chen, "Fast and practical secret key extraction by exploiting channel response," in *Proc. 32nd IEEE Int. Conf. Comput. Commun. (INFOCOM)*, Turin, Italy, Apr. 2013, pp. 3048–3056.

[22] W. Xi, X. Li, C. Qian, *et al.*, "KEEP: Fast secret key extraction protocol for D2D communication," in *Proc. 22nd IEEE Int. Symp. of Quality of Service (IWQoS)*, Hong Kong, May 2014, pp. 350–359.

[23] S. N. Premnath, P. L. Gowda, S. K. Kasera, N. Patwari, and R. Ricci, "Secret key extraction using Bluetooth wireless signal strength measurements," in *Proc. 11th Annu. IEEE Int. Conf. Sensing, Commun., and Networking (SECON)*, Singapore, Jun. 2014, pp. 293–301.

[24] *Advanced Encryption Standard*, Federal Information Processing Standards Publication Std. FIPS PUB 197, 2001. [Online]. Available: http://csrc.nist.gov/publications/fips/fips197/fips-197.pdf

[25] H. Vogt and A. Sezgin, "Full-duplex vs. half-duplex secret-key generation," in *Proc. IEEE Int. Workshop Information Forensics Security (WIFS)*, Rome, Italy, Nov. 2015, pp. 1–6.

[26] H. Vogt, K. Ramm, and A. Sezgin, "Practical secret-key generation by full-duplex nodes with residual self-interference," in *Proc. 20th Int. ITG Workshop Smart Antennas*, Munich, Germany, Mar. 2016, pp. 1–5.

[27] A. Sadeghi, M. Zorzi, and F. Lahouti, "Analysis of key generation rate from wireless channel in in-band full-duplex communications," *arXiv preprint arXiv:1605.09715*, 2016.

[28] N. Patwari, J. Croft, S. Jana, and S. K. Kasera, "High-rate uncorrelated bit extraction for shared secret key generation from channel measurements," *IEEE Trans. Mobile Comput.*, vol. 9, no. 1, pp. 17–30, 2010.

[29] B. Azimi-Sadjadi, A. Kiayias, A. Mercado, and B. Yener, "Robust key generation from signal envelopes in wireless networks," in *Proc. 14th ACM Conf. Comput. Commun. Security (CCS)*, Alexandria, USA, Oct. 2007, pp. 401–410.

[30] S. Ali, V. Sivaraman, and D. Ostry, "Eliminating reconciliation cost in secret key generation for body-worn health monitoring devices," *IEEE Trans. Mobile Comput.*, vol. 13, no. 12, pp. 2763–2776, Dec. 2014.

[31] X. Zhu, F. Xu, E. Novak, C. C. Tan, Q. Li, and G. Chen, "Extracting secret key from wireless link dynamics in vehicular environments," in *Proc. 32nd IEEE Int. Conf. Comput. Commun. (INFOCOM)*, Turin, Italy, Apr. 2013, pp. 2283–2291.

[32] J. Zhang, R. Woods, A. Marshall, and T. Q. Duong, "An effective key generation system using improved channel reciprocity," in *Proc. 40th IEEE Int. Conf. Acoustics, Speech and Signal Process. (ICASSP)*, Brisbane, Australia, Apr. 2015, pp. 1727–1731.

[33] C. Chen and M. A. Jensen, "Secret key establishment using temporally and spatially correlated wireless channel coefficients," *IEEE Trans. Mobile Comput.*, vol. 10, no. 2, pp. 205–215, 2011.

[34] R. Guillaume, A. Mueller, C. T. Zenger, C. Paar, and A. Czylwik, "Fair comparison and evaluation of quantization schemes for PHY-based key generation," in *Proc. 18th Int. OFDM Workshop (InOWo'14)*, Essen, Germany, Aug. 2014, pp. 1–5.

[35] G. Brassard and L. Salvail, "Secret-key reconciliation by public discussion," in *Advances in Cryptology-EUROCRYPT*, 1994, pp. 410–423.

[36] Y. Wei, K. Zeng, and P. Mohapatra, "Adaptive wireless channel probing for shared key generation based on PID controller," *IEEE Trans. Mobile Comput.*, vol. 12, no. 9, pp. 1842–1852, 2013.

[37] Y. Liu, S. C. Draper, and A. M. Sayeed, "Exploiting channel diversity in secret key generation from multipath fading randomness," *IEEE Trans. Inf. Forensics Security*, vol. 7, no. 5, pp. 1484–1497, 2012.

[38] M. Bloch, J. Barros, M. R. Rodrigues, and S. W. McLaughlin, "Wireless information-theoretic security," *IEEE Trans. Inf. Theory*, vol. 54, no. 6,

pp. 2515–2534, 2008.

[39] C. Ye, S. Mathur, A. Reznik, Y. Shah, W. Trappe, and N. B. Mandayam, "Information-theoretically secret key generation for fading wireless channels," *IEEE Trans. Inf. Forensics Security*, vol. 5, no. 2, pp. 240–254, 2010.

[40] Y. Dodis, R. Ostrovsky, L. Reyzin, and A. Smith, "Fuzzy extractors: How to generate strong keys from biometrics and other noisy data," *SIAM J. Comput.*, vol. 38, no. 1, pp. 97–139, 2008.

[41] D. Chen, Z. Qin, X. Mao, P. Yang, Z. Qin, and R. Wang, "Smokegrenade: An efficient key generation protocol with artificial interference," *IEEE Trans. Inf. Forensics Security*, vol. 8, no. 11, pp. 1731–1745, 2013.

[42] J. Zhang, S. K. Kasera, and N. Patwari, "Mobility assisted secret key generation using wireless link signatures," in *Proc. 32nd IEEE Int. Conf. Comput. Commun. (INFOCOM)*, San Diego, California, USA, Mar. 2010, pp. 1–5.

[43] S. Mathur, R. Miller, A. Varshavsky, W. Trappe, and N. Mandayam, "Proximate: Proximity-based secure pairing using ambient wireless signals," in *Proc. 9th Int. Conf. Mobile Systems, Applications, and Services (MobiSys)*, Washington, DC, USA, Jul. 2011, pp. 211–224.

[44] A. Ambekar, M. Hassan, and H. D. Schotten, "Improving channel reciprocity for effective key management systems," in *Proc. Int. Symp. Signals, Syst., Electron. (ISSSE)*, Potsdam, Germany, Oct. 2012, pp. 1–4.

[45] C. Huth, R. Guillaume, T. Strohm, P. Duplys, I. A. Samuel, and T. Güneysu, "Information reconciliation schemes in physical-layer security: A survey," *Computer Networks*, vol. 109, pp. 84–104, 2016.

[46] C. H. Bennett, G. Brassard, C. Crépeau, and U. M. Maurer, "Generalized privacy amplification," *IEEE Trans. Inf. Theory*, vol. 41, no. 6, pp. 1915–1923, 1995.

[47] Q. Wang, H. Su, K. Ren, and K. Kim, "Fast and scalable secret key generation exploiting channel phase randomness in wireless networks," in *Proc. 30th IEEE Int. Conf. Comput. Commun. (INFOCOM)*, Shanghai, China, Apr. 2011, pp. 1422–1430.

[48] S. N. Premnath, S. Jana, J. Croft, *et al.*, "Secret key extraction from wireless signal strength in real environments," *IEEE Trans. Mobile Comput.*, vol. 12, no. 5, pp. 917–930, 2013.

[49] *Wireless LAN Medium Access Control (MAC) and Physical Layer (PHY) Specification*, IEEE Std. 802.11, 2012.

[50] *Low-Rate Wireless Personal Area Networks (LR-WPANs)*, IEEE Std. 802.15.4, 2011.

[51] MICAz wireless measurement system. [Online]. Available: http://www.memsic.com/userfiles/files/Datasheets/WSN/micaz_datasheet-t.pdf.

[52] Crossbow TelosB mote platform. [Online]. Available: http://www.willow.co.uk/TelosB_Datasheet.pdf.

[53] D. Halperin, W. Hu, A. Sheth, and D. Wetherall, "Tool release: gathering 802.11n traces with channel state information," *ACM SIGCOMM Comput. Commun. Review*, vol. 41, no. 1, pp. 53–53, 2011.

[54] Ettus research. [Online]. Available: http://www.ettus.com. Accessed on 10 July

2017.

[55] WARP project. [Online]. Available: http://warpproject.org. Accessed on 10 July 2017.

[56] K. Zeng, D. Wu, A. Chan, and P. Mohapatra, "Exploiting multiple-antenna diversity for shared secret key generation in wireless networks," in *Proc. 29th IEEE Int. Conf. Comput. Commun. (INFOCOM)*, San Diego, California, USA, Mar. 2010, pp. 1–9.

[57] R. Guillaume, F. Winzer, and A. Czylwik, "Bringing PHY-based key generation into the field: An evaluation for practical scenarios," in *Proc. 82nd IEEE Veh. Technology Conf. (VTC Fall)*, Boston, USA, Sep. 2015, pp. 1–5.

[58] J. Zhang, R. Woods, A. Marshall, and T. Q. Duong, "Verification of key generation from individual OFDM subcarrier's channel response," in *Proc. IEEE GLOBECOM Workshop Trusted Commun. with Physical Layer Security (TCPLS)*, San Diego, California, USA, Dec. 2015, pp. 1–6.

[59] T. Aono, K. Higuchi, T. Ohira, B. Komiyama, and H. Sasaoka, "Wireless secret key generation exploiting reactance-domain scalar response of multipath fading channels," *IEEE Trans. Antennas Propag.*, vol. 53, no. 11, pp. 3776–3784, 2005.

[60] M. Wilhelm, I. Martinovic, and J. B. Schmitt, "Secure key generation in sensor networks based on frequency-selective channels," *IEEE J. Sel. Areas Commun.*, vol. 31, no. 9, pp. 1779–1790, 2013.

[61] R. Wilson, D. Tse, and R. Scholtz, "Channel identification: Secret sharing using reciprocity in ultrawideband channels," *IEEE Trans. Inf. Forensics Security*, vol. 2, no. 3, pp. 364–375, 2007.

[62] M. G. Madiseh, M. L. McGuire, S. S. Neville, L. Cai, and M. Horie, "Secret key generation and agreement in UWB communication channels," in *Proc. IEEE GLOBECOM*, New Orleans, Louisiana, USA, Nov. 2008, pp. 1–5.

[63] J. Huang and T. Jiang, "Dynamic secret key generation exploiting ultra-wideband wireless channel characteristics," in *Proc. IEEE Wireless Commun. and Networking Conf. (WCNC)*, New Orleans, Los Angeles, USA, Mar. 2015, pp. 1701–1706.

[64] D. Wang, A. Hu, and L. Peng, "A novel secret key generation method in OFDM system for physical layer security," *Int. J. Interdisciplinary Telecommunications and Networking (IJITN)*, vol. 8, no. 1, pp. 21–34, 2016.

[65] K. Chen, B. Natarajan, and S. Shattil, "Secret key generation rate with power allocation in relay-based LTE-A networks," *IEEE Trans. Inf. Forensics Security*, vol. 10, no. 11, pp. 2424–2434, 2015.

[66] MAX2828/MX2829 Single-/Dual-Band 802.11 a/b/g World-Band Transceiver ICs. 2004. [Online]. Available: http://datasheets.maximintegrated.com/en/ds/MAX2828-MAX2829.pdf. Accessed on 23 August 2017.

第 19 章

通信节点和终端间密钥生成的应用案例

Christiane Kameni Ngassa[1], Taghrid Mazloum[2], François Delaveau[1], Sandrine Boumard[3], Nir Shapira[4], Renaud Molière[1], Alain Sibille[2], Adrian Kotelba[3], Jani Suomalainen[3]

19.1 引言

本章的主要目的是研究无线通信安全的密钥提取技术和算法。在回顾了主要的处理步骤（图 19.1（a）），以及与无线电窃听模型相关的理论结果（图 19.1（b））之后，我们详细介绍了目前关于真实无线电信道随机性的实验结果。此外，我们详细介绍了密钥生成（Secret Key Generation，SKG）的实际应用，即借助信道去相关性技术，将基于信道量化交替算法（CQA）生成的密钥应用到现代无线网络中，如 WiFi 无线网络和 4G 蜂窝网络（长期演进，Long - Term Evolution，LTE）。最后，通过无线电链路的真实模拟和真实现场实验，我们分析了所实现的 SKG 方案的安全性能，强调了它们在实际系统中的显著效果，并对未来将其植入现有和下一代无线电标准进行了展望。

本章组织如下：

19.2 节介绍了在互易性假设下共享随机源的使用，说明了在无线窃听信道模型中实现无线链路安全性的重要性，提供了适合无线链路的安全指标，并通过仿真分析了无线信道属性的影响。

19.3 节提供了 SKG 方案的完整实现，这一方案适用于现代数字无线接

① 美国泰雷兹通信和安全。
② 法国 VTT（芬兰国家技术研究中心），矿业 - 电信学校联盟 - 巴黎高科国立高等电信学校。
③ 芬兰国家技术研究中心，芬兰。
④ Celeno 通信。

入网络（802.11n/ac和LTE）中采用的正交频分复用（OFDM）信号。然后在真实的LTE链路中模拟仿真了SKG方案，在无线空口通信实现了SKG方案并评估了可行性，提供了实际性能表现，同时计算了熵和互信息，完成了安全性分析。

19.4节指出了这些技术对于无线电标准的潜在优势。在回顾了公共无线电网络的现有缺点后，重点介绍了SKG的许多潜在应用案例，以增强用户的隐私和数据流在现有和未来无线标准中的安全性。特别地，提出了保护无线电协议中身份识别和认证等早期步骤的可实现途径。

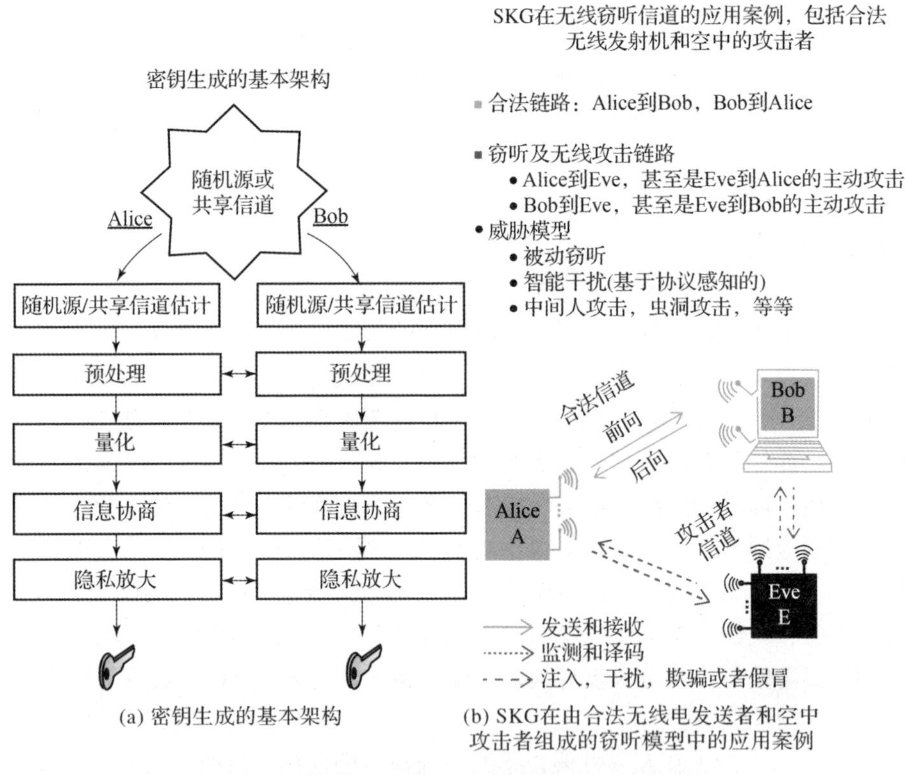

(a) 密钥生成的基本架构　(b) SKG在由合法无线电发送者和空中攻击者组成的窃听模型中的应用案例

图19.1　密钥生成原理——无线窃听信道应用案例

19.2　密钥生成的基本理论

给定一个公共的或强相关的随机源和一个公共的无错认证信道，合法用户可以生成一个共享密钥，而对该随机源具有不相关观测的窃听者所获得的信息是可以忽略不计的[1]。用户从其相关的随机源中提取相关的随机序列，然后通过公开通信就相同的随机密钥达成一致。合法用户在公共信道进行信息交互的时候不能传输太多的信息以防止窃听者恢复出同样的密钥。这种 SKG 方法是在 1993 年引入的[2-3]，因为它假定窃听者具有无限的计算能力，因此提供了信息论上的安全性。

19.2.1 基于信道的随机比特生成器

虽然 SKG 的最初实现方案是基于量子物理相关研究的，但无线传输信道在生成动态安全密钥方面也引起了极大的关注[4-8]。实际上，由于多径传播的随机特性和电磁传输介质的固有互易性，基于传输信道的特性可以创建一个随机比特生成器。

19.2.1.1 互易性产生的共享来源

互易定律指出，多径特性在链路的两个方向上是相同的，因为电磁波在传播的两个方向上经历相同的物理相互作用。这种互易性尤其适用于时分双工（Time Division Duplex，TDD）系统，例如，IEEE 802.11、LTE 和下一代（5G）无线标准的上行链路和下行链路使用相同的频带。因此，在无须反馈的条件下，任何两个实体（如合法用户）可以共享从互易信道提取的公共信息，进而从该公共信息生成相同的密钥比特。

然而，一些实际问题导致互易性并不总是能够满足。一方面，在时分双工系统中，必须在小于相干时间的持续时间内估计信道，以减少 Alice 和 Bob 信道估计结果之间的差异。另一方面，应进行硬件校准，以解决发射和接收通信链路中某些电子元件的不对称特性。简而言之，非互易源和信道噪声都限制了合法方可以可靠共享的比特数[9]。

19.2.1.2 多径传播产生的随机性

长度和随机性都是可靠密钥的基本属性。前者需要避免任何暴力攻击，而后者增加了窃听者的不确定性。一个长密钥可能是由几个子密钥串联而成的，其每个子密钥的可靠比特数有限，都来自于一个信道样本[9-10]。此外，信道样本必须尽可能在统计上去相关，以便增强相对于单个样本的随机性。

由于多径传播，无线电信道受到时间（如通过终端移动或周围区域中的人的运动）、空间（如使用多天线系统）或频率（如使用正交频分复用方案）域中的固有随机变化的影响。事实上，如文献［11］，对于多输入多输出系统，多径信道越丰富，随机性越强。相应地，作者在文献［12］中通过 RT 工具证明了信道的散射分量在改善 SKG 性能中起着重要作用。

然而，挑战在于如何对无线传播信道进行采样，以便充分实现去相关。从传输信道这个角度来看，这依赖于其丰富的散射环境和随机源的来源（如时间、空间或频率域)。如文献［10，13］，如果我们通过研究空间、频率或时间域来考虑SKG，则可以分别根据相干距离、相干带宽或相干时间来评估性能。为了获得更好的性能，在文献［10］中提出联合利用空间和频率的传播信道可变性，文献［13］中提出联合利用空间和时间的传播信道可变性。

19.2.1.3 安全性

信息论框架的目的是使得窃听者无法获取足够的信息来消除合法计算密钥和其自身计算密钥之间的差异。

由于多径传播的空间信道是非相关的，Eve可以测量关于Alice－Bob信道的非相关无线信道。当相关系数不超过某个阈值（阈值大小取决于所采用的SKG方案）时，密钥安全性就能得到保证。如19.3.1节所述，这种方案的效率取决于如何在不影响Alice和Bob之间可靠性的情况下，通过高度相关的信道独立生成密钥（即从非常高度相关的信道获得完全相同的密钥)。

此外，信道相关性以及随后的密钥安全性受到Eve与其中至少一个合法用户（如Bob）相对位置以及信道特性（如考虑空间分集时的相干距离）的影响。

最糟糕的情况发生在Eve和Bob处于相同位置的时候，二者测量的是同一信道，此时只有独立噪声可能导致提取的密钥之间存在一些差异。当Eve远离Bob时，随着相关系数的降低，这些差异会增加。即便如此，相关性仍然相对较高，因为它们处于相同的静止区域，共享相同的多径分量。在这种情况下，Eve可能会使用RT等工具，同时利用进一步的信息（如Bob的位置和环境特征)，以提高其对密钥的了解。然而，当Eve和Bob不在同一个静止区域时，相关性非常低，因为他们不共享相同的多径分量。在后一种情况下，安全性得到了保证。

文献［13］中的实验结果表明，在非视距（Non Line Of Sight，NLOS）环境中遇到的大多数色散无线电信道中，在半个波长距离后会发生特殊的去相关，而在更稳定的无线电信道中，通常需要几个波长（最多4个波长）的距离来实现空间去相关，如在视距（Line Of Sight，LOS）传播环境中。

19.2.2 密钥生成的评估指标

如前所述，密钥的健壮性取决于其长度、随机性和安全性。理论上来说，所有这些特征都可以通过互信息计算的密钥速率来评估[2,11,14]。另一方面，从实践的角度来看，SKG方案产生的密钥，可以通过密钥误码率(KBER)[6,9]来评估密钥的可靠性和安全性，也可以通过统计测试[6,10]来评估密钥的随机性。

密钥速率：在信息论里，Alice 和 Bob 共享可靠的最大随机信息量等于合法信道之间的互信息，如 $I_K = I(\hat{h}_a, \hat{h}_b)$。如果 Eve 经历的信道在统计上独立于合法终端所测量的信道（如 Eve 离 Alice 和 Bob 都足够远），那么这样的随机信息量是完全安全的。除此之外，更一般地说，从 Eve 的观察来看，密钥速率是 Alice 和 Bob 信道之间的互信息。我们注意到，如果信道观测值的协方差矩阵是边缘和联合高斯分布的，则互信息由信道观测值的协方差矩阵表示[11,15]。否则，互信息没有闭式表达式。

密钥误码率：在更实际的情况下，SKG 方案的性能可以在整个方案或者部分方案应用后进行评估，因此通过评估密钥误码率（密钥中不同比特与密钥长度的比值）来比较密钥至关重要。显然，在比较合法终端生成的密钥时，KBER 应该接近 0；而对于 Eve 计算得到的密钥，密钥误码率应该接近 1/2 [9]。

随机性的统计测试：密钥的随机性可以通过特定的统计测试来评估，其中，最著名的是美国国家标准和技术研究院（NIST）测试套件[16]和英特尔运行状况检查测试[17]。NIST 测试套件由 16 个测试组成，每个测试都试图检测密钥在生成的过程中是否有不完美随机性导致某种特定的生成。在 16 个测试中，下面选定的示例同时使用了“单比特频率”测试和“游程”测试。前者检查比特 0 在整个密钥比特中出现的频率，而后者检查比特 0 和比特 1 之间的转换是否太快或太慢。由于 NIST 测试难以嵌入到节点和终端中，我们还采用了英特尔运行状况检查测试，该测试通过评估 256 位序列中 6 种不同的比特模式的出现情况来检查生成密钥的熵。

19.2.3　信道特性的影响

在这一节，我们结合信道特性讨论 SKG。我们特别给出了当频率变化子信道的数量增加时 I_k 的变化。因此，我们从给定带宽的 OFDM 系统中的 N_f 个子载波中选定 N_u 个连续的，甚至是相关的子载波产生密钥。我们假设子载波和噪声的功率谱密度（Power Spectral Density，PSD）都是常数，信噪比（Signal - to - Noise Ratio，SNR）为 15dB。

为了进行比较，我们考虑以下不同类型的信道数据：

（1）功率衰减曲线模型：我们考虑一个简单的色散信道模型，该信道模型基于时域中的周期性独立多径，其平均功率呈指数递减。每个路径的复振幅服从圆对称高斯分布。

（2）户外光线追踪数据：我们利用商业射线追踪（Ray Tracing，RT）工具[18]进行确定性模拟，该工具根据有效粗糙度方法[19]扩展了漫射散射。

我们考虑了一个位于巴黎郊区的户外环境（“卢浮宫旋转木马”）。Alice由一个距离地面48m的固定基站表示，而Bob在1.5m天线高度处占据了几个位置，覆盖了我们考虑的整个区域。通过考虑每个RT计算的Bob位置周围的小尺度平稳性区域，I_k统计计算了Bob的每个位置（每个位置的相位不同，相位的变化是由天线位置和传输路径的不同引起的）。

（3）室内信道：通过矢量网络分析仪记录了巴黎高科电信学院建筑物内2～6GHz频段的信道系数[9,10,13]。对于房间、走廊或大厅中Bob的每个位置，代表Alice的发射器在11×11正方形小区域网格上进行空间扫描，从而对I_k进行评估。

通过堆叠N_u个子载波来在频域评估I_k。由于信道模型和RT工具可以产生信道冲激响应（Channel Impulse Responses，CIRs），因此我们使用离散傅立叶变换来获得给定带宽（BW）内的信道传递函数N_f。

三种信道模型中I_k与N_u的关系如图19.2所示，虚线表示N_u个独立同分布子载波的极端情况，实线对应于Bob在不同位置的信道特征。显然，随着子载波数量的增加，随机性也在增加，其大小取决于子载波之间的相关性。实际上，从时域看，N_u个子载波等价于具有基数正弦滤波器增益的N_u个解析路径。当这些解析路径相互独立时，通过增加子载波个数将无法再获得更大随机性，这导致了饱和行为。然而，如图19.2（a）所示，超过饱和点后，I_k仍然会随着N_u的增加而缓慢增长。这是因为随着N_u的增加，总发射功率也会增加，每条路径的信噪比增加导致I_k还会缓慢增长。实际上，文献［14］研究表明，如果总发射功率是固定的，而不是功率谱密度固定，则存在一个使I_k最大化的最佳带宽。

此外，在图19.2（b）和图19.2（c）中，曲线显示了次线性行为，这对于RT数据更明显。这是因为由RT工具计算的路径在各时延上并不是均匀分布的，故而测量的CIR在各路径中的分布非常密集。这需要比160MHz高得多的带宽，以便利用信道丰富的自由度。此外，我们注意到，在给定N_u个子载波的情况下，由于信道相干带宽随多径的丰富程度和它们的时延扩展变化，因此I_k随测量位置变化而发生相应变化[12]。

如文献［12］所证明的那样，一个有实际意义的结论是：室内环境似乎不太容易从频率变化信道来产生SKG，因为这种室内环境天然地具有大的相干带宽；与之相反，室外环境的时延扩展通常较长，因此相干带宽较小时，更容易获得频率分集。

当考虑空间变换信道时：

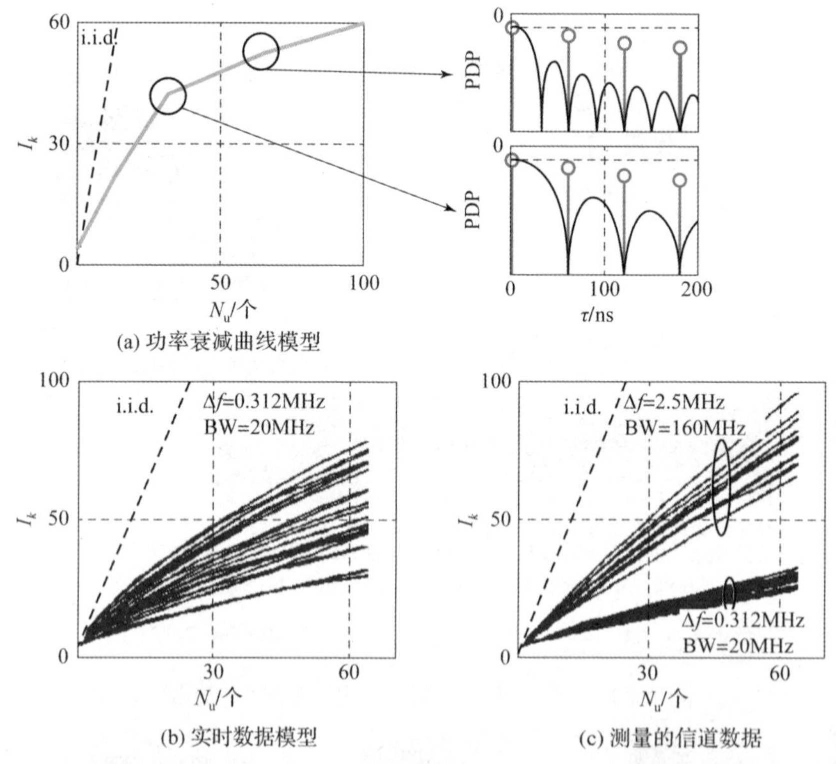

(a) 功率衰减曲线模型

(b) 实时数据模型

(c) 测量的信道数据

图 19.2　I_k 与子载波数量 N_u 的关系

（1）室内无线电信道可以获取更多的随机性，特别是对于大带宽信道探测，因为其相干距离通常较小（半波长）至中等水平（通常小于十个波长），这取决于具体的 NLOS/LOS 配置。

（2）室外无线电信道，频率色散现象通常比室内无线电信道更为显著，在有限的带宽信道探测中也能提供固有的随机性，因为其相干距离通常较小（半波长），甚至是非常小（尤其是在密集的城市 NLOS 传播环境中）。

19.3　将密钥生成集成到现有的无线接入技术中

19.3.1　实用的密钥生成方案

针对现有的和未来的无线电通信标准，例如，无线局域网（WLAN）802.11n/ac 和第二、第三、第四和第五代的无线蜂窝网络，提出如下 SKG 方案，SKG 原理和结果如图 19.3 所示。

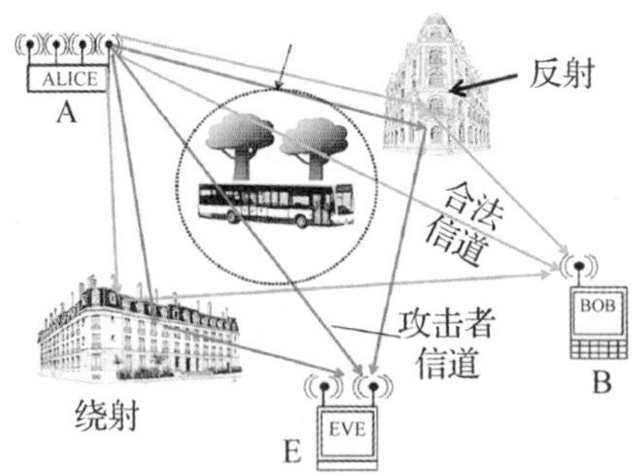

(a) 合法用户和攻击者的无线传播环境散射和阴影衰落

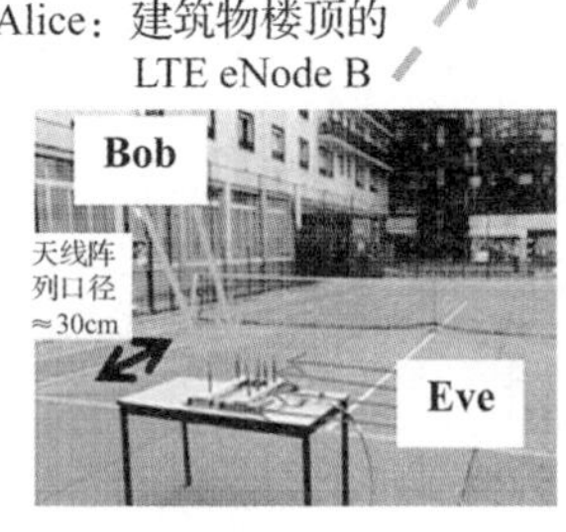

(b) 在空网球场静态天线部署场景下获取真实场测LTE/WiFi信号

122bits

5s内1000帧

未经信道去相关处理，5s内产生密钥比特数为1000 × 122

⇒量化结果的高时间相关性和静态样式可能被Eve所利用

(c) 静态LTE无线环境下未采用信道去相关处理的量化结果

36bits

经信道去相关处理，5s内产生密钥比特数为200 × 36

⇒量化比特呈现较少静态模式

(d) 静态LTE无线环境下采用信道去相关处理后的量化结果

(e) 多种LTE和WLAN 802.11n无线环境下的密钥生成结果

图 19.3 SKG 原理和结果

它由以下步骤组成（如图 19.1 所示）。

信号帧的瞬时信道估计：SKG 方案的第一步是计算信号帧的 CIR 或信道频率响应（Channel Frequency Response，CFR）。

空间去相关：这一步的目标是通过使用信道估计的全协方差矩阵的特征向量来减少信道测量之间的空间相关性[20]。然而，这一过程计算复杂度很高，并且仅在 LOS 配置中有帮助。因此，除非另有说明，否则，在本章的剩余部分不执行空间去相关步骤。

几个帧上的信道系数去相关：第二步优化了静态环境中随机性的选择。我们对从先前的 CIRs 或 CFR 信道系数应用选择算法，以便在几个帧上实现这些系数的低互相关。

量化：这步使用 Wallace 引入的 CQA 算法对选择的信道系数进行量化[11]，使合法用户 Alice 和 Bob 之间的密钥不匹配最小化。

信息协商：这一步纠正 Alice 和 Bob 密钥之间剩余的不匹配。安全概略和纠错码被用来帮助 Bob 恢复与 Alice 相同的密钥。要做到这一点，Alice 必须通过公开信道发送安全概略，这可能会泄漏一定数量的信息给窃听者 Eve。

隐私放大：该步骤提高了密钥的随机性，消除了信息协调步骤中泄漏的信息。为此，使用哈希函数并在必要时减少密钥长度。最后一步确保生成的密钥与窃听者计算的密钥完全不相关。

注：下面研究了 SKG 方案在实际通信设备中的具体实现。因此，我们考虑了稳健和简单的算法。例如，采用简单的代数前向纠错（Forward Error Correction，FEC）编码来协商 Alice 和 Bob 的密钥，并在隐私放大[21]中选择了两种经典的通用的哈希函数簇。

19.3.1.1　信道估计在 OFDM 信号中的应用

当考虑 OFDM（如在 WiFi 和 LTE 中定义）时，频域 CFRH_f 的分量量化了每个子载波经历的衰落。在采样系统中，考虑有限的响应和频带，CFR 的第 k 个频率分量 f_k 可计算如下：

$$H_f(k)=\frac{Y(f_k)}{X(f_k)} \tag{19.1}$$

式中：Y 为接收信号；X 为发射信号，也称为参考信号。在时域上，通过 IFFT 可以从 CFR 推导出一个等效 CIR 估计，如下：

$$H_{\text{IFFT}}=\text{IFFT}(H_f) \tag{19.2}$$

考虑到现在 2G 和 3G 无线接入技术（Radio Access Technologies，RAT）中定义的基于码分多址波形的时分多址（Time Division Multiple Access），通过对参考信号 X 应用滤波估计技术，可以在时域直接计算 CIR。

19.3.1.2　信道去相关

密钥比特应该是完全随机的，以保证 Eve 无法对其进行预测。因此，应该消除无线电传播信道中的任何确定性成分。为了获得等概率的密钥比特序列，量化算法应该尽可能随机地和去相关地处理信道系数。因此，该步骤的目标是通过仔细选择要量化的信道系数来减少信道相关的负面影响。信道相关性可以在时域和频域中观察到。

信道系数之间的时间相关性是降低的。为此，在给定的采集时间内记录信道系数，构成一个帧。然后计算两个连续帧之间的互相关系数，最后只选择互相关系数低（满足给定阈值 T_t）的帧。类似地，通过计算两个连续载波频率之间的相关系数来降低频率相关性。仅选择互相关系数满足给定阈值 T_f 的载波频率。此外，最低和最高频率载波被丢弃。最后，Alice 通过公共信道向 Bob 发送选中信道系数的位置。因此，Eve 也知道哪些系数被删除了，哪些被选中了，但她没有任何关于这些系数值的额外信息。因此，在信道去相关步骤中不存在信息泄漏。

19.3.1.3 量化

在测量无线信道之后，Alice 和 Bob 在互易性假设下，共同使用一种算法来量化他们已经估计的信道抽头，以便生成一致的密钥比特序列。

然而，由于噪声和信道估计误差，Alice 和 Bob 可能在一些密钥比特上不一致。现有研究已经开发了几种采用删除方案的量化算法来减少 Alice 和 Bob 密钥之间的不一致。

典型的删除算法定义了保护带间隔，并丢弃落入其中的任何信道测量[11]，这一做法将导致对信道测量的低效利用和更低数量的密钥比特。

其他的方案采用了不同的量化映射，根据信道观测值自适应调整映射关系，如 CQA 算法[11]。其原理就是采取自适应选择量化映射，使得观测值对不匹配不敏感时，此方案还具有较高的密钥生成量。因此，CQA 算法适应于信道系数复杂的信道，本章剩下的章节用此算法生成密钥。

19.3.1.4 信息协商

该步骤通过使用基于纠错码的安全概略来减少 Alice 和 Bob 之间不一致密钥[22]。Alice 计算的密钥被 Bob 当作参考密钥，Bob 希望通过他从信道测量中提取的密钥 K_b 来得到它。

Alice 首先从纠错码中随机选一个码字 c，然后计算 $s=K_a\oplus c$，再通过公共信道将 s 发送给 Bob。Bob 从其计算的密钥 K_b 中减去 s，得到 $c_b=K_b\oplus s(=K_b\oplus K_a\oplus c)$，对 c_b 进行解码恢复 c，得到 $\hat{c}$。最后 Bob 得到$(K_a)=\hat{c}\oplus\hat{s}$。

当 Bob 完美恢复了 Alice 的随机码字，即 $c=\hat{c}$ 时，这就是完美协商，因为 Alice 和 Bob 之间没有不一致的密钥。

通过公开信道发送的安全概略允许在不泄漏密钥的确切值的情况下准确恢复密钥。然而，s 可能在公共传输的时候泄漏一些关于密钥的信息，Eve

可以使用这些信息恢复密钥 K_a。因此，最后一步（隐私放大）是必要的，以减少密钥信息泄漏并提高密钥质量。

19.3.1.5　隐私放大

隐私放大的目的就是抹去信息协商步骤泄漏给 Eve 的密钥信息并提高密钥的随机性。密钥 K 可以看作是 Galois 域 $GF(2^n)$ 中的一个元素，我们选择以下两种通用的哈希函数，n 表示密钥 K 的位数。

假设 $1 \leqslant r \leqslant n, a \in GF(2^n)$，通过函数 $\{0,1\}^n \rightarrow \{0,1\}^r$ 将密钥 $aK \in GF(2^n)$ 的前 r 位分配给密钥 K，其中，r 是最终的密钥长度。实际上，在每次新密钥计算中，参数 a 是 Alice 随机选择的，然后通过公共信道发送给 Bob，最后 Alice 和 Bob 计算乘积 $aK \in GF(2^n)$。

由于哈希机制将任意比特位错误散布到最终的整个密钥序列 $(aK)_{(\text{rbits})}$（即 aK 的前 r 比特）上，因此当 Eve 尝试在协商步骤恢复初始密钥 K 时，恢复 K 的任何错误都将导致其得到的最终密钥 $(aK)_{(\text{rbits})}$ 是错误的。然而，这意味着 Bob 也必须完美地恢复初始密钥 K（即应该完美地实现协商），才能准确获得最终密钥 $(aK)_{(\text{rbits})}$。

19.3.2　来自单感知记录信号的模拟结果

在本节中，我们通过图 19.3 所示和文献［13］中描述的 PHYLAWS 测试平台获得的真实 LTE 和 WiFi 信号，并从中生成密钥。试验台模拟了 Bob 和 Eve，Bob 有两根天线，两根天线相距 33cm，也就是 3λ（λ 是信号的波长）。Eve 有四根天线，每根天线相距 11cm，相当于一个波长。

19.3.2.1　SKG 预处理步骤对生成密钥随机性的影响

图 19.3（c）显示了应用于 LTE 的 CQA 量化算法的输出，这些信号是在 2627.5MHz、总带宽为 10MHz 的静态传播环境中记录的。CFR 是从只占 1.4MHz 的主同步信号中计算出来的。

当使用 4 个量化区间时，CQA 算法得到 1000 个帧检测，每帧 122 个密钥比特。然而，我们可以注意到，在生成的密钥中存在着重复模式，这意味着 CFR 系数在时间和频率上是高度相关的。这种高相关性导致了一个主要的弱点，即生成的密钥比特不够随机。

图 19.3（d）显示了对同一记录应用信道系数去相关处理时获得的密钥比特。该算法设法提取有用的信息，并消除比特序列的大部分重复。因此，在量化算法的输出端减少了密钥比特的数量，但是获得的比特之间的相关性在时间和频率上都显著降低。

表 19.1 NIST 测试结果

NIST测试	LTE 室内 2. 6GHz		LTE 室内 2. 6GHz		WiFi LOS 2. 4GHz		WiFi LOS 2. 4GHz	
	频率	游程	频率	游程	频率	游程	频率	游程
量化	98%(48/49)	27%(13/49)	99%(281/284)	80%(228/284)	87%(132/152)	84%(128/152)	100%(171/171)	99%(169/171)
放大	100%(49/49)	100%(49/49)	100%(284/284)	100%(284/284)	99%(151/152)	98%(149/152)	100%(171/171)	99%(170/171)

19. 3. 2. 2 使用 NIST 统计检验评估密钥的随机性

本节使用 NIST 统计测试套件[16]中定义的两种随机性测试来评估从先前记录的 LTE 和 WiFi 信号中生成密钥的质量。

NIST 频率单比特测试：该测试的目的是确定密钥中 0 和 1 的数量是否大致相同，就像真正随机的序列所预期的 0 与 1 的数量应各占一半。表 19.1 提供了先前 LTE 和 WiFi 信号通过频率单比特测试的密钥百分比。不出所料，几乎所有的密钥在量化后都通过了测试，因为 CQA 算法本质上是以均匀分布方式产生 0 和 1 的。

NIST 游程测试：与真正随机序列的预期值相比，该测试的目的是确定 0 的数量和 1 的数量之间的振荡是太快还是太慢。表 19. 1 中的结果显示，量化后，在 LTE 室内环境中生成的密钥只有 27% 通过了游程测试，而在更分散的其他环境中生成的密钥通过游程测试的比例很高（≥80%）。

游程测试更好地捕捉了序列的随机性。不出所料，即使在静态室内环境中，经过隐私放大步骤后，生成的密钥也几乎 100% 通过了 NIST 测试。因此，SKG 方案的最后一步对于低色散无线电环境和窄带信号的实际应用至关重要。

19. 3. 2. 3 熵估计和分析

本节的目的是评估在实际无线电环境中可从无线电信道提取的熵百分比。为此，我们在 SKG 方案的量化步骤的输出端（未采用信道去相关）估计信道的最小熵，首先在 Alice 和 Bob 之间，然后在 Alice 和 Eve 之间。该计算使用 NIST 检验来估计文献［24］中描述的非独立同分布源的最小熵。我们还估计了天线对之间的联合熵，以及最大互信息，以评估两个不同天线共享信息的百分比。最后，对于给定的一对天线，其熵和互信息可以为我们提供关于安全熵比特百分比的相关结论。

表 19.2 提供了图 19.3（b）所示 PHYLAWS 试验台 6 个天线的熵估计。实验提供了两种极端传播环境下的结果。第一个非常稳定，是一个空的室内网球场，周围是一栋建筑，顶部是一个 LTE e－nodeB。采用固定位置部署以及 LOS 信道模型。第二个是不太稳定的室内办公室场景，此场景下的天线略微移动。无线信号来自 NLOS 接入点。结果表明，在第一种（更差）情况下至少有 20% 的熵比特，在第二种（更好）情况下大约有 70% 的熵比特。此外，计算出的天线对之间互信息的最大值表明，Eve 阵列上的一个天线与 Bob 阵列上的一个天线只共享很少的信息（约 20%）。

表 19.2　熵估计

天线/GHz		最小熵估计					
		Bob_1/%	Bob_2/%	Eve_1/%	Eve_2/%	Eve_3/%	Eve_4/%
最小熵	LTE LOS 2.6	19.5	50	32.4	22.6	28.9	32.4
	WiFi NLOS 2.4	63.1	65.2	74	69.7	76.2	74
天线/GHz		最大互信息					
		Bob_1－Bob_2/%	Bob_1－Eve_1/%	Bob_2－Eve_1/%	Bob_1－Eve_4/%	Eve_1－Eve_2/%	Eve_3－Eve_4/%
最大互信息	LTE LOS 2.6	19.7	16.5	38.6	24.9	84	73.9
	WiFi NLOS 2.4	19.8	18	20.6	19.4	79.7	85

19.3.3　双感知 LTE 信号的仿真结果

在实际的 LTE 中应用 SKG 方案很简单，因为该方案只需要获取频域信道估计，这在物理层中是容易获得的。为了评估其在 LTE 系统中的性能，采用 MATLAB 进行了蒙特卡罗仿真。

19.3.3.1　模拟器

对于性能评估，我们使用由维也纳技术大学开发的基于 MATLAB 的 LTE 链路级模拟器[25]。模拟器实现符合标准的 LTE 下行链路（Downlink，DL）和 LTE 上行链路（Uplink，UL）收发器，其主要功能特点包括：基本信道模型、调制和编码、多天线传输和接收、信道估计、多用户场景和调度。LTE 链路级模拟器除了支持其他基本信道模型之外，还支持 QuaDRiGa 信道模型[26]，该模型可以对 Alice－Bob、Alice－Eve 和 Bob－Eve 信道之间的无线电传播的实际距离相关进行建模。实际上，在模拟中，只有大规模信道参数是空间相关的。

19.3.3.2 信道系数估计

为每个携带已知序列的子载波和每个发射接收天线对计算信道系数的估计，然后在子帧上进行平均，以在每个子帧和每个天线对的每个子载波上仅提供一个系数。在下行链路中，Bob（Eve也一样）可以在整个带宽上使用下行链路参考信号，并且通过将导频或参考序列位置处的接收信号除以已知的发射信号来获得信道估计。在上行链路，情况可能有所不同，因为参考信号不是强制性的，不能依赖它们。Alice可以通过解调参考信号进行信道估计。因此，Alice知道的信道仅限于为Bob的上行链路传输分配的资源。

从频域进行子载波选择，使得它们在下行链路和上行链路方向上都能进行信道估计。然而，在此仿真中，所有的资源块被分配给Bob，并且没有考虑带宽限制。

现在考虑LTE RAT的TDD配置，需要保证互易假设仍然有效。为此，系统从上行链路切换到下行链路时，应该使用在相邻的下行链路和上行链路子帧处获得的信道估计。ALice和Bob/Eve在哪个子帧索引上提取信道系数取决于TDD协议配置。这里我们假设TDD配置允许我们每帧提取两组信道系数。

19.3.3.3 仿真场景和参数

仿真过程为：创建QuaDRiGa信道系数，首先在下行链路LTE模拟器中使用，其次在上行链路LTE模拟器中使用。在仿真最后，比较Alice、Bob和Eve生成的密钥。仿真运行时间设置为持续100帧。

Alice是固定基站，Bob和Eve是移动的，以相同的速度遵循相同的移动轨迹，在仿真中是一条直线。速度取决于无线电环境。Alice使用4天线空间均匀线性阵列，Bob和Eve都使用2天线阵列。信号带宽设为10MHz，载波频率为2.6GHz。信道模型是块衰落的，信道估计使用在LTE模拟器中提供的最小二乘法。信噪比定义为仿真期间Bob的平均信噪比。

我们测试了几种标准的无线电传播环境：$A1$室内办公室、$B1$城市微蜂窝和$C2$城市宏蜂窝[27]。Bob和Alice之间的最小距离分别被设置为1m、10m和50m。在$A1$、$B1$和$C2$场景中，手机的速度分别设定为1m/s、2m/s和14m/s。Eve可以放在离Bob不同距离的地方。无线传播环境可以是LOS或NLOS。

SKG算法输出的密钥长度固定为127bit。仿真中均采用了时间和频率去相关。在几次测试之后，去相关阈值T_f被设置为0.5，以在提取的密钥数量和它们的随机性之间实现适当的折中。

我们给出了有无空间去相关的结果。当在 LOS 环境中使用空间去相关时，LOS 分量被去除。

预处理信道系数的实部和虚部量化后各产生 1bit，即同时使用了两个量化维度。为了纠正 Bob 和 Alice 密钥之间的错误，协商过程使用的 BCH 码的编码速率是可变的。这种编码速率需要根据信道估计的信噪比进行调整，以纠正 Bob 和 Alice 之间的密钥错误，同时防止 Eve 纠正其密钥中的错误。换句话说，应设置编码率使得 Bob 能够在每次仿真时校正最大数量的错误。

针对 Bob 和 Eve 之间的每个间隔距离和每个信噪比，进行了 100 次仿真以对应 100 个信道实现，并且可以提取这些信道实现上各种指标的统计分布。

19.3.3.4 仿真结果

为了使 SKG 能够很好地工作，应保证 Eve 无法估计 Alice 和 Bob 从信道估计中提取的密钥，而 Alice 和 Bob 应该生成完全一致的密钥，并且这些密钥应该具有良好的熵质量。

考虑到密钥的安全性，Alice 和 Eve 提取的密钥序列间的误码率是要测量的主要指标。另一方面，考虑到密钥一致性，在 SKG 算法的每个步骤（量化、协调、放大）之后，还应测量 Alice 和 Bob 各自生成密钥之间的不一致情况，以便评估信道估计误差的影响。

在考虑密钥的质量时，密钥的内在随机性也将通过 NIST 随机性测试（频率单比特和运行测试）来进行评估。这些测试是针对 Bob 在所有信道实现中获得的满足特定信噪比的所有密钥进行的。

仿真结果如图 19.4 所示，该图与 Bob 和 Eve 以 2m/s 的速度沿直线移动所在的城市微小区环境 B1 相关。图 19.4 所示为与 Alice 的密钥相比，Bob 的密钥（第 1 列）和 Eve 的密钥（第 2 ~ 第 4 列）的误码率的累积分布函数。

第一列显示了 Bob 这边的结果，它反映了密钥生成效率。其余三列显示了 Eve 这边的结果（对应于增加 Bob 和 Eve 之间的距离），反映了密钥安全性。

信噪比的影响在每种情况下都有体现（每张图中的 4 条曲线）。

第一行图给出了 LOS 场景下没有采用空间去相关时的结果，第二行给出了 LOS 场景下采用空间去相关时的结果。第三行和第四行则分别给出了 NLOS 场景下没有采用空间去相关和采用空间去相关的结果。

图 19.4 的结果表明：

（1）Bob 和 Alice 之间的不匹配随着信噪比的增加而减小。

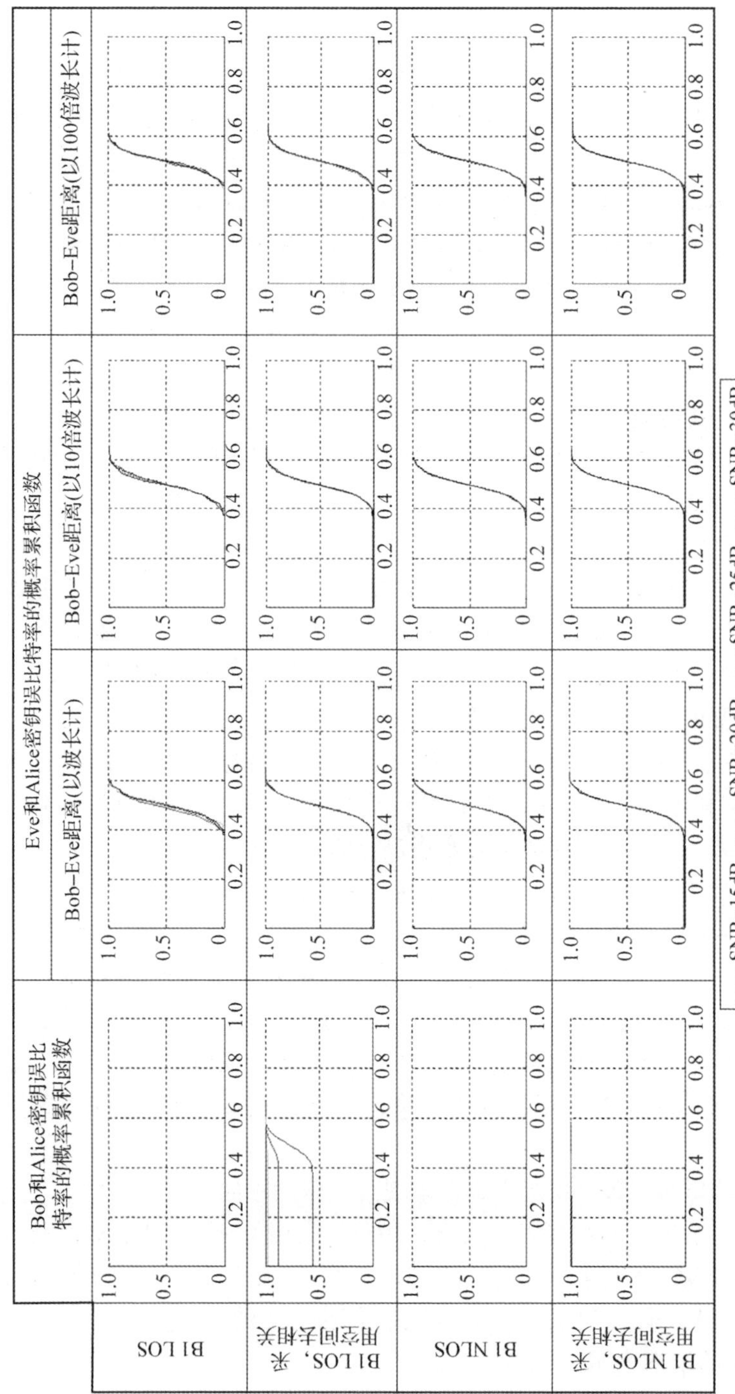

图 19.4　Bob 和 Eve 密钥的误码率与 Alice 的密钥在各种环境和信噪比下的误码率进行了比较，Bob 和 Eve 在城市微小区环境 *B1* 内以 2m/s 沿直线运动

（2）在 NLOS 的情况下，Eve 和 Bob 之间一个波长（λ）的间隔距离就足以确保密钥对 Eve 的安全性。然而，在 LOS 情况下，可能需要使用空间去相关来实现相同的安全性。当进行空间去相关时，Bob 需要更高的信噪比来得到正确的密钥。

（3）特别是在 LOS 配置中，信道去相关的使用增加了正确提取密钥的数量。

（4）就密钥质量而言，99% 以上的密钥在私密放大后通过了随机性测试，无论是否采用空间去相关，也无论是 LOS 还是 NLOS 场景。

19.3.3.5　讨论

在 LTE 模拟器中实现的 SKG 算法已被证明在大多数模拟无线电传播环境中工作良好。为了保护 Alice 和 Bob 所提取密钥的安全性，对 Bob 和 Eve 之间的最小距离有一定要求，其取值取决于无线电环境（$A1$，$B1$，$C2$），是否存在 LOS 或 NLOS，以及是否使用空间去相关。

特别是在 $A1$ 和 $B1$ 场景中，一个波长（λ）的距离就足以阻止 Eve 在 NLOS 和 LOS 情况下恢复密钥，其中，在 LOS 情况下需要使用空间去相关。这导致不同情况下所需的信噪比不同，因为与不使用空间去相关的情况相比，采用空间去相关时需要更高的信噪比来让 Alice 和 Bob 之间产生相同的密钥匹配。而在 NLOS 场景下，不需要使用空间去相关也可以生成更多的密钥。

在 $C2$ 场景的 LOS 情况下，在 Bob 和 Eve 相距 10λ 时，即使使用了空间去相关，该算法仍然不能很好地保护 Alice 和 Bob 的密钥（即防止 Eve 获取密钥）。与之相反，在 NLOS 场景下，当 Bob 和 Eve 相距 10λ 时，则能够很好地保护 Alice 和 Bob 生成的密钥。

在 $C2$ 场景中，空间去相关和信道去相关预处理提高了在 LOS 和 NLOS 情况下 Bob 和 Alice 的密钥的安全性。在所有仿真中，密钥在私密放大后质量很高，超过 99% 的密钥满足随机性测试。

19.3.4　双感知无线信号的实验结果

本节利用 Celeno 通信有限公司设计的 WiFi 芯片组发射和接收的双感知真实信号来生成密钥。然后，我们评估生成密钥的随机性和安全性。

19.3.4.1　无线网络测试平台和测试环境

我们在这里使用了 PHYLAWS 测试平台的 WiFi 专用部分，如图 19.5（a）所示，文献［13］中介绍了这部分。每个芯片组基于软件定义无线电架构，使用数字信号处理核心，使其能够在真正的 WiFi 系统的物理层上实现算法。该测试平台使用无晶圆厂半导体公司 Celeno Communications Ltd 开发的两种不同芯片，支持5GHz 和2.4GHz 频段的运行：CL2440 是一款支持5GHz 工作频率（最高80MHz 带宽）的 4 × 4 功放芯片，而 CL2442 是一款支持2.4GHz 工作频率（最高40MHz 带宽）的4×4 功放芯片。试验台还通过以太网连接到本地网络，用于控制和数据提取。测试台上的天线间距始终大于半个波长（5.5GHz 对应波长为2.7cm，2.4GHz 对应波长为6.25cm，以提供足够的分集。测试环境是在一间公寓里。公寓提供了一个干净的测试环境，相对不受干扰。可以模拟各种室内 NLOS 和 LOS 场景（图19.5）。

19.3.4.2 双向探测交换处理

对于信道测量，试验台用作发送者和接收者。根据802.11 标准的定义，发送设备发送一个信道探测帧。这个帧，在 WiFi 标准中称为非数据包，用于802.11ac/n 显式的探测交换。因此，信道估计很好地表示了真实的 WiFi 设备信道，包括所有的信道实现和射频损伤。

Alice 首先发送一个探测帧（载频为2462MHz 时，带宽为20MHz，载频为5180MHz 时，带宽为80MHz），这个探测帧 Bob 和 Eve 都可以接收到；Bob 向 Alice 发送一个探测帧。Alice、Bob 和 Eve 提取4×4 信道估计。

然后对 CFR 估计进行离线处理：Alice、Bob 和 Eve 首先补偿它们信道估计的定时误差，并对每个信道系数进行归一化。

他们通过以下处理从估计的 CFR 中提取密钥：信道去相关，使用 CQA 算法进行量化，使用 BCH 码进行信息协商，使用双通用哈希函数族进行隐私放大（必要时，还可以减少密钥长度）。

在量化步骤和隐私放大步骤之后，使用 Intel Health Check[17] 对密钥的随机性进行评估。通过计算 Alice 和 Bob 密钥之间的误码率来评估互易性。最后，通过计算 Bob 和 Eve 生成密钥之间的误码率来评估密钥的安全性。

19.3.4.3 基于 WiFi 芯片组的双向信道估计的 SKG 的实际应用

图19.5（a）描述了 SKG 方案的测试台和实验测试条件。在对真实无线电链路进行信道估计后，使用 Alice 和 Bob 连续三次信道探测的数据在 MATLAB 上运行剩下的 SKG 步骤。Eve 为尝试恢复 Alice 和 Bob 的密钥，同样也捕获了 Alice 发送的信号。SKG 协议的参数配置如图19.5 所示。

就 Alice 而言，采用如下步骤。

（1）预处理：如果要进行预处理，应选择 $T_t = 1, T_f = 0.4$ 的低去相关 CFR 帧。

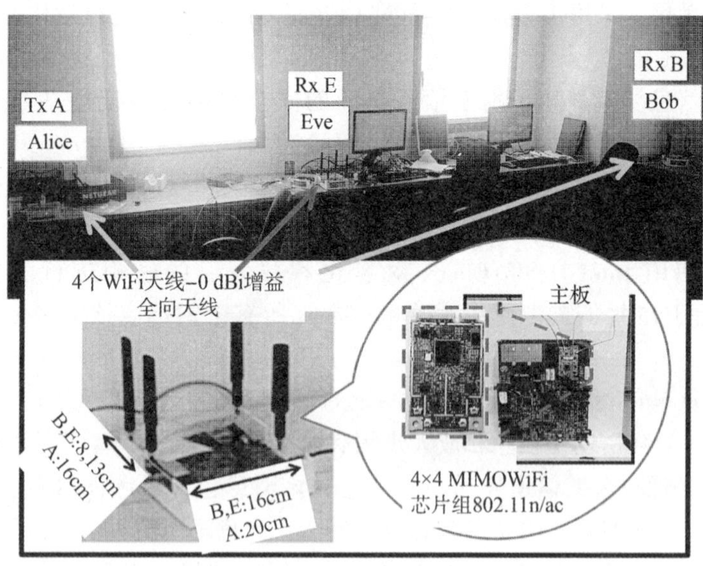

(a) 测试场景环境-合法用户和攻击者设备的组成和位置

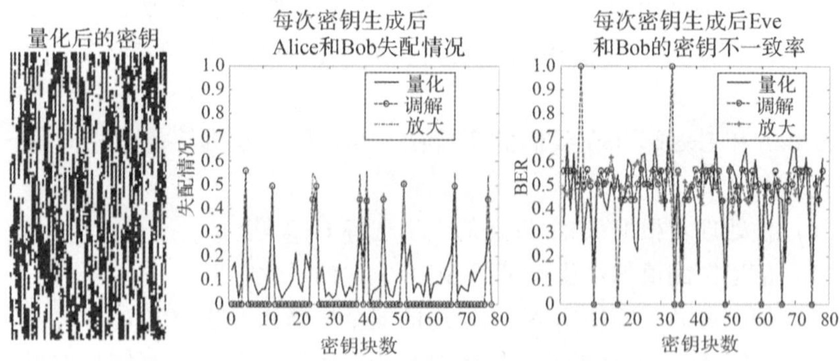

(b) 静态WiFi无线环境中未采用信道去相关处理的密钥生成结果

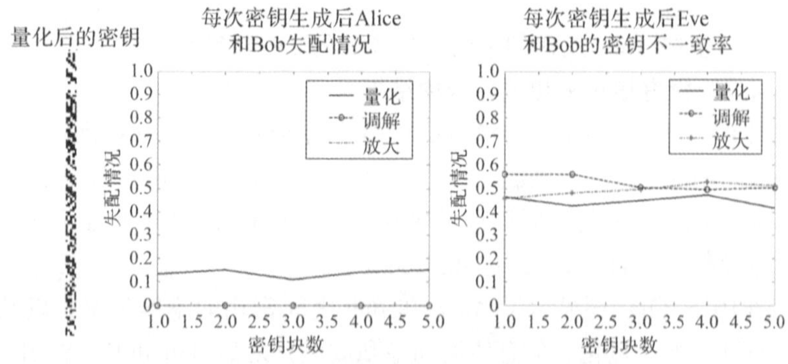

(c) 静态WiFi无线环境中采用信道去相关处理后的密钥生成结果

图 19.5　SKG 实验测试和双感 CFR 的结果

（2）量化：采用4个量化区间对CFR的相位和幅度进行量化，可以得到127bit的密钥。

（3）信息协商：Bob用于信息协商的安全概略计算使用基于FEC的BCH（127、15、27）。

（4）密钥隐私放大不减少密钥长度。

（5）密钥最终长度为256位。

（6）使用Intel Heath Check对量化和放大后的密钥进行随机性测试[17]。由于在此步骤中使用了哈希函数，所有密钥都应该在隐私放大后通过测试。

（7）从量化和隐私放大后通过测试的密钥序列中选择256bit。

注意，最终密钥是在隐私放大步骤后输出来的。

Alice还通过公共信道发送一条消息，该消息包含所选帧的索引和量化映射方案、安全概略、哈希参数和成功的256比特密钥的索引。虽然这条信息有助于Bob计算出与Alice相同的密钥，但发送用于核对的安全概略可能会向Eve泄漏一些信息，因为它可以让Eve纠正其在密钥上的错误。这种泄漏的信息可以通过在隐私放大步骤期间减少提取的密钥的长度来减少。

在Bob和Eve端（在我们的实验中，Eve和Bob执行完全相同的SKG步骤）：

（1）预处理：根据Alice发送的索引选择CFR帧。

（2）信道探测值的量化：采用Alice发送的量化映射。

（3）信息协商步骤使用Alice发送的安全概略和BCH（127、15、27）。

（4）使用Alice发送的哈希参数对密钥进行隐私放大，密钥长度增长到256位。

（5）根据Alice发送的索引选择成功的256位密钥。

19.3.4.4　没有信道去相关处理的结果

图19.5（b）显示了当没有执行预处理步骤时，Alice量化后从信道测量中提取的密钥。总共生成了78个长度为127位的密钥，但没有一个通过NIST运行测试。通过级联以前的密钥，总共获得了38个长度为256位的密钥，但没有一个通过Intel Health Check检查。

图19.5（b）还显示了Alice和Bob之间密钥的不匹配率，以及在SKG处理的每一步（量化、信息协调和隐私放大）之后Bob和Eve密钥之间的误码率。根据结果，Bob经常产生与Alice不同的密钥，而Eve设法恢复了一些密钥：在这种情况下，SKG的性能很差。

19.3.4.5　信道去相关处理的结果

图 19.5（c）显示了在 $T_t=1$，$T_f=0.4$ 条件下进行信道去相关时，Alice 量化后从信道测量中提取的密钥。这里，生成了 5 个长度为 127 位的密钥，其中，4 个通过了 NIST 游程测试。长度为 256 位的两个密钥是通过级联以前的密钥获得的，两个密钥都通过了 Intel Health Check。隐私放大后，所有密钥都通过了 NIST 游程测试和 Intel Health Check。

对图 19.5（b）和图 19.5（c）使用相同的表示还显示了 Alice 和 Bob 之间的误码率（当处理成功时，预期误码率接近 0）、Bob 和 Eve 的密钥之间的误码率（当处理成功时，预期接近 0.5）。在这里，Bob 成功地计算出与 Alice 相同的密钥，而 Eve 的误码率总是非常接近 0.5，这表明 SKG 完美地进行工作。这说明了信道去相关预处理的重要性，该预处理仅选择具有低互相关的帧，增加了所选帧的可用熵，同时减少了与这些帧相关的 Alice 和 Eve 的信道测量之间的互信息，因此最终生成更多数量的安全密钥。

19.4　结论：无线接入技术的安全升级机会

19.4.1　存在的漏洞

当前的体系结构中，在接入网络的第一阶段（以及在漫游过程期间），进行的几个关键参数的传输是没有安全保护的。这些参数用于执行隐私认证，并设置用户和控制层的完整性和安全性保护。

关于认证过程，以下关键消息以明文形式交换：

（1）2G：RAND、SRES 和 TMSI；

（2）3/4G：RAND、RES、AUTN、KSI_{ASME} 和 TMSI。

公共网络的无线电接入由身份识别程序管理，包括用户和网络识别号、认证程序、随机输入参数的双向交换、移动和核心网络的并行计算和输出检查。在无线蜂窝网络和无线局域网中，这种处理很早就执行了（在建立加密密钥之前）。

通过物理层传输的几个关键参数（如 IMSI、IP 或 MAC 地址）在连接或漫游过程（尤其是国际漫游）中没有加密。

此外，用户和设备的参数用于执行认证，建立完整性和安全性保护（用户和控制协议层）。不幸的是，它们是以明文形式传输的，在传输过程中有很长的延迟时间。最后，他们很容易受到多种攻击，如被动监控、主动黑客（拒绝服务、重放攻击）、中间人和欺骗攻击。

在无线身份识别过程中，以下关键用户或设备参数以明文形式交换。

(1) 在2G、3G和4G无线蜂窝网络中：通常包括TMSI，以及被请求发送的（国际漫游或传统的TMSI身份检查失败时）IMSI、IMEI、IMEISV或GUTI。

(2) 在无线局域网标准中：在首次网络附着过程，以及诸多其他专门过程中发送的IP地址、SSID、甚至MAC地址。

关于无线蜂窝网络的身份认证过程，以下关键消息以明文形式交换。

(1) 在2G无线蜂窝网络中：在输入和输出端由网络进行单终端认证检查时的随机参数RAND以及SRES。

(2) 在3/4G无线蜂窝网络中：在双重身份验证检查时输入和输出的随机参数RAND、RES、AUTN和KSI_{ASME}。

一般来说，对标识符的拦截（如上文所述）会暴露出用户身份和位置等敏感信息。因此，Eve可以专注于监控给定用户的目标消息，构建重放攻击，欺骗和模拟终端、节点等，详见文献[13，28]。

此外，最近还报道了网络攻击者对长期密钥K/Ki的黑客攻击（更多详细信息见文献[13]）。因此，被动窃听者通过监视信令和接入消息来检索其他必要参数就变得很容易了。首先，Eve可以恢复身份验证和密钥信息，然后Eve可以破坏所有保护措施（如完整性控制和正在进行通信的安全性）。

最后，通过防止第三方对在节点基础设施和终端之间的无线电空中接口处交换的敏感消息进行解码，可以实现现有和未来无线电网络的主要安全性增强。特别是，应加强对识别程序、认证协议和密码建立的保护，消除Eve拦截和解码相关参数的任何能力（这些参数目前在无线层是可以自由获取的）。这将极大地增强隐私和安全性，并且极大地减轻密钥K/Ki泄漏的后果。

19.4.2 利用秘密密钥生成保护无线接入协议的建议解决方案

如上所述，SKG的原理是在信道互易性假设下，无须事先共享密钥，将无线电信道探测输出作为合法无线设备的密钥随机源来提取密钥。

因此，对于任何使用时分双工协议的无线接入网（如WiFi、4G/5G蜂窝网），SKG技术似乎非常适合用在接入的早期阶段。只要能够通过先前的帧和时隙同步、信令的接收、接入消息的发送和接收、均衡和服务质量过程的初始化等进行无线信道测量，它们的输出就可以用于SKG。

如果用户设备和节点能够在接入阶段的相同载波频率上操作，则SKG也可以应用在频分双工（Frequency Division Duplex，FDD）系统。

此外，在考虑任何类型的公共无线接入协议时，甚至像大多数2G和3G

无线蜂窝中定义的FDD协议，文献［13］研究也指出了可以采用无密钥的安全配对技术。

这种安全配对过程基于双重感知的低功率自干扰信号（称为标签信号），可以精确测量CIR，并支持终端和节点之间的询问和确认序列（IAS）。在无线电接入的初始阶段，IAS为Alice和Bob提供双感知配对CIR（由双感知标签信号的同步和均衡过程输出），Alice和Bob通过检查CIR来确保Alice和Bob设备的安全配对。

这些成对的CIR可以输入SKG。此外，成对标签信号的交换为SKG处理过程中的信息交换提供了天然经过认证的公开信道：信道去相关预处理中的帧索引、量化算法中的区间索引、协调过程中的安全概略等。

19.4.3 密钥生成在无线接入技术中的实际应用

我们最后考虑SKG的一些可能的实际用法。如前所述，128位或256位的输出密钥可以保护Alice和Bob之间交换的初始消息。

（1）作为信令和接入消息的直接保护。

（2）作为私钥（仅由Alice和Bob共享），应用于保护信令和接入消息等敏感内容的传统密码方案。

密钥可以存储在终端存储器和网络数据库中，必要时可以随时更改（在正在进行的通信过程中，通过使用输出或均衡程序）。

下面列出了无线局域网和无线蜂窝的许多其他潜在用途。

（1）在空闲模式下协助新的连接过程和新的漫游过程。

（2）在正在进行的通信过程中，输入并促进上层协议层的安全方案。与无线局域网和无线蜂窝网络相关的一些示例包括：

（1）保护IP分组的报头。

（2）保护控制帧。

（3）保护在某些无线局域网（802.11n/ac）中定义的显式人工噪声和波束赋形方案中的返回信息消息。

（4）输入具有非数学随机的数据流的完整性控制和密码方案。

（5）使用生成的密钥作为时间标识符。

（6）使用完整性控制检查来防止对正在进行通信的消息入侵、欺骗和中间人攻击。

（7）检测入侵企图（包括虚假认证请求）：如果节点和终端并行接收到有关从不同信道实例生成的本应不相关密钥的相类似消息。

（8）在现有加密方案中用作预共享密钥或报头输入。

（9）在当前流密码太慢的情况下，满足未来超低时延传输应用的加密需求。

（10）保护未加密的近场通信。

（11）随着大规模物联网的部署，解决密钥的分发和管理问题。

参考文献

[1] M. Bloch and J. Barros, *Physical-layer security: From information theory to security engineering*. UK: Cambridge University Press, 2011.

[2] U. Maurer, "Secret key agreement by public discussion from common information," *IEEE Trans. Inform. Theory*, vol. 39, no. 3, pp. 733–742, May 1993.

[3] R. Ahlswede and I. Csiszar, "Common randomness in information theory and cryptography. I. Secret sharing," *IEEE Trans. Inform. Theory*, vol. 39, no. 4, pp. 1121–1132, Jul. 1993.

[4] A. Hassan, W. Stark, J. Hershey, and S. Chennakeshu, "Cryptographic key agreement for mobile radio," *Digital Signal Proc.*, vol. 6, pp. 207–212, Oct. 1996.

[5] S. Mathur, W. Trappe, N. Mandayam, C. Ye, and A. Reznik, "Radio-telepathy: extracting a secret key from an unauthenticated wireless channel," in *14th ACM international conference on Mobile computing and networking*, September 2008, pp. 128–139.

[6] S. Jana, S. Premnath, M. Clark, S. Kasera, N. Patwari, and S. Krishnamurthy, "On the effectiveness of secret key extraction from wireless signal strength in real environments," in *15th annual international conference on Mobile computing and networking*, September 2009, pp. 321–332.

[7] L. Lai, Y. Liang, and W. Du, "Cooperative key generation in wireless networks," *IEEE JSAC*, vol. 30, no. 8, pp. 1578–1588, 2012.

[8] J. Zhang, R. Woods, T. Duong, A. Marshall, and Y. Ding, "Experimental study on channel reciprocity in wireless key generation," in *IEEE 17th International Workshop on Signal Processing Advances in Wireless Communications (SPAWC)*, July 2016, pp. 1–5.

[9] T. Mazloum, F. Mani, and A. Sibille, "Analysis of secret key robustness in indoor radio channel measurements," in *Proc. 2015 IEEE 81st Vehicular Technology Conference (VTC-Spring)*, May 2015.

[10] T. Mazloum and A. Sibille, "Analysis of secret key randomness exploiting the radio channel variability," *Int. J. Antennas Propagation (IJAP)*, vol. 2015, Article ID 106360, 13 pp., 2015.

[11] J. Wallace and R. Sharma, "Automatic secret keys from reciprocal MIMO wireless channels: Measurement and analysis," *IEEE Trans. Inform. Forensics Security*, vol. 5, no. 3, pp. 381–392, Sep. 2010.

[12] T. Mazloum, "Analysis and modeling of the radio channel for secret key generation," Ph.D. dissertation, Telecom ParisTech, 2016.

[13] "Phylaws," 2014. http://www.Phylaws-ict.org.
[14] R. Wilson, D. Tse, and R. Scholtz, "Channel identification: Secret sharing using reciprocity in ultrawideband channels," *IEEE Trans. Inform. Forensics Security*, vol. 2, no. 3, pp. 364–375, Sep. 2007.
[15] T. Cover and J. Thomas, *Elements of Information Theory*. New York: Wiley, 1991.
[16] A. Rukhin, J. Soto, J. Nechvatal, *et al.*, *A Statistical Test Suite for Random and Pseudorandom Number Generators for Cryptographic Applications*. Information Technology Laboratory, NIST, Gaithersburg, Maryland, Tech. Rep., 2010.
[17] M. Hamburg, P. Kocher, and M. Marson, *Analysis of Intel's Ivy Bridge Digital Random Number Generator*, 2012.
[18] "Volcano lab," 2012, http://www.siradel.com.
[19] V. Degli-Esposti, F. Fuschini, E. Vitucci, and G. Falciasecca, "Measurement and modelling of scattering from buildings," *IEEE Trans. Antennas Propagation*, vol. 55, no. 1, pp. 143–153, Jan. 2007.
[20] C. Chen and M. Jensen, "Secret key establishment using temporally and spatially correlated wireless channel coefficients," *IEEE Trans. Mobile Comput.*, vol. 10, no. 12, pp. 205–215, 2011.
[21] U. Maurer and S. Wolf, "Secret-key agreement over unauthenticated public channels .ii. privacy amplification," *IEEE Trans. Inf. Theory*, vol. 49, no. 4, pp. 839–851, Apr. 2003.
[22] Y. Dodis, R. Ostrovsky, L. Reyzin, and A. Smith, "Fuzzy extractors: How to generate strong keys from biometrics and other noisy data," *SIAM J. Comput.*, vol. 38, no. 1, pp. 97–139, 2008.
[23] C. H. Bennett, G. Brassard, C. Crepeau, and U. M. Maurer, "Generalized privacy amplification," *IEEE Trans. Inf. Theory*, vol. 41, no. 6, pp. 1915–1923, Nov. 1995.
[24] M. Turan, E. Barker, J. Kelsey, K. McKay, M. Baish, and M. Boyle, *Recommendation for the Entropy Sources Used for Random Bit Generation*. National Institute of Standards and Technology Special Publication 800-90B, NIST, Gaithersburg, Maryland, Tech. Rep., 2016.
[25] C. Mehlfuehrer, J. C. Ikuno, M. Simko, S. S, M. Wrulich, and M. Rupp, "The vienna lte simulators – enabling reproducibility in wireless communications research," *EURASIP Journal on Advances in Signal Processing*, vol. 21, 2011.
[26] S. Jaeckel, L. Raschkowski, K. Börner, and L. Thiele, "Quadriga: A 3-d multicell channel model with time evolution for enabling virtual field trials," *IEEE Trans. Antennas Propag*, vol. 62, pp. 3242–3256, 2014.
[27] "Winner II channel models," 2007. https://www.ist-winner.org/WINNER2-Deliverables/D1.1.2v1.1.pdf.
[28] Y. Zou, J. Zhu, X. Wang, and L. Hanzo, "A survey on wireless security: Technical challenges, recent advances, and future trends," *Proc. IEEE*, vol. 104, no. 9, pp. 1727–1765, 2016.

第 20 章

通信节点和终端上的安全编码应用

Christiane Kameni Ngassa①，Cong Ling②，François Delaveau①，Sandrine Boumard③，Nir Shapira④，Ling Liu②，Renaud Molière①，Adrian Kotelba③，Jani Suomalainen③

20.1 引言

本章的目的是研究实用的编码技术来为无线系统提供安全保证。首先，本章简要介绍了应用于窃听信道的低密度奇偶校验（Low Density Parity Check，LDPC）码、极化码和栅格码相关的理论成果。在此基础上，提出了一种用于建立 Alice 和 Bob 之间可靠安全无线链路的实用安全编码方案。最后，在 WiFi 和 LTE（Long Term Evolution，LTE）测试平台实现了这些实用安全编码，并通过误比特率（Bit Error Rate，BER）这一简单实用的指标对其安全性能进行评估。读者可以参考文献［1］了解有关信息论安全意义下安全编码设计的最新进展，如强安全编码、语义上的安全编码等。

在本章的第一部分，我们使用嵌套栅格（nested lattice）结构来设计高斯窃听信道（Gaussian Wiretap Channels，GWCs）场景下的安全编码。我们设计了两种栅格码，其编码速率分别近似于合法信道（Alice 和 Bob 之间信道）和窃听信道（Alice 和 Eve 之间信道）的信道容量。其中，对于窃听信道的栅格码是对随机比特信息进行编码的，而合法信道则利用陪集首（coset leader）进行编码以发送信息。

---

① 美国泰利斯通信与安全公司。

② 法国矿业-电信工程师学院。

③ 芬兰 VTT 技术研究中心。

④ Celeno 通信。

进一步，我们将指出：

（1）类似的编码结构也可以扩展到 MIMO 信道和衰落信道场景；

（2）一种可以在实际的无线通信标准（如 WiFi、LTE）中实现的、简单的安全编码，通过现有的无线电设备和处理单元，能够在常见无线电环境中实现安全通信。

在 20.2 节中，我们介绍了基于 LDPC 码[2] 和最近提出的极化码[3] 的离散信道安全编码方案。然后，通过构造极化栅格（polar lattices）将离散信道的陪集安全编码方案推广到连续高斯信道信道。结果表明，我们所提出的方案是可行的，能够达到较强的安全性，并分析了其安全容量。与此同时，提出了一种基于离散栅格高斯分布（discrete lattice Gaussian distribution）的显式栅格成形（explicit lattice shaping）方案。由于极化码的通用性，该成形方案与安全编码结构是相互兼容的，因此其实现比较简单，具体将在后续小节展开。最后，我们详细研究了基于相似嵌套栅格（nested lattice）结构设计 MIMO 信道和衰落信道条件下的安全编码。

在 20.3 节中，我们在假设 Bob 信道具有微弱优势条件下给出了一个简单使用的安全编码，具体而言，在 MIMO 传输中采用了人工噪声（Artificial Noise，AN）和波束赋形（Beamforming，BF）技术。该安全传输方案包括：

（1）基于合法用户链路信道状态信息的 AN 和 BF。

（2）与无线标准中常用的采用前向纠错（Forward - Error Correction，FEC）相同的内码进行纠错。

（3）使用包含嵌套极化码或 Reed - Muller（RM）码的外码实现安全。

针对类 WiFi 信号和类 LTE 信号给出了该方案的详细设计。首先，通过仿真分析了在加性高斯噪声下的性能，然后在真实 WiFi 链路（真实传播环境和真实无线电设备），以及模拟 LTE 链路（真实的传播环境和理想的收发信机）两种场景下进行了测试。最后，给出了无线网络工程应用中需要注意的实际问题，并重点介绍了相关的无线参数。

20.4 节对本章进行了总结，指出了这些技术在用户隐私和数据流私密性等无线标准中的应用潜力，并对如何在实际系统中实现这些技术提出了建议。

20.2　安全编码的相关理论

20.2.1　离散窃听信道的安全编码

本节讨论一些采用实际的二进制码（如 LDPC 码、极化码）在离散窃听信道条件下构建有效的安全编码。

关于物理层安全性的绝大多数工作都是基于非构造（nonconstructive）随机编码来得出理论结果的。这些结果只是表明达到安全容量的编码是存在的，但却没有提供任何关于这些编码的实际设计方法。此外，这些安全编码的设计也缺乏一个简单的度量指标（如误码率）来对其安全性能进行数值评估[4]。

近年来，在某种程度上，在构建实用物理层安全编码上已经取得了一些进展。这些设计方法可以追溯到Wyner关于陪集编码[5]的早期工作，其研究表明针对统一信息需要构造几个不同的码字，在发送时从中进行随机选取码字，以对窃听者造成混淆。接下来，我们将展示如何用二进制码实现陪集编码的基本概念以实现强安全性。

20.2.1.1 离散窃听信道下的LDPC码

LDPC码以其在许多通信信道中能够接近香农容量限而闻名。然而，利用LDPC码构建窃听信道安全编码的研究却进展有限。

文献［6－7］给出了当合法信道为无噪声信道而窃听信道频道为二进制擦除信道（Binary Erasure Channel，BEC）时的LDPC码。特别是在文献［7］中，作者概括了逼近容量编码与弱安全容量之间的联系。文献［8］指出在窃听信道中使用逼近容量编码是实现弱安全保证的充分条件。这一观点为任意窃听信道条件下安全通信的编码方案提供了一个清晰的构造方法。随后，基于BEC假设（其中合法信道为无噪声信道）并采用MP译码方法，作者利用上述思想建立了窃听信道模型下可达安全容量的LDPC编码方案，需要注意的是，上述方案仅保证弱安全性。文献［4］则证明了采用同样的编码结构可以在较低速率条件下保证强安全性。文献［9］针对BEC窃听信道模型提出了基于双边型LDPC码的类似结构。

对于BEC窃听信道模型下采用LDPC码的陪集编码方案，可以解释为：在传输之前，Alice和Bob通过公开协商共同使用$(n,n(1-R))$的二进制LDPC码$\mathcal{C}$，其中，n为$\mathcal{C}$的块长度，R为安全速率。对于nR比特的私密消息M的每个可能取值m，都对应了$\mathcal{C}$的一个陪集$\mathcal{C}(m)=\{x^n\in\{0,1\}^n:x^n\boldsymbol{H}^{\mathrm{T}}=m\}$，其中，$\boldsymbol{H}$为$\mathcal{C}$的奇偶校验矩阵。为了将消息$M$传递给Bob，Alice随机选择$\mathcal{C}(m)$中的一个码字并发送。Bob通过计算$x^n\boldsymbol{H}^{\mathrm{T}}$，可以得到Alice发送的私密消息。假设$\mathcal{C}(m)$的生成矩阵为$\boldsymbol{G}=[a_1,a_2,\cdots,a_n]$，其中，$a_i$表示$G$的第$i$列。假设Eve由$X^n$观察到$u$个未被擦除的符号，其未擦除的位置为$\{i:z_i\neq ?\}=\{i_1,i_2,\cdots,i_u\}$。则当且仅当矩阵$\boldsymbol{G}_u=[a_{i_1},a_{i_2},\cdots,a_{i_u}]$的秩为$u$时，消息$m$的安全概率为$\Pr\{M=m\mid Z=z\}=1/2^{nR}$。上述结论基于这样一个事实：

如果 $\boldsymbol{G}_u$ 的秩为 u，则 $\mathcal{C}$ 在 u 个未擦除的位置共有 2^u 种可能的 u - 元组。因此，由线性特性可得，$\mathcal{C}$ 的每个陪集在相同的位置都有所有的 2^u 个 u - 元组，因此 Eve 无法知道 Alice 究竟选择了哪一个陪集。为了保证 $\boldsymbol{G}_u$ 大概率是满秩的，我们需要利用 LDPC 码的阈值性质，即对于一个 LDPC 码 $\mathcal{C}^{\perp}$，假设其奇偶校验矩阵为 $H(\mathcal{C}^{\perp})$，BEC 模型下的置信度传播（BP）译码阈值为 $\varepsilon^{\mathrm{BP}}$，如果 $\varepsilon<\varepsilon^{\mathrm{BP}}$，则对于足够大的 n，由 $H(\mathcal{C}^{\perp})$ 中以概率 ε 独立选出的列组成的子矩阵大概率是满列秩的。如果 $\mathcal{C}^{\perp}$ 是 $\mathcal{C}$ 的对偶码，则 $H(\mathcal{C}^{\perp})$ 等于 $\mathcal{C}$ 的生成矩阵 $\boldsymbol{G}$，而且，以概率 ε 从 H（$\mathcal{C}^{\perp}$）中选出列可以视为由 G 通过 BEC 以 $1-\varepsilon$ 擦除概率得到 $\boldsymbol{G}_u$。因此，在具有擦除概率 ε 的二进制擦除窃听信道上设计实现安全容量的 LDPC 码的问题可以转换为在具有擦除概率 $1-\varepsilon$ 的二进制擦除信道上对偶 LDPC 码的构建问题。

令 $P_{\mathrm{e}}^{(n)}(\varepsilon)$ 表示块长为 n 的 LDPC 码 $\mathcal{C}$ 在 BEC(ε)信道模型下的块错误概率。对于 $\mathcal{C}$ 的奇偶校验矩阵 $\boldsymbol{H}$,$1-P_{\mathrm{e}}^{(n)}(\varepsilon)$ 表示 $\boldsymbol{H}$ 的擦除列构成的子矩阵满秩的概率下界，这意味着 BEC($1-\varepsilon$)信道模型下生成矩阵 $\boldsymbol{G}_{\mathrm{u}}(\mathcal{C}^{\perp})$ 满秩的概率大于 $1-P_{\mathrm{e}}^{(n)}(\varepsilon)$。如果在陪集编码中使用 $\mathcal{C}^{\perp}$，则条件熵 $H(M\mid Z^n)$ 的下界为

$$H(M\mid Z^n)\geqslant H(M\mid Z^n,\mathrm{rank}(\boldsymbol{G}_u(\mathcal{C}^{\perp}))) \tag{20.1}$$

$$\geqslant H(M\mid Z^n,\boldsymbol{G}_u(\mathcal{C}^{\perp})\text{ is full rank})\Pr\{\boldsymbol{G}_u(\mathcal{C}^{\perp})\text{ is full rank}\} \tag{20.2}$$

$$\geqslant H(M)(1-P_{\mathrm{e}}^{(n)}(\varepsilon)) \tag{20.3}$$

由此可得：

$$I(M;Z^n)=H(M)-H(M\mid Z^n)\leqslant H(M)P_{\mathrm{e}}^{(n)}(\varepsilon)\leqslant nRP_{\mathrm{e}}^{(n)}(\varepsilon) \tag{20.4}$$

因此，如果编码 $\mathcal{C}$ 的 BP 门限为 $\varepsilon^{\mathrm{BP}}$，且对于 $\varepsilon<\varepsilon^{\mathrm{BP}}$ 有 $P_{\mathrm{e}}^{(n)}(\varepsilon)=O\left(\frac{1}{n^{\alpha}}\right)(\alpha>1)$，则陪集编码方案中使用的 $\mathcal{C}$ 的对偶码可以为擦除概率为 $\varepsilon>1-P_{\mathrm{e}}^{(n)}(\varepsilon)$ 的二进制擦除窃听信道提供强安全保证。注意，如果仅仅是 $\alpha>0$，则仅保证弱安全性。编码 $\mathcal{C}$ 的速率 R 应满足 $R<1-\varepsilon^{\mathrm{BP}}$，而信道的安全容量为 $\varepsilon>1-\varepsilon^{\mathrm{BP}}$。为了达到安全容量，$1-\varepsilon^{\mathrm{BP}}$必须十分接近编码速率 R。众所周知，采用 BP 译码时 LDPC 码能达到 BEC 信道的容量[10]。然而，只能证明在任意接近 $1-\varepsilon^{\mathrm{BP}}$的速率条件下，$\alpha$ 参数是正值[6]。为了满足强安全性保证所需的 $\alpha>1$，设计的码速率要稍小于 $1-\varepsilon^{\mathrm{BP}}$。

不幸的是，对于除 BEC 的二进制无记忆对称信道（Binary Memoryless Symmetric Channels，BMSCs），一般的 LDPC 编码并不能逼近容量，这意味着在窃听频道不是 BEC 时，使用一般的 LDPC 码的陪集编码方案并不能达到安

全容量。在这种情况下，空间耦合LDPC（Spatially Coupled LDPC，SC－LDPC）编码[11]，已被证明能够达到一般BMSC信道的容量，为我们提供了一种潜在的方法。在文献［12］中，针对BEC窃听信道，提出了一种基于正则二边型SC－LDPC码的陪集编码方案（主信道也是BEC）。结果表明，该方案在弱安全条件下能够实现整个的速率－模糊域。由于通常情况下SC－LDPC码总是能够达到信道容量，因此可以推测上述编码构造方法在主信道和窃听信道均为BMSC时（假设窃听信道相对于主信道是物理退化的）也是最优的。

此外，文献［13］基于不同准则提出了适用于GWC的LDPC码。上述方案在窃听者信噪比低于某一特定门限时误码率非常接近0.5，即便窃听者采用MAP（最大后验）译码器也是如此，因此该编码方案是渐近有效的。因此这种方法并不能提供信息论意义上的强安全性。

20.2.1.2　离散窃听信道下的极化码

极化码[3]是最早被证明能以低编译码复杂度实现BMSC信道容量的显式编码。随着编码块长度增加，比特信道的容量极化为0或1。已经证明，在编码块长度趋于无穷大时，容量为1的比特信道所占的比例就等于信道容量。因此，只需要在这些完美的比特信道上传输信息就可以实现信道容量。

此外，极化编码似乎也提供了一种更强大的窃听信道安全编码设计方法。而近来人们对此也产生了很大的兴趣。例如，文献［14－16］使用极化码在BMSC窃听信道场景下构建加密传输方案；然而，这些方案只能保证弱安全性。在文献［17］中，通过对原方法进行微小修改，证明了通过极化码能够保证强安全性（以及语义安全性）。然而，这一设计在主信道有噪声时无法保证主信道传输的可靠性。文献［18］提出了一种多码块极化码编码方案，以解决在码块数量足够大条件下的主信道传输可靠性问题。此外，文献［19］也讨论了类似的多码块编码方案，并且提出了能够在保证强安全和合法用户接收可靠性条件下达到安全容量的编码设计。然而，文献［19］也仅仅是在理论上证明了这一编码方案是存在的，而要找到其显式结构计算上是非常复杂的。最后，文献［20－21］提出了在一般非退化窃听信道条件下使用极化码实现安全传输。

然而，在本小节的其余部分，我们将集中讨论如何使用极化码在二进制窃听信道场景下实现安全容量[17－18]。针对二进制信道Q和$0<\beta<0.5$，定义一组非常可靠和非常不可靠的索引，如下：

$$\mathcal{G}(Q)=\{i\in[N]:Z(Q_N^{(i)})\leqslant 2^{-N\beta}\}\text{，可靠性好的索引}\tag{20.5}$$

$$\mathcal{N}(Q)=\{i\in[N]:I(Q_N^{(i)})\leqslant 2^{-N\beta}\}\text{，信息坏的索引}\tag{20.6}$$

式中：$Z(Q_N^{(i)})$ 和 $I(Q_N^{(i)})$ 分别表示极化比特信道 $Q_N^{(i)}$ 的 Bhattacharyya 参数和互信息量[3]。令 V 和 W 分别代表主信道和窃听信道。集合 $\mathcal{G}(V)$ 和集合 $\mathcal{N}(W)$ 中的索引分别给出了可靠索引和安全索引，则整个索引集［N］可以划分为以下四个集合：

$$\mathcal{A} = \mathcal{G}(V) \cap \mathcal{N}(W) \tag{20.7}$$

$$\mathcal{B} = \mathcal{G}(V) \cap \mathcal{N}(W)^c \tag{20.8}$$

$$\mathcal{C} = \mathcal{G}(V)^c \cap \mathcal{N}(W) \tag{20.9}$$

$$\mathcal{D} = \mathcal{G}(V)^c \cap \mathcal{N}(W)^c \tag{20.10}$$

与标准的极化码不同，此处将比特信道分成了三个部分：$\mathcal{A}$ 是携带 M 比特私密消息的集合，$\mathcal{B} \cup \mathcal{D}$ 是携带随机比特 R 的集合，$\mathcal{C}$ 是携带冻结比特 F 的集合，即在传输前已为 Bob 和 Eve 所知的信息。

根据文献［17］，上述操作引入了一个新的对称信道。该信道的互信息的上界由 $\mathcal{N}$（W）中比特信道的互信息量之和限定。$\mathcal{N}$（W）内的每个比特信道的互信息阈值为 $2^{-N\beta}$。由此可得，发送信息与 Eve 收到信号之间的互信息量 $I(M;Z^N)$ 的上限为 $N2^{-N\beta}$。因此，由 $\lim\limits_{N\to\square} I(M;Z^N) = 0$ 可知上述方案保证了强安全性。此外，由极化理论可得，当窃听信道退化时，可达安全速率为安全容量[3]。

该极化码方案同时也满足可靠性。根据文献［3］中极化编码的结构，Bob 块错误概率的上界为未冻结比特信道的 Bhattacharyya 参数之和。令 $V_N^{(i)}$ 为主信道的第 i 个比特信道，采用连续消除（Successive Cancelation，SC）译码时的错误概率为

$$P_{\mathrm{e}}^{\mathrm{SC}} \leqslant \sum_{i \in \mathcal{G}(V) \cup \mathcal{D}} Z(V_N^{(i)}) = \sum_{i \in \mathcal{G}(V)} Z(V_N^{(i)}) + \sum_{i \in \mathcal{D}} Z(V_N^{(i)}) \tag{20.11}$$

上式后面之所以取等号，原因在于集合 $\mathcal{C}(V)$ 和 $\mathcal{D}$ 是非联合的。由 $\mathcal{C}(V)$ 的定义可知，$\sum_{i \in \mathcal{G}(V)} Z(V_N^{(i)})$ 的上界为 $N2^{-N\beta}$，在 N 足够大时其值趋于 0。然而，$\sum_{i \in \mathcal{D}} Z(V_N^{(i)})$ 的上界很难推导。为解决这一问题，文献［18］提出了一种改进的方案，将消息 M 分成几个码块。对于一个特定的码块，$\mathcal{D}$ 仍然被分配随机比特位，但是在前一个码块的 $\mathcal{A}$ 集合中提前传输。通过将 $\mathcal{D}$ 嵌入 $\mathcal{A}$，我们损失了一些速率，但能够实现任意小的差错概率。由于 $\mathcal{D}$ 的大小与码块长度 N 相比非常小，因此上述速率损失可以忽略，最终，这一新方案同时实现了可靠性和强安全性。

我们注意到，根据 Bhattacharyya 参数，$\mathcal{N}(Q)$ 也可以定义为

$$\mathcal{N}(Q) = \{ i \in [N] : Z(Q_N^{(i)}) \geqslant 1 - 2^{-N\beta} \} \tag{20.12}$$

20.2.2 高斯窃听信道的安全编码

本节将讨论如何构造极化栅格来实现高斯窃听信道的安全容量。我们将主要考虑，对于 mod - Λ_s高斯窃听信道，如何获得 AWGN - 好栅格 Λ_b和安全性 - 好栅格 Λ_e。这个结果也适用于输入为均匀分布的真实高斯窃听信道场景下的极化栅格。与高斯点对点信道中的 Poltyrev 设定类似，此处采用无功率约束设定。随后，我们对 Λ_b和 Λ_e引入显式栅格成形方案，同时删除 mod - Λ_s的前端。也就是说，我们基于极化栅格开发了一种显式的安全编码方案，可以证明该方案在无信噪比要求条件下也可以达到高斯窃听信道的安全容量。

20.2.2.1 极化栅格码的构造

前一节可以看到极化码在解决安全编码问题方面有很大的潜力。文献[17] 所提的极化编码方案，与马尔可夫编码技术[18]相结合，已被证明在 W 和 V 都是 BMSC 时（W 是 V 的退化）能够达到强安全容量。对于如高斯窃听信道这类连续信道模型，基于极化栅格的安全编码也取得了显著进展。在理论方面，文献［22］研究表明，在强安全和语义安全条件下，存在与安全容量相差 1/2 奈特的极化栅格码。在实际应用方面，文献［23 - 24］提出了能够最大化窃听者译码错误概率的安全栅格编码。

一个栅格就是 n 维实数域$\mathbb{R}^n$的一个离散子群，它也可以表示为 $\Lambda = \{\boldsymbol{\lambda} = \boldsymbol{B}\boldsymbol{x} : x \in \mathbb{Z}^n\}$，其中，$\boldsymbol{B}$ 是 $n \times n$ 的栅格生成矩阵，在本节中我们总是假设它是满秩的。

对于$\mathbb{R}^n$中的每个向量 $\boldsymbol{x}$，与 Λ 相关的最相近的量化器为 $Q_\Lambda = \arg\min\limits_{\lambda \in \Lambda} \|\boldsymbol{\lambda} - \boldsymbol{x}\|$。我们用将栅格对 $\boldsymbol{x}$ 的取模运算定义为 mod $\Lambda \triangleq \boldsymbol{x} - Q_\Lambda(\boldsymbol{x})$。将$\Lambda$的 Voronoi 区域定义为 $V(\Lambda) = \{\boldsymbol{x} : Q_\Lambda(\boldsymbol{x}) = 0\}$，即最近的邻居译码区域。Voronoi 细胞（Voronoi cell）是栅格基本区域的一种。如果 $\cup_{\lambda \in \Lambda}(R(\Lambda) + \boldsymbol{\lambda}) = \mathbb{R}^n$，并且对于$\Lambda$中任意的$\boldsymbol{\lambda} \neq \boldsymbol{\lambda}'$有$(R(\Lambda) + \boldsymbol{\lambda}) \cap (R(\Lambda) + \boldsymbol{\lambda}')$的测度为0，那么可测集 $R(\Lambda) \subset \mathbb{R}^n$就是栅格的一个基本区域。基本区域的体积等于 Voronoi 区域的体积 $\mathcal{V}(\Lambda)$，也就是 $\mathrm{vol}(\Lambda) = |\det(\boldsymbol{B})|$。

对Λ进行切分，得到子栅格 $\Lambda'(\Lambda' \subset \Lambda)$。切分的阶数记为 $|\Lambda/\Lambda'|$，其值等于陪集的数目。如果 $|\Lambda/\Lambda'| = 2$，我们称其为二进制切分。对于 $r \geqslant 1$，我们将 $\Lambda/\Lambda_1 \cdots/\Lambda_{r-1}/\Lambda'$称为一个 n 维的栅格切分链（lattice partition chain）。对于每个切分 Λ_{l-1}/Λ_l(其中$1 \leqslant l \leqslant r$, $\Lambda_0 = \Lambda$, $\Lambda_r = \Lambda'$)，可以从 Λ_l的陪集中选择一系列代表性序列 a_1 组成码字 C_1。因此，如果所有切分都是二进制的，码字 C_1 也是二进制的。

20.2.2.2 高斯窃听信道中的极化栅格码

文献 [22] 中关于模 - Λ_s高斯窃听信道中的安全栅格编码的思想如下：令Λ_b和Λ_e分别为针对 Bob 和 Eve 的高斯白噪声 - 好栅格和安全 - 好栅格，令$\Lambda_s \subset \Lambda_e \subset \Lambda_b$为 N 维实数域中的一个 N 维嵌套链，其中，Λ_s为成形栅格。需要注意的是，这里采用成形栅格Λ_s主要是为了便于设计安全 - 好栅格，其次也是为了满足功率约束。考虑一对一的映射：$\mathcal{M} \to \Lambda_b / \Lambda_e$，将每个信息 $m \in \mathcal{M}$ 映射到一个陪集 $\tilde{\lambda}_m \in \Lambda_b / \Lambda_e$。Alice 随机等概率地选择一个格点 $\lambda \in \Lambda_e \cap \mathcal{V}(\Lambda_s)$ 并且发送符号 $X^{[N]} = \lambda + \lambda_m$，其中，$\lambda_m$ 是 $V(\Lambda_s)$ 中 $\tilde{\lambda}_m$的陪集代表。文献 [22] 证明了上述方案在采用随机栅格编码时能够同时实现可靠性和语义安全性。我们将通过构造极化栅格码使之成为显式编码。

文献 [26] 通过一组嵌套极化码得到 “D 结构”[25] 从而构建极化栅格 $C_1 \subseteq C_2 \subseteq \cdots \subseteq C_r$。假设 C_l ($1 \leqslant l \leqslant r$) 块长度为 N，信息比特数为 k_l，从极化生成矩阵 G_N 中选择一组基向量 $\boldsymbol{g}_1$，$\boldsymbol{g}_2$，$\cdots$，$\boldsymbol{g}_N$，以使得 $\boldsymbol{g}_1$，$\boldsymbol{g}_2$，$\cdots$，$\boldsymbol{g}_{k_l}$能张成整个 C_l 空间。当维度为 $n = 1$ 时，栅格 L 满足如下形式[26]：

$$L = \left\{ \sum_{l=1}^{r} 2^{l-1} \sum_{l=1}^{k_1} u_1^i \boldsymbol{g}_i + 2^r \mathbb{Z}^N \mid u_1^i \in \{0,1\} \right\} \tag{20.13}$$

其中，加法为实数域运算。由上述结构得到的栅格体积为

$$\mathrm{vol}(L) = 2^{NR_C} \cdot \mathrm{vol}(\Lambda_r)^N$$

式中：$R_c = \sum_{l=1}^{r} R_l = \frac{1}{N} \sum_{l=1}^{r} k_l$ 为各码的和速率。本节为方便起见，仅讨论二进制栅格切分链和二进制极化码。

如图 20.1 所示，我们考虑模 - Λ_s高斯窃听信道中的安全 - 好极化栅格的构造。模 - Λ_s高斯窃听信道与真实高斯窃听信道不同之处在于对 Bob 和 Eve 接收信号的模 - Λ_s操作。相应地，Bob 和 Eve 端的输出 $Y^{[N]}$ 和 $Z^{[N]}$ 可分别表示为

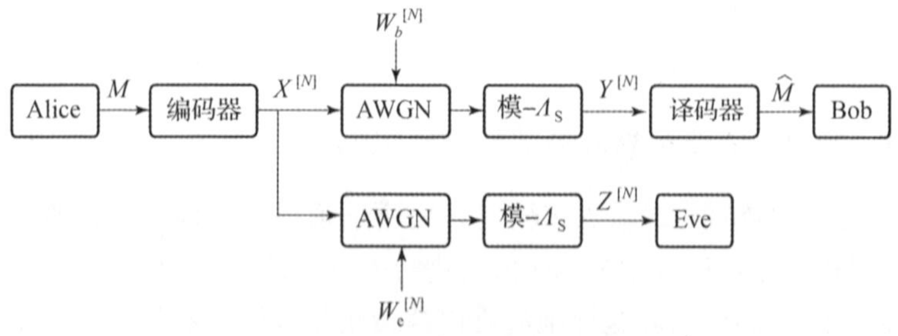

图 20.1　模 - Λ_s高斯窃听信道模型

$$\begin{cases} Y^{[N]} = [X^{[N]} + W_{\mathrm{b}}^{[N]}] \bmod \Lambda_{\mathrm{s}} \\ Z^{[N]} = [X^{[N]} + W_{\mathrm{e}}^{[N]}] \bmod \Lambda_{\mathrm{s}} \end{cases}$$

假设 Λ_{b} 和 Λ_{e} 由二进制切分链 $\Lambda/\Lambda_1\cdots/\Lambda_{r-1}/\Lambda_r$ 得到且 $\Lambda_{\mathrm{s}}\subset\Lambda_r^N$，则有 $\Lambda_{\mathrm{s}}\subset\Lambda_r^N\subset\Lambda_{\mathrm{e}}\subset\Lambda_{\mathrm{b}}$。同时，将 Λ^N/Λ_r^N 编码的信息比特记为 $X_{1:r}^{[N]}$，它包含了消息 M 所有的信息比特。由此可得对于 $X_{1:r}^{[N]}$，$[X^{[N]}+W_{\mathrm{e}}^{[N]}]$ 对 Λ_r^N 取模是一个充分统计量[26]。

在此，我们将 Λ 看作 Λ_r^N，将 Λ' 看作 Λ_{s}。由于 $\Lambda_r^N/\Lambda_{\mathrm{s}}$ 编码的信息比特是均匀分布的，模 - Λ_r^N 操作是没有信息损失的，因为

$$I(W_{1:r}^{[N]};Z^{[N]}) = I(W_{1:r}^{[N]};[X^{[N]} + W_{\mathrm{e}}^{[N]}]) \bmod \Lambda_r^N$$

由于我们关注的是互信息量 I（$X_{1:r}^{[N]}$；$Z^{[N]}$），因此此处用模 - Λ_r^N 操作代替模 - Λ_{s} 操作。在此条件下，与文献［26］中的多级栅格结构类似，由切分链 $\Lambda/\Lambda_1\cdots/\Lambda_{r-1}/\Lambda_r$ 可以将模 - Λ_{s} 信道分解为一系列的 BMSC 信道。因此，可以使用前面提到的 BMSC 信道的极化编码技术。此外，可以证明栅格切分链得到的信道和基于互信息量链式法则得到的结果是等效的。基于此信道等价性，我们可以对每一个切分层采用式（20.5）中的安全编码方法构造一个 AWGN - 好栅格 Λ_{b} 和一个安全 - 好栅格 Λ_{e}。最后，每个切分层的极化安全编码可以保证可靠安全的传输，并且嵌套的极化码对 Bob 和 Eve 分别形成了一个高斯白噪声 - 好极化栅格和一个安全 - 好极化栅格。

接下来，我们对高斯白噪声 - 好极化栅格和安全 - 好极化栅格应用高斯成形。高斯成形的思想首先在文献［27］中提出，并在文献［28］得以实现，用以构造达到信道容量的极化栅格。对于安全编码，也可使用离散高斯分布以满足功率约束。在简化情况下，在得到高斯白噪声 - 好栅格 Λ_{b} 和安全 - 好栅格 Λ_{e} 后，Alice 仍然需将每个消息 m 映射到如前所述的一个陪集 $\tilde{\lambda}_m\in\Lambda_{\mathrm{b}}/\Lambda_{\mathrm{e}}$。然而，Alice 并不采取模 - Λ_{s} 操作，而是从一个极化高斯分布 $D_{\Lambda_{\mathrm{e}}+\lambda_m,\sigma_{\mathrm{s}}}$ 中采样编码信号 X^N，其中，λ_m 是 $\tilde{\lambda}_m$ 的陪集代表，σ_{s}^2 任意接近于信号功率。更多关于极化高斯成形的细节详情请参见文献［22，28］。

20.2.3　MIMO 信道和衰落信道中的安全编码

本节考虑 MIMO（多输入多输出）窃听信道模型，即存在窃听者 Eve 的情况下，Alice 与 Bob 通过 MIMO 信道进行安全传输。我们假设 Alice 采用的是基于栅格结构的码本，这样她就可以执行陪集编码。我们分析了 Eve 能够正确解码 Alice 发送给 Bob 信息的概率，并从最小化这一概率出发，推导出

MIMO 信道条件下栅格安全编码的设计准则。对于块衰落信道采用类似的处理方法，其中快速衰落信道视为一个特例。

类似于前一节提到的高斯安全编码情况，我们考虑 Alice 使用陪集编码传输栅格码的情况，因此需要两个嵌套栅格 $\Lambda_e \subset \Lambda_b$。Alice 用 Λ_b / Λ_e 的陪集代表来编码其信息数据，而 Bob 和 Eve 均试图利用陪集译码来获取 Alice 的信息。文献［29］的研究表明，对于高斯信道，一种可行的安全编码策略是为 Bob 设计 Λ_b（Alice 知道 Bob 的信道，因此可以确保 Bob 很大概率译码成功），同时设计 Λ_e 最大化对 Eve 的信息混淆，从而获得与栅格无关的安全增益。当然，这一切的前提条件是 Eve 处的噪声功率比 Bob 处的大。我们可以将上述方法推广到 MIMO 信道（事实上块衰落和快衰落信道可视为其特例）。我们计算得出了 Eve 正确译码的概率，并推断出如何设计 Λ_e 以使上述概率最小。由此，一个 MIMO 窃听信道由两个嵌套栅格 $\Lambda_e \subset \Lambda_b$ 组成，其中，Λ_b 用于保证 Bob 接收的可靠性，Λ_e 作为 Λ_b 的子集用于提高 Eve 的信息混淆。

当 Alice 和 Bob 之间的信道相对于 Eve 而言是准静态 MIMO 信道时（信道相干时间为 T），假设 Alice、Bob 和 Eve 处的天线数分别为 n_t，n_b 和 n_e，则 Bob 和 Eve 的接收信号表示如下：

$$\boldsymbol{Y} = \boldsymbol{H}_b \boldsymbol{X} + \boldsymbol{V}_b \tag{20.14}$$

$$\boldsymbol{Z} = \boldsymbol{H}_e \boldsymbol{X} + \boldsymbol{V}_e \tag{20.15}$$

式中：发射信号 $\boldsymbol{X}$ 是一个 $n \times T$ 的矩阵；两个信道矩阵 $\boldsymbol{H}_b$ 和 $\boldsymbol{H}_e$ 分别是 $n_b \times n_t$ 维和 $n_e \times n_t$ 维的；$\boldsymbol{V}_b$ 和 $\boldsymbol{V}_e$ 分别是 Bob 和 Eve 处 $n_b \times T$ 维和 $n_e \times T$ 维的高斯噪声，二者均值均为 0，方差分别为 σ_b^2 和 σ_e^2。信道衰落系数为独立同分布的复高斯随机变量，特别地，H_e 的协方差矩阵为 $\Sigma_e = \sigma_{H_e}^2 I_{n_e}$。对于高斯情况，我们假设 Alice 通过陪集编码发送一个极化码，并且 Bob 和 Eve 均采用栅格的陪集译码，因此 n_b，$n_e \geqslant n_t$。事实上，如果接收端天线数量小于发射天线数，那么在接收端将丢失栅格结构，我们在此不考虑这种情况。最后，我们将 Eve 处的信噪比记为 $\gamma_e = \sigma_{H_e}^2 / \sigma_e^2$。我们并不假设知道 Eve 处的信道或信噪比，因为我们将要计算的是一般情况下的性能界（尽管界本身取决于 Eve 处的信噪比）。

为了专注于发射信号的栅格结构，我们对接收信号进行向量化得到

$$\mathrm{vec}(\boldsymbol{Y}) = \mathrm{vec}(\boldsymbol{H}_b \boldsymbol{X}) + \mathrm{vec}(\boldsymbol{V}_b) = \begin{bmatrix} \boldsymbol{H}_b & & \\ & \ddots & \\ & & \boldsymbol{H}_b \end{bmatrix} (\boldsymbol{X}) + (\boldsymbol{V}_b) \tag{20.16}$$

$$\mathrm{vec}(\boldsymbol{Z}) = \mathrm{vec}(\boldsymbol{H}_{\mathrm{e}}\boldsymbol{X}) + \mathrm{vec}(\boldsymbol{V}_{\mathrm{e}}) = \begin{bmatrix} \boldsymbol{H}_{\mathrm{e}} & & \\ & \ddots & \\ & & \boldsymbol{H}_{\mathrm{e}} \end{bmatrix}(\boldsymbol{X}) + (\boldsymbol{V}_{\mathrm{e}}) \tag{20.17}$$

至此，我们可以将 $n \times T$ 的码字 $\boldsymbol{X}$ 看成是来自某一栅格的。这通常在如下情况成立：$\boldsymbol{X}$ 是一个由可除代数得到的空时码[30]，或者更为一般的情况，$\boldsymbol{X}$ 是一个如文献［31］所提出的线性弥散码（即 Tn_t 个 QAM 符号通过一组 Tn_t 弥散矩阵进行线性编码而得到）。我们将 $\mathrm{vec}(\boldsymbol{H}_{\mathrm{e}}\boldsymbol{X})$ 写为 $M_{\mathrm{b}}u$，其中，$u \in Z[i]^{Tn_t}$，M_{b} 表示针对 Bob 的 $Z[i]$ –栅格 Λ_{b}的 $Tn_t \times Tn_t$ 维生成矩阵。因此，在下文中，对于一个格点 $x \in \Lambda_{\mathrm{b}}$，我们有 $x = \mathrm{vec}(\boldsymbol{X}) = M_{\mathrm{b}}u$；同样地，对于一个格点 $x \in \Lambda_{\mathrm{e}}$，我们有 $x = \mathrm{vec}(\boldsymbol{X}) = \boldsymbol{M}_{\mathrm{e}}u$。

我们现在来看窃听者 Eve 的信道，我们从文献［32］知道了如何设计好的线性弥散空时码，并且选择与之对应的栅格 Λ_{b}。此外，我们也知道 Eve 正确译码概率的上界为

$$P_{\mathrm{c,e},\boldsymbol{H}_{\mathrm{e}}} \leqslant \frac{\mathrm{vol}(\Lambda_{\mathrm{b},\boldsymbol{H}_{\mathrm{e}}})}{(2\pi\sigma_{\mathrm{e}}^{2})^{Tn_{\mathrm{t}}}} \sum_{r \in \Lambda_{\mathrm{e},\boldsymbol{H}_{\mathrm{e}}}} \mathrm{e}^{-\|r\|^{2}/2\sigma_{\mathrm{e}}^{2}} \tag{20.18}$$

$$= \frac{\mathrm{vol}(\Lambda_{\mathrm{b}})}{(2\pi\sigma_{\mathrm{e}}^{2})^{Tn_{\mathrm{t}}}} \det(H_{\mathrm{e}}H_{\mathrm{e}}^{*})^{\mathrm{T}} \sum_{x \in \Lambda_{\mathrm{e}}} \mathrm{e}^{-\|\boldsymbol{H}_{\mathrm{e}}X\|_{\mathrm{F}}^{2}/2\sigma_{\mathrm{e}}^{2}} \tag{20.19}$$

其中，$\|\boldsymbol{H}_{\mathrm{e}}\boldsymbol{X}\|_{\mathrm{F}}^{2} = \mathrm{Tr}(\boldsymbol{H}_{\mathrm{e}}\boldsymbol{X}\boldsymbol{X}^{*}\boldsymbol{H}_{\mathrm{e}}^{*})$为 Frobenius 范数。

由上述表达式我们可以推导得出 Eve 处的平均正确译码概率为

$$\overline{P_{\mathrm{c,e}}} = \mathbb{E}_{\boldsymbol{H}_{\mathrm{e}}}[P_{\mathrm{c,e},\boldsymbol{H}_{\mathrm{e}}}] \tag{20.20}$$

$$\leqslant \frac{\mathrm{vol}(\Lambda_{\mathrm{b}})}{(2\pi\sigma_{\mathrm{e}}^{2})^{Tn_{\mathrm{t}}}(2\pi\sigma_{\boldsymbol{H}_{\mathrm{e}}}^{2})^{n_{\mathrm{e}}n_{\mathrm{t}}}} \tag{20.21}$$

$$\cdot \sum_{x \in \Lambda_{\mathrm{e}}} \int_{\mathbb{C}^{n_{\mathrm{e}} \times n_{\mathrm{t}}}} \det(\boldsymbol{H}_{\mathrm{e}}\boldsymbol{H}_{\mathrm{e}}^{*})^{\mathrm{T}} \mathrm{e}^{-\mathrm{Tr}\left(\boldsymbol{H}_{\mathrm{e}}^{*}\boldsymbol{H}_{\mathrm{e}}\left[\frac{1}{2\sigma_{\boldsymbol{H}_{\mathrm{e}}}^{2}}\boldsymbol{I}_{n_{\mathrm{t}}} + \frac{1}{2\sigma_{\mathrm{e}}^{2}}\boldsymbol{X}\boldsymbol{X}^{*}\right]\right)} \mathrm{d}_{\boldsymbol{H}_{\mathrm{e}}} \tag{20.22}$$

根据文献［33］中的分析，我们最终可以得出 Eve 处平均正确译码概率的上界如下：

$$\overrightarrow{P_{\mathrm{c,e}}} \leqslant C_{\mathrm{MIMO}}\gamma_{\mathrm{e}}^{Tn_t} \cdot \sum_{x \in \Lambda_{\mathrm{e}}} \det(\boldsymbol{I}_{n_{\mathrm{t}}} + \gamma_{\mathrm{e}}\boldsymbol{X}\boldsymbol{X}^{*})^{-n_{\mathrm{e}}-T} \tag{20.23}$$

式中：$C_{\mathrm{MIMO}} = \dfrac{\mathrm{vol}(\Lambda_{\mathrm{b}})\Gamma_{n_t}(n_{\mathrm{e}}+T)}{\pi^{n_t\mathrm{T}}\Gamma_{n_t}(n_{\mathrm{e}})}$。

为了针对 MIMO 窃听信道设计一个好的极化码，我们采用文献［32］中所谓的秩准则，即：如果 $\boldsymbol{X} \neq 0$ 且 $T \geqslant n_{\mathrm{t}}$，我们有 $\mathrm{rank}(\boldsymbol{X}) = n_{\mathrm{t}}$。如果我们假设 γ_{e} 相对于 Λ_{e}的最小距离而言，足够高，我们可得：

$$\overline{P_{\mathrm{c,e}}} \leqslant C_{\mathrm{MIMO}}\left[\gamma_{\mathrm{e}}^{Tn_t} + \frac{1}{\gamma_{\mathrm{e}}^{n_{\mathrm{e}}n_t}} \sum_{x \in \Lambda_{\mathrm{e}} \setminus \{0\}} \det(\gamma_{\mathrm{e}}\boldsymbol{X}\boldsymbol{X}^{*})^{-n_{\mathrm{e}}-T}\right] \tag{20.24}$$

由此，我们可以得出结论：为了最小化 Eve 的平均正确译码概率，应采用相应准则最小化 $\sum_{x\in\Lambda_e\setminus\{0\}}\det(\gamma_e \boldsymbol{X}\boldsymbol{X}^*)^{-n_e-T}$。

对于块衰落和快衰落信道，我们不能直接使用针对 MIMO 信道得到的结果，因为计算过程中所有对正定 Hermitian 矩阵的积分不再成立。然而，我们可以从更为一般的表达式出发并使用极坐标变换加以解决。按照类似的方式，我们可以得到如下的 Eve 平均正确译码概率的上界：

$$\overline{P_{c,e}} \leqslant C_{BF}\gamma_e^{Tn_t} \sum_{x\in\Lambda_e\setminus\{0\}} \prod_{i=1}^{n} \left[1+\gamma_e \|x_i\|^2\right]^{-1-T} \tag{20.25}$$

式中：$C_{BF}=\dfrac{(T!)^n\mathrm{vol}(\Lambda_b)}{\pi^{Tn}}$，此外，与 MIMO 信道情况类似，$\gamma_e=\dfrac{\sigma_{H_e}^2}{\sigma_e^2}$。由此，在块衰落和快衰落信道条件下，编码设计的准则是最小化 $\sum_{x\in\Lambda_e\setminus\{0\}}\prod_{i=1}^{n}\left[\gamma_e\|x_i\|^2\right]^{-1-T}$。

20.3　安全编码技术与现有无线接入技术的结合

20.3.1　MIMO 传输中的无线优势建立

在 MIMO 无线接入技术（Radio Access Technologies，RATs）中，可以通过对准合法用户的波束赋形（BF）和对准其余方向的人工噪声（AN）来建立无线优势，如图 20.2 所示，其中，AN 的功率受到控制，用户信号（User Signal，US）的设计必须在优化合法接收者译码性能的同时降低窃听者的译码性能。

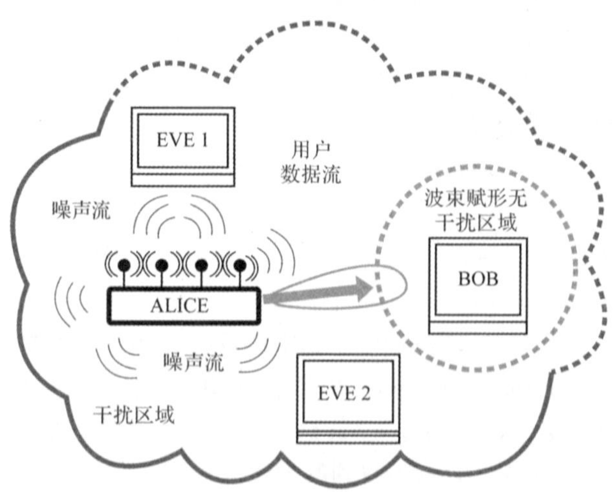

图 20.2　联合人工噪声和波束赋形的安全传输方案

20.3.1.1 人工噪声与波束赋形

相关研究中给出的最有前景的AN和BF处理过程如下[34]：

（1）估计从Alice到Bob合法信道频率响应（Channel Frequency Response，CFR）或信道脉冲响应（Channel Impulse Response，CIR），并提取合法信道CFR或CIR的正交方向。

（2）在合法信道的正交方向发送AN。由于Eve无法估计合法信道矩阵（Channel Matrix，CM），因此被迫进入低信噪比（Signal - to - Interference plus Noise Ratio，SINR）区域，无法解码。

（3）对Alice与Bob之间的数据流进行波束赋形以最大化合法信道的链路质量，与此同时Bob根据合法信道CSI可以抑制正交的噪声信号。在理想情况下，Bob端的干扰完全消失，即Bob的信干噪比就等于信噪比（$SINR_{Bob} = SNR_{Bob}$）。

当采用AN和BF技术后，Bob的SINR总是比Eve的大，而且Eve的SINR最大值受Alice控制。这样就保证了Bob相对Eve的无线优势（$RA = SINR_{Bob} - SINR_{Eve}$），并且可进一步为20.3.2小节中提到的安全编码设计提供依据。

20.3.1.2 初始化安全编码方案中的AN和BF

安全编码的目标是确保合法链路的可靠通信，并避免任何信息泄漏到其他方向。通过安全编码最多可以为Alice向Bob的传输隐藏的信息速率即为安全容量。一般情况下，安全容量总是大于或等于Bob和Eve信道容量的差值；在最简单的情况下（如AWGN信道中），它直接来源于无线信道优势。如果Bob相对于Eve没有的无线信道优势，则安全容量为0。此外，在存在信道时空变化、阴影和衰落的真实无线环境中，必须控制上述无线信道优势以保证最低的安全容量，以便Alice和Bob合理地选取和控制安全编码参数。

20.3.1.3 干扰信号的功率

多年来，在不同的标准中发展了多种接入方法：频分复用（Frequency Division Multiple Access，FDMA）、时分多址（Time Division Multiple Access，TDMA）、码分多址（Code Division Multiple Access，CDMA）和正交频分复用（Orthogonal Frequency Division Multiple access，OFDMA）。不管何种接入方式，都必须考虑译码灵敏度的极限，也就是各项标准中要求的接收信干噪比（Signal - to - Interference plus Noise Ratio，SINR，以分贝表示）。在线性表示中，SINR记为$\rho_{SINR} = S_{RX}/(J_{RX} + N_{RX})$，其中，$S_{RX}$为是接收到的信号功率，$N_{RX}$为接收者噪声功率，$J_{RX}$为接收到的干扰信号功率。

（1）无干扰时，信干噪比SINR退化为信噪比（Signal - to - Noise Ratio，

SNR)，也就是 $\rho_{\mathrm{SINR}}=\rho_{\mathrm{SNR}}=S_{\mathrm{RX}}/N_{\mathrm{RX}}$。

(2) 当接收噪声可以忽略时，SINR 退化为信干比（Signal - to - Interference Ratio，SIR)，即 $\rho_{\mathrm{SINR}}=\rho_{\mathrm{SIR}}=S_{\mathrm{RX}}/J_{\mathrm{RX}}$。

(3) 在任何情况下，有 SINR≤SIR（即 $\rho_{\mathrm{SINR}}\leqslant\rho_{\mathrm{SIR}}$)，以及 SINR≤SNR（即 $\rho_{\mathrm{SINR}}\leqslant\rho_{\mathrm{SNR}}$)。

当人工噪声和用户信号的源在相同位置（即相同的发射天线）时，Alice 必须调整人工噪声功率 $J_{\mathrm{TX,Alice}}$ 和用户信号功率 $S_{\mathrm{TX,Alice}}$，使 Eve 端的信干比 $\rho_{\mathrm{SIR,RX,Eve}}$ 最小化（即 $\rho_{\min}$)，这使得即使在最佳接收（噪声任意小）条件下，Eve 也无法译码。对于任意无线接入方式，都要保证 $\rho_{\mathrm{SIR,TX,Alice}}=S_{\mathrm{TX,Alice}}/J_{\mathrm{TX,Alice}}$，以使得 $J_{\mathrm{TX,Alice}}\geqslant S_{\mathrm{TX,Alice}}/\rho_{\min}$。

在无线接入方式为 FDMA、TDMA 或者 OFDMA 情况下，当这一人工噪声在每个正交方向上的功率大致等于用户信号的功率时（即 $\rho_{\mathrm{SIR,TX,Alice}}\approx1$)，就足以应对大部分的窃听风险。一般来说，当干扰信号比用户信号高 6dB 时，就可以避免 FDMA、TDMA 或者 OFDMA 任一接入方式中的窃听风险。因此，设计方案时需要验证是否满足 $\rho_{\min}\geqslant0.25(-6\mathrm{dB})$。

在采用伪噪声（Pseudo Noise，PN）或 CDMA 方案时（如 UMTS)，情况更加复杂，因为最低数据速率信号的扩频因子为 256（24dB)，因此 $\rho_{\min}$ 的值为 -18dB 左右。然而，功率控制和 Eve 端的全局接收噪声高度依赖于网络部署中本小区和邻近小区的信令和数据流的实际情况。因此，实际 $\rho_{\mathrm{SIR,TX,Alice}}$ 值为 -12dB 时，在大多数 3G 网络工程和交通应用场景中都具有显著的无线信道优势。

20.3.1.4　发送用户信号和干扰信号的天线位置的影响

当人工噪声和用户信号的源不在一起时（即不同的天线或不同的天线单元，如在许多协同干扰场景中)，AN - BF 的效率高度依赖于 Bob 端的空间相关性以及 Eve 端的源分离能力[35]。

实际上，Bob 通过 Alice 训练帧获得的信道估计结果可能与来自不同位置天线发出的 AN 信号不完全匹配。

此外，关于 Eve 的源分离能力还有几个问题有待解决。即使发射天线之间的距离很短（低于四分之一波长)，文献 [36] 中提到并在文献 [35] 中进行的几个实验室实验表明，Eve 准确的多天线位置结合模拟消除技术和数字功率反转技术，可以有效区分 Alice 用户信号并消除人工噪声信号。

然而，即使 Eve 可以识别出 Alice 的信号，文献 [36] 中记录和处理的真实现场信号表明，当传播是色散时，Eve 几乎不可能恢复合法信道。

综上，我们应该考虑到最具弹性的 AN - BF 方案，也就是要采用相同位置的天线甚至就是同一天线单元来发送AN和用户信号。

20.3.2 实际的安全编码方案

我们的目标是为当前和下一代无线接入技术设计一个低复杂度和实用的安全编码方案。

由于极化码为离散信道提供了强安全性保证[17]，所以第一种想法是将极化码与一种逼近容量编码进行级联。逼近容量编码应当是内码，这样就可以将极化码编码器和极化码译码器之间的信道看作二进制对称信道（Binary Symmetric Channel，BSC）。因此，我们提出了一种以LDPC码为内码，以极化码为外码的方案。内码也可以是目前用于实际无线通信的任何FEC码，如turbo码或二进制卷积码（Binary Convolutional Codes，BCC）。因此，内码的设计很简单，我们只要遵循标准定义的要求即可。在这章中，我们特别考虑在802.11标准（WiFi）中定义的LDPC码作为内码。

20.3.2.1 采用极化码的外码设计

我们首先考虑两个长度为$N=2^n$的嵌套极化码作为外码。第一个极化码的速率是Eve的目标速率，记为R_E，第二个极化码的速率是Bob的目标速率，记为R_B。因为我们假设合法用户的无线信道比Eve有优势，所以有$R_E<R_B$。因此，Eve可以完美地译码NR_E比特而Bob可以译码NR_B比特。为了迷惑Eve使其译码错误概率为0.5，我们通过NR_E个完美比特信道来发送随机比特。

外码的设计策略如下：

（1）在内码译码输出端计算Bob目标错误概率的Bhattacharyya参数。

（2）按Bhattacharyya参数的升序对比特信道进行排序。

（3）通过排名前NR_E的比特信道发送随机比特。

（4）紧接着，通过之后的$N(R_B-R_E)$个比特信道发送信息比特。

（5）通过剩余的比特信道发送冻结比特（即0比特信息）。

20.3.2.2 采用Reed-Muller码的外码设计

在设计外码时，可使用我们提出的另一种方案，即使用Reed-Muller（RM）码替代极化码[37]。RM码和极化码的结构是相似的。主要的区别是比特信道的选择标准。具体来看，采用极化码的选择标准是Bhattacharyya参数，而采用RM码的选择标准是生成矩阵各行的汉明权值。因此，在码长相同时，RM码通常比相应的极化码具有更大的最小码距，因此也有更好的性能。

因此，RM外码的设计策略修改如下：

(1) 计算生成矩阵各行的汉明权值。

(2) 比特信道按其汉明权值的升序排列。

(3) 通过前 NR_E 个比特信道发送随机比特。

(4) 紧接着，通过之后的 $N(R_B - R_E)$ 个比特信道发送信息比特。

(5) 通过剩余的比特信道发送冻结比特（即 0 比特信息）。

20.3.2.3　极化码和 RM 的译码算法

Arikan 在引入极化码的同时，也提出了一种低复杂度的译码算法，即 SC 译码算法[3]。然而，SC 译码器在中等码长时性能受限。在文献 [38] 中，Tal 和 Vardy 提出了改进的 SC 译码器，称为 SC 列表译码器。我们采用文献 [39] 中提出的基于 LLR 的 SC 列表译码算法（列表大小为 8）。

20.3.2.4　实际的安全度量

我们通过计算误码率来评估每个安全编码的安全性。当窃听者比特错误概率为 0.5 时，我们认为达到了安全保密的要求。

20.3.2.5　实际设计的安全编码

在实际中，我们使用在 802.11n/ac 标准中定义的长度为 1296、码率为 5/6 的 LDPC 码作为内码。外码既可以是长度为 $2^{10} = 1024$ 的极化码，也可以是相同长度的 RM 码。为便于仿真比较，我们设计了四种不同速率的极化码和 RM 码，相关参数见表 20.1。注意，R、I、F 分别表示随机比特、信息比、冻结比特（frozen bit）的个数。

表 20.1　安全编码设计

安全编码	SC1	SC2	SC3	SC4
内码	802.11 标准中定义的码长为 1296、码率为 5/6 的 LDPC 码			
外码	极化码	极化码	Reed - Muller 码	Reed - Muller 码
Eve 目标速率	0.05	0.13	0.05	0.05
Bob 目标速率	0.55	0.52	0.5	0.4
(R, F, I)	(51, 512, 461)	(133, 399, 492)	(56, 430, 538)	(56, 330, 638)
安全编码速率	0.4	0.3	0.33	0.25

20.3.3　所涉及安全编码的性能分析

图 20.3（a）给出了所提安全编码的结构框图。我们通过 MATLAB 进行了仿真，在 AWGN 信道传输 QPSK 调制信号。图 20.3（b）结合 WiFi 编码

器的特点，给出了所提安全编码的性能。

（1）带有方形标记的黑色曲线表示 LDPC 译码器输出的误码率。

（2）深灰色曲线表示安全极化码译码器输出的误码率。

（3）浅灰色曲线表示安全 RM 译码器输出的误码率。

其中，LDPC 码译码器采用 BP 译码算法，极化码译码器和 RM 码译码器采用 SC 列表译码算法。

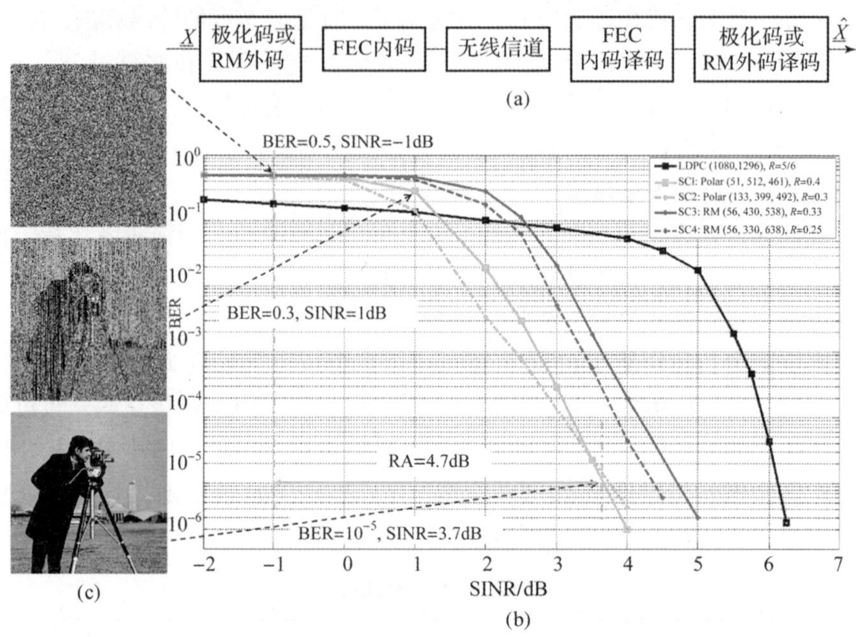

图 20.3　安全编码结构及仿真性能

结果表明：

（1）在相似速率下，基于极化码的安全编码比基于 RM 码的安全编码具有更好的可靠性。

（2）当 SINR≤ -1dB 时，四种安全编码输出的误码率均为 0.5，也就是说当 Eve 的 SINR≤ -1dB 时，所有的安全编码都能保证信息不会泄漏。

（3）当 SINR≤0dB 时，安全编码 SC3 和 SC4 输出的误码率为 0.5，而安全编码 SC1 和 SC2 输出的误码率均低于 0.5 但高于 0.45。这意味着在 Eve 的 SINR 小于 0dB 时，SC3 和 SC4 保证完全不泄漏信息，而 SC1 和 SC2 保证只泄漏有限的信息（小于 5%）。

（4）当 Bob 的目标错误概率为 10^{-5}，确保无信息泄漏所需的无线信道优势为 4.4 ~ 4.7dB。

这些仿真结果表明，当向合法用户提供些许无线信道优势（< 5dB）

时，Eve 就无法获取任何私密消息。也就是说，仅需有限增加编译码的复杂度，就可以实现安全保密传输。

图 20.3 展示了在不同的 SINR 值下，仿真得到的使用速率为 0.4（SC1）的极化安全编码在 AWGN 信道上传输一张摄影师照片时的安全编码性能。

图 20.3（c）表明：

（1）当 SINR≤ -1dB 时，无法从接收图像推断出任何关于发送图像的线索。安全编码输出的误码率等于 0.5。

（2）当 SINR = 1dB，BER = 0.3，Eve 成功解码了恢复传输图像所需的足够信息。虽然 0.3 对于误码率来说是一个很高的值，但还是泄漏了太多信息给 Eve。因此，Eve 的误码率应该尽可能接近 0.5，以保证无信息泄漏。

（3）当 SINR≥3.7dB 时，BER = 10^{-5}，Bob 可以很好地译码传输的信息。

20.3.4 LTE 信号的仿真结果

20.3.4.1 仿真场景设定与仿真参数设置

下述仿真是基于 2.6GHz 的 LTE - 蜂窝下行传输方向模式（即传输模式 7，TM7）的波束赋形进行的。

我们使用由维也纳工业大学开发的基于 MATLAB 的 LTE 链路级模拟器[40]对所提出的安全编码方案性能进行测试。这些模拟器实现了符合标准的 LTE 下行和 LTE 上行收发器，其主要功能包括基本信道模型、调制和编码、多天线发射和接收、信道估计和调度等。为了进行可靠的性能评估，Bob 和 Eve 观察到的信道需要具有距离相关性，这是 WINNER II 模型无法建模的。因此，我们采用了能够产生 Alice - Bob、Alice - Eve，以及 Bob - Eve 信道相关性的 QuaDRiGa 信道模型进行建模[41]。图 20.4（a）给出了仿真场景设定及主要参数设置。

（1）LTE 载波频率为 2.6GHz，信道带宽为 10MHz。Alice 以 602/1024 的码率向 Bob 传输 QPSK 调制的信息数据，对应信道质量因子（Channel Quality Indicator，CQI）值为 6。假设 Bob 的信噪比为 10dB。

（2）我们考虑一个具有视距传输（Line - of - Sight，LOS）分量的城市室外微蜂窝无线环境（称为 $B1$[42]），其中 LOS 分量时延扩展为 36ns，阴影衰落为 3dB，NLOS 分量时延扩展为 76 ns，阴影衰落为 4dB。Alice 采用四元圆形天线阵列，Bob 和 Eve 均为单天线，二者采用相同的处理进行信道矩阵（最小二乘法）估计。类似的，在上行方向，Alice 和 Eve 分别使用最小二乘法估计 Bob - Alice 和 Bob - Eve 信道。

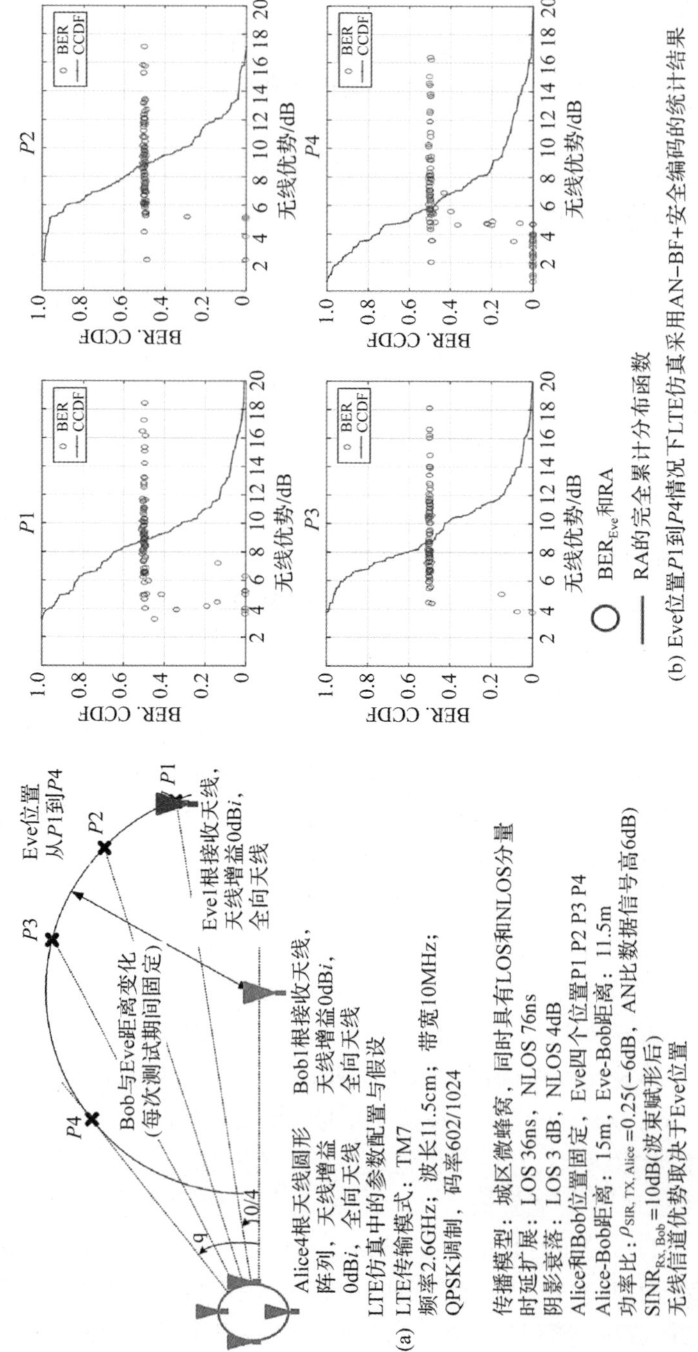

图 20.4 LTE 仿真的配置、参数及结果

（3）Alice和Bob之间的距离为15m，Bob和Eve之间的距离为11.5m，对应于2.6GHz载频的100个波长，Eve位于以Bob为中心的半径为11.5m（100波长）的圆上，由*P*1、*P*2、*P*3和*P*4表示其4个可能的位置。

20.3.4.2 安全编码LTE信号的发送与处理仿真

假设采用时分双工（Time – Division – Duplexing，TDD）传输模式，eNodeB（也就是Alice）通过目标用户（也就是Bob）发送的上行参考信号进行信道估计并计算得到BF系数。假设每个资源块各使用一个BF系数。Alice将其生成的AN信号置于Alice – Bob信道的零空间中，并将其添加到所有符号中。根据第20.3.1.3节的讨论，AN信号功率比信息承载信号高6dB即可消除窃听风险。

此外，在LTE系统中，FEC采用turbo码。因此，按照图20.3（a）的架构，通过将RM外码与内部符合标准的turbo码级联来实现安全编码方案。我们使用表20.1中定义的基于RM码的（56，330，638）安全编码方案。

20.3.4.3 基于LTE载波传输模式TM7的仿真结果与讨论

对于Eve的每个位置，我们对其信道模型截取100个独立的采样值，对于每个信道采样值，我们模拟了20个LTE子帧的传输。观察的性能指标包括Eve和Bob的BER以及Bob相对于Eve的无线信道优势。在图20.4（b）中，我们绘制了Bob相对Eve无线信道优势的经验互补累积分布函数，以及Eve的误码率（作为Bob无线信道优势的函数）。

这些结果首先表明，5 ~ 6dB的无线信道优势足以阻止Eve解码源节点发送的信号。然而，Eve与Alice和Bob的相对位置关系严重影响了合法用户的无线信道优势。例如，如果Eve比Bob更靠近Alice（*P*4），那么Eve的信号明显强于Bob信号，相应地，Bob得到足够无线信道优势的概率将显著下降。例如，当Eve处于*P*2或者*P*3位置时，达到至少5dB的无线信道优势的概率在90%以上，而当Eve在*P*4位置时，这一概率下降到60%。

此外，在衰落信道中建立和保持足够的无线信道优势是一项极具挑战的工程任务，因为衰落会影响信道矩阵（CM）的测量和波束赋形（BF）的设计，即当信道状态改变时，任何信道估计误差都会降低AN – BF的有效性。

因此，AN – BF和安全编码方案必须针对最坏情况设计并且也适用于信道估计误差更小时的高SNR情况（不管传输经历何种衰落）。因此，在LTE网络中，远距离的非视距无线传输要比短距传输更难处理，因为AN和BF方案在整个传输块中是固定的，当信道发生改变时，传输性能将减弱。然而，不管何种情况，功率控制对AN – BF + SC方案总是有用的，能够保证Bob端的$SINR_{RX,Bob}$在整个传输块中足够大以进行准确的信道估计以及可靠译码，而AN仍能组织Eve的译码。

最后，通过仿真验证了该方案的有效性。图20.3应该能很好地适用于真实世界的无线蜂窝网络（在有限无线信道优势条件下仍具有显著的性能）。此外，这些结果也表明，为了在最困难的NLOS传播条件下提升性能，需要在调整AN－BF＋SC方案的同时调整网络工程参数（包括合法链路的SINR阈值，功率控制等）。

20.3.5 基于WiFi信号的实验结果

20.3.5.1 实验参数配置

下面描述的实验基于5.2GHz频率的802.11ac WiFi链路，发送者Alice和接收者Bob和Eve采用标准的调制编码方案。实验环境为是室内和LOS环境。

接入点Alice由一个4天线专用芯片组（CL 2400，由Celeno通信公司开发）搭建。通过IPERF测试应用（通常用于生成TCP和USP流量），Alice传输一个预定义的位模式（作为US），以进行误码率评估。此外，Alice在US位模式的数据部分加入AN，并将波束指向Bob。

Bob是一个单天线智能手机设备（小米M15），Eve是一个3天线的MacBook Pro，工作在嗅探器模式，开启Wireshark应用程序。Wireshark应用程序可输出报文错误率，存储接收信号帧。通过比较存储的接收包与已知的传输模式，可以使用MATLAB脚本离线计算Eve的误码率。

Alice、Bob和Eve的几何位置如图20.5（a）所示。

运行AN－BF的软硬件单元组成如图20.5（b）（CL 2400 WiFi芯片及主板）所示。AN－BF的处理基于空分复用发送矩阵，具体而言，首先由信道探测得到信道矩阵，随后对其进行奇异值分解（Single Value Decomposition，SVD）得到发送矩阵。需要注意的是，当Alice和Bob端的天线经过校准时，AN－BF的设计可以基于信道互易性假设得到，不再需要额外的信息交互。

在计算过程中，Alice必须限制Rx或Tx操作，并匹配许多技术约束。因此，我们引入了压缩、加速和参数化等功能来支持AN－BF：

（1）计算中用到矩阵的QR分解和维度缩减；

（2）调整噪声空间流（4个中的3个）和用户空间流（4个中的1个）的数量；

（3）调整数据和噪声流之间的功率比 $\rho_{\mathrm{SIR,Tx,Alice}}$；

（4）所有发射天线上独立均匀分布的噪声样本；

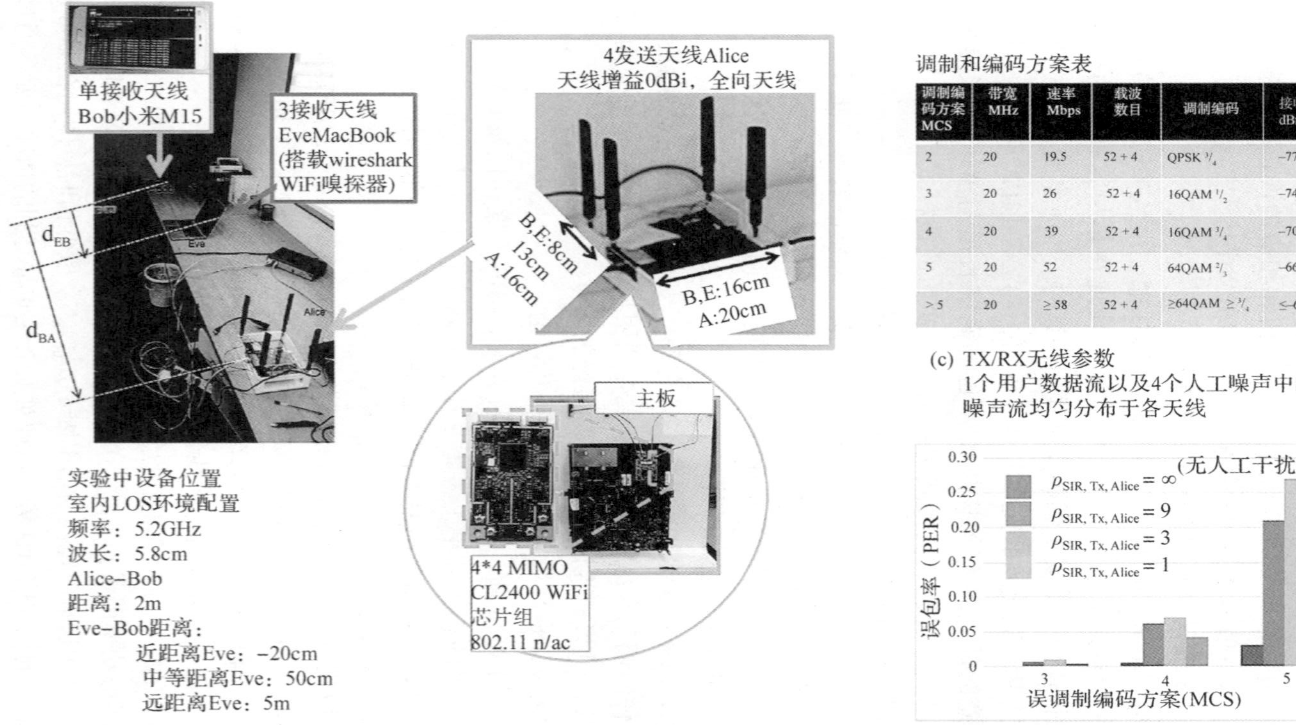

调制编码方案 MCS	带宽 MHz	速率 Mbps	载波数目	调制编码	接收极限，dBm，dB
2	20	19.5	52 + 4	QPSK $^3/_4$	−77; 5.5
3	20	26	52 + 4	16QAM $^1/_2$	−74; 8,5
4	20	39	52 + 4	16QAM $^3/_4$	−70; 125
5	20	52	52 + 4	64QAM $^2/_3$	−66; 16,5
> 5	20	≥ 58	52 + 4	≥64QAM ≥ $^3/_4$	≤−65; ≥17.5

(a)

(b) 实现AN–BF和安全编码的器件

(c) TX/RX无线参数
1个用户数据流以及4个人工噪声中的3个噪声流均匀分布于各天线

(d) 不同调制编码方案下的功率比例及Bob误包率

图 20.5　室内 LOS 环境下联合 AN – BF 和安全编码的实验配置

（5）整个信号的增益缩放，以确保总 Tx 功率匹配所需的数字功率电平，并避免数字模拟转换器的饱和等。

WiFi 发射和接收无线电参数参见图 20.5（c）。

图 20.5（d）给出了功率比 $\rho_{SIR,Tx,Alice}$ 的值和相应的误包率的值（在 Bob 侧的 PER），这些值的相关实验结果将在后续小节详述。

20.3.5.2 安全编码 WiFi 信号的发送与处理

为了试验 Eve 和 Bob 对安全编码的解码性能，由 Alice 重复传输固定帧（通过使用相同的 IPERF 应用程序）。这些帧现在是根据初始的位模式和 20.3.3 节中描述的一个安全编码器离线预计算的。以下实验结果中使用的安全编码参数为基于极化码的安全编码（R，I，F）=（102，409，513）。

需要注意的是上述安全编码 1024 位的码字长度与 WiFi 帧长度完美匹配。虽然新的安全编码的位模式现在取代了初始的位模式，Alice 和 Bob 对信号帧的解码是通过使用 MATLAB 脚本离线完成的。

整个过程通过估计 Eve 的误码率来估计安全编码的效率。此外，通过比较 WiFi FEC 方案（LDPC 或 BCC）与 20.3.3 中描述的级联安全编码方案 Eve 的 BER，我们分析了单独运用 AN－BF 时提供的无线信道优势，以及安全编码方案本身提供的安全增强。

我们假设 Eve 有 3 个 Rx 天线，且有关于安全编码的完整信息；而且，她可以尝试任何调制、编码方案以恢复合法用户的信息。对于 Eve 而言，考虑到存在 AN 时的译码性能，MCS2 是最好的方案。

20.3.5.3 LOS 信道环境下的实验结果及讨论

基于记录的 WiFi 帧，图 20.6 显示了 AN－BF 方案，以及 AN－BF 与安全编码结合方案的相关结果，考虑了中、低两个功率因子（在图 20.6（a）中，$\rho_{SIR,TX,Alice}=3$，即 AN 功率占比为 25%；在图 20.6（b）中，$\rho_{SIR,TX,Alice}=1$，即 AN 功率占比为 50%）。

在所有情况下，Bob 使用 MCS4 解码器，$PER_{Bob}\approx 0$，$BER_{Bob}\leqslant 0.1$，$SINR_{Rx,Bob}\geqslant 12.5dB$。而 Eve 使用 MCS2 解码器（相比较采用 MCS4 译码器，Eve 采用 MCS2 译码器将 Bob 的无线信道优势降低了 4dB）。图 20.6 给出了相对于 Eve 只有 1 根天线时的无线信道优势。

将图 20.6 的结果与 20.3.3 节的分析结果进行比较，注意室内 LOS 环境的传播特性，并考虑功率因子 $\rho_{SIR,TX,Alice}$ 的中、低值，我们可以发现以下趋势：

（1）Eve 处于远端位置：当功率因子 $\rho_{SIR,TX,Alice}$ 取低值时，即使在 LOS 环境下也能获得显著的无线信道优势。这种对安全性非常有利的情况主要是通过 BF 实现了显著的抑制性能（在图 20.6 中报告的实验中，抑制可达 12dB 以上）。

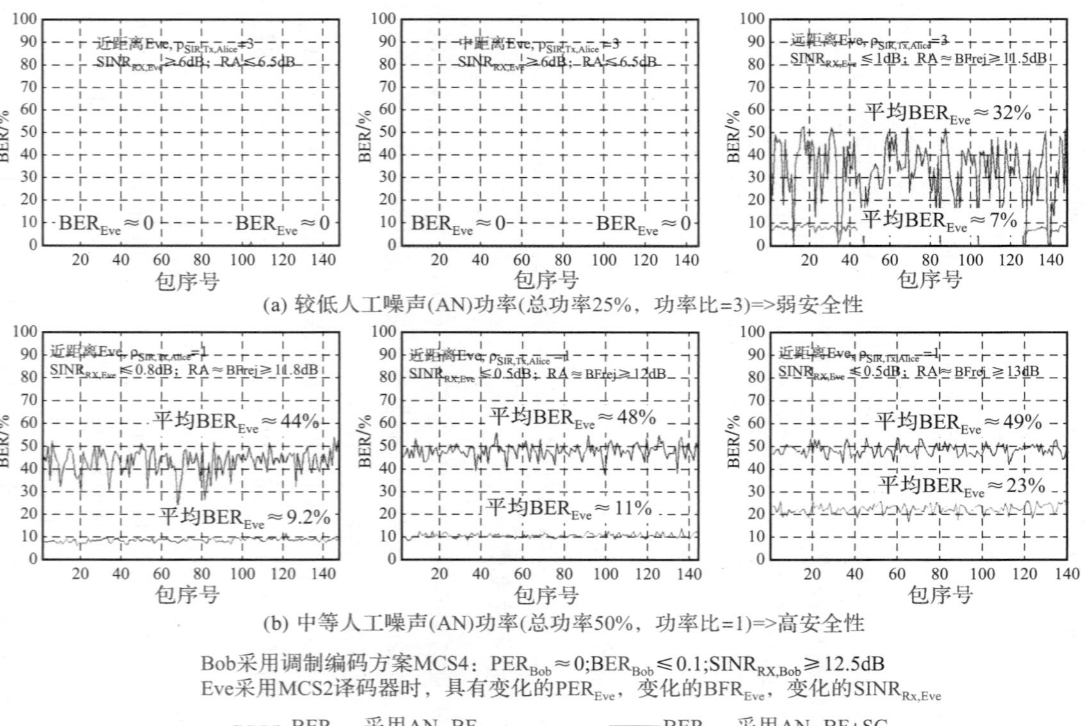

图 20.6　LOS 环境下 AN－BF 方案和 AN－BF＋SC 安全编码方案实验结果比较

（2）我们可以断定，在任何NLOS环境中都会出现类似的趋势，无论Eve的位置在哪里。这要归功于Alice和Bob附近的传播反射体的积极影响，可以通过BF增强对Eve的信号抑制。

（3）当回到LOS环境并考虑Eve位于Bob附近位置时，AN－BF＋SC组合编码方案性能下降的原因可以解释为：首先，主瓣通常是LOS传播对BF影响的结果；其次，这个主瓣可以被Eve截获。此外，我们实验中给Eve配置的3个天线可以提供一些阵列鉴别和处理增益。最后，Eve靠近Bob可以部分抵消Alice的BF效果。为了应对上述不利影响，功率因子应该减小为$\rho_{\mathrm{SIR,TX,Alice}}=1/4$（如20.3.1.3节所述，这一功率因子对应的是AN功率比用户信号功率高6dB），同时Alice的天线孔径应扩大以减小主瓣宽度，从而提高BF对Eve接收的抑制效果。

最后，上述实验结果表明，我们所提出的采用有限AN功率的安全传输方案，可以很好地应用于现实世界的WLAN芯片组以及在大多数实际的NLOS和LOS环境。同样显而易见的是，当出现非常不利的条件时（例如，LOS传播环境，Eve非常接近Bob或非常接近Alice），应该通过适当的无线电参数调整（如增加AN功率、扩大Alice天线阵列等）来实现安全效率。

20.3.6 WiFi/LTE信号中OFDM/QPSK波形的无线信道优势——无线电工程相关考虑

分析和实验结果表明，在给定的SINR（$\mathrm{SINR_{Rx,Eve}}$）攻击阈值范围内，确保没有信息泄漏时Eve极化码译码器输出端的误码率应为0.5，具体数值还与调制以及级联编码方案有关。

当$\mathrm{SINR_{Rx,Bob}}$增加时，Bob极化码译码器输出端的BER不断减小。当$\mathrm{SINR_{Rx,Bob}}$足够高（大于用户阈值$\mathrm{SINR_{user,min}}$）时，极化码译码器输出端的BER接近于零。

在所有的仿真和测试中，只要几个dB的无线信道优势（通常3～5dB）就能为合法用户提供可靠性和安全性。这些合理的值确保了安全编码方案与现有的AN－BF方案，以及其他提供无线信道优势的方法（如利用定向天线传输、全双工通信技术）的兼容性。

对于这些安全编码方案，可容忍的Eve端的最大SINR典型值为SINR＝－1dB(0.8)（如20.3.3节中所示）。

因此，Alice发送者相应的$\rho_{\min}$应等于0.8，以便根据用户数据流的功率值调整AN功率，以满足功率比$(J_{\mathrm{Tx}}/S_{\mathrm{Tx}})\geqslant 1/\rho_{\min}$。

然后，调整用户（信令或数据）流的功率，以及BF性能，从而实现Bob

的可靠通信。考虑信道传播的平均损耗（线性值标注为 l_{AB}，记为 L_{AB}dB），BF 的抑制比（线性值表示 bf_{rej}，以 dB 表示为 BF_{rej}），Bob 端的接收噪声（线性值表示为 N_{Rx}）和 Bob 接收者的 SNR 阈值（线性值表示为 $\rho_{Thres,Rx}$），有

（1）Bob 端信干噪比为 $\rho_{SINR,RX,Bob} = [S_{Tx}/l_{AB}]/[(J_{Tx}/l_{AB}/bf_{rej}) + N_{Rx}]$；

（2）信噪比为 $\rho_{SNR,RX,Bob} = [S_{Tx}/l_{AB}]/[N_{Rx}]$。

实际中，需要

（3）定义两个边界值 η_1 和 η_2 满足 $1<\eta_2<\eta_1$，以进行无线工程参数调整；

（4）调节用户信号功率 S_{Tx} 以达到足够的接收功率，从而满足 $\rho_{SNR,RX,Bob} \geqslant \rho_{Thres,Rx}\eta_1$；

（5）调整 BF 抑制比 bf_{rej} 以满足 $\rho_{SINR,RX,Bob} \geqslant \rho_{Thres,Rx} \cdot \eta_2$。

综上，安全编码方案设计需要考虑两个重要的无线参数：

（1）合法链路“最小 $SINR_{user,min}$”：对 Bob 而言，这与调制编码方案的性能有关（考虑一些余量时，典型值为几个 dB，在上述所考虑的安全编码中为 3～5dB）。为满足合法链路传输需求，需实现大于 $SINR_{user,min}$ 的 SINR 值，这涉及一些网络工程操作，例如，网络拓扑的管理（真实的现场路径损耗、发送功率、能量预算链路），以及 AN 方案中 BF 抑制效果 BF_{rej} 的调控（以信道状态信息为输入）。注意，上述所有参数均涉及均衡处理和 QoS 管理。

（2）“SINR 安全间隙” $SINR_{SG}$：表示通过增加 Alice 发出的干扰信号功率 J_{Tx} 来为合法链路提供无线信道优势的下界。BF_{rej} 由 Alice 和 Bob 控制，基于 $SINR_{SG}$ 进行 AN 功率调整，以使得无论 Eve 处于何种位置，Alice 的无线信道优势都能受到保证。

一般情况下，Alice 和 Bob 必须管理参数 S_{Tx}、J_{Tx} 和 BF_{rej}，以使得 $SINR_{user,min}$ 和输入 $SINR_{SG}$ 值在 3～5dB（具体与采用的安全编码方案有关）。然而，具体的无线信道优势仍然取决于 Eve 的接收能力。

考虑简化的最优情况，干扰信号与用户信号同时传输（无论 Eve 接收者性能如何，她都没有空间干扰抑制能力），而 Bob 处的接收噪声忽略不计（因此 $SINR_{Rx,Bob} \approx SIR_{Rx,Bob} = SIR_{Tx,Alice} + BF_{rej}$，而我们在任何情况下有 $SINR_{Rx,Eve} \leqslant SIR_{Rx,Eve} = SIR_{Tx,Alice}$），Alice 和 Bob 通过参数 $SIR_{Tx,Alice}$ 和 BF_{rej} 实现对链路的无线参数管理，以确保 $SIR_{Tx,Alice} + BF_{rej} \geqslant SINR_{user,min}$，且 $SIR_{Tx,Alice} \leqslant SNR_{user,min} - SINR_{SG}$。

因此，无线信道优势需满足 $RA \geqslant BF_{rej}$（当 Eve 接收噪声较大时不等号成立，即增加了 Bob 的信道优势），简化表述为 $BF_{rej} \geqslant \max\{SINR_{SG}, SINR_{user,min} - SIR_{Tx,Alice}\}$。

20.4 小结：为未来无线接入技术安全升级

如上所述，任何安全编码方案都是在假定Bob具有无线信道优势的前提下才能成立。为了实现这种无线信道优势，PHYLAWS项目[29]遵循了以下几个策略：

（1）在MIMO架构中使用AN-BF方案；

（2）使用定向天线，并使用定向天线阵列（结合BF技术）；

（3）使用文献［43］中描述的全双工无线电技术；

（4）安全配对和询问技术，如敌我识别系统。文献［34］针对公共无线接入技术，开发并研究了基于这种技术的一种特殊的免密钥应用。它基于低功率自干扰信号（称为标签信号，Tag Signals，TS）和这些标签信号支持的询问和确认序列（Interrogation and Acknowledgment Sequences，IAS）。在无线接入的早期，IAS实现了Alice和Bob设备的安全配对，从而提供了具有可控无线信道优势的双感知TS。然后，在这些TSs上应用密码技术可实现用户身份认证和通信服务的进一步协商，而不会在物理层上泄漏用户私密数据。

只要能够实现微弱的无线信道优势，上述结果证明了我们所提出的安全编码方案是有效的。

（1）即便与没有任何代码长度和复杂性约束的理想情况下的理论结果相比，它们是次优的，它们所提供的安全速率仍然是显著的（如表20.1所列和图20.3所示）。

（2）现实的码长与计算方面的限制，使该技术与现有的无线标准完全兼容。

（3）LTE链路的模拟（20.3.4节）和真实环境中的WiFi实验结果（20.3.5节）证明了该技术的可行性，并表明该技术可以很容易在现有的具备BF服务的无线MIMO/MISO通信系统（如在WLAN 802.11ac、LTE和涉及大量MIMO技术新兴的5G系统）中实现，即

①在AN-BF方案被激活后，只需对节点和终端的软件架构进行微小的修改，即可实现安全编码方案；

②所有修改仅限于编码阶段，对上层协议层保持透明。

此外，对于AN和BF方案，我们可以确信同样的密码学方案的简化植入结构应该适用于大多数的“无线优势技术”，如

（1）MIMO和大规模MIMO架构（现有标准向物联网、公共安全应用的演进；新的无线局域网标准和新的无线蜂窝标准）

（2）定向天线模式，尤其是在

①C波段（4～8GHz）及更高频段上的微波链路和卫星链路；

②在未来的空中交通管制（Airborne Traffic Control，ATC）标准和系统[44]中，部署于 C 波段对飞机和无人驾驶飞机或无人驾驶运输车辆进行自动无线电指挥。

（3）全双工技术，当它们发展成熟并部署在无线电网络时[43]。

最后，一旦无线信道优势建立，安全编码就是一种容易实现、可植入到各种无线电通信系统中的技术。安全编码可以应用于无线协议的各个阶段，如：

（1）首先，可以加强现有公共无线蜂窝网络和无线接入网中信号和接入消息（通常使用明文）的弱安全传输。

（2）其次，可以降低与识别、认证和加密相关的用户和网络参数泄漏风险。

（3）最后，在用户数据流的传统密码方案之外，通过在物理层增加一个安全保护来完成对正在进行的通信的保护。

参考文献

[1] M. Bloch, M. Hayashi, and A. Thangaraj, "Error control coding for physical layer secrecy," *Proceedings of the IEEE*, vol. 103, no. 10, pp. 1725–1746, Oct. 2015.

[2] R. Gallager, "Low density parity check codes," Ph.D. dissertation, MIT Press, Cambridge, 1963.

[3] E. Arikan, "Channel polarization: A method for constructing capacity-achieving codes for symmetric binary-input memoryless channels," *IEEE Transactions on Information Theory*, vol. 55, no. 7, pp. 3051–3073, Jul. 2009.

[4] M. Bloch and J. Barros, *Physical-Layer Security: From Information Theory to Security Engineering*, 1st ed. New York, NY: Cambridge University Press, 2011.

[5] A. D. Wyner, "The wire-tap channel," *The Bell System Technical Journal*, vol. 54, no. 8, pp. 1355–1387, Oct. 1975.

[6] A. T. Suresh, A. Subramanian, A. Thangaraj, M. Bloch, and S. W. McLaughlin, "Strong secrecy for erasure wiretap channels," in *Information Theory Workshop (ITW), 2010 IEEE*, Dublin, Ireland, Aug. 2010, pp. 1–5.

[7] A. Thangaraj, S. Dihidar, A. R. Calderbank, S. W. McLaughlin, and J. M. Merolla, "Applications of LDPC codes to the wiretap channel," *IEEE Transactions on Information Theory*, vol. 53, no. 8, pp. 2933–2945, Aug. 2007.

[8] A. Subramanian, A. Thangaraj, M. Bloch, and S. W. McLaughlin, "Strong secrecy on the binary erasure wiretap channel using large-girth ldpc codes," *IEEE Transactions on Information Forensics and Security*, vol. 6, no. 3, pp. 585–594, Sep. 2011.

[9] V. Rathi, M. Andersson, R. Thobaben, J. Kliewer, and M. Skoglund, "Performance analysis and design of two edge-type LDPC codes for the BEC wiretap channel," *IEEE Transactions on Information Theory*, vol. 59, no. 2, pp. 1048–1064, Feb. 2013.

[10] T. Richardson and R. Urbanke, *Modern Coding Theory*. New York, NY: Cambridge University Press, 2008.

[11] S. Kudekar, T. Richardson, and R. L. Urbanke, "Spatially coupled ensembles universally achieve capacity under belief propagation," *IEEE Transactions on Information Theory*, vol. 59, no. 12, pp. 7761–7813, Dec. 2013.

[12] V. Rathi, R. Urbanke, M. Andersson, and M. Skoglund, "Rate-equivocation optimal spatially coupled LDPC codes for the BEC wiretap channel," in *Information Theory Proceedings (ISIT), 2011 IEEE International Symposium on*, St. Petersburg, Russia, July 2011, pp. 2393–2397.

[13] D. Klinc, J. Ha, S. W. McLaughlin, J. Barros, and B. J. Kwak, "LDPC codes for the Gaussian wiretap channel," *IEEE Transactions on Information Forensics and Security*, vol. 6, no. 3, pp. 532–540, Sep. 2011.

[14] M. Andersson, V. Rathi, R. Thobaben, J. Kliewer, and M. Skoglund, "Nested polar codes for wiretap and relay channels," *IEEE Communications Letters*, vol. 14, no. 8, pp. 752–754, Aug. 2010.

[15] E. Hof and S. Shamai, "Secrecy-achieving polar-coding," in *Information Theory Workshop (ITW), 2010 IEEE*, Dublin, Ireland, Aug. 2010, pp. 1–5.

[16] O. O. Koyluoglu and H. E. Gamal, "Polar coding for secure transmission and key agreement," *IEEE Transactions on Information Forensics and Security*, vol. 7, no. 5, pp. 1472–1483, Oct. 2012.

[17] H. Mahdavifar and A. Vardy, "Achieving the secrecy capacity of wiretap channels using polar codes," *IEEE Transactions on Information Theory*, vol. 57, no. 10, pp. 6428–6443, Oct. 2011.

[18] E. Şaşoğlu and A. Vardy, "A new polar coding scheme for strong security on wiretap channels," in *Information Theory Proceedings (ISIT), 2013 IEEE International Symposium on*, Istanbul, Turkey, July 2013, pp. 1117–1121.

[19] D. Sutter, J. M. Renes, and R. Renner, "Efficient one-way secret-key agreement and private channel coding via polarization," April 2013. [Online]. Available: https://arxiv.org/abs/1304.3658.

[20] T. Gulchu and A. Barg, "Achieving secrecy capacity of the general wiretap channel and broadcast channel with a confidential component," Nov. 2016. [Online]. Available: https://arxiv.org/abs/1410.3422.

[21] Y.-P. Wei and S. Ulukus, "Polar coding for the general wiretap channel with extensions to multiuser scenarios," *IEEE Journal on Selected Areas in Communications*, vol. 34, no. 2, pp. 278–291, Feb. 2016.

[22] C. Ling, L. Luzzi, J. C. Belfiore, and D. Stehl, "Semantically secure lattice codes for the Gaussian wiretap channel," *IEEE Transactions on Information Theory*, vol. 60, no. 10, pp. 6399–6416, Oct. 2014.

[23] F. Oggier, P. Sol, and J.-C. Belfiore, "Lattice codes for the wiretap Gaussian channel: Construction and analysis," Mar. 2011. [Online]. Available: http://arxiv.org/abs/1103.4086.

[24] A. M. Ernvall-Hytönen and C. Hollanti, "On the eavesdropper's correct decision in Gaussian and fading wiretap channels using lattice codes," in *Information Theory Workshop (ITW), 2011 IEEE*, Paraty, Brazil, Oct. 2011, pp. 210–214.

[25] J. H. Conway and N. J. A. Sloane, *Sphere Packings, Lattices, and Groups*.

New York: Springer, 1993.
[26] G. D. Forney Jr., M. Trott, and S.-Y. Chung, "Sphere-bound-achieving coset codes and multilevel coset codes," *IEEE Transactions on Information Theory*, vol. 46, no. 3, pp. 820–850, May 2000.
[27] C. Ling and J. Belfiore, "Achieving AWGN channel capacity with lattice Gaussian coding," *IEEE Transactions on Information Theory*, vol. 60, no. 10, pp. 5918–5929, Oct. 2014.
[28] Y. Yan, L. Liu, C. Ling, and X. Wu, "Construction of capacity-achieving lattice codes: Polar lattices," Nov. 2014. [Online]. Available: http://arxiv.org/abs/1411.0187.
[29] J. C. Belfiore and F. Oggier, "Secrecy gain: A wiretap lattice code design," in *Information Theory and its Applications (ISITA), 2010 International Symposium on*, Oct. 2010, pp. 174–178.
[30] B. A. Sethuraman, B. S. Rajan, and V. Shashidhar, "Full-diversity, high-rate space-time block codes from division algebras," *IEEE Transactions on Information Theory*, vol. 49, no. 10, pp. 2596–2616, Oct. 2003.
[31] B. Hassibi and B. M. Hochwald, "High-rate codes that are linear in space and time," *IEEE Transactions on Information Theory*, vol. 48, no. 7, pp. 1804–1824, July 2002.
[32] V. Tarokh, N. Seshadri, and A. R. Calderbank, "Space-time codes for high data rate wireless communication: Performance criterion and code construction," *IEEE Transactions on Information Theory*, vol. 44, no. 2, pp. 744–765, Mar. 1998.
[33] N. R. Goodman, "Statistical analysis based on a certain multivariate complex Gaussian distribution (an introduction)," *Annals of Mathematical Statistics*, vol. 34, no. 1, pp. 152–177, Mar. 1963. [Online]. Available: http://dx.doi.org/10.1214/aoms/1177704250.
[34] N. Romero-Zurita, M. Ghogho, and D. McLernon, "Physical layer security of MIMO-OFDM systems by beamforming and artificial noise generation," *PHYCOM: Physical Communication*, vol. 4, no. 4, pp. 313–321, 2011.
[35] N. O. Tippenhauer, L. Malisa, A. Ranganathan, and S. Capkun, "On limitations of friendly jamming for confidentiality," in *Security and Privacy (SP), 2013 IEEE Symposium on*, May 2013, pp. 160–173.
[36] "PHYLAWS," 2014. http://www.Phylaws-ict.org.
[37] E. Arikan, "A performance comparison of polar codes and Reed–Muller codes," *IEEE Communications Letters*, vol. 12, no. 6, pp. 447–449, Jun. 2008.
[38] I. Tal and A. Vardy, "List decoding of polar codes," *IEEE Transactions on Information Theory*, vol. 61, no. 5, pp. 2213–2226, May 2015.
[39] A. Balatsoukas-Stimming, M. B. Parizi, and A. Burg, "Llr-based successive cancellation list decoding of polar codes," *IEEE Transactions on Signal Processing*, vol. 63, no. 19, pp. 5165–5179, Oct. 2015.
[40] C. Mehlfuehrer, J. C. Ikuno, M. Simko, S. S, M. Wrulich, and M. Rupp, "The vienna LTE simulators – enabling reproducibility in wireless communications research," *EURASIP Journal on Advances in Signal Processing*, vol. 21(1), 29 pp., 2011.
[41] S. Jaeckel, L. Raschkowski, K. Brner, and L. Thiele, "Quadriga: A 3-d multi-

cell channel model with time evolution for enabling virtual field trials," *IEEE Transactions on Antennas and Propagation*, vol. 62, pp. 3242–3256, 2014.
[42] "Winner II channel models," 2007. https://www.ist-winner.org/WINNER2-Deliverables/D1.1.2v1.1.pdf.
[43] A. V. V. Z. Zhang, K. Long and L. Hanzo, "Full-Duplex wireless communications: Challenges, solutions and future research directions," Proceedings of the IEEE, 2015.
[44] "SESAR," 2007. http://www.sesarju.eu/.